Meyer · Digitale Signalverarbeitung

Kybernetik
Informationsverarbeitung

Herausgegeben von

Prof. Dr. sc. techn. Dr.-Ing. E. h. Franz-Heinrich Lange, Rostock

Prof. Dr. rer. nat. Manfred Peschel, Berlin

Prof. Dr.-Ing. habil. Gerhard Wunsch, Dresden

Digitale Signalverarbeitung

Prof. Dr. sc. techn. Gernot Meyer

VEB Verlag Technik Berlin

Distributed by Springer Verlag Wien New York

ISBN-13:978-3-7091-7569-9   e-ISBN-13:978-3-7091-7568-2
DOI: 10.1007/978-3-7091-7568-2

1. Auflage
© VEB Verlag Technik, Berlin 1982
Softcover reprint of the hardcover 1st edition 1982

Lizenz 201· 370/70/82
DK 62-501. 14:621. 391:681. 32. 06
LSV 3045· VT 3/5447-1
Lektor: Doris Netz
Umschlaggestaltung:Kurt Beckert

Schreibsatz: VEB Verlag Technik, Berlin

Vorwort

Mit den Begriffen Filterung bzw. Signalverarbeitung verband sich noch vor wenigen Jahren nahezu automatisch eine analoge Realisierungstechnik mit Kondensatoren, Spulen, Übertragern und Widerständen. Später kamen dann durch die
Möglichkeiten der sich entwickelnden Halbleitertechnologie aktive Elemente,
darunter besonders der Operationsverstärker, hinzu und verdrängten die un-
handlich und unexakt arbeitenden Induktivitäten. Kaum hatte sich diese neue
Technik der analogen Verarbeitungssysteme mit aktiven Elementen durchgesetzt,
boten sich durch eine stürmische Entwicklung der integrierten Technik neue Möglichkeiten der digitalen Signalverarbeitung an. Sie gewährleistete bei gleichem
oder sogar geringerem Aufwand an Bauelementen eine höhere Präzision, Arbeits-
zuverlässigkeit und eine größere Unempfindlichkeit gegenüber Störungen und
Parameterstreuungen. Die ursprünglich sehr geringe Verarbeitungsgeschwindigkeit konnte durch Verringerung der Taktzeit der digitalen Systeme und durch Entwicklung neuer Algorithmen und spezieller Signalprozessoren so weit gesteigert
werden, daß sich den neuen digitalen Verarbeitungssystemen ein weites Anwen-
dungsfeld in der langsamen bis mittelschnellen Prozeßdatenverarbeitung, wie in
der Prozeßmeßtechnik, der Regelungstechnik und der Prozeßoptimierung, er-
schlossen hat. Durch universelle Rechnerstrukturen in Signalverarbeitungssyste-
men konnte dabei die Verarbeitungsleistung stark erhöht werden. Bald wurde es
möglich, komplexe Verarbeitungsalgorithmen, die bisher nur im Labor mit größeren Rechenanlagen sinnvoll angewandt werden konnten, in kleineren industriel-
len Geräten serienmäßig zu implementieren. Dieser Effekt der „Dezentralisie-
rung der Verarbeitungsleistung" verstärkt sich gegenwärtig mit jedem neuent-
wickelten Verarbeitungssystem. Immer leistungsfähigere Algorithmen werden
bei stetig steigender Verarbeitungszeit in immer kleiner werdende technische
Systeme implementiert. Der aktuelle Stand ist durch komplexe, programmierbare Signalprozessoren auf einem oder wenigen Schaltkreisen gekennzeichnet,
die vollständige Verarbeitungsaufgaben autonom realisieren und damit Funktionen ausführen, für die noch vor kurzer Zeit ganze Baugruppen oder gar kom-
plette Geräte eingesetzt werden mußten. In diese neue Technik mit ihren theoretischen Grundlagen und mit ihren Anwendungsmöglichkeiten einzuführen, ist Anliegen dieses Buches. Es ist aufgrund mehrjähriger Forschungs- und Lehrtätig-
keit auf diesem Gebiet an der TU Dresden und an der TH Karl-Marx-Stadt entstanden, und in ihm wird versucht, die theoretischen Grundlagen, die Realisierungstechnik und die Anwendungen in ausgewogenem Verhältnis darzustellen.
Der Schwerpunkt liegt dabei generell auf dem algorithmischen Aspekt, da hier
der Anwender bei vorliegender Hardware die größten Probleme hat und die
meisten schöpferischen Ideen einfließen lassen muß. Wie in der Mikrorechen-
technik überhaupt, ist auch auf dem Gebiet der digitalen Signalverarbeitung die
Erstellung der Software, d.h. die Entwicklung geeigneter Algorithmen und ihre
programmtechnische Realisierung, die eigentliche Arbeit, die der System-
wickler zu bewältigen hat.

Das Buch besteht aus insgesamt fünf Abschnitten und aus einem Anhang. Nach
der Einleitung werden im Abschn. 2. die theoretischen Grundlagen der digitalen

Signalverarbeitung zusammengestellt. Sie gehen prinzipiell auf die Grundgedanken der allgemeinen Systemtheorie zurück, zeigen aufgrund des digitalen Charakters der zu verarbeitenden Größen einige Spezifika, auf die besonders eingegangen wird. Dabei wird weitgehend die moderne algebraische Notierung bevorzugt, die für die Analyse zeitdiskreter Signale besonders geeignet ist.

Abschn. 3. befaßt sich mit der Synthese eindimensionaler zeitdiskreter Systeme. Es werden der Entwurf digitaler Filter auf der Grundlage eines analogen Filterentwurfes und durch direkte Methoden im Zeit- und Frequenzbereich behandelt und einander gegenübergestellt. Am Ende werden Grundstrukturen digitaler Filter behandelt.

Mit Abschn. 4. wird der Übergang von eindimensionalen zu mehrdimensionalen Verarbeitungssystemen vollzogen, wie sie etwa in der optischen Bildauswertung und Objekterkennung eingesetzt werden. War die gewöhnliche (eindimensionale) Differenzengleichung das Grundmodell in den vorangegangenen Abschnitten, so ist es hier die partielle Differenzengleichung, deren Theorie und Anwendung in der Signalverarbeitung dargestellt werden.

Abschn. 5. ist der Realisierungstechnik diskreter bzw. digitaler Systeme zur Signalverarbeitung gewidmet. Hier werden zunächst einige rechentechnische Grundlagen der Zahlendarstellung der Arithmetik und interne Steuerungsprinzipien behandelt. Daran schließt sich eine Analyse von Quantisierungs- und Begrenzungseffekten, die prinzipiell in digitalen signalverarbeitenden Systemen auftreten, an. Zuletzt werden konkrete Ausführungsbeispiele von technischen Signalprozessoren vorgeführt und erläutert.

Im Anhang schließlich sind wesentliche mathematische Grundlagen in übersichtlicher Form zum bequemen Nachschlagen zusammengestellt.

Das Buch wendet sich sowohl an den Studierenden elektrotechnisch-elektronischer Fachrichtungen wie auch an den Entwicklungsingenieur in der Praxis. Ihnen soll es sowohl die theoretischen Grundlagen des relativ neuen Fachgebietes der digitalen Signalverarbeitung erschließen als auch den Schritt zum kreativen Umgang mit und zu den Anwendungen von digitalen signalverarbeitenden Systemen erleichtern. Vorausgesetzt werden Kenntnisse in Mathematik, wie sie etwa durch ein Hochschulstudium erworben werden.

Das Vertrautsein mit einigen systemtheoretischen Grundbegriffen ist für eine erfolgreiche Arbeit mit dem Buch nützlich.

Es ist mir ein besonderes Anliegen, Herrn Prof. Dr. sc. techn. W. Schwarz für seine wertvolle Mitarbeit und die vielen anregenden Diskussionen herzlichen Dank zu sagen. Mein Dank für den intensiven Meinungsaustausch gilt ferner den Herren Prof. Dr.-Ing. habil. P. Vielhauer, Doz. Dr. sc. Unger und Prof. Dr. rer. nat. habil. M. Peschel.

Der Autor möchte abschließend dem Verlag Technik und insbesondere der Lektorin, Frau D. Netz, für die vertrauensvolle Zusammenarbeit seinen herzlichen Dank aussprechen.

Gernot Meyer

Inhaltsverzeichnis

1.   Einleitung 11

2.   Diskrete Signale und Systeme 16

2.1. Operatorenrechnung für diskrete Signale 16
    2.1.1.   Symbolik und Terminologie 16
    2.1.2.   Signaloperationen 19
    2.1.3.   Spezielle Operatoren 25
    2.1.4.   Operatorgleichungen 31
2.2. Diskrete Systeme 40
    2.2.1.   Lineare eindimensionale Systeme 42
    2.2.1.1. Systembeschreibungen 42
    2.2.1.2. Systemeigenschaften 46
    2.2.1.3. Tastsysteme 49
    2.2.1.4. Systemstrukturen 63
    2.2.2.   Lineare mehrdimensionale Systeme 69
    2.2.2.1. Systembeschreibung 69
    2.2.2.2. Tastsysteme 71
    2.2.2.3. Systemstrukturen 74
    2.2.3.   Lineare eindimensionale Transformationssysteme 86
    2.2.3.1. Allgemeines 86
    2.2.3.2. Exponentialtransformationen 95
    2.2.3.3. Systemstrukturen 99
    2.2.4.   Lineare mehrdimensionale Transformationssysteme . . 109
    2.2.5.   Nichtlineare eindimensionale Transformationssysteme . 110
2.3. Signalwandlungen 111
    2.3.1.   Abtastung 111
    2.3.2.   Interpolation und Extrapolation 116

3.   Entwurf eindimensionaler linearer Systeme 119

3.1. Einführung 119
3.2. Entwurf auf der Grundlage analoger Systeme 121
    3.2.1.   Diskretisierung der Übertragungscharakteristik 122
    3.2.2.   Wellendigitalfilter 129
    3.2.2.1. Wellendigitalfilterstrukturen ohne Adaptoren 138
    3.2.2.2. Wellendigitalfilterstrukturen mit Adaptoren 161
3.3. Direkter Entwurf im Frequenzbereich 180
    3.3.1.   Entwurf rekursiver diskreter Systeme mit Standard-
           verfahren 182
    3.3.2.   Entwurf nichtrekursiver diskreter Systeme mit Standard-
           verfahren 184
    3.3.3.   Entwurf diskreter Systeme mit Optimierungsverfahren . 190
3.4. Direkter Entwurf im Zeitbereich 192
    3.4.1.   Systeme mit Standardzeitverhalten 192

3.4.2.   Entwurf diskreter Systeme mit Optimierungsverfahren . .   193
3.5. Strukturierung   195
   3.5.1.   Reihenstruktur und Parallelstruktur   195
   3.5.2.   Kettenstrukturen   196
   3.5.2.1. Einseitig abgeschlossene Kettenstrukturen   203
   3.5.2.2. Zweiseitig abgeschlossene Kettenstrukturen   211

4.   Entwurf mehrdimensionaler Systeme   216

4.1. Einführung   216
4.2. Modellierung mehrdimensionaler analoger Systeme   216
   4.2.1.   Stabilität, Konsistenz und Konvergenz   217
   4.2.2.   Numerische Differentiationsformeln   219
   4.2.3.   Differenzenschemata für partielle parabolische Differen-
              tialgleichungen   220
   4.2.4.   Differenzenschemata für partielle hyperbolische Differen-
              tialgleichungen   226
4.3. Entwurf zweidimensionaler diskreter Systeme   238

5.   Realisierung diskreter Systeme   244

5.1. Einführung   244
5.2. Zahlensysteme   245
   5.2.1.   Polyadische Zahlensysteme   246
   5.2.2.   Restklassenzahlensysteme   249
5.3. Realisierungstechniken   250
   5.3.1.   Konvertierungstechniken   251
   5.3.2.   Arithmetik in polyadischen Zahlensystemen   256
   5.3.3.   Arithmetik im Restklassenzahlensystem   267
   5.3.4.   Steuerungsprinzipien   272
5.4. Quantisierung und Begrenzung   281
   5.4.1.   Quantisierungsmodelle   281
   5.4.2.   Parameterquantisierung   285
   5.4.3.   Quantisierungsrauschen   290
   5.4.4.   Signalbegrenzung und Signalquantisierung   292
   5.4.4.1. Dynamikbereich   292
   5.4.4.2. Grenzzyklen   293
   5.4.4.3. Lineare Modelle   301
5.5. Signalprozessoren   307
   5.5.1.   Einführung   307
   5.5.2.   Signalprozessor 2920   311
   5.5.3.   Signalprozessor μPD 7720   319
   5.5.4.   Arithmetikprozessoren   322
6.   Anhang   329

6.1. Algebraische Grundbegriffe   329
   6.1.1.   Gruppen   329
   6.1.2.   Ringe   330
   6.1.3.   Körper   331
   6.1.4.   Polynome   334
   6.1.5.   Restklassen   339
6.2. Irreduzible Polynome über dem Körper GF(2)   343
6.3. Äquivalente Darstellungen eindimensionaler diskreter Signale über
      dem Körper der reellen Zahlen   344

6.4. Bestimmung der Eigenwerte einer tridiagonalen symmetrischen
Matrix $\underline{A}$ 345
6.5. Sätze aus der Matrizenrechnung   346
6.6. Integrationsformeln   347
6.7. Differentiationsformeln   348
6.8. Definition und Eigenschaften des Kroneckerprodukts von
Matrizen   349

Literaturverzeichnis   351

Sachwörterverzeichnis   358

Formelzeichenverzeichnis

d^{-1}	Verschiebungsoperator	$\varphi(k)$	Eulersche Zahlenfunktion
Δ	Differenzenoperator	$\widetilde{\underline{S}}$	Streumatrix
z	komplexe Variable der Z-Transformation	$\widetilde{\underline{K}}_w$	Wellenkettenmatrix
		$\widetilde{V}_\nu$	Spannungswelle
$z_{\infty\nu}$	Polstellen in der z-Ebene	$\underline{K}$	Kettenmatrix
$z_{0\nu}$	Nullstellen in der z-Ebene	$\underline{K}^*$	inverse Kettenmatrix
$p = \sigma + j\omega$	komplexe Variable der Laplace-Transformation	Diag $(\underline{x})$	Diagonalmatrix, erzeugt durch den Vektor $\underline{x}$
f	Frequenz	Zykl $(\underline{x})$	zyklische Matrix, erzeugt durch den Vektor $\underline{x}$
ω	Kreisfrequenz	det	Determinante
ω_ν, Ω_ν	Frequenzparameter	ggT	größter gemeinsamer Teiler
$\underline{x} = (x_1, \ldots, x_n)^T$	Vektor der Eingangsgrößen	Im $\{\ \}$	Imaginärteil
$\underline{y} = (y_1, \ldots, y_m)^T$	Vektor der Ausgangsgrößen	Re $\{\ \}$	Realteil
$\underline{z} = (z_1, \ldots, z_s)^T$	Vektor der Zustandsgrößen	$\|\ldots\|$	Norm der Matrix ... Norm des Vektors ...
$g_{\mu\nu}$	Übertragungsfaktor Gewichtsfaktor (Operator)	$\|\ \|$	Betrag
$\underline{A}, \underline{B}, \underline{C}, \underline{D}$	Matrizen zur Beschreibung linearer Systeme im Zustandsraum	DFT	diskrete Fouriertransformation
$\underline{I}$	Einheitsmatrix	FFT	schnelle Fouriertransformation
$\underline{Q}_S$	Erreichbarkeitsmatrix	$F\{\ \}$	Fouriertransformation
$\underline{Q}_B$	Beobachtbarkeitsmatrix	$L\{\ \}$	Laplacetransformation
$V(\underline{z})$	Ljapunov-Funktion	$E\{\ \}$	Erwartungswert
$a(\omega)$	Dämpfung		
$b(\omega)$	Phase		
$y(\omega)$	Gruppenlaufzeit		
wal $(\varkappa, t)$	Walsh-Funktionen		

1. Einleitung

Die rasche Entwicklung auf dem Gebiet der Mikroelektronik führte zu einem
breiten Einsatz digitaler Systeme zur digitalen Verarbeitung der Prozeßsignale
in Meßsystemen, Steuer- und Regelungssystemen und Nachrichtensystemen. Wesentlich trug dazu das Erscheinen einer breiten Palette von integrierten Prozessoren bei. Das Spektrum reicht von universell einsetzbaren Mikroprozessoren bis zu programmierbaren Signalprozessoren mit analogen Ein- und Ausgängen.
Für die digitale Verarbeitung mit Prozessoren muß das Eingangssignal in einer
für die digitale Verarbeitung geeigneten Form vorliegen. Im einfachsten Fall
erfordert das eine Umkodierung eines durch Zählen ermittelten diskreten Eingangssignals. Bei kontinuierlichen Eingangssignalen ist eine Abtastung und Digi-
talisierung notwendig. Nach der Abarbeitung des Algorithmus im Prozessor sind
die Ausgangsdaten wieder in die vorgeschriebene Ausgangssignalform zu bringen.
Grundlage der eindeutigen Charakterisierung der Signalwandlungsvorgänge ist
die Präzisierung der verschiedenen Signalklassen.
Als Signale kommen Funktionen des Ortes und der Zeit in Betracht. Damit bieten sich als Kriterien für die Klassifizierung der Signale die Anzahl der Veränderlichen der Funktionen und die Charakterisierung des Wertebereiches und des
Definitionsbereiches an. Die Unterscheidung zwischen Funktionen mit einer
Veränderlichen und Funktionen mit mehreren Veränderlichen führt folglich auf
die Einteilung in eindimensionale und in mehrdimensionale Signale. Der Definitionsbereich liefert das Kriterium für die Unterscheidung in orts-zeit-kontinuier-
liche und orts-zeit-diskrete Signale.
Ein orts-zeit-diskretes Signal liegt vor, wenn die Raum-Zeit-Funktionen nur an
ausgewählten Raum-Zeit-Punkten, auch Stützstellen genannt, bekannt sind oder
betrachtet werden. Von besonderem Interesse ist der Fall äquidistanter Stützstellen, weil dann die Menge der Stützstellen bei geeigneter Normierung eine
beliebige Teilmenge aus der Menge der ganzen Zahlen ist. Der letzte Gesichts-
punkt ist die Charakterisierung durch den Wertebereich. Dies führt auf die Begriffe amplitudenkontinuierliches und amplitudendiskretes Signal. Ein amplitudenkontinuierliches Signal nimmt Werte aus der Menge der reellen Zahlen an und
ein amplitudendiskretes Signal Werte aus einer endlichen Menge. Aufgrund der
Unterscheidungsmerkmale kontinuierlich und diskret unterteilt man die ausschließlich von der Zeit abhängigen Signale in

amplituden- und zeitkontinuierliche (analoge)
amplituden- und zeitdiskrete (digitale)
amplitudenkontinuierliche, zeitdiskrete (getastete) und
amplitudendiskrete, zeitkontinuierliche

Signale. Dabei sind in Klammern die gebräuchlichen Kurzbenennungen angegeben.
Bei der Klassifizierung von Signalen, die außer von der Zeit noch von einer Ortskoordinate abhängen, entsteht durch die Unterscheidung in ortskontinuierliche

und ortsdiskrete Signale die doppelte Anzahl von Signalklassen. Jede weitere
Ortskoordinate führt zu einer nochmaligen Verdopplung.

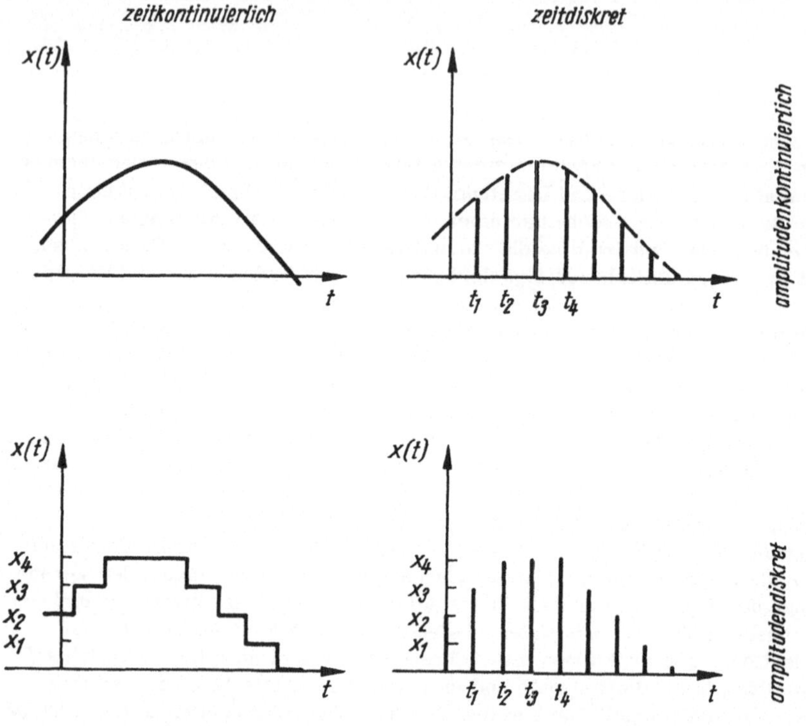

Bild 1.1. Signalklassifizierung

Für die Verarbeitung derartiger Signale wird die eindeutige Zuordnung der Eingangssignale zu den Ausgangssignalen durch einen Algorithmus beschrieben,
der das Verhalten des Systems kennzeichnet. Je nach der zu verarbeitenden
Signalklasse werden die diskreten Systeme unterschieden in

- Tastsysteme - Verarbeitung getasteter Signale -
  und
- Digitalsysteme - Verarbeitung digitaler Signale -

Diese Klassifizierung läßt jedoch noch einige Eigenschaften der Verarbeitung
offen. Insbesondere handelt es sich hier um die Eigenschaften der Zeitinvarianz
und Linearität, auf denen die Unterscheidung in zeitvariante und zeitinvariante
und in lineare und nichtlineare Systeme beruht.
Im Vordergrund der Betrachtungen werden die linearen Tastsysteme stehen.
Die Tastsysteme dienen insbesondere als Modellsystem für den Entwurf realer
digitaler Systeme zur digitalen Verarbeitung analoger Signale, da für die in
Signalprozessoren üblichen Wortlängen von 16 bit und mehr die Signalwerte zunächst als quasikontinuierlich aufgefaßt werden können. Durch eine Analyse ist
im einzelnen zu überprüfen, ob das auf diesem Weg entworfene digitale System
die gewünschten Eigenschaften hat. Die digitalen Systeme zur Verarbeitung

analoger Signale (Bild 1.2b) werden als

    digitale Filter
    digitale Regler
    digitale Generatoren
    $\vdots$

in den verschiedenen Anwendungsfällen eingesetzt. Dazu sind eine Abtastung (AT) und eine Analog-Digital-Wandlung (A-D) notwendig. Nach der digitalen Verarbeitung wird das digitale Ausgangssignal durch eine Digital-Analog-Wandlung (D-A) und durch eine Interpolation (IP) in ein analoges gewandelt. Der einfachste Interpolator ist ein Halteglied.

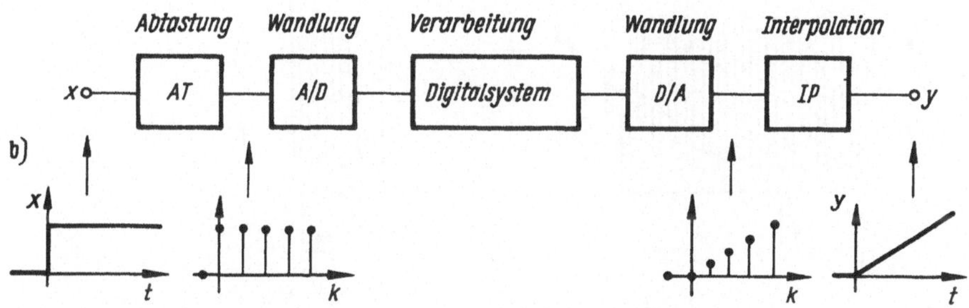

Bild 1.2. Schema zur zeitdiskreten Verarbeitung analoger Signale
a) amplitudenkontinuierliche Verarbeitung
b) amplitudendiskrete Verarbeitung

Der Einsatz eines digitalen Systems in Form eines Signalprozessors oder Mikroprozessors als digitaler Regler in einer Eingrößen-Regelung ist im Blockschaltbild des Bildes 1.3 dargestellt. Die Abtaster arbeiten synchron und erzeugen zeitdiskrete Signale. Die Stellgröße u wird entsprechend dem Regelalgorithmus aus der Regelabweichung e = w-y berechnet. Die Führungsgröße wird digital eingegeben.

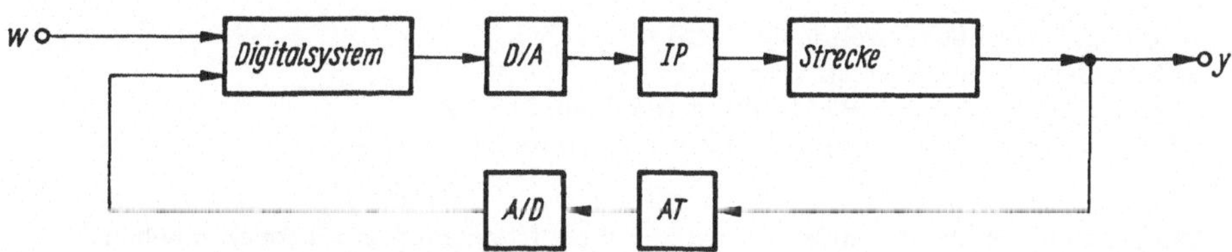

Bild 1.3. Digitale einschleifige Regelung

Bei dem Entwurf oder der Analyse kontinuierlicher Systeme wird es vielfach
entweder nicht möglich oder nicht notwendig sein, das Signalverarbeitungsver-
halten unter den getroffenen Voraussetzungen exakt zu beschreiben. Folglich genügt es, sog. diskrete Modelle zu betrachten, die die ursprüngliche Signalverarbeitung hinreichend genau widerspiegeln.
Besondere Bedeutung haben die diskreten Modelle kontinuierlicher Systeme, da
sie die Grundlage für die Simulation kontinuierlicher Systeme auf dem Digitalrechner bilden und zum Entwurf von Tastsystemen herangezogen werden können.
Dazu sind beispielsweise zur Modellierung von gewöhnlichen oder partiellen
Differentialgleichungen diskrete Teilsysteme - diskrete Modelle - in Form diskreter Integratoren oder Differentiatoren zu entwickeln. Die diskreten Modelle
sind auch für den Entwurf spezieller kontinuierlicher Systeme, wie Linearanten-
nen, Oberflächenwellenfilter und CCD-Filter, von besonderem Interesse. Bei
Oberflächenfiltern gewinnt man ein zulässiges Modell für das Übertragungsver-
halten durch entsprechende Vereinfachungen. Der Interdigitalwandler (Bild 1.4a)

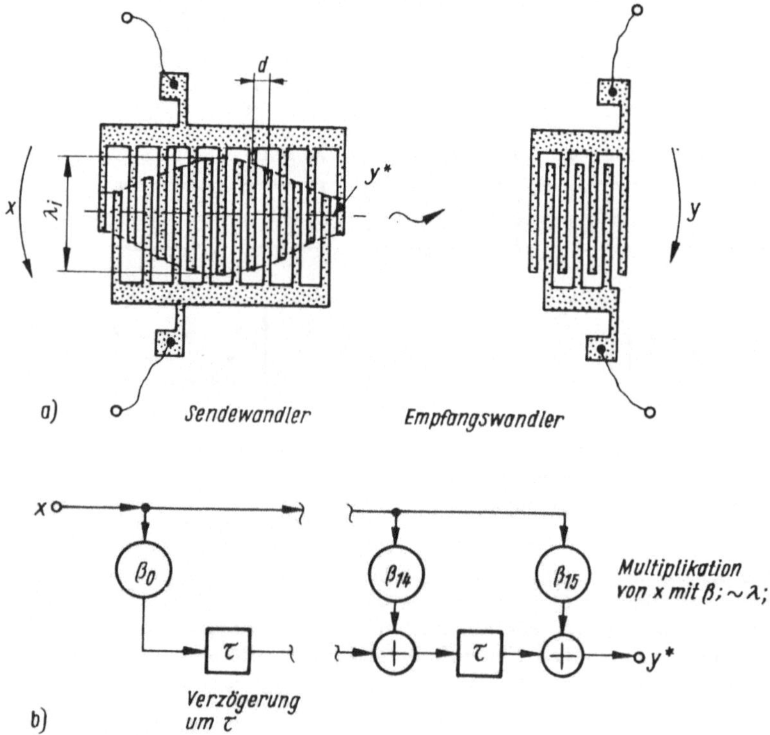

Bild 1.4. Oberflächenwellenelemente
a) Interdigitalwandlerstrukturen
b) elektrisches Ersatzschaltbild für den Sendewandler
y* äquivalentes elektrisches Signal am Sendewandlerausgang

kann als eine Reihe räumlich versetzter monofrequenter synchroner mechani-
scher Schwingungsquellen für die sich auf dem piezoelektrischen Körper aus-

dehnenden Oberflächenwellen angesehen werden. Durch die räumliche Versetzung der Erregungszentren entsteht zwischen den einzelnen Wellenzügen eine Zeitverschiebung um τ. Bei einem Elektrodenabstand von d und einer Phasengeschwindigkeit v der Oberflächenwellen, ergibt sich $\tau = d/v$. Die Wellenanregung läßt sich somit durch ein elektrisches Ersatzschaltbild (Bild 1.4b) darstellen. Das elektrische Ersatznetzwerk für den Sendewandler ist demnach ein nichtrekursives Tastsystem, wobei die Überlappungswerte λ_i proportional den Koeffizienten β_i sind. Der Oberflächenwellenfilterentwurf läßt sich demnach unter den getroffenen Modellannahmen auf den Entwurf eines nichtrekursiven diskreten Systems zurückführen.

2.   Diskrete Signale und Systeme

Die digitale Signalverarbeitung in Meßsystemen, Steuer- und Regelungssystemen und in Nachrichtensystemen wirft Probleme des Entwurfes diskreter Systeme, der digitalen Simulation kontinuierlicher Systeme und der Signalwandlung auf.
Für den Entwurf diskreter Systeme als auch für die Simulation kontinuierlicher
Systeme müssen Transformationen von diskreten Signalen, Operationen mit
diskreten Signalen und durch diskrete Systeme vermittelte Zuordnungsvorschrif-
ten zwischen diskreten Signalen näher betrachtet werden. Die Operatorenrechnung für diskrete Signale - Abschn. 2.1. - ist dabei an den Anfang der Ausführungen zu stellen. Die dafür notwendigen algebraischen Grundbegriffe sind
im Anhang A1 zusammengestellt. Die Operatorenrechnung bildet die Grundlage
für die Untersuchung von linearen diskreten Systemen im Operatorbereich und
von diskreten Systemen, die spezielle diskrete Transformationen realisieren,
Abschn. 2.2.
Die diskreten Transformationen können zur Untersuchung der Eigenschaften bestimmter Klassen diskreter Signale dienen, sie können aber auch die Grundlage
für die Realisierung eines linearen diskreten Systems sein.
Für die Simulation kontinuierlicher Systeme auf der Basis diskreter Systeme
und für den Einsatz diskreter Systeme zur digitalen Verarbeitung kontinuierlicher Prozeßsignale sind Signalwandlungen erforderlich. Die entsprechenden
Zusammenhänge bei der Wandlung kontinuierlicher Signale in diskrete Signale
und umgekehrt sind im Abschn. 2.3. kurz dargelegt.

2.1.   Operatorenrechnung für diskrete Signale

2.1.1.   Symbolik und Terminologie

Bei der Beschreibung eines Signals müssen in eindeutiger Weise die interessierenden Eigenschaften und die getroffenen Einschränkungen zum Ausdruck kommen.
Bei den kontinuierlichen Zeitsignalen $\widetilde{f}$ gibt die geschweifte Klammer $\{\ \}$ an,
daß es sich um Funktionen handelt, die für negative t verschwinden. Entsprechendes gilt für kontinuierliche Signale $\widetilde{f}$ der Zeit t und des Raumes mit den
Ortskoordinaten (u, v, w) / 2.21 /.
Für die diskreten Signale f, die vielfach durch Abtasten eines kontinuierlichen
Signals $\widetilde{f}$ an den Zeitpunkten $k\Delta t_k$ und an den Ortspunkten mit den Koordinaten
$(l\Delta u_l,\ m\Delta v_m,\ n\Delta w_n)$ entstehen, sind neben den Einschränkungen des Definitionsbereiches noch Festlegungen für die Zuordnung zwischen den Werten von $\widetilde{f}$ und f
zu treffen. Bei den getasteten Signalen wird eine eindeutige Abbildung $\widetilde{f}\rightarrow f$ in
die Menge der reellen Zahlen vorgenommen, und zwar in Form einer Normie-
rung / 2.21 / (Bild 2.1b). Im Fall der digitalen Signale liegt nur eine rechts-
eindeutige Abbildung auf eine endliche Teilmenge vor (Bilder 2.1c, 2.1d).

Im Bild 2.1 wurden schon die Einschränkungen beachtet, von denen in allen
weiteren Betrachtungen ausgegangen wird:

- Die Menge F der Signalwerte soll bezüglich einer eingeführten Addition und
  Multiplikation zumindest einen Ring, meist aber einen Körper bilden.
- Ferner wird die Menge der Signale eingeschränkt auf die Signale, deren
  Werte für $t < 0$, $u < 0$, $v < 0$ und $w < 0$ gleich dem Nullelement der zugrunde
  gelegten algebraischen Struktur sind.

Für die zu lösenden Probleme bedeuten diese Einschränkungen jedoch in der
Regel keine Beschränkung der Allgemeinheit.

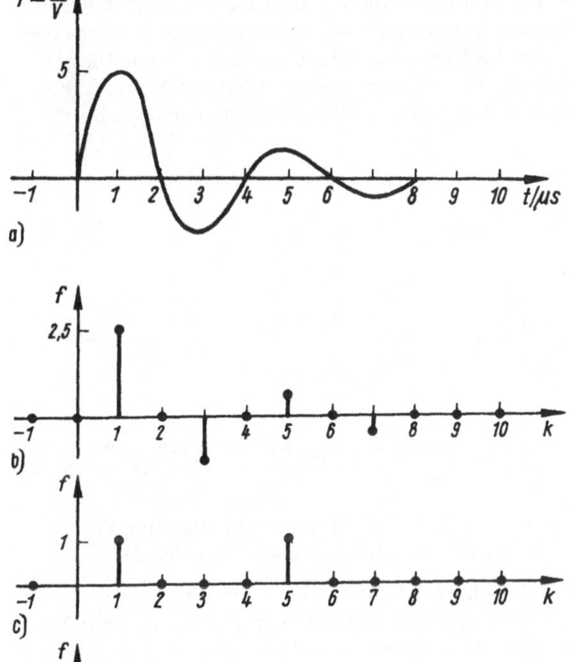

Bild 2.1. Signalabbildungen
a) kontinuierliches Signal $\widetilde{f} = \widetilde{U}$
b) getastetes Signal f mit Signalwerten aus der Menge der reellen Zahlen
c) binäres Signal f mit Signalwerten 0, 1
d) ternäres Signal f mit Signalwerten 1, 0, -1

Für die Behandlung nichtlinearer und mehrdimensionaler Systeme werden
Signale benötigt, die mehr als vier unabhängige Variable haben. Daher ist es
notwendig, für Signale mit n-unabhängigen Variablen, auch n-dimensionale
Signale genannt, eine geeignete Symbolik anzugeben. Die unterschiedliche

Dimension der Signale muß in der gewählten Schreibweise zum Ausdruck kommen, damit eine klare Signalbeschreibung garantiert wird. Durch die Schreibweise muß jedoch nicht unterschieden werden, ob ein eindimensionales Signal nur von der Zeit oder nur von einer Koordinate des Raumes abhängt. In der Systemtheorie hat sich eingebürgert, die ein-dimensionalen diskreten Signale über dem Definitionsbereich der ganzen Zahlen mit f, das diskrete Signal über dem Intervall $I = \{ j, j+1, \ldots, k \}$ mit $f|_j^k$ oder $f|I$ und die Werte des diskreten Signals im Punkt k bzw. j mit f [k] bzw. f [j] zu bezeichnen. Bei n-dimensionalen Signalen bezeichnen f das Signal mit dem Definitionsbereich G^n, $f|I$ das diskrete Signal mit dem Definitionsbereich $I \subset G^n$ und $f[k_1, k_2, \ldots, k_n]$ einen Wert des diskreten Signals im Punkt $(k_1, k_2, \ldots, k_n)$. Wenn der Definitionsbereich, auf den das Signal eingeschränkt ist, im betrachteten Zusammenhang nicht weiter von Interesse ist, so schreibt man f statt f|I. Da beim Operieren mit Signalen f im Definitionsbereich G bzw. G^n die Dimension nicht deutlich wird und ferner die Einschränkung auf diskrete Signale mit dem Definitionsbereich der nicht-negativen ganzen Zahlen nicht klar hervortritt, führt man folgende Symbolik ein:

eindimensionale Signale

$$<f[k]> \, := \begin{cases} f[k] & k \geqq 0 \\ 0 & k < 0 \end{cases} \tag{2.1a}$$

zweidimensionale Signale

$$\ll f[k_1, k_2] \gg \, := \begin{cases} f[k_1, k_2] & k_1 \geqq 0,\ k_2 \geqq 0 \\ 0 & \text{sonst} \end{cases} \tag{2.1b}$$

n-dimensionale Signale

$$< \ldots < f[k_1, \ldots, k_n] > \ldots > \, := \begin{cases} f[k_1, \ldots, k_n] & k_1 \geqq 0, \ldots, k_n \geqq 0 \\ 0 & \text{sonst} \end{cases} \tag{2.1c}$$

Die spitzen Klammern zeigen an, daß die Funktionswerte für negative k_i $(i = 1, \ldots, n)$ verschwinden. Die Anzahl der Klammern gibt die Dimension an.

Ist die Einschränkung klar ersichtlich, wird statt $<f[k]>$, $\ll f[k_1, k_2] \gg$, ... weiterhin nur f geschrieben. Sind die Funktionswerte von f Elemente des Körpers F, so soll die Menge der diskreten Signale $< \ldots < f[k_1, \ldots, k_n] > \ldots >$ mit ^nF bezeichnet werden.

Ist $<f[k]>$ nicht geschlossen angebbar, so wird $<f[k]>$ in der Form

$$<f[k]> \ = <f[0], f[1], f[2], \ldots >$$

geschrieben. Verschiebungen des diskreten Signals kennzeichnet man durch

$$< f[\varkappa-k]> \ = < \underbrace{0, \ldots, 0}_{\text{k-Werte}}, f[0], f[1], \ldots > \tag{2.2a}$$

und

$$< f[\varkappa+k]> \ = <f[k], f[k+1], f[k+2], \ldots >. \tag{2.2b}$$

Dabei wird k als fester Zeitpunkt betrachtet.

Zur Vereinfachung wird noch vereinbart, für die diskreten Signale mit $f[\varkappa] = 0$ für alle $\varkappa \geqq k$

$$< f[0], \ldots, f[k-1], 0, 0, 0, \ldots > \ = : < f[0], \ldots, f[k-1] >, \tag{2.3}$$

für die periodischen diskreten Signale mit $f[x] = f[x+k]$ für alle $x \geqq 0$

$$< f[0], \ldots, f[k-1], f[0], \ldots, f[k-1], f[0], \ldots > =: < f[0], \ldots, f[k-1] > \quad (2.4)$$

und für die Impulssignale

$$< f[0] > =: f[0]$$

zu schreiben. Durch die rekursive Definition der mehrdimensionalen Signale sind diese Vereinbarungen unmittelbar auf die mehrdimensionalen Signale übertragbar.

2.1.2. Signaloperationen

Bei der Einführung der Signaloperationen in den Mengen ^nF kommt es vor allem auf eine zweckmäßige Definition der Produkte an. Für die eindimensionalen Signale führt dies auf das diskrete Faltungsprodukt.

Definition 2.1.:

Es sei F ein Körper mit den Elementen $h[k]$, $f[k]$ und $g[k]$. In der Menge ^1F der eindimensionalen Signale werden für $< h[k] >$, $< f[k] > \in {}^1F$
die Addition durch

$$< h[k] > + < f[k] > := < h[k] + f[k] >, \quad (2.5)$$

die Multiplikation durch

$$< h[k] > \cdot < f[k] > := < g[k] > \quad (2.6a)$$

mit

$$g[k] = \sum_{x=0}^{k} h[x] \cdot f[k-x], \quad (2.6b)$$

die innere Multiplikation durch

$$< h[k] > \odot < f[k] > := \sum_{x=0}^{\infty} h[x] \cdot f[x] \quad (2.7)$$

und die Funktionswertmultiplikation durch

$$< h[k] > \otimes < f[k] > = < h[k] \cdot f[k] > \quad (2.8)$$

erklärt.

In /2.2/ wird nachgewiesen, daß $(^1F, +, \cdot)$ ein Integritätsring ist. Entsprechend den Ausführungen des Anhangs kann zu dem Integritätsring $(^1F, +, \cdot)$ eindeutig ein Quotientenkörper bestimmt werden, der $(^1F, +, \cdot)$ isomorph enthält. Die Elemente

$$\frac{< f[k] >}{< g[k] >} \in {}^1M \qquad (< g[k] > \neq 0)$$

des Quotientenkörpers $(^1M, +, \cdot)$ zu $(^1F, +, \cdot)$ heißen diskrete Operatoren und $(^1M, +, \cdot)$ der Körper der diskreten Mikusinski-Operatoren. Für die Operatoren gelten die aus der Bruchrechnung ganzer Zahlen bekannten Rechenregeln

$$\frac{f_1}{g_1} + \frac{f_2}{g_2} = \frac{f_1 \cdot g_2 + f_2 \cdot g_1}{g_1 \cdot g_2} \tag{2.9}$$

$$\frac{f_1}{g_1} \cdot \frac{f_2}{g_2} = \frac{f_1 \cdot f_2}{g_1 \cdot g_2} \tag{2.10}$$

mit $\quad f_1, \, f_2, \, g_1, \, f_2 \in {}^1F$.

Für spezielle Klassen von Operatoren werden spezielle Schreibweisen eingeführt. Da die Operatoren der Form

$$\frac{f \cdot g}{g} \in {}^1M$$

nicht von den diskreten Signalen $f \in {}^1F$ unterschieden werden, gilt

$$\frac{f \cdot g}{g} = f.$$

Beschränkt man sich auf endliche Signale der Form

$$<f\,[k]>_K := \; <f\,[0], \, f\,[1], \, \ldots, \, f\,[K\text{-}1]>_K \; \in {}^1F_K \tag{2.11}$$

oder auf eine Periode eines periodischen Signals (2.4), so ist das in Definition 2.1 erklärte Faltungsprodukt keine in der Menge ${}^1F_K \subset {}^1F$ der endlichen Signale abgeschlossene Operation. Eine in dieser Menge abgeschlossene Operation stellt das zyklische Faltungsprodukt dar, das durch das Operationszeichen $*$ gekennzeichnet wird.

Definition 2.2.:

Es sei F ein Körper mit den Elementen $h\,[k]$, $g\,[k]$ und $f\,[k]$. In der Menge ${}^1F_K$ der endlichen Signale werden für

$$<h\,[k]>_K \; = \; <h\,[0], \, h\,[1], \, \ldots, \, h\,[K\text{-}1]> \; \in {}^1F_K$$

und

$$<f\,[k]>_K \; = \; <f\,[0], \, f\,[1], \, \ldots, \, f\,[K\text{-}1]> \in {}^1F_K$$

die Addition durch

$$<h\,[k]>_K \; + \; <f\,[k]>_K \; := \; <h\,[k] \; + \; f\,[k]>_K, \tag{2.12}$$

die Multiplikation durch

$$<h\,[k]>_K \; * \; <f\,[k]>_K \; := \; <g\,[k]>_K \tag{2.13a}$$

mit

$$g\,[k] \; = \; \sum_{\varkappa=0}^{K-1} f\,[\varkappa] \cdot h\,[k - \varkappa \bmod K] \tag{2.13b}$$

und die innere Multiplikation durch

$$<h[k]>_K \bullet <f[k]>_K := \sum_{\varkappa=0}^{K-1} h[\varkappa] \cdot f[\varkappa] \qquad (2.14)$$

erklärt.

Für das zyklische Faltungsprodukt $<g[k]>_K = <h[k]>_K * <f[k]>_K$ mit $<g[k]>_K$, $<f[k]>_K$ und $<h[k]>_K \in {}^1F_K$ kann auch die Schreibweise

$$
\begin{pmatrix} g[0] \\ g[1] \\ g[2] \\ \cdot \\ \cdot \\ \cdot \\ g[K-1] \end{pmatrix}
=
\begin{pmatrix}
h[0] & h[K-1] & h[K-2] & \ldots & h[1] \\
h[1] & h[0] & h[K-1] & \ldots & h[2] \\
h[2] & h[1] & h[0] & \ldots & h[3] \\
\cdot & \cdot & \cdot & & \cdot \\
\cdot & \cdot & \cdot & & \cdot \\
\cdot & \cdot & \cdot & & \cdot \\
h[K-1] & h[K-2] & h[K-3] & \ldots & h[0]
\end{pmatrix}
\cdot
\begin{pmatrix} f[0] \\ f[1] \\ f[2] \\ \cdot \\ \cdot \\ \cdot \\ f[K-1] \end{pmatrix}
\qquad (2.15)
$$

gewählt werden. Diese Darstellung ist insbesondere bei der rechentechnischen Auswertung von Nutzen. Dem Vergleich mit der Darstellung der Faltung

$$
\begin{pmatrix} g[0] \\ g[1] \\ g[2] \\ \cdot \\ \cdot \\ \cdot \end{pmatrix}
=
\begin{pmatrix}
h[0] & 0 & 0 & \ldots \\
h[1] & h[0] & 0 & \ldots \\
h[2] & h[1] & h[0] & \ldots \\
\cdot & \cdot & \cdot & \\
\cdot & \cdot & \cdot & \\
\cdot & \cdot & \cdot &
\end{pmatrix}
\cdot
\begin{pmatrix} f[0] \\ f[1] \\ f[2] \\ \cdot \\ \cdot \\ \cdot \end{pmatrix}
\qquad (2.16)
$$

ist zu entnehmen, daß die Ergebnisse der Operationen genau dann übereinstimmen, wenn die letzten $K/2$ (K-gerade) bzw. $(K-1)/2$ (K-ungerade) von $<h[k]>_K$ und $<f[k]>_K$ gleich Null sind. Unter Beachtung dieser Einschränkung ist es möglich, die Operation $\cdot$ gegebenenfalls durch $*$ zu ersetzen und umgekehrt. In /2.3/ wird nachgewiesen, daß $({}^1F_K, +, *)$ ein kommutativer Ring mit Nullteilern ist. Einfaches Nachrechnen ergibt beispielsweise, daß die Elemente

$$<h[k]>_K = <1, -1, 0\ldots, 0>_K, \quad <f[k]>_K = <1, 1, \ldots, 1>_K \in {}^1F_K$$

Nullteiler des Ringes $({}^1F_K, +, *)$ sind, d.h.

$$
\begin{pmatrix} 0 \\ 0 \\ 0 \\ \cdot \\ \cdot \\ \cdot \\ 0 \end{pmatrix}
=
\begin{pmatrix}
1 & 0 & 0 & \ldots & -1 \\
-1 & 1 & 0 & \ldots & 0 \\
0 & -1 & 1 & \ldots & 0 \\
\cdot & \cdot & \cdot & & \cdot \\
\cdot & \cdot & \cdot & & \cdot \\
\cdot & \cdot & \cdot & & \cdot \\
0 & 0 & 0 & \ldots & 1
\end{pmatrix}
\cdot
\begin{pmatrix} 1 \\ 1 \\ 1 \\ \cdot \\ \cdot \\ \cdot \\ 1 \end{pmatrix}
$$

bzw.

$$<0, \ldots, 0>_K = <1, -1, 0, \ldots, 0>_K * <1, 1, \ldots, 1>_K.$$

Die Existenz von Nullteilern erweist sich beim Rechnen mit endlichen Signalen der Form (2.12) als nachteilig, so daß die Operation $*$ nur zur rechentechnischen Auswertung der Operation $\cdot$ herangezogen wird.

Für mehrdimensionale Signale bildet eine geeignete Zusammenfassung der Funktionswerte $f[k_1, \ldots, k_n]$ des n-dimensionalen Signals zu unendlich vielen (n-1)-dimensionalen Signalen den Ausgangspunkt. Bei den zweidimensionalen Signalen sind die Formen

$$\ll f[k_1, k_2] \gg \; = \; \ll f[0, k_2]>, \; <f[1, k_2]>, \; <f[2, k_2]>, \; \ldots>$$

und

$$\ll f[k_1, k_2] \gg \; = \; \ll f[k_1, 0]>, \; <f[k_1, 1]>, \; <f[k_1, 2]>, \; \ldots>$$

angebracht.

Mit der Symbolik

$$^1f_1[k_2] \; = \; <f[k_1, k_2]> \; \text{bzw.} \; ^1f_2[k_1] \; = \; <f[k_1, k_2]>$$

können die zweidimensionalen Signale in der Form

$$\ll f[k_1, k_2] \gg \; = \; <\,^1f_1[k_1]> \; \text{bzw.} \; \ll f[k_1, k_2] \gg \; = \; <\,^1f_2[k_2]>$$

geschrieben werden. Im Bild 2.2 sind die zwei möglichen Zusammenfassungen zu Signalen niederer Dimension dargestellt. Entsprechend gilt für n-dimensionale Signale die Darstellung

$$<\ldots<f[k_1, \ldots, k_n]>\ldots> \; = \; <\,^{n-1}f_\nu[k_\nu]> \tag{2.17}$$

$$\nu \in = \{1, 2, \ldots, n.\}$$

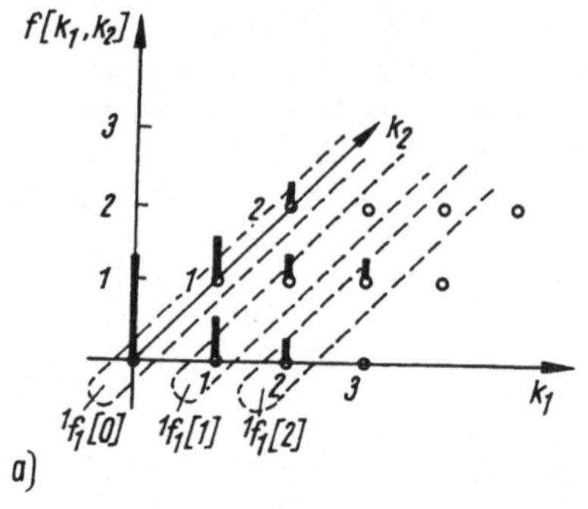
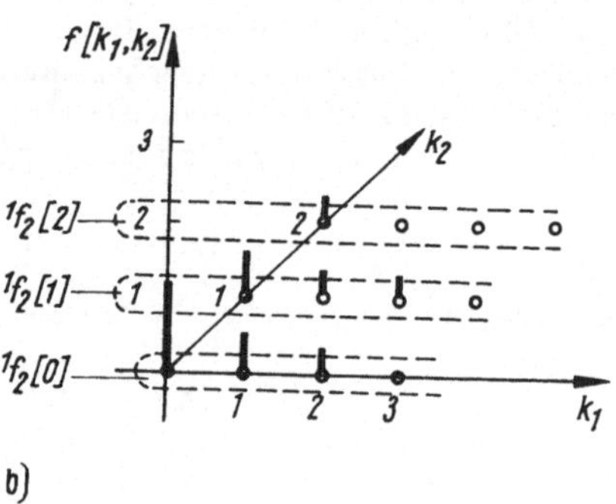

Bild 2.2. Darstellung zweidimensionaler Signale

a) Zusammenfassung zu eindimensionalen Signalen $^1f_1$

b) Zusammenfassung zu eindimensionalen Signalen $^1f_2$

In der Menge ^nF der n-dimensionalen Signale werden die Operationen $+$ und $\cdot$ rekursiv eingeführt. Dies erfolgt unter der Annahme, daß auch für $n > 2$ die algebraische Struktur $(^{n-1}F, +, \cdot)$ ein Integritätsring ist und damit $(^{n-1}M, +, \cdot)$ der zugeordnete Quotientenkörper mit den Elementen

$$\frac{^{n-1}f_\nu[k_\nu]}{^{n-1}h_\nu[k_\nu]} \; \in \; ^{n-1}M.$$

Definition 2.3.:

Es sei ^{n-1}M ein Körper mit den Elementen $^{n-1}g_\nu[k_\nu]$, $^{n-1}f_\nu[k_\nu]$ und $^{n-1}h_\nu[k_\nu]$. In der Menge ^nF der n-dimensionalen Signale werden für

$$< {}^{n-1}f_\nu[k_\nu] >, < {}^{n-1}h_\nu[k_\nu] > \epsilon\, ^nF$$

die Addition durch

$$< {}^{n-1}h_\nu[k_\nu] > + < {}^{n-1}f_\nu[k_\nu] >: \ = < {}^{n-1}h_\nu[k_\nu] + {}^{n-1}f_\nu[k_\nu] > \qquad (2.18)$$

die Multiplikation durch

$$< {}^{n-1}h_\nu[k_\nu] > \cdot < {}^{n-1}f_\nu[k_\nu] >: \ = < {}^{n-1}g_\nu[k_\nu] > \qquad (2.19)$$

mit

$$^{n-1}g_\nu[k_\nu] = \sum_{\varkappa_\nu=0}^{k_\nu} {}^{n-1}h_\nu[k_\nu] \cdot {}^{n-1}f_\nu[k_\nu - \varkappa_\nu]$$

und die innere Multiplikation durch

$$< {}^{n-1}h_\nu[k_\nu] > \otimes < {}^{n-1}f_\nu[k_\nu] >: \ = \sum_{\varkappa_\nu=0}^{\infty} {}^{n-1}h_\nu[\varkappa_\nu] \otimes {}^{n-1}f_\nu[\varkappa_\nu] \qquad (2.20)$$

erklärt.

Abgesehen von den Elemente- und Mengenbezeichnungen, stimmen die Definitionen der Addition und der Multiplikation mit denen in Definition 2.1. angegebenen überein. Folglich ist $(^nF, +, \cdot)$ genau dann ein Integritätsring und damit $(^nM, +, \cdot)$ der zugeordnete Quotientenkörper, wenn $(^{n-1}M, +, \cdot)$ ein Körper ist. Da $(^1M, +, \cdot)$ ein Körper ist, sind somit auch alle algebraischen Strukturen $(^nM, +, \cdot)$ für $n \geqq 2$ Körper. Die Operationen + und $\cdot$ sind unabhängig von der Darstellung. Dies ist bei der Addition wegen

$$< \ldots < h[k_1, \ldots, k_n] > \ldots > + < \ldots < f[k_1, \ldots, k_n] > \ldots >$$
$$= < \ldots < h[k_1, \ldots, k_n] + f[k_1, \ldots, k_n] > \ldots >$$

unmittelbar gegeben. Für die Multiplikation liefert die fortlaufende Anwendung der Definitionsgleichung (2.19) den Ausdruck

$$< \ldots < h[k_1, \ldots, k_n] > \ldots > \ \cdot \ < \ldots < f[k_1, \ldots, k_n] > \ldots >$$
$$= < \ldots < g[k_1, \ldots, k_n] > \ldots >$$

mit

$$g[k_1, \ldots, k_n] = \sum_{\varkappa_1=0}^{k_1} \cdots \sum_{\varkappa_n=0}^{k_n} h[\varkappa_1, \ldots, \varkappa_n] \cdot f[k_1-\varkappa_1, \ldots, k_n-\varkappa_n].$$

Da eine Vertauschung der Summationsreihenfolge keine Veränderung des Resultats bewirkt, ist die Multiplikation unabhängig von der gewählten Darstellung. Gleiches gilt für die innere Multiplikation. Folglich ist es möglich, sich auf die vereinfachte Schreibweise

$$<\ldots< f\left[k_1, \ldots, k_n\right] >\ldots> \; = \; <\,^{n-1}f\left[k_n\right]> \tag{2.21}$$

festzulegen. Für die häufig benutzten zwei- und dreidimensionalen Signale bedeutet das

$$\ll f\left[k_1, k_2\right] \gg = \ll f\left[0, 0\right], \; f\left[1, 0\right], \; \ldots>, \; < f\left[0, 1\right], \; f\left[1, 1\right], \; \ldots> , \; \ldots>$$

und

$$\ll f\left[k_1, k_2, k_3\right] \gg = \ll f\left[0, 0, 0\right], \; f\left[1, 0, 0\right], \; \ldots>, \; < f\left[0, 1, 0\right], \; f\left[1, 1, 0\right], \; \ldots>, \; \ldots>,$$
$$\ll f\left[0, 0, 1\right], \; f\left[1, 0, 1\right], \; \ldots>, \; < f\left[0, 1, 1\right], \; f\left[1, 1, 1\right], \; \ldots>, \; \ldots>, \; \ldots>.$$

Die abkürzenden Schreibweisen entsprechend Abschn. 2.1.1. werden jedoch nur dann verwandt, wenn aus dem Zusammenhang die Dimension klar ersichtlich ist.

Auch im Falle der endlichen mehrdimensionalen Signale

$$< \,^{n-1}f\left[k_n\right]_{K_n} = < \,^{n-1}f\left[0\right], \; \ldots, \; ^{n-1}f\left[K_n-1\right]> \in \,^{n}F_{K_n} \tag{2.22}$$

kann eine zyklische Faltung rekursiv definiert werden. Diese Operation ist dann eine in der Menge $^{n}F_{K_n}$ abgeschlossene Operation.

Definition 2.4.:

In der Menge $^{n}F_K$ der n-dimensionalen endlichen Signale werden die Addition durch

$$< \,^{n-1}h\left[k_n\right]>_{K_n} + < \,^{n-1}f\left[k_n\right]>_{K_n} = < \,^{n-1}h\left[k_n\right] + \,^{n-1}f\left[k_n\right]>_{K_n} \tag{2.23}$$

und die Multiplikation durch

$$< \,^{n-1}h\left[k_n\right]>_{K_n} * < \,^{n-1}f\left[k_n\right]>_{K_n} = < \,^{n-1}g\left[k_n\right]>_{K_n} \tag{2.24}$$

$$^{n-1}g\left[k_n\right] = \sum_{\varkappa_n=0}^{K_n-1} \,^{n-1}h\left[\varkappa_n\right] * \,^{n-1}f\left[k_n - \varkappa_n \bmod K_n\right]$$

erklärt.

Ersetzt man in Gl. (2.15) alle Elemente durch die entsprechende n–1 dimensionalen Signale und die Multiplikation durch * , so erhält man eine entsprechende Matrixdarstellung.

Bisher wurden Abbildungen der Form $^{n}F x\,^{n}F \rightarrow \,^{n}F$ betrachtet. Bei der Behandlung nichtstationärer Systeme wird jedoch ein geeigneter algebraischer Ableitungsbegriff eines diskreten Signals $^{n}f \in \,^{n}F$ benötigt. Infolge der rekursiven Definition der diskreten Signale genügt es, den Fall der eindimensionalen Signale zu beachten.

Definition 2.5.:

Es sei F ein Körper mit den Elementen $f\left[k\right]$ und $g\left[k\right]$. Das diskrete Signal

$$g = f' \tag{2.25a}$$

$$\text{mit } g[k] \;=\; -(k+1)\, f[k+1] \tag{2.25b}$$

heißt <u>algebraische Ableitung</u> von f.

Durch einfaches Nachrechnen lassen sich die Rechenregeln

$$(g \cdot h)' = g \cdot h' + g' \, h \tag{2.26}$$

und $\quad (g + h)' = g' + h' \tag{2.27}$

bestätigen. Aus der Beziehung

$$(h^{-1} \cdot h)' = h^{-1} \cdot h' + (h^{-1})' \, h = 0 \tag{2.28}$$

erhalten wir

$$(h^{-1})' = - \, h'/h^2. \tag{2.29}$$

Die Anwendung der Regeln (2.26) und (2.27) auf den Ausdruck $(g/h)'$ liefert

$$\left(\frac{g}{h}\right)' = \frac{g'h - g \cdot h'}{h^2}. \tag{2.30}$$

<u>Beispiel 2.1.:</u>

Von dem Produkt $g \cdot h$ der diskreten Signale $g = \,<0,1,1,0,0,0,1>$ und
$h = \,<1,1,0,1,0,0,1>$ über dem Körper GF (2) ist die algebraische Ableitung
$(g \cdot h)'$ zu bilden.
Aus dem Produkt

$$g \cdot h = \,<0,1,0,1,1,1,1,0,1,1,0,0,1>$$

berechnet man

$$(g \cdot h)' = \,<1,0,1,0,1,0,0,0,1,0,0,0,0>.$$

Die Anwendung der Beziehung (2.26) ergibt ebenfalls

$$(g \cdot h)' = \,<0,1,1,0,0,0,1> \cdot <1,0,1> + <1,1,0,1,0,0,1> \cdot 1$$

$$= \,<0,1,1,1,1,0,1,0,1> + <1,1,0,1,0,0,1>$$

$$= \,<1,0,1,0,1,0,0,0,1>.$$

2.1.3. Spezielle Operatoren

Die Impulssignale und daraus abgeleitete Signale zeichnen sich durch besondere
Eigenschaften aus. Das Impulssignal 0 ist das Nullelement des Körpers
$(^1M, +, \cdot)$, und der Einheitsimpuls $f = 1$ ist das Einselement (Bild 2.3). Die
Multiplikation eines diskreten Signals f mit einem Impulssignal $<a,0,0,\ldots>$
ist gleichbedeutend mit der Multiplikation der Funktionswerte $f[k]$ mit a:

$$<a,0,0,\ldots> \, \cdot <f[k]> = \,<a \cdot f[k]> = a <f[k]>. \tag{2.31}$$

Die Verschiebung des Einheitsimpulses um 1 in positiver k-Richtung führt auf
das diskrete Signal $<0,1>$ (Bild 2.3b). Da die Multiplikation von $<0,1>$ mit
$<f[k]>$ eine Verschiebung von $<f[k]>$ um 1 in positiver Richtung bewirkt, wird
der Operator $<0,1>$ <u>Verschiebungsoperator</u> genannt und mit

$$d^{-1} := \,<0,1> \tag{2.32}$$

bezeichnet. Die j-fache Anwendung des Verschiebungsoperators d^{-1} auf ein diskretes Signal $<f[k]>$ hat eine Verschiebung von $<f[k]>$ um j in positiver Richtung zur Folge:

$$d^{-j} <f[k]> = <f[k-j]> .$$

(2.33)

Die Gl. (2.33) wird verwandt, um Beziehungen zwischen den Signalwerten f [k] an ausgewählten Punkten k als Beziehungen zwischen diskreten Signalen zu formulieren und umgekehrt. •

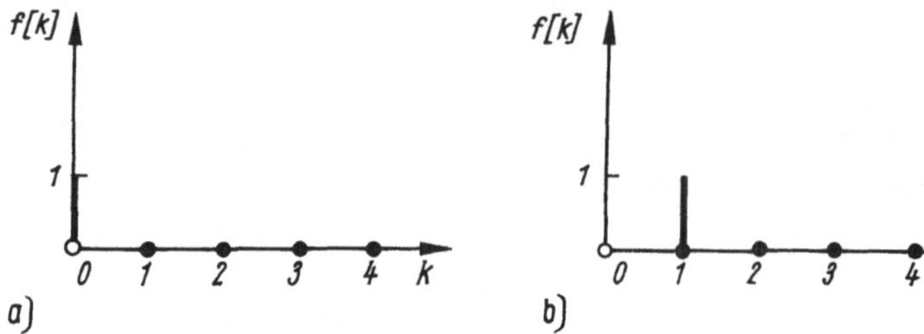

Bild 2.3. Impulssignale
a) Einheitsimpuls f = 1
b) Verschiebungsoperator f = <0, 1>

Während der Verschiebungsoperator zur Menge ^1F der diskreten Signale gehört, ist der inverse Operator d kein Element von ^1F, sondern ein Element von $^1M\backslash^1F$ und deshalb nur als Quotient

$$d = \frac{1}{<0,\ 1>}$$

(2.34)

darstellbar. Denn es gibt kein $x \in {}^1F$, das der Gleichung $<0, 1> \cdot x = 1$ genügt.

Im folgenden soll untersucht werden, welche Wirkung die Multiplikation mit dem inversen Verschiebungsoperator d auf ein diskretes Signal $<f[k]>$ hat. Wenn das Produkt $d \cdot <f[k]>$ ein Element von ^1F ist, so bewirkt der Operator d eine Verschiebung von $<f[k]>$ um 1 in negativer Richtung. Die Bedingung

$$d \cdot <f[k]> \in {}^1F$$

ist erfüllt, wenn $f[0] = 0$ gilt. In allen anderen Fällen ist eine derartige Deutung nicht möglich, da das Produkt kein diskretes Signal aus der Menge ^1F liefert. Damit die obige Bedingung immer erfüllt ist, geht man nicht von dem Signal $<f[k]>$, sondern von dem Signal $(<h[k]> - <h[0]>)$ aus. Die Multiplikation von $(<h[k]> - <h[0]>)$ mit d bedeutet dann eine Verschiebung um 1 in negativer Richtung:

$$d \cdot (<h[k]> - <h[0]>) = <h[k+1]> .$$

(2.35)

Die j-fache Anwendung des inversen Verschiebungsoperators d auf ein diskretes Signal $<f[k]>$ ist nur unter der Bedingung

$$d^j <f[k]> \in {}^1F$$

als Verschiebung von $<f[k]>$ um j in negativer Richtung deutbar. Für die Signale
$<f[k]> = (<h[k]> - <h[0], \ldots, <h[j-1]>)$, die die genannte Bedingung erfüllen,
lautet die zu (2.33) analoge Beziehung

$$d^j \, (<h[k] \, - <h[0], \ldots, h[j-1]>) = <h[k+j]>. \tag{2.36}$$

Abschließend soll nochmals hervorgehoben werden, daß die Multiplikation mit d
uneingeschränkt durchführbar ist, jedoch nicht jedes Produkt als Signalverschie
bung gedeutet werden kann.

Unter den ausgezeichneten Operatoren soll noch der Operator $<1, -1>$ (Bild 2.4ɑ
betrachtet werden. Um die Wirkung der Multiplikation von $<1, -1>$ mit einem
diskreten Signal $<f[k]>$ leicht zu erkennen, wird der Operator $<1, -1>$ in der
Form

$$<1, -1> = 1 - d^{-1}. \tag{2.37a}$$

zerlegt. Die Multiplikation von $<1, -1>$ mit $<f[k]>$ führt dann auf die Beziehung

$$<1, -1><f[k]> = <f[k]> - <f[k-1]> \tag{2.37b}$$

$$= <f[k] \, - f[k-1]>.$$

Die Multiplikation mit $<1, -1>$ hat also eine Differenzbildung zur Folge. Deshalb wird $<1, -1>$ <u>Differenzenoperator</u> genannt und kürzer mit

$$\Delta : \, = <1, -1>$$

bezeichnet. Den inversen Operator ermittelt man aus der Gleichung
$<1, -1> \cdot \Delta^{-1}$. Die Lösung lautet

$$\Delta^{-1} = <\bar{1}>. \tag{2.38a}$$

Somit ist Δ^{-1} (Bild 2.4b) ebenso wie Δ ein Element von ^1F.

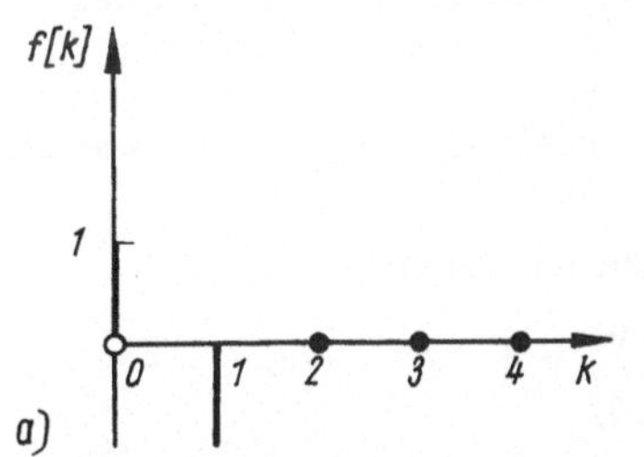
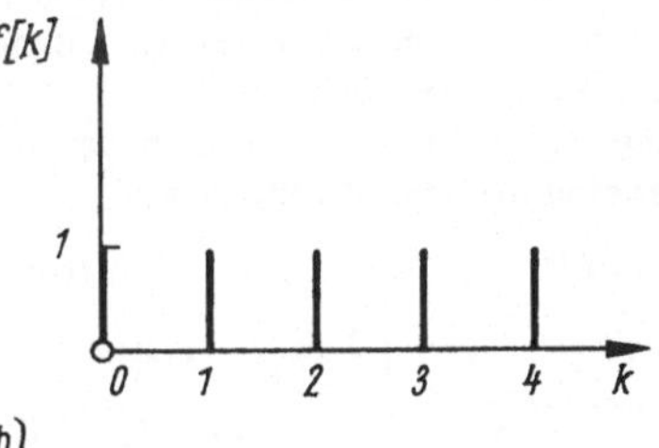

Bild 2.4. Spezielle Operatoren
a) Differenzenoperator $f = <1, -1>$
b) Summenoperator $f = <\bar{1}>$

Da das Produkt

$$\Delta^{-1} \cdot <f[k]> = <g[k]> \tag{2.38b}$$

mit

$$g[k] = \sum_{\varkappa=0}^{k} f[\varkappa]$$

die Folge der Partialsummen des Signals $<f[k]>$ liefert, wird Δ^{-1} <u>Summenopera-</u>
<u>tor</u> genannt. Das diskrete Signal $<\overline{1}>$ heißt auch <u>Einheitssprung</u>. Je nachdem, ob
die Summenbildung oder die Signalform im Vordergrund stehen, werden die eine
oder die andere Benennung verwendet.

Die behandelten speziellen Operatoren werden herangezogen, um äquivalente
Signaldarstellungen zu finden. Sollen die diskreten Signale $f \in {}^1F$ durch Potenzen
des Verschiebungsoperators ausgedrückt werden, so bildet die Darstellung

$$f = <f[0], \; f[1], \; f[2], \; f[3], \; \ldots>$$

$$= <f[0], \; 0, \; 0, \; 0, \; 0, \; \ldots> + <0, \; f[1], \; 0, \; 0, \; 0, \; \ldots>$$

$$+ <0, \; 0, \; f[2], \; 0, \; 0, \; \ldots> + <0, \; 0, \; 0, \; f[3], \; 0, \; \ldots> + \ldots$$

den Ausgangspunkt. Der Vergleich mit den Potenzen des Verschiebungsoperators d^{-1}

$$d^0 = 1$$

$$d^{-1} = <0, \; 1>$$

$$d^{-2} = <0, \; 1> \cdot <0, \; 1> = <0, \; 0, \; 1>$$

führt dann unmittelbar auf

$$f = \sum_{\varkappa=0}^{\infty} f[\varkappa] d^{-\varkappa} = F(d^{-1}). \tag{2.39}$$

Diese Beziehung ist unter anderem geeignet, die Multiplikation zweier Signale

$$<h[k]> \cdot <f[k]> = \sum_{\varkappa=0}^{\infty} f[\varkappa] <h[k]> \cdot d^{-\varkappa} \tag{2.40}$$

als Summe von Signalen, die aus $<h[k]>$ durch Verschieben um $\varkappa$ und Wichten
mit $f[\varkappa]$ entstehen, zu interpretieren. Ferner erlaubt sie eine einfachere
Schreibweise spezieller Signale.

Von den ausgezeichneten Operatoren der mehrdimensionalen Signale soll zuerst
der n-dimensionale Einheitsimpuls

$$<\ldots<f[k_1,\ldots,k_n]>\ldots> = 1 \text{ mit der diskreten Funktion}$$

$$f[k_1,\ldots,k_n] = \begin{cases} 1 & (k_1,\ldots,k_n) = (0,\ldots,0) \\ 0 & (k_1,\ldots,k_n) \neq (0,\ldots,0) \end{cases}$$

betrachtet werden.

Die Verschiebung des n-dimensionalen Einheitsimpulses um 1 in positiver
k_ν-Richtung führt auf den Operator

$$d_\nu^{-1} = \begin{cases} 1 & k_j = 0 (j \neq \nu), \; k_j = 1 (j = \nu) \; j = 1,\ldots,n \\ 0 & \text{sonst} \end{cases} \tag{2.41}$$

Der Operator d^{-1} wird Verschiebungsoperator bezüglich der Variablen k_ν genannt. Die Verschiebungsoperatoren können aufgrund der Festlegung (2.21)
auch in der Form

$$d_1^{-1} = \langle \ldots \langle 0,\ 1 \rangle \ldots \rangle$$

$$d_2^{-1} = \langle \ldots \langle\!\langle 0 \rangle, \langle 1 \rangle\!\rangle \ldots \rangle \qquad\qquad (2.42)$$

$$\vdots$$

$$d_n^{-1} = \langle\!\langle \ldots \langle 0 \rangle \ldots \rangle,\ \langle \ldots \langle 1 \rangle \ldots \rangle\!\rangle$$

dargestellt werden. Die Verschiebungsoperatoren d_1^{-1} und d_2^{-1} im Fall der zweidimensionalen Signale sind im Bild 2.5 dargestellt. Die in den Bildern 2.5b und 2.5d angegebene Gitterpunktdarstellung ist für viele Betrachtungen ausreichend.

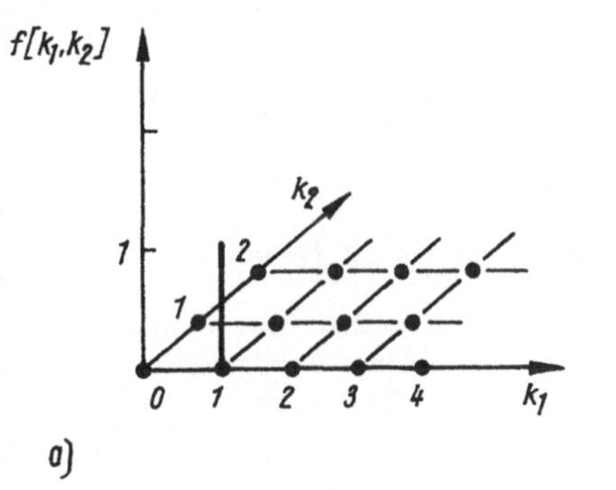

a)

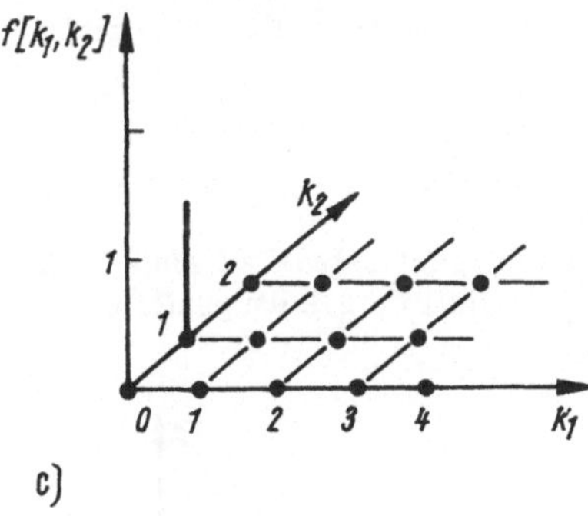

c)

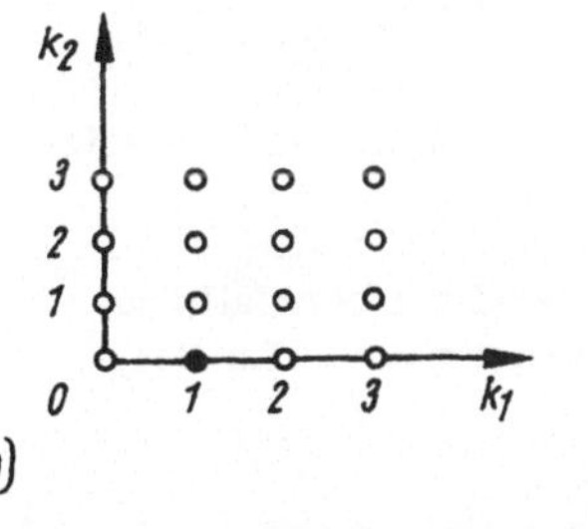

b)

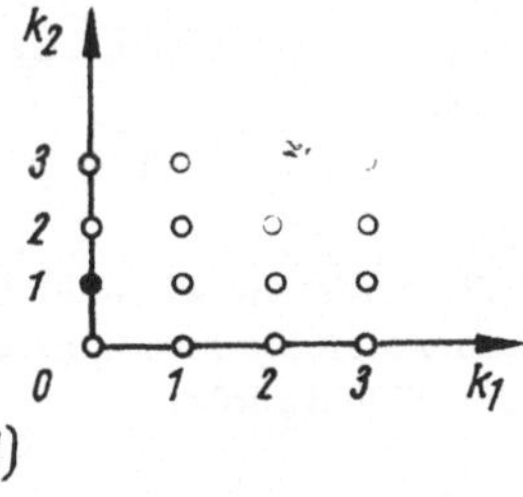

d)

Bild 2.5. Verschiebungsoperatoren

a) Verschiebungsoperator $d_1^{-1} = \langle\!\langle 0,\ 1 \rangle\!\rangle$

b) Gitterpunktdarstellung von d_1^{-1}

c) Verschiebungsoperator $d_2^{-1} = \langle\!\langle 0 \rangle, \langle 1 \rangle\!\rangle$

d) Gitterpunktdarstellung von d_2^{-1}

o $f\!\left[k_1,\ k_2\right] = 0$; • $f\!\left[k_1,\ k_2\right] \equiv 1$

Die Multiplikation des mehrdimensionalen Signals f mit d_ν^{-1} bewirkt eine Verschiebung von f um 1 in positiver k_ν-Richtung. Die j-fache Anwendung hat dann eine Verschiebung um j in positiver k_ν-Richtung zur Folge:

$$d_\nu^{-j} < \ldots < f\!\left[k_1, \ldots, k_n\right] > \ldots > \; = \; < \ldots < f\!\left[k_1, \ldots, k_{\nu-1}, k_\nu - j, k_{\nu+1}, \ldots, k_n\right] > \ldots > . \tag{2.43}$$

Die inversen Verschiebungsoperatoren $d_1, \ldots, d_n$ gehören wiederum nicht zur Menge ^nF. Damit das Produkt von d_ν mit f wieder ein n-dimensionales Signal ergibt, muß für alle Punkte $(k_1, \ldots, k_n)$ mit $k_\nu = 0$ $f\!\left[k_1, \ldots, k_n\right] = 0$ gelten. In diesem Fall bewirkt der Operator d_ν eine Verschiebung um 1 in negativer k_ν-Richtung. Deshalb betrachtet man nicht das Signal f, sondern

$$(h - h_{r\nu}),$$

wobei

$$h_{r\nu}\!\left[k_1, \ldots, k_n\right] = \begin{cases} h\!\left[k_1, \ldots, k_n\right] & \text{für } k_\nu = 0 \\[2mm] 0 & \text{für } k_\nu \neq 0 \end{cases}$$

das ν-te Randsignal darstellt. Dann gilt

$$d_\nu \cdot \left(< \ldots < h\!\left[k_1, \ldots, k_n\right] > \ldots > - < \ldots < h_{r\nu}\!\left[k_1, \ldots, k_n\right] > \ldots > \right) \tag{2.44}$$

$$= < \ldots < h\!\left[k_1, \ldots, k_{\nu-1}, \, k_\nu + 1, k_{\nu+1}, \ldots, k_n\right] > \ldots > .$$

Für den zweidimensionalen Fall sind die Randsignale $\ll h_{r1}\!\left[k_1, k_2\right] \gg$ und $\ll h_{r2}\!\left[k_1, \, k_2\right] \gg$ im Bild 2.6 dargestellt.

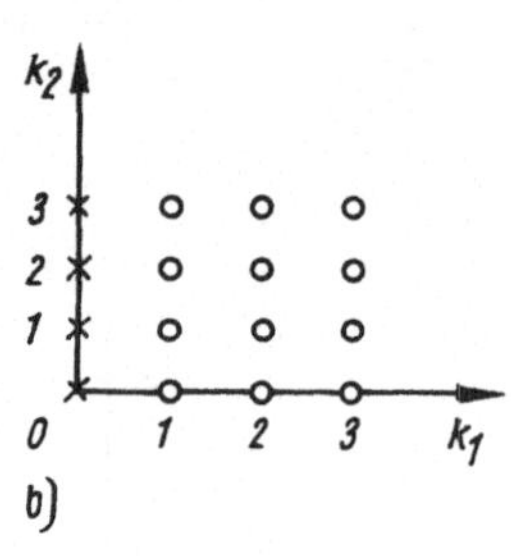

Bild 2.6. Zweidimensionale Randsignale
a) Randsignal
$h_{r2} = \ll h\,[0\,,\,0]>,<h\,[1\,,\,0]>,\; <h\,[2\,,\,0]> \ldots \gg$
b) Randsignal
$h_{r1} = \ll h\,[0,\,0]>,\; <h\,[0,\,1]>,\; <h\,[0,\,2]> \ldots \gg$
$* - h\,[k_1,\,k_2] = $ Randwert;
$\circ - h\,[k_1,\,k_2] = 0$

Der behandelte n-dimensionale Verschiebungsoperator wird nun ebenfalls zur äquivalenten Signaldarstellung herangezogen. Aus der rekursiven Definition der n-dimensionalen Signale folgt

$$f = \sum_{\varkappa_n = 0}^{\infty} \,^{n-1}f\!\left[\varkappa_n\right] d_n^{-\varkappa_n}$$

und daraus

$$f = \sum_{\varkappa_1 = 0}^{\infty} \ldots \sum_{\varkappa_n = 0}^{\infty} f\!\left[\varkappa_1, \ldots, \varkappa_n\right] d_1^{-\varkappa_1} \ldots \cdot d_n^{-\varkappa_n} \tag{2.45}$$

$$= F(d_1^{-1}, \ldots, d_n^{-1}).$$

Abschließend wird der Differenzenoperator bezüglich der Variablen k_ν betrachtet:

$$\Delta_\nu = 1 - d_\nu^{-1}. \qquad (2.46a)$$

Die Multiplikation von Δ_ν mit f führt auf die Beziehung

$$\Delta_\nu \cdot \; <\ldots<f[k_1,\ldots,k_n]>\ldots> \; = \; <\ldots<f[k_1,\ldots,k_n]$$
$$-f[k_1,\ldots,k_{\nu-1},\,k_\nu-1,\,k_{\nu+1},\,\ldots,\,k_n]\,>\ldots> \qquad (2.46b)$$

und hat somit eine Differenzbildung zur Folge. Mit der Darstellung (2.42) erhält man für die einzelnen Differenzenoperatoren die Ausdrücke

$$\Delta_1 = <\ldots<1,\,-1>\ldots>$$
$$\Delta_2 = <\ldots\ll 1>,\,<-1\gg\ldots>$$
$$\cdot$$
$$\cdot \qquad\qquad\qquad\qquad\qquad (2.47)$$
$$\cdot$$
$$\Delta_n = \ll\ldots<1>\ldots>,\,<\ldots<-1>\ldots\gg.$$

Die inversen Operatoren Δ_ν^{-1} gehören, wie im Fall der eindimensionalen Signale, zur Menge ^nF. Sie lauten

$$\Delta_1^{-1} = <\ldots<\overline{1}>\ldots>$$
$$\Delta_2^{-1} = <\ldots\;\ll\overline{1}\gg\;\ldots>$$
$$\cdot$$
$$\cdot \qquad\qquad\qquad\qquad\qquad (2.48)$$
$$\cdot$$
$$\Delta_n^{-1} = \overline{\ll\ldots<1>\ldots\gg}.$$

Die grafische Darstellung von Δ_ν und Δ_ν^{-1} über k_ν würde die Bilder 2.4a und 2.4b ergeben.

2.1.4. Operatorgleichungen

Für das Operieren in der Menge der diskreten Signale ^nF erscheint es zweckmäßig, äquivalente Signaldarstellungen und die dazugehörigen Algorithmen der Umwandlung zu betrachten. Dabei sind insbesondere die Darstellungen diskreter Signale in Form von Brüchen, Summen und Produkten von Interesse. Beim unmittelbaren Rechnen mit den diskreten Signalen ist dann zu entscheiden, welche Darstellung die jeweils vorteilhafteste ist.
Um nicht immer wieder die Inversion von vorgegebenen diskreten Signalen ausführen zu müssen, ist es vielfach zweckmäßig, die Darstellun

$$f = \frac{1}{f^{-1}}$$

zu kennen. Häufig ist die Inverse f^{-1} aufgrund der technischen Aufgabenstellung wieder ein diskretes Signal. Die Inverse $x = f^{-1}$ ist ein diskretes Signal und kann rekursiv aus dem folgenden Divisionsalgorithmus

$$f[0] \cdot x[0] = 1 \qquad\qquad (2.49a)$$

$$f[0] \cdot x[k] = - \sum_{\varkappa=1}^{k} f[\varkappa] \cdot x[k - \varkappa] \qquad f[0] \neq 0 \qquad (2.49b)$$

ermittelt werden, wenn $f[0] \neq 0$ ist. Diese Aussage bestätigt die Feststellung, daß die Inverse des Verschiebungsoperators $d^{-1} = <0, 1>$ kein diskretes Signal ist. Für eine Reihe von Signalen ist jedoch die Inverse wieder ein diskretes Signal. So hat das allgemeine Exponentialsignal

$$<a^k> = <a^0, a, a^2, a^3, \ldots> = \sum_{\varkappa=0}^{\infty} a^{\varkappa} d^{-\varkappa} \qquad (2.50a)$$

wegen $a^0 = 1 \neq 0$ die Inverse

$$<a^k>^{-1} = <1, -a>.$$

Damit kann $<a^k>$ als Operator

$$<a^k> = \frac{1}{<1, -a>}$$

oder in der Form

$$<a^k> = \frac{1}{1 - ad^{-1}} \qquad (2.50b)$$

dargestellt werden. Ist n die Ordnung des Elementes a des Körpers, so ist das allgemeine Exponentialsignal $<a^k>$ für $n > 1$ ein periodisches Signal mit der Periode n.

Ein häufig vorkommendes Exponentialsignal ist das Signal $<e^{j\omega k}>$. Die Zerlegung des komplexen diskreten Exponentialsignals liefert

$$<e^{j\omega k}> = <\cos\omega k + j\sin\omega k>$$

$$= <\cos\omega k> + j <\sin\omega k>.$$

Aus

$$e^{j\omega k} = \frac{1}{<1, -e^{j\omega}>}$$

gewinnt man nach Erweiterung mit dem konjugiert komplexen Signal $<1, -e^{-j\omega}>$ den Ausdruck

$$e^{j\omega k} = \frac{<1, -e^{-j\omega}>}{<1, -2\cos\omega, 1>}$$

$$= \frac{<1, -\cos\omega>}{<1, -2\cos\omega, 1>} + j \frac{<0, -\sin\omega>}{<1, -2\cos\omega, 1>}$$

und somit die äquivalenten Darstellungen

$$<\cos\omega k> = \frac{<1, -\cos\omega>}{<1, -2\cos\omega, 1>} \qquad (2.51a)$$

sowie

$$\langle \sin \omega k \rangle = \frac{\langle 0, \; -\sin \omega \rangle}{\langle 1, \; -2\cos \omega, \; 1 \rangle}. \tag{2.51b}$$

Der Vergleich der Reihendarstellung (2.50a) mit der Beziehung (2.50b) läßt erkennen, daß es sich um eine formale Reihenentwicklung nach Potenzen von d^{-1} handelt. Die allgemeine Beziehung lautet

$$\frac{1}{1 - \langle h[k] \rangle d^{-1}} = \sum_{\varkappa=0}^{\infty} \langle h[k] \rangle^{\varkappa} d^{-\varkappa}. \tag{2.52}$$

Bei der Produktzerlegung und der Partialbruchzerlegung diskreter Signale begegnet man Polynomen über dem Körper $(F, +, \cdot)$.

Definition 2.6.:

Das Polynom

$$F(\zeta) = \sum_{\varkappa=0}^{\infty} f[\varkappa] \zeta^{\varkappa} \qquad\qquad f[\varkappa] \in F \tag{2.53}$$

über dem Körper $(F, +, \cdot)$ ist das zu $\langle f[k] \rangle$ gehörende <u>charakteristische</u> Polynom.

Die Zerlegung eines diskreten Signals $f = \langle f[0], \; f[1], \; 1 \rangle$ in das Produkt

$$\langle -\zeta_{01}, \; 1 \rangle \cdot \langle -\zeta_{02}, 1 \rangle = \langle \zeta_{01} \; \zeta_{02}, \; -(\zeta_{01} + \zeta_{02}), \; 1 \rangle \qquad . \tag{2.54}$$

zweier Funktionen ist nur dann möglich, wenn die sich aus dem Vergleich von f mit (2.54) ergebenden Gleichungen

$$f[0] = \zeta_{01} \; \zeta_{02}$$

$$f[1] = -(\zeta_{01} + \zeta_{02})$$

lösbar sind. Die Elimination von ζ_{01} oder ζ_{02} zeigt, daß ζ_{01} und ζ_{02} die Nullstellen des charakteristischen Polynoms $F(\zeta)$ von f sind. Dieses Ergebnis war zu erwarten; denn aus den vorangegangenen Ausführungen geht hervor, daß die algebraischen Strukturen $(F_\zeta, +, \cdot)$ der Polynome $F(\zeta)$ und $(^1F, +, \cdot)$ der diskreten Signale f isomorph sind. Ebenso besteht ein Isomorphismus zwischen der Struktur $(M_\zeta, +, \cdot)$ der gebrochen rationalen Funktionen und der Struktur $(^1M, +, \cdot)$. Die Abbildung φ ordnet umkehrbar eindeutig jedem Element $h/g \in {}^1M$ ein Element $H(\zeta)/G(\zeta) \in M_\zeta$ zu und genügt den Bedingungen

$$\varphi\left(\frac{h_1}{g_1} + \frac{h_2}{g_2}\right) = \varphi\left(\frac{h_1}{g_1}\right) + \varphi\left(\frac{h_2}{g_2}\right)$$

und

$$\varphi\left(\frac{h_1}{g_1} \cdot \frac{h_2}{g_2}\right) = \varphi\left(\frac{h_1}{g_1}\right) \cdot \varphi\left(\frac{h_2}{g_2}\right).$$

Die Produktzerlegung $(-\zeta_{01} + \zeta) \cdot \; \ldots \; \cdot (-\zeta_{0n} + \zeta)$ des charakteristischen Polynoms $F(\zeta)$ liefert somit über

$$\varphi^{-1}\big((-\zeta_{01}+\zeta)\cdot\ldots\cdot(-\zeta_{0n}+\zeta)\big)=\,<-\zeta_{01},\,1>\cdot\,\ldots\,\cdot<-\zeta_{0n},\,1>$$

die Produktzerlegung von f und umgekehrt. In gleicher Weise gewinnt man die
Partialbruchzerlegung von $\frac{h}{g}$ aus

$$\varphi^{-1}\left(\frac{c_1}{-\zeta_{\infty 1}+\zeta}+\ldots+\frac{c_n}{-\zeta_{\infty n}+\zeta}\right)=\frac{c_1}{<-\zeta_{\infty 1},\,1>}+\ldots+\frac{c_n}{<-\zeta_{\infty n},\,1>}$$

und die Produktzerlegung von $\frac{h}{g}$ aus

$$\varphi^{-1}\left(\frac{(-\zeta_{01}+\zeta)\cdot\ldots\cdot(-\zeta_{0m}+\zeta)}{(-\zeta_{\infty 1}+\zeta)\cdot\ldots\cdot(-\zeta_{\infty n}+\zeta)}\right)=\frac{<-\zeta_{01},\,1>\cdot\ldots\cdot<-\zeta_{0m},\,1>}{<-\zeta_{\infty 1},\,1>\cdot\ldots\cdot<-\zeta_{\infty n},\,1>}\,,$$

sofern $F(\zeta)$ überhaupt in dieser Form über dem Körper F zerlegbar ist.
Wenn eine Abspaltung von Linearfaktoren nicht möglich ist, muß eine Produktzerlegung in irreduzible Polynome über dem Körper F untersucht werden. Die
Linearfaktoren, gekennzeichnet durch die Pole $\zeta_{\infty\nu}$ und Nullstellen $\zeta_{0\mu}$ oder
irreduzible Polynome, bestimmen die Eigenschaften des Operators h/g.
Für diskrete Signale über dem Körper der reellen Zahlen hat sich für das charakteristische Polynom die Darstellung

$$F(z^{-1})=\sum_{\varkappa=0}^{\infty}f[\varkappa]z^{-\varkappa}\tag{2.55}$$

eingebürgert, wobei $F(z^{-1})$ als <u>Z-Transformierte</u> des Signals bezeichnet wird
und z eine komplexe Variable ist. Während beim Operieren mit Operatoren
keine Konvergenzbetrachtungen durchzuführen sind, muß beim Rechnen mit
Z-Transformierten auf die Konvergenzbereiche geachtet werden. Die Betrach-
tung der Verteilung der Pole $z_{\infty\nu}$ und Nullstellen $z_{0\mu}$ von $F(z^{-1})$ in der komplexen z-Ebene, der PN-Plan, ist ein geeignetes Hilfsmittel, die wesentlich-
sten Eigenschaften des Signals f zu erkennen (Bild 2.7). Abschließend kann

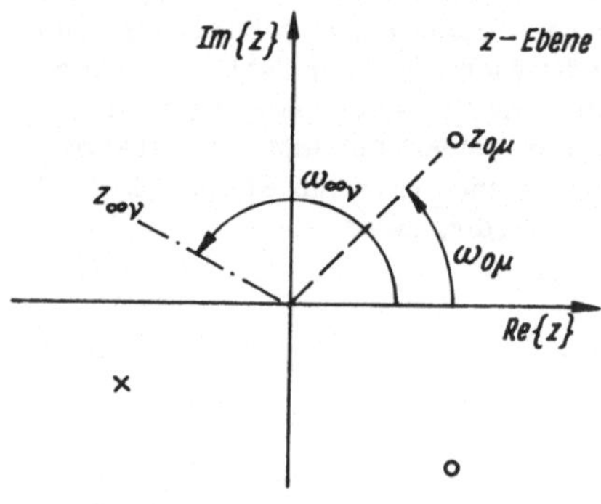

Bild 2.7. Darstellung der Pole und
Nullstellen in der z-Ebene
—— Pol-Nullstellen-Plan (PN-Plan)

$$z_{0\mu}=|z_{0\mu}|\,e^{j\omega_{0\mu}}=r_{0\mu}\,e^{j\omega_{0\mu}}$$
$$z_{\infty\nu}=|z_{\infty\nu}|\,e^{j\omega_{\infty\nu}}=r_{\infty\nu}\,e^{j\omega_{\infty\nu}}$$
$$-\,-\,-\;|z_{0\mu}|,\quad -\cdot-\cdot-\;|z_{\infty\nu}|$$

festgehalten werden, daß alle für gebrochen rationale Funktionen bekannten
Darstellungen auf Operatoren übertragbar sind. <u>Formal</u> kann wegen (2.55) und
(2.39) der Verschiebungsoperator d^{-1} durch z^{-1} ersetzt werden und $F(d^{-1})$ durch

$F(z^{-1})$. Dies ist immer richtig, sofern es sich nur um die Darstellung von diskreten Operatoren über reellen Zahlen und deren algebraische Umwandlungen handelt. Es liefert den Anschluß an die übliche Schreibweise für getastete Systeme. Eine Zusammenstellung formal gewonnener äquivalenter Darstellungen für diskrete Signale über dem Körper der reellen Zahlen ist im Anhang 3 zu finden.

Die rekursive Definition der mehrdimensionalen Signale ermöglicht es, die für eindimensionale Signale getroffenen Aussagen in einfacher Weise auf mehrdimensionale Signale zu erweitern.

Die Inverse $x = f^{-1}$ kann rekursiv aus dem folgenden Divisionsalgorithmus

$$^{n-1}x[0] = (^{n-1}f[0])^{-1} \tag{2.56a}$$

$$^{n-1}x[k_n] = (^{n-1}f[0])^{-1} - \sum_{\varkappa_n=1}^{k_n} {}^{n-1}f[\varkappa_n] \, {}^{n-1}x[k_n - \varkappa_n] \tag{2.56b}$$

ermittelt werden. Wegen der Abgeschlossenheit der Operationen $+, \cdot$ in der Menge ^{n-1}F sind $^{n-1}x[0]$, $^{n-1}x[1]$ ... nur dann Elemente von ^{n-1}F, wenn $(^{n-1}f[0])^{-1} \in {}^{n-1}F$ gilt.

Es gibt wieder eine Vielzahl von mehrdimensionalen Signalen, deren Inverse ein diskretes Signal ist. Das zweidimensionale Exponentialsignal

$$\ll a^{k_1} >^{k_2} > \, = \, < 1, < 1, a, a^2, \ldots >, < 1, a, a^2, \ldots >^2, \ldots >$$

über einem beliebigen Körper hat die Inverse

$$\ll a^{k_1} >^{k_2} >^{-1} \, = \, < 1, \, - < a^{k_1} \gg \, .$$

Daraus gewinnt man die Darstellung

$$\ll a^{k_1} >^{k_2} > \, = \, \frac{1}{1 - < a^{k_1} > d_2^{-1}} \, = \, \frac{1 - a d_1^{-1}}{1 - a(d_1^{-1} + d_2^{-1})}$$

des zweidimensionalen allgemeinen Exponentialsignals.

Die Produktzerlegung von Polynomen in mehrere Veränderliche und die Partialbruchentwicklung von gebrochen rationalen Funktionen in mehrere Veränderliche über endlichen Körpern ist wie im eindimensionalen Fall nur in Sonderfällen möglich. Während für Polynome einer Veränderlichen über dem Körper R nach dem Fundamentalsatz der Algebra eine Zerlegung in Linearfaktoren möglich ist, kann eine allgemeine Zerlegung in Linearfaktoren von Polynomen mehrerer Veränderlicher über R, abgesehen von Sonderfällen, nicht angegeben werden. Diese Sonderfälle liegen vor, wenn die mehrdimensionale Funktion $f[k_1, \ldots, k_n]$ in ein Produkt $f_1[k_1] \cdot \ldots \cdot f_n[k_n]$ zerfällt. Dann gilt

<u>Definition 2.7.:</u>

Das Signal $F(d_1^{-1}, \ldots, d_n^{-1})$ mit der Eigenschaft

$$F(d_1^{-1}, \ldots, d_n^{-1}) = \prod_{\nu=1}^{n} F_\nu(d_\nu^{-1}) \tag{2.57}$$

heißt <u>zerfällbares</u> Signal.

Diese Beziehung wird auch Zerfällungstheorem genannt. Dazu das

<u>Beispiel 2.2.:</u>

Es wird die Inverse von $\ll a^{k_1} b^{k_2}\gg$ gesucht. Die Anwendung des Zerfällungstheorems liefert

$$\ll a^{k_1} b^{k_2}\gg^{-1} \;=\; \ll a^{k_1}\gg^{-1}\;\ll b^{k_2}\gg^{-1} \;,$$

und mit (2.50b) erhält man

$$\ll a^{k_1} b^{k_2}\gg^{-1} \;=\; \ll 1,\ -a\gg \ll 1>,\ <-b\gg .$$

Man kann die Inverse auch durch die Verschiebungsoperatoren d_1^{-1} und d_2^{-1} ausdrücken,

$$\ll a^{k_1} b^{k_2}\gg^{-1} \;=\; (1-ad_1^{-1})\,(1-bd_2^{-1}).$$

Für die allgemeine Produktzerlegung und Partialbruchzerlegung sowie für die Stabilitätsuntersuchungen diskreter Signale über dem Körper der reellen Zahlen benötigt man als Hilfsmittel wieder charakteristische Polynome. Sie sind wie folgt definiert:

<u>Definition 2.8.:</u>

Das Polynom

$$^{n-(i+1)}F(\zeta_{n-i},\ \dots,\ \zeta_n) = \sum_{\varkappa_{n-1}=0}^{\infty}\ \sum_{\varkappa_n=0}^{\infty}\ {}^{n-(i+1)}f\big[\varkappa_{n-i},\ \dots,\ \varkappa_n\big]\zeta_{n-i}^{\varkappa_{n-i}}\cdots\cdot\zeta_n^{\varkappa_n}$$

$$(2.58)$$

über dem Körper $(^{n-(i+1)}M,\ +,\ \cdot)$ ist das zu $<\dots<f\big[k_1,\dots,k_n\big]>\dots>$ gehörende charakteristische Polynom (i+1)-ter Stufe.

Das charakteristische Polynom n-ter Stufe wird kurz als charakteristisches Polynom bezeichnet. Ferner ist zu beachten, daß die Koeffizienten des charakteristischen Polynoms (i+1)-ter Stufe, wie aus der Definition hervorgeht, (n-i-1)-dimensionale Signale sind. Es handelt sich demzufolge um Polynome über dem Körper $(^{(n-i-1)}M,\ +,\ \cdot)$.
Die weiteren Ausführungen beschränken sich auf die Zerlegung zweidimensionaler Signale. Dabei ist von besonderem Interesse, ob eine Produktzerlegung eines vorgegebenen zweidimensionalen Signals möglich ist. Es wurde schon erwähnt, daß sowohl bei zweidimensionalen Signalen über endlichen Körpern als auch bei zweidimensionalen Signalen über unendlichen Körpern derartige Produktzerlegungen nicht existieren müssen. Eine Zerlegung der zweidimensionalen Signale wird durch eine Zerlegung der charakteristischen Polynome $^1F(\zeta_2)$ oder $F(\zeta_1,\ \zeta_2)$ gewonnen. Wenn von dem Polynom $F(\zeta_1,\ \zeta_2)$ ausgegangen wird, so kann $F(\zeta_1,\ \zeta_2)$ als Polynom in ζ_2 aufgefaßt werden. Folglich hängen die Nullstellen $\zeta_{2,0\nu}$ von ζ_1 ab. In der gleichen Weise wird bei gebrochen rationalen Funktionen $H(\zeta_1,\ \zeta_2)/G(\zeta_1,\ \zeta_2)$ verfahren. Die Polstellen $\zeta_{2,\infty\mu}$ sind dann ebenfalls von ζ_1 abhängig. Ist das Abspalten von Linearfaktoren im Zählerpolynom $H(\zeta_1,\ \zeta_2)$ und Nennerpolynom $G(\zeta_1,\ \zeta_2)$

nicht möglich, ist eine Zerlegung in irreduzible Polynome, d.h. nicht weiter
zerlegbare Polynome, zu untersuchen. Die Linearfaktoren bzw. irreduziblen
Polynome im Zähler und Nenner von $H(\zeta_1, \zeta_2)/G(\zeta_1, \zeta_2)$ bestimmen die Eigenschaften des Operators h/g. Sie dienen somit als Kennzeichen für den Operator
h/g.

Für die zweidimensionalen Signale über dem Körper der reellen Zahlen wird
das charakteristische Polynom oft in der Darstellung

$$F(z_1^{-1}, z_2^{-1}) = \sum_{\varkappa_1=0}^{\infty} \sum_{\varkappa_2=0}^{\infty} f\left[\varkappa_1, \varkappa_2\right] z_1^{-1} z_2^{-1} \tag{2.59}$$

benutzt. Das charakteristische Polynom $F(z_1^{-1}, z_2^{-1})$ wird dann als zweidimensionale <u>Z-Transformierte</u> bezeichnet. Da im allgemeinen Fall kein zerfällbares
Signal vorliegt, ist eine Charakterisierung der gebrochen rationalen Funktion
$F(z_1^{-1}, z_2^{-1}) = H(z_1^{-1}, z_2^{-1})/G(z_1^{-1}, z_2^{-1})$ durch Pole und Nullstellen in der z_1- und
z_2-Ebene nicht möglich. Es ist jedoch möglich, die gebrochen rationale Funk-
tion durch Polstellenflächen $z_{2,\infty\nu}$ und Nullstellenflächen $z_{2,0\mu}$ in der z_2-Ebene
zu charakterisieren, d.h. durch von der komplexen Variablen z_1 abhängige
Pole und Nullstellen. Dabei werden ausgewählte Flächen der z_1-Ebene in die
z_2-Ebene abgebildet. In der Regel ist es die Fläche innerhalb des Einheitskreises der z_1-Ebene. In der gleichen Weise kann man Polstellenflächen und Nullstellenflächen in der z_1-Ebene definieren.

Das folgende Beispiel soll dies illustrieren:

<u>Beispiel 2.3.:</u>

Es sind die Nullstellenflächen und Polstellenflächen des charakteristischen
Polynoms des diskreten Signals

$$f = \frac{\ll 0, \quad 0,1 \gg}{\ll 0,3 \; -0,5 >, \; < -0,7, \quad 1 \gg}$$

zu bestimmen. Aus

$$F(z_1^{-1}, z_2^{-1}) = \frac{z_1^{-1} z_2^{-1}}{(0,3-0,5z_1^{-1}) + (-0,7+z_1^{-1})z_2^{-1}}$$

entnimmt man, daß keine Nullstellenfläche existiert. Es ist jedoch eine
Polstellenfläche

$$z_{2,\infty} = \frac{0,7 - 1z_1^{-1}}{0,3 - 0,5z_1^{-1}}$$

$$= \frac{0,7z_1 - 1}{0,3z_1 - 0,5}$$

vorhanden.

Die Abbildung der Fläche $|z_1| < 1$ in die z_2-Ebene liefert die im Bild 2.8
schraffiert dargestellte Fläche.

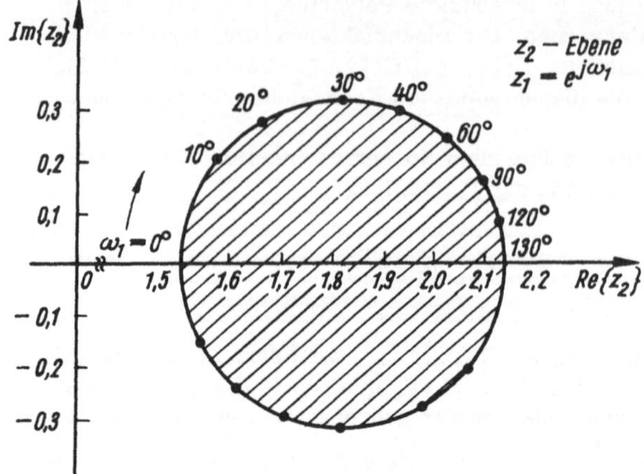

Bild 2.8. Polstellen-
fläche in der z_2-Ebene

Für spezielle Polynome soll nun untersucht werden, ob ein zweidimensionales Signal in Linearfaktoren hinsichtlich ζ_2 zerlegbar ist. Dazu werden die Polynome $^1F(\zeta_2)$ betrachtet, die Polynome über dem Körper (^{1}M. +, $\cdot$) sind. Zuerst ist zu klären, ob eine Zerlegung

$$(^-\zeta_{2,01} + \zeta_2) \cdot \ldots \cdot (^-\zeta_{2,0n} + \zeta_2)$$

des Polynoms

$$^1F(\zeta_2) = \sum_{\varkappa_2=0}^{\infty} {}^1f\left[\varkappa_2\right] \zeta_2^{\varkappa_2} \qquad {}^1f\left[\varkappa_2\right] \in {}^1M \tag{2.60}$$

mit $^1F(\zeta_{2,0\nu}) = 0$ möglich ist.

Betrachtet man die einfache Gleichung

$$^1F(\zeta_2) = \zeta_2^2 + <0,\ 1>,$$

so ist zu erkennen, daß keine Lösung $\zeta_2 \in {}^1M$ existiert. Allgemein hat die quadratische Gleichung

$$x^2 + <g\left[k\right]> = 0 \qquad x \in {}^1M, \qquad g\left[k\right] \in F \tag{2.61a}$$

genau dann eine Lösung, wenn es ein i gibt, für das $g\left[\nu\right] = 0$ ($\nu = 0,\ \ldots,\ 2i-1$) $g\left[2i\right] = 0$ gilt, und $\sqrt{g\left[2i\right]} \in F$ existiert. Die Wurzel $x_{1/2} = \pm \sqrt{g\left[k\right]}$ kann für i = 0 rekursiv aus dem folgenden Divisionsalgorithmus

$$x_{1/2}\left[0\right] = (\pm) \sqrt{g\left[0\right]} \tag{2.61b}$$

$$x_{1/2}\left[k\right] = \frac{g\left[k\right] - \sum_{\varkappa=1}^{k-1} x\left[k-\varkappa\right] x\left[\varkappa\right]}{2\,x\left[0\right]} \tag{2.61c}$$

ermittelt werden. Folglich muß $\sqrt{g\left[0\right]}$ existieren und von Null verschieden sein. Die Fälle i > 0 sind auf den Fall i = 0 zurückzuführen, wenn der Ausdruck d^{-2i} in der Wurzel abgespalten wird, da dessen Wurzel d^{-i} unmittelbar angebbar ist.

Für Gleichungen mit einem Grad > 2 muß $\zeta_{2,0\nu}$ als Folge vorgegeben und in die Gl. (2.60) eingesetzt werden. Die Lösbarkeit des entstehenden Gleichungssystems bedeutet eine Lösbarkeit des Zerlegungsproblems und umgekehrt. Lediglich für die allgemeine quadratische Gleichung

$$x^2 + \frac{b_1}{a_1} x + \frac{b_0}{a_0} = 0 \qquad a_0,\, a_1,\, b_0,\, b_1 \in {}^1F \tag{2.62a}$$

kann die Lösung, falls sie existiert, in der Form

$$x_{1/2} = - \frac{b_1}{2a_1} \; (\underline{+}) \sqrt{\left(\frac{b_1}{2a_1}\right)^2 - \frac{b_0}{a_0}} \tag{2.62b}$$

angegeben werden. Dazu das

<u>Beispiel 2.4.</u>:

Es sind die Lösungen der Gleichung

$$x^2 + \frac{<-(1+\varepsilon),\; 0,\; -(1-\varepsilon)>}{<0,\; 1>}\, x + 1 = 0$$

zu berechnen. Aus (2.62b) ergibt sich

$$x_{1/2} = \frac{<(1+\varepsilon),\; 0,\; (1-\varepsilon)> \;\overset{+}{(-)}\; \sqrt{<(1+\varepsilon)^2,\; 0,\; -2\,(1+\varepsilon^2),\; 0,\; (1-\varepsilon)^2 ...>}}{2<0,\; 1>}$$

und nach Berechnung der Wurzel

$$x_1 = \frac{1}{<0,\; 1>}\left(<(1+\varepsilon),\; 0,\; -\frac{\varepsilon^2}{1+\varepsilon},\; 0,\; ...>\right)$$

$$x_2 = <0,\; \frac{1}{1+\varepsilon},\; 0,\; \frac{2}{(1+\varepsilon)^3},\; 0,\; ...> .$$

Neben dem Zerfällungstheorem und den Zerlegungssätzen benötigt man noch äquivalente Darstellungen für Funktionen der Form $f\big[k_1,\, k_2\big] = f_0\big[k_1 - k_2\big]$. Dabei sind die Fälle $f_0\big[k\big] = 0$ für $k < 0$ und $f_0\big[k\big] = f_0\big[-k\big]$ für alle k besonders hervorzuheben. Aus der Gitterpunktdarstellung (Bild 2.9) geht hervor, daß sich

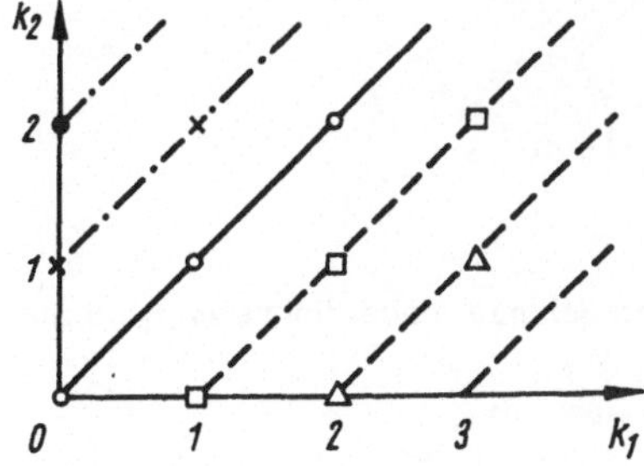

Bild 2.9. Gitterpunktdarstellung von
$f[k_1,\, k_2] = f_0[k_1 - k_2]$
$\bullet f_0[-2]$; $\times f_0[-1]$;
$\circ f_0[0]$; $\square f_0[1]$; $\triangle f_0[2]$

das zweidimensionale Signal $f = \ll f_0\big[k_1 - k_2\big] \gg$ aus drei Anteilen zusammensetzt, die jeweils in k_1- und k_2-Richtung verschoben werden.

Diese Anteile sind die Randsignale $f_{0+} = \ll f_0 [k_1] \gg$, $f_{0-} = \ll f_0 [0] \gg, < f_0 [-1] >, \ldots >$ und $f_0 [0]$. Das Signal kann dann in der Form

$$f = (f_{0+} + f_{0-} - f[0]) + d_1^{-1} d_2^{-1} (f_{0+} + f_{0-} - f[0])$$

$$+ d_1^{-2} d_2^{-2} (f_{0+} + f_{0-} - f[0]) + \ldots$$

zusammengesetzt werden. Folglich gilt

$$f = \frac{1}{1 - d_1^{-1} d_2^{-1}} (f_{0+} + f_{0-} - f[0])$$

und im speziellen Fall $f_0 [k] = 0$ für $k < 0$

$$\ll f_0 [k_1 - k_2] \gg = f = \frac{\ll f_0 [k_1] \gg}{1 - d_1^{-1} \cdot d_2^{-1}} . \tag{2.63}$$

2.2. Diskrete Systeme

Je nach der Zielstellung der Untersuchung eines technischen Sachverhaltes ist der Begriff des Systems mehr oder weniger weit und unterschiedlich zu fassen. Folglich sind dem Sachverhalt angepaßte Formen der Systembeschreibung zu verwenden.

Ein deterministisches diskretes System, verwirklicht in einem technischen Gerät oder in einer technischen Einrichtung, ist dadurch gekennzeichnet, daß es in eindeutiger Weise entweder diskrete Signale erzeugt oder aufgenommene diskrete Signale nach entsprechender Verarbeitung abgibt. Nimmt das System keine Signale auf, so liegt ein autonomes System vor, anderenfalls ein nichtautonomes System. Die aufzunehmenden diskreten Signale werden nachfolgend als diskrete Eingangssignale x_ν ($\nu = 1, \ldots, n$) und die abzugebenden diskreten Signale als diskrete Ausgangssignale y_μ ($\mu = 1 \ldots, m$) bezeichnet. Nach der Anzahl der Eingangs- und Ausgangssignale wird unterschieden in Einfachsysteme - Systeme mit einem Eingang und einem Ausgang - und Mehrfachsysteme - Systeme mit mehreren Eingängen und Ausgängen.

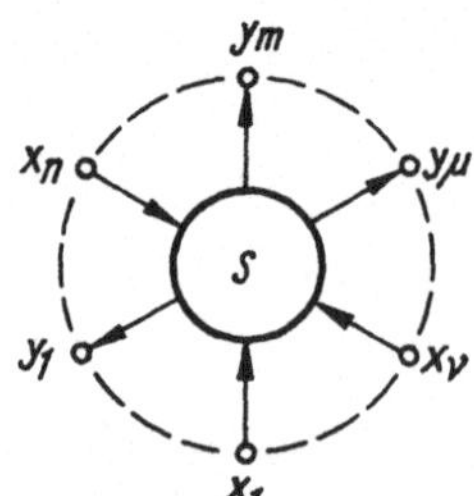

Bild 2.10. Allgemeines Schema eines diskreten Systems
$1 < \mu < m; \; 1 < \nu < n$

Ein nichtautonomes diskretes System (Bild 2.10) kann demzufolge durch die in ihm realisierten Abbildungen der Eingangssignale auf die Ausgangssignale beschrieben werden.

Werden die Eingangssignale $x_\nu = \; < x_\nu[0],\; x_\nu[1],\; x_\nu[2],\; \ldots >$ ($\nu = 1, 2, \ldots, n$) in dem Vektor $\underline{x} = (x_1, \ldots, x_n)^T$ und die Ausgangssignale $y_\mu = \; < y_\mu[0],\; y_\mu[1],\; y_\mu[2],\; \ldots >$ ($\mu = 1, 2, \ldots, m$) in dem Vektor $\underline{y} = (y_1, \ldots, y_m)^T$ zusammengefaßt, so kann die Abbildung in allgemeiner Form durch

$$\underline{y} = S(\underline{x}) \tag{2.64}$$

angegeben werden.

Folgende Eigenschaften der Abbildungen S und damit der Systeme sind von besonderem Interesse:

Linearität: $\quad S(\alpha_1 \underline{x}_1 + \alpha_2 \underline{x}_2) = \alpha_1 S(\underline{x}_1) + \alpha_2 S(\underline{x}_2)$

Kausalität: $\quad$ Aus $\underline{x}[k] = \underline{0}$ für $k < k_0$ folgt $\underline{y}[k] = \underline{0}$ für $k < k_0$

Verschiebungs-
invarianz: $\quad S(d_\nu^{-\varepsilon}\, \underline{x}) = d_\nu^{-\varepsilon} S(\underline{x}) \qquad \varepsilon = 1,\ 2,\ \ldots$

Je nachdem, auf welche Koordinate sich die Invarianz gegenüber Verschiebungen bezieht, spricht man von zeitinvarianten oder ortsinvarianten Systemen.

Im folgenden werden für eindimensionale Signale x_ν, $y_\mu \in {}^1M$ und zweidimensionale Signale x_ν, $y_\mu \in {}^2M$ ausführlich lineare Mehrfachsysteme mit der Abbildungsvorschrift

$$\underline{y} = \underline{y}_0 + \underline{G}\,\underline{x}$$

betrachtet. Diese Abbildung genügt für $\underline{y}_0 = 0$ den obengenannten Eigenschaften der Linearität, Kausalität und Invarianz. Im Fall der endlichen Signale x_K, $y_K \in {}^1M_K$ und x_K, $y_K \in {}^2M_K$ werden lineare Einfachsysteme mit der Abbildungsvorschrift

$$y_K = T(x_K + u_K) = T(x_K) + T(u_K)$$

und spezielle nichtlineare Einfachsysteme

$$y_K = T(x_K + u_K) \neq T(x_K) + T(u_K)$$

behandelt.

Oft ist jedoch die das System charakterisierende Abbildung nicht unmittelbar angebbar, sondern das System wird beschrieben durch die in Elementarsystemen $S_1, \ldots, S_n$ realisierten Abbildungen und die Kopplungen der Elementarsysteme untereinander (Bild 2.11). Dabei wird unter der Struktur eines Systems die Menge der Kopplungen von Elementarsystemen verstanden.

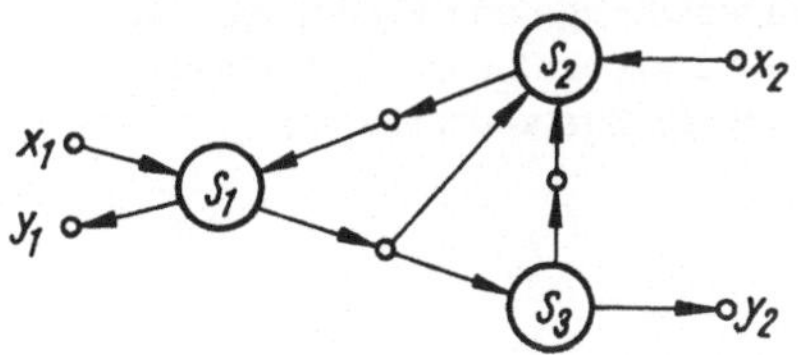

Bild 2.11. Gekoppelte Elementarsysteme

2.2.1. Lineare eindimensionale Systeme

2.2.1.1. Systembeschreibungen

Ein lineares, kausales und verschiebungsinvariantes System wird durch die Abbildung

$$\underline{y} = \underline{G}\,\underline{x} \tag{2.65}$$

beschrieben.

Die Elemente der Gewichtsmatrix $\underline{G}$ sind die eindimensionalen diskreten Operatoren $g_{\mu\nu}$, auch diskrete Übertragungsfaktoren oder Gewichtsfaktoren genannt. Der Gewichtsfaktor $g_{\mu\nu}$ gibt dabei die Abbildung des eindimensionalen diskreten Eingangssignals x_ν auf das eindimensionale diskrete Ausgangssignal y_μ an. Er stellt ein diskretes Signal dar, da er sich als Ausgangssignal y_μ ergibt, wenn die diskreten Signale $x_1 = 0, \ldots, x_{\nu-1} = 0, \ x_\nu = 1, \ x_{\nu+1} = 0, \ldots, x_n = 0$ an die Eingänge gelegt werden. In dieser Eingangs-/Ausgangsbeschreibung wurde jedoch vorausgesetzt, daß das System für $\underline{x} = 0$ die Signale $y_1 = 0, \ldots, y_m = 0$ abgibt. Diese Voraussetzung ist bei den zu betrachtenden Systemen immer dann nicht gegeben, wenn die in den Speicherelementen des Systems gespeicherten Signalwerte für $k = 0$ nicht den Wert 0 annehmen.

Die Beschreibung ist dann zu erweitern auf

$$\underline{y} = \underline{y}_0 + \underline{G}\,\underline{x}, \tag{2.66}$$

wobei $\underline{y}_0$ durch die Anfangswerte der Speicherelemente des Systems hervorgerufen wird und unabhängig von den Eingangssignalen ist. Obwohl die Gl. (2.66) die Linearitätsbedingung nicht mehr erfüllt, spricht man dennoch von einem linearen System, weil die Linearität, bezogen auf die Ausgangssignale $\underline{y} - \underline{y}_0$ und die Eingangssignale $\underline{x}$, vorhanden ist.

Eine Systembeschreibung durch die Abbildung der Eingangssignale auf die Ausgangssignale bringt Probleme bei der Berücksichtigung der Anfangswerte der Speicherelemente mit sich und gestattet keinen Einblick in die Struktur des Systems. Folglich sind auch keine Aussagen über Eigenschaften möglich, die aus der Struktur des Systems erwachsen. Diese Nachteile werden hingegen bei einer Beschreibung im Zustandsraum abgebaut. Dazu werden Zustandssignale $z_1, \ldots, z_s$ derart eingeführt, daß der Wert des Zustandsvektors $z\,[k]$ $= (z_1\,[k], \ldots, z_s\,[k])^T$ im Punkt k, auch Zustand des Systems im Punkt k genannt, zur Beschreibung des Verhaltens des Systems für $k \leqq k_0$ ausreicht, wenn die Eingangssignale nur ab $k \geqq k_0$ bekannt sind. Bei Systemen, deren Signale ausschließlich von der Zeit abhängen, gibt der Zustand den Teil der Vorgeschichte des Systems an, der für das gegenwärtige und zukünftige Verhalten des Systems bestimmend ist. Die globale Beschreibung im Zustandsraum führt für den allgemeinen Fall auf die globale Zustandsgleichung

$$\underline{z}[k+1] = f^*(\underline{z}\,[k_0], \ \underline{x}\Big|_{k_0}^{k}) \tag{2.67a}$$

und die globale Ausgangsgleichung

$$\underline{y}\Big|_{k_0}^{k} = g^*(\underline{z}\,[k_0], \ \underline{x}\Big|_{k_0}^{k}). \tag{2.67b}$$

Diese globale Beschreibung geht für $k = k_0$ in die interessierende lokale Beschreibung über. Die entsprechenden Gleichungen lauten

$$\underline{z}\,[k+1] = f\,(\underline{z}\,[k],\ \underline{x}\,[k]) \tag{2.68a}$$

und

$$y\,[k] = g\,(\underline{z}\,[k],\ \underline{x}\,[k]). \tag{2.68b}$$

Im linearen Fall nehmen sie die Form

$$\underline{z}\,[k+1] = \underline{A}\ \underline{z}\,[k] + \underline{B}\ \underline{x}\,[k] \tag{2.69a}$$

und

$$\underline{y}\,[k] = \underline{C}\ \underline{z}\,[k] + \underline{D}\ \underline{x}\,[k] \tag{2.69b}$$

an. Dabei werden $\underline{A}$ als Systemmatrix, $\underline{B}$ als Eingangsmatrix, $\underline{C}$ als Ausgangsmatrix und $\underline{D}$ als Durchgangsmatrix des Systems bezeichnet. In dem Aufbau dieser Matrizen spiegelt sich nur dann die Struktur des Systems wider, wenn die die Elementarsysteme charakterisierenden Koeffizienten unmittelbar als Matrixelemente auftreten. Als Elementarsysteme treten in diesem Fall Verzögerungselemente, Multiplizierelemente und Addierelemente (Bild 2.12) auf, und die Kopplungen werden durch die Zustandsgleichungen beschrieben. Hat die Systemmatrix $\underline{A}$ die Ordnung s, so gibt $(\underline{A}, \underline{B}, \underline{C}, \underline{D}, \underline{z}\,[k_0])$ ein lineares System s-ten Grades an.

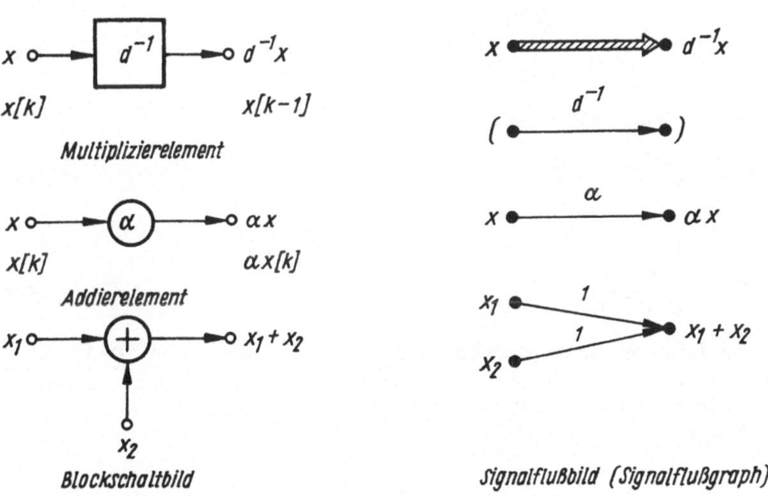

Bild 2.12. Elementarsysteme und ihre Darstellung
(x, x_1, x_2 eindimensionale diskrete Signale)

Im allgemeinen Fall wird ebenfalls auf diese Elementarsysteme zurückgegriffen, wobei die Kopplung durch entsprechende Koppelgleichungen ausgedrückt wird. Diese Koppelgleichungen spiegeln die Struktur wider und werden durch einen Signalflußgraphen veranschaulicht. Aus diesen Koppelgleichungen können dann die Zustandsgleichungen und Ausgangsgleichungen ermittelt werden. Den Zusammenhang zwischen der Zustandsraumbeschreibung und der Eingangs-/Ausgangsbeschreibung gewinnt man, indem die Zusammenhänge (2.69a) und (2.69b) zwischen den Funktionswerten als Beziehungen zwischen den diskreten Signalen formuliert werden. Es ergeben sich die Gleichungen

$$d\underline{z} - d\underline{z}\,[0] = \underline{A}\,\underline{z} + \underline{B}\,\underline{x}$$

und

$$\underline{y} = \underline{C}\,\underline{z} + \underline{D}\,\underline{x}$$

und daraus

$$\underline{y} = (\underline{C}(d\underline{I}-\underline{A})^{-1}d\underline{z}\,[0] + (\underline{C}(d\underline{I}-\underline{A})^{-1}\underline{B} + \underline{D})\underline{x}.$$

Der Vergleich mit Gl. (2.66) liefert

$$\underline{y}_0 = \underline{C}\,(d\underline{I}-\underline{A})^{-1}\,d\underline{z}\,[0]$$

und

$$\underline{G} = \underline{C}\,(d\underline{I}-\underline{A})^{-1}\underline{B} + \underline{D}. \tag{2.70}$$

Da der Signalwert $\underline{y}\,[k]$ gleichzeitig iterativ zu

$$\underline{y}\,[k] = \underline{C}\,\underline{z}\,[k] + \underline{D}\,x[k]$$

mit

$$\underline{z}\,[k] = \underline{A}^{\,k-k_0}\,\underline{z}\,[k_0] + \sum_{\varkappa=1}^{k-k_0} \underline{A}^{\,\varkappa-1}\underline{B}\,\underline{x}\,[k-\varkappa]\ \text{für}\ k_0 = 0 \tag{2.71}$$

bestimmt werden kann, gilt ferner

$$\underline{G} = \,<\underline{C}\,\underline{A}^{k-1}\underline{B}> + \underline{D} \tag{2.72a}$$

oder

$$\underline{G}\,[k] = \begin{cases} \underline{D} & k = 0 \\[2mm] \underline{C}\,\underline{A}^{k-1}\underline{B} & k > 0 \end{cases}. \tag{2.72b}$$

Damit können die Übertragungsoperatoren $g_{\mu\nu}$ aus den Matrizen $\underline{A}$, $\underline{B}$, $\underline{C}$ und $\underline{D}$ bestimmt werden. Aus der Gl. (2.70) geht hervor, daß sich aufgrund der Inversion der Matrix $(d\underline{I}-\underline{A})$ die Übertragungsoperatoren $g_{\mu\nu}$ als rationale Funktionen der Form

$$g_{\mu\nu} = G_{\mu\nu}(d^{-1}) = \frac{B_{\mu\nu}(d^{-1})}{A(d^{-1})} = \frac{D_{\mu\nu}(d)}{C(d)} \tag{2.73a}$$

mit

$$C(d) = \det(d\underline{I}-\underline{A}) = \sum_{\sigma=0}^{s} c_\sigma d^\sigma\ ,\ c_s = 1 \tag{2.73b}$$

und

$$A(d^{-1}) = d^{-s}\det(d\underline{I}-\underline{A}) = \sum_{\sigma=0}^{s} a_\sigma\,d^{-\sigma},\ a_0 = 1 \tag{2.73c}$$

ergeben. Die Übertragungsoperatoren stellen diskrete Signale dar, da sie die Ausgangssignale des Systems bei Anlegen eines Einheitsimpulses an den Eingang sind. Deshalb werden die $g_{\mu\nu}$ auch als <u>Impulsantworten</u> bezeichnet.
Anhand des folgenden Beispiels sollen die verschiedenen Beschreibungsformen illustriert werden.

<u>Beispiel 2.5.:</u>

Für das im Bild 2.13 dargestellte lineare System 2. Grades, das durch einen Signalflußgraphen beschrieben ist, sind die Zustandsgleichungen und der Übertragungsfaktor g = y/x zu ermitteln. Die durch den Signalflußgraphen angegebenen Verkopplungsbeziehungen der Elementarsysteme lauten

$$u_1 = \alpha_1 z_1$$

$$u_2 = \alpha_3 z_2$$

$$z_1[k+1] = x[k] - \alpha_2(u_1[k] + u_2[k])$$

$$z_2[k+1] = -\alpha_4 u_2[k] - \alpha_2(u_1[k] + u_2[k])$$

$$y[k] = u_1[k].$$

Daraus ergeben sich die Zustandsgleichungen

$$\underline{z}[k+1] = \begin{pmatrix} -\alpha_2\alpha_1 & -\alpha_2\alpha_3 \\ -\alpha_2\alpha_1 & -(\alpha_3\alpha_4 + \alpha_2\alpha_3) \end{pmatrix} \underline{z}[k] + \begin{pmatrix} 1 \\ 0 \end{pmatrix} x[k]$$

$$y[k] = (\alpha_1 \qquad 0)\,\underline{z}[k].$$

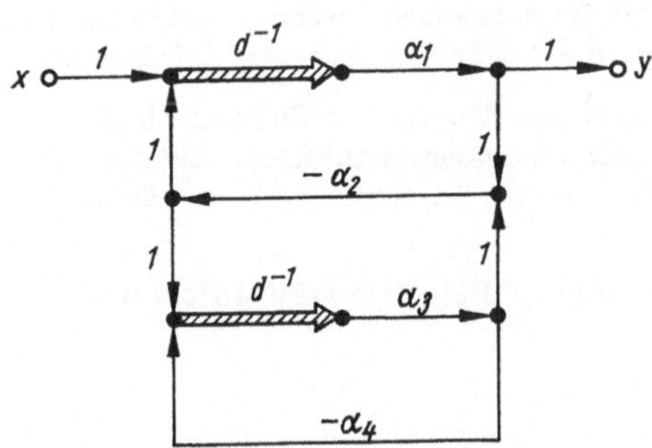

Bild 2.13. Signalflußgraph einer Struktur 2. Grades

Der Übertragungsfaktor errechnet sich entsprechend Gl. (2.70) zu

$$g = (\alpha_1 \quad 0) \begin{pmatrix} d+\alpha_1\alpha_2 & \alpha_2\alpha_3 \\ \alpha_1\alpha_2 & d+(\alpha_3\alpha_4+\alpha_2\alpha_3) \end{pmatrix}^{-1} \begin{pmatrix} 1 \\ 0 \end{pmatrix}$$

$$= \frac{(\alpha_1 \quad 0) \begin{pmatrix} d+(\alpha_3\alpha_4+\alpha_2\alpha_3) & -\alpha_2\alpha_3 \\ -\alpha_1\alpha_2 & d+\alpha_1\alpha_2 \end{pmatrix} \begin{pmatrix} 1 \\ 0 \end{pmatrix}}{d^2+d(\alpha_1\alpha_2+\alpha_2\alpha_3+\alpha_3\alpha_4)+\alpha_1\alpha_2\alpha_3\alpha_4}$$

$$= \frac{(\alpha_1\alpha_2\alpha_3+\alpha_1\alpha_3\alpha_4)d^{-2}+\alpha_1 d^{-1}}{\alpha_1\alpha_2\alpha_3\alpha_4 d^{-2}+(\alpha_1\alpha_2+\alpha_2\alpha_3+\alpha_3\alpha_4)d^{-1}+1} \ .$$

Die Anfangswerte des Übertragungsfaktors können mit Hilfe der Beziehung (2.52) sofort angegeben werden.

$$g = \; < 0, \; \alpha_1, \; \alpha_1(-\alpha_1\alpha_2), \; \alpha_1(\alpha_1\alpha_2)(\alpha_1\alpha_2+\alpha_2\alpha_3), \; \ldots > \ .$$

2.2.1.2. Systemeigenschaften

Bei der Analyse und dem Entwurf diskreter Systeme sind außer der vorausgesetzten Linearität, Kausalität und Verschiebungsinvarianz Eigenschaften wie Erreichbarkeit, Steuerbarkeit und Beobachtbarkeit von Bedeutung. Im Fall der getasteten Systeme sind darüber hinaus noch die Stabilitätseigenschaften und Frequenzeigenschaften zu betrachten.
Die Darlegung dieser genannten Eigenschaften beschränkt sich auf Einfachsysteme, da eine Übertragung auf Mehrfachsysteme ohne Schwierigkeiten möglich ist.

<u>Definition 2.9.:</u>

Ein Zustand $\underline{z}\,[k]$ eines linearen Systems ist erreichbar, wenn es einen Zeitpunkt $k_0 < k$ und ein Eingangssignal $x\big|_{k_0}^{k}$ gibt, die das System aus dem Nullzustand $\underline{z}\big[k_0\big] = \underline{0}$ in den gewünschten Zustand $\underline{z}\,[k]$ überführen. Ein Zustand $\underline{z}\big[k_0\big]$ eines linearen Systems ist steuerbar, wenn es einen Punkt $k > k_0$ und ein Eingangssignal $x\big|_{k_0}^{k}$ gibt, die das System in den Nullzustand $\underline{z}\,[k] = 0$ überführen.

Der Unterschied beider Begriffe soll anhand eines Beispiels verdeutlicht werden.

<u>Beispiel 2.6.:</u>

Für das lineare System mit der Zustandsgleichung

$$\underline{z}\,[k+1] = \begin{pmatrix} 1 & 0 \\ 1 & 0 \end{pmatrix} \underline{z}\,[k] + \begin{pmatrix} 1 \\ 1 \end{pmatrix} x\,[k]$$

über dem Körper $GF(2)$ können die Eigenschaften der Zustände aus der Darstellung der Zustandsübergänge (Bild 2.14) entnommen werden. Der Zustand $\underline{z}\,[k] = (1, \; 1)^T$ ist der einzige Zustand der erreichbar ist. Alle Zustände sind jedoch steuerbar.

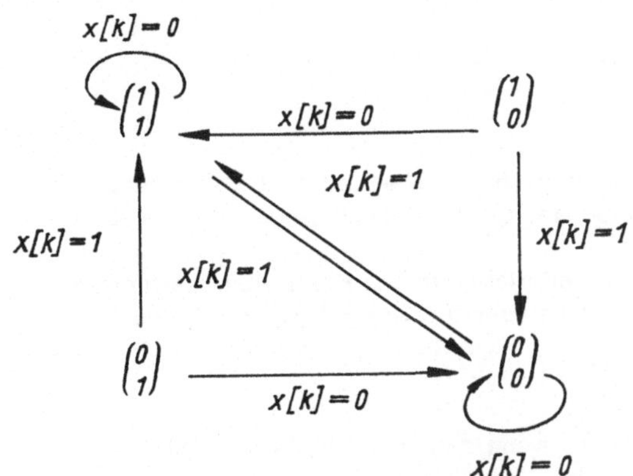

Bild 2.14. Zustandsgraph

Zustand
im Punkt k

Eingangssignal
für den Übergang

Zustand
im Punkt k+1

$$\underline{z}\,[k] \xrightarrow{\quad x\,[k] \quad} \underline{z}\,[k+1]$$

Ist jeder Zustand $\underline{z}\,[k]$ erreichbar (steuerbar), so liegt ein vollständig erreichbares (steuerbares) System vor. Zur Ermittlung des Kriteriums geht man von der Gl. (2.71) aus. Aus dieser Lösung

$$\underline{z}\,[k] = \underline{A}^{k-k_0}\,\underline{z}\left[k_0\right] + \sum_{\varkappa=1}^{k-k_0} \underline{A}^{\varkappa-1}\,\underline{B}\,x\,[k-\varkappa]$$

$$= \underline{A}^{k-k_0}\,\underline{z}\left[k_0\right] + (\underline{B}\,\vdots\,\underline{AB}\,\vdots\,\underline{A}^2\underline{B}\,\vdots\,\ldots\,\vdots\,\underline{A}^{k-k_0}\underline{B})(x\,[k-1],\ldots,x\left[k_0\right])^T$$

der Zustandsgleichungen ist zu erkennen, daß für s-Zustandsgrößen die Matrix $(\underline{B}\,\vdots\,\underline{AB}\,\vdots\,\underline{A}^2\underline{B}\,\ldots\,\vdots\,\underline{A}^{k-k_0}\underline{B})$ den Rang s besitzen muß, damit jeder Zustand durch geeignete Wahl von $x\Big|_{k_0}^{k}$ erreichbar ist. Da nach dem Satz von Cayley-Hamilton jede quadratische Matrix ihrem eigenen charakteristischen Polynom genügt, ist der Vektor $\underline{A}^s\underline{B}$ linear abhängig von den Vektoren $\underline{B},\ldots,\underline{A}^{s-1}\underline{B}$, und folglich genügt es, den Rang der Matrix

$$\underline{Q}_s = (\underline{B}\,\vdots\,\underline{AB}\,\vdots\,\ldots\,\vdots\,\underline{A}^{s-1}\underline{B}) \tag{2.74}$$

zu untersuchen. Die Matrix $\underline{Q}_s$ heißt Erreichbarkeitsmatrix. Demnach ist ein lineares System s-ten Grades genau dann vollständig erreichbar, wenn die Erreichbarkeitsmatrix $\underline{Q}_s$ den Rang s hat, d.h.

$$\text{rang}\,(\underline{Q}_s) = s.$$

Wie aus der Bestimmung der Eingangswerte

$$
\begin{pmatrix} x\left[k_0+s-1\right] \\ \vdots \\ x\left[k_0\right] \end{pmatrix} = \underline{Q}_s^{-1}\,\left(\underline{z}\left[k_0+s\right] - \underline{A}^s\,\underline{z}\left[k_0\right]\right)
$$

zu entnehmen ist, liegt bei vollständiger Erreichbarkeit auch vollständige Steuerbarkeit vor. Die umgekehrte Aussage gilt jedoch nicht, wie das obige Beispiel gezeigt hat.
Für verschiedene Fragestellungen sind nicht nur das Einstellen bestimmter Systemzustände von Interesse, sondern auch die Ermittlung des Zustandes, in dem sich das System befindet.

<u>Definition 2.10.:</u>

Ein Zustand $\underline{z}\left[k_0\right]$ ist beobachtbar, wenn es einen Punkt $k > k_0$ gibt, so daß $\underline{z}\left[k_0\right]$ aus dem Ausgangssignal $y\big|_{k_0}^{k}$ eindeutig bestimmbar ist. Ein Zustand $z\left[k\right]$ ist rekonstruierbar, wenn es einen Punkt $k_0 < k$ gibt, so daß $\underline{z}\left[k\right]$ aus dem Ausgangssignal $y\big|_{k_0}^{k}$ eindeutig bestimmbar ist.

Ist jeder Zustand $\underline{z}\left[k\right]$ beobachtbar (rekonstruierbar), so liegt ein vollständig beobachtbares (rekonstruierbares) System vor.
Für die linearen Systeme kann ein Kriterium für die Beobachtbarkeit unmittelbar aus der Lösung

$$
\begin{pmatrix} y\left[k_0\right] \\ y\left[k_0+1\right] \\ \vdots \\ y\left[k\right] \end{pmatrix} = \begin{pmatrix} \underline{C} \\ \underline{C}\,\underline{A} \\ \vdots \\ \underline{C}\,\underline{A}^{\,k-k_0} \end{pmatrix} \underline{z}\left[k_0\right]
$$

der Zustandsgleichungen und Ausgangsgleichungen für $x\big|_{k_0}^{k} = 0$ abgeleitet werden. Jeder Zustand $\underline{z}\left[k_0\right]$ ist beobachtbar, wenn die Matrix $(\underline{C}^{T}\mid(\underline{C}\,\underline{A})^{T}\;\ldots\;(\underline{C}\,\underline{A}^{\,k-k_0})^{T})^{T}$ den Rang s besitzt. Aufgrund des Cayley-Hamilton Theorems genügt es, den Rang der Matrix

$$
\underline{C}_B = \begin{pmatrix} \underline{C} \\ \underline{C}\,\underline{A} \\ \vdots \\ \underline{C}\,\underline{A}^{\,s-1} \end{pmatrix} \tag{2.75}
$$

zu bestimmen. Die Matrix $\underline{Q}_B$ heißt Beobachtbarkeitsmatrix. Demnach ist ein lineares System s-ten Grades genau dann vollständig beobachtbar, wenn die Beobachtbarkeitsmatrix $\underline{Q}_B$ den Rang s hat, d.h.

$$
\text{rang}\,(\underline{Q}_B) = s.
$$

Ist ein System nicht vollständig beobachtbar oder nicht vollständig steuerbar, so kann die Anzahl der Zustandsgrößen so lange reduziert werden, bis vollständige Beobachtbarkeit und Steuerbarkeit vorliegen. Bei der Reduktion, die eine äquivalente Umformung darstellt, muß das Eingangs-/Ausgangsverhalten erhalten bleiben. Derartige äquivalente Umformungen werden später näher behandelt.

48

2.2.1.3. Tastsysteme

Die linearen diskreten Systeme über dem Körper der reellen Zahlen, die Tastsysteme, werden zusätzlich zu den allgemeinen Systemeigenschaften, wie
Beobachtbarkeit u.a., noch durch ihr Stabilitätsverhalten und Frequenzverhalten
charakterisiert. Die Stabilitätsbetrachtungen werden im folgenden auf nichtlineare Systeme ausgedehnt, da diese bei der Untersuchung digital realisierter
Tastsysteme benötigt werden.

1. Stabilität

Der allgemeine Stabilitätsbegriff bezieht sich auf das Systemverhalten bei ge-
störtem Gleichgewicht. Ein Gleichgewicht ist gekennzeichnet durch einen Zu-
stand $\underline{z}_g$, der für alle $k \geq k_0$ und bei verschwindendem Eingangssignal $\underline{x}[k] = \underline{0}$
Lösung der Zustandsgleichung

$$\underline{z}[k+1] = f(\underline{z}[k], \underline{x}[k])$$

ist und für den folglich

$$\underline{z}_g[k_0] = (f(\underline{z}_g[k_0], \underline{0})$$

gilt. Der Zustand $\underline{z}_g$ wird Gleichgewichtszustand genannt.
Ausgehend von der Stabilität im Ljapunovschen Sinne, wird folgender Stabilitätsbegriff benutzt:

<u>Definition 2.11.:</u>

Ein Gleichgewichtszustand $\underline{z}_g$ eines diskreten Systems $\underline{z}[k+1] = f(\underline{z}[k], \underline{0})$
heißt global asymptotisch stabil, wenn für alle $\underline{z}[k_0]$ des Zustandsraumes die

Bewegung $\underline{z}\Big|_{k_0}^{k}$ beschränkt ist und für $k \to \infty$ gegen $\underline{z}_g$ konvergiert, d.h.

$\|\underline{z}[k] - \underline{z}_g\| \to 0$ für $k \to \infty$.

In der auf Ljapunov zurückgehenden Stabilitätstheorie wird zwischen der 1. Methode und der 2. oder direkten Methode zur Stabilitätsanalyse unterschieden.
Im folgenden soll nur die direkte Methode betrachtet werden, deren Idee in einer
Verallgemeinerung des Energiekonzepts der klassischen Mechanik besteht. Zu
diesem Zweck wird eine verallgemeinerte „Energie"funktion $V(\underline{z})$ eingeführt und
die „Energie"differenz

$$\Delta V(\underline{z}[k]) = V(\underline{z}[k+1]) - V(\underline{z}[k]) \tag{2.76}$$

gebildet.
Die Funktion $V(\underline{z})$ wird als Ljapunov-Funktion bezeichnet. Damit lautet der in
/ 2.30 / bewiesene Stabilitätssatz:

Die Gleichgewichtslage $\underline{z}_g = \underline{0}$ des diskreten Systems $\underline{z}[k+1] = f(\underline{z}[k], \underline{0})$ ist
global asymptotisch stabil, wenn eine skalare Funktion $V(\underline{z})$ derart existiert,
daß gilt

- $V(\underline{z}) > 0$ für alle $\underline{z} \neq \underline{0}$

- $\Delta V(\underline{z}) < 0$ für alle $\underline{z} \neq \underline{0}$

- $V(\underline{z}[k])$ ist stetig in $\underline{z}$ für alle k

- $V(\underline{z}[k]) \to \infty$ mit $\|\underline{z}\| \to \infty$ für alle k.

Die Schwierigkeit bei der Anwendung der direkten Ljapunovschen Methode zur Stabilitätsanalyse besteht darin, eine geeignete Funktion $V(\underline{z})$ zu finden. Nur für spezielle Systeme, wie lineare und quasilineare, sind allgemeingültige Funktionen angebbar. Dazu benötigt man noch die

<u>Definition 2.12.:</u>

Eine Vektorfunktion $\underline{f}(\underline{z})$ heißt eine Kontraktion, wenn für irgendeine Norm

$$\|\underline{f}(\underline{z})\| < \|\underline{z}\| \qquad \text{für } \underline{z} \neq \underline{0}$$

und $\quad \underline{f}(\underline{0}) = \underline{0}$

gilt.

Damit kann das Kontraktionsprinzip wie folgt formuliert werden:

Die Gleichgewichtslage $\underline{z}_g = \underline{0}$ des diskreten Systems $\underline{z}[k+1] = \underline{f}(\underline{z}[k], \underline{0})$ ist global asymptotisch stabil, wenn $\underline{f}(\underline{z})$ eine Kontraktion im gesamten Zustandsraum ist. Eine Ljapunov-Funktion ist $V(\underline{z}) = \|\underline{z}\|$.

Die Gleichgewichtslage $\underline{z}_g = \underline{0}$ des linearen autonomen Systems

$$\underline{z}[k+1] = \underline{A}\,\underline{z}[k]$$

ist global asymptotisch stabil, wenn eine positiv definite Matrix $\underline{T}^*\underline{T}$ derart existiert, daß

$$\underline{A}^*\underline{T}^*\underline{T}\,\underline{A} - \underline{T}^*\underline{T} \tag{2.77}$$

negativ definit ist. Die Funktion

$$V(\underline{z}) = \underline{z}^*\underline{T}^*\underline{T}\,\underline{z} \tag{2.78}$$

ist eine Ljapunov-Funktion des Systems $\underline{z}[k+1] = \underline{A}\,\underline{z}[k]$. Hat $\underline{A}$ ausschließlich lineare Elementarteiler, so ist $\underline{T}$ die Transformationsmatrix der Ähnlichkeitstransformation

$$\underline{\Lambda} = \begin{pmatrix} \lambda_1 & 0 & \cdots & 0 \\ 0 & \lambda_2 & \cdots & 0 \\ 1 & & \ddots & \\ \vdots & \vdots & & \vdots \\ 0 & 0 & \cdots & \lambda_s \end{pmatrix} = \underline{T}\,\underline{A}\,\underline{T}^{-1}$$

von $\underline{A}$ auf die Jordan-kanonische Form. Aus der Umformung

$$\underline{A}^*\underline{T}^*\underline{T}\,\underline{A} - \underline{T}^*\underline{T} = T^*(\Lambda^*\Lambda - I)\,\underline{T}$$

$$= \underline{T}' \begin{pmatrix} |\lambda_1|^2-1 & 0 & \cdots & 0 \\ 0 & |\lambda_2|^2-1 & \cdots & 0 \\ \vdots & \vdots & & \vdots \\ 0 & 0 & \cdots & |\lambda_s|^2-1 \end{pmatrix} \underline{T}$$

von (2.77) ist ersichtlich, daß die Matrix (2.77) genau dann negativ definit ist und damit die Gleichgewichtslage $\underline{z}_g = \underline{0}$ des Systems $\underline{z}[k+1] = \underline{A}\,\underline{z}[k]$ stabil ist, wenn die Eigenwerte λ_σ ($\sigma = 1,\dots,s$) der Systemmatrix $\underline{A}$ innerhalb des Einheitskreises der komplexen Ebene liegen, d.h.

$$|\lambda_\sigma| < 1 \qquad \sigma = 1, \ldots, s. \tag{2.79}$$

Beispiel 2.7.:

Es ist das System

$$\underline{z}\,[k+1] \;=\; \begin{pmatrix} \sigma & \omega \\ -\omega & \sigma \end{pmatrix} \underline{z}[k] \;+\; \begin{pmatrix} \beta_0 \\ \beta_1 \end{pmatrix} x[k]$$

für $x = 0$ zu untersuchen. Die Transformationsmatrix $\underline{T}$ ergibt sich nach den in / 2.29 / angegebenen Verfahren zu

$$\underline{T} = \frac{1}{\sqrt{2}} \begin{pmatrix} 1 & j \\ 1 & -j \end{pmatrix},$$

Sie hat die Eigenschaft $\underline{T}^{*} = \underline{T}^{-1}$ und leistet folgende Transformation:

$$\underline{\Lambda} = \begin{pmatrix} \sigma - j\omega & 0 \\ 0 & \sigma + j\omega \end{pmatrix} = \frac{1}{\sqrt{2}} \begin{pmatrix} 1 & j \\ 1 & -j \end{pmatrix} \begin{pmatrix} \sigma & \omega \\ -\omega & \sigma \end{pmatrix} \begin{pmatrix} 1 & 1 \\ -j & j \end{pmatrix} \frac{1}{\sqrt{2}}.$$

Die Funktion $\underline{f}(\underline{z}) = \underline{A}\,\underline{z}$ ist für $\sigma^2 + \omega^2 = \left|\lambda_1\right|^2 = \left|\lambda_2\right|^2 < 1$ eine Kontraktion; denn dann gilt für alle $\underline{z} = (z_1, z_2)^T$

$$\underline{z}^{*}\underline{A}^{*}\underline{T}^{*}\underline{T}\,\underline{A}\,\underline{z} < \underline{z}^{*}\underline{T}^{*}\underline{T}\,\underline{z}, \qquad \underline{T}^{*}\underline{T} = \underline{I}$$

$$\underline{z}^{*}\underline{\Lambda}^{*}\underline{\Lambda}\,\underline{z} < \underline{z}^{*}\underline{z}$$

$$(\sigma^2 + \omega^2)z_1^2 + (\sigma^2 + \omega^2)z_2^2 < z_1^2 + z_2^2.$$

Für lineare zeitinvariante Systeme liegt die Bedeutung der 2. Methode von Ljapunov nicht in der Nutzung als praktisch auswertbares Stabilitätskriterium, sondern darin, die Gültigkeit anderer algebraischer Stabilitätskriterien für lineare Systeme nachzuweisen. Darüber hinaus können die Ljapunov-Funktionen eines linearen Tastsystems Anhaltspunkte für das Aufstellen einer Ljapunov-Funktion für das nichtlineare digitale System, das dieses lineare Tastsystem realisiert, geben.

Die auf die Eingangs-/Ausgangsbeschreibung bezogene Stabilitätsdefinition für Einfachsysteme lautet:

Definition 2.13.:

Ein lineares, vollständig steuerbares und beobachtbares Tastsystem ist für $\underline{z}[0] = \underline{0}$ genau dann stabil, wenn jedes beschränkte Eingangssignal $\|x\|_\infty = \max_k |x[k]|$ ein beschränktes Ausgangssignal $\|y\|_\infty < \infty$ liefert.

Der Ausgangssignalwert

$$y[k] \;=\; \sum_{\varkappa=0}^{k} g[k-\varkappa]\,x[\varkappa] \;=\; \sum_{\varkappa=0}^{k} g[\varkappa]\,x[k-\varkappa]$$

eines Tastsystems mit dem Übertragungsoperator g erreicht bei Erregung mit einem auf x_{max} beschränkten Eingangssignal zum Zeitpunkt k sein Maximum, wenn für die Eingangssignalfolge $x = <x[k]>$

$$x[\varkappa] = \text{sgn}(g[k-\varkappa])\, x_{max}$$

gilt. Damit ergibt sich

$$y[k] = \left(\sum_{\varkappa=0}^{k} |g[\varkappa]| \right) x_{max}$$

und für $k \to \infty$

$$y_{max} = \left(\sum_{\varkappa=0}^{\infty} |g[\varkappa]| \right) x_{max} = \|g\|_1\, x_{max}\,.$$

Für beliebige Eingangssignale folgt daraus die Ungleichung

$$\|y\|_\infty < \|g\|_1 \cdot \|x\|_\infty.$$

Damit ist ein lineares, vollständig steuerbares und beobachtbares System genau dann stabil, wenn g der Ungleichung

$$\|g\|_1 = \sum_{\varkappa=0}^{\infty} |g[\varkappa]| < \infty \tag{2.80}$$

genügt. Diese Bedingung spiegelt sich ebenfalls in Bedingungen für die Eigenwerte der Systemmatrix $\underline{A}$ wider. Dazu gewinnt man aus der Partialbruchdarstellung

$$G(z^{-1}) = \frac{D(z)}{C(z)} = g[0] + \sum_{\nu=1}^{n} \sum_{\varepsilon=1}^{e_\nu} \frac{c_{\varepsilon\nu}}{(z-z_{\infty\nu})^\varepsilon}$$

$$= g[0] + \sum_{\nu=1}^{n} \sum_{\varepsilon=1}^{e_\nu} \frac{c_{\varepsilon\nu}\, z^{-\varepsilon}}{(1-z^{-1} z_{\infty\nu})^\varepsilon} \tag{2.81}$$

von $G(z^{-1})$ für $g = <g[k]>$ den Ausdruck

$$g = g[0] + \sum_{\nu=1}^{n} \sum_{\varepsilon=1}^{e_\nu} c_{\varepsilon\nu} < \binom{k+\varepsilon-1}{\varepsilon-1} z_{\infty\nu}^{k} > d^{-\varepsilon}.$$

Aus der Schätzung für die Norm

$$\|g\|_1 < |g[0]| + \sum_{\nu=1}^{n} \sum_{\varepsilon=1}^{e_\nu} c_{\varepsilon\nu} \left\| < \binom{k+\varepsilon-1}{\varepsilon-1} z_{\infty\nu}^{k} > \right\|_1$$

$$|g[0]| + \sum_{\nu=1}^{n} \sum_{\varepsilon=1}^{e_\nu} c_{\varepsilon\nu} \frac{1}{(1-|z_{\infty\nu}|)^\varepsilon} \quad \text{für } |z_{\infty\nu}| < 1$$

folgt, daß g der Ungleichung $\|g\|_1 < \infty$ nur dann genügt, wenn die Nullstellen $z_{\infty\nu}$ von $C(z)$, und damit die Polstellen von $G(z^{-1})$ innerhalb des Einheitskreises der z-Ebene (Bild 2.15) liegen, d.h.

$$|z_{\infty\nu}| < 1 \qquad \nu = 1,\dots,n \quad n \leqq s. \tag{2.82}$$

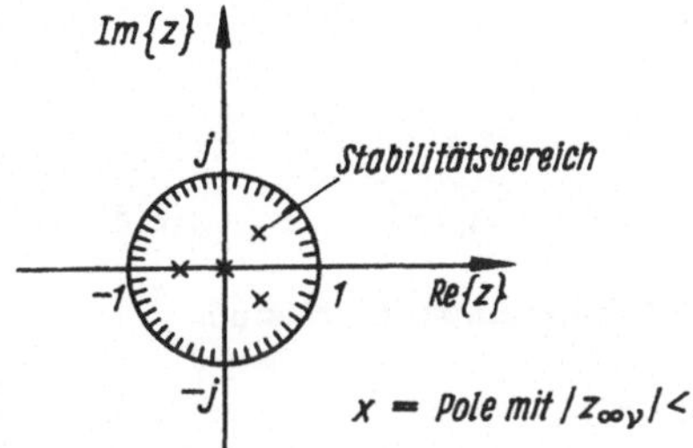

Bild 2.15. Stabilitätsbereich in der z-Ebene für die Pole

Ist das System vollständig beobachtbar und steuerbar, so haben D(d) und C(d) in (2.73) keine gemeinsamen Nullstellen. Folglich sind dann aufgrund der Beziehung (2.73b)

$$C(z) = \det(z\,\underline{I} - \underline{A})$$

die Polstellen von $G(z^{-1})$ in der z-Ebene zugleich Eigenwerte, d.h. Nullstellen des charakteristischen Polynoms $C(z)$, der Systemmatrix $\underline{A}$. Für diesen Fall sind die Stabilitätsbedingungen (2.82) und (2.79) gleichwertig.
Da die Nullstellenbestimmung einerseits schwierig ist und andererseits die Koeffizienten von Parametern abhängen, sind eine Reihe von Stabilitätskriterien /2.1/, /2.39/ entwickelt worden, die keine Nullstellenbestimmung erfordern. Wenn man mit der bilinearen Transformation

$$F(z) \xrightarrow{\quad z = \dfrac{p+1}{p-1} \quad} F(p)$$

das Innere des Einheitskreises in der z-Ebene auf die linke offene p-Halbebene abbildet, können die für lineare analoge Systeme bekannten algebraischen Stabilitätskriterien - Hurwitz-Routh-Kriterium, Hurwitz-Kriterium, u.a. - herangezogen werden /2.21/ /2.30/. Für die unmittelbare Stabilitätsanalyse im z-Bereich kommen das Schur-Cohn-Kriterium oder die von Jury /2.30/ entwickelte Modifikation in Betracht. Das Determinantenverfahren von Jury führt auf folgende notwendige und hinreichende Stabilitätsbedingungen:

Die Nullstellen des Polynoms

$$C(z) = c_s z^s + c_{s-1} z^{s-1} + \ldots + c_0 \qquad c_\delta\text{ -reell}$$

liegen innerhalb des Einheitskreises $|z| < 1$ genau dann, wenn für ungerades s die Ungleichungen

$$C(1) > 0$$

$$C(-1) < 0$$

$$(-1)^{\delta/2} \det (\underline{E}_\delta + \underline{F}_\delta) > 0$$
$$(-1)^{\delta/2} \det (\underline{E}_\delta - \underline{F}_\delta) > 0 \qquad\qquad \delta = 2,\,3,\,6,\,\ldots,\,s-1 \qquad\qquad (2.83a)$$

und für gerades s die Ungleichungen

$$C(1) > 0$$

$$C(-1) < 0$$

$$(-1)^{(\sigma+1)/2} \det (\underline{E}_\sigma - \underline{F}_\sigma) > 0$$

$$(-1)^{(\sigma+1)/2} \det (\underline{E}_\sigma + \underline{F}_\sigma) < 0 \qquad \sigma = 1,\ 3,\ 5,\ \ldots,\ s-1 \qquad (2.83\mathrm{b})$$

gelten, wobei die Matrizen $\underline{E}_\sigma$ und $\underline{F}_\sigma$ folgendermaßen definiert sind:

$$\underline{E}_\sigma = \begin{pmatrix} c_0 & c_1 & \cdots & c_{\sigma-1} \\ 0 & c_0 & \cdots & c_{\sigma-2} \\ \vdots & & & \\ 0 & 0 & \cdots & c_0 \end{pmatrix}$$

$$\underline{F}_\sigma = \begin{pmatrix} c_{s-\sigma+1} & \cdots & c_{s-1} & c_s \\ c_{s-\sigma+1} & \cdots & c_s & 0 \\ \vdots & & & \\ c_s & \cdots & 0 & 0 \end{pmatrix}.$$

Für Systeme geringen Grades gewinnt man aus diesem Kriterium die Ungleichungen

System 2. Grades:

$$a_2 < a_0$$

$$a_2 + a_1 + a_0 > 0$$

$$a_2 - a_1 + a_0 > 0$$

$$G(d^{-1}) = \frac{b_2 d^{-2} + b_1 d^{-1} + b_0}{a_2 d^{-2} + a_1 s^{-1} + a_0}, \qquad a_0 \neq 0.$$

System 3. Grades:

$$a_3 + a_2 + a_1 + a_0 > 0$$

$$a_3 + a_2 - a_1 + a_0 > 0$$

$$|a_3| < a_0$$

$$a_3^2 - a_0^2 < a_3 a_1 - a_2 a_0$$

$$G(d^{-1}) = \frac{b_3 d^{-3} + b_2 d^{-2} + b_1 d^{-1} + b_0}{a_3 d^{-3} + a_2 d^{-2} + a_1 d^{-1} + a_0}, \qquad a_0 \neq 0.$$

Damit kann beispielsweise der Parameterbereich angegeben werden, für den das System stabil ist. Für die Systeme 2. Grades ergibt sich der im Bild 2.16 schraffiert gekennzeichnete Stabilitätsbereich in der a_1, a_2-Ebene, mit a_0 als Parameter.

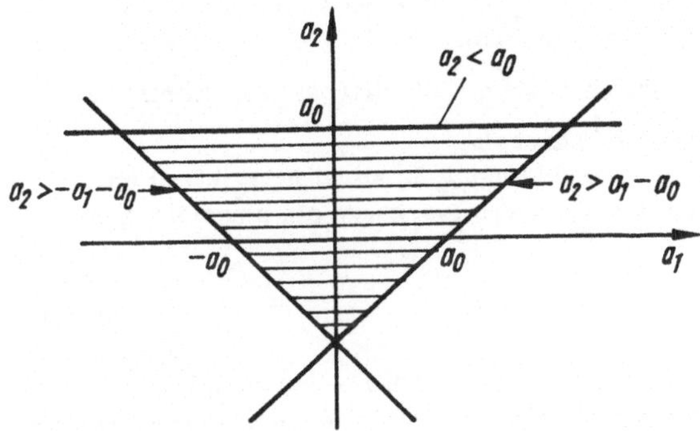

Bild 2.16. Stabilitätsbereich im Parameterraum

2. Kausalität

Bei der Beschreibung des Systems durch Zustandsgleichungen oder durch Gewichtsfunktionen ist die Kausalität unmittelbar gewährleistet. Soll jedoch eine
beliebig vorgegebene gebrochen rationale Funktion als Übertragungsoperator

$$G(d^{-1}) = \frac{B(d^{-1})}{A(d^{-1})} = \frac{D(d)}{C(d)} \qquad \begin{array}{l} s^*\text{-Grad von } D(d) \\ s\text{-Grad von } C(d) \end{array}$$

eines kausalen linearen Systems dienen, so entsteht aus der Kausalität folgende
Bedingung:

$$s^* \leqq s.$$

3. Frequenzgang

Der Frequenzgang charakterisiert die Antwort eines Tastsystems auf ein
sinusförmiges Eingangssignal $x_s = \,< X_0 e^{j\omega k} >$ nach Abklingen des Einschwingvorgangs und wird deshalb auch als Frequenzantwort bezeichnet. Das Ausgangssignal eines Systems mit dem Übertragungsoperator

$$g = G(d^{-1}) = \frac{B(d^{-1})}{A(d^{-1})}$$

ergibt sich für ein sinusförmiges Eingangssignal $x_s = \,< X_0 e^{j\omega k} >$ zu

$$y = g\, x_s = X_0 \frac{B(d^{-1})}{A(d^{-1})} < e^{j\omega k} > \,= X_0 \frac{B(d^{-1})}{A(d^{-1})} \;\frac{1}{1 - e^{j\omega} d^{-1}}.$$

Eine Zerlegung dieses Ausdruckes in die Form

$$y = \underbrace{X_0 G_e(d^{-1}) \cdot 1}_{y_e} + \underbrace{X_0 G(e^{-j\omega}) \frac{1}{1 - e^{j\omega} d^{-1}}}_{y_s} \tag{2.85}$$

mit

$$G_e(d^{-1}) = \frac{B_e(d^{-1})}{A(d^{-1})} \qquad B_e(d^{-1}) = \frac{A(e^{-j\omega})D(d^{-1}) - B(e^{-j\omega})A(d^{-1})}{(A(e^{-j\omega})(1 - e^{j\omega} d^{-1})}$$

trennt y in einen nichtstationären Anteil y_e und in einen stationären Anteil y_s.
Ist das durch $G(d^{-1})$ beschriebene System stabil, so gilt $g[k] \to 0$ für $k \to \infty$.

Da $A(e^{-j\omega})B(d^{-1})-B(e^{-j\omega})A(d^{-1})$ durch $1-e^{j\omega}d^{-1}$ dividierbar ist, stimmt das

Nennerpolynom von $G(d^{-1})$ mit $G_e(d^{-1})$ überein.

Folglich gilt auch $g_e[k] \to 0$ für $k \to \infty$ und klingt $y_e[k]$ ab, d.h. $y_e[k] \to 0$ für $k \to \infty$.
Damit stellt sich nach Abklingen des Einschwingvorgangs ein sinusförmiges
Ausgangssignal

$$y_s = X_0 G(e^{-j\omega}) < e^{j\omega k} > = Y_0 < e^{j\omega k} > \tag{2.86}$$

ein. Der Frequenzgang $G(e^{-j\omega})$ gibt somit das Verhältnis der komplexen Amplitude der Ausgangsschwingung zu der komplexen Amplitude der Eingangsschwin-
gung an.
Dieser Frequenzgang, der die Eigenschaften der Z-Transformierten $G(z^{-1})$ der
Übertragungsfunktion $g[k]$ auf dem Einheitskreis $|z| = 1$ angibt, soll näher unter-
sucht werden. Aus der Darstellung

$$G(z^{-1}) \Big|_{z=e^{j\omega}} = \frac{\sum_{\sigma=0}^{S} b_\sigma z^{-\sigma}}{\sum_{\sigma=0}^{S} a_\sigma z^{-\sigma}} \Bigg|_{z=e^{j\omega}} = \frac{\sum_{\sigma=0}^{S} b_\sigma e^{-j\sigma\omega}}{\sum_{\sigma=0}^{S} a_\sigma e^{-j\sigma\omega}} \tag{2.87}$$

$$= \frac{\sum_{\sigma=0}^{S} b_\sigma \cos(\sigma\omega) - j \sum_{\sigma=0}^{S} b_\sigma \sin(\sigma\omega)}{\sum_{\sigma=0}^{S} a_\sigma \cos(\sigma\omega) - j \sum_{\sigma=0}^{S} a_\sigma \sin(\sigma\omega)}$$

geht hervor, daß $G(e^{-j\omega})$ als Quotient trigonometrischer Polynome offenbar
selbst periodisch ist. Der Frequenzgang kann entweder durch Real- und
Imaginärteil

$$G(e^{-j\omega}) = \mathrm{Re}\left\{G(e^{-j\omega})\right\} + j\,\mathrm{Im}\left\{G(e^{-j\omega})\right\},$$

Betrag und Phase

$$G(e^{-j\omega}) = \left|G(e^{-j\omega})\right| e^{-jb(\omega)}$$

mit

$$b(\omega) = -\arg\left(G(e^{-j\omega})\right)$$

oder Dämpfung und Phase

$$G(e^{-j\omega}) = e^{-a(\omega)-jb(\omega)} \tag{2.88}$$

mit $\quad a(\omega) = -\ln\left|G(e^{-j\omega})\right|$

angegeben werden. Je nach Aufgabenstellung wird die eine oder andere Darstellung bevorzugt. Wie bei kontinuierlichen Systemen läßt sich auch eine
Gruppenlaufzeit

$$\tau_g(\omega) = \frac{d\,b(\omega)}{d\omega} \qquad\qquad (2.89)$$

einführen. Aus der Produktdarstellung

$$G(z^{-1})\Big|_{z=e^{j\omega}} = K\ \frac{\displaystyle\prod_{\mu=1}^{m}(z-z_{0\mu})^{\delta\mu}}{\displaystyle\prod_{\nu=1}^{n}(z-z_{\infty\nu})^{\varepsilon_\nu}}\Bigg|_{z=e^{j\omega}}
\qquad
\begin{aligned}
&\delta_\mu - \text{Vielfachheit der Nullstelle}\\
&\quad z_{0\mu} = r_{0\mu}\,e^{j\omega 0\mu}\\[4pt]
&\varepsilon_\nu - \text{Vielfachheit der Polstelle}\\
&\quad z_{\infty\nu} = r_{\infty\nu}\,e^{j\omega\infty\nu}
\end{aligned}$$

$$= K\ \frac{\displaystyle\prod_{\mu=1}^{m}(1-z^{-1}z_{0\mu})^{\delta\mu}}{z^{s-s^*}\displaystyle\prod_{\nu=1}^{n}(1-z^{-1}z_{\infty\nu})^{\varepsilon_\nu}}\Bigg|_{z=e^{j\omega}}
\qquad
\begin{aligned}
s &= \sum_{\nu=1}^{n}\varepsilon_\nu\\[6pt]
s^* &= \sum_{\mu=1}^{m}\delta_\mu
\end{aligned}
\qquad (2.90)$$

ergeben sich für die einzelnen Kenngrößen folgende Ausdrücke:

$$a(\omega) = -\ln K - \sum_{\mu=1}^{m} a_{0\mu}(\omega) + \sum_{\nu=1}^{n} a_{\infty\nu}(\omega) \qquad\qquad (2.91a)$$

$$a_{0\mu}(\omega) = \frac{\delta_\mu}{2}\ln\!\left(1-2r_{0\mu}\cos(\omega-\omega_{0\mu})+r_{0\mu}^2\right) = \delta_\mu\,\alpha_{0\mu}(\omega)$$

$$a_{\infty\nu}(\omega) = \frac{\varepsilon_\nu}{2}\ln\!\left(1-2r_{\infty\nu}\cos(\omega-\omega_{\infty\nu})+r_{\infty\nu}^2\right) = \varepsilon_\nu\,\alpha_{\infty\nu}(\omega)$$

$$b(\omega) = -\sum_{\mu=1}^{m} b_{0\mu}(\omega) + \sum_{\nu=1}^{n} b_{\infty\nu}(\omega) + (s-s^*)\,\omega \qquad\qquad (2.91b)$$

$$b_{0\mu}(\omega) = \omega + \delta_\mu\,\arctan\frac{r_{0\mu}\sin(\omega-\omega_{0\mu})}{1-r_{0\mu}\cos(\omega-\omega_{0\mu})} = \omega + \delta_\mu\,\beta_{0\mu}(\omega)$$

$$b_{\infty\nu}(\omega) = \omega + \varepsilon_\nu\,\arctan\frac{r_{\infty\nu}\sin(\omega-\omega_{\infty\nu})}{1-r_{\infty\nu}\cos(\omega-\omega_{\infty\nu})} = \omega + \varepsilon_\nu\,\beta_{\infty\nu}(\omega)$$

und

$$\tau_g(\omega) = -\sum_{\mu=1}^{m} \delta_\mu\cdot\tau_{g0\mu}(\omega) + \sum_{\nu=1}^{n} \varepsilon_\nu\cdot\tau_{g\infty\nu}(\omega) \qquad\qquad (2.91c)$$

$$\tau_{g0\mu}(\omega) = \frac{1-r_{0\mu}\cos(\omega-\omega_{0\mu})}{1-2r_{0\mu}\cos(\omega-\omega_{0\mu})+r_{0\mu}^2}$$

$$\tau_{g\infty\nu}(\omega) = \frac{1-r_{\infty\nu}\cos(\omega-\omega_{\infty\nu})}{1-2r_{\infty\nu}\cos(\omega-\omega_{\infty\nu})+r_{\infty\nu}^2}\ .$$

Die Symmetrieeigenschaften der trigonometrischen Funktionen spiegeln sich in den Beziehungen

$$a(\omega) = a\,(-\omega)$$

$$b(\omega) = -b\,(-\omega)$$

$$\tau_g(\omega) = \tau_g\,(-\omega)$$

der Dämpfung, Phase und Gruppenlaufzeit wider. Aus der Summendarstellung (2.91) ist zu erkennen, daß der Dämpfungs- und Phasenverlauf durch Addition der Dämpfungsanteile $\alpha_\lambda\,(\omega)$ und Phasenanteile $\beta_\lambda\,(\omega)$ leicht ermittelt werden kann (Bild 2.17). Dadurch gewinnt man anhand des PN-Planes für $G(z^{-1})$ in einfacher Weise einen qualitativen Überblick über das Frequenzverhalten und, wie schon dargelegt, über die Stabilität.

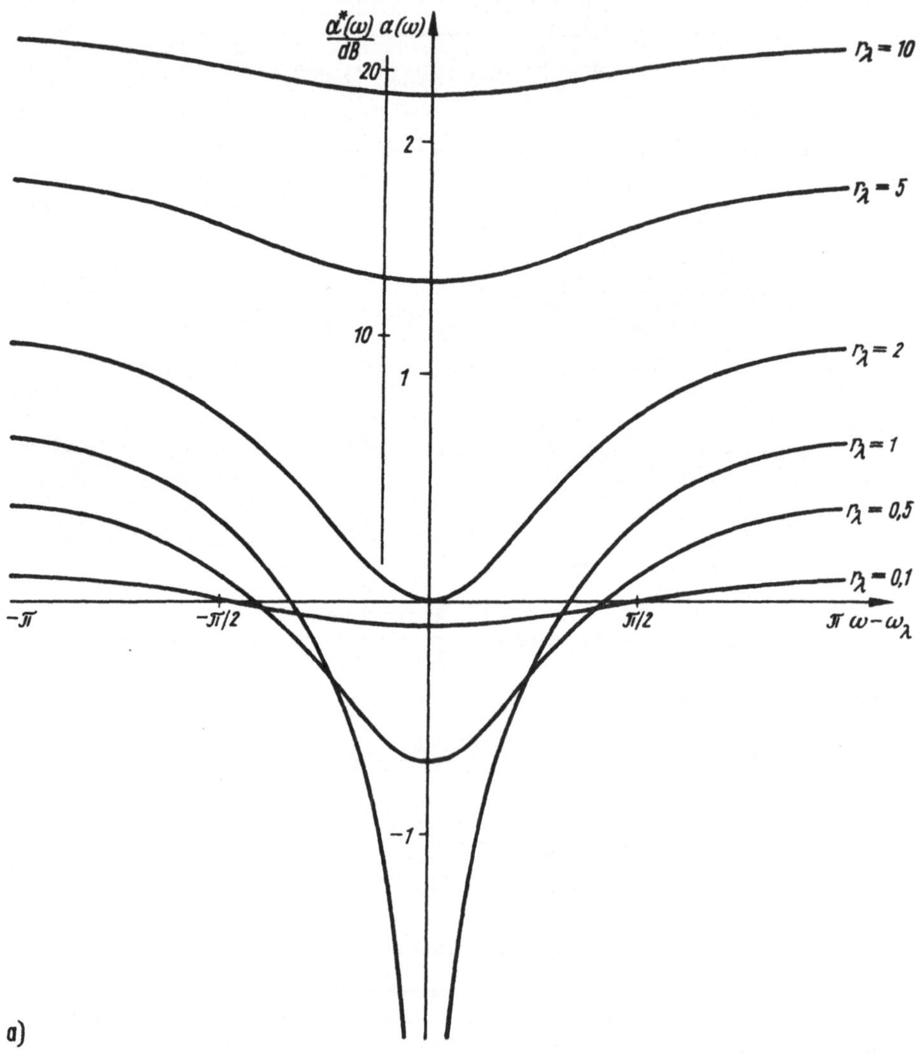

a)

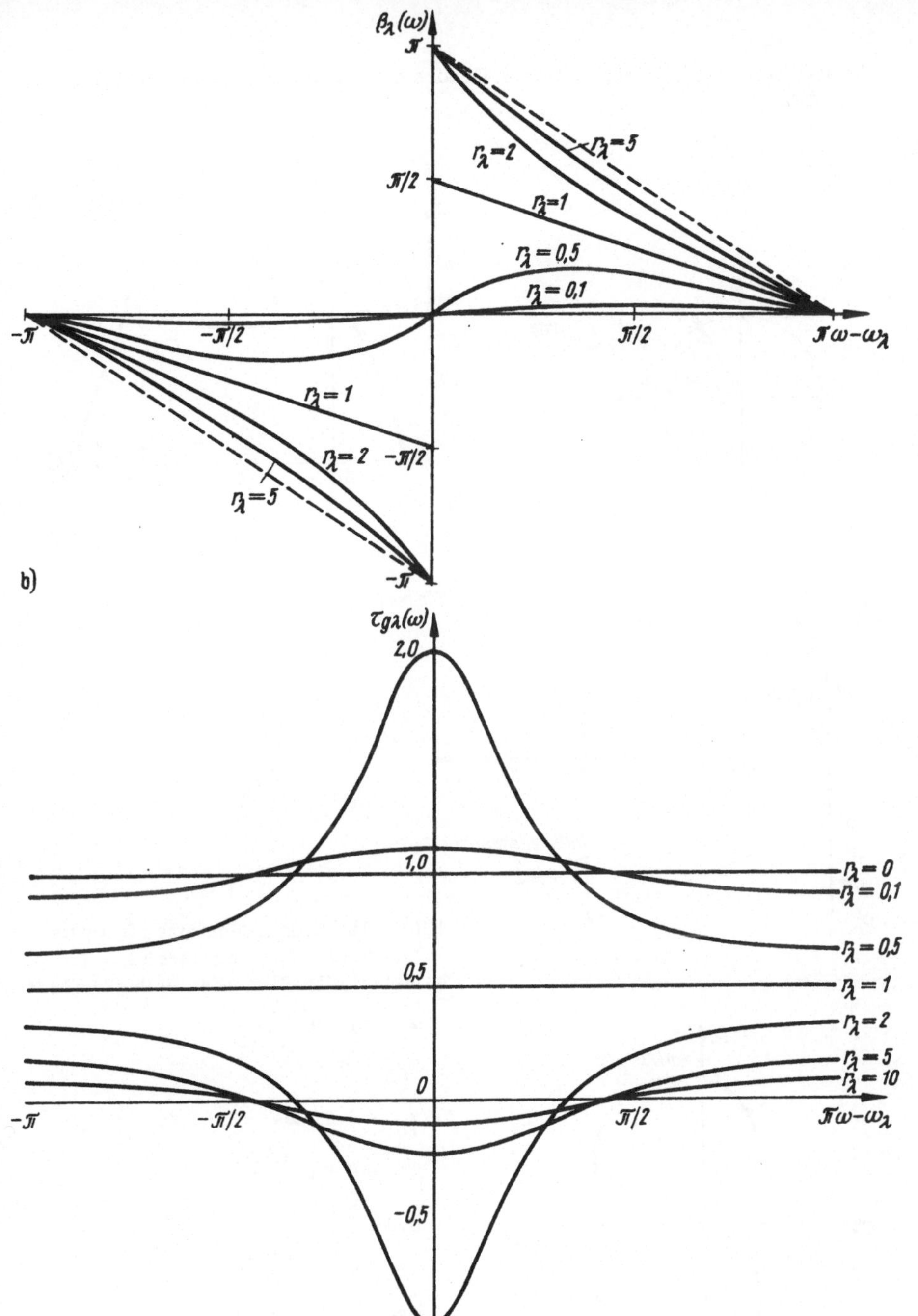

Bild 2.17. Anteile der Pole oder Nullstellen zu den Kenngrößen im Frequenzbereich

a) Dämpfungsanteile $\alpha(\omega) = \dfrac{1}{2}\ln\left(1 - 2r_\lambda\,\cos(\omega - \omega_\lambda) + r_\lambda^2\right)$

b) Phasenanteile

c) Gruppenlaufzeitanteile $\quad \tau_{g\lambda}(\omega) = \dfrac{1 - r_\lambda\,\cos(\omega - \omega_\lambda)}{1 - 2r_\lambda\,\cos(\omega - \omega_\lambda) + r_\lambda^2}$

Im Bild 2.18 sind für ein System 2. Grades die verschiedenen Kenngrößen dargestellt.

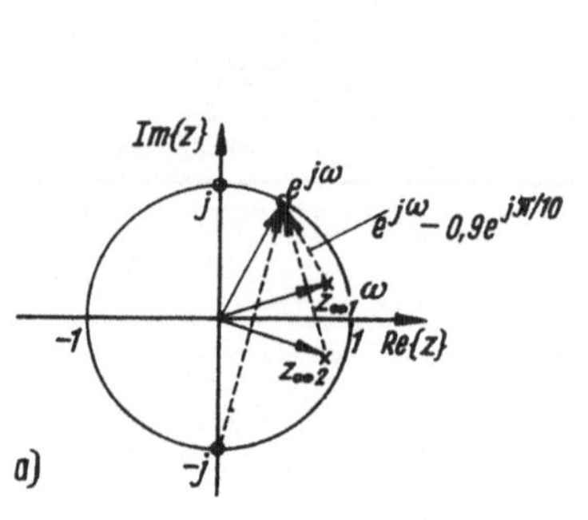

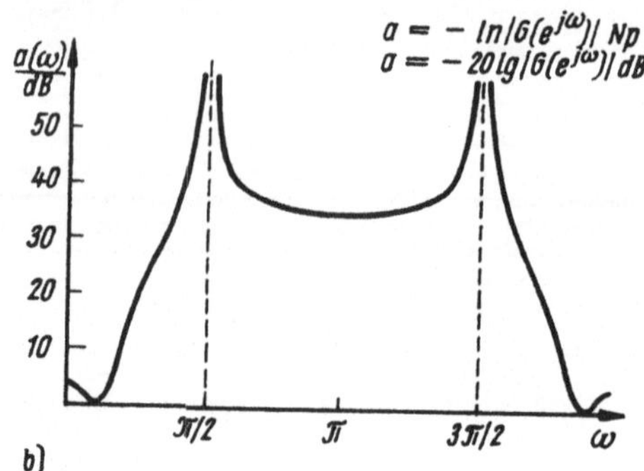

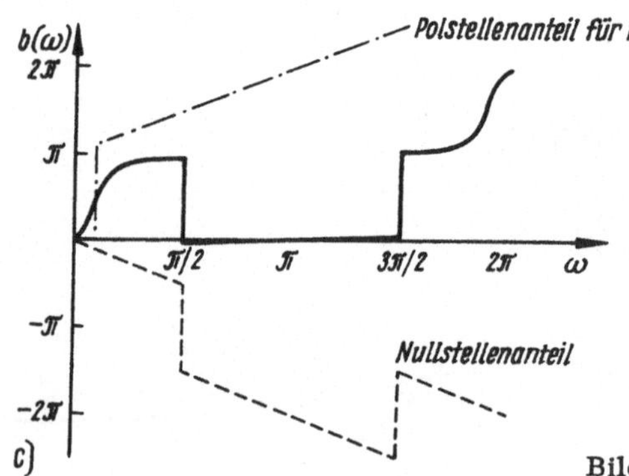

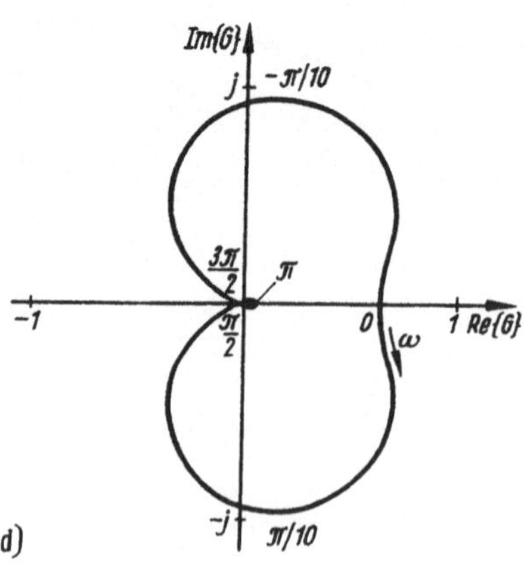

Bild 2.18. Kenngrößen eines Systems
2. Grades im Frequenzbereich

a) Pol-/Nullstellen-Plan in der z-Ebene

$$z_{01} = j = e^{j\pi/2}$$

$$z_{02} = -j = e^{-j\pi/2}$$

$$z_{\infty 1} = 0{,}9\left(\cos\frac{\pi}{10} + j\sin\frac{\pi}{10}\right) = $$
$$= 0{,}9\,e^{j\pi/10}$$

$$z_{\infty 2} = 0{,}9\left(\cos\frac{\pi}{10} - j\sin\frac{\pi}{10}\right) = $$
$$= 0{,}9\,e^{-j\pi/10}$$

$$K = 32{,}7$$

b) Dämpfungsverlauf

c) Phasenverlauf

d) Ortskurve

Ausgeprägte Eigenschaften des Frequenzgangs spezieller Systeme haben zu speziellen Systembezeichnungen geführt. Die bekanntesten sind

- Allpaßsysteme

Das Allpaßsystem ist gekennzeichnet durch einen frequenzunabhängigen Betragsverlauf $|G(e^{-j\omega})| = K$ des Frequenzgangs. Die allgemeine Form des Übertragungsoperators eines derartigen Systems lautet

$$G_A(d^{-1}) = K_A d^{-m} \prod_{\nu=1}^{n} \left(\frac{1 - d^{-1} z_{\infty\nu}^{-1}}{1 - d^{-1} z_{\infty\nu}} \right) \quad \begin{array}{l} z_{\infty\nu} \neq 0 \\ z_{\infty\nu} = r_{\infty\nu} e^{j\omega_{\infty\nu}}, \end{array} \qquad (2.92)$$

wobei komplexe $z_{\infty\nu}$ konjugiert komplex auftreten.
Für die Dämpfung und Phase ergibt sich daraus

$$a(\omega) = -\ln(K_A) + \sum_{\nu=1}^{n} \ln(r_{\infty\nu})$$

$$b(\omega) = m\,\omega - \sum_{\nu=1}^{n} \arctan \frac{(1-r_{\infty\nu}^2)\,\sin(\omega - \omega_{\infty\nu})}{2r_{\infty\nu} - (1+r_{\infty\nu}^2)\cos(\omega - \omega_{\infty\nu})} \ .$$

- minimalphasige Systeme

Jeder Übertragungsoperator g kann in der Form

$$G(d^{-1}) = K \frac{\displaystyle\prod_{\mu=1}^{m_i} (d-z_{0\mu}) \prod_{\mu=m_i+1}^{m} (d-z_{0\mu})}{\displaystyle\prod_{\nu=1}^{n} (d-z_{\infty\nu})}$$

dargestellt werden, wobei die $z_{01}, \ldots, z_{0m_i}$ innerhalb des Einheitskreises liegen und die restlichen außerhalb des Einheitskreises. Durch Erweiterung von $G(d^{-1})$ mit

$$\prod_{\mu=m_i+1}^{m} (z_{0\mu}\, d-1)$$

im Zähler und Nenner erhält man

$$G(d^{-1}) = K \frac{\displaystyle\prod_{\mu=1}^{m_i} (d-z_{0\mu}) \prod_{\mu=m_i+1}^{m} (z_{0\mu}d-1)}{\displaystyle\prod_{\nu=1}^{n} (d-z_{\infty\nu})} \cdot \frac{\displaystyle\prod_{\mu=m_i+1}^{m} (d-z_{0\mu})}{\displaystyle\prod_{\mu=m_i+1}^{m} (z_{0\mu}d-1)} \qquad (2.93).$$

$$= G_M(d^{-1})\, G_A(d^{-1}).$$

Abgesehen von dem konstanten Faktor $K_A = |G_A(\exp\text{-}j\omega)|$, stimmt $|G_M(\exp\text{-}j\omega)|$ mit $|G(\exp\text{-}j\omega)|$ überein. Man nennt das durch $G_M(d^{-1})$ beschriebene System minimalphasig. Die Bedingungen für ein minimalphasiges System lauten demnach

$$|z_{0\mu}| \leqq 1.$$

Die Zerlegung eines Systems in ein minimalphasiges System und in ein Allpaßsystem ist im Bild 2.19 dargestellt.

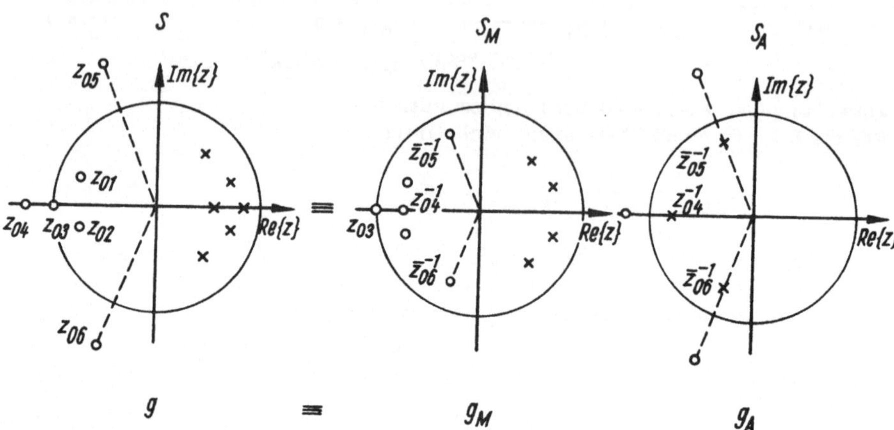

Bild 2.19. Zerlegung eines Systems S in ein System S_M minimaler Phase und in ein Allpaßsystem S_A

● linearphasige Systeme

Das linearphasige System ist durch einen Phasenverlauf

$$b(\omega) = K_1\,\omega + K_0$$

und beliebigen Betragsverlauf charakterisiert. Diese Phasencharakteristik kann nur durch ein System mit dem Übertragungsoperator

$$G(d^{-1}) = \frac{\sum_{\nu=0}^{(n-\delta)/2} g_\nu(d^{n-\nu}+d^\nu)}{d^{+n}} = \sum_{\nu=0}^{(n-\delta)/2} g_\nu(d^{-\nu} + d^{\nu-n})$$

$$\delta = (1-(-1)^n)\,2$$

oder

$$G(d^{-1}) = \frac{\sum_{\nu=0}^{((n-\delta)/2)-1} g_\nu(d^{n-\nu}-d^\nu)}{d^{n}} = \sum_{\nu=0}^{((n-\delta)/2)-1} g_\nu(d^{-\nu} + d^{\nu-n})$$

exakt realisiert werden. Ein linearphasiges System ist damit gekennzeichnet durch eine n-fache Polstelle bei $z_{\infty\nu} = 0$ und wegen

$$G(d^{-1}) = d^n\, G(d)$$

durch spiegelbildlich zum Einheitskreis oder auf diesem liegende Nullstellen (Bild 2.20).

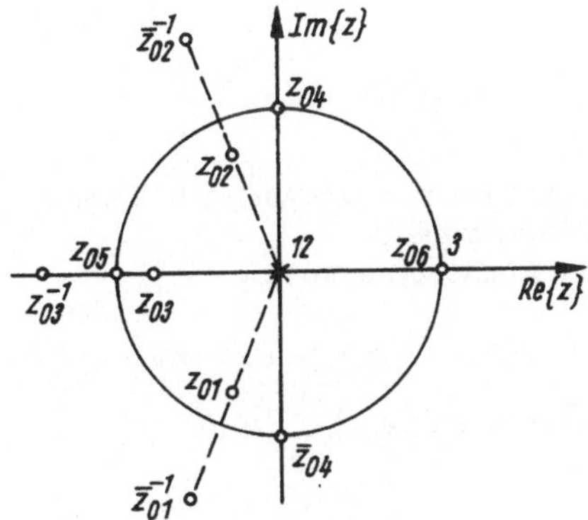

Bild 2.20. Varianten von Nullstellenlagen eines Systems linearer Phase

2.2.1.4. Systemstrukturen

Die Übertragungsoperatoren eines Systems sind entweder direkt oder indirekt gegeben oder näherungsweise zu bestimmen. Zur Realisierung der Übertragungsoperatoren mit Verzögerungselementen, Addierelementen und Multiplizierelementen ist es notwendig, eine auf diese Elemente bezogene Struktur anzugeben. Für ein System mit vorgegebenem Eingangs-/Ausgangsverhalten werden jedoch im allgemeinen mehrere Strukturen in Frage kommen.

Wenn $\underline{z}$ der Zustandsvektor eines Systems $(\underline{A}, \underline{B}, \underline{C}, \underline{D}, \underline{0})$ ist und $\underline{T}$ eine nichtsinguläre (sxs)-Matrix, dann ändert sich durch die Transformation

$$^t\underline{z} = \underline{T}\,\underline{z}$$

das Eingangs-/Ausgangsverhalten nicht, d.h., es gilt $\underline{G} = {}^t\underline{G}$. Denn die Größen $^t\underline{A}$, $^t\underline{B}$, $^t\underline{C}$ und $^t\underline{D}$ die sich aus

$$^t\underline{z}[k+1] = \underline{T}\,\underline{A}\,\underline{T}^{-1}\,{}^t\underline{z}[k] + \underline{T}\,\underline{B}\,\underline{x}[k]$$

$$y[k] = \underline{C}\,\underline{T}^{-1}\,{}^t\underline{z}[k] + \underline{D}\,\underline{x}[k]$$

zu $^t\underline{A} = \underline{T}\,\underline{A}\,\underline{T}^{-1}$, $^t\underline{B} = \underline{T}\,\underline{B}$, $^t\underline{C} = \underline{C}\,\underline{T}^{-1}$ und $^t\underline{D} = \underline{D}$ ergeben, führen, eingesetzt in die Beziehung (2.70), auf die Identität

$$\underline{C}(d\underline{I}-\underline{A})^{-1}\underline{B} + \underline{D} = \underline{C}\,\underline{T}^{-1}(d\underline{T}\underline{T}^{-1}-\underline{T}\,\underline{A}\,\underline{T}^{-1})^{-1}\,\underline{T}\,\underline{B} + \underline{D}.$$

Die Aussagen können in dem Satz über die Äquivalenz zweier Systeme zusammengefaßt werden:

Zwei Systeme $(\underline{A}, \underline{B}, \underline{C}, \underline{D}, \underline{0})$ und $(^t\underline{A}, {}^t\underline{B}, {}^t\underline{C}, {}^t\underline{D}, \underline{0})$ sind hinsichtlich des Eingangs-/Ausgangsverhaltens äquivalent genau dann, wenn eine nichtsinguläre Transformationsmatrix $\underline{T}$ existiert, so daß

$$^t\underline{A} = \underline{T}\,\underline{A}\,\underline{T}^{-1}$$

$$^t\underline{B} = \underline{T}\,\underline{B}$$

$$^t\underline{C} = \underline{C}\,\underline{T}^{-1}$$

$$^t\underline{D} = \underline{D}$$

$$(2.94)$$

gilt.

Zur Erzeugung kanonischer Strukturen ist die Transformationsmatrix $\underline{T}$ nun so zu wählen, daß $\underline{A}$ eine besonders einfache Form erhält.
Die bekanntesten kanonischen Strukturen für Einfachsysteme mit

$$g = \frac{\displaystyle\sum_{\sigma=0}^{s} b_\sigma d^{-\sigma}}{\displaystyle\sum_{\sigma=0}^{s} a_\sigma d^{-\sigma}} = \frac{\langle 0, b_1, b_2, \ldots, b_s\rangle}{\langle 1, a_1, a_2, \ldots, a_s\rangle} = \langle 0,\ g\,[1],\ \ldots\rangle$$

sind

Steuerungs-Normalformen:

1.

$$\underline{A} = \begin{pmatrix} 0 & 0 & \ldots & 0 & -a_s \\ 1 & 0 & \ldots & 0 & -a_{s-1} \\ \vdots & & & & \\ 0 & 0 & \ldots & 0 & -a_2 \\ 0 & 0 & \ldots & 1 & -a_1 \end{pmatrix} \qquad B = \begin{pmatrix} 1 \\ 0 \\ \vdots \\ 0 \\ 0 \end{pmatrix}$$

$$\underline{C} = (g\,[1],\ g\,[2],\ \ldots,\ g\,[s-1],\ g\,[s]) \qquad\qquad (2.95)$$

2.

$$\underline{A} = \begin{pmatrix} 0 & 1 & \ldots & 0 & 0 \\ 0 & 0 & \cdots & 0 & 0 \\ \vdots & & & & \\ 0 & 0 & \ldots & 0 & 1 \\ -a_s & -a_{s-1} & \cdots & -a_2 & -a_1 \end{pmatrix} \qquad \underline{B} = \begin{pmatrix} 0 \\ 0 \\ \vdots \\ 0 \\ 1 \end{pmatrix}$$

$$\underline{C} = (b_s,\ b_{s-1},\ \ldots,\ b_2,\ b_1). \qquad\qquad (2.96)$$

Beobachtungs-Normalformen:

3.

$$\underline{A} = \begin{pmatrix} 0 & 1 & \ldots & 0 & 0 \\ 0 & 0 & \ldots & 0 & 0 \\ \vdots & & & & \\ 0 & 0 & & & \\ -a_s & -a_{s-1} & \ldots & -a_2 & -a_1 \end{pmatrix} \qquad \underline{B} = \begin{pmatrix} g\,[1] \\ g\,[2] \\ \vdots \\ g\,[s-1] \\ g\,[s] \end{pmatrix}$$

$$\underline{C} = (1,\ 0,\ \ldots,\ 0,\ 0). \qquad\qquad (2.97)$$

4.

$$\underline{A} = \begin{pmatrix} 0 & 0 & \ldots & 0 & -a_s \\ 1 & 0 & \ldots & 0 & -a_{s-1} \\ \vdots & & & & \\ 0 & 0 & \ldots & 0 & -a_2 \\ 0 & 0 & \ldots & 1 & -a_1 \end{pmatrix} \qquad \underline{B} = \begin{pmatrix} b_s \\ b_{s-1} \\ \vdots \\ b_2 \\ b_1 \end{pmatrix} \qquad (2.98)$$

$$\underline{C} = (0, 0, \ldots, 0, 1).$$

Damit ist die Vielfalt der technisch interessierenden Strukturen jedoch nicht
erschöpft, und es ließen sich eine Fülle weiterer angeben. Bei allen weiteren
Strukturbetrachtungen wird das Problem der Strukturierung in zwei Schritten
behandelt. Dazu werden einerseits für Teilsysteme niedrigen Grades, in der
Regel 2. Grades, verschiedene Strukturvarianten systematisch aufgestellt
(Tafel 2.1) und andererseits Zusammenschaltungen dieser Teilsysteme untersucht.

Tafel 2.1. Strukturvarianten von Systemen 2. Grades

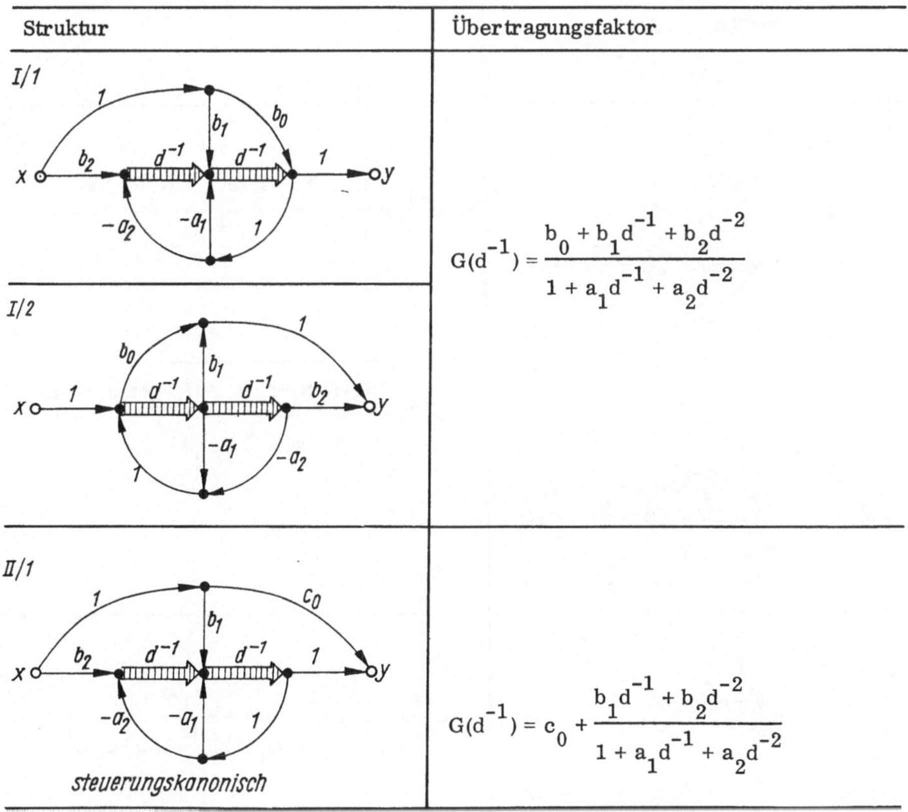

$$G(d^{-1}) = \frac{b_0 + b_1 d^{-1} + b_2 d^{-2}}{1 + a_1 d^{-1} + a_2 d^{-2}}$$

$$G(d^{-1}) = c_0 + \frac{b_1 d^{-1} + b_2 d^{-2}}{1 + a_1 d^{-1} + a_2 d^{-2}}$$

Struktur	Übertragungsfaktor
II/2 *beobachtungskanonisch*	
III	$$G(d^{-1}) = \frac{\beta_1 d^{-1} - (\alpha_0\,\beta_0 + \alpha_1\,\beta_1)d^{-2}}{1 - 2\alpha_1 d^{-1} + (\alpha_0^2 + \alpha_1^2)\,d^{-2}}$$
IV	$$G(d^{-1}) = \frac{f_0 + (f_1 - f_0)d^{-1} + (f_2 - f_1)d^{-2}}{1 + (e_1 - 1)d^{-1} + (e_2 - e_1)d^{-2}}$$
V	$$G(d^{-1}) = \frac{f_0 + (f_0 a_1 + f_1)d^{-1} + (f_0 a_2 + f_1 a_1 + f_2)d^{-2}}{1 + a_1 d^{-1} + a_2 d^{-2}}$$
VI	$$G(d^{-1}) = f_0 + \frac{f_1 d^{-1} + (f_2 - f_1)d^{-2}}{1 + (e_1 - 1)d^{-1} + (e_2 - e_1)d^{-2}}$$

Tafel 2.1. (Fortsetzung)

Struktur	Übertragungsfaktor
VII/1 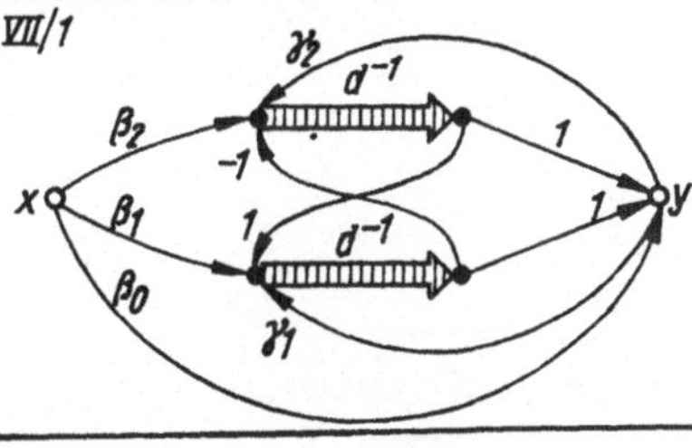 VII/2 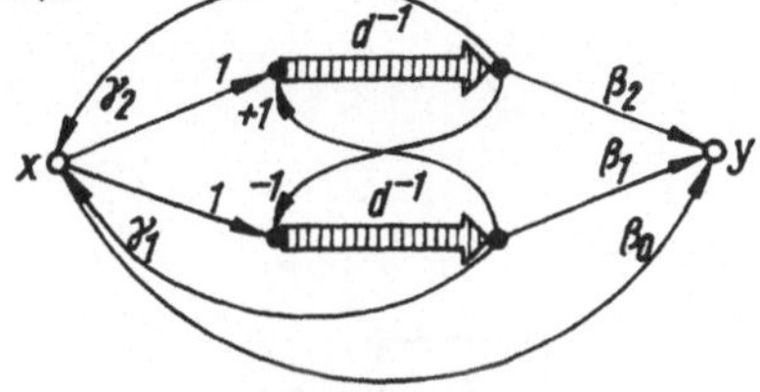	$$G(d^{-1}) = \frac{\beta_0+(\beta_1+\beta_2)d^{-1}+(\beta_0-\beta_1+\beta_2)d^{-2}}{1-(\gamma_1+\gamma_2)d^{-1}+(1+\gamma_1-\gamma_2)d^{-2}}$$
VIII 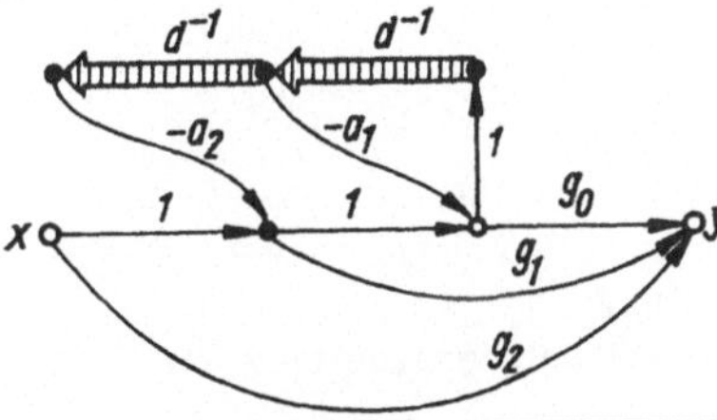	$$G(d^{-1}) = \frac{(g_0+g_1+g_2)+(g_1+g_2)c_1 d^{-1}+g_2 c_2 d^{-2}}{1+a_1 d^{-1}+a_2 d^{-2}}$$
IX 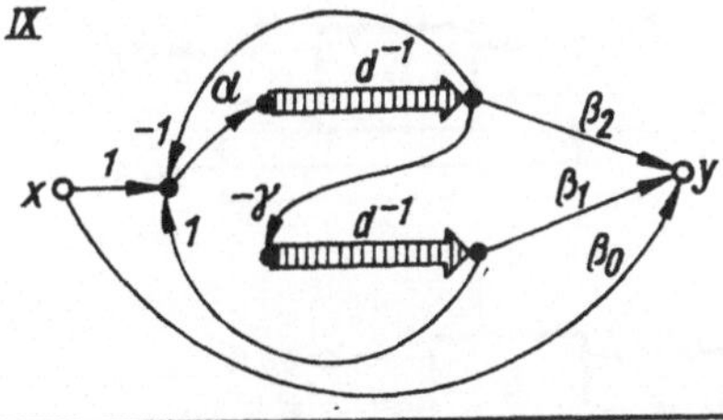	$$G(d^{-1}) = \beta_0 + \frac{\alpha\beta_2 d^{-1} - \alpha\gamma\beta_1 d^{-2}}{1+\alpha d^{-1}+\alpha\gamma\, d^{-2}}$$

Die einfachsten Varianten der Zusammenschaltung bei Einfachsystemen sind die Reihenschaltung, die Parallelschaltung und die Rückkopplungsschaltung (Bild 2.21). Diese Schaltungsstrukturen können durch geeignete Zerlegung des Übertragungsoperators gewonnen werden:

Reihenschaltung - Produktzerlegung von g in $g_1 g_2$
Parallelschaltung - Partialbruchzerlegung von g in g_1+g_2
Rückkopplungsschaltung - Partialbruchzerlegung von g^{-1} in $g_1^{-1}-g_2$.

Die Formen der Zusammenschaltung sind unmittelbar auf Mehrfachsysteme übertragbar, indem die Übertragungsfaktoren g_ν durch Matrizen $\underline{G}_\nu$ ersetzt werden. Darüber hinaus ist jedoch noch die Kettenschaltung von besonderem Interesse (Bild 2.22).

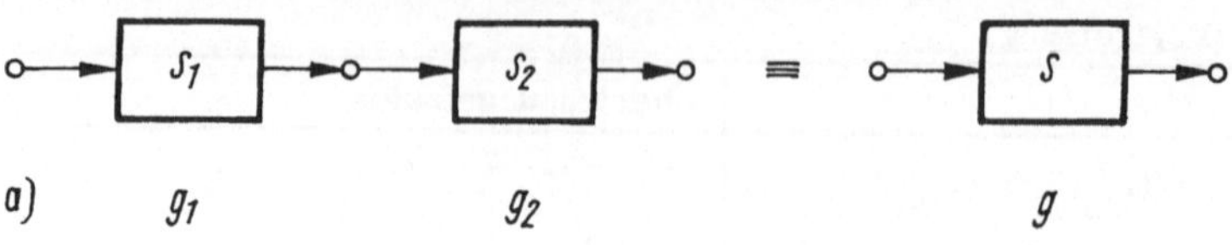

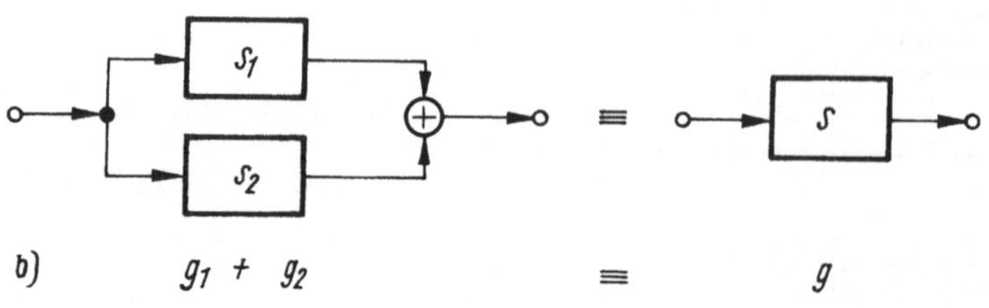

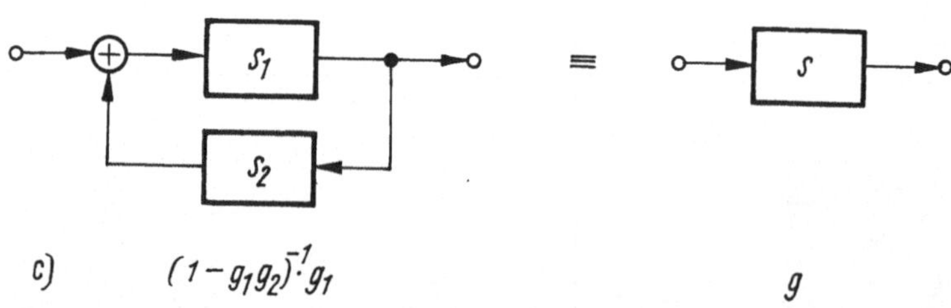

Bild 2.21. Grundvarianten der Zusammenschaltung
a) Reihenschaltung; b) Parallelschaltung; c) Rückkopplungsschaltung

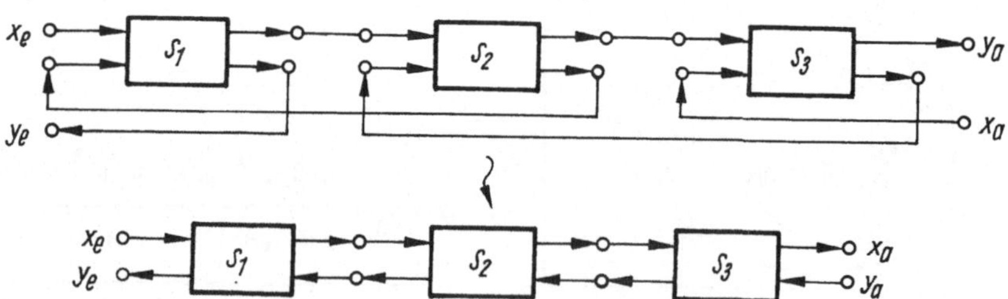

Bild 2.22. Kettenschaltung

Eine der Kettenschaltung angepaßte Beschreibung der Teilsysteme und des
Systems ist

$$\begin{pmatrix} y_a \\ x_a \end{pmatrix} = \underline{K}^* \begin{pmatrix} x_e \\ y_e \end{pmatrix} . \tag{2.99}$$

Voraussetzung dafür ist, daß keine Schleifen innerhalb der Systeme auftreten.
Für die Zusammenschaltung ergibt sich dann

$$\underline{K}^* = \underline{K}_3^* \, \underline{K}_2^* \, \underline{K}_1^*.$$

Die Matrix $\underline{K}^*$ bezeichnet man als diskrete inverse Kettenmatrix.

2.2.2. Lineare mehrdimensionale Systeme

2.2.2.1. Systembeschreibung

Ein lineares mehrdimensionales, kausales, verschiebungsinvariantes System
wird durch die Abbildung

$$\underline{y} = \underline{G}\,\underline{x}$$

beschrieben. Die Elemente der Gewichtsmatrix $\underline{G}$ sind die mehrdimensionalen
diskreten Operatoren $g_{\nu\mu}$.
Auch für mehrdimensionale Systeme kann eine Beschreibung im Zustandsraum
angegeben werden. Für den zweidimensionalen Fall erhält man

$$\underline{z}_1\left[k_1+1,k_2\right] = \underline{A}_{11}\underline{z}_1\left[k_1,k_2\right] + \underline{A}_{12}\underline{z}_2\left[k_1,k_2\right] + \underline{B}_1 x\left[k_1,k_2\right] \qquad (2.100)$$

$$\underline{z}_2\left[k_1,k_2+1\right] = \underline{A}_{21}\underline{z}_1\left[k_1,k_2\right] + \underline{A}_{22}\underline{z}_2\left[k_1,k_2\right] + \underline{B}_2 x\left[k_1,k_2\right]$$

und

$$y\left[k_1,k_2\right] = \underline{C}_1\underline{z}_1\left[k_1,k_2\right] + \underline{C}_2\underline{z}_2\left[k_1,k_2\right] + \underline{D}x\left[k_1,k_2\right].$$

In Anlehnung an zweidimensionale (örtliche) zellulare Strukturen werden $\underline{z}_1$ als
vertikaler Zustandsvektor und $\underline{z}_2$ als horizontaler Zustandsvektor bezeichnet.
Der Zusammenhang zwischen der Eingangs-/Ausgangsbeschreibung und der
Zustandsbeschreibung ergibt sich aus den Gleichungen

$$d_1\underline{z}_1 - d_1 \ll \underline{z}_1\left[0,k_2\right] \gg = \underline{A}_{11}\underline{z}_1 + \underline{A}_{12}\underline{z}_2 + \underline{B}_1 x$$

$$d_2\underline{z}_2 - d_2 \ll \underline{z}_2\left[k_1,0\right] \gg = \underline{A}_{21}\underline{z}_1 + \underline{A}_{22}\underline{z}_2 + \underline{B}_2 x$$

und

$$y = \underline{C}_1\underline{z}_1 + \underline{C}_2\underline{z}_2 + \underline{D}x.$$

Für verschwindende Randwerte kann man dafür auch schreiben

$$\underline{\Delta}^*\underline{z} = \underline{A}\,\underline{z} + \underline{B}\,x$$

und

$$\underline{y} = \underline{C}\,\underline{z} + \underline{D}\,x$$

mit dem Zustandsvektor $\underline{z} = (\underline{z}_1,\ \underline{z}_2)^T$ und den Matrizen

$$\underline{A} = \begin{pmatrix} \underline{A}_{11} & \underline{A}_{12} \\ \underline{A}_{21} & \underline{A}_{22} \end{pmatrix}$$

$$\underline{\Delta} = \begin{pmatrix} d_1\underline{I} & 0 \\ 0 & d_2\underline{I} \end{pmatrix}$$

$$\underline{C} = (\underline{C}_1 \quad \underline{C}_2)$$

$$\underline{B} = (\underline{B}_1^T \quad \underline{B}_2^T)^T .$$

Daraus ergibt sich für den Übertragungsoperator

$$g = \underline{C}\,(\underline{\Delta}^* - \underline{A})^{-1}\,\underline{B} + \underline{D}. \tag{2.101}$$

Die Berechnung des Übertragungsoperators g führt auf eine rationale Funktion der Form

$$g = \frac{B(d_1^{-1},\, d_2^{-1})}{A(d_1^{-1},\, d_2^{-1})} = \frac{\displaystyle\sum_{\sigma_1=0}^{s} \sum_{\sigma_2=0}^{s} b_{\sigma_1,\,\sigma_2}\, d_1^{-\sigma_1}\, d_2^{-\sigma_2}}{\displaystyle\sum_{\sigma_1=0}^{s} \sum_{\sigma_2=0}^{s} a_{\sigma_1,\,\sigma_2}\, d_1^{-\sigma_1}\, d_2^{-\sigma_2}} \tag{2.102a}$$

$$s - \text{Ordnung der Matrizen } A_{\nu\mu}\,(\nu,\mu = 1,\,2).$$

Da das Zählerpolynom und das Nennerpolynom in (2.102) eine bilineare Form ist, kann man für g auch schreiben

$$g = \frac{(1, d_1^{-1}, d_1^{-2}, \ldots, d_1^{-s})\, \underline{B}_Q\, (1, d_2^{-1}, d_2^{-2}, \ldots, d_2^{-s})^T}{(1, d_1^{-1}, d_1^{-2}, \ldots, d_1^{-s})\, \underline{A}_Q\, (1, d_2^{-1}, d_2^{-2}, \ldots, d_2^{-s})^T} \tag{2.102b}$$

$$\underline{A}_Q = (a_{\sigma_1,\,\sigma_2}) \qquad \sigma_1,\, \sigma_2 = 0,\ldots,s$$

$$\underline{B}_Q = (b_{\sigma_1,\,\sigma_2}) \qquad \sigma_1,\, \sigma_2 = 0,\ldots,s.$$

Der Übertragungsoperator g stellt ein zweidimensionales diskretes Signal dar, da er sich als Ausgangssignal des Systems bei Anlegen des Einheitsimpulses x = 1 ergibt. Aus diesem Grund wird g auch Impulsantwort genannt.
Die am Beispiel des zweidimensionalen Falles dargelegten Beschreibungen lassen sich unmittelbar auf n Dimensionen erweitern, indem n-Zustandsvektoren $\underline{z}_\nu$ ($\nu = 1,\, 2,\, \ldots,\, n$) eingeführt werden. Der Übertragungsoperator g lautet dann

$$g = \frac{B(d_1^{-1},\ldots,d_n^{-1})}{A(d_1^{-1},\ldots,d_n^{-1})} = \frac{\displaystyle\sum_{\sigma_1=0}^{s} \cdots \sum_{\sigma_n=0}^{s} b_{\sigma_1,\ldots,\sigma_n}\, d_1^{-\sigma_1} \ldots d_n^{-\sigma_n}}{\displaystyle\sum_{\sigma_1=0}^{s} \cdots \sum_{\sigma_n=0}^{s} a_{\sigma_1,\ldots,\sigma_n}\, d_1^{-\sigma_1} \ldots d_n^{-\sigma_n}} \cdot \tag{2.103}$$

2.2.2.2. Tastsysteme

Bei mehrdimensionalen Systemen über dem Körper der reellen Zahlen, den mehrdimensionalen Tastsystemen, interessieren neben den allgemeinen Eigenschaften Kausalität und Separabilität noch die Stabilität und neben der Beschreibung im Zeitbereich noch die im Frequenzbereich durch den Frequenzgang.

1. Kausalität

Ein mehrdimensionales System wird realisierbar oder kausal genannt, wenn seine Impulsantwort der Bedingung

$$g\left[k_1,\ldots,k_n\right] = 0 \quad \text{für } k_1 < 0,\ k_2 < 0,\ldots,k_n < 0$$

genügt. Folglich ist in der Darstellung (2.103) g genau dann der Übertragungsfaktor eines kausalen Systems, wenn eine äquivalente Darstellung

$$g = B^*(d_1^{-1},\ldots,d_n^{-n})/A^*(d_1^{-1},\ldots,d_n^{-1}) \text{ existiert, für die}$$

$$a^*_{0,\ldots,0} \neq 0 \tag{2.104}$$

gilt.

2. Separabilität

Ein mehrdimensionales System heißt separierbar, wenn sein Übertragungsfaktor g ein zerfällbares Signal ist (s. Gl. 2.57). Der Übertragungsfaktor eines separierbaren Systems kann damit zerlegt werden in ein Produkt eindimensionaler Übertragungsfaktoren.

$$g = \prod_{\nu=1}^{n} G_\nu(d_\nu^{-1}). \tag{2.105}$$

3. Stabilität

Im mehrdimensionalen Fall sind die Normen $\|x\|_1$ und $\|x\|_\infty$ erklärt durch

$$\|x\|_1 = \sum_{\varkappa_1=0}^{\infty} \cdots \sum_{\varkappa_n=0}^{\infty} \left| x\left[\varkappa_1,\ldots,\varkappa_n\right]\right| \tag{2.106a}$$

$$\|x\|_\infty = \max_{\varkappa_1,\ldots,\varkappa_n} \left| x\left[\varkappa_1,\ldots,\varkappa_n\right]\right|. \tag{2.106b}$$

Die auf das Eingangs-/Ausgangsverhalten bezogene Stabilitätsdefinition für Einfachsysteme kann damit wie folgt formuliert werden:

Definition 2.14.:

> Ein lineares getastetes vollständig steuerbares und beobachtbares mehrdimensionales System ist genau dann stabil, wenn jedes beschränkte Eingangssignal $\|x\|_\infty < \infty$ ein beschränktes Ausgangssignal $\|y\|_\infty < \infty$ hervorruft.

Dabei sind die Beobachtbarkeit und Steuerbarkeit wie im eindimensionalen Fall definiert. Aus der allgemeingültigen Ungleichung

$$\|g \cdot x\|_\infty < \|g\|_1 \cdot \|x\|_\infty$$

folgt, daß ein lineares mehrdimensionales System genau dann stabil ist, wenn g der Ungleichung

$$\|g\|_1 < \infty \tag{2.107}$$

genügt. In / 2.41 / wird nachgewiesen, daß diese Aussage gleichbedeutend ist mit folgendem:

Ein vollständig steuerbares und beobachtbares mehrdimensionales System mit dem Übertragungsfaktor g ist genau dann stabil, wenn für das Polynom $A(\zeta_1, \ldots, \zeta_n)$ von

$$g = \frac{B(d_1^{-1}, \ldots, d_n^{-1})}{A(d_1^{-1}, \ldots, d_n^{-1})}$$

die Bedingungen

$$
\begin{aligned}
A(\zeta_1, 0, \ldots, 0) &\neq 0 \text{ für } & |\zeta_1| &\leqq 1 \\
A(\zeta_1, \zeta_2, \ldots, 0) &\neq 0 \text{ für } & |\zeta_1| &= 1, |\zeta_2| \leqq 1 \\
A(\zeta_1, \zeta_2, \ldots, _n) &\neq 0 \text{ für } & |\zeta_1| &= 1, \ldots, |\zeta_{n-1}| = 1, |\zeta_n| \leqq 1
\end{aligned}
\tag{2.108}
$$

gelten.

Die Auswertung der Bedingung (2.108) bedeutet im zweidimensionalen Fall die Stabilitätsuntersuchung der eindimensionalen Systeme

$$G(d_1^{-1}, 0) \quad \text{und} \quad G(e^{j\varphi}, d_2^{-1}) \quad 0 \leqq \varphi < 2\pi$$

bzw.

$$G(0, d_2^{-1}) \quad \text{und} \quad G(d_1^{-1}, e^{j\varphi}) \quad 0 \leqq \varphi < 2\pi.$$

Zur Illustration soll das folgende Beispiel dienen.

<u>Beispiel 2.8.:</u>

Für das zweidimensionale Filter

$$G(d_1^{-1}, d_2^{-1}) = \frac{1}{1 + ad_1^{-1} + bd_2^{-1} + cd_1^{-1}d_2^{-1}}$$

soll der Stabilitätsbereich ermittelt werden. Aus dem Stabilitätskriterium geht hervor, daß dazu die Stabilität der eindimensionalen Systeme

$$G(d_1^{-1}, 0) = \frac{1}{1 + ad_1^{-1}}$$

und

$$G(e^{j\varphi}, d_2^{-1}) = \frac{1}{1 + ae^{j\varphi} + (b + ce^{j\varphi})d_2^{-1}}$$

zu untersuchen sind. Da die Systeme 1. Grades sind, können erste Stabilitätsbedingungen

$$|a| < 1 \qquad\qquad (2.109a)$$

und

$$\left|\frac{b+ce^{j\varphi}}{1+ae^{j\varphi}}\right|_{0 \leq \varphi < \pi} < 1 \qquad\qquad (2.109b)$$

unmittelbar angegeben werden. Aus dem zweiten Ausdruck können die Koeffizientenbedingungen unter Verwendung der Kreisabbildungseigenschaften der bilinearen Transformation

$$\zeta_2 = \frac{b + c\,\zeta_1}{1 + a\,\zeta_1}\bigg|_{\zeta_1 = e^{j\varphi}}$$

leicht gewonnen werden. Da der Kreis $\zeta_1 = e^{j\varphi}$ wieder einen Kreis in der ζ_2-Ebene (Bild 2.23) mit dem Mittelpunkt auf der reellen Achse ergibt, gilt die Ungl. (2.109b) genau dann für alle Werte von φ, wenn sie für die Punkte $\varphi = 0$ und $\varphi = \pi$ gilt, d.h.

$$\left|\frac{b + c}{1 + a}\right| < 1 \qquad\qquad (2.109c)$$

und

$$\left|\frac{b - c}{1 - a}\right| < 1. \qquad\qquad (2.109d)$$

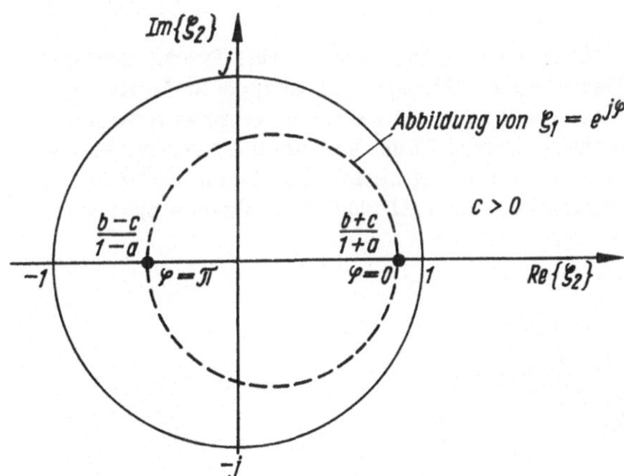

Bild 2.23. Abbildung des Einheitskreises der ζ_1-Ebene in die ζ_2-Ebene

4. Frequenzgang

Der Frequenzgang charakterisiert die Antwort eines n-dimensionalen Tastsystems mit $G(d_1^{-1}, \ldots, d_n^{-1})$ auf ein n-dimensionales sinusförmiges Eingangssignal

$$x_s = \langle \ldots \langle X_0\, e^{j\omega k_1} \ldots e^{j\omega k_n} \rangle \ldots \rangle$$

$$= X_0\, \frac{1}{(1 - e^{j\omega_1} d_1^{-1}) \ldots (1 - e^{j\omega_n} d_n^{-1})} \qquad\qquad (2.110)$$

nach Abklingen des Einschwingvorgangs. Dieser stationäre Anteil der Antwort
ist wieder ein sinusförmiges Signal

$$y_s = < \ldots < \; Y_0 \, e^{j\omega_1 k_1} \ldots e^{j\omega_n k_n} > \ldots >$$

$$= Y_0 \; \frac{1}{(1 - e^{j\omega_1} d_1^{-1}) \ldots (1 - e^{j\omega_n} d_n^{-1})}$$

mit der komplexen Amplitude Y_0. Das Verhältnis der Amplitude des Ausgangssignals Y_0 zu der des Eingangssignals X_0 wird <u>Frequenzgang</u> genannt und berechnet sich zu

$$G(e^{-j\omega_1}, \ldots, e^{-j\omega_n}) = \frac{Y_0}{X_0} \,. \tag{2.111}$$

Der Frequenzgang kann wie im eindimensionalen Fall entweder durch Real- und
Imaginärteil, Betrag und Phase oder Dämpfung und Phase

$$G(e^{-j\omega_1}, \ldots, e^{-j\omega_n}) = e^{-a(\omega_1, \ldots, \omega_n) - jb(\omega_1, \ldots, \omega_n)} \tag{2.112}$$

angegeben werden. Die Gruppenlaufzeitfunktionen sind definiert durch

$$\tau_\nu(\omega_1, \ldots, \omega_n) = \frac{\partial b(\omega_1, \ldots, \omega_n)}{\partial \omega_\nu} \qquad \nu = 1, \ldots, n. \tag{2.113}$$

Da für beliebige n-dimensionale Übertragungsoperatoren keine Produktzerlegungen existieren, kann man den Dämpfungs-, Phasen- und Gruppenlaufzeitverlauf
im allgemeinen nicht wie im eindimensionalen Fall aus elementaren Anteilen
dieser Frequenzkenngrößen zusammensetzen. Eine Ausnahme bilden dabei spezielle Systemklassen, für die der Frequenzgang mittels eindimensionaler Funktionen darstellbar ist. Im zweidimensionalen Fall sind dies folgende Systemklassen:

- zirkulare Systeme (Bild 2.24)

$$G(e^{-j\omega_1}, e^{-j\omega_2}) = F(j\sqrt{\omega_1^2 + \omega_2^2})$$

- separable Systeme (Bild 2.25)

$$G(e^{-j\omega_1}, e^{-j\omega_2}) = F_1(j\omega_1) \, F_2(j\omega_2).$$

2.2.2.3. Systemstrukturen

Sowohl beim Entwurf als auch bei der Realisierung mehrdimensionaler Filter
ist es vorteilhaft, verschiedenartig strukturierte Systeme, die untereinander
äquivalent sind, zur Verfügung zu haben. Dadurch ist es bei bekannter Realisierungsbasis möglich, die am günstigsten zu realisierende Struktur auszuwählen. Bei mehrdimensionalen Filtern mit endlichen Gewichtsfunktionen
$g\left[k_1, \ldots, k_n\right]$ sind auch äquivalente Strukturen niederer Dimension von Interesse.

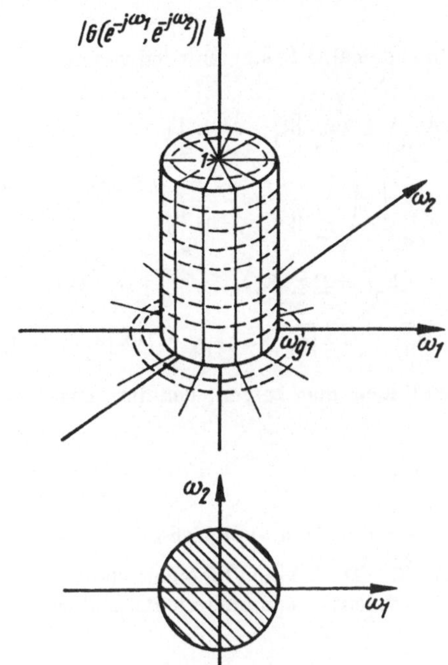

Bild 2.24. Betragsverlauf eines idealen zirkularen Tiefpasses

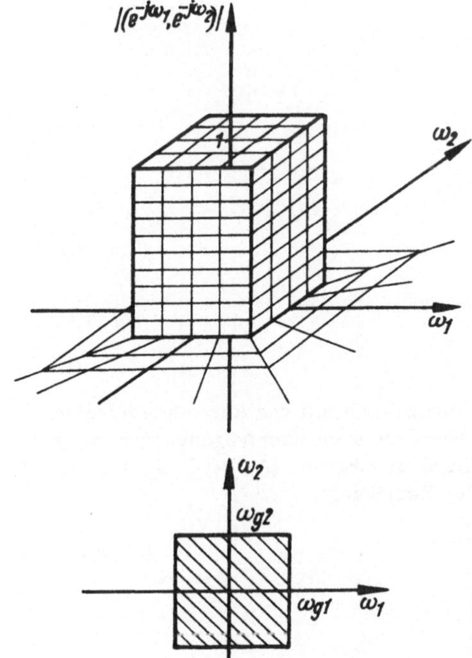

Bild 2.25. Betragsverlauf eines idealen separablen Tiefpasses

1. Äquivalenz

Bei den Äquivalenzbetrachtungen zu den n-dimensionalen Systemen wird von der Zustandsraumbeschreibung

$$\begin{pmatrix} \underline{z}_1\left[k_1+1,k_2,\dots,k_n\right] \\ \vdots \\ \underline{z}_n\left[k_1,\dots,k_{n-1},k_n+1\right] \end{pmatrix} = \begin{pmatrix} \underline{A}_{11}\cdots\underline{A}_{1n} \\ \vdots \\ \underline{A}_{n1}\cdots\underline{A}_{nn} \end{pmatrix} \begin{pmatrix} \underline{z}_1\left[k_1,\dots,k_n\right] \\ \vdots \\ \underline{z}_n\left[k_1,\dots,k_n\right] \end{pmatrix} + \underline{B}\,\underline{x}\left[k_1,\dots,k_n\right]$$

$$= \underline{A}\,\underline{z}\left[k_1,\dots,k_n\right] + \underline{B}\,\underline{x}\left[k_1,\dots,k_n\right] \qquad (2.114)$$

$$y\left[k_1,\dots,k_n\right] = C\,\underline{z}\left[k_1,\dots,k_n\right] + D\,\underline{x}\left[k_1,\dots,k_n\right]$$

ausgegangen. Analog zum eindimensionalen Fall kann man zeigen, daß die Transformationen

$$^t\underline{z}_\nu = \underline{T}_\nu\,\underline{z} \qquad\qquad \nu = 1,\dots,n$$

das Eingangs-/Ausgangsverhalten des Systems nicht ändern. Folglich gilt:

Zwei Systeme $(\underline{A},\ \underline{B},\ \underline{C},\ \underline{D},\ \underline{O})$ und $(^t\underline{A},\ ^t\underline{B},\ ^t\underline{C},\ ^t\underline{D},\ ^t\underline{O})$ sind hinsichtlich des Eingangs-/Ausgangsverhalten genau dann äquivalent, wenn eine nichtsinguläre Transformationsmatrix

$$\underline{T} = \begin{pmatrix} \underline{T}_1 & 0 & \cdots & \underline{0} \\ \underline{0} & \underline{T}_2 & \cdots & \underline{0} \\ \vdots & & & \\ 0 & \underline{0} & \cdots & \underline{T}_n \end{pmatrix} \qquad\qquad (2.115a)$$

existiert, so daß

$$^t\underline{A} = \underline{T}\,\underline{A}\,\underline{T}^{-1}$$

$$^t\underline{B} = \underline{T}\,\underline{B}$$

$$^t\underline{C} = \underline{C}\,\underline{T}^{-1} \qquad\qquad (2.115b)$$

$$^t\underline{D} = \underline{D}$$

gilt.

Die Erzeugung äquivalenter Strukturen ist demzufolge mit der Auswahl geeigneter Transformationsmatrizen verbunden. Bei vorgegebenem Übertragungsoperator g werden die äquivalenten Strukturen durch Strukturvorgaben $(\underline{A},\ \underline{B},\ \underline{C},\ \underline{D},\ \underline{O})$ und anschließenden Koeffizientenvergleich in der Beziehung

$$g = \underline{C}\,(\underline{\Lambda} - \underline{A})^{-1}\,\underline{B} + \underline{D} \qquad\qquad (2.116a)$$

mit

$$\underline{\Lambda} = \begin{pmatrix} d_1\,\underline{I} & 0 \\ \vdots & \\ \underline{0} & d_n\,\underline{I} \end{pmatrix}$$

erzeugt. Durch dieses Vorgehen werden jedoch nicht die Schwierigkeiten umgangen, die von der im allgemeinen nicht lösbaren Zerlegung des Nennerpolynoms $A(d_1^{-1}, \ldots, d_n^{-1})$ in Linearfaktoren oder in Linearfaktoren hinsichtlich einer Variablen herrühren. Folglich kann $\underline{A}$ nur bei separablen Filtern in eine Jordankanonische Form transformiert werden.

Am Beispiel eines einfachen zweidimensionalen Systems vom Grade (1,1) sollen nachfolgend einige Strukturvarianten diskutiert werden.

$$G(d_1^{-1},d_2^{-1}) = \frac{B(d_1^{-1},d_2^{-1})}{A(d_1^{-1},d_2^{-1})} = \frac{b_{1,0}d_1^{-1} + b_{0,1}d_2^{-1} + b_{1,1}d_1^{-1}d_2^{-1}}{1 + a_{1,0}d_1^{-1} + a_{0,1}d_2^{-1} + a_{1,1}d_1^{-1}d_2^{-1}} \, .$$

Aus der Darstellung

$$Y(d_1^{-1},d_2^{-1})A(d_1^{-1},d_2^{-1}) = B(d_1^{-1},d_2^{-1})X(d_1^{-1},d_2^{-1}) \tag{2.117}$$

der Eingangs-/Ausgangsbeziehungen liest man unmittelbar die im Bild 2.26a dargestellte direkte Struktur ab. Die Einführung der Zwischengröße $V(d_1^{-1},d_2^{-1})$ mit

$$A(d_1^{-1},d_2^{-1}) \, V(d_1^{-1},d_2^{-1}) = X(d_1^{-1},d_2^{-1}) \tag{2.118a}$$

und

$$B(d_1^{-1},d_2^{-1}) \, V(d_1^{-1},d_2^{-1}) = Y(d_1^{-1},d_2^{-1}) \tag{2.118b}$$

führt auf die direkte Struktur im Bild 2.26b. Zu weiteren Strukturvarianten gelangt man durch Kettenbruchentwicklung von $H(d_1^{-1},d_2^{-1})$ / 2.41 /. Zu der Zustandsraumdarstellung gelangt man durch folgenden Ansatz:

$$\begin{pmatrix} z_1\left[k_1+1,k_2\right] \\ z_2\left[k_1,k_2+1\right] \end{pmatrix} = \begin{pmatrix} \alpha_{11} & \alpha_{12} \\ \alpha_{21} & \alpha_{22} \end{pmatrix} \begin{pmatrix} z_1\left[k_1,k_2\right] \\ z_2\left[k_1,k_2\right] \end{pmatrix} + \begin{pmatrix} \beta_1 \\ \beta_2 \end{pmatrix} x\left[k_1,k_2\right]$$

$$= \underline{A}\,\underline{z}\left[k_1,k_2\right] + \underline{B}\,x\left[k_1,k_2\right]$$

$$y\left[k_1,k_2\right] = (\gamma_1 \ \gamma_2)\,\underline{z}\left[k_1,k_2\right]$$

$$= \underline{C}\,\underline{z}\left[k_1,k_2\right] \, .$$

Daraus erhält man für

$$G(d_1^{-1},d_2^{-1}) = \underline{C}\left(\begin{pmatrix} d_1 & 0 \\ 0 & d_2 \end{pmatrix} - \underline{A}\right)^{-1} \underline{B}$$

den Ausdruck

$$G(d_1^{-1},d_2^{-1}) = \frac{\gamma_2\,\beta_2 d_1 + \gamma_1\,\beta_1 d_2 + (\gamma_1\,\beta_2\alpha_{12} - \gamma_1\,\beta_1\alpha_{22} + \gamma_2\,\beta_1\alpha_{21} - \gamma_2\,\beta_2\alpha_{11})}{d_1 d_2 - \alpha_{11}d_1 - \alpha_{22}d_2 + \det\underline{A}} \, .$$

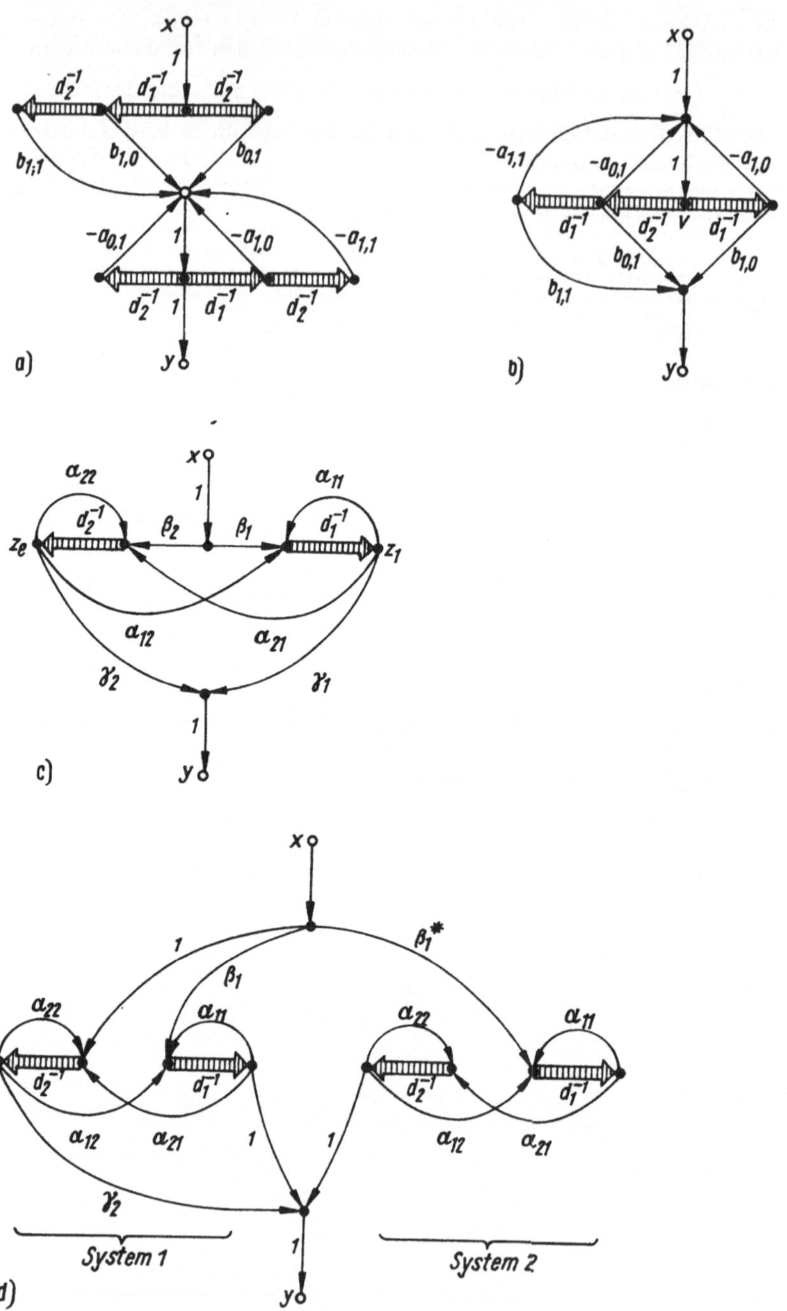

Bild 2.26. Strukturvarianten eines zweidimensionalen Systems vom Grade (1,1)
a) unmittelbare Struktur; b) direkte Struktur; c) Zustandsstruktur (reduzierbarer Fall); d) Zustandsstruktur (allgemeiner Fall)

Nach Multiplikation von Zähler und Nenner mit $d_1^{-1} d_2^{-1}$ und anschließendem Koeffizientenvergleich ergeben sich für $\gamma_1 = 1$ und $\beta_2 = 1$ die Beziehungen

$$\alpha_{11} = - a_{0,1} \qquad\qquad \alpha_{22} = - a_{1,0}$$

$$\gamma_2 = b_{0,1} \qquad\qquad\qquad \beta_1 = b_{1,0}$$

$$\alpha_{12}\,\alpha_{21} = a_{1,0}\,a_{0,1} - a_{1,1}$$

$$\alpha_{12} + b_{1,0}\,b_{0,1}\,\alpha_{21} = b_{1,1} - b_{1,0}\,a_{1,0} - b_{0,1}\,a_{0,1}.$$

Ist das Gleichungssystem für α_{12} bzw. α_{21} lösbar, dann ergibt sich die Struktur nach Bild 2.26c. Falls die quadratische Gleichung für α_{12} oder α_{21} keine reelle Lösung hat, muß von der Zerlegung ausgegangen werden:

$$G(d_1^{-1}, d_2^{-1}) = \frac{b_{1,0}\,d_1^{-1} + b_{0,1}\,d_2^{-1} + b_{1,1}^{*}\,d_1^{-1}\,d_2^{-1}}{A(d_1^{-1}, d_2^{-1})} + \frac{b_{1,1}^{**}\,d_1^{-1}\,d_2^{-1}}{A(d_1^{-1}, d_2^{-1})}. \qquad (2.119)$$

System 1   System 2

Die Größen $b_{1,1}^{*}$ und $b_{1,1}^{**}$ sind dann bei gleichem Nennerpolynom mit der Festlegung $\alpha_{21} = 1$ und den Beziehungen

$$\alpha_{11} = -a_{0,1}, \quad \alpha_{22} = -a_{1,0}, \quad \alpha_{12} = a_{1,0}\,a_{0,1} - a_{1,1}$$

folgendermaßen zu berechnen:

System 1

$$\gamma_1 = 1, \quad \gamma_2 = b_{0,1}$$

$$\beta_1 = b_{1,0}, \quad \beta_2 = 1$$

$$b_{1,1}^{*} = \alpha_{12} - \beta_1\,\alpha_{22} + \gamma_2\,\beta_1 - \gamma_2\,\alpha_{11}.$$

System 2

$$\gamma_1^{*} = 0 \qquad \gamma_2^{*} = 1$$

$$\beta_1 = b_{1,1}^{*}, \quad \beta_2^{*} = 0$$

$$b_{1,1}^{**} = b_{1,1} - b_{1,1}^{*}.$$

Die Zustandsgleichungen für den allgemeinen Fall lauten damit

$$\begin{pmatrix} \underline{z}_1[k_1+1, k_2] \\[2mm] \underline{z}_2[k_1, k_2+1] \end{pmatrix} = \begin{pmatrix} -a_{0,1} & 0 & \alpha_{12} & 0 \\ 0 & -a_{0,1} & 0 & \alpha_{12} \\ 1 & 0 & -a_{1,0} & 0 \\ 0 & 1 & 0 & -a_{1,0} \end{pmatrix} \underline{z}[k_1, k_2] + \begin{pmatrix} b_{1,0} \\ b_{1,1} \\ 1 \\ 0 \end{pmatrix} x[k_1, k_2]$$

$$\qquad\qquad\qquad\qquad\qquad\qquad\qquad\qquad\qquad\qquad\qquad\qquad (2.120)$$

$$y[k_1, k_2] = (1 \quad 0 \quad b_{0,1} \quad 1)\, \underline{z}[k_1, k_2].$$

Sie kennzeichnen die im Bild 2.26d dargestellte Struktur. Die vorgestellten
Strukturvarianten, die durch die Gln. (2.117) und (2.118) fixiert sind, und der
Ansatz für die Zustandsgleichungen sind auf Systeme höheren Grades gleicher
oder höherer Dimension unmittelbar übertragbar.
Die Anzahl der Verzögerungselemente in den Systemstrukturen geben im mehrdimensionalen Fall nicht wie im eindimensionalen Fall eine Aussage über den
Speicheraufwand. Der Grund dafür ist, daß das mehrdimensionale Ausgangssignal
jeweils nur in einer Koordinatenrichtung berechnet werden kann. Dies entspricht
der Zusammenfassung der Signale zu Signalen niederer Dimension. Da in der Anwendung Systeme mit einer diskreten Zeitvariablen und mit mehreren Ortsvariablen mit endlicher Anzahl von Ortspunkten (Bild 2.27) eine Rolle spielen,
werden in der Regel zu einem Zeitpunkt alle Ortswerte verrechnet. Die Reihenfolge der Verrechnung der Ortswerte ist dabei noch frei wählbar. Sie wird jedoch meist entlang einer Koordinatenrichtung durchgeführt.

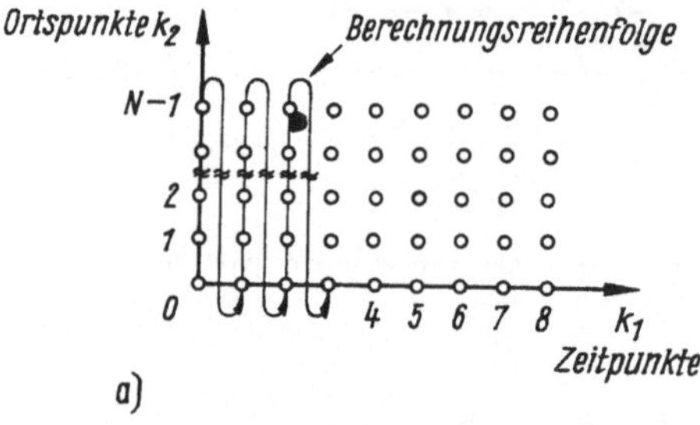

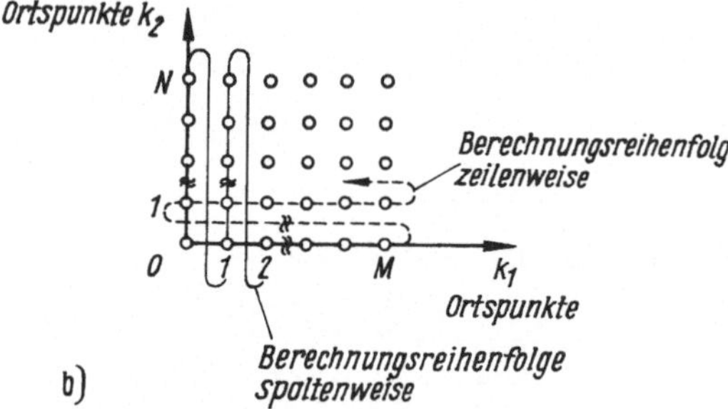

Bild 2.27. Verrechnungs-
varianten der Funktionswerte
in endlichen zweidimensionalen Systemen
a) Orts-Zeit-System
b) Zweidimensionales Ortssystem

Zur Betrachtung des Aufwandes einer Struktur wird noch einmal auf das zweidimensionale System vom Grade (1, 1) zurückgegriffen. Es kann als Orts-Zeit-
System oder als zweidimensionales Ortssystem aufgefaßt werden.

- Zweidimensionales Ortssystem

Das zweidimensionale Ortssystem, z.B. ein Bild, habe N Zeilen und M Spalten.
Wenn einerseits das Eingangsbild vollständig abgespeichert vorliegt und das
Ausgangsbild vollständig abzuspeichern ist, dann ist die Struktur nach Bild 2.26a
speicheroptimal. Sie benötigt keine Zwischenspeicher, wie Bild 2.28a zeigt. Die
Struktur nach Bild 2.26b benötigt bei zeilenweiser Abarbeitung zusätzlich M+2
Speicherplätze; denn wie aus Bild 2.28b hervorgeht, müssen bei zeilenweiser
Abarbeitung die vorangegangene v-Zeile und zwei Speicherplätze aus der aktuellen

Zeile zur Verfügung stehen. Die Verhältnisse kehren sich um, wenn vom Eingangsbild nur der jeweils abgetastete Eingangspunkt zur Verfügung steht und auf das Ausgangsbild nicht mehr zurückgegriffen werden kann. In diesem Fall benötigt man für die Struktur im Bild 2.26a bzw. im Bild 2.28a 2M+4 Speicherplätze, während für die Struktur im Bild 2.26b nach wie vor M+2 benötigt werden. Ebenfalls M+2 Speicherplätze werden bei zeilenweiser Abarbeitung für die Struktur nach Bild 2.26c benötigt. Die wenigen Beispiele haben gezeigt, daß der Speicheraufwand nicht mit der Anzahl der Verzögerungselemente d_1^{-1} und d_2^{-1} in der Struktur zusammenhängt.

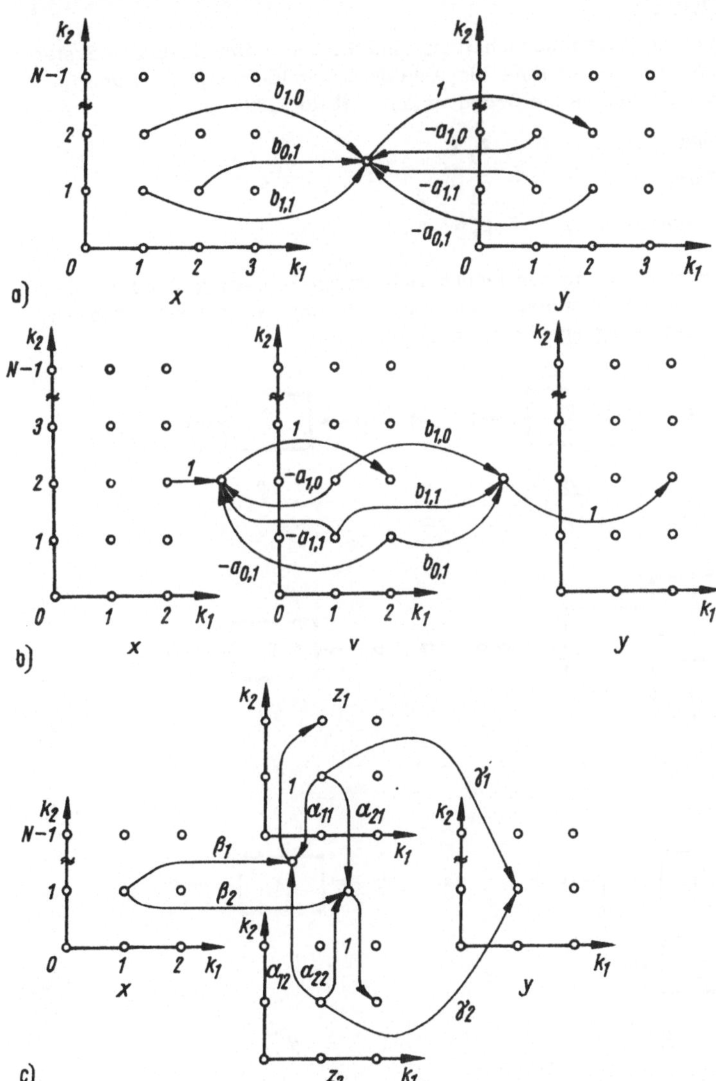

Bild 2.28. Gitterpunktdarstellung der Strukturvarianten eines zweidimensionalen Systems vom Grade (1, 1)
a) unmittelbare Struktur; b) direkte Struktur; c) Zustandsstruktur (reduzierbarer Fall);

- **Orts-Zeit-System**

Das Orts-Zeit-System habe N-Ortspunkte in k_2-Richtung. Da alle Ortswerte zu
einem Zeitpunkt berechnet werden, schreitet die Berechnung in k_2-Richtung fort,
und die Eingangswerte liegen auch nur zu diesem Zeitpunkt an. Folglich werden
entsprechend der für die Struktur im Bild 2.26a gültigen Darstellung im Bild 2.28a
2N+3 Speicherplätze benötigt. Für die beiden anderen Strukturen nach den Bildern 2.28b und 2.28c sind es N+2 Speicherplätze.

2. Zusammenschaltung

Die Strukturen für die Zusammenschaltung sind für die n-dimensionalen Systeme
in einfacher Weise von den eindimensionalen Systemen übertragbar. Auch im
n-dimensionalen Fall sind es die Grundvarianten (Bild 2.29).

- **Reihenschaltung** $\qquad g = g_1 g_2$

- **Parallelschaltung** $\qquad g = g_1 + g_2$

- **Rückkopplungsschaltung** $\quad g^{-1} = g_1^{-1} - g_2.$

Diese Schaltungsstrukturen können jedoch nicht durch Zerlegung eines vorgegebenen n-dimensionalen Übertragungsfaktors in jedem Fall gewonnen werden,
da es keinen Produktzerlegungsalgorithmus gibt.

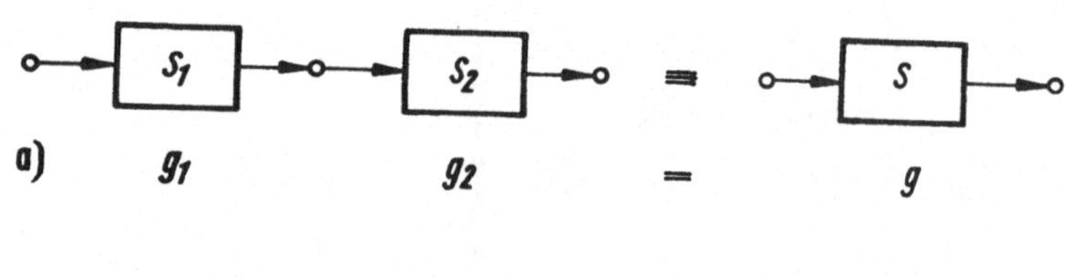

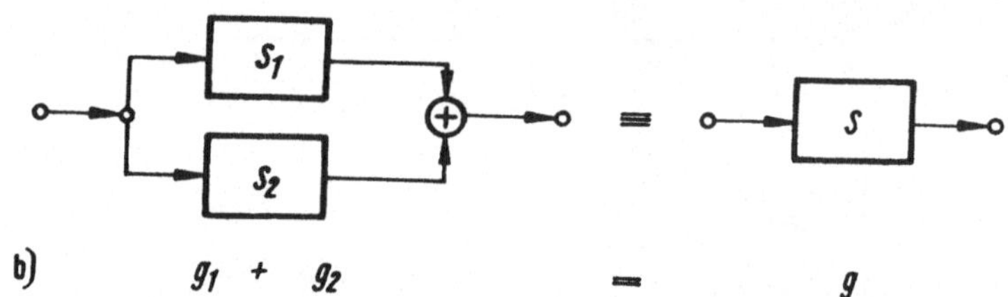

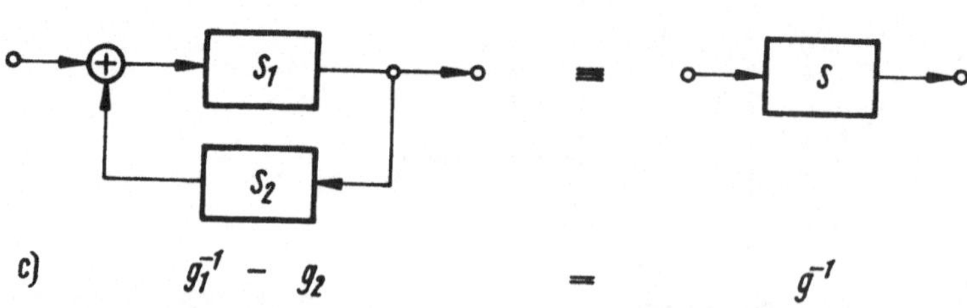

Bild 2.29. Grundvarianten der Zusammenschaltung
a) Reihenschaltung
b) Parallelschaltung
c) Rückkopplungsschaltung

3. Dimensionsreduktion

Systeme mit einer endlichen Anzahl von Koordinatenpunkten - Ortspunkte oder
Zeitpunkte - können immer in Systeme niederer Ordnung mit mehreren Eingängen und Ausgängen übergeführt werden. Aus eindimensionalen Systemen entstehen statische und aus n-dimensionalen Systemen gehen (n–1)-dimensionale hervor (Bild 2.30). Da das Vorgehen der Reduktion unabhängig von der Dimension
ist, soll die Reduktion um eine Dimension für die zweidimensionalen Systeme
gezeigt werden.

Das zweidimensionale System

$$y = g \cdot x$$

habe in k_2-Richtung eine endliche Punktanzahl, d.h. $k_2 = 0, \ldots, N-1$. Aus der
Darstellung der Größen

$$y = \langle y_0, y_1, \ldots, y_{n-1} \rangle = \sum_{\nu=0}^{N-1} y_\nu \, d_2^{-\nu}$$

$$x = \langle x_0, x_1, \ldots, x_{N-1} \rangle = \sum_{\nu=0}^{N-1} x_\nu \, d_2^{-\nu}$$

und

$$g = \langle g_0, g_1, \ldots, g_{N-1}, \ldots \rangle = \sum_{\nu=0}^{\infty} g_\nu \, d_2^{-\nu}$$

durch eindimensionale x_ν, y_ν und g_ν erhält man

$$y = \langle g_0 x_0, \; (g_1 x_0 + g_0 x_1), \; (g_2 x_0 + g_1 x_1 + g_0 x_2), \; \ldots \rangle .$$

Führt man die Vektoren

$$\underline{y} = (y_0, y_1, \ldots, y_{N-1})^T$$

und

$$\underline{x} = (x_0, x_1, \ldots, x_{N-1})^T$$

ein, so ergibt sich

$$\underline{y} = \underline{G} \, \underline{x} \tag{2.121}$$

mit der Übertragungsmatrix.

$$\underline{G} = \begin{pmatrix}
g_0 & 0 & 0 & \cdots & 0 \\
g_1 & g_0 & 0 & \cdots & 0 \\
g_2 & g_1 & g_0 & \cdots & 0 \\
\vdots & & & & \\
g_{N-1} & g_{N-2} & g_{N-3} & \cdots & g_0
\end{pmatrix} .$$

Wird die Darstellung

$$y = \frac{b}{a} x$$

als Ausgangspunkt genommen, so führen analoge Betrachtungen auf

$$\underline{A}^* \underline{y} = \underline{B}^* \underline{x} \qquad ; \qquad \underline{G} = (\underline{A}^*)^{-1} \underline{B}^* \tag{2.122}$$

mit

$$\underline{A}^* = \begin{pmatrix} a_0 & 0 & \cdots & 0 \\ a_1 & a_0 & \cdots & 0 \\ \vdots & & & \\ a_N & a_{N-1} & \cdots & a_0 \end{pmatrix} \qquad a = \sum_{\nu=0}^{N-1} a_\nu \, d_2^{-\nu} \; ; \qquad a_\nu\text{-Operatoren}$$

und

$$\underline{B}^* = \begin{pmatrix} b_0 & 0 & \cdots & 0 \\ b_1 & b_0 & \cdots & 0 \\ \vdots & & & \\ b_N & b_{N-1} & \cdots & b_0 \end{pmatrix} \qquad b = \sum_{\nu=0}^{N-1} b_\nu \, d_2^{-\nu} \; ; \qquad b_\nu\text{-Operatoren}$$

Da die Operatormatrizen $\underline{A}^*$ und $\underline{B}^*$ als Summen

$$\underline{A}^* = \sum_{\sigma_1=0}^{s} \underline{A}_{\sigma_1} \, d_1^{-\sigma_1}$$

und

$$\underline{B}^* = \sum_{\sigma_1=0}^{s} \underline{B}_{\sigma_1} \, d_1^{-\sigma_1}$$

darstellbar sind, entspricht (2.122) der Vektordifferenzengleichung

$$\sum_{\sigma_1=0}^{s} \underline{A}_{\sigma_1} \, \underline{y}\left[k_1 - \sigma_1\right] = \sum_{\sigma_1=0}^{s} \underline{B}_{\sigma_1} \, \underline{x}\left[k_1 - \sigma_1\right]. \tag{2.123}$$

<u>Beispiel 2.9.:</u>

Das zweidimensionale System

$$G(d_1^{-1}, d_2^{-1}) = \frac{d_1^{-1} d_2^{-1}}{1 + a d_1^{-1} + b d_2^{-1} + c d_1^{-1} d_2^{-1}}$$

mit der Beschränkung $0 \leq k_2 \leq N-1$ ist zu reduzieren. Nach (2.122) errechnet man die Matrizen

$$\underline{A}^* = \begin{pmatrix} (1+a d_1^{-1}) & 0 & \cdots & 0 \\ (b+c d_1^{-1}) & (1+a d_1^{-1}) & \cdots & 0 \\ 0 & (b+c d_1^{-1}) & \cdots & 0 \\ \vdots & & & \\ 0 & 0 & \cdots & (1+a d_1^{-1}) \end{pmatrix} \qquad \underline{B}^* = \begin{pmatrix} 0 & 0 & \cdots & 0 \\ d_1^{-1} & 0 & \cdots & 0 \\ 0 & d_1^{-1} & \cdots & 0 \\ \vdots & & & \\ 0 & 0 & \cdots & 0 \end{pmatrix} = B_1 d_1^{-1}$$

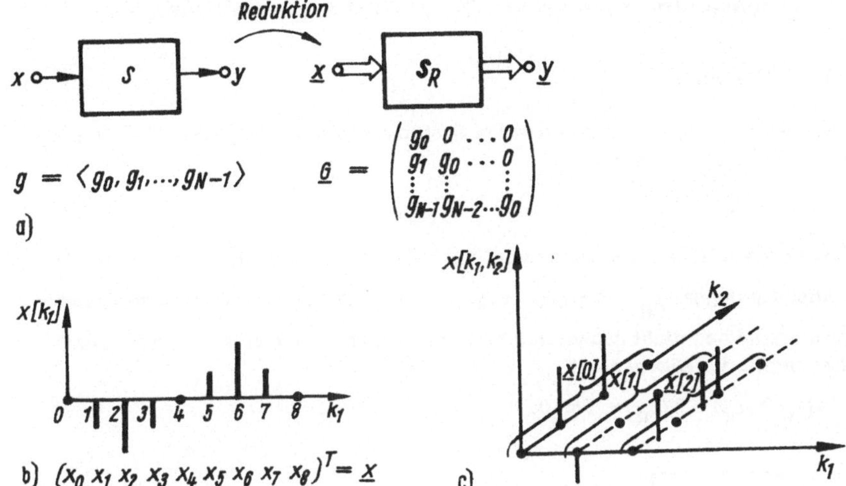

$$g = \langle g_0, g_1, \ldots, g_{N-1} \rangle \qquad \underline{G} = \begin{pmatrix} g_0 & 0 & \cdots & 0 \\ g_1 & g_0 & \cdots & 0 \\ \vdots & & & \vdots \\ g_{N-1} & g_{N-2} & \cdots & g_0 \end{pmatrix}$$

a)

b) $(x_0 \; x_1 \; x_2 \; x_3 \; x_4 \; x_5 \; x_6 \; x_7 \; x_8)^T = \underline{X}$

c)

Bild 2.30. Dimensionsreduktion
a) reduziertes System
b) Signaldefinition zur Reduktion eindimensionaler Systeme
c) Signaldefinition zur Reduktion zweidimensionaler Systeme

Daraus gewinnt man gemäß (2.123) für das reduzierte System die Vektordifferenzengleichung

$$\underbrace{\begin{pmatrix} a & 0 & \cdots & 0 \\ c & a & \cdots & 0 \\ 0 & c & \cdots & 0 \\ \vdots & & & \\ 0 & 0 & \cdots & a \end{pmatrix}}_{\underline{A}_1} \underline{y}\big[k_1-1\big] + \underbrace{\begin{pmatrix} 1 & 0 & \cdots & 0 \\ b & 1 & \cdots & 0 \\ 0 & b & \cdots & 0 \\ \vdots & & & \\ 0 & 0 & \cdots & 1 \end{pmatrix}}_{\underline{A}_0} \underline{y}\big[k_1\big] = \underline{B}_1 \underline{x}\big[k_1-1\big].$$

Durch Multiplikation mit $\underline{A}_0^{-1}$ entstehen die Zustandsgleichungen

$$\underline{z}\big[k_1+1\big] = \begin{pmatrix} 1 & 0 & \cdots & 0 \\ -b & 1 & \cdots & 0 \\ b^2 & -b & \cdots & 0 \\ \vdots & & & \\ (-b)^{N-1} & (-b)^{N-2} & \cdots & 1 \end{pmatrix} \begin{pmatrix} a & 0 & \cdots & 0 \\ c & a & \cdots & 0 \\ 0 & c & \cdots & 0 \\ \vdots & & & \\ 0 & 0 & \cdots & a \end{pmatrix} \underline{z}\big[k_1\big] + \begin{pmatrix} 1 & 0 & \cdots & 0 \\ -b & 1 & \cdots & 0 \\ b^2 & -b & \cdots & 0 \\ \vdots & & & \\ (-b)^{N-1} & (-b)^{N-2} & \cdots & 1 \end{pmatrix} \underline{B}_1 \underline{x}\big[k_1$$

$$\underline{y}\big[k_1\big] = \underline{z}\big[k_1\big].$$

2.2.3. Lineare eindimensionale Transformationssysteme

2.2.3.1. Allgemeines

Unter Transformationssystemen werden Systeme mit einer linearen Abbildungsvorschrift T-Transformation -

$$y_K = T(x_K) \quad x_K, \, y_K \in {}^1M_K \tag{2.124}$$

zwischen dem endlichen Eingangssignal $x_K = \,< x\,[0], \ldots, x\,[K\text{-}1] >_K$ und dem endlichen Ausgangssignal $y_K = \,< y\,[0], \ldots, y\,[K\text{-}1] >_K$ verstanden. Derartige Systeme
sind im allgemeinen nicht kausal und nicht versehiebungsinvariant, aber linear.
Sie haben somit die Eigenschaft

$$T(x_K + u_K) = T(x_K) + T(u_K).$$

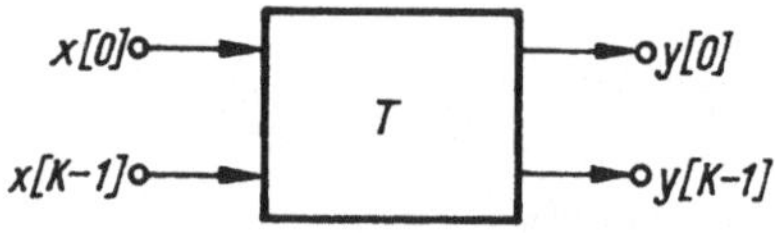

Bild 2.31. Transformationssystem

Die linearen Transformationen können sowohl als Signalverarbeitungsvorschrift

$$y\,[k] \;=\; \sum_{\varkappa=0}^{K-1} t_{k\varkappa} \, x\,[\varkappa] \tag{2.125a}$$

für das endliche Signal x_k oder als Zerlegung des Signals

$$x_K = \widetilde{C} \sum_{\varkappa=0}^{K-1} y\,[\varkappa] e_{K,\varkappa} \tag{2.125b}$$

nach vorgegebenen Elementar- oder Basissignalen $e_{K,\varkappa}$ aufgefaßt werden. Da
die Koeffizienten der Zerlegung das Signal $y_K = T(x_K)$ ergeben, liefert das
transformierte Signal y_K Aussagen über die Anteile der im Signal x_K enthaltenen
Elementarsignale. Die bekannteste derartige Transformation ist die diskrete
Fouriertransformation (DFT). Bei der DFT werden beispielsweise Aussagen
getroffen über die im Signal enthaltenen Sinus- bzw. Kosinusschwingungen nach
Betrag und Phase. Andererseits kann sich die Signalverarbeitungsvorschrift unmittelbar auf die Menge der transformierten Signale beziehen, wie es unter anderem bei der Signalfilterung der Fall ist. Die Transformationen eignen sich
somit zur Realisierung bestimmter Signalverarbeitungsalgorithmen und zur um-
fassenderen Charakterisierung der Eigenschaften diskreter Signale.
Die Eigenschaften der Transformationsvorschrift treten besser hervor, wenn
dafür die Matrixschreibweise

$$\underline{y} = \underline{T}\,\underline{x} \;=\; \begin{pmatrix} t_{01} & \cdots & t_{0(K-1)} \\ \vdots & & \vdots \\ t_{0(k-1)1} & \cdots & t_{(K-1)(K-1)} \end{pmatrix} \underline{x} \tag{2.126}$$

mit dem Eingangssignalvektor $x = (x[0], x[1], \ldots, x[K-1])^T$, dem Ausgangssignal-vektor $y = (y[0], y[1], \ldots, y[K-1])^T$ und der Transformationsmatrix $\underline{T}$ verwendet wird. Die Eigenschaften spiegeln sich in der Struktur der Transformationsmatrix wider, wie es die nachfolgenden Transformationssysteme zeigen.

● Diskrete Fouriertransformation

Als diskrete Fouriertransformation wird die Entwicklung des endlichen Signals x_K nach den Basissignalen $e_{K,\varkappa} = \langle 1, a^{-\varkappa}, a^{-2\varkappa}, \ldots, a^{-(K-1)\varkappa}\rangle_K$ mit $a = \exp(-j2\pi/K)$ verstanden. Die Transformationsmatrix dafür lautet

$$\underline{T}_{E,K} = C \begin{pmatrix} 1 & 1 & 1 & \ldots & 1 \\ 1 & a^1 & a^2 & \ldots & a^{(K-1)} \\ 1 & a^2 & a^4 & \ldots & a^{2(K-1)} \\ \vdots & & & & \\ 1 & a^{(K-1)} & a^{2(K-1)} & \ldots & a^{(K-1)(K-1)} \end{pmatrix}. \tag{2.127}$$

Die Festlegung von C ist nicht einheitlich. Üblich sind $C = 1/K$, 1, $1/\sqrt{K}$.

● Endliche diskrete Faltung

Beschränkt man sich bei einem linearen eindimensionalen System auf eine endliche Anzahl von Eingangs- und Ausgangswerten, so kann das System auf ein statisches System

$$\underline{y} = \underline{G}\, x$$

zurückgeführt werden, wie dies unter Dimensionreduktion im vorangegangenen Abschnitt beschrieben wurde. Danach ergibt sich aus (2.121) mit $g_\nu = g[\nu]$ und $K = N$ die Matrix

$$\underline{T}_{F,K} = \begin{pmatrix} g[0] & 0 & \ldots & 0 \\ g[1] & g[0] & \ldots & 0 \\ \vdots & \vdots & & \vdots \\ g[K-1] & g[K-2] & \ldots & g[0] \end{pmatrix}. \tag{2.128}$$

● Zyklische diskrete Faltung

Das zyklische Faltungsprodukt $y_K = g_K * x_K$ (Definition 2.2) vermittelt eine lineare Abbildung mit der Transformationsmatrix

$$\underline{T}_{Z,K} = \begin{pmatrix} g[0] & g[K-1] & \ldots & g[1] \\ g[1] & g[0] & \ldots & g[2] \\ \vdots & \vdots & & \vdots \\ g[K-1] & g[K-2] & \ldots & g[0] \end{pmatrix}. \tag{2.129}$$

Durch spezielle Gestaltung der Transformationsmatrix

$$\hat{\underline{T}}_{Z,2K} = \begin{pmatrix} g[0] & 0 & \cdots & 0 & 0 & \cdots & g[1] \\ g[1] & g[0] & \cdots & 0 & 0 & \cdots & g[2] \\ \vdots & \vdots & & \vdots & \vdots & & \\ g[K-1] & g[K-2] & . & g[0] & 0 & \cdots & 0 \\ 0 & g[K-1] & & g[1] & g[0] & \cdots & 0 \\ \vdots & \vdots & & \vdots & \vdots & & \vdots \\ 0 & 0 & & g[K-1] & g[K-2] & \cdots & 0 \\ 0 & 0 & & 0 & g[K-1] & \cdots & g[0] \end{pmatrix} = \begin{pmatrix} \underline{T}_{F,K} & \underline{T}_{IF,K}^{T} \\ \underline{T}_{IF,K}^{T} & \underline{T}_{F,K} \end{pmatrix} \tag{2.130a}$$

und des Eingangssignals $\hat{\underline{x}}^{T} = (x[0], x[1], \ldots, x[K-1], \underbrace{0, \ldots, 0}_{K\text{-Elemente}}) = (\underline{x}^{T}, \underline{0}^{T})$

ist diese Abbildungsvorschrift auch zur Berechnung der endlichen diskreten Faltung geeignet; denn es gilt

$$\hat{\underline{y}} = \begin{pmatrix} \underline{y} \\ \underline{r} \end{pmatrix} = \hat{\underline{T}}_{Z,2K} \, \hat{\underline{x}} = \begin{pmatrix} g[0] & 0 & & \cdots & 0 \\ g[1] & g[0] & & \cdots & 0 \\ \vdots & & & & \\ g[K-1] & g[K-2] & & & g[0] \\ 0 & g[K-1] & & & g[1] \\ \vdots & & & & \\ 0 & 0 & & \cdots & g[K-1] \\ 0 & 0 & & \cdots & 0 \end{pmatrix} \underline{x} = \begin{pmatrix} \underline{T}_{F,K} \\ \underline{T}_{IF,K}^{T} \end{pmatrix} \underline{x}$$

und damit $\underline{y} = \underline{T}_{F,K} \, \underline{x}$. Die Matrix $\hat{\underline{T}}_{Z,2K}$ wird die zyklisch erweiterte Matrix zu $\underline{T}_{F,K}$ genannt. Diese Erweiterung ist jedoch nicht eindeutig. Bei der Festlegung des Eingangssignals auf $\overset{\vee}{\underline{x}}^{T} = (\underline{0}^{T}, \underline{x}^{T})$ lautet die erweiterte Matrix

$$\overset{\vee}{\underline{T}}_{Z,2K} = \begin{pmatrix} \underline{T}_{IF,K}^{T} & \underline{T}_{F,K} \\ \underline{T}_{F,K} & \underline{T}_{IF,K}^{T} \end{pmatrix}. \tag{2.130b}$$

● Diskrete Walsh-Transformation

Die Walsh-Funktionen $\mathrm{wal}(\varkappa, t) = \mathrm{wal}_{\varkappa}(t)$ werden für ganzzahlige $\varkappa\,(\varkappa = 0, 1, 2, \ldots)$ im allgemeinen über die Rekursionsbeziehung

$$\mathrm{wal}_{2\varkappa+\mu}(t) = (-1)^{[\varkappa/2]+\mu}\,(\mathrm{wal}_{\varkappa}(2t+0,5)+(-1)^{\varkappa+\mu}\,\mathrm{wal}_{\varkappa}(2t-0,5))$$

mit $\quad \mu = 0, 1$

$$\mathrm{wal}_0(t) = \begin{cases} 0 & t \geqq 1/2 \\ 1 & -1/2 \leqq t < 1/2 \\ 0 & t < -1/2 \end{cases}$$

im Intervall $-1/2 \leqq t < 1/2$ definiert. Die Walsh-Funktionen haben die Eigenschaft

$$\text{wal}_{\varkappa''}(t) \cdot \text{wal}_{\varkappa'}(t) = \text{wal}_{\varkappa}(t), \qquad\qquad (2.131\text{b})$$

wobei sich $\varkappa$ bei binärer Darstellung der Indizes

$$\varkappa = \sum_{\nu=0}^{n} \varkappa_\nu \, 2^\nu$$

aus den Gleichungen

$$\varkappa_\nu = \varkappa'_\nu + \varkappa''_\nu \quad \nu = 0,\, 1,\, \ldots,\, n$$

über $GF(2) = (\{0,1\},\, +,\, \cdot)$ ergibt. Jeweils 2^n-Walsh-Funktionen bilden bezüglich dieser Multiplikation eine Gruppe mit 2^n Elementen. Für $-\infty < t < \infty$ werden sie für ganzzahlige $\varkappa$ durch periodische Fortsetzung erklärt (Bild 2.32). Walsh-Funktionen für beliebige reelle Zahlen $\varkappa$ sollen hier nicht betrachtet werden. Ihre Theorie ist in /2.19/ ausführlich dargestellt.

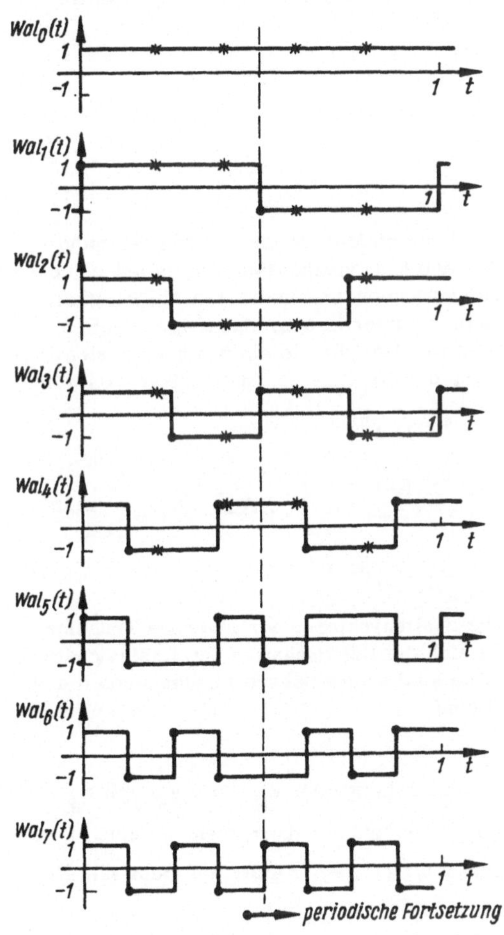

Bild 2.32. Walsh-Funktionen $\text{wal}_0(t), \ldots, \text{wal}_7(t)$ im Intervall $0 \leqq t < 1$

Als diskrete Walsh-Transformation wird die Entwicklung des endlichen Signals x_K nach den Basissignalen

$$w_{K,\varkappa} = \; <\mathrm{wal}_\varkappa(0), \; \mathrm{wal}_\varkappa\left(\tfrac{1}{K}\right), \; \mathrm{wal}_\varkappa\left(\tfrac{2}{K}\right), \; \ldots, \; \mathrm{wal}_\varkappa\left(\tfrac{K-1}{K}\right)>_K$$

verstanden. Die Transformationsmatrix dafür lautet

$$\underline{T}_{W,K} = \begin{pmatrix} 1 & 1 & 1 & \ldots & 1 \\ 1 & \mathrm{wal}_1\left(\tfrac{1}{K}\right) & \mathrm{wal}_1\left(\tfrac{2}{K}\right) & \ldots & \mathrm{wal}_1\left(\tfrac{K-1}{K}\right) \\ 1 & \mathrm{wal}_2\left(\tfrac{1}{K}\right) & \mathrm{wal}_2\left(\tfrac{2}{K}\right) & \ldots & \mathrm{wal}_2\left(\tfrac{K-1}{K}\right) \\ \vdots & & & & \\ 1 & \mathrm{wal}_{K-1}\left(\tfrac{1}{K}\right) & \mathrm{wal}_{K-1}\left(\tfrac{2}{K}\right) & \ldots & \mathrm{wal}_{K-1}\left(\tfrac{K-1}{K}\right) \end{pmatrix} \qquad (2.132)$$

und enthält nur die Elemente +1 und −1. Für K = 5 ergibt sich beispielsweise

$$\underline{T}_{W,5} = \begin{pmatrix} 1 & 1 & 1 & 1 & 1 \\ 1 & 1 & 1 & -1 & -1 \\ 1 & 1 & -1 & -1 & 1 \\ 1 & 1 & -1 & 1 & -1 \\ 1 & -1 & 1 & 1 & -1 \end{pmatrix}.$$

Die dargestellten Transformationen sind nur einige aus der Vielfalt der möglichen diskreten Transformationen. Für eine Klasseneinteilung ist es jedoch notwendig, die Eigenschaften der Transformationsmatrix und deren Abhängigkeit von den gewählten Basissignalen genauer zu untersuchen. Nachfolgend sollen nur Transformationssysteme untersucht werden, für die ein inverses System und damit $\underline{T}^{-1}$ existiert. Die Darstellung der Gl. (2.125b) in Matrixschreibweise

$$\underline{x} = \widetilde{C} \begin{pmatrix} e_{K,0}[0] & e_{K,1}[0] & \ldots & e_{K,K-1}[0] \\ e_{K,0}[1] & e_{K,1}[1] & \ldots & e_{K,K-1}[1] \\ \vdots & & & \\ e_{K,0}[K-1] & e_{K,1}[K-1] & \ldots & e_{K,K-1}[K-1] \end{pmatrix} \qquad \underline{y} = \underline{T}^{-1}\underline{y} \qquad (2.133)$$

läßt erkennen, daß die Basissignale die Spaltenvektoren der inversen Transformationsmatrix sind. Folglich spiegeln sich die Eigenschaften der Basissignale in denen der Matrix wider. Insbesondere sind es die lineare Unabhängigkeit und Orthogonalität, die wie folgt definiert sind.

Definition 2.15.:

Das System $\{e_{K,0}, \ldots, e_{K,K-1}\}$ von Basissignalen $e_{K,\nu} = \; <e_{K,\nu}[K]>_K$ mit $e_{K,\nu}[K] \in \mathbb{R}$ heißt <u>linear abhängig</u>, dann und nur dann, wenn es eine Menge von Konstanten $c_0, \ldots, c_{K-1}$ aus dem Ring ($\mathbb{R}, +, \cdot$) gibt, die nicht sämtliche gleich 0 sind und für die

$$c_0 e_{K,0} + \ldots + c_{K-1} e_{K,K-1} = 0 \qquad (2.134)$$

gilt. Anderenfalls heißt es <u>linear unabhängig</u>.

Definition 2.16.:

Zwei Basissignale $e_{K,\nu}$ und $e_{K,\mu}$ heißen zueinander orthogonal, wenn für das innere Produkt $e_{K,\nu} \circledast e_{K,\mu} = 0$, d.h.

$$\sum_{\varkappa=0}^{K-1} e_{K,\nu}[\varkappa]\, e_{K,\mu}[\varkappa] = 0 \qquad (2.135)$$

gilt.

Definition 2.17.:

Das System $\{e_{K,0}, \dots, e_{K,K-1}\}$ von Basisfunktionen heißt orthogonal, wenn es zu einer Basisfunktion $e_{K,\mu}$ genau eine Basisfunktion $e_{K,\nu}$ gibt, für die $e_{K,\nu} \circledast e_{K,\mu} \neq 0$ gilt, und orthonormal, wenn darüber hinaus

$$e_{K,\mu} \circledast e_{K,\nu} = 1 \text{ gilt.}$$

Dieser Orthogonalitätsdefinition liegt allein die Tatsache zugrunde, daß das innere Produkt verschwindet. Die mit dem Begriff der Orthogonalität verbundenen geometrischen Vorstellungen für Vektorräume über dem Körper der reellen oder komplexen Zahlen sind nicht auf beliebige Ringe und Körper übertragbar. Infolge der Besonderheiten der Ringe und endlichen Körper existieren Signale $e_{K,\varkappa}$, deren inneres Produkt $e_{K,\varkappa} \circledast e_{K,\varkappa}$ Null wird. Dazu die nachfolgenden zwei Beispiele.

Beispiel 2.10.:

Es sind die Eigenschaften des Systems $\{p_{3,0}, p_{3,1}, p_{3,2}\}$ der abgetasteten Legendre-Polynome

$$\begin{aligned}
p_{3,0} &= \langle\, 1/\sqrt{3}, \quad 1/\sqrt{3}, \quad 1/\sqrt{3}\, \rangle \\
p_{3,1} &= \langle\, -1/\sqrt{2}, \quad 0, \quad 1/\sqrt{2}\, \rangle \\
p_{3,2} &= \langle\, -1/\sqrt{6}, \quad 2/\sqrt{6}, \quad -1/\sqrt{6}\, \rangle
\end{aligned}$$

zu untersuchen (Bild 2.33).

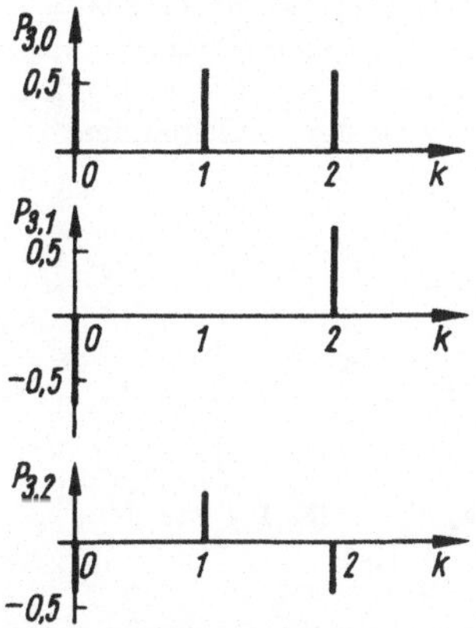

Bild 2.33. Orthogonales System von Basissignalen der Länge 3 über dem Körper der reellen Zahlen

Die lineare Unabhängigkeit nach (2.134) kann durch Bestimmung des Ranges der Matrix

$$\underline{T}_3^{-1} = \begin{pmatrix} 1/\sqrt{3} & -1/\sqrt{2} & -1/\sqrt{6} \\ 1/\sqrt{3} & 0 & 2/\sqrt{6} \\ 1/\sqrt{3} & 1/\sqrt{2} & -1/\sqrt{6} \end{pmatrix}$$

ermittelt werden. Wegen rang $\underline{T}_3^{-1} = 3$ sind die Basissignale linear unabhängig. Für die inneren Produkte errechnet man

$$P_{3,0} \circledast P_{3,0} = +\frac{1}{3} + \frac{1}{3} + \frac{1}{3} = 1$$

$$P_{3,0} \circledast P_{3,1} = -\frac{1}{\sqrt{6}} + \frac{1}{\sqrt{6}} = 0$$

$$P_{3,0} \circledast P_{3,2} = -\frac{1}{\sqrt{18}} + \frac{2}{\sqrt{18}} - \frac{1}{\sqrt{18}} = 0$$

$$P_{3,1} \circledast P_{3,1} = 1/2 + 1/2 = 1$$

$$P_{3,1} \circledast P_{3,2} = \frac{1}{\sqrt{12}} - \frac{1}{\sqrt{12}} = 0$$

$$P_{3,2} \circledast P_{3,2} = \frac{1}{6} + \frac{1}{6} + \frac{1}{6} = 1.$$

Folglich gilt allgemein

$$P_{3,\mu} \circledast P_{3,\nu} = \begin{cases} 1 & \nu = \mu \\ 0 & \nu \neq \mu \end{cases}.$$

Damit ist das System $\{P_{3,0}, P_{3,1}, P_{3,2}\}$ ein orthonormales System von Basissignalen. Es vermittelt die Transformation

$$\underline{T}_3 = \begin{pmatrix} 1/\sqrt{3} & 1/\sqrt{3} & 1/\sqrt{3} \\ -1/\sqrt{2} & 0 & 1/\sqrt{2} \\ -1/\sqrt{6} & 2/\sqrt{6} & -1/\sqrt{6} \end{pmatrix}.$$

Transformationen, denen orthogonale diskrete Basissignale zugrunde liegen, werden als <u>orthogonale Transformationen</u> bezeichnet. Für die orthogonalen Transformationen sind $\underline{T}$ und $\underline{T}^{-1}$ unmittelbar angebbar, da dem inneren Produkt der diskreten Basissignale das Produkt aus Matrixzeile und Matrixspalte in $\underline{T}\,\underline{T}^{-1}$ entspricht. Folglich enthält die ν-te Zeile von $\underline{T}$ das diskrete Basissignal, dessen inneres Produkt mit dem in der ν-ten Spalte von $\underline{T}^{-1}$ stehenden Basissignal ungleich 0 ist. Damit haben $\underline{T}$ und $\underline{T}^{-1}$ im Fall der orthogonalen Transformation die Form

$$\underline{T} = C \begin{pmatrix} e_{K,\nu_0}[0] & e_{K,\nu_0}[1] & \dots & e_{K,\nu_0}[K-1] \\ e_{K,\nu_1}[0] & e_{K,\nu_1}[1] & \dots & e_{K,\nu_1}[K-1] \\ \vdots & & & \\ e_{K,\nu_{K-1}}[0] & e_{K,\nu_{K-1}}[1] & \dots & e_{K,\nu_{K-1}}[K-1] \end{pmatrix} \qquad (2.136a)$$

und

$$\underline{T}^{-1} = \widetilde{C} \begin{pmatrix} e_{K,0}[0] & e_{K,1}[0] & \cdots & e_{K,K-1}[0] \\ e_{K,0}[1] & e_{K,1}[1] & \cdots & e_{K,K-1}[1] \\ \vdots & & & \\ e_{K,0}[K-1] & e_{K,1}[K-1] & \cdots & e_{K,K-1}[K-1] \end{pmatrix},$$

wobei sich die $\nu_0, \ldots, \nu_{K-1}$ aus der Orthogonalitätsbeziehung

$$e_{K,\varkappa} \circledast e_{K,\nu_\mu} = \begin{matrix} \widetilde{K} & \varkappa = \mu \\ 0 & \varkappa \neq \mu \end{matrix} \qquad (2.136b)$$

ergeben. Die Konstanten C und $\widetilde{C}$ müssen so gewählt werden, daß die Gleichung

$$C \ \widetilde{C} \ \widetilde{K} = 1 \qquad (2.136c)$$

eingehalten wird. Aus der Form der Matrizen ist abzulesen, daß $\underline{T}$ durch Zeilenvertauschen aus der Matrix $(\underline{T}^{-1})^T$ entsteht und $\underline{T}^{-1}$ durch Spaltenvertauschen aus der Matrix $\underline{T}^T$. Demzufolge besteht bei orthogonalen Transformationen $C = \widetilde{C}$ zwischen den Matrizen $\underline{T}^{-1}$ und $\underline{T}$ die Beziehung

$$\underline{T}^{-1} = \underline{T}^T \ \underline{P}, \qquad (2.137)$$

wobei $\underline{P}$ eine Permutationsmatrix ist.

In Tafel 2.2 sind einige geläufige orthogonale Transformationen der Länge $K = 2, 3, 4$ zusammengestellt.

Die bekannteste Transformation unter den orthogonalen ist die diskrete Fouriertransformation mit dem orthogonalen System $\{e_{K,0}, \ldots, e_{K,K-1}\}$ von Basissignalen

$$e_{K,\varkappa} = <1, a^{-\varkappa}, a^{-2\varkappa}, \ldots, a^{-(K-1)\varkappa}>_K \qquad (2.138)$$

$$a = \exp(-j2\pi/K).$$

Für diese Signale lautet die Orthogonalitätsbeziehung

$$e_{K,\nu} \circledast e_{K,\mu} = \begin{cases} K & \mu \neq K - \nu \\ 0 & \mu = K - \nu \end{cases}.$$

Die Eigenschaft $a^K = 1$ des Elementes a aus dem Körper $(\mathbb{C}, +, \cdot)$ der komplexen Zahlen führt auf die äquivalente Signaldarstellung

$$e_{K,K-\nu} = e_{K,-\nu}. \qquad (2.139)$$

Die Transformationsmatrizen der DFT ergeben sich damit zu

$$\underline{T}_{E,K} = C \begin{pmatrix} 1 & 1 & \cdots & 1 \\ 1 & a^{+1} & \cdots & a^{+(K-1)} \\ \vdots & & & \\ 1 & a^{+(K-1)} & \cdots & a^{+(K-1)(K-1)} \end{pmatrix} \qquad (2.140a)$$

und

$$\underline{T}_{E,K}^{-1} = \widetilde{C} \begin{pmatrix} 1 & 1 & \cdots & 1 \\ 1 & a^{-1} & \cdots & a^{-(K-1)} \\ \vdots & & & \\ 1 & a^{-(K-1)} \cdots & & a^{-(K-1)(K-1)} \end{pmatrix} \tag{2.140b}$$

mit $C \cdot \widetilde{C} = 1/K$. Die Matrizen sind symmetrisch, für $C = \widetilde{C}$ zueinander konjugiert komplex und für $C = \widetilde{C}$ unitär, d.h.

$$T_{E,K} = T_{E,K}^T \qquad \text{symmetrisch}$$

$$\underline{T}_{E,K}^{-1} = \underline{T}_{E,K}^{*} \qquad \text{konjugiert komplex } (C = \widetilde{C})$$

$$T_{E,K}^{-1} = (T_{E,K}^T)^{*} \qquad \text{unitär } (C = \widetilde{C}).$$

Tafel 2.2. Orthogonale Transformationen

$\underline{T}$	$\underline{T}^{-1}$	Struktur Matrixbezeichnung
$\begin{pmatrix} 0 & 1 \\ 1 & 0 \end{pmatrix}$	$\begin{pmatrix} 0 & 1 \\ 1 & 0 \end{pmatrix}$	$(GF(2), +, \cdot)$
$\begin{pmatrix} 1 & 1 & 1 \\ 1 & 1 & 0 \\ 1 & 0 & 1 \end{pmatrix}$	$\begin{pmatrix} 1 & 1 & 1 \\ 1 & 0 & 1 \\ 1 & 1 & 0 \end{pmatrix}$	$(GF(2), +, \cdot)$
$\begin{pmatrix} 1 & 1 & 1 & 0 \\ 1 & 1 & 0 & 1 \\ 1 & 0 & 1 & 1 \\ 0 & 1 & 1 & 1 \end{pmatrix}$	$\begin{pmatrix} 1 & 1 & 1 & 0 \\ 1 & 1 & 0 & 1 \\ 1 & 0 & 1 & 1 \\ 0 & 1 & 1 & 1 \end{pmatrix}$	$(GF(2), +, \cdot)$
$\begin{pmatrix} 1 & 1 \\ 1 & -1 \end{pmatrix}$	$\dfrac{1}{2} \begin{pmatrix} 1 & 1 \\ 1 & -1 \end{pmatrix}$	$(R, +, \cdot)$ Hadamardmatrix / 2.19 / vom Rang 2 $(C, +, \cdot)$ Fouriermatrix mit $e^{-j\pi} = -1$ $(G \bmod 2^b +1, +, \cdot)$ $b = 2^{\varepsilon}$ Fermatmatrix
$\begin{pmatrix} 1 & 1 & 1 & -1 \\ 1 & 1 & -1 & 1 \\ 1 & -1 & 1 & 1 \\ -1 & 1 & 1 & 1 \end{pmatrix}$	$\dfrac{1}{4} \begin{pmatrix} 1 & 1 & 1 & -1 \\ 1 & 1 & -1 & 1 \\ 1 & -1 & 1 & 1 \\ -1 & 1 & 1 & 1 \end{pmatrix}$	$(R, +, \cdot)$ Hadamardmatrix / 2.19 / vom Rang 4
$\begin{pmatrix} 1 & 1 & 1 & 1 \\ 1 & -j & -1 & +j \\ 1 & -1 & 1 & -1 \\ 1 & +j & -1 & -j \end{pmatrix}$	$\dfrac{1}{4} \begin{pmatrix} 1 & 1 & 1 & 1 \\ 1 & +j & -1 & -j \\ 1 & -1 & 1 & -1 \\ 1 & -j & -1 & +j \end{pmatrix}$	$(C, +, \cdot)$ Fouriermatrix mit $e^{-j\pi/2} = -j$
$\begin{pmatrix} 1 & 1 & 1 & 1 \\ 1 & +1 & -1 & -1 \\ 1 & -1 & -1 & +1 \\ 1 & -1 & +1 & -1 \end{pmatrix}$	$\dfrac{1}{4} \begin{pmatrix} 1 & 1 & 1 & 1 \\ 1 & +1 & -1 & -1 \\ 1 & -1 & -1 & +1 \\ 1 & -1 & +1 & -1 \end{pmatrix}$	$(R, +, \cdot)$ Walsh-Matrix vom Rang 4

Ferner besteht für $C = \widetilde{C}$ nach (2.137) unter Ausnutzung der Symmetrie der Zusammenhang

$$\underline{T}_{E,K}^{-1} = \underline{T}_{E,K} \cdot \begin{pmatrix} 1 & 0 & 0 & \ldots & 0 & 0 \\ 0 & 0 & 0 & \ldots & 0 & 1 \\ 0 & 0 & 0 & \ldots & 1 & 0 \\ \vdots & & & & & \\ 0 & 0 & 1 & \ldots & 0 & 0 \\ 0 & 1 & 0 & \ldots & 0 & 0 \end{pmatrix} .$$

Zu einer Verallgemeinerung der Transformation auf der Grundlage der Basissignale $e_{K,\varkappa}$ nach (2.137) gelangt man, wenn auf beliebige a aus einem Ring oder Körper mit der Eigenschaft $a^K = 1$ zurückgegriffen wird (/ 2.20 / / 2.43 / / 2.44 / / 2.45 / und / 2.46 /).

2.2.3.2. Exponentialtransformationen

Unter Exponentialtransformationen sollen alle diejenigen Transformationen $y_K = T(x_K)$ verstanden werden, denen als Basissignale die verallgemeinerten Exponentialsignale $e_{K,\varkappa}$ über dem Ring $(G \bmod m, +, \cdot)$ zugrunde liegen, d.h.

$$x_K = \widetilde{C} \sum_{\varkappa=0}^{K-1} y[\varkappa] e_{K,\varkappa} \tag{2.141a}$$

$$e_{K,\varkappa} = <1,\ a^{-\varkappa},\ a^{-2\varkappa},\ \ldots,\ a^{-(K-1)\varkappa}>_K . \tag{2.141b}$$

Die Funktionswertprodukte haben die allgemeine Eigenschaft

$$e_{K,\nu}[k] \cdot e_{K,\mu}[k] = e_{K,\nu+\mu}[k] \quad k = 0,\ldots,K-1 \tag{2.142}$$

$$e_{K,\nu} \circ e_{K,\mu} = e_{K,\nu+\mu} .$$

Von dem Element a sei vorerst nur gefordert, daß es dem Restklassenring $(G \bmod m, +, \cdot)$ angehört und die Ordnung K hat.
Es gilt also

$$a^K = 1, \tag{2.143}$$

wobei die Addition und Multiplikation modulo m mit

$$m = \prod_{\nu=1}^{n} p_\nu^{\varepsilon_\nu}; \qquad \begin{array}{l} p_\nu \quad \text{Primzahl} \\ \varepsilon_\nu \quad \text{ganze Zahl} \end{array} \tag{2.144}$$

durchzuführen sind.
Nach den Aussagen des Fermatschen Satzes und des chinesischen Zahlentheorems muß K die Teilbarkeitsbeziehungen

$$K | \varphi(p_\nu^{\varepsilon_\nu}); \qquad \begin{array}{l} \nu = 1,\ldots,n \\ \varphi(\ ) \quad \text{Euler sche Zahlenfunktion} \end{array} \tag{2.145}$$

erfüllen.

Für $a^K = 1$ hat das Exponentialsignal die Eigenschaft

$$e_{K,K-\varkappa} = e_{K,-\varkappa} \cdot$$
(2.146)

Zur Untersuchung der Orthogonalität berechnet man das innere Produkt $e_{K,-\nu}$ $e_{K,\mu}$. Dies liefert den Ausdruck

$$1 + a^{-\nu+\mu} + (a^{-\nu+\mu})^2 + \ldots + (a^{-\nu+\mu})^{K-1} = \begin{cases} K \bmod m & \text{für } \nu = \mu \\ \varkappa \bmod m & \text{für } \nu \neq \mu \end{cases} \cdot$$

Danach sind die Signale $e_{K,-\nu}$ und $e_{K,\mu}$ für $\nu \neq \mu$ genau dann orthogonal, wenn $\varkappa = 0$ gilt. Es ergibt sich $\varkappa$ als Lösung der Gleichung

$$(a^{-\nu+\mu}-1)\varkappa = (a^{-\nu+\mu})^K - 1 = (a^K)^{-\nu+\mu} - 1 = 0.$$
(2.147a)

Nach Satz 17 des Anhangs 1 hat (2.145) im Ring $(G \bmod m, +, \cdot)$ nur dann die Lösung $\varkappa = 0$, wenn

$$ggT(a^{-\nu+\mu}-1, \, m) = 1$$
(2.147b)

erfüllt ist.

Es sei nochmals erwähnt, daß im Fall eines Körpers $(G \bmod m, +, \cdot)$ wegen der eindeutigen Lösbarkeit von (2.147a) die Gl. (2.147b) immer erfüllt ist'. Deshalb genügt es in diesem Fall, die Beziehung (2.143) zu beachten. Die Funktionswerte $y[k]$ des transformierten Signals y_K berechnen sich aus (2.141a) zu

$$y[k] = x_K \circledast e_{K,-k}$$
(2.148a)

wobei sich $\widetilde{C}$ aus der Gleichung

$$K \, \widetilde{C} = 1$$
(2.148b)

ergibt. Nach dem Fermatschen Satz hat diese Gleichung, da alle Operationen mod m zu verstehen sind, nur unter der Voraussetzung

$$ggT(K, \, m) = 1$$

die Lösung

$$\widetilde{C} = K^{\varphi(m)-1}$$

Mit der Forderung $ggT(K, \, m) = 1$ vereinfacht sich (2.145) zu

$$K \,\big|\, (p_\nu - 1) \qquad\qquad \nu = 1, \ldots, n.$$
(2.149a)

Dies ist gleichbedeutend mit

$$K \,\big|\, ggT(p_1 - 1, \, p_2 - 1, \ldots, p_n - 1).$$
(2.149b)

Diese Aussagen können zusammengefaßt werden in folgendem Satz:

Eine orthogonale Exponentialtransformation $y_K = T_{E,K}(x_K)$ der Länge K mit dem erzeugenden Element a im Ring $(G \bmod m, +, \cdot)$ existiert dann und nur dann, wenn K den Teilbarkeitsbedingungen

$$K \,\big|\, (p_\nu - 1) \qquad\qquad \nu = 1, \ldots, n$$

mit

$$m = \prod_{\nu=1}^{n} p_\nu^{\varepsilon_\nu}$$

genügt und a $\in$ G mod m der Ordnung K die Eigenschaft

$$\mathrm{ggT}(a^{\varkappa}-1,\ m) = 1 \qquad\qquad \varkappa = 1,\ldots,K-1$$

besitzt.

Die Transformationsmatrizen $\underline{T}_{E,K}$, $\underline{T}_{E,K}^{-1}$ der Exponentialtransformation für endliche und unendliche Körper lauten damit

$$\underline{T}_{E,K} = \begin{pmatrix} 1 & 1 & 1 & \ldots & 1 \\ 1 & a & a^2 & \ldots & a^{K-1} \\ \vdots & & & & \\ 1 & a^{K-1} & a^{2(K-1)} & \ldots & a^{(K-1)^2} \end{pmatrix} \qquad (2.150a)$$

$$\underline{T}_{E,K}^{-1} = K^{\varphi(m)-1} \begin{pmatrix} 1 & 1 & 1 & \ldots & 1 \\ 1 & a^{-1} & a^{-2} & \ldots & a^{-(K-1)} \\ \vdots & & & & \\ 1 & a^{-K+1} & a^{-2(K-1)} & \ldots & a^{-(K-1)^2} \end{pmatrix} \qquad (2.150b)$$

wobei a ein Element der Ordnung K ist. Bei Körpern ist $K^{\varphi(m)-1}$ durch K^{-1} zu ersetzen, und im Körper der komplexen Zahlen ist a die K-te Wurzel aus 1, d.h. $a = \exp \pm j2\pi/K$. Zur Illustration der Festlegung von a und K in endliche Ringe diene das

Beispiel 2.11.:

Im Ring (G mod 49, +, ·) ist die Existenz einer orthogonalen Exponentialtransformation zu überprüfen. Die möglichen Transformationslängen sind wegen $m = p_1^2$ mit $p_1 = 7$ die Längen K = 2, 3; denn es gilt 2|6 und 3|6.

Ein Element der Ordnung 2 ist a = 48 $\in$ G mod 49. Da ferner a-1 = 47 und 49 teilerfremd sind, d.h. ggT(47, 49) = 1, existiert eine 2 x 2 orthogonale Exponentialtransformation. Die die Abbildung beschreibenden Matrizen lauten

$$\underline{T}_{E,2} = \begin{pmatrix} 1 & 1 \\ 1 & 48 \end{pmatrix} \quad \text{und} \quad \underline{T}_{E,2}^{-1} = \begin{pmatrix} 25 & 25 \\ 25 & 24 \end{pmatrix}$$

und das

Beispiel 2.12.:

Im Ring (G mod 63, +, ·) ist zu überprüfen, ob die Transformation der Länge 2 mit dem Element a = 8 $\in$ G mod 63 zweiter Ordnung die Eindeutigkeitsforderung erfüllt. Die Zahl m kann zerlegt werden in $63 = 3^2 \cdot 7$. Wegen 2|2 und 2|6 ist K = 2 die einzig mögliche Transformationslänge. Es sind jedoch a - 1 = 7 und m = 63 nicht teilerfremd, d.h., es gilt ggT(7, 63) = 7. Folglich kann die Abbildung T mit

$$\underline{T} = \begin{pmatrix} 1 & 1 \\ 1 & 8 \end{pmatrix}$$

über dem Ring $(G \bmod 63, +, \cdot)$ nicht eineindeutig sein. So führen beispielsweise die Folgen $<1,\ 0>_2$ und $<55,\ 9>_2$ auf ein und dieselbe Bildfolge

$$<1,\ 1>_2 = T(<1,\ 0>_2) = T(<55,\ 9>_2).$$

Für die Strukturierung und Anwendung der Exponentialtransformation ist es notwendig, deren Eigenschaften näher zu untersuchen. Sie hat neben den Eigenschaften von orthogonalen Transformationen noch folgende: Sie werden bezeichnet als

<u>Verschiebungssatz:</u>

$$T_{E,K}(x_K \circ e_{K,\varkappa}) = d^{-\varkappa} * T_{E,K}(x_K) \tag{2.151}$$

und

<u>Faltungssatz:</u>

$$T_{E,K}(x_K * u_K) = T_{E,K}(x_K) \circ T_{E,K}(u_K). \tag{2.152}$$

Zum Nachweis des Faltungssatzes bildet man das Produkt $h[k] \cdot f[k]$ der Funktionswerte der transformierten Signale $h_K = T_{E,K}(x_K)$ und $f_K = T_{E,K}(u_K)$

$$h[k] \cdot f[k] = \sum_{\nu=0}^{K-1} x[\nu]a^{k\nu}\ )\ (\sum_{\mu=0}^{K-1} u[\mu]\, a^{k\mu})$$

$$= \sum_{\nu=0}^{K-1} \sum_{\mu=0}^{K-1} x[\nu]u[\mu]\, a^{k(\nu+\mu)}.$$

Wegen $a^K = 1$ sind die Indexoperationen modulo K zu bilden. Folglich führt die Substitution $\varkappa = \nu + \mu \bmod K$ auf

$$h[k] \cdot f[k] = \sum_{\varkappa=0}^{K-1} (\sum_{=0}^{K-1} x[\nu]u[\varkappa - \nu \bmod K])\, a^{k\varkappa}.$$

Nach der Definition der zyklischen Faltung ist jedoch der Klammerausdruck identisch mit dem Funktionswert $y[\varkappa]$ des Produkts $y_K = x_K * u_K$ zum diskreten Zeitpunkt $\varkappa$. Mit $g_K = T_{E,K}(y_K)$ erhält man für die Funktionswerte

$$h[k] \cdot f[k] = \sum_{\varkappa=0}^{K-1} y[\varkappa]a^{k\varkappa} = g[k]$$

und damit für die Folgen

$$h_K \circ f_K = g_K$$

$$T_{E,K}(x_K) \circ T_{E,K}(u_K) = T_{E,K}(x_K * u_K).$$

Die für alle Exponentialtransformierten gültigen und als Faltungssatz und Verschiebungssatz formulierten Eigenschaften spiegeln sich in entsprechenden Matrizenbeziehungen wider. Mit der Diagonalmatrix

$$\underline{\mathrm{Diag}}\;(h\,[0],\ldots,h\,[K\text{-}1])=\underline{\mathrm{Diag}}\;(\underline{h})=\begin{pmatrix} h\,[0] & 0 & \ldots & 0 \\ 0 & h\,[1] & \ldots & 0 \\ \vdots & & & \\ 0 & 0 & \ldots & h\,[N\text{-}1] \end{pmatrix} \qquad (2.153)$$

der zyklischen Matrix [s. Gl. (2.15)]

$$\underline{\mathrm{Zykl}}\;(x[0],\ldots,x[K\text{-}1])=\underline{\mathrm{Zykl}}\;(\underline{x})=\begin{pmatrix} x\,0 & x\,[K\text{-}1] & \ldots & x\,[1] \\ \vdots & & & \\ x\,[K\text{-}1] & x\,[K\text{-}2] & \ldots & x\,[0] \end{pmatrix}$$

und den in Vektorform $\underline{y}$, $\underline{x}$ und $\underline{u}$ geschriebenen Signalen y_K, x_K und u_K lautet der Faltungssatz in Matrixschreibweise

$$\underline{T}_{E,K}\,\underline{\mathrm{Zykl}}(\underline{x})\,\underline{u}=\underline{\mathrm{Diag}}\;(\underline{T}_{E,K}\underline{x})\,\underbrace{\underline{T}_{E,K}\,\underline{u}}_{f}$$

oder

$$\underline{T}_{E,K}\,\underline{\mathrm{Zykl}}(\underline{x})\underline{T}_{E,K}^{-1}\,\underline{f}=\underline{\mathrm{Diag}}\;(\underline{T}_{E,K}\underline{x})\,\underline{f}. \qquad (2.154)$$

Daraus ist zu ersehen, daß sich eine beliebige zyklische Matrix $\mathrm{Zykl}(\underline{x})$ durch eine Ähnlichkeitstransformation mit der Matrix $\underline{T}_E$ der Exponentialtransformation diagonalisieren läßt, d.h.

$$\underline{T}_{E,K}\,\underline{\mathrm{Zykl.}}\;(\underline{x})\,\underline{T}_{E,K}^{-1}=\underline{\mathrm{Diag}}\;(\underline{x}). \qquad (2.155)$$

Die Exponentialtransformierte $T_{E,K}(x_K)$ wird kurz als Spektrum des Signals bezeichnet. Für die Exponentialtransformation und Exponentialtransformierten haben sich verschiedene Bezeichnungen eingebürgert, je nachdem, welcher Ring oder Körper und welches Element a der Exponentialtransformation zugrunde liegen. Vielfach werden die Begriffe aus der Art der Körperkonstruktion hergeleitet. Die geläufigsten diskreten Transformationen sind in Tafel 2.3 zusammengestellt.

2.2.3.3. Systemstrukturen

Für die Realisierung eines Transformationssystems ist von Interesse, ob untereinander äquivalente Systemstrukturen existieren. Gibt es mehrere Strukturen für ein System, so ist es möglich, die für die Realisierung optimale auszuwählen. Aufgrund der Charakterisierung der Abbildung des Systems durch eine Matrix kann man durch äquivalente Matrixumformungen zu äquivalenten Strukturen gelangen. Von den vielfältigen Matrixzerlegungen sind jedoch nur diejenigen von Bedeutung, die zu einem geringen Aufwand führen. Dabei wird eine Zerlegung um so günstiger ausfallen, je regelmäßiger die Matrix aufgebaut ist. Im allgemeinen wird eine Produktzerlegung angestrebt, die sich durch eine Reihenschaltung der Systeme widerspiegelt (Bild 2.34).
Die Zerlegungsmöglichkeiten sollen zuerst für die diskrete Walsh-Transformation der Länge $K = 2^N$ betrachtet werden. Untersuchungen der Transformationsmatrix $\underline{T}_{W,K}$ ergeben, daß nach einem geeigneten Vertauschen der Zeilen von

Tafel 2.3. Diskrete Exponentialtransformationen

Transforma-tionslänge K	Elemente der Ordnung K	Struktur	Bezeichnung von T	Bezeichnung von $T(x_K)$
–	–	$(GF(p^n)+,\cdot)$ $(GF(2),+,\cdot)$	Galois-Fourier-transformation G	Galois-Fourier-spektrum
2	2	$(GF(3),+,\cdot)$		
4	2	$(GF(5),+,\cdot)$		
2	–1	$(\mathbb{R},+,\cdot)$	Walsh-Transfor-mation W	Walsh-Spektrum
K	$e^{-j2\pi/K}$	$(\mathbb{C},+,\cdot)$	Fouriertransfor-mation F	Fourierspektrum
2p	–2	$(\mathbb{G}\bmod m,+,\cdot)$ $m=2^p-1$ p-Primzahl	Mersennezahlen-transformation M_Z	Mersennezahlen-spektrum
2b	2	$(\mathbb{G}\bmod m,+,\cdot)$ $m=2^b+1,$ $b=2^\varepsilon$ ε – ganze Zahl	Fermatzahlen-transformation F_Z	Fermatzahlen-spektrum
4b	$\sqrt{2}$			

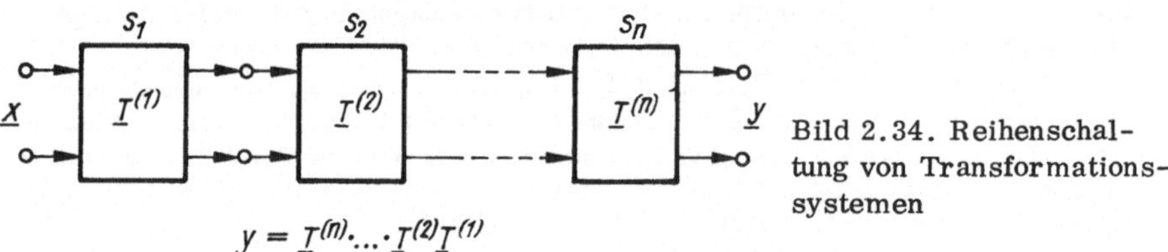

Bild 2.34. Reihenschaltung von Transformationssystemen

$T_{W,K}$ mittels einer Permutationsmatrix $\underline{P}$ eine Kroneckerproduktdarstellung

$$\underline{P}\,\underline{T}_{W,K} = \underline{W}_K = \underline{W}_2 \times \underline{W}_2 \times \ldots \times \underline{W}_2, \qquad \underline{W}_2 = \begin{pmatrix} 1 & 1 \\ 1 & -1 \end{pmatrix} \qquad (2.156)$$

angebbar ist. So erhält man beispielsweise mit den Werten für $\underline{T}_{W,8}$ aus

Bild 2.32 für $\underline{W}_K$ die Kroneckerproduktdarstellung

$$
\underbrace{\begin{pmatrix}
1 & 0 & 0 & 0 & 0 & 0 & 0 & 0\\
0 & 0 & 0 & 0 & 0 & 0 & 0 & 1\\
0 & 0 & 0 & 1 & 0 & 0 & 0 & 0\\
0 & 0 & 0 & 0 & 1 & 0 & 0 & 0\\
0 & 1 & 0 & 0 & 0 & 0 & 0 & 0\\
0 & 0 & 0 & 0 & 0 & 0 & 1 & 0\\
0 & 0 & 1 & 0 & 0 & 0 & 0 & 0\\
0 & 0 & 0 & 0 & 0 & 1 & 0 & 0
\end{pmatrix}}_{\underline{P}}
\cdot
\underbrace{\begin{pmatrix}
1 & 1 & 1 & 1 & 1 & 1 & 1 & 1\\
1 & 1 & 1 & 1 & -1 & -1 & -1 & -1\\
1 & 1 & -1 & -1 & -1 & -1 & 1 & 1\\
1 & 1 & -1 & -1 & 1 & 1 & -1 & -1\\
1 & -1 & -1 & 1 & 1 & -1 & -1 & 1\\
1 & -1 & -1 & 1 & -1 & 1 & 1 & -1\\
1 & -1 & 1 & -1 & -1 & 1 & -1 & 1\\
1 & -1 & 1 & -1 & 1 & -1 & 1 & -1
\end{pmatrix}}_{\underline{T}_{W,8}}
=
\underbrace{\begin{pmatrix}
1 & 1 & 1 & 1 & 1 & 1 & 1 & 1\\
1 & -1 & 1 & -1 & 1 & -1 & -1 & -1\\
1 & 1 & -1 & -1 & 1 & 1 & -1 & -1\\
1 & -1 & -1 & 1 & 1 & -1 & -1 & 1\\
1 & 1 & 1 & 1 & -1 & -1 & -1 & -1\\
1 & -1 & 1 & -1 & -1 & 1 & -1 & 1\\
1 & 1 & -1 & -1 & -1 & -1 & 1 & 1\\
1 & -1 & -1 & 1 & -1 & 1 & 1 & -1
\end{pmatrix}}_{\underline{W}_8}
$$

$$
= \begin{pmatrix} 1 & 1\\ 1 & -1 \end{pmatrix} \times \begin{pmatrix} 1 & 1\\ 1 & -1 \end{pmatrix} \times \begin{pmatrix} 1 & 1\\ 1 & -1 \end{pmatrix}.
$$

Aus dieser Kroneckerproduktdarstellung gewinnt man die Produktdarstellung

$$
\underline{W}_8 = \begin{pmatrix} \underline{I}_4 & \underline{I}_4\\ \underline{I}_4 & -\underline{I}_4 \end{pmatrix}
\left(\underline{I}_2 \times \begin{pmatrix} \underline{I}_2 & \underline{I}_2\\ \underline{I}_2 & -\underline{I}_2 \end{pmatrix} \right)
\cdot
\left(\underline{I}_4 \times \begin{pmatrix} 1 & 1\\ 1 & -1 \end{pmatrix} \right) =
$$

$$
\begin{pmatrix}
1 & 0 & 0 & 0 & 1 & 0 & 0 & 0\\
0 & 1 & 0 & 0 & 0 & 1 & 0 & 0\\
0 & 0 & 1 & 0 & 0 & 0 & 1 & 0\\
0 & 0 & 0 & 1 & 0 & 0 & 0 & 1\\
1 & 0 & 0 & 0 & -1 & 0 & 0 & 0\\
0 & 1 & 0 & 0 & 0 & -1 & 0 & 0\\
0 & 0 & 1 & 0 & 0 & 0 & -1 & 0\\
0 & 0 & 0 & 1 & 0 & 0 & 0 & -1
\end{pmatrix}
\begin{pmatrix}
\begin{pmatrix}
1 & 0 & 1 & 0\\
0 & 1 & 0 & 1\\
1 & 0 & -1 & 0\\
0 & 1 & 0 & -1
\end{pmatrix} & \underline{0}\\[2ex]
\underline{0} & \begin{pmatrix}
1 & 0 & 1 & 0\\
0 & 1 & 0 & 1\\
1 & 0 & -1 & 0\\
0 & 1 & 0 & -1
\end{pmatrix}
\end{pmatrix}
\begin{pmatrix}
\begin{pmatrix}
1 & 1 & 0 & 0\\
1 & -1 & 0 & 0\\
0 & 0 & 1 & 1\\
0 & 0 & 1 & -1
\end{pmatrix} & \underline{0}\\[2ex]
\underline{0} & \begin{pmatrix}
1 & 1 & 0 & 0\\
1 & -1 & 0 & 0\\
0 & 0 & 1 & 1\\
0 & 0 & 1 & -1
\end{pmatrix}
\end{pmatrix}
$$

$$
= \underline{W}^{(1)}\ \underline{W}^{(2)}\ \underline{W}^{(3)}. \tag{2.157a}
$$

Die Symmetrieeigenschaft der orthogonalen Transformationen kann ausgenutzt werden, um eine weitere Zerlegung zu erhalten. Wegen $\underline{W}_8 = \underline{W}_8^T$ und $\underline{W}^{(\nu)} = (\underline{W}^{(\nu)})^T$ können die Matrizen $W^{(\nu)}$ umgeordnet werden; denn es gilt

$$
\begin{aligned}
\underline{W}_8 &= \left(\underline{W}^{(1)}\ \underline{W}^{(2)}\ \underline{W}^{(3)\ T} \right)\\
&= \underline{W}^{(3)}\ \underline{W}^{(2)}\ \underline{W}^{(1)}.
\end{aligned} \tag{2.157b}
$$

Diesen beiden Produktzerlegungen entsprechen die beiden Grundstrukturen im Bild 2.35 mit den Zerlegungen

$$
\underline{T}_{W,8} = \underline{P}^T\ \underline{W}^{(1)}\ \underline{W}^{(2)}\ \underline{W}^{(3)} \quad \text{mit} \quad \underline{P}^{-1} = P^T
$$

und

$$
\underline{T}_{W,8} = \underline{W}^{(3)}\ \underline{W}^{(2)}\ \underline{W}^{(1)}\ \underline{P}.
$$

Die Struktur nach 2.157a führt auf eine Entkopplung in den Eingangsstufen und nach 2.157b auf eine Entkopplung in den Ausgangsstufen.

Wegen $\underline{P}^T \underline{W}_8 = \underline{W}_8 \underline{P}$ ist es gleichgültig, ob ein Vertauschen der Ausgangsgrößen oder Eingangsgrößen durchgeführt wird. Ferner ist aus der Struktur der Matrizen $\underline{W}^{(\nu)}$ zu erkennen, daß sie durch Vertauschen von Zeilen und Spalten

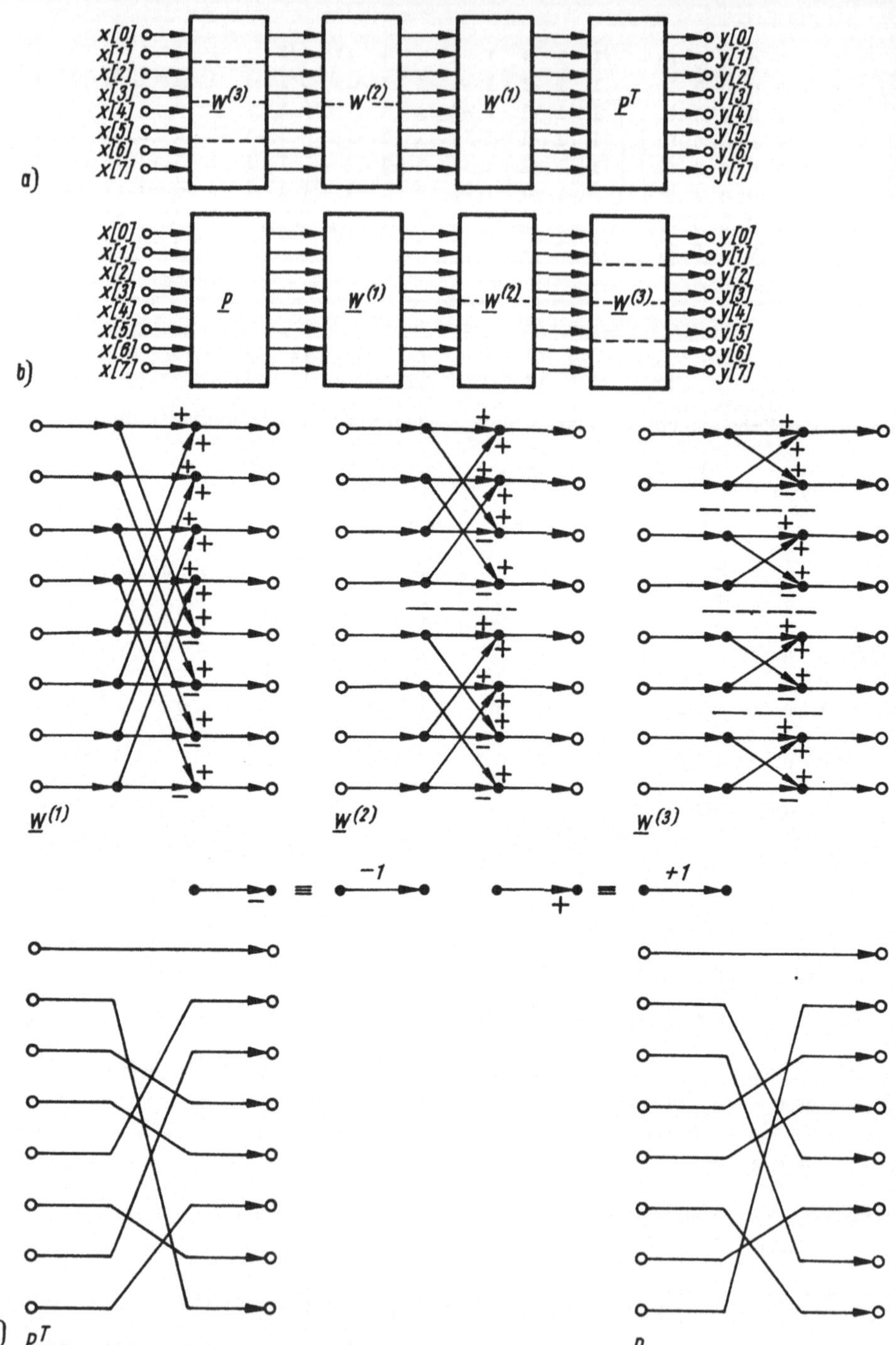

Bild 2.35. Entkoppelte Strukturen für die Walsh-Transformationsmatrix $\underline{T}_{W\,8}$
a) eingangsentkoppelte Struktur (DI-Struktur); b) ausgangsentkoppelte Struktur
(DO-Struktur); c) Signalflußpläne der Teilsysteme

ineinander überführbar sind. Die Umformung der Matrizen $\underline{W}^{(\nu)}$ kann daher so vorgenommen werden, daß alle Matrizen die gleiche Struktur haben. Folglich ist $\underline{W}_8$ zerlegbar in

$$\underline{W}_8 = (\underline{W})^3.$$

Aufgrund der Symmetrieeigenschaften von $\underline{\dot{W}}_8$ ist auch eine Struktur mit

$$\underline{W}_8 = (\underline{W}^T)^3$$

möglich. Damit erhält man unter Berücksichtigung von

$$\underline{T}_{W,8} = \underline{P}^T \underline{W}_8 = \underline{W}_8 \underline{P}$$

die äquivalenten Darstellungen

$$\underline{T}_{W,8} = \underline{P}^T (\underline{W})^3$$

$$\underline{T}_{W,8} = \underline{P}^T (\underline{W}^T)^3$$

$$\underline{T}_{W,8} = (\underline{W})^3 \underline{P}$$

$$\underline{T}_{W,8} = (\underline{W}^T)^3 \underline{P}$$

$$\text{mit } \underline{W} = \begin{pmatrix} 1 & 0 & 0 & 0 & 1 & 0 & 0 & 0 \\ 1 & 0 & 0 & 0 & -1 & 0 & 0 & 0 \\ 0 & 1 & 0 & 0 & 0 & 1 & 0 & 0 \\ 0 & 1 & 0 & 0 & 0 & -1 & 0 & 0 \\ 0 & 0 & 1 & 0 & 0 & 0 & 1 & 0 \\ 0 & 0 & 1 & 0 & 0 & 0 & -1 & 0 \\ 0 & 0 & 0 & 1 & 0 & 0 & 0 & 1 \\ 0 & 0 & 0 & 1 & 0 & 0 & 0 & -1 \end{pmatrix},$$

die den Strukturen im Bild 2.36 entsprechen.

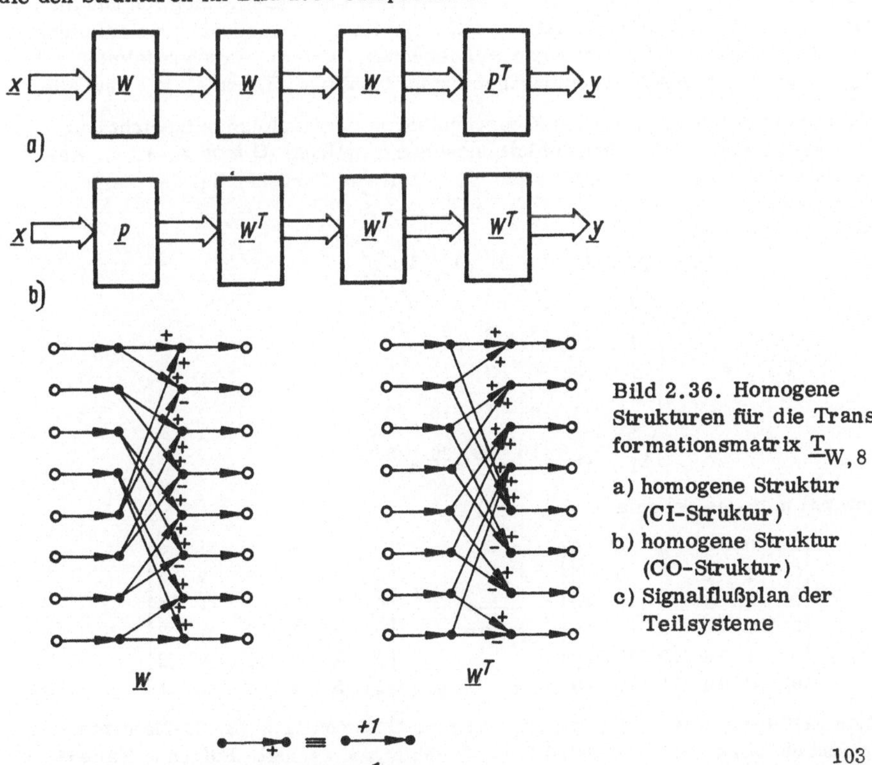

Bild 2.36. Homogene Strukturen für die Transformationsmatrix $\underline{T}_{W,8}$

a) homogene Struktur (CI-Struktur)

b) homogene Struktur (CO-Struktur)

c) Signalflußplan der Teilsysteme

103

Für den allgemeinen Fall ergeben sich für die Matrix $\underline{W}_K$ in

$$\underline{T}_{W,K} = \underline{P}^T \, \underline{W}_K = \underline{W}_K \, \underline{P} \tag{2.158}$$

die Zerlegungsvarianten

1. $\quad \underline{W}_K = \underline{W}^{(1)} \, \underline{W}^{(2)} \, \ldots \, \underline{W}^{(N)}$ $\hfill (2.159a)$

2. $\quad \underline{W}_K = \underline{W}^{(N)} \, \underline{W}^{(N-1)} \, \ldots \, \underline{W}^{(1)}$ $\hfill (2.159b)$

mit

$$\underline{W}^{(\nu)} = \left(\underline{I}_\alpha \times \begin{pmatrix} \underline{I}_\beta & \underline{I}_\beta \\ \underline{I}_\beta & -\underline{I}_\beta \end{pmatrix} \right) \qquad \alpha = 2^{\nu-1}, \quad \beta = 2^{N-\nu}$$

3. $\quad \underline{W}_K = (\underline{W})^N$ $\hfill (2.160a)$

4. $\quad \underline{W}_K = (\underline{W}^T)^N$ $\hfill (2.160b)$

mit $\quad \underline{y}^{(\nu)} = \underline{W} \, \underline{x}^{(\nu)} \quad \underline{x}^{(0)} = \underline{x}, \ \underline{x}^{(\nu+1)} = \underline{y}^{(\nu)}, \ \underline{y} = \underline{y}^{(N)}$

$$
\left.
\begin{aligned}
y^{(\nu)}_{2\varkappa} &= x^{(\nu)}_\varkappa + x^{(\nu)}_{\varkappa+K/2} \\[1em]
y^{(\nu)}_{2\varkappa+1} &= x^{(\nu)}_\varkappa - x^{(\nu)}_{\varkappa+K/2}
\end{aligned}
\right\}
\quad
\begin{aligned}
&\varkappa = 0, 1, 2, \ldots, \frac{K}{2} - 1 \\[1em]
&\nu = 1, 2, \ldots, N.
\end{aligned}
\tag{2.161}
$$

Ähnliche Zerlegungsvarianten sollen im folgenden für die Exponentialtransformation für beliebige Transformationslängen K entwickelt werden. Zerlegungen sind jedoch nur für faktorisierbare Transformationslängen K möglich und nicht für prime. Dabei wird der Faktor p mit $K/p = m$ als Zerlegungsgrad definiert. Um die notwendigen Umordnungen zu übersehen, wird die Exponentialmatrix $\underline{T}_{E,K}$ nur durch das Exponentenschema repräsentiert. Wegen $a^K = 1$ sind alle Exponentenrechnungen modulo K durchzuführen. Demzufolge entspricht das Exponentenschema dem Multiplikationsschema im Ring $(G \bmod K, +, \cdot)$. Anhand der Exponentialtransformation $\underline{T}_{E,6}$ soll das Vorgehen bei der Zerlegung demonstriert werden.

Aus der Matrix

$$
\underline{T}_{E,6} =
\begin{pmatrix}
1 & 1 & 1 & 1 & 1 & 1 \\
1 & a & a^2 & a^3 & a^4 & a^5 \\
1 & a^2 & a^4 & a^6 & a^8 & a^{10} \\
1 & a^3 & a^6 & a^9 & a^{12} & a^{15} \\
1 & a^4 & a^8 & a^{12} & a^{16} & a^{20} \\
1 & a^5 & a^{10} & a^{15} & a^{20} & a^{25}
\end{pmatrix}
$$

gewinnt man das Schema

$$
\begin{vmatrix}
0 & 0 & 0 & 0 & 0 & 0 \\
0 & 1 & 2 & 3 & 4 & 5 \\
0 & 2 & 4 & 6 & 8 & 10 \\
0 & 3 & 6 & 9 & 12 & 15 \\
0 & 4 & 8 & 12 & 16 & 20 \\
0 & 5 & 10 & 15 & 20 & 25
\end{vmatrix}
\quad \xrightarrow{\bmod 6} \quad
\begin{vmatrix}
0 & 0 & 0 & 0 & 0 & 0 \\
0 & 1 & 2 & 3 & 4 & 5 \\
0 & 2 & 4 & 0 & 2 & 4 \\
0 & 3 & 0 & 3 & 0 & 3 \\
0 & 4 & 2 & 0 & 4 & 2 \\
0 & 5 & 4 & 3 & 2 & 1
\end{vmatrix} \; .
$$

Eine Zerlegung mit $p = 2$ bedeutet, daß eine Umformung in (3, 3)-Matrizen angestrebt wird. Bei $p = 3$ wird in (2, 2)-Matrizen zerlegt. Folgende Zeilenumordnungen und Exponentenzerlegungen werden vorgenommen:

```
000000
012345
024124        P = 2
030303
042042        P = 3
054321
```

P = 2:

0	0	0	0	0	0
0	2	4	0	2	4
0	4	2	0	4	2
0	1	2	3	4	5
0	3	0	3	0	3
0	5	4	3	2	1

0	0	0	0	0	0
0	2	4	0	2	4
0	4	2	0	4	2
0	0+1	0+2	3	0+3+1	0+3+2
0	2+1	4+2	3	2+3+1	4+3+2
0	4+1	2+2	3	4+3+1	2+3+2

P = 3:

0	0	0	0	0	0
0	3	0	3	0	3
0	1	2	3	4	5
0	4	2	0	4	2
0	2	4	0	2	4
0	5	4	3	2	1

0	0	0	0	0	0
0	3	0	3	0	3
0	1	2	2+1	4	4+1
0	3+1	2	2+3+1	4	4+3+1
0	2	4	4+2	8	8+2
0	3+2	4	4+3+2	8	8+3+2

Da eine Exponentenzerlegung gleichbedeutend einer Faktorisierung ist, entsprechen die entwickelten Exponentenschemata den Matrizen

$$p = 2:\quad \underline{P}\,\underline{T}_{E,6} = \begin{pmatrix} \underline{E}_{3/2} & \underline{E}_{3/2} \\ \underline{E}_{3/2}\underline{D}_3 & a^3\underline{E}_{3/2}\underline{P}_3 \end{pmatrix} = \begin{pmatrix} \underline{E}_{3/2} & 0 \\ 0 & \underline{E}_{3/2} \end{pmatrix}\begin{pmatrix} \underline{I} & \underline{0} \\ \underline{0} & \underline{D}_3 \end{pmatrix}\begin{pmatrix} \underline{I} & \underline{I} \\ \underline{I} & a^3\underline{I} \end{pmatrix}$$

$$= (\underline{I}_2 \times \underline{E}_{3/2})\begin{pmatrix} \underline{I} & 0 \\ \underline{0} & \underline{D}_3 \end{pmatrix}(\underline{E}_{2/3} \times \underline{I}_3)$$

$$\underline{D}_3 = \begin{pmatrix} 1 & 0 & 0 \\ 0 & a & 0 \\ 0 & 0 & a^2 \end{pmatrix} \qquad \underline{E}_{3/2} = \begin{pmatrix} 1 & 1 & 1 \\ 1 & a^2 & a^4 \\ 1 & a^4 & a^2 \end{pmatrix}$$

$$p = 3:\quad \underline{P}\,\underline{T}_{E,6} = \begin{pmatrix} \underline{E}_{2/3} & \underline{E}_{2/3} & \underline{E}_{2/3} \\ \underline{E}_{2/3}\underline{D}_2 & a^2\underline{E}_{2/3}\underline{D}_2 & a^4\underline{E}_{2/3}\underline{D}_2 \\ \underline{E}_{2/3}\underline{D}_2^2 & a^4\underline{E}_{2/3}\underline{D}_2^2 & a^2\underline{E}_{2/3}\underline{D}_2^2 \end{pmatrix}$$

$$= \begin{pmatrix} \underline{E}_{2/3} & \underline{0} & \underline{0} \\ \underline{0} & \underline{E}_{2/3} & \underline{0} \\ \underline{0} & \underline{0} & \underline{E}_{2/3} \end{pmatrix}\begin{pmatrix} \underline{I}_2 & \underline{0} & \underline{0} \\ \underline{0} & \underline{D}_2 & \underline{0} \\ \underline{0} & \underline{0} & \underline{D}_2^2 \end{pmatrix}\begin{pmatrix} \underline{I} & \underline{I}_2 & \underline{I}_2 \\ \underline{I}_2 & a^2\underline{I}_2 & a^4\underline{I}_2 \\ \underline{I}_2 & a^4\underline{I}_2 & a^2\underline{I}_2 \end{pmatrix}$$

$$= (\underline{I}_3 \times \underline{E}_{2/3})\,\underline{\mathrm{Diag}}(\underline{I},\underline{D}_2,\underline{D}_2^2)\,(\underline{E}_{3/2} \times \underline{I}_3)$$

mit

$$\underline{D}_2 = \begin{pmatrix} 1 & 0 \\ 0 & a \end{pmatrix} \qquad \underline{E}_{2/3} = \begin{pmatrix} 1 & 1 \\ 1 & a^3 \end{pmatrix}.$$

Für beliebige faktorisierbare Transformationslängen $K = p \cdot m$ kann man die Gültigkeit der Zerlegung

$$\underline{T}_{E,K} = \underline{P}^T(\underline{I}_p \times \underline{E}_{m/p})(\underline{\mathrm{Diag}}(\underline{I}_m,\underline{D}_m,\ldots,\underline{D}_m^{p-1}))(\underline{E}_{p/m} \times \underline{I}_m) \qquad (2.162)$$

mit

$$\underline{D}_m = \underline{Diag}(1, a, \ldots, a^{m-1})$$

$$\underline{E}_{\nu/\mu} = \begin{pmatrix} 1 & 1 & \ldots & 1 \\ 1 & \alpha & \ldots & \alpha^{\nu-1} \\ \vdots & & & \\ 1 & \alpha^{\nu-1} & \ldots & \alpha^{(\nu-1)^2} \end{pmatrix} \qquad \alpha = a^\mu$$

beweisen. Diese Darstellung der Transformationsmatrix stellt eine Reihen-schaltung mehr oder weniger entkoppelter Teilsysteme dar (Bild 2.37). Abge-sehen von der Signalvertauschung innerhalb des Ausgangssignals $\underline{y}$ des Trans-formationssystems $\underline{y} = \underline{T}_{E,K}\,\underline{x}$, zerfällt das ausgangsseitige Teilsystem

$$\underline{y}^{(3)} = (\underline{I}_p \times \underline{E}_{m/p})\,\underline{x}^{(3)} \text{ mit } \underline{y} = \underline{P}^T\,x^{(4)}$$

$$\underline{x}^{(4)} = \underline{y}^{(3)}, \; \underline{x}^{(3)} = \underline{y}^{(2)}$$

in p-Systeme der Transformationslänge m. Die anderen Teilsysteme genügen der Beziehung

$$\underline{y}^{(1)} = (\underline{E}_{p/m} \times \underline{I}_m)\underline{x}^{(1)} \quad \text{mit} \quad \underline{x}^{(1)} = \underline{x}$$

und

$$\underline{y}^{(2)} = \underline{Diag}(\underline{I}_m, \underline{D}_m, \ldots, \underline{D}_m^{p-1})\,\underline{x}^{(2)} \text{ mit } \underline{x}^{(2)} = \underline{y}^{(1)}.$$

Da die Reduktion des Systemgrades am Ausgang auftritt, soll die Struktur als DO-Struktur bezeichnet werden. Im Fall der diskreten Fouriertransformation wird diese Struktur, da der Ausgangsvektor die Frequenzanteile angibt, DIF-Struktur (decimation in frequency) genannt. Für Transformationslängen $K = 2^N$ vereinfacht sich für diese Struktur wegen $a^{N/2} = -1$ die Zerlegung folgender-maßen:

$$\underline{T}_{E,K} = \underline{P}^T(\underline{I}_2 \times \underline{E}_{m,2})\,(\underline{Diag}(\underline{I}_m, \underline{D}_m))\left(\begin{pmatrix} 1 & 1 \\ 1 & -1 \end{pmatrix}\right) \times \underline{I}_m \quad \text{mit } m = 2^{N-1} \quad (2.163)$$

Transformationen mit $K = 2^N$ werden als <u>schnelle</u> Transformationen bezeichnet, z.B. schnelle diskrete Fouriertransformation FFT (<u>f</u>ast <u>f</u>ourier <u>t</u>ransform).

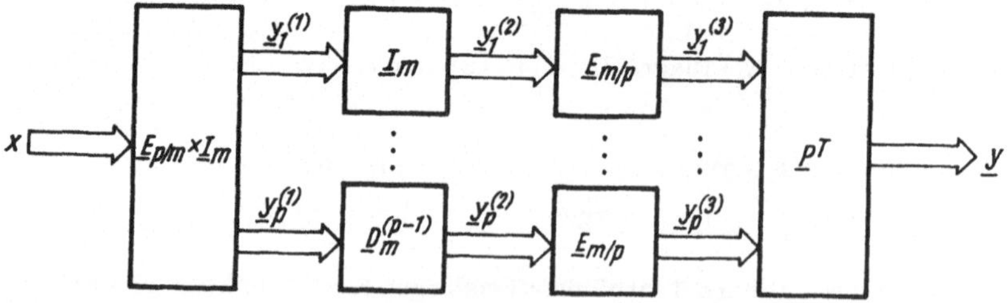

Bild 2.37. DO-Struktur für die Exponentialtransformation
$$\underline{y}^{(\nu)} = \left(\underline{y}_1^{(\nu)}, \ldots, \underline{y}_p^{(\nu)}\right)^T \qquad \nu = 1, 2, 3$$

Wegen der Symmetrieeigenschaften $\underline{T}_{E,K} = \underline{T}_{E,K}^{T}$ der Exponentialmatrix und der Eigenschaft des Kroneckerprodukts (s. Anhang 8) läßt sich aus (2.162) die Zerlegung

$$\underline{T}_{E,K} = (\underline{E}_{p/m} \times \underline{I}_m)(\text{Diag}\,(\underline{I}_m,\ \underline{D}_m,\ \ldots,\ \underline{D}_m^{p-1}))\,(\underline{I}_p \times \underline{E}_{m/p})\,\underline{P}$$

$$E_{\nu/\mu} = \underline{E}_{\nu/\mu}^{T} \qquad\qquad (2.164$$

gewinnen. Diese Struktur wird als DI-Struktur bezeichnet und im Fall der DFT als DIT (decimation in time), da eine eingangsseitige Blockbildung vorliegt. Im Bild 2.38 ist diese Struktur für beliebige p dargestellt.

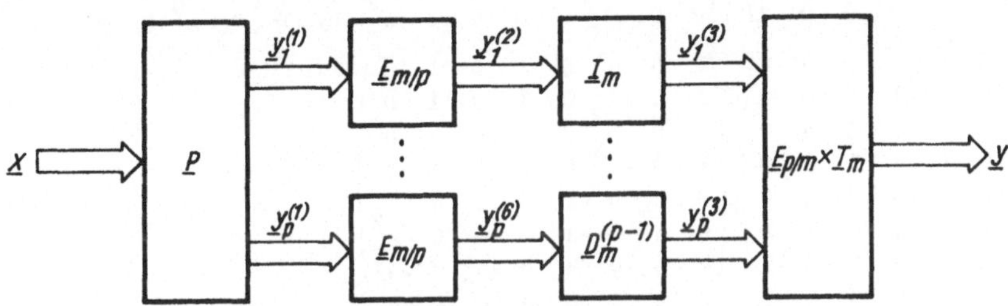

Bild 2.38. DI-Struktur für die Exponentialtransformation

$$\underline{y}^{(\nu)} = \left(\underline{y}_1^{(\nu)},\ \ldots,\ \underline{y}_p^{(\nu)}\right)^{T},\qquad \nu = 1,\ 2,\ 3$$

Vergleichende Betrachtungen mit der diskreten Walsh-Transformationsmatrix in homogener Zerlegung lassen erkennen, daß auch für die Exponentialtransformationen der Transformationslänge $K = p^N$ und insbesondere $K = 2^N$ eine homogene Zerlegung möglich erscheint. Über einen allgemeinen Ansatz, ähnlich zu Gl. (2.161), erhält man

$$\underline{T}_{E,K} = \underline{P}^{T}\,\underline{E}^{(N)}\,\ldots\,\underline{E}^{(2)}\,\underline{E}^{(1)} \qquad\qquad (2.165a)$$

oder

$$\underline{T}_{E,K} = (\underline{E}^{(1)})^{T}\,(\underline{E}^{(2)})^{T}\,\ldots\,(\underline{E}^{(N)})^{T}\,\underline{P} \qquad\qquad (2.165b)$$

mit

$$\underline{y}^{(\nu)} = \underline{E}^{(\nu)}\,\underline{x}^{(\nu)}\qquad \underline{x}^{(0)} = \underline{x},\ \underline{x}^{(\nu+1)} = \underline{y}^{(\nu)},\ \ y = y^{(N)}$$

$$y_{2\varkappa}^{(\nu)} = x_\varkappa^{(\nu)} + x_{\varkappa+K/2}^{(\nu)} \qquad\qquad \varkappa = 0,\ 1,\ 2,\ \ldots,\ \frac{K}{2} - 1$$

$$y_{2\varkappa+1}^{(\nu)} = (x_\varkappa^{(\nu)} - x_{\varkappa+K/2}^{(\nu)})\,a^{\left[\varkappa 2^{-\nu+1}\right]} \qquad \begin{array}{l} \nu = 1,\ 2,\ \ldots,\ N; \\ [\varepsilon]\ \text{größte ganze Zahl mit } [\varepsilon] \leqq \varepsilon. \end{array}$$

Die Struktur der Matrix $\underline{E}^{(\nu)}$ stimmt mit der von $\underline{W}$ überein. In jedem Iterationsschritt sind nur wenige Elemente von $\underline{E}$ an ein und derselben Stelle der Matrix zu ändern. Die Strukturen sind im Bild 2.39 dargestellt.

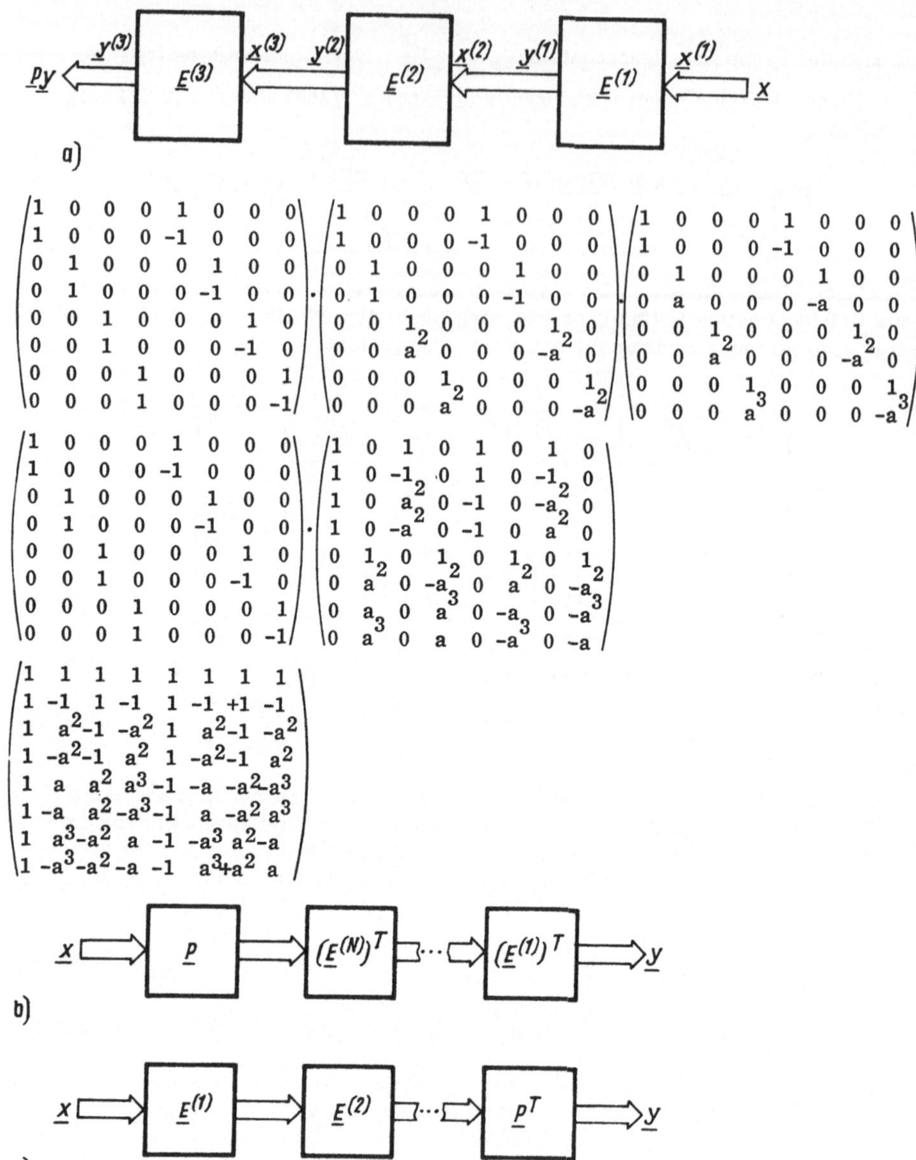

Bild 2.39. Homogene Strukturen für die Exponentialtransformation
a) homogene Zerlegung für $\underline{PT}_{E,8}$
b) homogene Struktur (CO-Struktur)
c) homogene Struktur (CI-Struktur)

2.2.4. Lineare mehrdimensionale Transformationssysteme

Ein mehrdimensionales Transformationssystem vermittelt eine lineare Abbildung

$$y_{(K_1, \ldots, K_n)} = T\,(x_{(K_1, \ldots, K_n)})$$

zwischen dem endlichen mehrdimensionalen Eingangssignal $x_{(K_1, \ldots, K_n)}$ und dem endlichen mehrdimensionalen Ausgangssignal $y_{(K_1, \ldots, K_n)}$. Dabei sind insbesondere die Transformationssysteme von Interesse, deren Basissignale in eindimensionale orthogonale Basissignale zerfällbar sind.

Anhand der Exponentialtransformation soll dies kurz dargestellt werden.

Für den zweidimensionalen Fall ist die Exponentialtransformation

$$y_{(K_1, K_2)} = T_{E,(K_1, K_2)}\,(x_{(K_1, K_2)}) \quad \text{mit}$$

$$x_{(K_1, K_2)} = \sum_{\varkappa_1=0}^{K_1-1} \sum_{\varkappa_2=0}^{K_2-1} \widetilde{C}\; y[\varkappa_1, \varkappa_2]\; e_{(K_1, K_2),\,(\varkappa_1, +\varkappa_2)} \tag{2.166}$$

eine Zerlegung des Eingangssignals in verallgemeinerte Exponentialsignale

$$e_{(K_1, K_2),\,(\varkappa_1, \varkappa_2)} = \ll 1,\, a_1^{-\varkappa_1},\, a_1^{-2\varkappa_1},\, \ldots,\, a_1^{-(K_1-1)\varkappa_1} \gg . \tag{2.167}$$

$$< 1,\, a_2^{-\varkappa_2},\, a_2^{-2\varkappa_2},\, \ldots,\, a_2^{-(K_2-1)\varkappa_2} >$$

über dem Ring $(G \bmod m, +, \cdot)$ als Basissignale.

Die Berechnung des inneren Produkts

$$e_{(K_1, K_2)'}\,(v_1, v_2) \circledast e_{(K_1, K_2)},\,(-\mu_1, -\mu_2)$$

$$= \left(\sum_{\varkappa_1=0}^{K_1-1} (a_1^{-\mu_1+v_1})^{\varkappa_1} \right) \left(\sum_{\varkappa_2=0}^{K_2-1} (a_2^{-\mu_2+v_2})^{\varkappa_2} \right) \tag{2.168}$$

läßt erkennen, daß die zweidimensionalen Basissignale genau dann orthogonal sind, wenn die zerfällten Signale $< 1, a_1^{-\varkappa_1}, a_1^{-2\varkappa_1}, \ldots, a_1^{-(K_1-1)\varkappa_1} >$ und $< 1, a_2^{-\varkappa_2}, a_2^{-2\varkappa_2}, \ldots, a_2^{-(K_2-1)\varkappa_2} >$ orthogonal sind. Folglich müssen K_1 und K_2 die Teilbarkeitseigenschaften (2.145) erfüllen und somit auch das Produkt $K_1 \cdot K_2$. Da die Gleichung

$$(K_1 \cdot K_2) \cdot \widetilde{C} = 1 \tag{2.169}$$

zur Bestimmung der Konstanten $\widetilde{C}$ im Ring $(G \bmod m, +, \cdot)$ nur für $\mathrm{ggT}(K_1 \cdot K_2, m) = 1$ eine Lösung hat, vereinfacht sich wiederum die Gleichung für die Teilbarkeitseigenschaften. Man erhält eine zu (2.149) analoge Beziehung

$$K_1 \cdot K_2 \mid (p_\nu - 1) \qquad \nu = 1, \ldots, n. \tag{2.170}$$

Ferner müssen die Elemente a_1, $a_2 \in G$ mod m den Teilbarkeitsbedingungen genügen. Man kann damit folgenden Satz formulieren:

Eine orthogonale Exponentialtransformation $y_{(K_1, K_2)} = \underline{T}_{E, (K_1, K_2)}$

der Längen K_1 und K_2 mit den erzeugenden Elementen a_1 und a_2 im Ring

(G mod m, +, $\cdot$) existiert dann und nur dann, wenn $K_1 \cdot K_2$ den Teilbarkeitsbedingungen

$$K_1 \cdot K_2 \mid (p_\nu - 1) \qquad \nu = 1, \ldots, n$$

mit

$$m = \prod_{\nu=1}^{n} p_\nu^{\varepsilon_\nu}$$

genügt und die Elemente a_1 bzw. $a_2 \in G$ mod m der Ordnung K_1 bzw. K_2 die Eigenschaften

$$\mathrm{ggT}(a_1^{\varkappa_1} - 1, \, m) = 1 \qquad \varkappa_1 = 1, \ldots, K_1 - 1$$

und

$$\mathrm{ggT}(a_2^{\varkappa_2} - 1, \, m) = 1 \qquad \varkappa_2 = 1, \ldots, K_2 - 1$$

besitzen.

Ohne Schwierigkeiten lassen sich diese Gedanken auf mehr als zwei Dimensionen erweitern.

2.2.5. Nichtlineare eindimensionale Transformationssysteme

Eine Überführung der schnellen Transformationsstrukturen des linearen Falles in den nichtlinearen Fall ist von Burkhardt / 2.40 / untersucht worden. Auf diese Klasse von nichtlinearen Transformationssystemen beziehen sich die nachfolgenden kurzen Darlegungen. Das nichtlineare Transformationssystem $y_K = T(x_K)$ ergibt sich durch Verallgemeinerung der Beziehung (2.161)

$$\underline{y}^{(\nu)} = \underline{W}\,\underline{x}^{(\nu)}$$

zu

$$\underline{y}_{2\varkappa}^{(\nu)} = f_{(+)} \, (x_\varkappa^{(\nu)}, \, x_{\varkappa+K/2}^{(\nu)}) \qquad \nu = 1, 2, \ldots, N{-}1, N$$

$$\underline{y}_{2\varkappa+1}^{(\nu)} = f_{(-)} \, (x_\varkappa^{(\nu)}, \, x_{\varkappa+K/2}^{(\nu)}) \qquad \varkappa = 0, 1, \ldots, \frac{K}{2} - 1 \tag{2.171}$$

$$\underline{x}^{(0)} = \underline{x} \qquad \underline{x}^{(\nu+1)} = \underline{y}^{(\nu)} \qquad \underline{y} = y^{(N)}.$$

Für $f_{(+)}(x,u) = x+u$ und $f_{(-)}(x,u) = x-u$ ist es eine lineare Transformation. Es ist die diskrete Walsh-Transformation. Nichtlineare Funktionen der Form

RT $\qquad f_{(+)}(x,u) = x+u \qquad\qquad f_{(-)}(x,u) = |x-u|$ $\qquad\qquad$ (2.172a)

(rapid transform)

BT $\qquad f_{(+)}(x,u) = \bigwedge_i x_i \qquad\qquad f_{(-)}(x,u) = \bigvee_i y_i$ mit der Zahlen- $\qquad$ (2.172b)

(binary transform)
$$\text{darstellung}$$
$$x = \sum_i x_i 2^i$$
$$u = \sum_i u_i 2^i \qquad x_i, u_i \in \{0, 1\}$$

QT $\qquad f_{(+)}(x,u) = x+u \qquad\qquad f_{(-)}(x,u) = (x-u)^2$ $\qquad\qquad$ (2.172c)

sind in /2.40/ und /2.45/ ausführlich untersucht worden. Die Systemstrukturen für (2.166) ergeben sich bei kommutativen Operatoren $f_{(+)}$ und $f_{(-)}$ ebenfalls durch Verallgemeinerung der Strukturen für die Exponentialtransformationen (Bild 2.40).

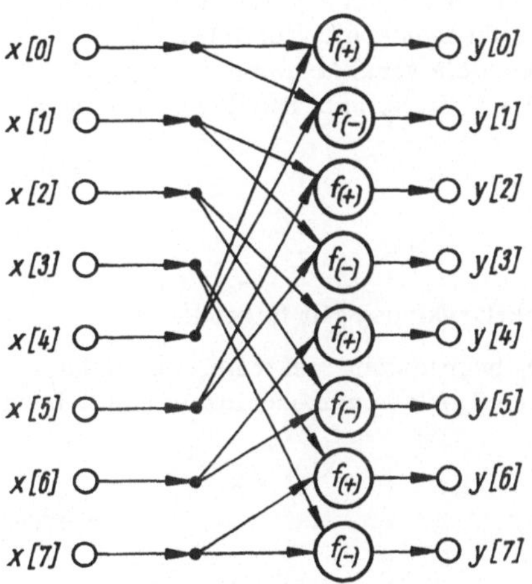

Bild 2.40. Homogenes Teilsystem der nichtlinearen Transformation mit $f_{(+)}$ und $f_{(-)}$

2.3. Signalwandlungen

Die Verarbeitung kontinuierlicher Signale durch diskrete Systeme erfordert einerseits die Abtastung des kontinuierlichen Signals und andererseits die Rekonstruktion des kontinuierlichen Signals aus den Abtastwerten. Darüber hinaus sind bei digitaler Verarbeitung der Abtastwerte noch eine Analog-Digital-Wandlung und eine Digital-Analog-Wandlung notwendig. Im folgenden wird auf die grundlegenden Gesetzmäßigkeiten der Rekonstruktion und Abtastung eingegangen.

2.3.1. Abtastung

Zur vollständigen Reproduktion eines beliebigen kontinuierlichen Verlaufes einer physikalischen Größe reicht die Kenntnis der Funktionswerte an äquidistanten Zeit- oder Raumpunkten nicht aus, wenn die Klasse der zu betrachtenden konti-

nuierlichen Signale nicht eingeschränkt wird. Deshalb beschränkt man sich auf
die Klasse der Funktionen $\tilde{x}(t)$ über dem Körper der reellen Zahlen, die über
die ganze komplexe Ebene $\vartheta = t + j\tau$ als ganze Funktion mit einem Grad ω_g ana-
lytisch fortgesetzt werden kann. Als ganze Funktion /2.12/ wird eine analytische Funktion einer komplexen Veränderlichen bezeichnet, wenn sie durch eine
überall konvergente Potenzreihe $\tilde{x}(\vartheta) = c_0 + c_1 \vartheta + c_2 \vartheta^2 + \ldots$ darstellbar ist.
Sie ist eine ganze Funktion mit dem endlichen Grad ω_g, wenn

$$\max_{|\vartheta| = r} |\tilde{x}(\vartheta)| < e^{\omega_g r} \tag{2.173}$$

gilt. Nach dem Satz von Wiener-Paley-Schwartz /2.12/ ist für eine ganze Funktion $\tilde{x}(\vartheta)$ mit einem Grad ω_g die Fouriertransformierte

$$F\{\tilde{x}(t)\} = \int_{-\infty}^{\infty} \tilde{x}(t)\, e^{-j\omega t}\, dt, \tag{2.174}$$

verstanden im verallgemeinerten Sinne, außerhalb des Gebietes $|\omega| \leqq \omega_g$ iden-
tisch 0. Bei der betrachteten Funktionsklasse handelt es sich somit um Funk-
tionen $\tilde{x}(t)$ mit auf $-\omega_g \leqq \omega \leqq \omega_g$ begrenztem Spektrum $F\{x(t)\}$. Eingeschlossen
in diese Funktionsklasse sind auch die periodischen kontinuierlichen Signale
$\sin \omega_0 t$ bzw. $\cos \omega_0 t$ mit $\omega_0 < \omega_g$. Sie haben die verallgemeinerten Funktionen
$-j\pi(\delta(\omega-\omega_0) - \delta(\omega+\omega_0))$ bzw. $\pi(\delta(\omega-\omega_0) + \delta(\omega+\omega_0))$ als Spektrum, wie durch
die Fourierrücktransformation

$$\tilde{x}(t) = \frac{1}{2\pi} \int_{-\infty}^{\infty} F\{\tilde{x}(t)\}\, e^{j\omega t}\, d\omega \tag{2.175}$$

unschwer nachzuweisen ist. Für diese Funktionsklasse gilt folgender Satz:

Es sei $\tilde{x}(t)$ eine Funktion mit auf $|\omega| \leqq \omega_0$ begrenztem Spektrum, wobei durch
verallgemeinerte Funktionen darstellbare Spektren eingeschlossen sind. Dann
kann $\tilde{x}(t)$ in eine Reihe der Form

$$\tilde{x}(t) = \sum_{k=-\infty}^{\infty} \tilde{x}[k]\, \varphi_\infty(t - k\Delta t) \tag{2.176a}$$

mit

$$2\pi \frac{1}{2\Delta t} = \omega_T > \omega_g$$

und

$$\varphi_\infty(t) = \frac{\sin \omega_T t}{\omega_T t} \tag{2.176b}$$

entwickelt werden, die in jedem endlichen Intervall konvergiert.

Dieser Satz wird als <u>Abtasttheorem</u> oder Satz von <u>Kotelnikov</u> bezeichnet. Der
ausführliche Beweis ist in /2.12/ zu finden, so daß es im folgenden nur auf
eine Erläuterung ankommt. Die Fouriertransformation von (2.176a) liefert
nach einigen Umformungen

$$F\{\widetilde{x}(t)\} = \left(\sum_{k=-\infty}^{\infty} \widetilde{x}(k\Delta t)\, e^{-j\omega k\Delta t} \right) \cdot F\{\varphi_\infty(t)\}$$

$$= F\{\widetilde{x}^{*}(t)\} \cdot F\{\varphi_\infty(t)\} \,,$$

wobei

$$\widetilde{x}^{*}(t) = \sum_{k=-\infty}^{\infty} \widetilde{x}(k\Delta t)\, \delta\,(t-k\,\Delta t)$$

die getastete Zeitfunktion ist und

$$F\{\varphi_\infty(t)\} = \begin{cases} \Delta t & |\omega| \leqq \omega_T \\ 0 & |\omega| > \omega_T \end{cases}$$

die Fouriertransformierte der Interpolationsfunktion $\varphi_\infty(t)$. Aus Gl. (2.177) ist zu entnehmen, daß $F\{\widetilde{x}^{*}(t)\}$ bis auf eine Konstante die periodische Fortsetzung von $F\{\widetilde{x}(t)\}$ mit der Periode $2\omega_T$ angibt. Dabei werden durch die Multiplikation mit $F\{\varphi_\infty(t)\}$ die periodischen Anteile weggeschnitten.

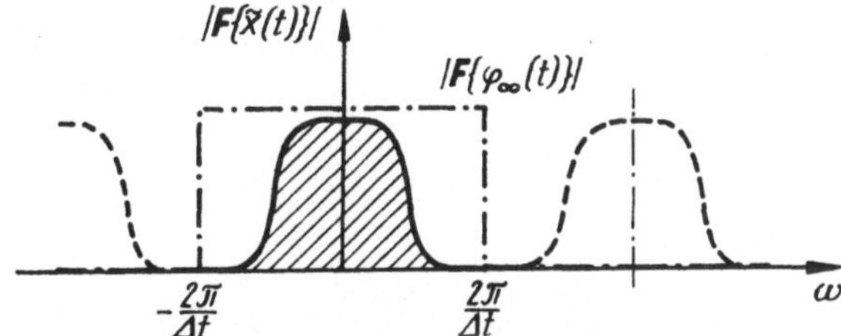

Bild 2.41. Spektren $\widetilde{X}(\omega)$ und $\Phi_\infty(\omega)$

Zur Berechnung von $F\{\widetilde{x}(t)\}$ und somit zur Reproduktion von $\widetilde{x}(t)$ genügt es, die Abtastwerte $\widetilde{x}[k]$ zu kennen, wobei die Abtastfrequenz $1/\Delta t$ größer sein muß als die doppelte Grenzfrequenz.
In der Regel haben die zu verarbeitenden Signale von Natur aus ein begrenztem Spektrum. Dazu gehören seismische und biologische Signale. Aber auch die verschiedenen technischen Einrichtungen, wie Mikrophone und Aufnehmer, liefern nur Signale mit begrenztem Spektrum. Wenn es notwendig sein sollte, das begrenzte Spektrum des zu verarbeitenden Signals auf eine vorgegebene Breite zu beschneiden, so kann dies schon durch eine diskrete Signalverarbeitung mit einer auf die natürliche Grenzfrequenz oder die eines einfachen Tiefpasses (TP) abgestimmten Taktfrequenz erfolgen (Bild 2.42).

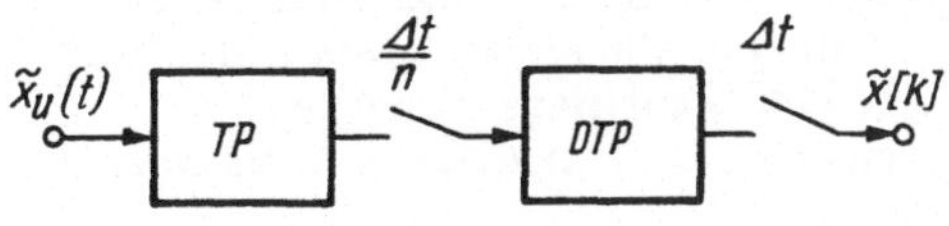

Bild 2.42. Bandbegrenzung TP analoger TP; DTP diskreter TP $\widetilde{x}_u(t)$ nichtspektralbegrenztes Eingangssignal; $\dfrac{1}{\Delta t}$ Abtastfrequenz

Der Begriff der spektralbegrenzten Funktionen kann auf mehrdimensionale Funktionen $\widetilde{x}(t_1, \ldots, t_n)$ verallgemeinert werden. Nach dem Satz von Wiener-Paley-Schwartz ist für eine mehrdimensionale ganze Funktion $\widetilde{x}(\vartheta_1, \ldots, \vartheta_n)$

mit einem Grad $\omega_{g1}, \ldots, \omega_{gn}$ die im verallgemeinerten Sinne verstandene Fouriertransformierte

$$F\left\{\widetilde{x}(t_1, \ldots, t_n)\right\} = \int\limits_{-\infty}^{\infty} \cdots \int\limits_{-\infty}^{\infty} \widetilde{x}(t_1, \ldots, t_n)\, e^{-j(\omega_1 t_1 + \ldots \omega_n t_n)}\, dt \ldots dt_n$$

(2.17

außerhalb des Gebietes $|\omega_1| \leqq \omega_{g1}, \ldots, |\omega_n| \leqq \omega_{gn}$ identisch 0. Für diese Funktionenklassen kann man folgendes Theorem formulieren:

Es sei $\widetilde{x}(t_1, \ldots, t_n)$ eine Funktion mit auf $\omega_1 \leqq \omega_{g1}, \ldots, |\omega_n| \leqq \omega_{gn}$ begrenztem Spektrum, wobei durch verallgemeinerte Funktionen darstellbare Spektren eingeschlossen sind. Dann kann $\widetilde{x}(t_1, \ldots, t_n)$ in eine Reihe der Form

$$\widetilde{x}(t_1, \ldots, t_n) = \sum_{k_1=-\infty}^{\infty} \cdots \sum_{k_n=-\infty}^{\infty} \widetilde{x}\left[k_1, \ldots, k_n\right]\, \varphi_{1\infty}(t_1 - k_1 \Delta t_1) \ldots \varphi_{n\infty}(t_n - k_n \Delta t_n)$$

(2.179a)

mit

$$2\pi \cdot \frac{1}{2\, \Delta t_1} = \omega_{T1} > \omega_{g1}$$

$$2\pi \cdot \frac{1}{2\, \Delta t_n} = \omega_{Tn} > \omega_{gn}$$

und

$$\varphi_{\nu\infty}(t_\nu) = \frac{\sin \omega_{T\nu}\, t_\nu}{T_\nu\, t_\nu} \qquad \nu = 1, \ldots, n \tag{2.179b}$$

entwickelt werden, die in jedem endlichen Intervall konvergiert.

Zur Erläuterung des Satzes wird die Fouriertransformierte von (2.179) gebildet. Unter Beachtung des Zerfällungstheorems der Fouriertransformation führt dies auf den Ausdruck

$$F\left\{\widetilde{x}(t_1, \ldots, t_n)\right\} = \left(\sum_{k_1=-\infty}^{\infty} \cdots \sum_{k_n=-\infty}^{\infty} \widetilde{x}\left[k_1, \ldots, k_n\right]\, e^{j(\omega_1 k_1 \Delta t_1 + \ldots + \omega_n k_n \Delta t_n)}\right)$$

$$\cdot F\left\{\varphi_{1\infty}(t_1)\right\} \cdot \ldots \cdot F\left\{\varphi_{n\infty}(t_n)\right\}. \tag{2.180}$$

Dabei dienen die Spektren $F\left\{\varphi_{\nu\infty}(t_\nu)\right\}$ wieder als Ausblendfunktion für die periodischen Anteile von $F\left\{x^*(t_1, \ldots, t_n)\right\}$. Falls die Abtastfrequenzen $1/\Delta t_\nu$ größer sind als die doppelten Grenzfrequenzen, reicht es zur Berechnung von $F\left\{\widetilde{x}(t_1, \ldots, t_n)\right\}$ und zur Reproduktion von $\widetilde{x}(t_1, \ldots, t_n)$ aus, die Abtastwerte zu kennen.

Die angeführten Sätze können noch auf den Fall stationärer stochastischer Prozesse erweitert werden. Als Spektrum des stationären stochastischen Prozesses $\widetilde{\xi}(t)$ wird die Fouriertransformierte des Erwartungswertes $E\left\{\widetilde{\xi}(t+\tau)\, \widetilde{\xi}(t)\right\} = s\,\widetilde{\xi}(\tau)$ bezeichnet:

114

$$F\left\{s_\xi(\tau)\right\} = \int_{-\infty}^{\infty} s_\xi(\tau)\, e^{-j\omega\tau}\, d\tau. \tag{2.181}$$

Für die Klasse der stochastischen Prozesse, die ein auf $|\omega| \lessgtr \omega_g$ begrenztes Spektrum haben, gilt folgender Satz:

Es sei $\widetilde{\xi}(t)$ ein stationärer stochastischer Prozeß mit auf $|\omega| \lessgtr \omega_g$ begrenztem Spektrum. Dann gilt

$$\widetilde{\xi}(t) = \sum_{k=-\infty}^{\infty} \widetilde{\xi}\, k\; \varphi_\infty(t - k\,\Delta t) \tag{2.182a}$$

mit

$$2\pi\,\frac{1}{2\,\Delta t} = \omega_T > \omega_g \tag{2.182b}$$

$$\varphi_\infty(t) = \frac{\sin \omega_T t}{\omega_T t}.$$

Dieser Satz ist in /2.14/ und /2.16/ ausführlich bewiesen.
Für $E\left\{\widetilde{\xi}(t+\tau)\,\widetilde{\xi}(t)\right\}$ erhält man

$$s_{\widetilde{\xi}}(\tau) = \sum_{k=-\infty}^{\infty} s_{\widetilde{\xi}}(k\,\Delta t)\; \varphi_\infty(\tau - k\,\Delta t). \tag{2.183}$$

Folglich ist $F\left\{s_{\widetilde{\xi}}(\tau)\right\}$ begrenzt.
Unter den bandbegrenzten Prozessen ist von besonderem Interesse der diskrete weiße Rauschprozeß mit dem Spektrum

$$F\left\{s_{\widetilde{\xi}}(\tau)\right\} = \begin{cases} S_0 & |\omega| \lessgtr \omega_T \\[2mm] 0 & |\omega| > \omega_T \end{cases}. \tag{2.184}$$

Die Fourierrücktransformation des Spektrums $F\left\{s_{\widetilde{\xi}}(\tau)\right\}$ liefert für die Taktfrequenz $1/\Delta t = \omega_T/2\pi$ die Autokorrelationsfunktion

$$s_{\widetilde{\xi}}(\tau) = S_0\,\frac{1}{\Delta t}\,\frac{\sin \omega_T \tau}{\omega_T \tau}. \tag{2.185}$$

Dieser Prozeß hat die Eigenschaft

$$s_{\widetilde{\xi}}[k] = \begin{cases} S_0\,\dfrac{1}{\Delta t} & k = 0 \\[3mm] 0 & k \neq 0 \end{cases}. \tag{2.186}$$

Die angegebenen Abtasttheoreme für eindimensionale und mehrdimensionale Signale liefern folglich die Vorschrift im Zeitbereich zur Berechnung des kontinuierlichen Signals aus dem diskreten Signal im Zeitbereich. Da die Interpolationsfunktionen Signale mit dem Definitionsbereich $-\infty < t < \infty$ sind, ist der Zusammenhang im Spektralbereich (2.177) nur durch die Fouriertransformierten angebbar. Bei der Vorschrift im Zeitbereich zur Berechnung des diskreten Signals aus dem kontinuierlichen Signal

$$\widetilde{x}^{*}(t) = \widetilde{x}(t) \cdot \sum_{k=0}^{\infty} \delta\,(t - k\,\Delta t)$$

$$= \widetilde{x}(t) \cdot \widetilde{i}(t)$$

$$= \widetilde{x}[k] \cdot \widetilde{i}(t) \qquad\qquad (2.187)$$

wird von Signalen ausgegangen, die für $t < 0$ verschwinden. Die Laplacetransformation von (2.187) führt auf

$$L\{\widetilde{x}^{*}(t)\} = L\{\widetilde{x}(t) \cdot \widetilde{i}(t)\}$$

$$= \frac{1}{2\pi j} \int_{C} \widetilde{X}(s) \cdot \widetilde{I}(p - s)\,ds$$

$$= \frac{1}{2\pi j} \int_{C} \frac{\widetilde{X}(s)}{1 - e^{-\Delta t(p-s)}}\,ds$$

$$= \frac{1}{\Delta t} \sum_{k=-\infty}^{\infty} \widetilde{X}(p + j\,\frac{2\pi k}{\Delta t}). \qquad\qquad (2.188)$$

Da gleichzeitig

$$L\{\widetilde{x}^{*}(t)\} = \sum_{k=0}^{\infty} \widetilde{x}[k]\,e^{-p\Delta t} = X(z^{-1})\Big|_{z=e^{p\Delta t}}$$

gilt, ergibt sich

$$X(\exp\text{-}j\,\omega\,\Delta t) = \frac{1}{\Delta t} \sum_{k=-\infty}^{\infty} \widetilde{X}(j\omega + j\,\frac{2\pi k}{\Delta t}). \qquad\qquad (2.189)$$

2.3.2. Interpolation und Extrapolation

Die Reproduktion des kontinuierlichen Signals $\widetilde{x}(t)$ aus den Abtastwerten $\widetilde{x}[k]$ erfolgt nach dem Abtasttheorem durch Multiplikation der Abtastwerte mit der Interpolationsfunktion (Bild 2.43).

$$\varphi_{\infty}(t) = \frac{\sin\,\pi\,\dfrac{t}{\Delta t}}{\pi\,\dfrac{t}{\Delta t}} \ .$$

Zur Illustration sei die Interpolation von $<\widetilde{x}[k]> \,= \,< 0,\ 1/\sqrt{2},\ 1,\ 1/\sqrt{2},\ 0 >$ angegeben (Bild 2.44).

Die technische Realisierung eines Interpolators auf der Basis der Interpolationsfunktion $\varphi_{\infty}(t)$ ist nicht möglich, weil mit $\varphi_{\infty}(t)$ als Gewichtsfunktion das lineare kontinuierliche System nicht kausal ist. Um zu einer kausalen Gewichtsfunktion zu gelangen, muß $\varphi_{\infty}(t)$ um eine konstante Zeit τ_{v} verschoben und mit der Sprungfunktion 1(t) multipliziert werden. Die resultierende Funktion $\varphi_{\infty}(t-\tau_{v}) \cdot 1(t)$ ist dann die Gewichtsfunktion eines Tiefpasses. Da jedoch die digitale Verarbeitung analoger Signale nur dann zweckmäßig ist, wenn der Aufwand für den Tiefpaß zur Interpolation gering bleibt, muß nach einfachen Interpolatoren gesucht werden.

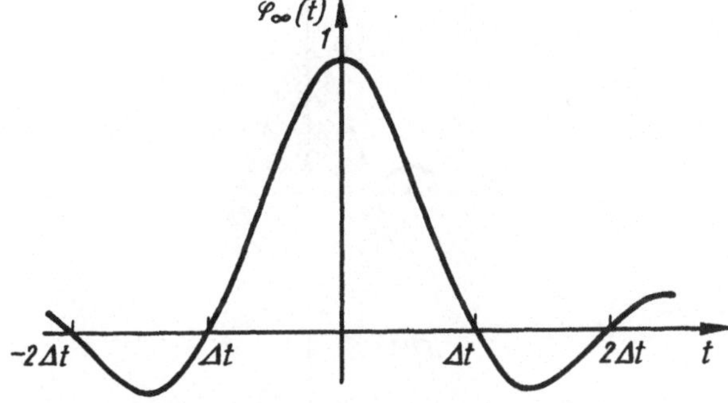

Bild 2.43. Interpolationsfunktion $\varphi_\infty(t)$

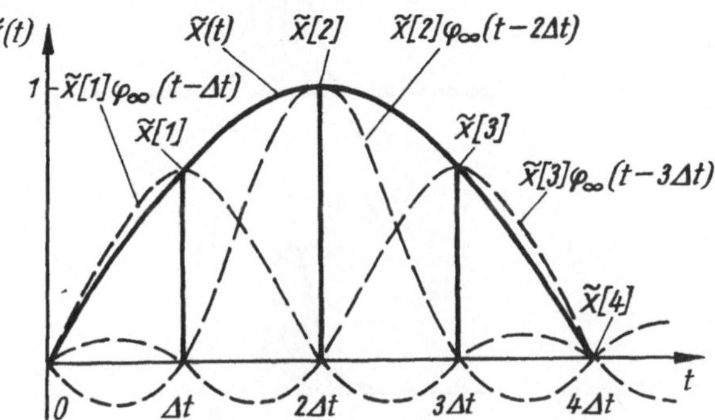

Bild 2.44. Interpolation
von $< 0,\ 1/\sqrt{2},\ 1,\ 1/\sqrt{2},\ 0 >$

Zuerst approximiert man $\varphi_\infty(t-\tau_v)\,1(t)$ durch einen Rechteckimpuls der Breite Δt, wodurch sich $\tau_v = \Delta t/2$ ergibt. Dieser Interpolator wird Interpolator oder auch Extrapolator 0. Ordnung (Bild 2.45a) genannt, und es gilt

$$\varphi_0(t) = \begin{cases} 1 & 0 \leqq t \leqq \Delta t \\ 0 & t > \Delta t \end{cases}. \tag{2.179}$$

Es handelt sich dabei um die Darstellung von $\tilde{x}(t)$ als Treppenfunktion, die ohnehin bei der digitalen Realisierung vorhanden ist. Der Interpolator 1. Ordnung entsteht, wenn man $\varphi_\infty(t-\Delta t)\,1(t)$ durch einen Dreieckimpuls

$$\varphi_1(t) = \begin{cases} t/\Delta t & 0 \leqq t < \Delta t \\ 2 - t/\Delta t & \Delta t \leqq t \leqq 2\Delta t \\ 0 & t > 2\Delta t \end{cases} \tag{2.180}$$

approximiert (Bild 2.45b). Obwohl die Spektralanteile für $\omega > \omega_T$ geringer sind als beim Interpolator 0. Ordnung, ist der Aufwand zur Realisierung unvergleichbar höher. Deshalb verwendet man oft einen modifizierten Interpolator

$$\{\varphi_{m0}(t)\} = \{\varphi_0(t)\} \cdot \{g(t)\}, \tag{2.181}$$

wobei $\{g(t)\}$ die Gewichtsfunktion eines einfachen Tiefpasses ist. Im einfachsten Fall kann das ein RC-Glied mit der Gewichtsfunktion $\{g(t)\}$
$= \left\{(1/T)e^{-t/T}\right\}$ sein (Bild 2.45c).

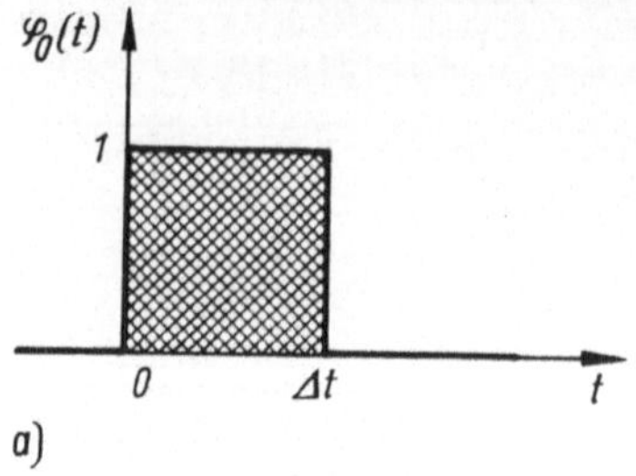
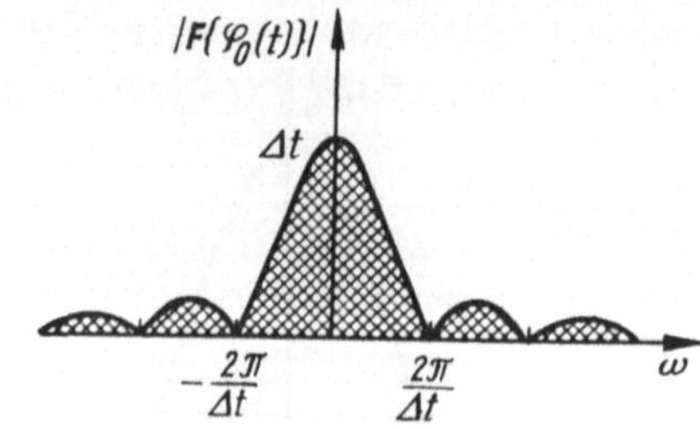
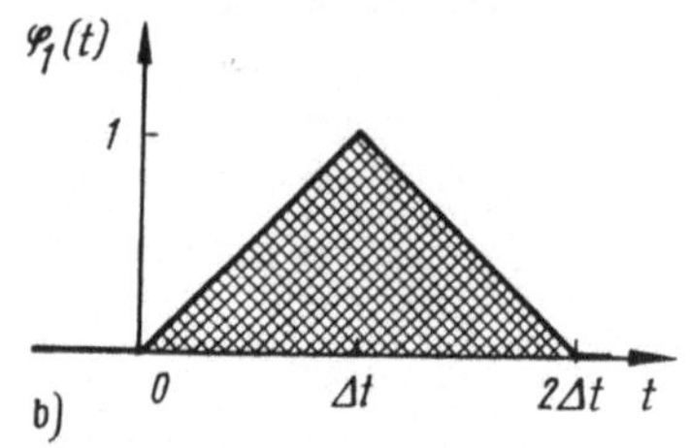
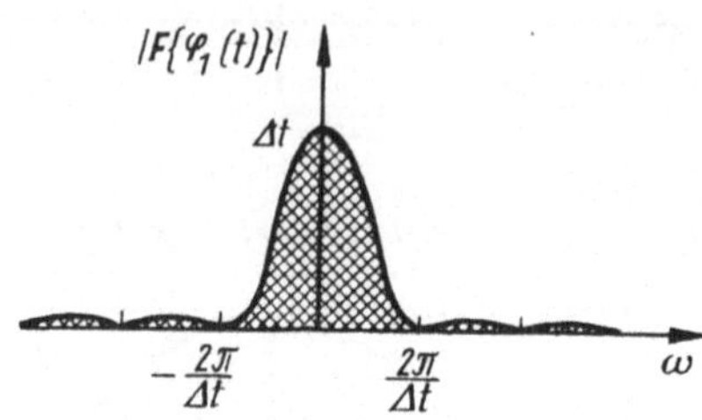
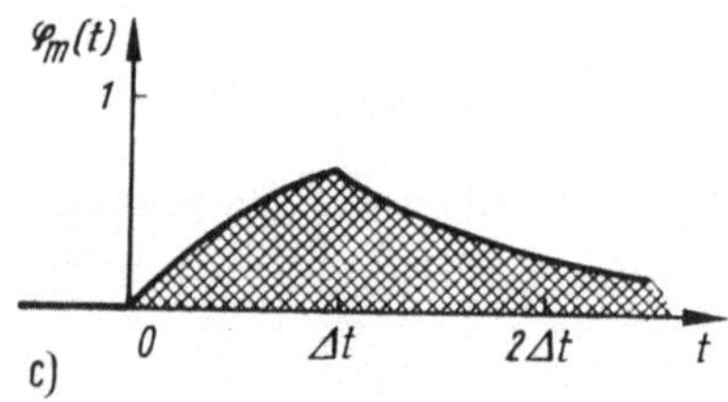
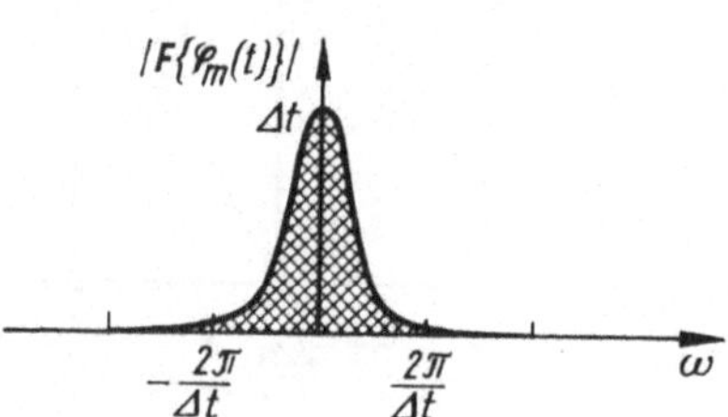

Bild 2.45. Interpolationsfunktion und ihre Spektren

a) $\varphi_0(t)$ und $\left|\{\varphi_0(t)\}\right|$

b) $\varphi_1(t)$ und $\left|\{\varphi_1(t)\}\right|$

c) $\varphi_{m0}(t)$ für $\{g(t)\} = \left\{\dfrac{1}{T}\, e^{-t/T}\right\}$ mit $T = \Delta t$ und $\left|\underline{F}\left\{\varphi_{m0}(t)\right\}\right|$

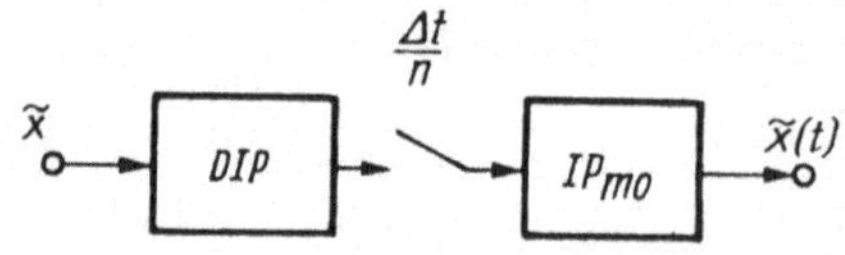

Bild 2.46. Interpolation
(DIP diskreter Interpolator;
IP_{m0} Interpolator)

Wenn auf den Interpolator IP_{m0} zurückgegriffen wird, kann eventuell noch eine diskrete Interpolation mit einer höheren Taktfrequenz notwendig sein (Bild 2.46).

3.   Entwurf eindimensionaler linearer Systeme

3.1.   Einführung

Begünstigt durch die Fortschritte der Mikroelektronik, erfolgt in der Informationstechnik und Automatisierungstechnik die Verarbeitung der Prozeßsignale in immer größerem Umfang digital. In diesem Zusammenhang sind häufig lineare diskrete Systeme in Form digitaler Regler und digitaler Filter zu entwerfen und zu realisieren sowie lineare analoge Systeme digital zu simulieren und damit durch lineare diskrete Systeme nachzubilden. Die Lösung dieser Aufgabenstellung wirft Probleme der

- Approximation - Optimierung der Systemparameter - und der
- Strukturierung - Optimierung der Struktur -

auf. Beide Probleme werden im allgemeinen getrennt behandelt. Im Approximationsschritt sind die Parameter der vorgegebenen Systemstruktur so zu bestimmen, daß die vorgegebenen Forderungen an das lineare diskrete System möglichst gut erfüllt werden oder das analoge System möglichst gut nachgebildet wird. Die Strukturierung kann nun sowohl vor als auch nach der Approximation liegen. Eine Strukturierung vor der Approximation läuft auf eine auf Analyseergebnisse oder Entwurfsergebnisse gestützte Strukturauswahl hinaus. Die Optimierung der Struktur nach realisierungstechnischen Gesichtspunkten im Anschluß an die Approximation kann nur dadurch erfolgen, daß aus einer Menge von Systemen mit unterschiedlicher Struktur aber gleichem Eingangs-/Ausgangsverhalten das mit der optimalen Struktur herausgesucht wird. Je nach Entwurfsverfahren werden die Schritte einmal oder mehrmals vollzogen.
Den Methoden für den Entwurf linearer diskreter Systeme, wie

- digitale Regler
- digitale Filter
- digitale Interpolatoren und
- digitale Generatoren,

aus den verschiedenen Anwendungsbereichen ist gemeinsam, daß die Systemparameter aus der Optimierung eines Gütekriteriums hervorgehen. Sie unterscheiden sich nur durch die Wahl des Gütekriteriums. So werden bei den digitalen Reglern vielfach die gewichtete Summe der Beträge oder Quadrate der Regelabweichung als Gütekriterium benutzt /3.1/, hingegen bei den digitalen Filtern, Interpolatoren und Generatoren geeignete Maße für die Abweichung von der vorgegebenen Zeitfunktion oder Frequenzfunktion /3.1/. Bei Vorgabe der Zeitfunktion werden ebenfalls als Maß für die Abweichung entweder das Maximum der Abweichung (Tschebyscheff-Approximation) oder die gewichtete Summe der Quadrate der Abweichung (Gauß-Approximation) herangezogen.
Da Optimierungsverfahren größeren Rechenaufwand erfordern und die Wahl der Parameteranfangswerte problematisch sein kann, sind neben den dargelegten direkten Entwurfsmethoden noch solche Entwurfsverfahren entwickelt worden, die auf der Diskretisierung der Differentialgleichungen entworfener linearer

analoger Systeme beruhen. Diese Vorgehensweise spielt insbesondere bei digitalen Filtern eine große Rolle.

In den folgenden Ausführungen liegt der Schwerpunkt auf dem Entwurf von Systemen zur digitalen Signalverarbeitung. Das lineare System ist dabei so zu entwerfen,

daß ein vorgegebenes

- **Analogsystem** möglichst gut im Zeitverhalten oder Frequenzverhalten nachgebildet wird

  - Entwurf auf der Grundlage analoger Systeme -,

daß vorgegebene

- **Forderungen im Zeitbereich** (Bild 3.1) durch die Zeitcharakteristik des diskreten Systems erfüllt werden

  - direkter Entwurf im Zeitbereich -,

oder daß vorgegebene

- **Forderungen im Frequenzbereich** (Bild 3.2) durch die Frequenzcharakteristik des diskreten Systems erfüllt werden

  - direkter Entwurf im Frequenzbereich -.

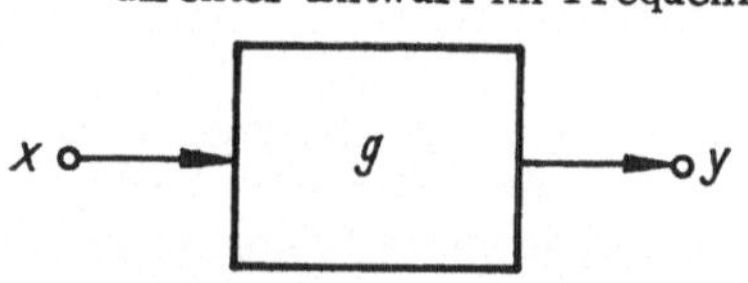

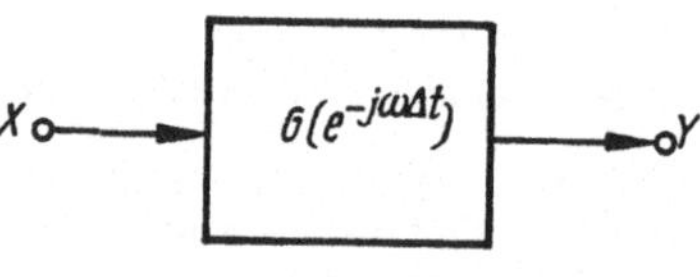

Bild 3.1. Entwurfskriterien im Zeitbereich

Bild 3.2. Entwurfskriterien im Frequenzbereich

$$y = g\,x$$

$$g = \frac{<b_0,\ b_1,\ \dots,\ b_m>}{<a_0,\ a_1,\ \dots,\ a_n>}$$

$$Y = G(e^{-j\,\omega\,\Delta t})\,x$$

$$G(e^{-j\,\omega T}) = \frac{b_0 + b_1 e^{-j\omega\Delta t} + \dots + b_m e^{-jm\omega\Delta t}}{a_0 + a_1 e^{-j\omega\Delta t} + \dots + a_n e^{-jn\,\omega\Delta t}}$$

Vorschriften zur Ermittlung der Parameter a_ν ($\nu = 0,\dots,n$) und b_μ ($\mu = 0,\dots,n$)

Vorschriften zur Ermittlung der Parameter a_ν ($\nu = 0,\dots,n$) und b_μ ($\mu = 0,\dots,n$)

$$a(e^{-j\,\omega\,t}) + j\,b(e^{-j\omega\Delta t}) = -\ln G(e^{-j\,\omega\Delta t})$$

$$e(\omega) = a(e^{-j\,\omega\Delta t}) - a_0(\omega)$$

$a_0(\omega)$ - vorgegebene Dämpfungsfunktion oder

$$e(\omega) = b(e^{-j\,\omega\Delta t}) - b_0(\omega)$$

$b_0(\omega)$ - vorgegebene Phasenfunktion oder

$$e(\omega) = \frac{db}{d\omega} - \tau_0(\omega)$$

$\tau_0(\omega)$ - vorgegebene Gruppenlaufzeit

- $$\sum_{k=0}^{\infty} e^2\,k = \min!$$

  $$e = g - g_0$$

g_0 - vorgegebene Gewichtsfunktion

- $$\max_k |e[k]| = \min!$$

  $$e = g - g_0$$

- $$\sum_{k=0}^{k} e^2[k] = \min!$$

  $$e = \frac{1}{1 + g_P\,g}$$

g_P - diskretisierte Gewichtsfunktion des zu regelnden Prozesses

- $$\int_{0}^{2\pi/T} e^2(\omega)\,d\omega = \min!$$

- $$\max_\omega |e(\omega)| = \min!$$

Infolge des reichen Erfahrungsschatzes auf dem Gebiet der analogen Systeme
können die aus der Modellierung gewonnenen Parameter und Strukturen als Anfangswerte der Optimierung beim direkten Entwurf dienen.
Die möglichen Entwurfsvarianten für den Zeitbereich bzw. Frequenzbereich sind
im Bild 3.3 gegenübergestellt.

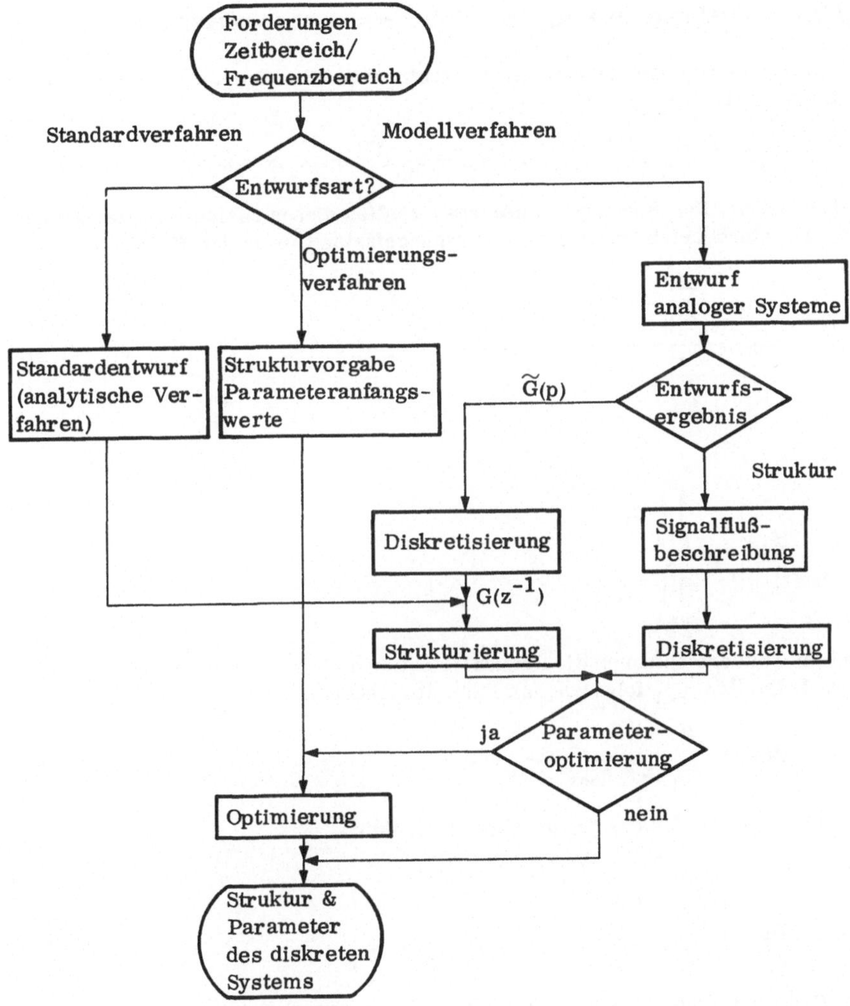

Bild 3.3. Varianten des Entwurfs

3.2. Entwurf auf der Grundlage analoger Systeme

Diese Entwurfsverfahren beruhen auf der Diskretisierung der das analoge System beschreibenden Gleichungen. Trägt die Beschreibung des analogen Systems Strukturinformation, wie es bei den Zustandsgleichungen oder Wellen-

gleichungen der Fall ist, so läßt sich die Struktur des analogen Systems in eine
zugeordnete des diskreten Systems übertragen. Wird das analoge System lediglich durch sein Eingangs- und Ausgangsverhalten beschrieben, kann die Diskret
sierung nur einen diskreten Übertragungsfaktor liefern, und die Strukturierung
muß sich anschließen.

3.2.1. Diskretisierung der Übertragungscharakteristik

Ein lineares analoges System mit konzentrierten Elementen wird durch eine
Differentialgleichung

$$\widetilde{a}_n \widetilde{y}^{(n)} + \widetilde{a}_{n-1} y^{(n-1)} + \ldots + \widetilde{a}_0 \widetilde{y} = \widetilde{b}_m \widetilde{x}^{(m)} + \ldots + \widetilde{b}_0 \widetilde{x} \tag{3.1}$$

beschrieben. Das Eingangs-/Ausgangsverhalten dieses analogen Systems wird
im Operatorbereich durch den Übertragungsfaktor $\widetilde{G}(p)$ in der Form

$$\widetilde{G}(p) = \frac{\displaystyle\sum_{\mu=0}^{m} \widetilde{b}_\mu p^\mu}{\displaystyle\sum_{\nu=0}^{n} \widetilde{a}_\nu p^\nu} \qquad m < n \tag{3.2}$$

oder

$$\widetilde{G}(p) = K \frac{\displaystyle\prod_{\mu=1}^{m} (p - p_{0\mu})}{\displaystyle\prod_{\nu=1}^{n} (p - p_{\infty\nu})} \tag{3.3}$$

und im Zeitbereich durch die Gewichtsfunktion $\widetilde{g}(t)$ charakterisiert. Bei einfachen Polstellen $p_{\infty\nu}$ folgt aus der Partialbruchdarstellung

$$\widetilde{G}(p) = \sum_{\nu=1}^{n} \frac{\widetilde{c}_\nu}{p - p_{\infty\nu}} \tag{3.4}$$

des Übertragungsfaktors für die Gewichtsfunktion

$$\widetilde{g}(t) = \begin{cases} \displaystyle\sum_{\nu=1}^{n} \widetilde{c}_\nu \, e^{p_{\infty\nu} t} & t \geq 0 \\[2ex] 0 & t < 0 \end{cases} \tag{3.5}$$

Die Diskretisierung kann bei der Differentialgleichung, dem Übertragungsfaktor
oder der Gewichtsfunktion einsetzen.
Sowohl die Diskretisierung der Differentialgleichung unter Verwendung von
Differentiationsformeln mit Stützpunkten im Abstand des normierten Abtast-
intervalls für das numerische Verfahren als auch die Diskretisierung des Übertragungsfaktors sind durch eine Abbildung $p \rightarrow f(z^{-1})$ charakterisierbar.
Damit durch diese Abbildung keine Graderhöhung des diskreten Systems auftritt,
kommen nur gebrochen rationale Funktionen $f(z^{-1})$ 1. Grades in Frage. Derartige Abbildungen $f(z^{-1})$ lassen sich aus den Differenzengleichungen bekannter
einfacher Differentiationsformeln ableiten. Die Differenzengleichung gibt den

Zusammenhang zwischen dem diskreten Ausgangssignal y, dessen Werte näherungsweise denen des analogen Signals $\tilde{y}$ zu den Tastzeitpunkten $t = k\,\Delta t$ entsprechen, und dem diskreten Eingangssignal x an. Die Werte des analogen Signals $\tilde{x}$ stimmen zu den Tastzeitpunkten $k\,\Delta t$ mit denen von x überein. Im Operatorbereich entsteht daraus die gesuchte Abbildung $\widetilde{G}(p) = p \;\rightarrow\; G(z^{-1}) = f(z^{-1})$.

Bekannte einfache Differentiationsformeln sind

Euler-Rückwärts-Formel:

$$\tilde{y} = \frac{d\tilde{x}}{dt} \;\longrightarrow\; y\,[k] = \frac{1}{\Delta t}\,(x\,[k] - x\,[k-1]\,) \tag{3.6}$$

$$\widetilde{G}(p) = p \;\Downarrow\; G(z^{-1}) = f(z^{-1}) = \frac{1}{\Delta t}\,(1-z^{-1}). \tag{3.7}$$

Euler-Vorwärts-Formel:

$$\tilde{y} = \frac{d\tilde{x}}{dt} \;\longrightarrow\; y\,[k] = \frac{1}{\Delta t}\,(x\,[k+1] - x\,[k]) \tag{3.8}$$

$$\widetilde{G}(p) = p \;\Downarrow\; G(z^{-1}) = f(z^{-1}) = \frac{1}{\Delta t}\,\frac{1-z^{-1}}{z^{-1}}. \tag{3.9}$$

Inverse Trapez-Formel:

$$\tilde{y} = \frac{d\tilde{x}}{dt} \;\longrightarrow\; y\,[k] + y\,[k-1] = \frac{2}{\Delta t}\,(x\,[k] - x\,[k-1]\,) \tag{3.10}$$

$$\widetilde{G}(p) = p \;\Downarrow\; G(z^{-1}) = f(z^{-1}) = \frac{2}{\Delta t}\,\frac{1-z^{-1}}{1+z^{-1}}. \tag{3.11}$$

Wünschenswerte Eigenschaften dieser Abbildungen sind

1. Abbildung der $j\Omega$-Achse der p-Ebene (Im $\{p\} = \Omega$) auf den Einheitskreis in der z-Ebene ($|z| = 1$) - Erhaltung der Frequenzcharakteristik -
2. Abbildung der linken p-Halbebene (Re $\{p\} < 0$) in den Einheitskreis der z-Ebene ($|z| < 1$) - Erhaltung der Stabilitätseigenschaften -.

Beiden Eigenschaften genügt von den oben angeführten Abbildungen nur die auf der Grundlage der inversen Trapez-Formel.

Die anderen Diskretisierungsverfahren gehen von der Abbildung der Pole und Nullstellen des analogen Übertragungsfaktors G(p) aus. Damit sind sie an die Darstellungen (3.3) und (3.4) gebunden.

Im folgenden sollen nun die Verfahren

- impulsinvariante Transformation
- bilineare Transformation (inverse Trapez-Formel)
- angepaßte z-Transformation (matched-z-transform)

näher untersucht werden.

Impulsinvariante Transformation

Die charakteristische Eigenschaft dieser Transformation ist, daß die Abtastwerte $\tilde{g}(k\,\Delta t)$ der Impulsantwort $\tilde{g}$ des analogen Systems mit den Werten g [k] der Impulsantwort des diskreten Systems übereinstimmen. Die Folge dieser Festlegung ist, daß der Frequenzgang des zu entwerfenden diskreten Systems von dem des analogen Systems abweicht.

Ausgangspunkt des Verfahrens ist die Darstellung des Übertragungsfaktors $\widetilde{G}(p)$ in der allgemeinen Form

$$\widetilde{G}(p) = \sum_{\nu=1}^{n} \sum_{\varepsilon=1}^{e_\nu} \frac{\widetilde{c}_{\varepsilon\nu}}{(p-p_{\infty\nu})^\varepsilon}, \tag{3.12}$$

in der ε die Vielfachheit der Polstellen angibt. Aus der dazugehörigen Gewichtsfunktion

$$\widetilde{g}(t) = \begin{cases} \displaystyle\sum_{\nu=1}^{n} \sum_{\varepsilon=1}^{e_\nu} \widetilde{c}_{\varepsilon\nu}\, \frac{t^{\varepsilon-1}\, e^{p_{\infty\nu}t}}{(\varepsilon-1)!} & t \geqq 0 \\[2ex] 0 & t < 0 \end{cases} \tag{3.13}$$

des Systems folgt aufgrund der Invarianz der Impulsantworten

$$g[k] = \begin{cases} \displaystyle\sum_{\nu=1}^{n} \sum_{\varepsilon=1}^{e_\nu} \frac{\widetilde{c}_{\varepsilon\nu}\,(\Delta t)^{\varepsilon-1}}{(\varepsilon-1)!}\, k^{\varepsilon-1}\left(e^{p_{\infty\nu}\Delta t}\right)^k & k \geqq 0 \\[2ex] 0 & k < 0 \end{cases} \tag{3.14}$$

Im Operatorbereich entspricht dem die Gleichung

$$< g[\varkappa] = G(z^{-1}) = \sum_{\nu=1}^{n} \sum_{\varepsilon=1}^{e_\nu} \frac{\widetilde{c}_{\varepsilon\nu}\,(\Delta t)^{\varepsilon-1}}{(\varepsilon-1)!} < \varkappa^{\varepsilon-1}\left(e^{p_{\infty\nu}\Delta t}\right)^\varkappa >. \tag{3.15}$$

Aus dem Vergleich von (3.12) und (3.15) erhält man die allgemeine Transformationsvorschrift

$$\frac{1}{(p-p_{\infty\nu})^\varepsilon} \longrightarrow \frac{(\Delta t)^{\varepsilon-1}}{(\varepsilon-1)!} < \varkappa^{\varepsilon-1}\left(e^{p_{\infty\nu}\Delta t}\right)^\varkappa >. \tag{3.16}$$

Speziell für einfache und doppelte Polstellen lautet sie

$$\frac{1}{p-p_{\infty\nu}} \longrightarrow < \left(e^{p_{\infty\nu}\Delta t}\right)^\varkappa > = \frac{1}{1-e^{p_{\infty\nu}\Delta t}z^{-1}} \tag{3.17}$$

und

$$\frac{1}{(p-p_{\infty\nu})^2} \longrightarrow \Delta t < \varkappa\left(e^{p_{\infty\nu}\Delta t}\right)^\varkappa > = \frac{\Delta t\, e^{p_{\infty\nu}\Delta t}z^{-1}}{(1-e^{p_{\infty\nu}\Delta t}z^{-1})^2}. \tag{3.18}$$

Die anschließende Zusammenfassung konjungiert komplexer Polpaare $p_{\infty\nu}$ und $\bar{p}_{\infty\nu}$ liefert

$$\frac{c_\nu}{(p-p_{\infty\nu})} + \frac{\bar{c}_\nu}{(p-\bar{p}_{\infty\nu})} \longrightarrow \frac{(c_\nu+\bar{c}_\nu)-(c_\nu e^{\bar{p}_{\infty\nu}\Delta t}+\bar{c}_\nu e^{p_{\infty\nu}\Delta t})z^{-1}}{1-(e^{p_{\infty\nu}\Delta t}+e^{\bar{p}_{\infty\nu}\Delta t})z^{-1}+e^{(\bar{p}_{\infty\nu}+p_{\infty\nu})\Delta t}z^{-2}}. \tag{3.19}$$

Der Frequenzgang $\tilde{G}(j\Omega)$ des analogen Systems hängt entsprechend den Ausführungen im Abschn. 2. mit dem Frequenzgang $G(\exp - j\omega\Delta t)$ des diskreten System: über

$$G(\exp(-j\omega\Delta t)) = \frac{1}{\Delta t} \sum_{\nu=-\infty}^{\infty} \tilde{G}(j\omega + j\nu\frac{2\pi}{\Delta t}) \qquad (3.20)$$

zusammen. Eine Verlaufsgleichheit

$$G(\exp - j\omega\Delta t) = \frac{1}{\Delta t} \cdot \tilde{G}(j\omega) \qquad (3.21)$$

der Frequenzgänge wird demzufolge nur dann erreicht, wenn $\tilde{G}(j\Omega)$ bandbegrenzt ist, d.h.

$$\tilde{G}(j\Omega) = 0 \quad \text{für} \quad |\Omega| > \pi/\Delta t. \qquad (3.22)$$

Für reale analoge Systeme kann diese Forderung nur näherungsweise erfüllt werden, so daß eine Abweichung des Frequenzgangs auftritt.
Zur Illustration wird dieses Verfahren auf einen Potenztiefpaß mit dem Übertragungsfaktor

$$\tilde{G}(p) = \frac{1}{p^2 + \sqrt{2}p + 1} \qquad (3.23)$$

$$= \frac{j\sqrt{2}}{p + 1/\sqrt{2} + j/\sqrt{2}} + \frac{-j\sqrt{2}}{p + 1/\sqrt{2} - j/\sqrt{2}}$$

angewandt. Die Korrespondenz (3.19) liefert unmittelbar den Übertragungsfaktor

$$G(z^{-1}) = \frac{(\sqrt{2}\, e^a \sin a)z^{-1}}{z^{-2} - (2e^a \cos a)z^{-1} + e^{2a}}; \quad a = \Delta t/\sqrt{2}. \qquad (3.24)$$

Zur Verbesserung des Sperrverhaltens ist es üblich, zusätzlich Nullstellen $z = -1$ hinzuzufügen. Der resultierende Übertragungsfaktor ergibt sich dann zu

$$G^*(z^{-1}) = \frac{(1 + z^{-1})}{2}\, G(z^{-1}). \qquad (3.25)$$

<u>Bilineare Transformation</u>

Als Bilineartransformation wird die Abbildung

$$p \rightarrow \frac{2}{\Delta t} \frac{(1 - z^{-1})}{(1 + z^{-1})} \qquad (3.26)$$

bezeichnet [vgl. (3.11)]. Sie bildet die $j\Omega$-Achse der p-Ebene auf den Einheitskreis $z = \exp(j\omega\Delta t)$ der z-Ebene ab und die linke p-Halbebene in das Innere des Einheitskreises (Bild 3.4). Infolge dieses Zusammenhangs bleibt die Stabilitätseigenschaft erhalten. Ein stabiles analoges System ergibt ein stabiles diskretes System. Die Frequenzskale des analogen Systems hängt über

$$\Omega = \frac{2}{\Delta t} \tan \frac{\omega\Delta t}{2} \qquad (3.27)$$

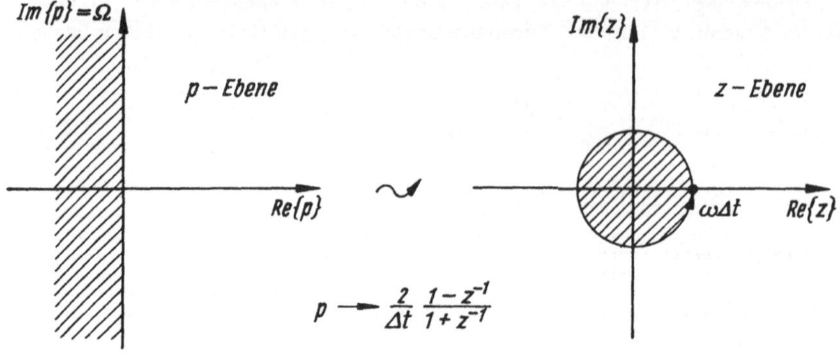

Bild 3.4. Abbildungseigenschaft der Bilineartransformation

nichtlinear mit der Frequenzskale des digitalen Filters zusammen. Infolge der nichtlinearen Abhängigkeit entsteht eine Verzerrung der Frequenzskale. Nur für $\omega \ll 1/\Delta t$ stimmen die Verläufe der Frequenzgänge überein. Da die Frequenzverzerrung beim Entwurf ohnehin durch Frequenznormierungen zu berücksichtigen ist und $2/\Delta t$ als Frequenznormierungsfaktor aufgefaßt werden kann, wird oft als Transformation

$$p \longrightarrow \frac{1 - z^{-1}}{1 + z^{-1}} \tag{3.28}$$

benutzt und für (3.27) einfach

$$\Omega = \tan \pi f \tag{3.29}$$

gesetzt. Dabei ist f die auf Tastfrequenz f_A^* normierte Frequenz f^* des diskreten Systems.

An dem nachfolgenden Beispiel soll der Entwurfsprozeß demonstriert werden.

Beispiel 3.1.:

Es ist ein digitaler Bandpaß mit den im Bild 3.5a skizzierten Dämpfungsforderungen zu entwerfen. Die Frequenzgrenzen werden nach der Abbildungsvorschrift

$$\Omega = \tan \pi f$$

in die Frequenzgrenzen für das analoge Referenzfilter umgerechnet (Bild 3.5a). Wegen

$$\Omega_M^2 = \Omega_{-S}\,\Omega_S = \Omega_{-D}\,\Omega_D = 1$$

SZ_M - Mittenfrequenz
$SZ_{\pm S}$ - Sperrfrequenzen
$SZ_{\pm D}$ - Durchlaßfrequenzen

ist das analoge Referenzfilter ein symmetrischer Bandpaß, der unter Verwendung einer TP, BP-Transformation /3.11/

$$p_{TP} = c\,\frac{p^2 + \Omega_M^2}{p\,\Omega_M} \tag{3.30}$$

aus einem zugeordneten Tiefpaß ableitbar ist. Aus der Bedingung $\Omega_{DTP} = 1$ ergibt sich für

$$c = \frac{1}{\Omega_D - \Omega_{-D}} = 3,1569 \qquad\qquad SZ_{DTP} - \text{Durchlaßfrequenz des Tiefpasses}$$

und damit für

$$\Omega_{STP} = \frac{\Omega_S - \Omega_{-S}}{\Omega_D - \Omega_{-D}} = 1,749. \qquad\qquad SZ_{STP} - \text{Sperrfrequenz des Tiefpasses}$$

Dem Katalog /3.21/ entnimmt man, daß dieses TP-Schema von einem Cauertiefpaß C 04 25 35 4. Grades erfüllt wird.

Die Transformation der Tiefpaßwerte entsprechend (3.30), liefert den BP-Übertragungsfaktor

$$\widetilde{G}(p) = 0,009616 \cdot \frac{p^2 + 1,7886}{p^2 + 0,0602p + 1,3927} \cdot \frac{p^2 + 3,4789}{p^2 + 0,1810p + 1,1740}$$

$$\cdot \frac{p^2 + 0,2875}{p^2 + 0,1543p + 0,8517} \cdot \frac{p^2 + 0,5591}{p^2 + 0,0433p + 0,7180}.$$

Mit der Bilineartransformation (3.28) erhält man daraus den Übertragungsfaktor

$$G(z^{-1}) = 0,0118 \cdot \frac{1 + 0,5656z^{-1} + z^{-2}}{1 + 0,3202z^{-1} + 0,9509z^{-2}} \cdot \frac{1 - 0,5656z^{-1} + z^{-2}}{1 - 0,3202z^{-1} + 0,9509z^{-2}}$$

$$\cdot \frac{1 + 1,107z^{-1} + z^{-2}}{1 + 0,1479z^{-1} + 0,8461z^{-2}} \cdot \frac{1 - 1,107z^{-1} + z^{-2}}{1 - 0,1479z^{-1} + 0,8461z^{-2}}$$

des digitalen Bandpasses. Der berechnete Dämpfungsverlauf ist im Bild 3.5 angegeben.

Angepaßte z-Transformation

Bei der angepaßten z-Transformation werden die Nullstellen und die Pole transformiert. Die Transformationsvorschrift stimmt mit der für Pole bei der impulsinvarianten Transformation überein. Sie lautet für Pole und Nullstellen

$$p - p_\nu \longrightarrow 1 - e^{p_\nu \Delta t} z^{-1}. \qquad\qquad (3.31)$$

Für komplexe Pol- oder Nullstellen ergibt sich

$$(p-p_\nu)(p-\bar{p}_\nu) \longrightarrow 1 - (e^{p_\nu \Delta t} + e^{\bar{p}_\nu \Delta t}) z^{-1} + e^{(p_\nu + \bar{p}_\nu)\Delta t} z^{-2}. \qquad (3.32)$$

Zur Illustration des Verfahrens wird von dem schon betrachteten Potenztiefpaß mit dem Übertragungsfaktor [vgl. Gl. (3.23)]

$$\widetilde{G}(p) = \frac{1}{(p+1/\sqrt{2} + j/\sqrt{2})(p+1/\sqrt{2} - j/\sqrt{2})}$$

ausgegangen. Die Transformation führt auf den Übertragungsfaktor

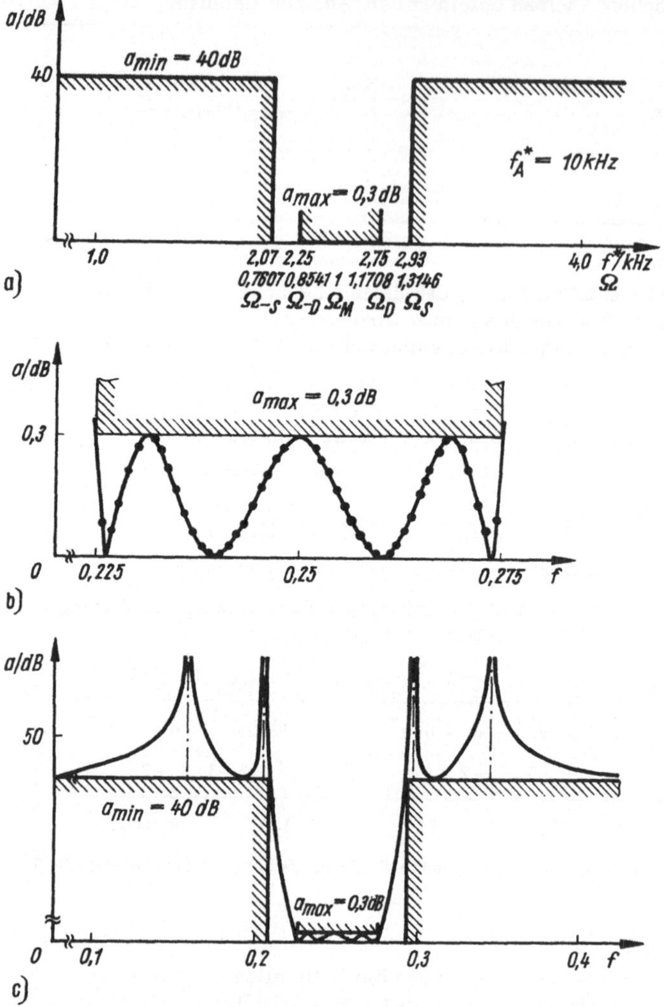

Bild 3.5. Dämpfungskenngrößen eines mit der Bilineartransformation entworfenen digitalen Bandpasses
a) Dämpfungstoleranzschema
b) Dämpfungsverlauf des digitalen Bandpasses im Durchlaßbereich
c) Dämpfungsverlauf des digitalen Bandpasses

$$G(z^{-1}) = \frac{e^{2a}}{z^{-2}-(2e^{a}\cos a)z^{-1}+e^{2a}} \ , \qquad a = \ \Delta t/\sqrt{2}, \qquad (3.33)$$

wobei Δt zur Frequenznormierung benutzt wird. Eine Verbesserung des Sperrverhaltens wird durch zwei Nullstellen bei $z = -1$ erreicht, d..h.

$$G(z^{-1}) = K \frac{z^{-2} + 2z^{-1} + 1}{z^{-2} - (2e^a \cos a)z^{-1} + e^{2a}} . \tag{3.34}$$

Die angepaßte z-Transformation ist ungeeignet, wenn das analoge System ein Allpaßsystem ist. Ohne die schon bei der impulsinvarianten Transformation vorgeschlagene Korrektur durch zusätzliche Nullstellen bei $z = -1$ im Tiefpaßfall sowie $z = +1$ und $z = -1$ im Bandpaßfall liefert die angepaßte z-Transformation keine befriedigenden Ergebnisse.

3.2.2. Wellendigitalfilter

Bei den Wellendigitalfiltern wird von der Wellenbeschreibung des analogen Referenzfilters ausgegangen. Um die Strukturinformation zu erhalten, muß das analoge Referenzfilter in miteinander verkoppelte n-Tore zerlegt werden, und für diese sind die Wellengleichungen aufzustellen.
Von den zur Verfügung stehenden Wellentypen

$$\text{Leistungswellen } \widetilde{W}_i$$
$$\text{Stromwellen } \quad \widetilde{J}_i$$
$$\text{Spannungswellen } \widetilde{V}_i$$

werden im allgemeinen die Spannungswellen für die Beschreibung der n-Tore herangezogen. Da sich aufgrund der Beziehungen

$$\widetilde{V}_i = R_i \widetilde{J}_i = \sqrt{R_i} \widetilde{W}_i \tag{3.35}$$

die Wellen bei reellem Torwiderstand R_i nur um einen skalaren Faktor voneinander unterscheiden, bedeutet die Wahl der Spannungswellen für die Beschreibung keine Einschränkung der Betrachtungen.
Die einlaufende Spannungswelle $\widetilde{V}_{ei}$ und auslaufende Spannungswelle $\widetilde{V}_{ai}$ am Tor i eines n-Tores sind definiert durch die Gleichungen

$$\widetilde{V}_{ei} = \widetilde{U}_i + R_i \widetilde{I}_i \tag{3.36}$$

und

$$\widetilde{V}_{ai} = \widetilde{U}_i - R_i \widetilde{I}_i \tag{3.37}$$

im Bildbereich /3.10/. Der Torwiderstand R_i ist in den folgenden Betrachtungen immer reell.
Der Zusammenhang zwischen den Spannungswellen im Bild 3.6 ist aufgrund der linearen Strom-Spannungs-Beziehungen im n-Tor und der Gln. (3.36) und (3.37) ebenfalls linear. Folglich ist es möglich, die auslaufenden Wellen als lineare Funktion der einlaufenden Spannungswellen in der Form

$$\underline{\widetilde{V}}_a = \underline{\widetilde{S}} \, \underline{\widetilde{V}}_e \tag{3.38}$$

mit $\underline{\widetilde{V}}_a = (\widetilde{V}_{a1} \ \widetilde{V}_{a2} \ \ldots \ \widetilde{V}_{an})^T$ und $\underline{\widetilde{V}}_e = (\widetilde{V}_{e1} \ \widetilde{V}_{e2} \ \ldots \ \widetilde{V}_{en})^T$

darzustellen. Die Matrix

$$\underline{\widetilde{S}} = \begin{pmatrix} \widetilde{S}_{11} & \widetilde{S}_{12} & \cdots & \widetilde{S}_{1n} \\ \widetilde{S}_{21} & \widetilde{S}_{22} & \cdots & \widetilde{S}_{2n} \\ \vdots & & & \\ \widetilde{S}_{n1} & \widetilde{S}_{n2} & \cdots & \widetilde{S}_{nn} \end{pmatrix} \tag{3.39}$$

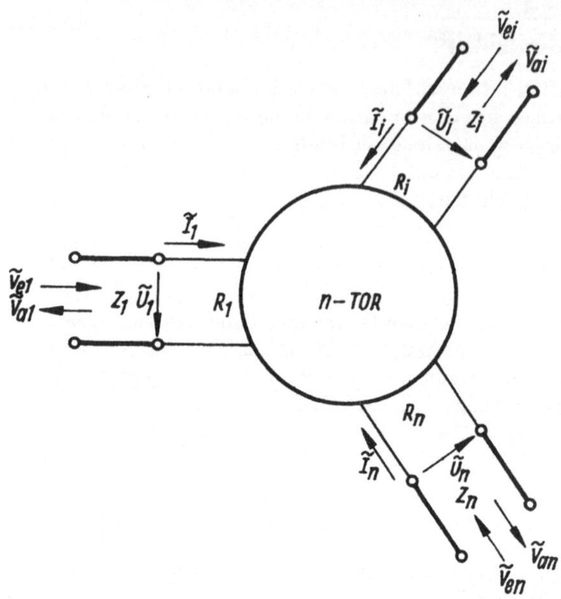

Bild 3.6. Wellenkenngrößen eines n-Tores $R_i = Z_i$; Z_i Wellenwiderstand der fiktiven Leitung am Tor i

wird als <u>Streumatrix</u> bezeichnet, da sie die Verteilung der einzelnen einlaufenden Spannungswellen auf die verschiedenen Tore angibt. Die Elemente $\tilde{S}_{ii}$ werden als Reflexionsfaktor des Tores i und die $\tilde{S}_{ij}$ als Wellenübertragungsfaktor vom Tor j zum Tor i bezeichnet. Die Streumatrix eines n-Tores hängt jedoch nicht nur von der Struktur und den Elementen des n-Tores ab, sondern auch von den frei wählbaren Torwiderständen. Durch die freie Wahl der Torwiderstände existieren formal unendlich viele verschiedene Streumatrizen für ein n-Tor. Für die häufigste Form der Zusammenschaltung, die Kettenschaltung, von mehreren torzahlsymmetrischen Vieltoren, ist es zweckmäßig, statt der Streumatrix die Wellenkettenmatrix zu verwenden. Sie verknüpft die Spannungswellen $(\underline{\tilde{V}}_{ae}\ \underline{\tilde{V}}_{ee})^T$ an den Eingangstoren mit den Spannungswellen $(\underline{\tilde{V}}_{ea}\ \underline{\tilde{V}}_{aa})^T$ an den Ausgangstoren:

$$\begin{pmatrix} \underline{\tilde{V}}_{ae} \\ \underline{\tilde{V}}_{ee} \end{pmatrix} = \underline{\tilde{K}}_w \begin{pmatrix} \underline{\tilde{V}}_{ea} \\ \underline{\tilde{V}}_{aa} \end{pmatrix}. \tag{3.40}$$

Im Fall der Zusammenschaltung zweier Zweitore mit den Wellenkettenmatrizen $\underline{\tilde{K}}_w^{(1)}$ und $\underline{\tilde{K}}_w^{(2)}$ (Bild 3.7) erhält man für die Wellenkettenmatrix des Gesamtvieltores

$$\underline{\tilde{K}}_w = \underline{\tilde{K}}_w^{(1)} \cdot \underline{\tilde{K}}_w^{(2)}. \tag{3.41}$$

Wenn die Streumatrix entsprechend der Einteilung der Tore in Ausgangstore und Eingangstore in Teilmatrizen $\underline{\tilde{S}}_{11}$, $\underline{\tilde{S}}_{12}$, $\underline{\tilde{S}}_{21}$ und $\underline{\tilde{S}}_{22}$ zerlegt wird, kann die Wellenkettenmatrix aus den Teilmatrizen wie folgt berechnet werden:

$$\widetilde{\underline{K}}_w = \begin{pmatrix} \widetilde{\underline{S}}_{12} - \widetilde{\underline{S}}_{11}\widetilde{\underline{S}}_{21}^{-1}\widetilde{\underline{S}}_{22} & \widetilde{\underline{S}}_{11}\widetilde{\underline{S}}_{21}^{-1} \\[2mm] -\widetilde{\underline{S}}_{21}^{-1}\widetilde{\underline{S}}_{22} & \widetilde{\underline{S}}_{21}^{-1} \end{pmatrix}. \tag{3.42}$$

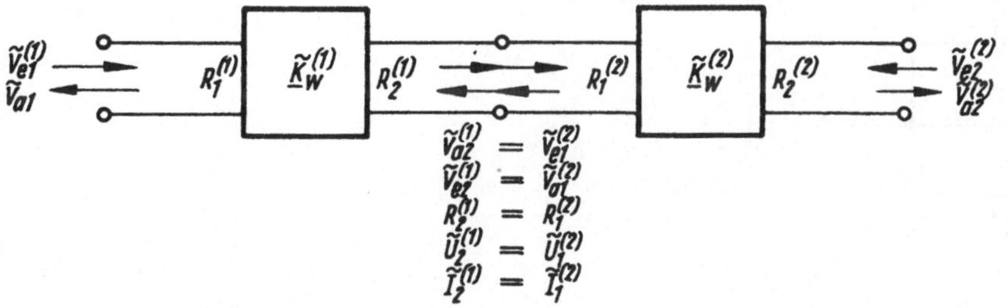

Bild 3.7. Kettenschaltung von Zweitoren

Tafel 3.1. Streumatrizen und Wellenkettenmatrizen einiger analoger n-Tore

Struktur	Streumatrix	Kettenmatrix
 R_1 —— R_2 $S = \dfrac{R_1 - R_2}{R_1 + R_2}$	VR: $\widetilde{I}_1 + \widetilde{I}_2 = 0$ $\begin{pmatrix} -S & 1+S \\ 1-S & S \end{pmatrix}$	$\begin{pmatrix} \dfrac{1}{1-S} & \dfrac{-S}{1-S} \\[2mm] \dfrac{-S}{1-S} & \dfrac{1}{1-S} \end{pmatrix}$
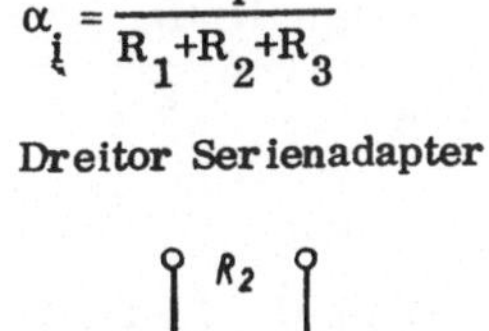 R_3, R_1, R_2 $\alpha_i = \dfrac{2R_i}{R_1 + R_2 + R_3}$ Dreitor Serienadapter	VR: $\widetilde{U}_1 + \widetilde{U}_2 + \widetilde{U}_3 = 0$ $\begin{pmatrix} 1-\alpha_1 & -\alpha_1 & -\alpha_1 \\ -\alpha_2 & 1-\alpha_2 & -\alpha_2 \\ -\alpha_3 & -\alpha_3 & 1-\alpha_3 \end{pmatrix}$ $\alpha_1 + \alpha_2 + \alpha_3 = 0$	
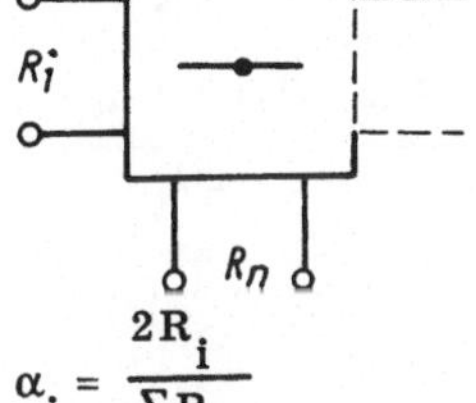 R_2, R_1, R_n $\alpha_i = \dfrac{2R_i}{\sum R_j}$ n-Tor Serienadaptor	VR: $\widetilde{U}_1 + \widetilde{U}_2 + \ldots + \widetilde{U}_n = 0$ $\begin{pmatrix} 1-\alpha_1 & -\alpha_1 & \ldots & -\alpha_1 \\ -\alpha_2 & 1-\alpha_2 & \ldots & -\alpha_2 \\ \vdots & \vdots & & \vdots \\ -\alpha_n & -\alpha_n & \ldots & 1-\alpha_n \end{pmatrix}$ $\alpha_1 + \alpha_2 + \ldots + \alpha_n = 2$	

Struktur	Streumatrix	Kettenmatrix

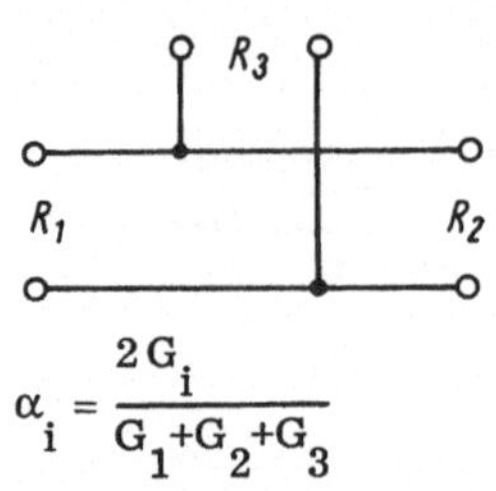

VR: $\widetilde{I}_1 + \widetilde{I}_2 + \widetilde{I}_3 = 0$

$$\begin{pmatrix} \alpha_1-1 & \alpha_2 & \alpha_3 \\ \alpha_1 & \alpha_2-1 & \alpha_3 \\ \alpha_1 & \alpha_2 & \alpha_3-1 \end{pmatrix}$$

$$\alpha_1+\alpha_2+\alpha_3 = 2$$

$$\alpha_i = \frac{2G_i}{G_1+G_2+G_3}$$

$G_i = 1/R_i$

Dreitor Paralleladapter

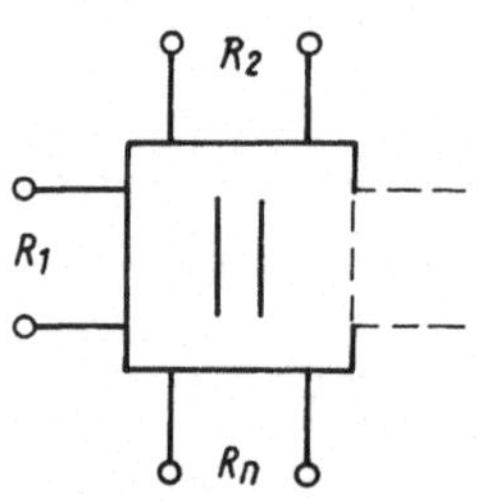

VR: $\widetilde{I}_1+\widetilde{I}_2+\dots+\widetilde{I}_n = 0$

$$\begin{pmatrix} \alpha_1-1 & \alpha_2 & \dots & \alpha_n \\ \alpha_1 & \alpha_2-1 & \dots & \alpha_n \\ \vdots & \vdots & & \vdots \\ \alpha_1 & \alpha_2 & \dots & \alpha_n-1 \end{pmatrix}$$

$$\alpha_1+\alpha_2+\dots+\alpha_n = 2$$

$$\alpha_i = \frac{2G_i}{\Sigma G_j}$$

n-Tor Paralleladapter

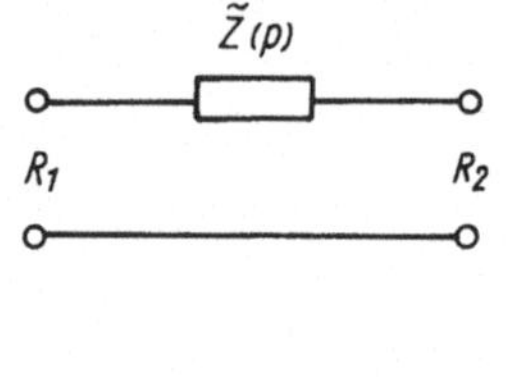

VR: $\widetilde{I}_1 + \widetilde{I}_2 = 0$

$$\begin{pmatrix} \dfrac{-R_1+R_2+\widetilde{Z}(p)}{R_1+R_2+\widetilde{Z}(p)} & \dfrac{2R_1}{R_1+R_2+\widetilde{Z}(p)} \\[3ex] \dfrac{2R_2}{R_1+R_2+\widetilde{Z}(p)} & \dfrac{R_1-R_2+\widetilde{Z}(p)}{R_1+R_2+\widetilde{Z}(p)} \end{pmatrix}$$

$$\begin{pmatrix} \dfrac{+R_1+R_2-\widetilde{Z}(p)}{2R_2} & \dfrac{-R_1+R_2+\widetilde{Z}(p)}{2R_2} \\[3ex] \dfrac{-R_1+R_2-\widetilde{Z}(p)}{2R_2} & \dfrac{+R_1+R_2+\widetilde{Z}(p)}{2R_2} \end{pmatrix}$$

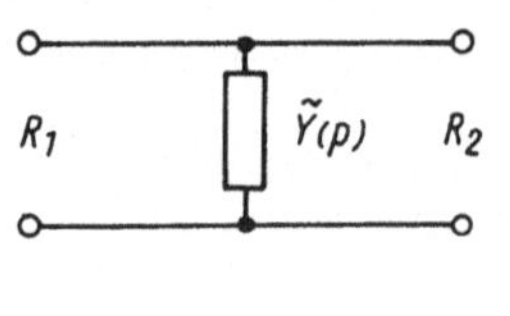

VR: $\widetilde{U}_1 - \widetilde{U}_2 = 0$

$$\begin{pmatrix} \dfrac{G_1-G_2-\widetilde{Y}(p)}{G_1+G_2+\widetilde{Y}(p)} & \dfrac{2G_2}{G_1+G_2+\widetilde{Y}(p)} \\[3ex] \dfrac{2G_1}{G_1+G_2+\widetilde{Y}(p)} & \dfrac{-G_1+G_2-\widetilde{Y}(p)}{G_1+G_2+\widetilde{Y}(p)} \end{pmatrix}$$

$$\begin{pmatrix} \dfrac{G_1+G_2-\widetilde{Y}(p)}{2G_1} & \dfrac{G_1-G_2-\widetilde{Y}(p)}{2G_1} \\[3ex] \dfrac{G_1-G_2+\widetilde{Y}(p)}{2G_1} & \dfrac{G_1+G_2+\widetilde{Y}(p)}{2G_1} \end{pmatrix}$$

Tafel 3.1. (Fortsetzung)

Struktur	Streumatrix	Kettenmatrix

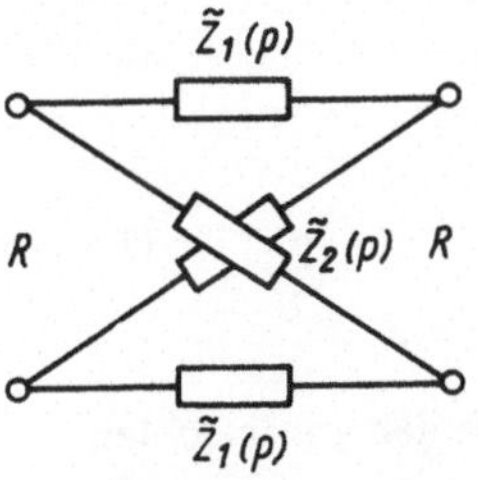

$\tilde{Z}_1(p)$, R, $\tilde{Z}_2(p)$, R, $\tilde{Z}_1(p)$

$$\begin{pmatrix} \dfrac{\tilde{S}_1+\tilde{S}_2}{2} & -\dfrac{\tilde{S}_1-\tilde{S}_2}{2} \\[2ex] -\dfrac{\tilde{S}_1-\tilde{S}_2}{2} & \dfrac{\tilde{S}_1+\tilde{S}_2}{2} \end{pmatrix}$$

$$\begin{pmatrix} \dfrac{2\tilde{S}_1\tilde{S}_2}{\tilde{S}_1-\tilde{S}_2} & -\dfrac{\tilde{S}_1+\tilde{S}_2}{\tilde{S}_1-\tilde{S}_2} \\[2ex] \dfrac{\tilde{S}_1+\tilde{S}_2}{\tilde{S}_1-\tilde{S}_2} & -\dfrac{2}{\tilde{S}_1-\tilde{S}_2} \end{pmatrix}$$

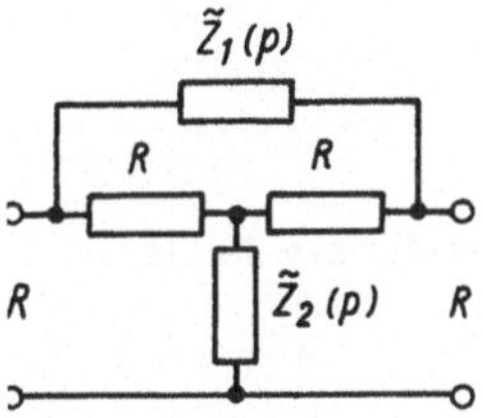

$$\tilde{S}_1 = \frac{\tilde{Z}_1-R}{\tilde{Z}_1+R} \qquad \tilde{S}_2 = \frac{\tilde{Z}_2-R}{\tilde{Z}_2+R}$$

$\tilde{Z}_1(p)$, R, R, R, $\tilde{Z}_2(p)$, R

$$\begin{pmatrix} 0 & \dfrac{1}{1+G\tilde{Z}_1(p)} \\[2ex] \dfrac{1}{1+G\tilde{Z}_1(p)} & 0 \end{pmatrix}$$

$$\begin{pmatrix} \dfrac{1}{1+G\tilde{Z}_1(p)} & 0 \\[2ex] 0 & 1+G\tilde{Z}_1(p) \end{pmatrix}$$

$$\tilde{Z}_1(p)\cdot\tilde{Z}_2(p) = R^2$$

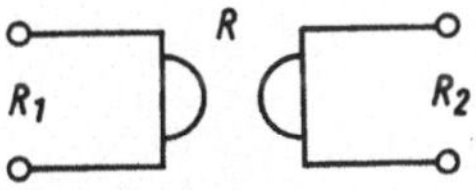

R_1, R, R_2

VR: $\tilde{U}_1 - \tilde{U}_2 = 0$

$$\begin{pmatrix} 0 & -1 \\ 1 & 0 \end{pmatrix} \qquad \begin{pmatrix} -1 & 0 \\ 0 & 1 \end{pmatrix}$$

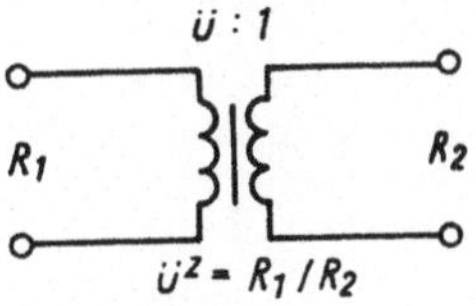

$R_1 = R_2 = R$

Gyrator

$\ddot{u}:1$, R_1, R_2

VR: $\tilde{U}_1 - \tilde{U}_2 = 0$

$$\begin{pmatrix} 0 & \ddot{U} \\ 1/\ddot{U} & 0 \end{pmatrix} \qquad \begin{pmatrix} \ddot{U} & 0 \\ 0 & 1/\ddot{U} \end{pmatrix}$$

$\ddot{u}^2 = R_1/R_2$

Transformator

R_2, R_1, R, R_n

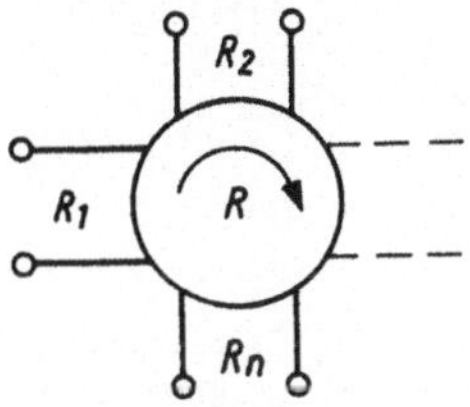

$$\begin{pmatrix} 0 & 0 & \cdots & 0 & 1 \\ 1 & 0 & \cdots & 0 & 0 \\ \vdots & \vdots & & \vdots & \vdots \\ 0 & 0 & & 1 & 0 \end{pmatrix}$$

$R_i = R \quad i = 1, \ldots n$

Zirkulator

In Tafel 3.1 sind die Streumatrizen und Wellenkettenmatrizen für einige oft benötigte n-Tore von Analogfiltern zusammengestellt. Alle Berechnungen gehen
von den Strom-Spannungs-Beziehungen des n-Tores aus. Die Ströme und Spannungen in diesen Gleichungen werden durch

$$\widetilde{U}_i = \frac{1}{2}(\widetilde{V}_{ei} + \widetilde{V}_{ai})$$

(3.43)

und

$$\widetilde{I}_i = \frac{1}{2R_i}(\widetilde{V}_{ei} - \widetilde{V}_{ai})$$

(3.44)

ersetzt.

Das entstandene Gleichungssystem für $\widetilde{V}_{ei}$ und $\widetilde{V}_{ai}$ ist nach den gewünschten
Wellengrößen aufzulösen.

Die Berechnung von $\underline{\widetilde{S}}$ und $\underline{\widetilde{K}}_w$ soll am Beispiel einer Stoßstelle (Bild 3.8) erläutert werden.

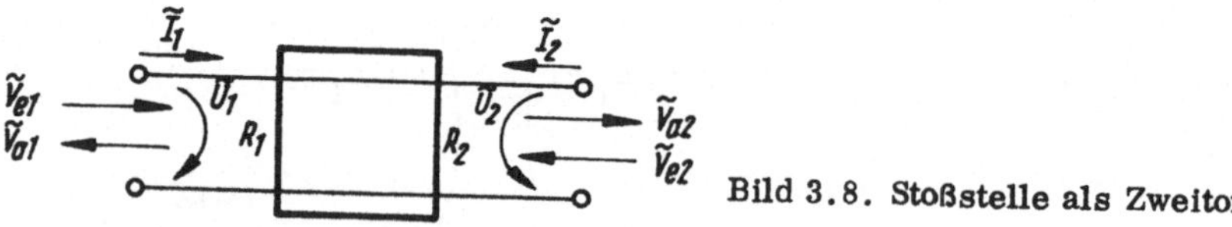

Bild 3.8. Stoßstelle als Zweitor

Die Strom-Spannungs-Beziehungen lauten

$$\widetilde{I}_1 = -\widetilde{I}_2$$

$$\widetilde{U}_1 = \widetilde{U}_2.$$

Das Einsetzen der Beziehungen (3.43) und (3.44) führt auf

$$\frac{1}{2R_1}(\widetilde{V}_{e1} - \widetilde{V}_{a1}) = -\frac{1}{2R_2}(\widetilde{V}_{e2} - \widetilde{V}_{a2})$$

und

$$\frac{1}{2}(\widetilde{V}_{e1} + \widetilde{V}_{a1}) = \frac{1}{2}(\widetilde{V}_{e2} + \widetilde{V}_{a2}).$$

Daraus erhält man nach einigen Umformungen

$$\underline{\widetilde{S}} = \begin{pmatrix} -S & 1+S \\ 1-S & S \end{pmatrix}$$

mit dem Reflexionsfaktor

$$S = \frac{R_1 - R_2}{R_1 + R_2}.$$

Die Wellenkettenmatrix in

$$\begin{pmatrix} \widetilde{V}_{a1} \\ \widetilde{V}_{e1} \end{pmatrix} = \underline{\widetilde{K}}_w \begin{pmatrix} \widetilde{V}_{e2} \\ \widetilde{V}_{a2} \end{pmatrix}$$

lautet

$$\underline{\widetilde{K}}_w = \begin{pmatrix} \dfrac{1}{1-S} & \dfrac{-S}{1-S} \\[2mm] \dfrac{-S}{1-S} & \dfrac{1}{1-S} \end{pmatrix}. \tag{3.45}$$

Bei der Zerlegung des analogen Referenzfilters sind neben den Wellenbeziehungen
an n-Toren (Tafel 3.1) noch die für verschiedenartige Torbeschaltungen erforderlich.
In Tafel 3.2 sind für Standardbeschaltungen die Zusammenhänge zwischen einlaufenden und auslaufenden Wellen aufgeführt.

Tafel 3.2. Reflexionsfaktoren für Standardbeschaltungen analoger n-Tore

Schaltung	Reflexionsfaktor	Wellenbeziehung
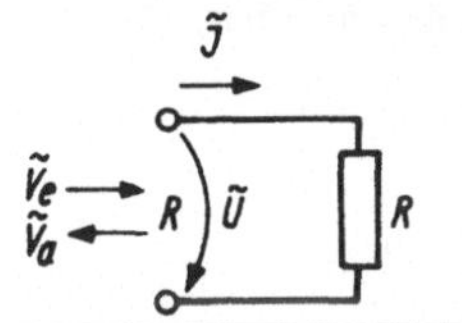 $\widetilde{J}$, $\widetilde{V}_e$, $\widetilde{V}_a$, R, $\widetilde{U}$, R	$S = 0$	$\widetilde{V}_a = S \cdot \widetilde{V}_e$ $\widetilde{V}_a = 0$ $\widetilde{V}_e = 2\widetilde{U}$
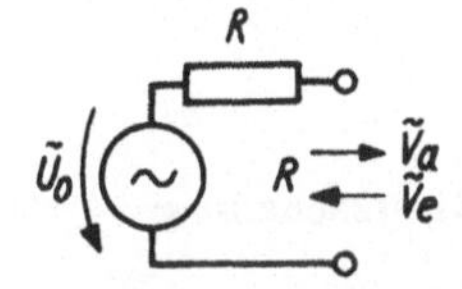 R, $\widetilde{U}_0$, R, $\widetilde{V}_a$, $\widetilde{V}_e$	$S = 0$	$\widetilde{V}_a = S \cdot \widetilde{V}_e + \widetilde{V}_0$ $\widetilde{V}_0 = \widetilde{U}_0$ $\widetilde{V}_a = \widetilde{U}_0$
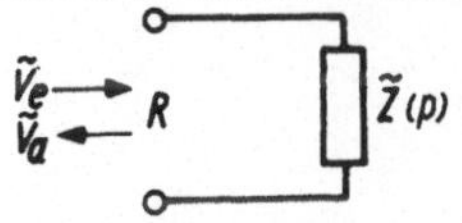 $\widetilde{V}_e$, $\widetilde{V}_a$, R, $\widetilde{Z}(p)$	$\widetilde{S} = \dfrac{\widetilde{Z}(p) - R}{\widetilde{Z}(p) + R}$	
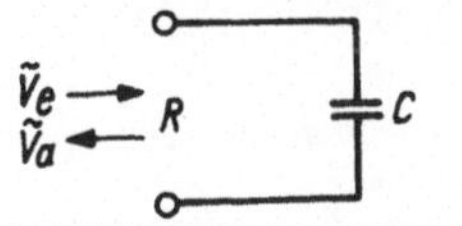 $\widetilde{V}_e$, $\widetilde{V}_a$, R, C	$\widetilde{S} = \dfrac{1 - pCR}{1 + pCR}$	$\widetilde{V}_a = \widetilde{S} \cdot \widetilde{V}_e$
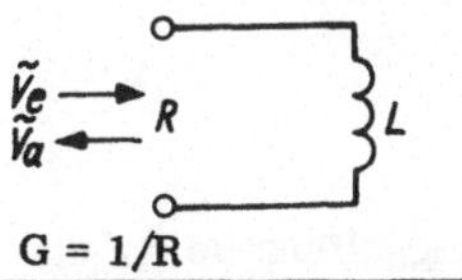 $\widetilde{V}_e$, $\widetilde{V}_a$, R, L	$\widetilde{S} = -\dfrac{1 - pLG}{1 + pLG}$	

$G = 1/R$

Die Vielfalt der Zerlegungsmöglichkeiten, gepaart mit der Variationsmöglichkeit der Torwiderstände, hat zu verschiedenartigen Entwurfsverfahren geführt.
Das Resultat jedes Entwurfsverfahrens ist ein Signalflußgraph für die eingeführten Wellengrößen. Folglich existieren zu einer Analogfilterstruktur aufgrund
der endlichen Anzahl von Zerlegungen eine endliche Anzahl Grundstrukturen von
Wellendigitalfiltern, die durch die Variation der Torwiderstände modifiziert
werden kann.
Der Wellensignalflußgraph für die bei der Dekomposition entstehenden n-Tore
wird in jedem Fall aus den Wellengleichungen für das n-Tor gewonnen. Dieser
Schritt kann jedoch im Entwurfsprozeß ein oder mehrmals vollzogen werden.

Er ist damit entweder der Endschritt oder nur ein Zwischenschritt. Dies wird
am deutlichsten an der beschalteten Kreuzschaltung im Bild 3.9. Eine der Zerlegungsmöglichkeiten wird durch die im Bild 3.9 eingezeichneten Schnittlinien
SL 1 und SL 2 festgelegt. Für das entstandene Zweitor mit den Torwiderständen R liest man aus der Tafel 3.1 die Streumatrix

$$
\widetilde{\underline{S}} = \begin{pmatrix} \dfrac{\widetilde{S}_1+\widetilde{S}_2}{2} & -\dfrac{\widetilde{S}_1-\widetilde{S}_2}{2} \\[2ex] -\dfrac{\widetilde{S}_1-\widetilde{S}_2}{2} & \dfrac{\widetilde{S}_1+\widetilde{S}_2}{2} \end{pmatrix} \tag{3.46}
$$

ab. Diese Wellenbeziehungen kann man unmittelbar in ein Wellensignalflußbild
umsetzen (Bild 3.10), wobei die Eintore S_1 und S_2 die Reflexionsfaktoren $\widetilde{S}_1$ und
$\widetilde{S}_2$ realisieren. Die Wellensignalflußbilder für S_1 und S_2 können dann wiederum
durch Zerlegung der Struktur der Zweipole $\widetilde{Z}_1$ und $\widetilde{Z}_2$ gewonnen werden.

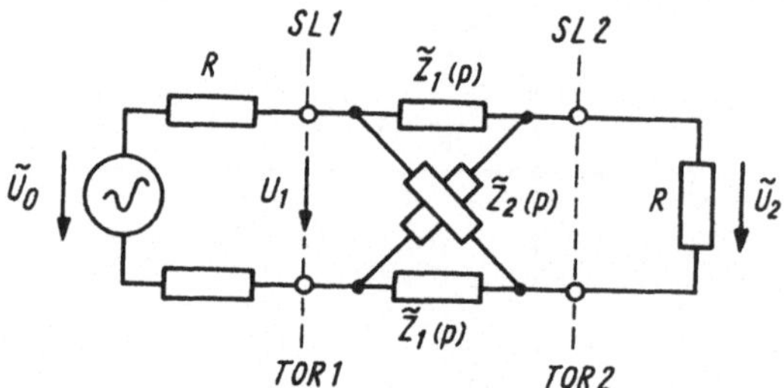

Bild 3.9. Kreuzschaltung

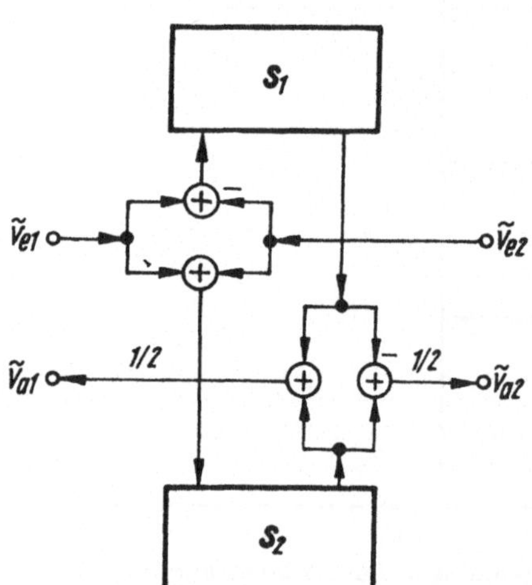

Bild 3.10. Wellensignalflußbild für die
Wellenbeziehungen an der unbeschalte-
ten Kreuzschaltung

Da die Abschlußwiderstände mit dem Torwiderstand übereinstimmen, gilt für
die Wellen am Zweitor $\widetilde{V}_{a2} = 2\widetilde{U}_2$ und $\widetilde{V}_{e1} = \widetilde{U}_0$ (Tafel 3.2). Folglich kann das
Wellensignalflußbild vereinfacht werden, wie es im Bild 3.11 skizziert ist.
Die Kreuzschaltung kann jedoch auch als Parallelschaltung zweier Strukturen mit
Zweipolen im Längszweig dargestellt werden. Daraus entsteht ein Blockbild für
die Zusammenschaltung der n-Tore, wie es im Bild 3.12 angegeben ist. Der

Funktionsinhalt der n-Tore ist durch Kurzsymbole gekennzeichnet. Der Wellensignalflußgraph für die einzelnen n-Tore ist aus der Streumatrix (Tafel 3.1) zu entwickeln. Dabei tritt das Problem auf, durch geeignete Wahl der Torwiderstände das Auftreten von nicht realisierbaren <u>verzögerungsfreien Schleifen</u> zu vermeiden.

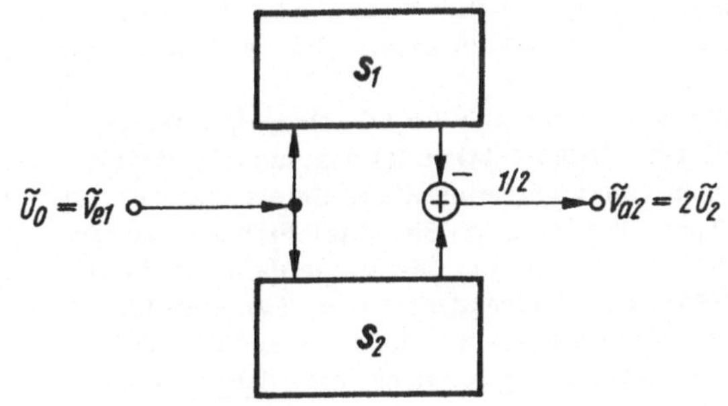

Bild 3.11. Wellensignalflußbild für die Wellenbeziehungen an der beschalteten Kreuzschaltung

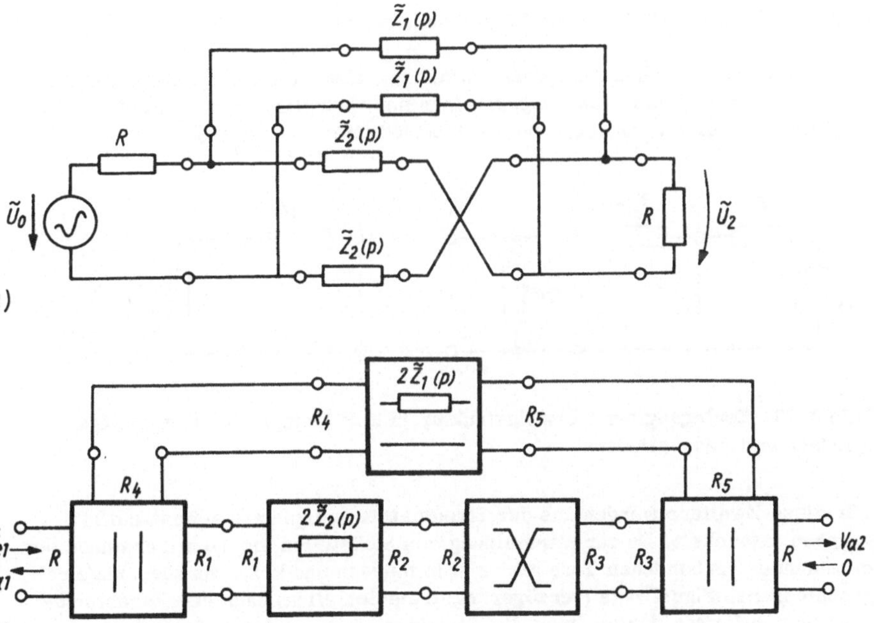

Bild 3.12. Wellensignalflußbild für die in elementare n-Tore zerlegte Kreuzschaltung
a) Zerlegung in Zweitore und Adaptoren
b) Wellensignalflußbild

Die Zerlegung der Analogfilterstruktur ist im Entwurfsprozeß der Wellendigitalfilter nur der strukturelle Aspekt. Um zu einem Digitalfilter zu gelangen, müssen die in den Streumatrizen auftretenden Zweigimpedanzen diskretisiert werden.

Charakteristisch für die Wellendigitalfilter ist die Verwendung der Bilineartransformation

$$P \longrightarrow \frac{1 - z^{-1}}{1 + z^{-1}}, \qquad \widetilde{F}(p) \longrightarrow F(z^{-1}), \tag{3.47}$$

da sie für einfache Eintore (Tafel 3.2) bei geeigneter Wahl der Torwiderstände R zu einfachen Ausdrücken führt. Es sind jedoch auch andere Diskretisierungsformeln denkbar und einsetzbar.
Unter den bekannten Analogfilterstrukturen nehmen die LC-Abzweigschaltungen einen bedeutsamen Platz ein. In dieser Strukturklasse ist die Anzahl der verwendeten Adaptoren bei der Zerlegung ein geeignetes Klassifizierungsmerkmal. Unter Adaptoren versteht man n-Tore, die lediglich Strukturinformationen tragen (Tafel 3.1) und keine Schaltelemente beinhalten. Beispiele dafür sind die Kreuzungsstelle, der Paralleladaptor, der Serienadaptor u.a. Für eine LC-Abzweigschaltung n. Grades kann die Adaptoranzahl zwischen 0 und der Anzahl der Schaltelemente schwanken. Danach wird in <u>Strukturen mit Adaptoren</u> und <u>Strukturen ohne Adaptoren</u> unterschieden.

3.2.2.1. Wellendigitalfilterstrukturen ohne Adaptoren

Abzweigstrukturen ohne Adaptoren entstehen, indem die Analogfilterstruktur in eine Kettenschaltung von Längsgliedern und Quergliedern zerlegt wird, wie im Bild 3.13 für die vorgegebene Struktur skizziert ist /3.14/.

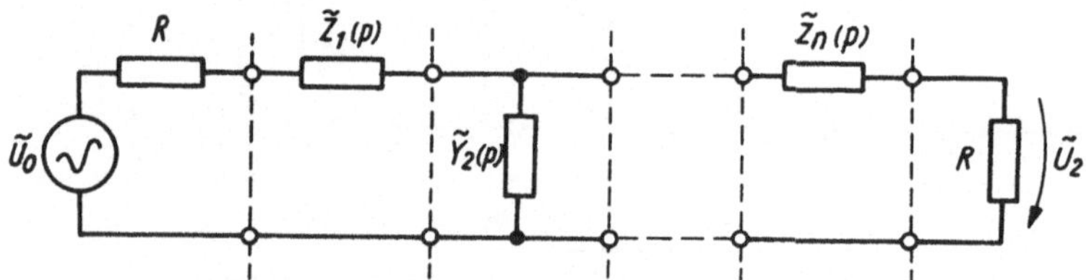

Bild 3.13. Zerlegung der Abzweigstruktur in eine Kettenschaltung von Quergliedern und Längsgliedern

Für diese Zweitore werden aus der Streumatrix geeignete Wellensignalflußgraphen entwickelt. Da zur Vermeidung von Stoßstellen die Torwiderstände der miteinander verbundenen Tore gleich sein müssen und keine verzögerungsfreien geschlossenen Signalwege (verzögerungsfreie Schleifen) nach der Zusammenschaltung auftreten dürfen, sind die Torwiderstände eindeutig festgelegt.
Für das Längsglied mit der diskretisierten Zweigimpedanz

$$Z(z^{-1}) = K_L \frac{B_L(z^{-1})}{A_L(z^{-1})} = K_L \frac{b_m z^{-m} + \ldots + b_1 z^{-1} + 1}{a_n z^{-n} + \ldots + a_1 z^{-1} + 1} \tag{3.48}$$

ist aus Tafel 3.1 die Streumatrix

$$\underline{S}_L(z^{-1}) \approx \begin{pmatrix} \dfrac{(R_2-R_1)A_L(z^{-1})+K_L B_L(z^{-1})}{(R_1+R_2)A_L(z^{-1})+K_L B_L(z^{-1})} & \dfrac{2R_1 A_L(z^{-1})}{(R_1+R_2)A_L(z^{-1})+K_L B_L(z^{-1})} \\[4mm] \dfrac{2R_2 A_L(z^{-1})}{(R_1+R_2)A_L(z^{-1})+K_L B_L(z^{-1})} & \dfrac{(R_1-R_2)A_L(z^{-1})+K_L B_L(z^{-1})}{(R_1+R_2)A_L(z^{-1})+K_L B_L(z^{-1})} \end{pmatrix} \tag{3.49}$$

u entnehmen. Damit keine verzögerungsfreien geschlossenen Signalwege nach
er Zusammenschaltung entstehen, muß einer der Reflexionsfaktoren S_{ii} ($i = \nu,\mu$)
er miteinander verbundenen Tore ν und μ ohne verzögerungsfreien Pfad reali-
ierbar sein. Folglich ist zu fordern, daß entweder im Zählerpolynom von
$_{11}(z^{-1})$ oder im Zählerpolynom von $S_{22}(z^{-1})$ der konstante Term verschwindet.
Vegen der Symmetrieeigenschaften des Längsgliedes genügt es jedoch, nur einen
er Reflexionsfaktoren, in diesem Fall S_{22}, näher zu untersuchen. Dies führt
ir S_{22} auf die Beziehung

$$R_1 - R_2 + K_L = 0. \tag{3.50}$$

Iit dieser Beziehung zwischen den Torwiderständen erhält man für die Streu-
1atrix

$$\underline{S}_L(z^{-1}) = \frac{1}{1 - \beta_1 S_L(z^{-1})} \begin{pmatrix} 1-\beta_1 & \beta_1(1-S_L(z^{-1})) \\[3mm] 1-S_L(z^{-1}) & +(1-\beta_1)S_L(z^{-1}) \end{pmatrix}, \tag{3.51}$$

obei

$$\beta_1 = \frac{R_1}{R_2} \tag{3.52}$$

1s Torwiderstandsverhältnis bedeutet und

$$S_L(z^{-1}) = \frac{-A_L(z^{-1}) + B_L(z^{-1})}{A_L(z^{-1}) + B_L(z^{-1})} \tag{3.53}$$

er Reflexionsfaktor eines Eintores mit der diskretisierten Impedanz $Z(z^{-1})$
1d dem Torwiderstand K_L ist. Die dazugehörige Wellenkettenmatrix $\underline{K}_{wL}$
1utet

$$\underline{K}_{wL} = \frac{1}{1-S_L(z^{-1})} \begin{pmatrix} \beta_1 - S_L(z^{-1}) & 1 - \beta_1 \\[3mm] -(1 - \beta_1)S_L(z^{-1}) & 1 - \beta_1 S_L(z^{-1}) \end{pmatrix}. \tag{3.54}$$

ie für das diskretisierte Längsglied berechneten Wellenbeziehungen spiegelt
er im Bild 3.14 dargestellte Wellensignalflußgraph wider.
ie Berechnungen für das Querglied mit der diskretisierten Zweigadmittanz

$$Y(z^{-1}) = K_Q \frac{B_Q(z^{-1})}{A_Q(z^{-1})} = K_Q \frac{b_m z^{-m}+\ldots+b_1 z^{-1}+1}{a_n z^{-n}+\ldots+a_1 z^{-1}+1} \tag{3.55}$$

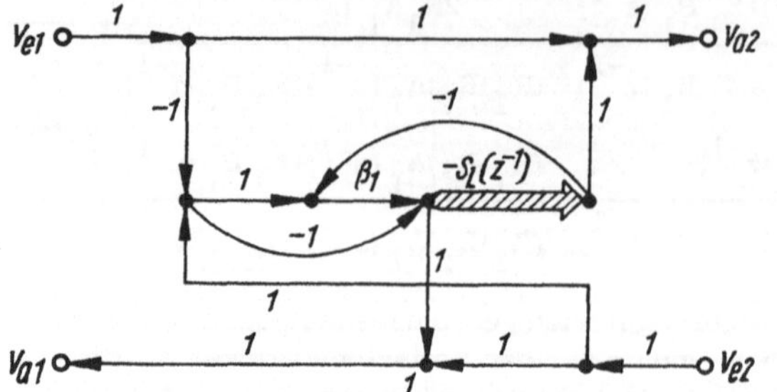

Bild 3.14. Wellensignalflußgraph eines Längsgliedes

gleichen denen für das Längsglied. Aufgrund der Symmetrieeigenschaften des
Quergliedes ist es wiederum gleichgültig, welcher Reflexionsfaktor betrachtet
wird. In diesem Fall soll es ebenfalls der Reflexionsfaktor $S_{22}(z^{-1})$ sein. Unter
Berücksichtigung der Beziehung (3.55) läßt sich der aus der Tafel 3.1 entnom-
mene Reflexionsfaktor S_{22} in der Form

$$S_{22}(z^{-1}) = \frac{(G_2-G_1)A_Q(z^{-1})-K_Q B_Q(z^{-1})}{(G_2+G_1)A_Q(z^{-1})+K_Q B_Q(z^{-1})} \qquad (3.56)$$

darstellen. Der Wellensignalflußgraph enthält, wie gefordert, genau dann keinen
verzögerungsfreien Pfad, wenn der konstante Term im Zählerpolynom von
$S_{22}(z^{-1})$ verschwindet, d.h.

$$G_1 - G_2 + K_Q = 0. \qquad (3.57)$$

Diese Beziehung und Gl. (3.55) in die Streumatrix aus Tafel 3.1 eingesetzt,
liefern für $\underline{S}$ den Ausdruck

$$\underline{S}_Q(z^{-1}) = \frac{1}{1+\beta_2 S_Q(z^{-1})} \begin{pmatrix} -(1-\beta_2) & 1+S_Q(z^{-1}) \\ \beta_2(1+S_Q(z^{-1})) & +(1-\beta_2)S_Q(z^{-1}) \end{pmatrix} \qquad (3.58)$$

mit dem Torwiderstandsverhältnis

$$\beta_2 = \frac{R_2}{R_1} = \frac{G_1}{G_2} \qquad (3.59)$$

und dem Reflexionsfaktor

$$S_Q(z^{-1}) = + \frac{A_Q(z^{-1}) - B_Q(z^{-1})}{A_Q(z^{-1}) + B_Q(z^{-1})} \qquad (3.60)$$

eines Eintores mit der diskretisierten Impedanz $Y^{-1}(z^{-1})$ und dem Torwiderstand K_Q^{-1}. Die dazu gehörende Wellenkettenmatrix $\underline{K}_{WQ}$ lautet

$$\underline{K}_{WQ}(z^{-1}) = \frac{1}{1 + S_Q(z^{-1})} \begin{pmatrix} 1+\beta_2^{-1}S_Q(z^{-1}) & -(\beta_2^{-1} - 1) \\ -(\beta_2^{-1}-1)S_Q(z^{-1}) & \beta_2^{-1} + S_Q(z^{-1}) \end{pmatrix}. \qquad (3.61)$$

Aus der Streumatrix wird der im Bild 3.15 skizzierte Wellensignalflußgraph entwickelt.

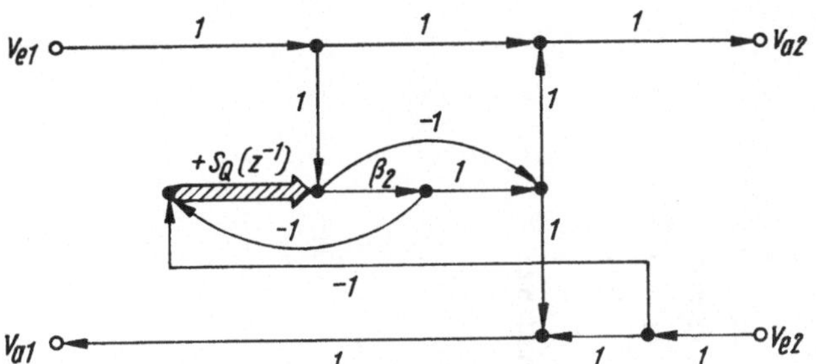

Bild 3.15. Wellensignalflußgraph eines Quergliedes

Für die in den LC-Abzweigschaltungen am häufigsten vorkommenden Zweigimpedanzen sind in Tafel 3.3 die Faktoren K_L und K_Q sowie die Reflexionsfaktoren $S_L(z^{-1})$ und $S_Q(z^{-1})$ bei Verwendung der Bilineartransformation zusammengestellt. Es sei an dieser Stelle vermerkt, daß der Reflexionsfaktor des Parallelschwingkreises bis auf das Vorzeichen mit dem des Reihenschwingkreises übereinstimmt und darüber hinaus dem Ausdruck für den Reflexionsfaktor der Transformationsvorschrift für die TP, BP-Transformation digitaler Filter gleicht. Der entsprechende Signalflußgraph ist im Bild 3.16 dargestellt.

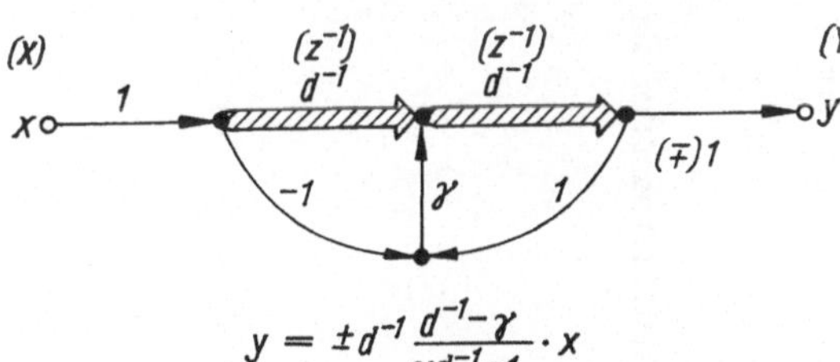

Bild 3.16. Signalflußgraph für die TP, BP-Transformation

Aus den vorgestellten Wellensignalflußgraphen für die Kettenglieder ist in einfacher Weise der gesamte Signalflußgraph für die Abzweigschaltung zusammensetzbar. Für die im Bild 3.13 dargestellte Abzweigstruktur ist im Bild 3.17 das dazugehörige Wellensignalflußbild skizziert.

Der Wellenübertragungsfaktor $K_{W22}^{-1}(z^{-1}) = S_{21}(z^{-1})$ gibt das Verhältnis von der einlaufenden zur auslaufenden Welle an und ist der zu realisierende Übertragungsfaktor

$$G(z^{-1}) = K_{W22}^{-1}(z^{-1}) = \frac{U_2}{U_0/2}. \qquad (3.62)$$

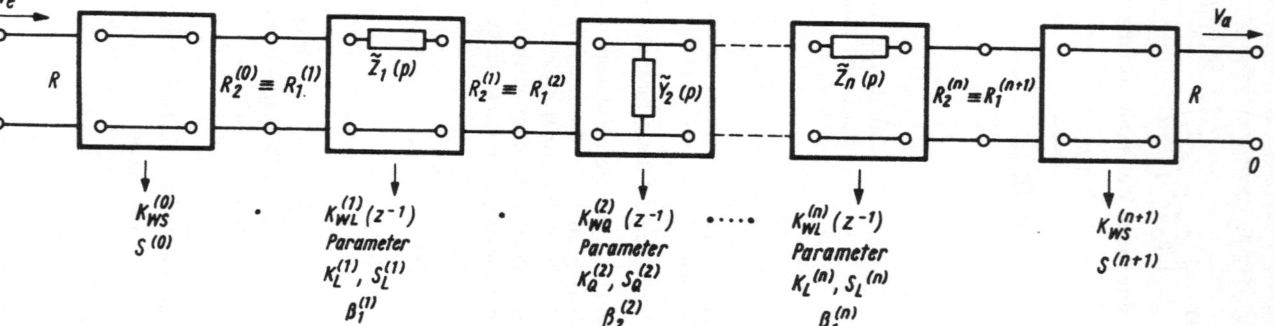

Bild 3.17. Wellendigitalfilterstruktur ohne Adaptoren für die Abzweigschaltung

Tafel 3.3. Reflexionsfaktoren und Torwiderstände einiger Zweigimpedanzen für Wellenstrukturen ohne Adaptoren

Element	K_L	K_Q	$S_L(z^{-1}) = S_Q(z^{-1})$
c (Kapazität)	1	$\dfrac{1}{1}$	$-z^{-1}$
l (Induktivität)	$\dfrac{1}{c}$	c	$+z^{-1}$
$l,\ c$ parallel; $\gamma = -\dfrac{1-lc}{1+lc}$	$\dfrac{1}{lc+1}$	$\dfrac{lc+1}{1}$	$z^{-1}\,\dfrac{z^{-1}-\gamma}{\gamma z^{-1}-1}$
$l,\ c$ in Reihe; $\gamma = -\dfrac{1-lc}{1+lc}$	$\dfrac{lc+1}{c}$	$\dfrac{c}{lc+1}$	$-z^{-1}\,\dfrac{z^{-1}-\gamma}{\gamma z^{-1}-1}$
s	$1/s$	s	$+\dfrac{2\,z^{-1}}{1+z^{-2}}$

Er wird aus dem Produkt der Wellenkettenmatrizen der einzelnen Kettenglieder ermittelt. Für die Abzweigstruktur nach Bild 3.17 gilt

$$\underline{K}_W(z^{-1}) = \underline{K}_{WS}^{(0)} \cdot \underline{K}_{WL}^{(1)}(z^{-1}) \cdot \underline{K}_{WQ}^{(2)}(z^{-1}) \cdot \ldots \cdot \underline{K}_{WL}^{(n)}(z^{-1}) \cdot \underline{K}_{WS}^{(n+1)}, \qquad (3.63)$$

wobei $\underline{K}_{WS}^{(0)}$ und $\underline{K}_{WS}^{(n+1)}$ die Wellenkettenmatrizen für die Anpaßglieder sind. Für den endgültigen Entwurf des Digitalfilters sind die Torwiderstände zu bestimmen. Die Torwiderstände müssen, wie aus den vorangegangenen Betrachtungen hervorgeht, den Bedingungen

$$R_1^{(\nu)} = R_2^{(\nu-1)}$$

$$R_2^{(\nu)} = R_1^{(\nu)} + K_L^{(\nu)} \qquad \nu = 1,\, 3,\, \ldots,\, n$$

und

$$R_1^{(\nu)} = R_2^{(\nu-1)}$$

$$1/R_2^{(\nu)} = 1/R_1^{(\nu)} + K_Q^{(\nu)} \qquad \nu = 2,\, 4,\, \ldots,\, n\text{-}1$$

$$(3.64)$$

genügen und sind nicht mehr frei wählbar. Die Wahl der Anpassung - eingangs- oder ausgangsseitige - richtet sich danach, ob an dem Tor verzögerungsfreie Reflexionen auftreten. Da der Wellensignalflußgraph für die Stoßstelle ausschließlich verzögerungsfreie Pfade enthält, ist die Stoßstelle an das Tor zu legen, dessen Reflexionsfaktor ohne verzögerungsfreien Pfad realisiert wurde. Da es in diesem Fall der Reflexionsfaktor S_{22} ist, liegt die Stoßstelle am Ausgang, und am Eingang ist die Anpassung $(R^{(0)} = R)$ vorzunehmen. Bei Anpassung am Eingang entfällt die im Bild 3.17 skizzierte Stoßstelle. Der Wellen-

Tafel 3.4. Wellenkettenmatrizen für Längsglieder und Querglieder in Abzweigstrukturen

	Eingangsseitige Anpassung		Ausgangsseitige Anpassung	
$\tilde{Z}(p)$ $R_1 \qquad R_2$ $S_L(z^{-1}) = -\dfrac{Z(0)-Z(z^{-1})}{Z(0)-Z(z^{-1})}$ $K_L = Z(0)$	$R_2 = R_1 + K_L$ $\beta_1 = \dfrac{R_1}{R_2}$	$\underline{K}_{WL} = \begin{pmatrix} \dfrac{\beta_1 - S_L}{1-S_L} & \dfrac{1-\beta_1}{1-S_L} \\[2ex] \dfrac{-(1-\beta_1)S_L}{1-S_L} & \dfrac{1-\beta_1 S_L}{1-S_L} \end{pmatrix}$	$R_1 = R_2 + K_L$ $\beta_1 = \dfrac{R_1}{R_2}$	$\underline{K}_{WL} = \begin{pmatrix} \dfrac{1-\beta_1 S_L}{1-S_L} & \dfrac{-(1-\beta_1)S_L}{1-S_L} \\[2ex] \dfrac{1-\beta_1}{1-S_L} & \dfrac{\beta_1 - S_L}{1-S_L} \end{pmatrix}$
$\tilde{Y}(p)$ $S_Q(z^{-1}) = +\dfrac{Y(0)-Y(z^{-1})}{Y(0)+Y(z^{-1})}$ $K_Q = Y(0)$	$G_2 = G_1 + K_Q$ $\beta_2 = \dfrac{G_1}{G_2}$	$\underline{K}_{WQ} = \begin{pmatrix} \dfrac{1+\beta_2^{-1}S_Q}{1+S_Q} & \dfrac{1-\beta_2^{-1}}{1+S_Q} \\[2ex] \dfrac{(1-\beta_2^{-1})S_Q}{1+S_Q} & \dfrac{\beta_2^{-1}+S_Q}{1+S_Q} \end{pmatrix}$	$G_1 = G_2 + K_Q$ $\beta_2 = \dfrac{G_1}{G_2}$	$\underline{K}_{WQ} = \begin{pmatrix} \dfrac{\beta_2^{-1}+S_Q}{1+S_Q} & \dfrac{(1-\beta_2^{-1})S_Q}{1+S_Q} \\[2ex] \dfrac{1-\beta_2^{-1}}{1+S_Q} & \dfrac{1+\beta_2^{-1}S_Q}{1+S_Q} \end{pmatrix}$

signalflußgraph für die Stoßstelle am Ausgang einschließlich der Beschaltung
mit dem Eintor ist im Bild 3.18b dargestellt.
Wenn die Beziehungen zwischen den Torwiderständen so festgelegt werden, daß
der Reflexionsfaktor S_{11} ohne verzögerungsfreie Pfade realisierbar ist, muß
die Anpassung am Ausgang ($R^{(n)} = R$) erfolgen. Der Wellensignalflußgraph für
die Stoßstelle am Eingang einschließlich der Beschaltung mit dem Eintor für die
Quelle ist Bild 3.18a zu entnehmen.

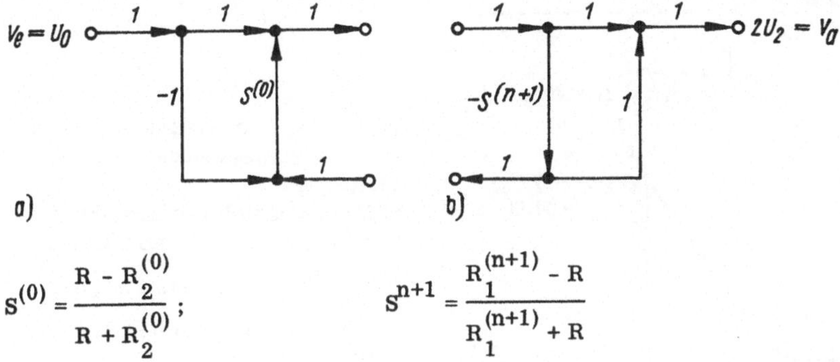

$$S^{(0)} = \frac{R - R_2^{(0)}}{R + R_2^{(0)}} \; ; \qquad\qquad S^{n+1} = \frac{R_1^{(n+1)} - R}{R_1^{(n+1)} + R}$$

Bild 3.18. Wellensignalflußgraph der eingangsseitigen und ausgangsseitigen
Abschlußglieder
a) eingangsseitiger Abschluß; b) ausgangsseitiger Abschluß

In Tafel 3.4 sind die Zusammenhänge zwischen den Torwiderständen für beide
Fälle - eingangsseitige und ausgangsseitige Anpassung - nochmals zusammen-
gestellt und die Wellenkettenmatrizen dazu angegeben.
An zwei Beispielen soll der Entwurfsprozeß demonstriert werden.

Beispiel 3.2.:

Es ist ein digitaler Tiefpaß mit den im Bild 3.19 skizzierten Dämpfungs-
anforderungen zu entwerfen. Die Frequenzgrenzen $f_D = 0,1$ und $f_S = 0,2$

werden nach der Abbildungsvorschrift der Bilineartransformation

$$\Omega = \tan \pi \, f$$

in die Frequenzgrenzen $\Omega_D = 0,3249196$ und $\Omega_S = 0,7265424$ des analogen
Referenzfilters umgerechnet. Bei Verwendung des Filterkatalogs in /3.11/
ist eine weitere Normierung auf Ω_D vorzunehmen, d.h.

$$\tilde{\Omega} = \Omega / \Omega_D .$$

Dadurch nimmt die Durchlaßgrenze $\tilde{\Omega}_D$ den Wert $\tilde{\Omega}_D = 1$ an. Für die Sperr-
grenze gilt $\tilde{\Omega}_S = 2,2360682$. Die Realisierung des Tiefpasses ist durch einen
Cauertiefpaß 3. Grades mit $\Theta = 27^\circ$, $\varrho = 50$ möglich. Aus dem Filterkatalog
entnimmt man die im Bild 3.20 angegebenen Schaltelementewerte $\tilde{s}_i$ ($s = 1$, c).
Der Zusammenhang zwischen s_i und $\tilde{s}_i$ lautet

$$\tilde{s}_i = s_i \, \Omega_D .$$

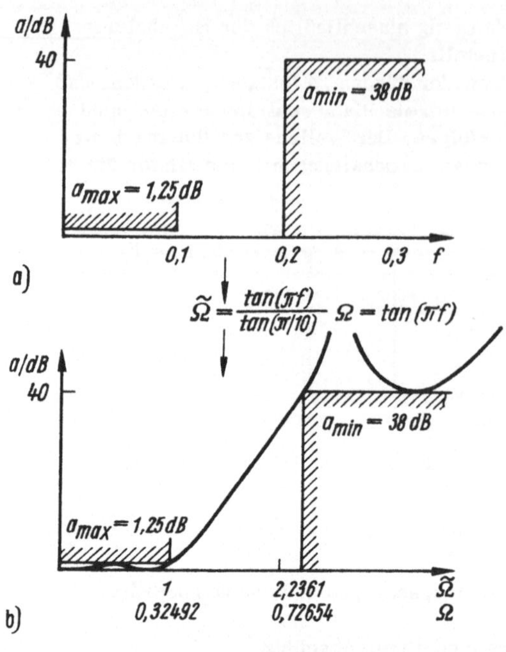

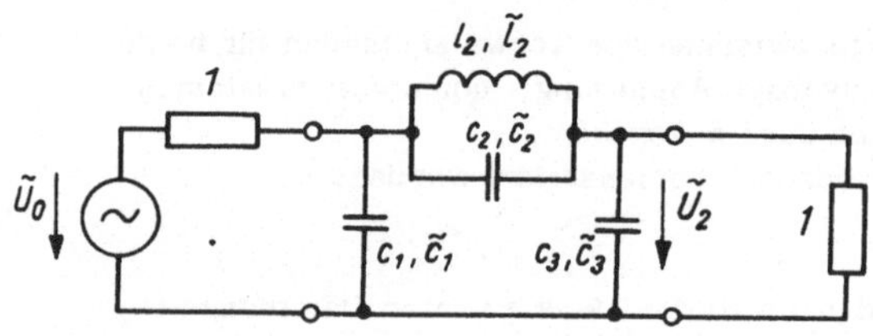

Bild 3.19. Dämpfungskenngrößen eines zu entwerfenden digitalen Tiefpasses

a) Dämpfungstoleranzschema
f^* Frequenz, f_A^* Tastfrequenz,
$f = f^*/f_A^*$ normierte Frequenz

b) Dämpfungsverlauf des Referenzfilters

Bild 3.20. Struktur des LC-Referenztiefpasses

$\widetilde{c}_1 = \widetilde{c}_3 = 2,0595$; $c_1 = c_3 = 6,3385$;

$\widetilde{c}_2 = 0,1878$; $c_2 = 0,57799$;

$\widetilde{l}_2 = 0,8462$; $l_2 = 2,6043$;

Für eingangsseitige Anpassung ergeben sich folgende Torwiderstände für die im Bild 3.21 dargestellte Wellenstruktur:

Zweitor 1 $R_1^{(1)} = 1$

$R_2^{(1)} = 1/(G_1^{(1)} + c_1) = 0,13627$ $\beta_2^{(1)} = 0,13627$

Zweitor 2 $R_1^{(2)} = R_2^{(1)} = 0,13627$

$R_2^{(2)} = R_1^{(2)} + l_2/(1+l_2 c_2) = 1,1758$

$\gamma = -\dfrac{1 - l_2 c_2}{1 + l_2 c_2} = 0,2017$ $\beta_1^{(2)} = 0,11589$

Zweitor 3 $R_1^{(3)} = R_2^{(2)} = 1,1758$

$R_2^{(3)} = 1/(G_1^{(3)} + c_3) = 0,13910$ $\beta_2^{(3)} = 0,11830$

Stoßstelle $\quad S^{(4)} = \dfrac{R_2^{(3)} - 1}{R_2^{(3)} + 1} = -0,7558$.

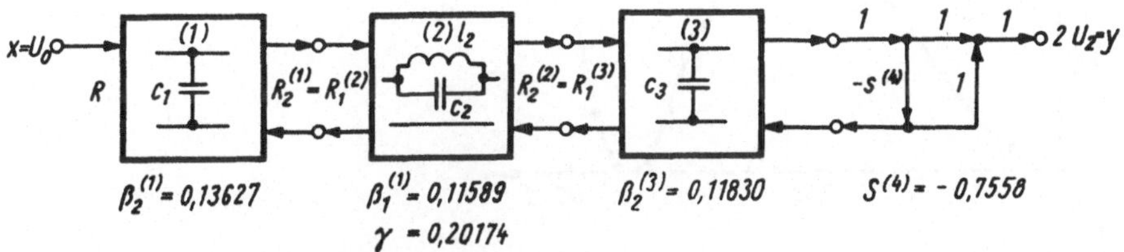

Bild 3.21. Wellensignalflußgraph des digitalen Tiefpasses

Die Größe γ bestimmt die Nullstelle von $G(z^{-1})$ auf dem Einheitskreis
$z = \exp 2\pi f$. Sie liegt bei $f_0 = (\arccos \gamma)/2\pi = 0,2177$. Die Frequenztransformation führt auf $\widetilde{\Omega}_0 = 2,5085$. Dieser Wert stimmt mit dem im Filterkatalog
/3.11/ überein. Zur Berechnung des gesamten Frequenzverlaufes ist

$$G(z^{-1}) = \frac{U_2}{U_0/2} = K_{W22}^{-1}$$

aus der Wellenkettenmatrix $\underline{K}_W$ der Filterstruktur zu entnehmen. Sie berechnet
sich aus den Wellenkettenmatrizen der Teilstrukturen zu

$$\underline{K}_W = \underline{K}_{WQ}^{(1)} \, \underline{K}_{WL}^{(2)} \, \underline{K}_{WQ}^{(3)} \, \underline{K}_{WS}^{(4)}.$$

Nach umfangreichen Rechnungen erhält man für $G(z^{-1})$

$$G(z^{-1}) = -0,0496 \frac{z^{-4}+1,59663z^{-3}+1,19326z^{-2}+1,59663z^{-1}+1}{z^{-4}-2,226459z^{-3}+0,59455z^{-2}+2,06792z^{-1}-1,75262}.$$

Der entsprechende Dämpfungsverlauf ist in den Bildern 3.22a und 3.22b angegeben

Beispiel 3.3.:

Es ist ein Bandpaß mit einer Mittenfrequenz $f_M^* = 12,699$ kHz für die akusti-
sche Signalanalyse (Terzfilter) zu entwerfen. Die Dämpfungsforderungen
sind im Bild 3.23 angegeben, wobei eine logarithmische Frequenzskale zur
Verdeutlichung der Symmetrie gewählt wurde.

Das nach der Frequenztransformation

$$\Omega = \tan \pi f$$

und

$$\widetilde{\Omega} = \Omega / \Omega_M, \qquad \Omega_M = \tan(\pi \cdot f_M)$$

entstehende Toleranzschema wird von dem im analogen Fall verwandten und im
Bild 3.24 skizzierten analogen Bandpaß erfüllt. Wegen der Normierung des
analogen Bandpasses auf Ω_M muß wie im vorangegangenen Beispiel eine Um-
rechnung der Schaltelemente $\widetilde{s}_i$ nach $s_i = \widetilde{s}_i/\Omega_M$ erfolgen (Bild 3.24a).

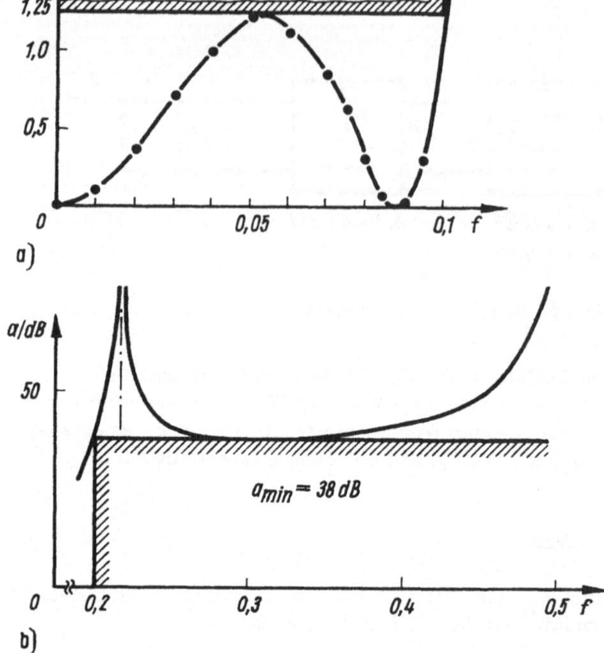

Bild 3.22. Dämpfungsverlauf des digitalen Tiefpasses
a) Dämpfungsverlauf im Durchlaßbereich
b) Dämpfungsverlauf im Sperrbereich

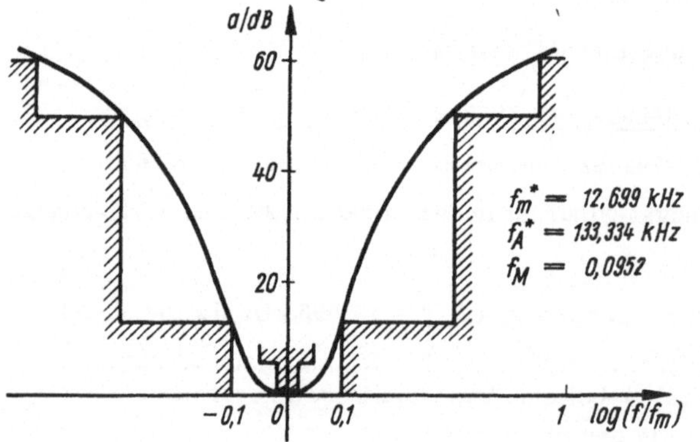

Bild 3.23. Dämpfungstoleranzschema eines zu entwerfenden digitalen Bandpasses

Die analoge Bandpaßfilterstruktur wird in sechs miteinander verkoppelte elementare Zweitore zerlegt. Bei ausgangsseitiger Anpassung entsteht die im Bild 3.24b skizzierte Wellenstruktur. Aus Tafel 3.4 ergibt sich für die Torwiderstände

Zweitor 6: $\quad R_2^{(6)} = 1$

$$R_1^{(6)} = 1/(G_2^{(6)} + 1/1_3) = 0,42880 \qquad \beta_2^{(6)} = 2,3321$$

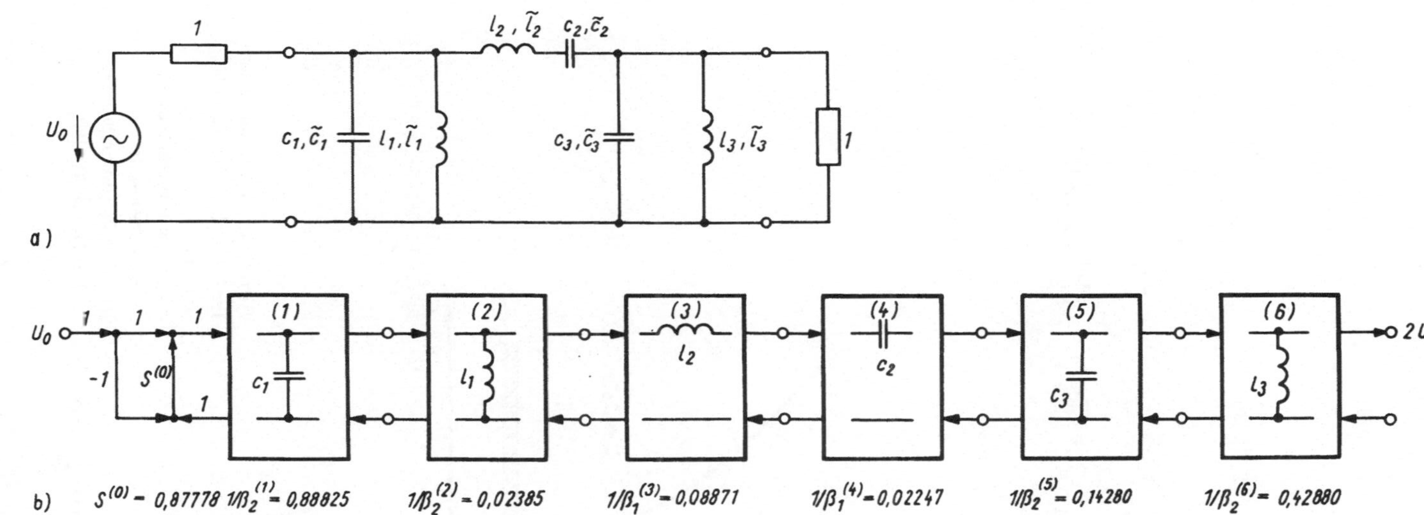

b) $\quad S^{(0)} = 0,87778 \quad 1/\beta_2^{(1)} = 0,88825 \qquad 1/\beta_2^{(2)} = 0,02385 \qquad 1/\beta_1^{(3)} = 0,08871 \qquad 1/\beta_1^{(4)} = 0,02247 \qquad 1/\beta_2^{(5)} = 0,14280 \qquad 1/\beta_2^{(6)} = 0,42880$

Bild 3.24. Struktur des Bandpasses

a) Struktur des LC-Referenzbandpasses

$$\widetilde{\Omega}_M = 1; \qquad \Omega_M = 0,30847$$

$$\widetilde{l}_1 = \widetilde{l}_3 = 0,23157; \qquad l_1 = l_3 = 0,75071$$

$$\widetilde{c}_1 = \widetilde{c}_3 = \frac{1}{\widetilde{l}_1}; \qquad c_1 = c_3 = 13,9990$$

$$\widetilde{l}_2 = 2\widetilde{c}_1; \qquad l_2 = 27,9981$$

$$c_2 = \frac{1}{\widetilde{l}_2}; \qquad c_2 = 0,37536$$

b) Wellensignalflußgraph des digitalen Bandpasses

Zweitor 5: $\quad R_2^{(5)} = R_1^{(6)}$

$$R_1^{(5)} = 1/(G_2^{(5)} + c_3) = 0,06123 \qquad \beta_2^{(5)} = 7,0028$$

Zweitor 4: $\quad R_2^{(4)} = R_1^{(5)}$

$$R_1^{(4)} = R_2^{(4)} + 1/c_2 = 2,72536 \qquad \beta_1^{(4)} = 44,5038$$

$\vdots$

Zweitor 1: $\quad R_2^{(1)} = R_1^{(2)}$

$$R_1^{(1)} = 1/(G_2^{(1)} + c_1) = 0,06509 \qquad \beta_2^{(1)} = 1,1258$$

Stoßstelle: $\quad S^{(0)} = \dfrac{1 - R_1^{(1)}}{1 + R_1^{(1)}} = 0,87778.$

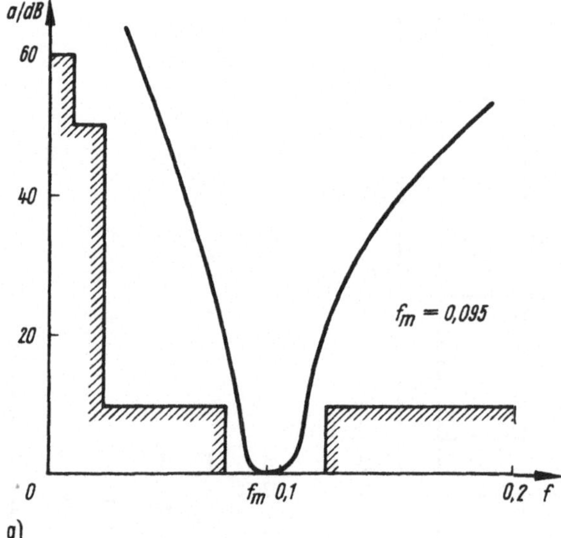

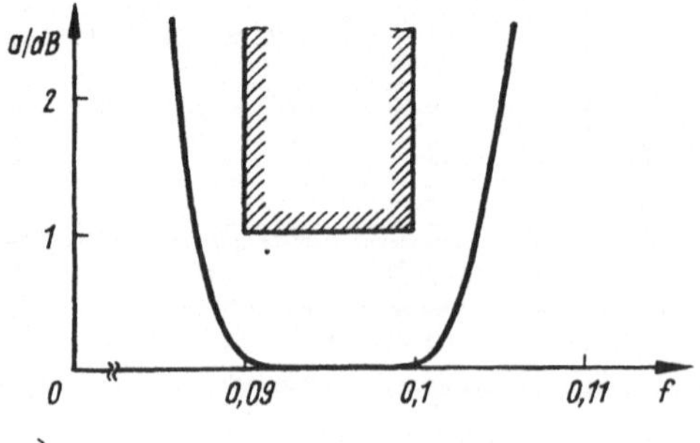

Bild 3.25. Dämpfungsver-
lauf des digitalen Band-
passes
a) Dämpfungsverlauf im
   Sperrbereich
b) Dämpfungsverlauf im
   Durchlaßbereich

Der Frequenzgang $G(\exp - 2\pi f)$ errechnet sich aus $K_{W22}^{-1}(\exp - 2\pi f)$ der Wellenkettenmatrix

$$\underline{K}_W = \underline{K}_{WS}^{(0)} \ \underline{K}_{WQ}^{(1)} \ \underline{K}_{WQ}^{(2)} \ \underline{K}_{WL}^{(3)} \ \underline{K}_{WL}^{(4)} \ \underline{K}_{WQ}^{(5)} \ \underline{K}_{WQ}^{(6)}$$

der Filterstruktur. Der mit einem Rechenprogramm ermittelte Dämpfungsverlauf ist in den Bildern 3.25a und 3.25b skizziert.

Zur Auswahl einer aufwandsoptimalen Struktur ist es vielfach nützlich, mit günstigen Skalierungen und einfachen Äquivalenztransformationen Strukturvarianten einer vorgegebenen Struktur zu ermitteln. Bei diesen Umformungen muß das durch $\underline{K}_W$ beschriebene Wellenverhalten erhalten bleiben. Wenn die Wellenkettenmatrix $\underline{K}_W$ der Struktur als Produkt

$$\underline{K}_W = \underline{K}_W^{(0)} \ \underline{K}_W^{(1)} \ \cdots \ \underline{K}_W^{(n)} \ \underline{K}_W^{(n+1)}$$

der Wellenkettenmatrizen $K_W^{(0)}, \ \ldots, \ K_W^{(n+1)}$ der Teilstrukturen darstellbar ist, erlaubt die Identität $\underline{T} \cdot \underline{T}^{-1} = \underline{I}$, die für jede nichtsinguläre Transformationsmatrix $\underline{T}$ gilt, eine äquivalente Umformung des Produkts in

$$\underline{K}_W = \underline{K}_W^{(0)} \ \underline{T}_0 \underline{T}_0^{-1} \ \underline{K}_W^{(1)} \ \underline{T}_1 \underline{T}_1^{-1} \ \cdots \ \underline{T}_{n-1} \underline{T}_{n-1}^{-1} \underline{K}_W^{(n)} \ \underline{T}_n \underline{T}_n^{-1} \ \underline{K}_W^{(n+1)}$$

$$= \underline{K}_{WT}^{(0)} \ \underline{K}_{WT}^{(1)} \ \cdots \ \underline{K}_{WT}^{(n-1)} \ \underline{K}_{WT}^{(n)} \ \underline{K}_{WT}^{(n+1)} \tag{3.65}$$

mit

$$\underline{K}_{WT}^{(0)} = \underline{K}_W^{(0)} \ \underline{T}_0$$

$$\underline{K}_{WT}^{(i)} = \underline{T}_{i-1}^{-1} \ \underline{K}_W^{(i)} \ \underline{T}_i \qquad\qquad i = 1, \ 2, \ \ldots, \ n.$$

$$\underline{K}_{WT}^{(n+1)} = \underline{T}_n^{-1} \ \underline{K}_W^{(n+1)}$$

Eine äquivalente Umformung auf der Grundlage der kommutativen Eigenschaften der Multiplikation einer Matrix mit einer skalaren Größe $(v\underline{I} = \underline{I}v)$ lautet

$$\underline{K}_W = \frac{1}{v_0 \cdots v_n} \ \underline{K}_W^{(0)} \ \underline{T}_{S0} \underline{K}_W^{(1)} \ \underline{T}_{S1} \ \cdots \ \underline{T}_{Sn} \underline{K}_W^{(n+1)} \tag{3.66}$$

mit

$$\underline{T}_{Si} = v_i \underline{I}.$$

Für die Abzweigstruktur als spezielle Form allgemeiner Kettenstruktur sind diese Beziehungen unmittelbar anwendbar.

Die Transformation mit der Matrix $\underline{T}_{Si}$ entspricht einer Skalierung. Die Transformationsmatrix $\underline{T}_{Si}$ stellt ebenfalls eine Wellenkettenmatrix dar und kann durch ein Wellensignalflußbild entsprechend dem Bild 3.26a veranschaulicht werden. Schaltet man eines dieser Transformationsglieder vor ein Eintor, so verändert sich der das Eintor beschreibende Reflexionsfaktor nicht. Folglich besteht die im Bild 3.26b angegebene Äquivalenz.

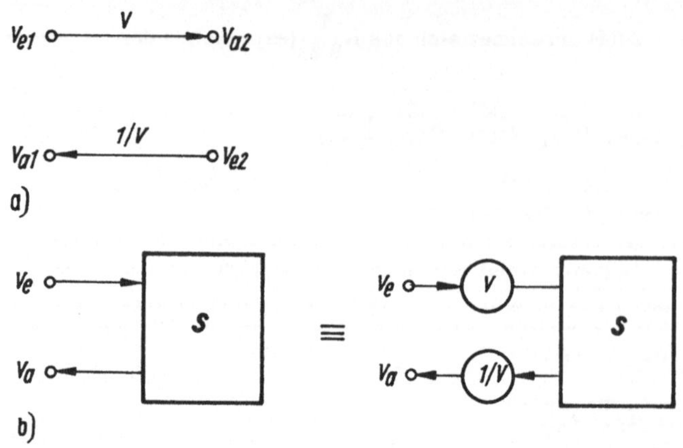

$$V_{e1} \; \overset{V}{\circ\!\!-\!\!-\!\!-\!\!\rightarrow\!\!\circ} \; V_{a2}$$

$$V_{a1} \; \overset{1/V}{\circ\!\!\leftarrow\!\!-\!\!-\!\!-\!\!\circ} \; V_{e2}$$

a)

b)

Bild 3.26. Äquivalenztransformation mit der Wellenkettenmatrix $v_i \underline{I}$
a) Wellensignalflußgraph des Zweitores mit der Wellenkettenmatrix $v_i \underline{I}$
b) Äquivalenzbeziehung

Im allgemeinen Fall der Äquivalenztransformation für Abzweigschaltungen ist der allgemeine Ansatz

$$\underline{T} = \begin{pmatrix} \alpha & \beta \\ \gamma & \delta \end{pmatrix} \quad , \quad \underline{T}^{-1} = \pm \begin{pmatrix} -\delta & \beta \\ \gamma & \alpha \end{pmatrix} \tag{3.67}$$

mit det $\underline{T} = \pm 1$ der Ausgangspunkt. Der interessierende Ausdruck

$$\underline{T}^{-1} \underline{K}_W^{(i)} \underline{T} = \underline{T}^{-1} \begin{pmatrix} K_{W11}^{(i)} & K_{W12}^{(i)} \\ K_{W21}^{(i)} & K_{W22}^{(i)} \end{pmatrix} \underline{T} = \underline{K}_{WT}^{(i)}$$

lautet dann

$$\underline{T}^{-1} \underline{K}_W^{(i)} \underline{T} = \left(\begin{array}{c|c} -\alpha\delta K_{W11}^{(i)} - \gamma\delta K_{W12}^{(i)} + \alpha\beta K_{W21}^{(i)} + \gamma\beta K_{W22}^{(i)} & \beta\delta(K_{W22}^{(i)} - K_{W11}^{(i)}) - \delta^2 K_{W12}^{(i)} - \beta^2 K_{W21}^{(i)} \\ \hline \alpha\gamma(K_{W11}^{(i)} - K_{W22}^{(i)}) + \gamma^2 K_{W12}^{(i)} - \alpha^2 K_{W21}^{(i)} & \beta\gamma K_{W11}^{(i)} + \gamma\delta K_{W12}^{(i)} - \alpha\beta K_{W21}^{(i)} - \alpha\delta K_{W22}^{(i)} \end{array} \right). \tag{3.68}$$

Die Festlegung der Elemente α, β, γ und δ der Transformationsmatrix hängt von der anzustrebenden Struktur von $\underline{K}_{WT}^{(i)}$ ab. Da bei Abzweigschaltungen zwei Wellenkettenmatrizen $\underline{K}_{WQ}^{(i)}$ und $\underline{K}_{WL}^{(i)}$ unterschiedlicher Struktur auftreten, kann die Transformation nur auf eine der Wellenkettenmatrizen ausgerichtet werden. Eine Vereinfachung der Struktur würde schon erreicht, wenn einer der Reflexionsfaktoren verschwindet. Wählt man S_{T22} aus, so muß nach Gl. (3.42) $K_{WT21} = 0$ gelten. Diese Bedingung, angewandt auf die Matrix $\underline{K}_{WQ}$ aus Gl. (3.61), führt nach Gl. (3.68) auf den Ausdruck

$$\alpha\gamma(1 + \beta_2^{-1} - S_Q + \beta_2^{-1} S_Q) + \gamma^2(1 - \beta_2^{-1}) + \alpha^2(\beta_2^{-1} S_Q - S_Q) = 0.$$

Diese Gleichung ist lösbar, und eines der Lösungspaare (α, γ) lautet $(1, -1)$. Wegen $\det \underline{T} = \alpha\delta - \gamma\beta = -1$ muß $\delta + \beta = -1$ gelten. Wählt man von den Lösungspaaren (β, δ) das Paar $(-1, 0)$ aus, so ist die Transformationsmatrix eindeutig festgelegt. Die Transformation mit dieser Matrix liefert die transformierte Wellenkettenmatrix

$$\underline{K}_{WQT} = \frac{1}{1+S_Q} \begin{pmatrix} 0 & -1 \\ -1 & -1 \end{pmatrix} \begin{pmatrix} 1+\beta_2^{-1}S_Q & 1-\beta_2^{-1} \\ -(\beta_2^{-1}-1)S_Q & \beta_2^{-1}+S_Q \end{pmatrix} \begin{pmatrix} 1 & -1 \\ -1 & 0 \end{pmatrix}$$

$$= \begin{pmatrix} \beta_2-1 & -(\beta_2^{-1}-1)\dfrac{S_Q}{1+S_Q} \\ 0 & 1 \end{pmatrix}.$$

Gleichartige Überlegungen führen im Fall der Wellenkettenmatrix $\underline{K}_{WL}$ aus Gl. (3.54) auf die transformierte Wellenkettenmatrix

$$\underline{K}_{WLT} = \frac{1}{1-S_L} \begin{pmatrix} 0 & 1 \\ 1 & -1 \end{pmatrix} \begin{pmatrix} \beta_1-S_L & 1-\beta_1 \\ -(1-\beta_1)S_L & 1-\beta_1 S_L \end{pmatrix} \begin{pmatrix} 1 & 1 \\ 1 & 0 \end{pmatrix}$$

$$= \begin{pmatrix} 1 & -(1-\beta_1)\dfrac{S_L}{1-S_L} \\ 0 & \beta_1 \end{pmatrix}.$$

Entwickelt man die zu diesen Wellenkettenmatrizen gehörenden Wellensignalflußgraphen, so treten Multiplikationen mit den Ausdrücken β_1^{-1} und β_2^{-1} auf und damit Werte > 1. Diese Multiplikationen mit Werten > 1 können umgangen werden, wenn nicht S_{T22} sondern $S_{T11} = 0$ gesetzt wird. Die transformierten Wellenkettenmatrizen lauten dann

$$\underline{K}_{WLT1} = \underline{T}_1^{-1}\, \underline{K}_{WL}\, \underline{T}_1$$

$$= \frac{1}{1-S_L} \begin{pmatrix} 1 & -1 \\ 0 & 1 \end{pmatrix} \begin{pmatrix} \beta_1-S_L & 1-\beta_1 \\ -S_L+\beta_1 S_L & 1-\beta_1 S_L \end{pmatrix} \begin{pmatrix} 1 & 1 \\ 0 & 1 \end{pmatrix}$$

$$= \begin{pmatrix} \beta_1 & 0 \\ (1-\beta_1)\dfrac{-S_L}{1-S_L} & 1 \end{pmatrix} \tag{3.69}$$

und $\quad \underline{K}_{WQT2} = \underline{T}_2^{-1}\, \underline{K}_{WQ}\, \underline{T}_2$

$$= \frac{1}{1+S_Q} \begin{pmatrix} +1 & +1 \\ 0 & +1 \end{pmatrix} \begin{pmatrix} 1+\beta_2^{-1}S_Q & 1-\beta_2^{-1} \\ (-\beta_2^{-1}+1)S_Q & \beta_2^{-1}+S_Q \end{pmatrix} \begin{pmatrix} 1 & -1 \\ 0 & +1 \end{pmatrix}$$

$$= \begin{pmatrix} 1 & 0 \\ (-\beta_2^{-1}+1)\dfrac{S_Q}{1+S_Q} & \beta_2^{-1} \end{pmatrix}. \tag{3.70}$$

Die Wellensignalflußgraphen in den Bildern 3.27a und 3.27b spiegeln die durch $\underline{K}_{WLT1}$ und $\underline{K}_{WQT2}$ beschriebenen Wellenbeziehungen wider.

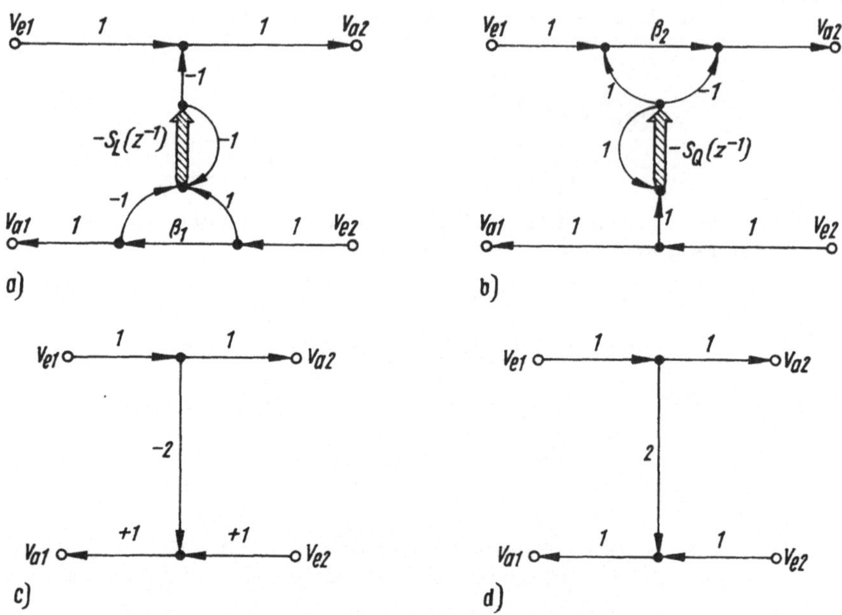

Bild 3.27. Wellensignalflußgraphen der Kettenglieder und Koppelglieder in Abzweigstrukturen bei eingangsseitiger Anpassung

a) Wellensignalflußgraph für Kettenglied mit $\underline{K}_{WLT1}$

b) Wellensignalflußgraph für Kettenglied mit $\underline{K}_{WQT2}$

c) Wellensignalflußgraph für Koppelglied mit $\underline{K}_{T12}$

d) Wellensignalflußgraph für Koppelglied mit $\underline{K}_{T21}$

Die Berechnungen der transformierten Wellenkettenmatrizen $\underline{K}_{WLT1}$ und $\underline{K}_{WQT2}$ haben gezeigt, daß die Transformationsmatrizen $\underline{T}_1$ und $\underline{T}_2$ voneinander verschieden sind. Folglich kann entweder nur die Struktur der Kettenglieder $\underline{K}_{WL}^{(\nu)}$ oder nur die der Kettenglieder $\underline{K}_{WQ}^{(\nu)}$ vereinfacht werden. Das Resultat der äquivalenten Umformungen der durch Gl. (3.63) beschriebenen Abzweigschaltung ist somit entweder

$$\underline{K}_W = \underline{K}_{WST1}^{(0)}\,\underline{K}_{WLT1}^{(1)}\,(\underline{T}_1^{-1}\,\underline{K}_{WQ}^{(2)}\,\underline{T}_1)\cdots\underline{K}_{WLT1}^{(n)}\,\underline{K}_{WST1}^{(n+1)}$$

oder

$$\underline{K}_W = \underline{K}^{(0)}_{WST2} \, (\underline{T}_2^{-1} \, \underline{K}^{(1)}_{WL} \, \underline{T}_2) \, \underline{K}^{(2)}_{WQT2} \cdots (\underline{T}_2^{-1} \, \underline{K}^{(n)}_{WL} \, \underline{T}_2) \, \underline{K}^{(n+1)}_{WST2} \, .$$

Obwohl die Wellensignalflußgraphen für $\underline{T}_2^{-1} \, \underline{K}^{(\nu)}_{WL} \, \underline{T}_2$ und $\underline{T}_1^{-1} \, \underline{K}^{(\nu)}_{WQ} \, \underline{T}_1$ die gefundenen Eigenschaften - keine verzögerungsfreien Pfade am Tor 2 - aufweisen, sind sie trotzdem noch zu kompliziert /3.12/. Deshalb wurde die äquivalente Umformung

$$\underline{K}_W = \underline{K}^{(0)}_{WST1} \, \underline{K}^{(1)}_{WLT1} \, (\underline{T}_1^{-1} \, \underline{T}_2) \, \underline{K}^{(2)}_{WQT2} \, (\underline{T}_2^{-1} \, \underline{T}_1) \cdot \cdots$$

$$\cdot \, (\underline{T}_2^{-1} \, \underline{T}_1) \, \underline{K}^{(n)}_{WLT1} \, \underline{K}^{(n+1)}_{WST1} \qquad\qquad (3.71)$$

$$= \underline{K}^{(0)}_{WST1} \, \underline{K}^{(1)}_{WLT1} \, \underline{K}^{(2)}_{T12} \, \underline{K}^{(2)}_{WQT2} \, \underline{K}_{T21} \cdot \cdots \cdot \underline{K}^{(n+1)}_{WST1}$$

untersucht, bei der durch Einfügen von Koppelgliedern sowohl $\underline{K}_{WQ}$ als auch $\underline{K}_{WL}$ vereinfacht werden kann. Die Koppelglieder werden durch die Wellenketten-matrizen

$$\underline{K}_{T12} = +\underline{T}_1^{-1} \, \underline{T}_2 = \begin{pmatrix} +1 & -2 \\ 0 & 1 \end{pmatrix}$$

und

$$\underline{K}_{T21} = +\underline{T}_2^{-1} \, \underline{T}_1 = \begin{pmatrix} 1 & 2 \\ 0 & 1 \end{pmatrix}$$

beschrieben und sind durch einfache Wellensignalflußgraphen (Bilder 3.27c und 3.27d) realisierbar.

Die entstandene Struktur des Digitalfilters enthält keine verzögerungsfreien Schleifen, da am Tor 2 sowohl die Koppelglieder als auch die Kettenglieder keine verzögerungsfreien Reflexionen aufweisen. Anschaulich ist aus Bild 3.28 ersichtlich, daß sich bei der geforderten eingangsseitigen Anpassung keine verzögerungsfreien Schleifen ausbilden können. Die ermittelte äquivalente Struktur zeichnet sich also durch einfache und damit leicht realisierbare Kettenglieder aus. Gegenüber den Lösungen in /3.12/ tritt eine Einsparung an arithmetischen Operationen, bezogen auf das Digitalfilter, auf.

Die vorangegangenen Äquivalenzbetrachtungen bezogen sich nur auf die Matrizen $\underline{K}_{WL}$ und $\underline{K}_{WQ}$ für eingangsseitige Anpassung. Es ist jedoch leicht möglich, diese Überlegungen auf den Fall der ausgangsseitigen Anpassung zu übertragen. Da bei ausgangsseitiger Anpassung die Größen $\beta_1^{(\nu)}$ und $\beta_2^{(\nu)}$ Werte > 1 annehmen, werden Wellensignalflußgraphen angestrebt, in denen Multiplikationen mit den Ausdrücken β_1^{-1} und β_2^{-1} auftreten. Das Ergebnis der Berechnungen ist mit den vorangegangenen Berechnungen in der Tafel 3.5 zusammengestellt. Die Wellensignalflußgraphen für die Kettenglieder und Koppelglieder bei ausgangsseitiger Anpassung, wie sie im Bild 3.29 skizziert sind, weisen ebenfalls solche Strukturen auf, die nach der Zusammenschaltung nicht zu verzögerungsfreien Schleifen führen.

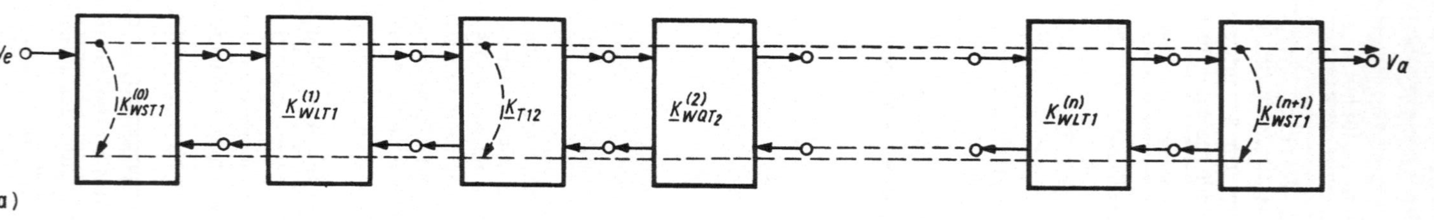
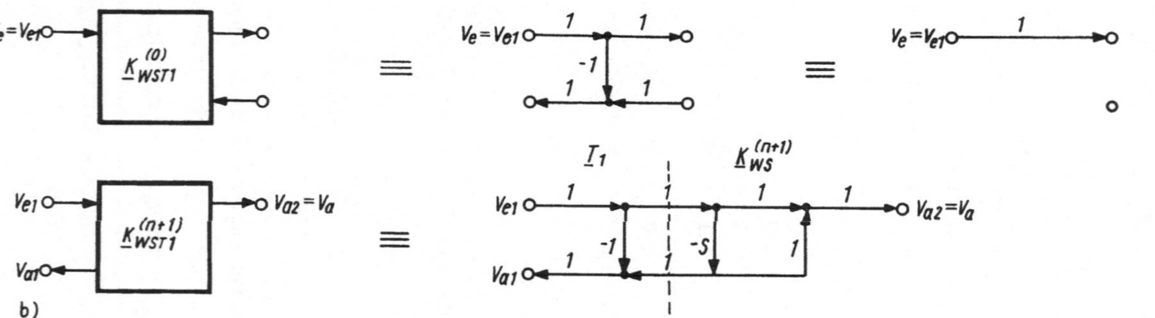

Bild 3.28. Wellensignalflußgraph der Abzweigschaltung bei eingangsseitiger Anpassung
a) Wellensignalflußgraph der Abzweigschaltung
    – – – verzögerungsfreie Pfade
b) Wellensignalflußgraph der Abschlußglieder

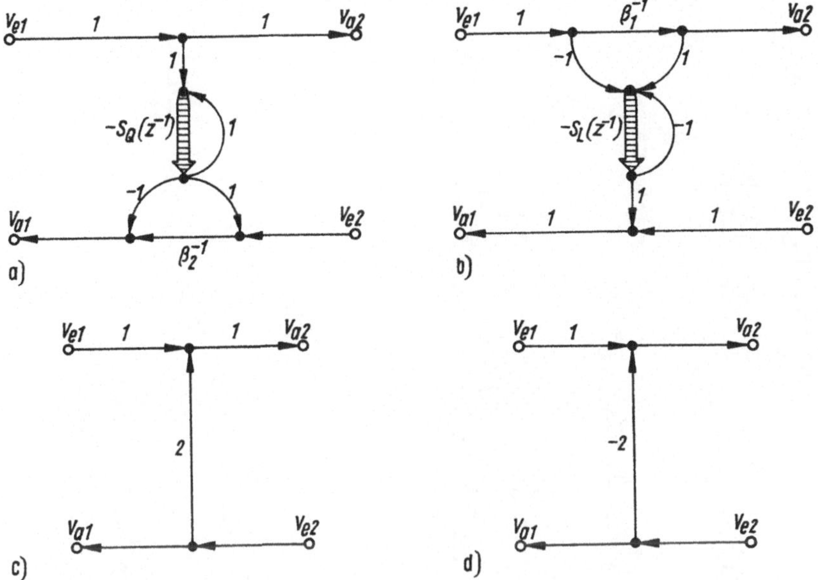

Bild 3.29. Wellensignalflußgraphen der Kettenglieder und Koppelglieder in Abzweigstrukturen bei ausgangsseitiger Anpassung

a) Wellensignalflußgraph für Kettenglied mit $\underline{K}_{WLT1}$

b) Wellensignalflußgraph für Kettenglied mit $\underline{K}_{WQT2}$

c) Wellensignalflußgraph für Koppelglied mit $\underline{K}_{T12}$

d) Wellensignalflußgraph für Koppelglied mit $\underline{K}_{T21}$

Die Ergebnisse dieser Äquivalenztransformation sind auf beliebige andere Abzweigstrukturen anwendbar. Dazu ist die am Beispiel der Kettenstruktur im Bild 3.17 durchgeführte äquivalente Umformung auf die vorgegebene Kettenstruktur zu übertragen. Das nachstehende Beispiel soll dies illustrieren.

Beispiel 3.4.:

Die im Bild 3.24b angegebene Struktur eines digitalen Bandpasses soll durch äquivalente Umformungen entsprechend Tafel 3.5 vereinfacht werden. Die Wellenkettenmatrix $\underline{K}_W$ für die ursprüngliche Struktur lautet

$$\underline{K}_W = \underline{K}_{WS}^{(0)} \, \underline{K}_{WQ}^{(1)} \, \underline{K}_{WQ}^{(2)} \, \underline{K}_{WL}^{(3)} \, \underline{K}_{WL}^{(4)} \, \underline{K}_{WQ}^{(5)} \, \underline{K}_{WQ}^{(6)},$$

wobei $\underline{K}_{WQ}^{(\nu)}$ und $\underline{K}_{WL}^{(\nu)}$ die Matrizen für ausgangsseitige Anpassung sind. Die äquivalente Umformung des Produkts nach den vorgestellten Regeln ergibt

$$\underline{K}_W = \underline{K}_{WST2}^{(0)} \, \underline{K}_{WQT2}^{(1)} \, \underline{K}_{WQT2}^{(2)} \, \underline{K}_{T21}^{(3)} \, \underline{K}_{WLT1}^{(4)} \, \underline{K}_{T12}^{(5)} \, \underline{K}_{WQT2}^{(6)} \, \underline{K}_{WQT2}.$$

Alle Matrizen in diesem Ausdruck sind die für ausgangsseitige Anpassung und unmittelbar aus Tafel 3.5 zu entnehmen.

Tafel 3.5. Transformierte Wellenkettenmatrizen für Längs- und Querglieder in Abzweigstrukturen

	Eingangsseitige Anpassung	Ausgangsseitige Anpassung
$\tilde{Z}(p)$ $R_1 \quad R_2$	$R_2 = R_1 + K_L$ $\underline{T} = \begin{pmatrix} 1 & 1 \\ 0 & 1 \end{pmatrix} \quad \underline{T}_1^{-1}\begin{pmatrix} 1 & -1 \\ 0 & 1 \end{pmatrix}$	$R_1 = R_2 + K_L$ $\underline{T}_1 = \begin{pmatrix} 1 & 0 \\ 1 & 1 \end{pmatrix} \quad \underline{T}_1^{-1} = \begin{pmatrix} 1 & 0 \\ -1 & 1 \end{pmatrix}$

$S_L(z^{-1}) = -\dfrac{Z(0)-Z(z^{-1})}{Z(0)+Z(z^{-1})}$

$K_L = Z(0)$

$\beta_1 = \dfrac{R_1}{R_2}$

$$\underline{T}_1^{-1}\,\underline{K}_{WL}\,\underline{T}_1 = \underline{K}_{WLT1} = \begin{pmatrix} \beta_1 & 0 \\ -(1-\beta_1)\dfrac{S_L}{1-S_L} & 1 \end{pmatrix} \qquad \underline{T}_1^{-1}\,\underline{K}_{WL}\,\underline{T}_1 = \underline{K}_{WLT1} = \begin{pmatrix} 1 & -(1-\beta_1)\dfrac{S_L}{1-S_L} \\ 0 & \beta_1 \end{pmatrix}$$

$$\underline{K}_{T12} = \underline{T}_1^{-1}\underline{T}_2 = \begin{pmatrix} 1 & -2 \\ 0 & 1 \end{pmatrix} \quad \underline{K}_{T21} = \underline{T}_2^{-1}\underline{T}_1 = \begin{pmatrix} 1 & 2 \\ 0 & 1 \end{pmatrix} \quad \underline{K}_{T12} = \underline{T}_1^{-1}\underline{T}_2 = \begin{pmatrix} 1 & 0 \\ -2 & 1 \end{pmatrix} \quad \underline{K}_{T21} = \underline{T}_2^{-1}\underline{T}_1 = \begin{pmatrix} 1 & 0 \\ 2 & 1 \end{pmatrix}$$

	Eingangsseitige Anpassung	Ausgangsseitige Anpassung
$\tilde{Y}(p)$ $R_1 \qquad R_2$	$G_2 = G_1 + K_Q$ $\underline{T}_2 = \begin{pmatrix} 1 & -1 \\ 0 & 1 \end{pmatrix} \quad \underline{T}_2^{-1} = \begin{pmatrix} 1 & 1 \\ 0 & 1 \end{pmatrix}$	$G_1 = G_2 + K_Q$ $\underline{T}_2 = \begin{pmatrix} 1 & 0 \\ -1 & 1 \end{pmatrix} \quad \underline{T}_2^{-1} = \begin{pmatrix} 1 & 0 \\ 1 & 1 \end{pmatrix}$

$S_Q(z^{-1}) = +\dfrac{Y(0)-Y(z^{-1})}{Y(0)+Y(z^{-1})}$

$K_Q = Y(0)$

$\beta_2 = \dfrac{G_1}{G_2} = \dfrac{R_2}{R_1}$

$$\underline{T}_2^{-1}\,\underline{K}_{WQ}\,\underline{T}_2 = \underline{K}_{WQT2} = \begin{pmatrix} 1 & 0 \\ (1-\beta_2^{-1})\dfrac{S_Q}{1+S_Q} & \beta_2^{-1} \end{pmatrix} \qquad \underline{T}_2^{-1}\,\underline{K}_{WQ}\,\underline{T}_2 = \underline{K}_{WQT2} = \begin{pmatrix} \beta_2^{-1} & (1-\beta_2^{-1})\dfrac{S_Q}{1+S_Q} \\ 0 & 1 \end{pmatrix}$$

Der Wellensignalflußgraph, der im Bild 3.30 skizziert ist, läßt die Vereinfachung gegenüber der ursprünglichen Struktur erkennen; denn im Fall der
ursprünglichen Struktur ist für jeden Block im Bild 3.24b entweder der Wellensignalflußgraph nach Bild 3.14 oder nach Bild 3.15 einzusetzen. Der entstandene zusätzliche Aufwand durch die Koppelglieder ist unerheblich.

Zur Realisierung des Digitalfilters sind die Zustandsgleichungen aus dem
Wellensignalflußgraphen zu ermitteln. Dazu werden an den Ausgängen der
Verzögerungsglieder die Zustandsgrößen z_1, z_2, ..., z_6 eingeführt. Im
Zeitbereich entsteht damit das Gleichungssystem

$$z_1[k+1] = -z_1[k] - v_{e0}[k]$$
$$z_2[k+1] = z_2[k] + v_{e1}[k]$$
$$z_3[k+1] = -z_3[k] - v_{e2}[k] + v_{e3}[k]$$
$$z_4[k+1] = z_4[k] + v_{e3}[k] - v_{e4}[k]$$
$$z_5[k+1] = -z_5[k] - v_{e5}[k]$$
$$z_6[k+1] = z_6[k] + v_{e6}[k]$$

mit den Zwischengrößen

$$v_{a6} = (1/\beta_2^{(6)})\, z_6 - z_6$$
$$v_{a5} = (1/\beta_2^{(5)})\, (z_5 + v_{a6}) - z_5$$
$$v_{a4} = z_4 + v_{a5}$$
$$v_{a3} = z_3 + v_{a4}$$
$$v_{a2} = (1/\beta_2^{(2)})\, (z_2 + v_{a3}) - z_2$$
$$v_{a1} = (1/\beta_2^{(1)})\, (z_1 + v_{a2}) - z_1$$

$$y = v_{e6}$$
$$v_{e6} = v_{e5}$$
$$v_{e5} = v_{e4} + 2v_{a5}$$
$$v_{e4} = (1/\beta_1^{(4)})\, v_{e3}$$
$$v_{e3} = (1/\beta_1^{(3)})\, v_{e2}$$
$$v_{e2} = v_{e1} + 2v_{a3}$$
$$v_{e1} = v_{e0}$$
$$v_{e0} = S(v_{a1} - x) + v_{a1} + x.$$

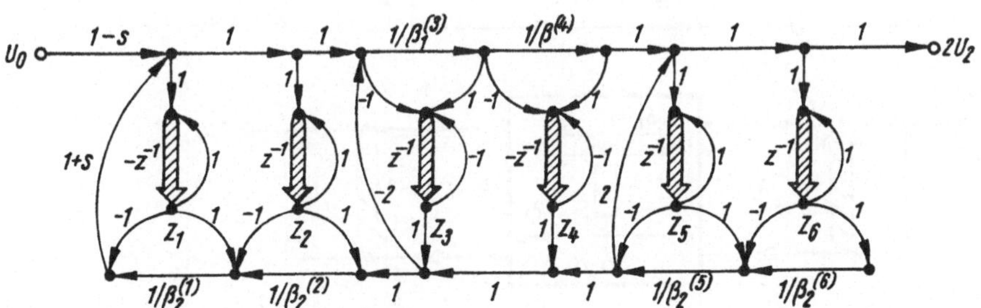

Bild 3.30. Wellensignalflußgraph des transformierten digitalen Bandpasses

Von den Zwischengrößen v_a werden nur v_{a5}, v_{a3} und v_{a1} unmittelbar benötigt,
so daß die anderen Größen v_{a6}, v_{a4} und v_{a2} eliminiert werden können.

Die vorgestellte äquivalente Umformung ist nur eine von vielen. Zu äquivalenten
Strukturen gelangt man nicht nur durch äquivalente Umformung der Digitalfilter-
struktur, sondern auch durch äquivalente Umwandlung des analogen Referenz-
filters. Damit kann man auf die in der Theorie der analogen Filter existierenden
Verfahren zur äquivalenten Umformung zurückgreifen. Beispielsweise kann die
Filterstruktur im Bild 3.31a in die duale Schaltung umgeformt werden (Bild 3.31b).
Die Multiplikation aller Impedanzen $\widetilde{Z}(p)$ mit $1/p$ führt auf die Struktur im
Bild 3.31c mit der Superkapazität s_2. Die Superkapazität besitzt die Impedanz
$1/p^2 s_2$. Die Zerlegung dieser Struktur in miteinander verkoppelte n-Tore ist so
möglich, daß alle Filterkoeffizienten in ein Dreitor ohne Speicherelemente ein-
gehen. Die Beschaltung der Tore mit den Kapazitäten, der Superkapazität und
der Eingangs-Spannungsquelle liefert im Digitalen mit den Beziehungen aus Tafel 3.3 die im Bild 3.32 angegebenen Wellensignalflußbeziehungen an den Toren.
Die Realisierung dieser Wellenbeziehungen ist unabhängig von den Filterkoeffizienten und durch wenige Additions- und Speicheroperationen gekennzeichnet.

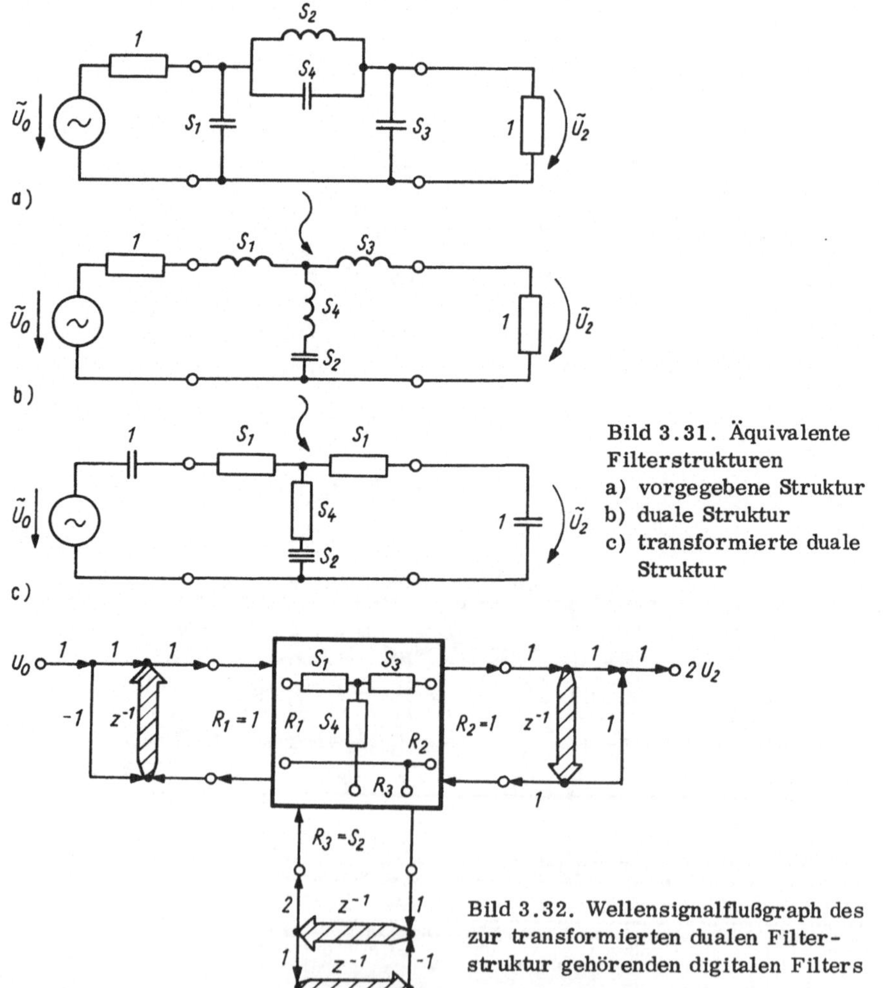

Bild 3.31. Äquivalente
Filterstrukturen
a) vorgegebene Struktur
b) duale Struktur
c) transformierte duale
Struktur

Bild 3.32. Wellensignalflußgraph des
zur transformierten dualen Filterstruktur gehörenden digitalen Filters

3.2.2.2. Wellendigitalfilterstrukturen mit Adaptoren

Die grundlegenden Arbeiten zum Entwurf von Wellendigitalfilterstrukturen auf
der Basis von Adaptoren gehen auf Fettweis /3.17/ zurück und lehnen sich an
die Arbeiten zur Analyse und Synthese von Filtern auf der Basis von Resonanz-
transferelementen. Bei diesem vorgeschlagenen Entwurfsverfahren ist die vorgegebene Struktur so zu zerlegen, daß alle Impedanzen und die Quelle in der
Struktur des analogen Filters als äußere Torbeschaltung der Adaptoren auftreten. Die miteinander verkoppelten Adaptoren spiegeln die Struktur des analogen
Referenzfilters wider. Die maximale Anzahl von Adaptoren tritt in dem Fall
auf, wenn nur Kapazitäten, Induktivitäten, Widerstände und Superkapazitäten
als Torbeschaltungen genommen werden. Aus der Fülle der Strukturvarianten
soll der letztgenannte Fall anhand der LC-Abzweigschaltung näher behandelt
werden.
Die Zerlegung der Abzweigstruktur kann in zwei Schritte aufgeteilt werden. Im
ersten Schritt werden die Querglieder mit Paralleladaptoren und die Längsglieder mit Serienadaptoren dargestellt (Bilder 3.33a und 3.33b). Der verwendete
Dreitor-Paralleladapter genügt den Wellenbeziehungen.

$$V_{ai} = \sum_{\nu=1}^{3} \alpha_\nu V_{e\nu} - V_{ei} \qquad\qquad i = 1,\ 2,\ 3 \qquad\qquad (3.72a)$$

mit

$$\alpha_i = 2G_i / \left(\sum_{\nu=1}^{3} G_\nu \right)$$

und der Dreitor-Serienadapter den Wellenbeziehungen

$$V_{ai} = V_{ei} - \alpha_i \left(\sum_{\nu=1}^{3} V_{e\nu} \right) \qquad\qquad i = 1,\ 2,\ 3 \qquad\qquad (3.72b)$$

mit

$$\alpha_i = 2R_i / \left(\sum_{\nu=1}^{3} R_\nu \right).$$

Der Übergang zum Digitalfilter kann schon nach diesem Schritt durch Diskreti-
sieren der Zweigimpedanzen $\widetilde{Z}_\mu(p)$ und $1/\widetilde{Y}_\mu(p)$ erfolgen. Diese Impedanzen sind
an die äußeren Adaptoren mit dem Torwiderstand $R_3^{(\mu)}$ angeschlossen. Durch
geeignete Wahl der Torwiderstände $R_1^{(\mu)}$, $R_2^{(\mu)}$ und $R_3^{(\mu)}$ ist zu sichern, daß
nach der Zusammenschaltung und dem Beschalten der äußeren Tore der Adapto-
ren keine verzögerungsfreien Schleifen auftreten. Deshalb ist der Torwiderstand $R_3^{(\mu)}$ so zu wählen, daß für die Serienadaptoren

$$R_3^{(\mu)} = K_L^{(\mu)} = Z_\mu(0) \qquad\qquad (3.73a)$$

gilt und für die Paralleladaptoren

$$G_3^{(\mu)} = K_Q^{(\mu)} = Y_\mu(0). \qquad\qquad (3.73b)$$

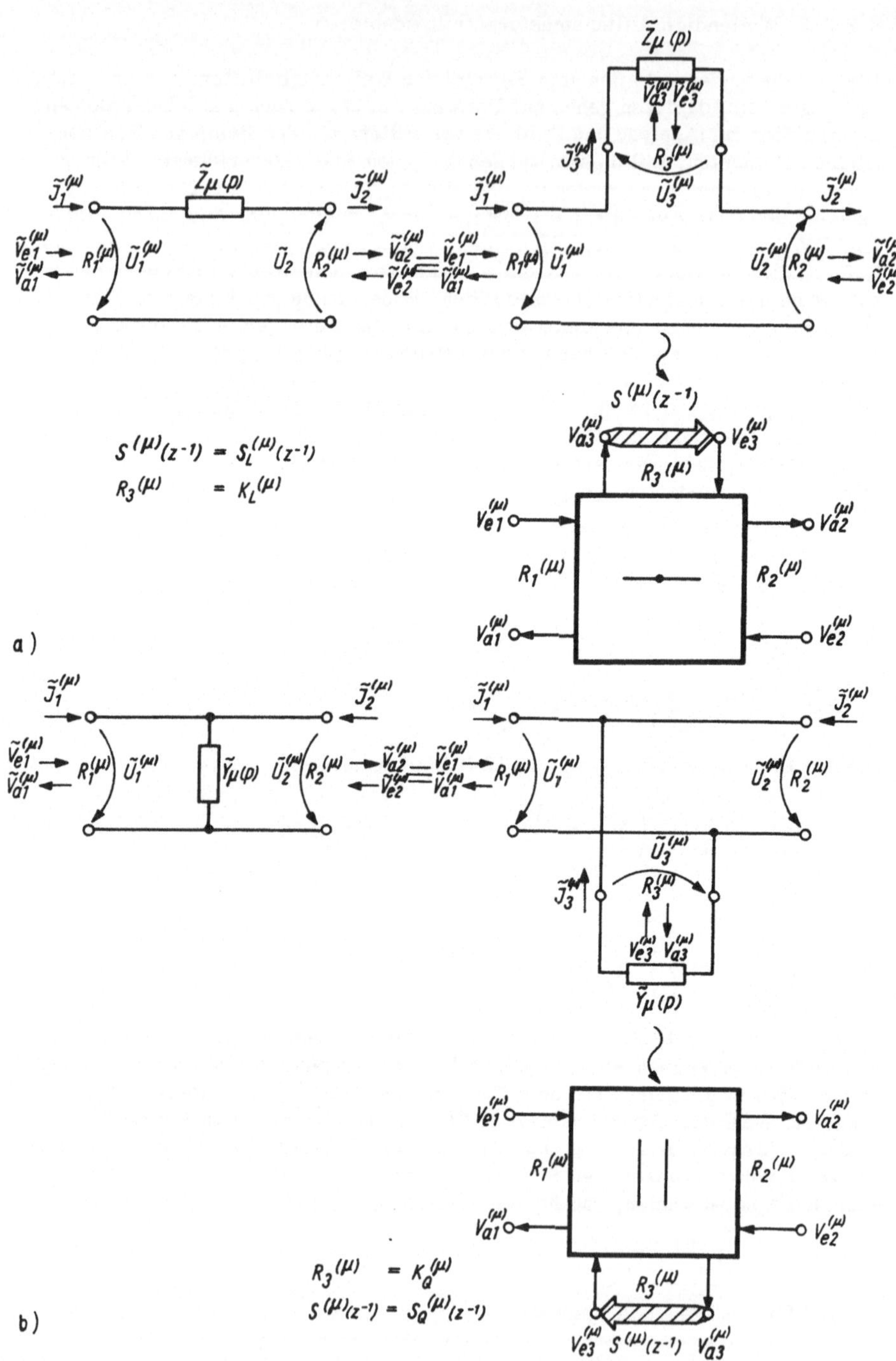

Bild 3.33. Zerlegung der Kettenglieder von Abzweigschaltungen
a) Längsglied mit Serienadapter; b) Querglied mit Paralleladapter

Das Verhältnis von einlaufender zu auslaufender Welle an dem angeschlossenen Eintor ist durch die schon eingeführten Reflexionsfaktoren $S_L(z^{-1})$ und $S_Q(z^{-1})$ festgelegt (Bild 3.33). Für die bei LC-Abzweigschaltungen übliche Beschaltung sind $S_Q(z^{-1})$, K_Q, $S_L(z^{-1})$ und K_L der Tafel 3.3 zu entnehmen. Es bleibt noch die Wahl der Torwiderstände $R_1^{(\mu)}$ und $R_2^{(\mu)}$ offen.

Diese Torwiderstände sind nun ebenfalls so festzulegen, daß nach der durch die Struktur der Abzweigschaltung vorgegebenen Zusammenschaltung keine verzögerungsfreien Schleifen entstehen (Bild 3.34). Diese Forderung kann entweder durch $S_{11}^{(\mu)} = 0$ oder $S_{22}^{(\mu)} = 0$ erfüllt werden. Wie in den vorangegangenen Betrachtungen, erwächst aus der Wahl des Reflexionsfaktors die Art der Anpassung Bei $S_{11}^{(\mu)} = 0$ ist ausgangsseitige Anpassung zu fordern und bei $S_{22}^{(\mu)} = 0$ eingangsseitige. Wie aus Tafel 3.1 zu entnehmen ist, bedeutet dies bei ausgangsseitiger Anpassung $\alpha_1^{(\mu)} = 1$ und bei eingangsseitiger $\alpha_2^{(\mu)} = 1$. Für den Paralleladapter folgt daraus nach den Gln. (3.72) und (3.73)

$$\alpha_1^{(\mu)} = 1 \;\rightarrow\; G_1^{(\mu)} = G_2^{(\mu)} + G_3^{(\mu)} = G_2^{(\mu)} + K_Q^{(\mu)}, \quad \alpha_2^{(\mu)} = \frac{G_2^{(\mu)}}{G_1^{(\mu)}}$$

$$\alpha_2^{(\mu)} = 1 \;\rightarrow\; G_2^{(\mu)} = G_1^{(\mu)} + G_3^{(\mu)} = G_1^{(\mu)} + K_Q^{(\mu)}; \quad \alpha_1^{(\mu)} = \frac{G_1^{(\mu)}}{G_2^{(\mu)}} \; .$$

$$(3.74a)$$

Entsprechend gilt für den Serienadapter

$$\alpha_1^{(\mu)} = 1 \qquad R_1^{(\mu)} = R_2^{(\mu)} + R_3^{(\mu)} = R_2^{(\mu)} + K_L^{(\mu)}; \quad \alpha_2^{(\mu)} = \frac{R_2^{(\mu)}}{R_1^{(\mu)}}$$

$$\alpha_2^{(\mu)} = 1 \qquad R_2^{(\mu)} = R_1^{(\mu)} + R_3^{(\mu)} = R_1^{(\mu)} + K_L^{(\mu)}; \quad \alpha_1^{(\mu)} = \frac{R_1^{(\mu)}}{R_2^{(\mu)}} \; .$$

$$(3.74b)$$

Die entstandenen Torwiderstandsbeziehungen stimmen mit denen für adapterfreie Strukturen überein (Tafel 3.4) und liefern damit keinen neuen Koeffizientensatz $\beta_1^{(\nu)}$ und $\beta_2^{(\mu)}$.

Anders geartet ist jedoch die Struktur der aus Adapter und diskretisierter Impedanz bestehenden Kettenglieder (Bild 3.35). Folglich hat dieses Vorgehen auf eine weitere äquivalente Struktur geführt.

Wenn die Impedanzen der Kettenglieder ihrerseits aus einer Reihen-Parallel-Schaltung von Impedanzen bestehen, ist eine weitere Zerlegung mit Hilfe von Adaptoren möglich. Für die Parallelschaltung von Impedanzen werden der Paralleladapter und für die Reihenschaltung der Serienadapter benutzt.

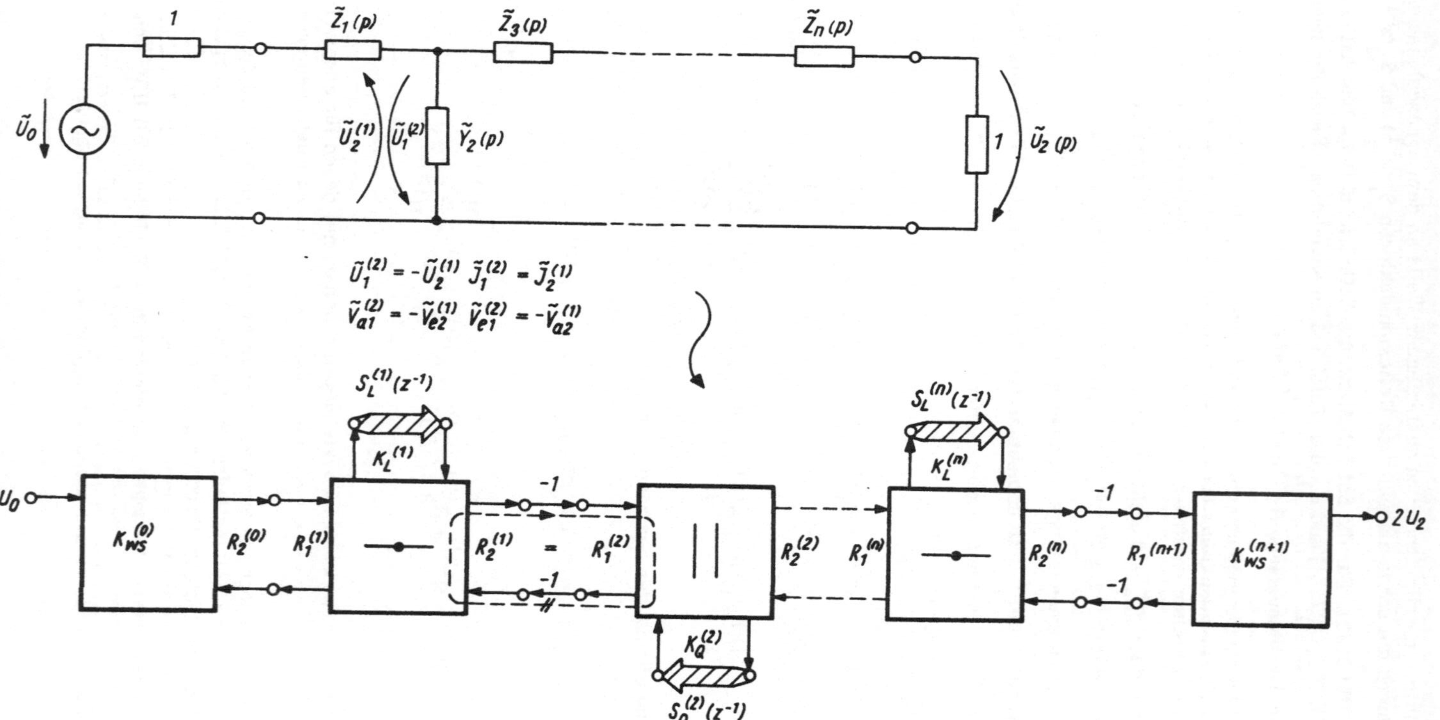

Bild 3.34. Wellendigitalfilterstruktur mit Adaptoren für die Abzweigschaltung

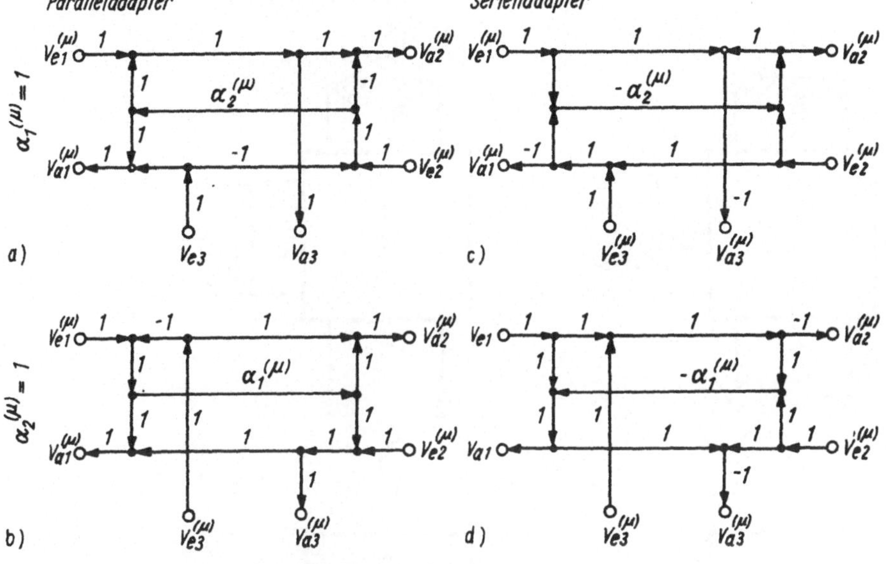

Bild 3.35. Wellensignalflußgraphen für Adaptoren
a) Paralleladapterstruktur mit reflexionsfreiem Eingangstor
b) Paralleladapterstruktur mit reflexionsfreiem Ausgangstor
c) Serienadapterstruktur mit reflexionsfreiem Eingangstor
d) Serienadapter mit reflexionsfreiem Ausgangstor

Allgemein kann man zeigen, daß die Torwiderstandsverhältnisse $\alpha_1^{(\mu)}$ bzw. $\alpha_2^{(\mu)}$ für die Adaptoren nach dem ersten Zerlegungsschritt mit den Torwiderstandsverhältnissen $\beta_1^{(\mu)}$ bzw. $\beta_2^{(\mu)}$ für die Strukturen ohne Adaptoren übereinstimmen. Nur die weitere Zerlegung der Impedanzen liefert eine andere Realisierung der Reflexionsfaktoren $S_Q(z^{-1})$ und $S_L(z^{-1})$ und damit zwangsläufig andere Koeffizienten für diese Teilstrukturen. Infolge dieser weiteren Zerlegung ist es in einfacher Weise möglich, linear abhängige Spannungswellen V_{ei} zu eliminieren.

Linear abhängige Spannungswellen entstehen durch linear abhängige Spannungen

$$\sum_{\nu=1}^{n} \widetilde{U}_\nu = 0 \tag{3.75}$$

an den Toren 1, ..., n. Für die diskreten Wellen an diesen Toren gilt aufgrund der Beziehung (3.43)

$$\sum_{\nu=1}^{n} V_{e\nu} + \sum_{\nu=1}^{n} V_{a\nu} = 0 .$$

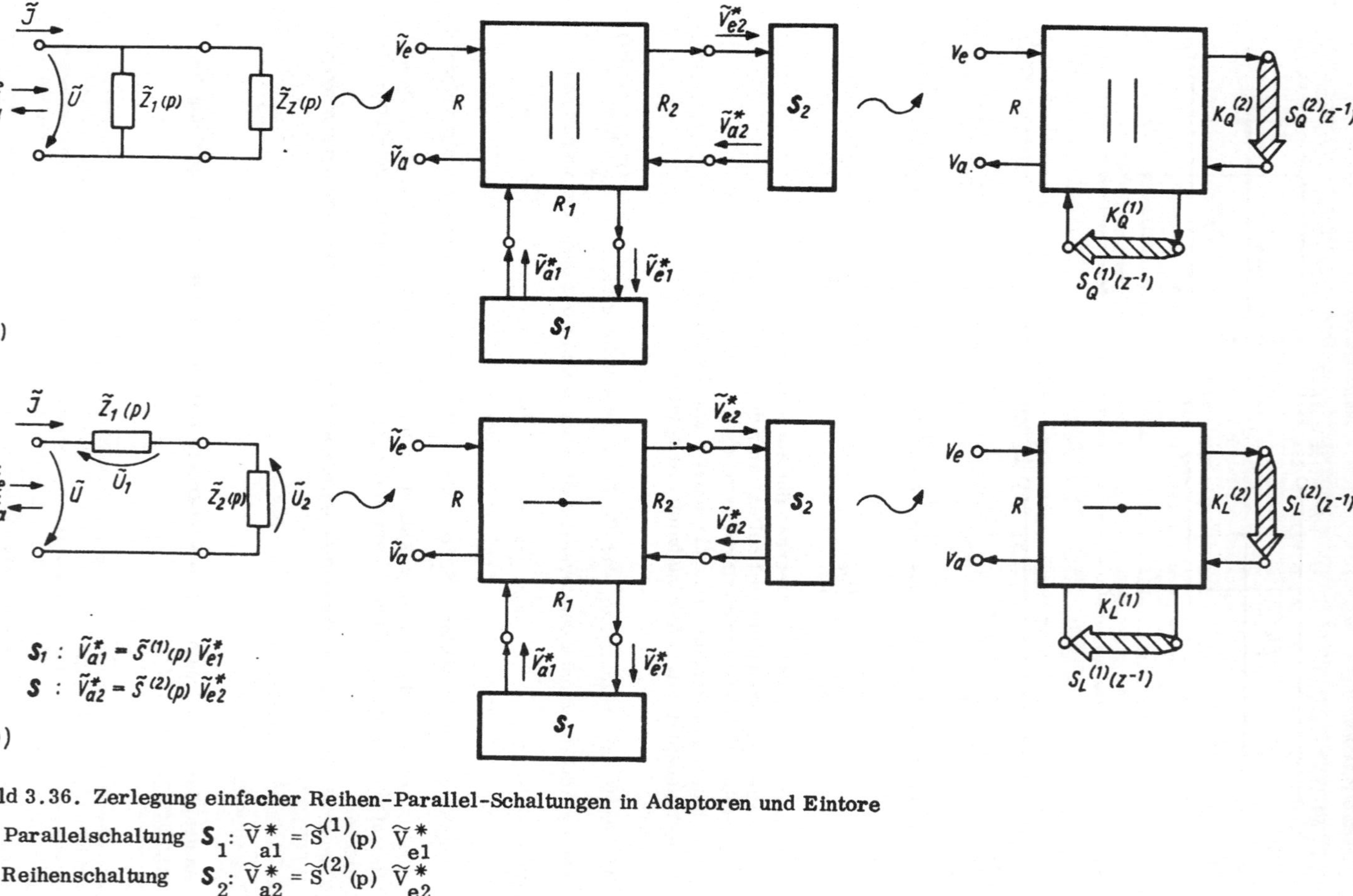

Bild 3.36. Zerlegung einfacher Reihen–Parallel–Schaltungen in Adaptoren und Eintore

a) Parallelschaltung $\;S_1:\; \widetilde{V}_{a1}^* = \widetilde{S}^{(1)}(p)\; \widetilde{V}_{e1}^*$

b) Reihenschaltung $\;\;\;S_2:\; \widetilde{V}_{a2}^* = \widetilde{S}^{(2)}(p)\; \widetilde{V}_{e2}^*$

Wenn an den Toren 1, ..., n die einlaufenden Wellen mit den auslaufenden Wellen über

$$V_{ei} = \pm z^{-1} V_{ai}$$

verknüpft sind, besteht zwischen den einlaufenden Wellen wegen

$$\sum_{\nu=1}^{n} V_{e\nu} \pm z \sum_{\nu=1}^{n} V_{e\nu} = 0$$

die lineare Abhängigkeit

$$\sum_{\nu=1}^{n} V_{e\nu} = 0. \qquad (3.76)$$

Die Ausnutzung derartiger Beziehungen ermöglicht es, Verzögerungselemente einzusparen. Ferner kann die Vorzeichenumkehr nach den Serienadaptoren, die einer Skalierung mit -1 entspricht, wegfallen, wenn der resultierende Skalierungsfaktor $(-1)^n$ (n - Anzahl der Serienadaptoren) am Eingang oder am Ausgang des Wellensignalflußgraphen berücksichtigt wird. Dabei ist jedoch zu beachten, daß sich durch diese äquivalenten Umformungen andere Vorzeichen der inneren Wellengrößen ergeben. Hinsichtlich der linearen Abhängigkeit bedeutet das eine Vorzeichenänderung im Ausdruck (3.76). Das nachstehende Beispiel soll die getroffenen Aussagen illustrieren.

Beispiel 3.5.:

Für die im Beispiel 3.2. entworfene Struktur eines analogen Cauertiefpasses 3. Grades ist die Digitalfilterstruktur auf der Basis von Serienadaptoren und Paralleladaptoren zu entwickeln (Bild 3.37a). Dazu werden die analoge Struktur in eine Kettenschaltung von Längs- und Quergliedern und die Längsimpedanz unter Verwendung eines Paralleladapters zerlegt. Damit entsteht die im Bild 3.37b skizzierte Struktur des digitalen Tiefpasses. Bei eingangsseitiger Anpassung ($\alpha_2^{(\mu)} = 1$) ergeben sich folgende Torwiderstandsbeziehungen:

Querglied 1 $\quad R_1^{(1)} = 1$

$$R_3^{(1)} = 1/c_1$$

$$R_2^{(1)} = 1/(G_1^{(1)} + G_3^{(3)}) = 0,13627$$

$$\alpha_1^{(1)} = \frac{2G_1^{(1)}}{G_1^{(1)} + G_2^{(1)} + G_3^{(1)}} = \frac{G_1^{(1)}}{G_2^{(1)}} = \beta_2^{(1)} = 0,13627.$$

Längsglied $\quad R_1^{(21)} = l_2$

$$R_3^{(21)} = 1/c_2$$

$$R_2^{(21)} = \frac{l_2}{1 + c_2 l_2} = 1,03953$$

$$\alpha_1^{(21)} = \frac{G_1^{(21)}}{G_2^{(21)}} = 0,39916$$

$$R_3^{(2)} = R_2^{(21)} = 1,03953$$

$$R_1^{(2)} = R_2^{(1)} = 0,13627$$

$$R_2^{(2)} = R_1^{(2)} + R_3^{(2)} = 1,1758$$

$$\alpha_1^{(2)} = \frac{R_1^{(2)}}{R_2^{(2)}} = 0,11589 = \beta_1^{(2)}.$$

Querglied 2
$$R_1^{(3)} = R_2^{(2)} = 1,1758$$

$$R_3^{(3)} = 1/c_3$$

$$R_2^{(3)} = 1/(G_1^{(3)} + G_3^{(3)}) = 0,13910$$

$$\alpha_1^{(3)} = \frac{G_1^{(3)}}{G_2^{(3)}} = \beta_2^{(3)} = 0,11830.$$

Stoßstelle $\quad S^{(4)} = -0,7558.$

Abschließend soll die im Bild 3.37b skizzierte Struktur noch äquivalent umgeformt werden. Die Skalierung mit -1 wird am Ausgang berücksichtigt. Dadurch ändert sich jedoch die lineare Abhängigkeit der Spannungen. Nach der
äquivalenten Umformung entstehen die Beziehungen

$$\widetilde{U}_3^{(1)} + \widetilde{U}_3^{(21)} - \widetilde{U}_3^{(3)} = 0$$

und daraus

$$V_{e3}^{(1)} + V_{e3}^{(21)} - V_{e3}^{(3)} = 0.$$

Folglich kann eine Welle aus jeweils zwei vorgegebenen Wellen berechnet
werden. Eine äquivalente Struktur, bei der diese lineare Abhängigkeit ausgenutzt wird, ist im Bild 3.37c skizziert.

Zur Auswahl einer auf die Realisierungsbasis zugeschnittenen und damit einer
aufwandsoptimalen Struktur ist, wie im Fall der Strukturen ohne Adaptoren,
nach äquivalenten Strukturen zu suchen. Dabei sind äquivalente Umformungen
sowohl der Digitalfilterstruktur als auch der als Ausgangspunkt gewählten Analogfilterstruktur möglich.
Äquivalente Umformungen der Digitalfilterstruktur mit Adaptoren werden am
zweckmäßigsten auf der Grundlage von Teilstrukturen durchgeführt. Einfache
Äquivalenztransformationen stellen die Umwandlungen von Paralleladapter in

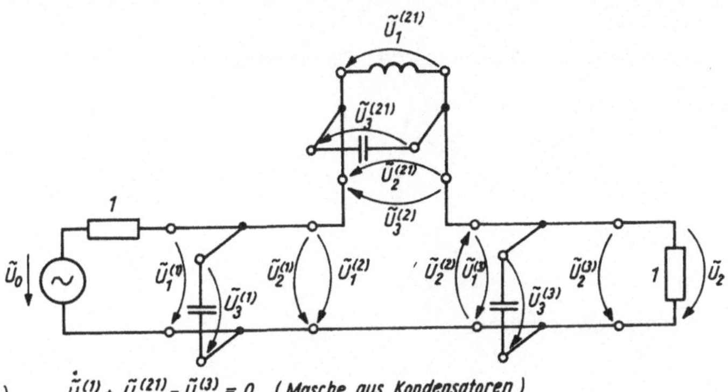

a) $\dot{\tilde{U}}_3^{(1)} + \tilde{U}_3^{(21)} - \tilde{U}_3^{(3)} = 0$ (Masche aus Kondensatoren)

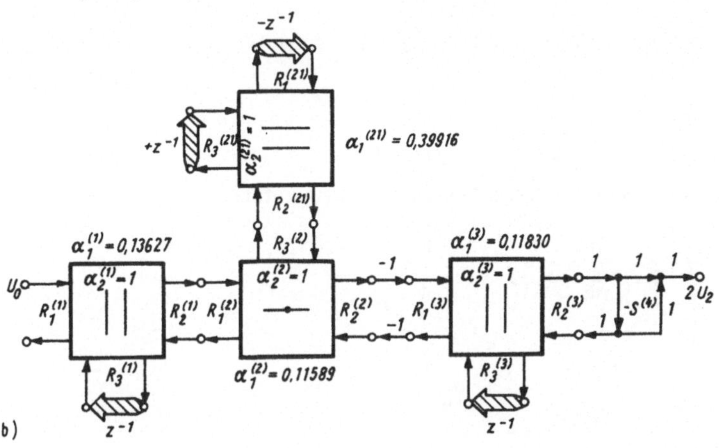

b)

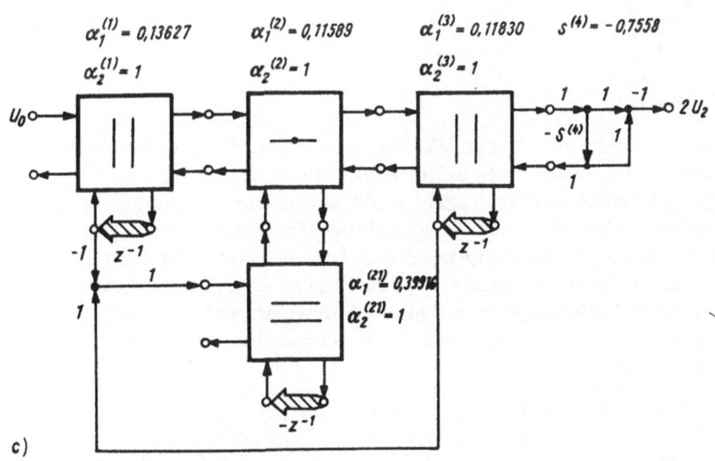

c)

Bild 3.37. Tiefpaßstruktur

a) Struktur des LC-Referenztiefpasses in Adapterzerlegung

$\tilde{U}_3^{(1)} + \tilde{U}_3^{(2)} - \tilde{U}_3^{(3)} = 0$ Masche aus Kondensatoren

b) Wellendigitalfilterstruktur mit Adaptoren

c) Wellendigitalfilterstruktur mit Adaptoren nach Elimination der linearen Abhängigkeit der Wellengrößen

Serienadapter und umgekehrt dar. Zwischen der Streumatrix

$$\underline{S}_R = \begin{pmatrix} 1-\alpha_1 & -\alpha_1 & \cdots & -\alpha_1 \\ -\alpha_2 & 1-\alpha_2 & \cdots & -\alpha_2 \\ \vdots & \vdots & & \vdots \\ -\alpha_n & -\alpha_n & \cdots & 1-\alpha_n \end{pmatrix}$$

des Serienadapters und der Streumatrix

$$\underline{S}_P = \begin{pmatrix} \alpha_1-1 & \alpha_2 & \cdots & \alpha_n \\ \alpha_1 & \alpha_2-1 & \cdots & \alpha_n \\ \vdots & \vdots & & \\ \alpha_1 & \alpha_2 & \cdots & \alpha_n-1 \end{pmatrix}$$

des Paralleladapters vermittelt die Transformationsmatrix

$$\underline{T}_U = \begin{pmatrix} \alpha_1 & 0 & \cdots & 0 \\ 0 & \alpha_2 & \cdots & 0 \\ \vdots & \vdots & & \vdots \\ 0 & 0 & \cdots & \alpha_n \end{pmatrix}$$

die Beziehungen

$$\underline{S}_P = - \underline{T}_U^{-1}\, \underline{S}_R \underline{T}_U \tag{3.77a}$$

und $\qquad \underline{S}_R = - \underline{T}_U \underline{S}_P \underline{T}_U^{-1}. \tag{3.77b}$

Diese Beziehungen spiegeln sich in den Wellensignalflußgraphen durch Multiplikationen mit α_i bzw. $1/\alpha_i$ wider, wie es im Bild 3.38 skizziert ist.
Die für Adaptoren mit beliebiger Toranzahl $n > 1$ anwendbare Transformation (3.77) bewirkt nur eine Skalierung und erzeugt keine neuen Strukturen. Strukturveränderungen werden nur durch kompliziertere Transformationen, wie sie in (3.65) und (3.66) für in Kette geschaltete Teilstrukturen angegeben wurden, oder durch andere mögliche Zerlegungen von Teilstrukturen erzielt.
Bei der Zerlegung besteht durch Verwendung von Stoßstellen, die aufgrund der Struktur der Streumatrix

$$\underline{S}_P = \begin{pmatrix} 1-\alpha_1 & -\alpha_1 \\ -\alpha_2 & 1-\alpha_2 \end{pmatrix} \qquad \alpha_i = \frac{2R_i}{R_1 + R_2}\;; \quad \widetilde{U}_1 + \widetilde{U}_2 = 0$$
$$i = 1,\, 2$$

als Zweitor-Serienadapter bezeichnet werden können (Bild 3.39), von Viertor-Adaptoren, von Dreitor-Adaptoren ohne reflexionsfreie Tore u.a. eine große Variationsmöglichkeit. In den Bildern 3.40 und 3.41 sind Beispiele für derartige äquivalente Zerlegungen angegeben. Ferner können Äquivalenzen auch durch ver-

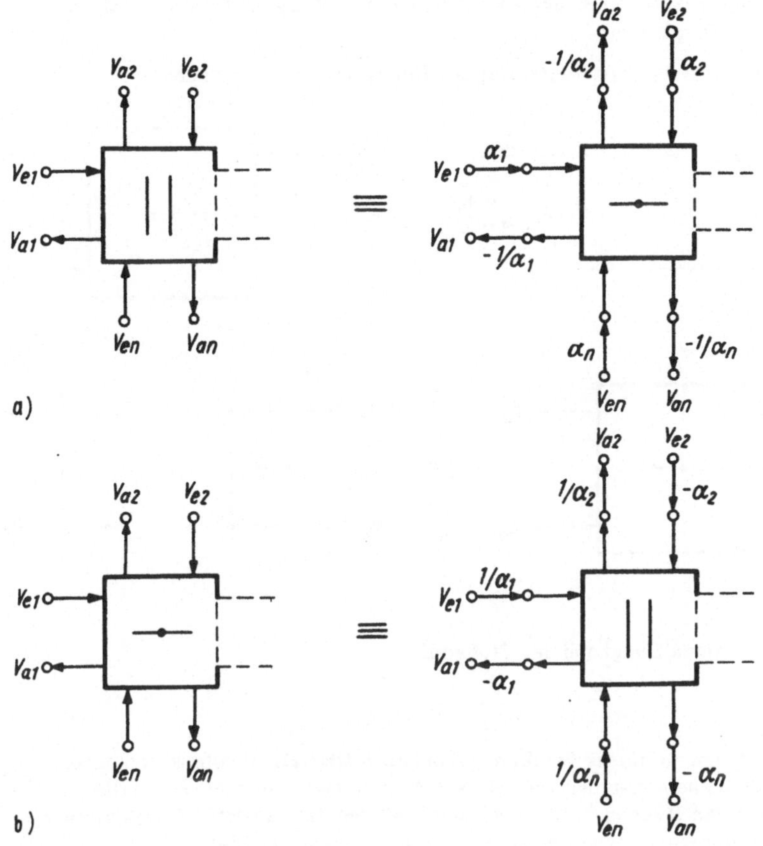

Bild 3.38. Äquivalenzen
a) Paralleladapter – Serienadapter
b) Serienadapter – Paralleladapter

gleichende Betrachtungen ermittelt werden. So läßt sich durch einen Vergleich der Reflexionsfaktorausdrücke zeigen, daß die Dreitor-Adapter-Realisierung eines Eintores mit einem Parallelschwingkreis oder Reihenschwingkreis als Impedanz bei geeigneter Koeffizientenwahl äquivalent einer Zweitorrealisierung ist. Im Bild 3.42 sind die dadurch entstehenden Äquivalenzen und die Ausdrücke für die Reflexionsfaktoren angegeben.
Wie im Fall der Strukturen ohne Adaptoren können äquivalente Digitalfilterstrukturen auch durch äquivalente Umformungen der Struktur des Referenzfilters gewonnen werden. Dabei erweist sich die Adapterrealisierung für die Ermittlung der Wellensignalflußgraphen für nichtkatalogisierte Teilstrukturen als vorteilhaft. Das folgende Beispiel soll dies illustrieren.

Beispiel 3.6.:

Für den im Beispiel 3.2. entworfenen Cauertiefpaß 3. Grades sind aus der gegebenen Abzweigstruktur (π-Struktur) im Bild 3.43b die äquivalente

- duale Abzweigstruktur (T-Struktur) mit Superkapazitäten und die äquivalente
- Kreuzstruktur (X-Struktur)

zu entwickeln und die dazugehörigen Digitalfilterstrukturen anzugeben.

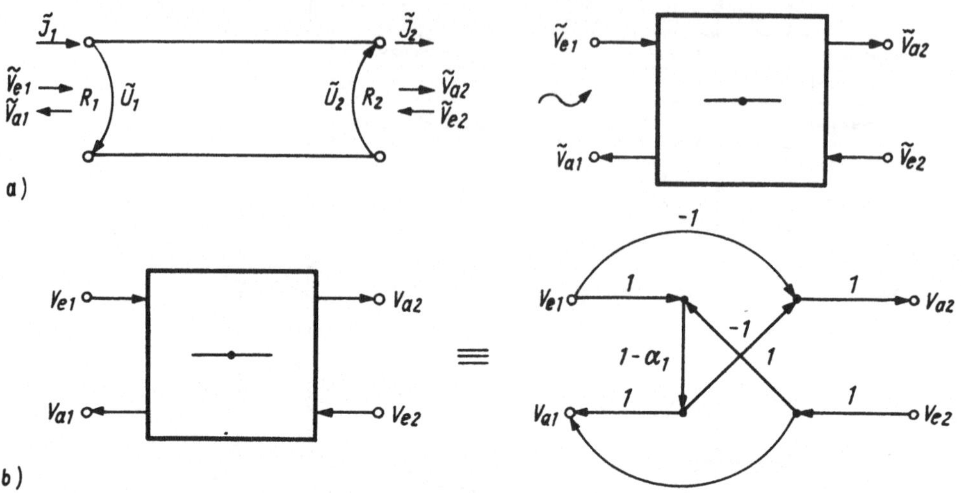

Bild 3.39. Wellensignalflußgraph der Stoßstelle

π-Struktur:

Die Koeffizienten der zu dieser Struktur gehörenden Digitalfilterstruktur können
in einfacher Weise aus denen des Beispiels 3.5. ermittelt werden, wobei die
Äquivalenzen aus den Bildern 3.40, 3.41 und 3.42 benutzt werden. Zur Realisierung wurden Dreitor-Adaptoren und Zweitor-Adaptoren verwendet, wie es im
Bild 3.43e skizziert ist.

T-Struktur:

Die zur vorgegebenen Struktur duale Abzweigstruktur wird durch Multiplikationen
aller Impedanzen $\widetilde{Z}(p)$ mit $1/p$ in eine Struktur mit Superkapazitäten übergeführt,
wie es im Bild 3.43a skizziert ist (vgl. Bild 3.31c). Bei der Zerlegung dieser
Struktur treten Serienadaptoren mit reeller Torbeschaltung auf. Wird an diesen
Toren Anpassung hergestellt, so erscheint an ihnen keine einlaufende Welle.
Unter diesen Voraussetzungen vereinfacht sich der Wellensignalflußgraph des
Serienadapters erheblich. Für die im Bild 3.43d angegebene Struktur ergeben
sich bei eingangsseitiger Anpassung folgende Torwiderstandsbeziehungen:

Längsglied 1   Serienadapter mit $\alpha_2^{(1)} = 1$ und $V_{e3}^{(1)} = 0$

$$R_1^{(1)} = 1$$

$$R_3^{(1)} = r_1 = 6,3385$$

$$R_2^{(1)} = R_1^{(1)} + R_3^{(1)} = 7,3385$$

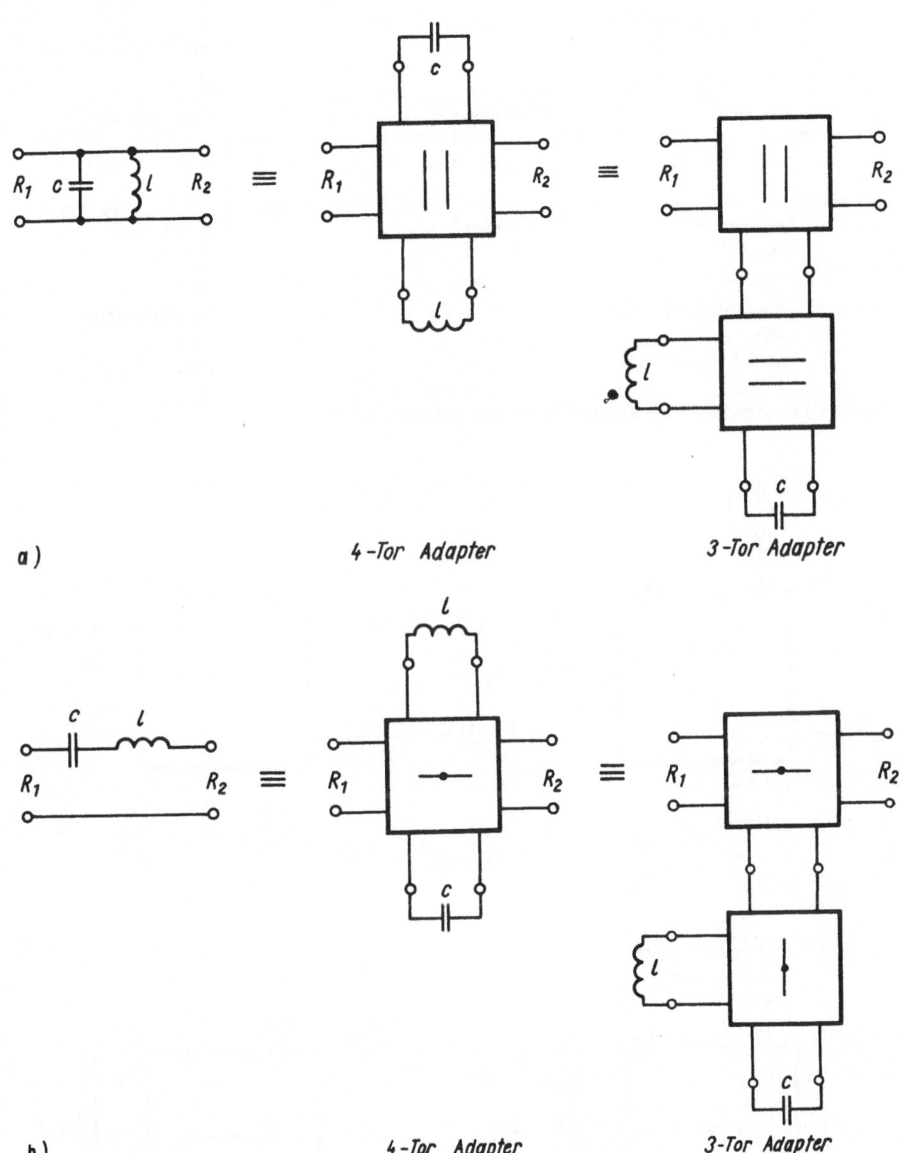

Bild 3.40. Zerlegungsvarianten einfacher Reihen-Parallel-Schaltungen
a) Parallelschaltung
b) Reihenschaltung

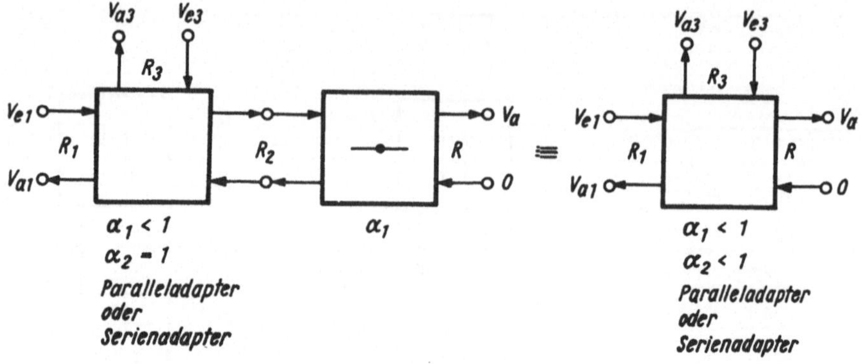

Bild 3.41. Äquivalente Darstellung von Adaptoren

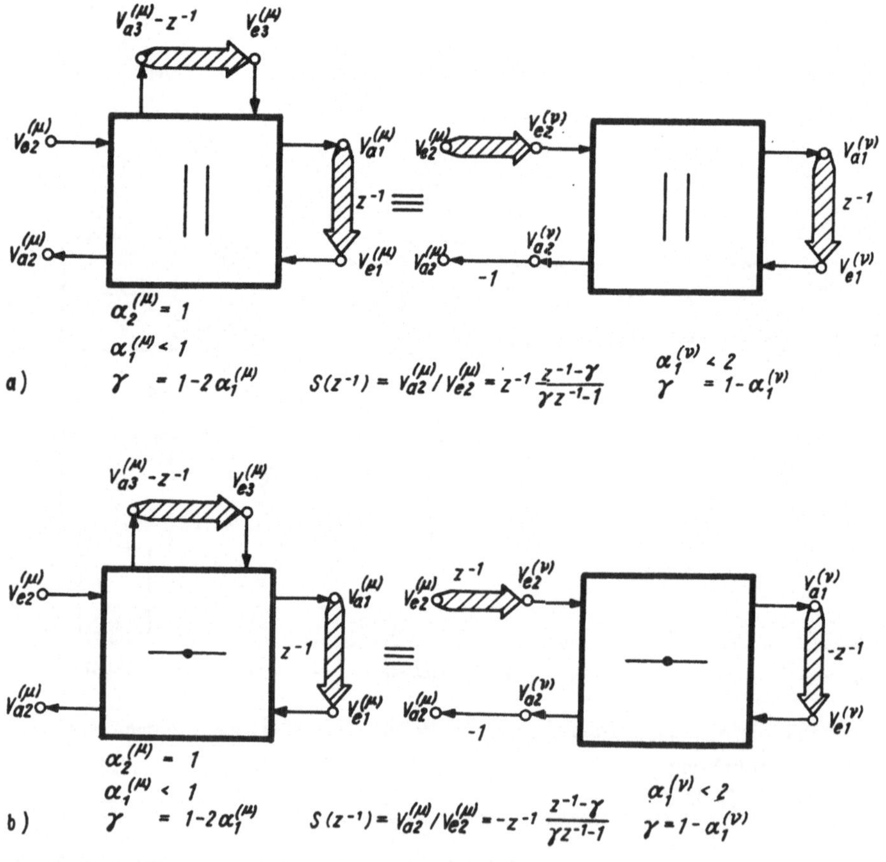

a) $\gamma = 1 - 2\alpha_1^{(\mu)}$ $S(z^{-1}) = V_{a2}^{(\mu)}/V_{e2}^{(\mu)} = z^{-1}\dfrac{z^{-1}-\gamma}{\gamma z^{-1}-1}$ $\gamma = 1 - \alpha_1^{(\nu)}$

b) $\gamma = 1 - 2\alpha_1^{(\mu)}$ $S(z^{-1}) = V_{a2}^{(\mu)}/V_{e2}^{(\mu)} = -z^{-1}\dfrac{z^{-1}-\gamma}{\gamma z^{-1}-1}$ $\gamma = 1 - \alpha_1^{(\nu)}$

Bild 3.42. Äquivalente Strukturen einfacher Eintore
a) Parallelschwingkreis
b) Reihenschwingkreis

$$\alpha_1^{(1)} = \frac{R_1^{(1)}}{R_2^{(1)}} = 0,13627.$$

Querglied Serienadapter mit $\alpha_2^{(21)} = 1$ und $V_{e3}^{(21)} = 0$

$$R_1^{(21)} = 1/S_2 = 0,38398$$

$$R_3^{(21)} = r_2 = 0,57799$$

$$R_2^{(21)} = R_1^{(21)} + R_3^{(21)} = 0,96197$$

$$\alpha_1^{(21)} = \frac{R_1^{(21)}}{R_2^{(21)}} = 0,39916$$

Paralleladapter mit $\alpha_2^{(2)} = 1$

$$R_3^{(2)} = R_2^{(21)}$$

$$R_1^{(2)} = R_2^{(1)}$$

$$R_2^{(2)} = 1/(G_1^{(2)} + G_3^{(2)}) = 0,85048$$

$$\alpha_1^{(2)} = \frac{G_1^{(2)}}{G_2^{(2)}} = 0,11589.$$

Längsglied 2 Serienadapter ohne reflexionsfreie Tore mit $V_{e3}^{(3)} = 0$

$$R_1^{(3)} = R_2^{(2)} = 0,85048, \quad R_2^{(3)} = 1$$

$$R_3^{(3)} = r_3 = 6,3385$$

$$\alpha_1^{(3)} = \frac{2R_2^{(2)}}{1 + r_3 + R_2^{(2)}} = 0,20771$$

$$\alpha_2^{(3)} = \frac{2}{1 + r_3 + R_2^{(2)}} = 0,24432.$$

X-Struktur:

Bei dieser Struktur wird von ihrem Wellensignalflußbild ausgegangen (Bild 3.43c). Die Impedanzen $\widetilde{Z}_1(p)$ bzw. $\widetilde{Z}_2(p)$ der Eintore S_1 bzw. S_2 erhält man in einfacher Weise mit Hilfe der Bartlett-Transformation /3.11/. Das vorgegebene aufbau- und widerstandssymmetrische Zweitor im Bild 3.42a wird „halbiert", und von dem neu entstandenen Zweitor S_H liest man unmittelbar ab

$$\widetilde{Z}_1(p) = \widetilde{Z}_{HK}(p) = \frac{1}{p(c_1 + 2c_2) + \dfrac{1}{p\dfrac{12}{2}}}$$

$$= \cfrac{1}{pc_0 + \cfrac{1}{pl_0}} \; ; \quad c_0 = 7,49448, \quad l_0 = 1,30215$$

und

$$\widetilde{Z}_2(p) \;\; = \widetilde{Z}_{HL}(p) = \frac{1}{pc_1} \; ; \quad c_1 = 6,3385.$$

Zur Realisierung der Eintore mit dem Torwiderstand R werden Zweitor-Adapter verwendet. Wenn die Standardrealisierungen der Eintore mit dem Torwiderstand $K_L^{(\nu)}$ ($\nu = 1,\, 2$) nach Tafel 3.3 verwandt werden, so sind die Torwiderstände $K_L^{(1)}$ und $K_L^{(2)}$ über Zweitor-Adapter auf den geforderten Torwiderstand R zu transformieren.

Eintor S_1:   Zweitor-Adapter zur Realisierung des Parallelschwingkreises

$$\alpha_1^{(12)} = \cfrac{2 \cdot \cfrac{1}{c_0}}{\cfrac{1}{c_0} + l_0} = \frac{2}{1 + c_0 l_0} = 0,18589$$

$$\alpha_1^{*(12)} = 1 - \alpha_1^{(12)} = 0,81411$$

Zweitor-Adapter zur Anpassung

$$R_1^{(1)} = 1$$

$$R_2^{(1)} = K_L^{(1)} = \frac{l_0}{1 + l_0 c_0} = 0,12103$$

$$\alpha_1^{(1)} = \frac{2R_1^{(1)}}{R^{(1)} + R_2^{(1)}} = 1,78407$$

$$\alpha_1^{*(1)} = 1 - \alpha_1^{(1)} = -0,78407.$$

Eintor S_2:   Zweitor zur Anpassung

$$R_1^{(2)} = 1$$

$$R_2^{(2)} = K_L^{(2)} = \frac{1}{c_1} = 0,157766$$

$$\alpha_1^{(2)} = \frac{2R_1^{(2)}}{R_1^{(2)} + R_2^{(2)}} = 1,72746$$

$$\alpha_1^{*(2)} = -0,72746.$$

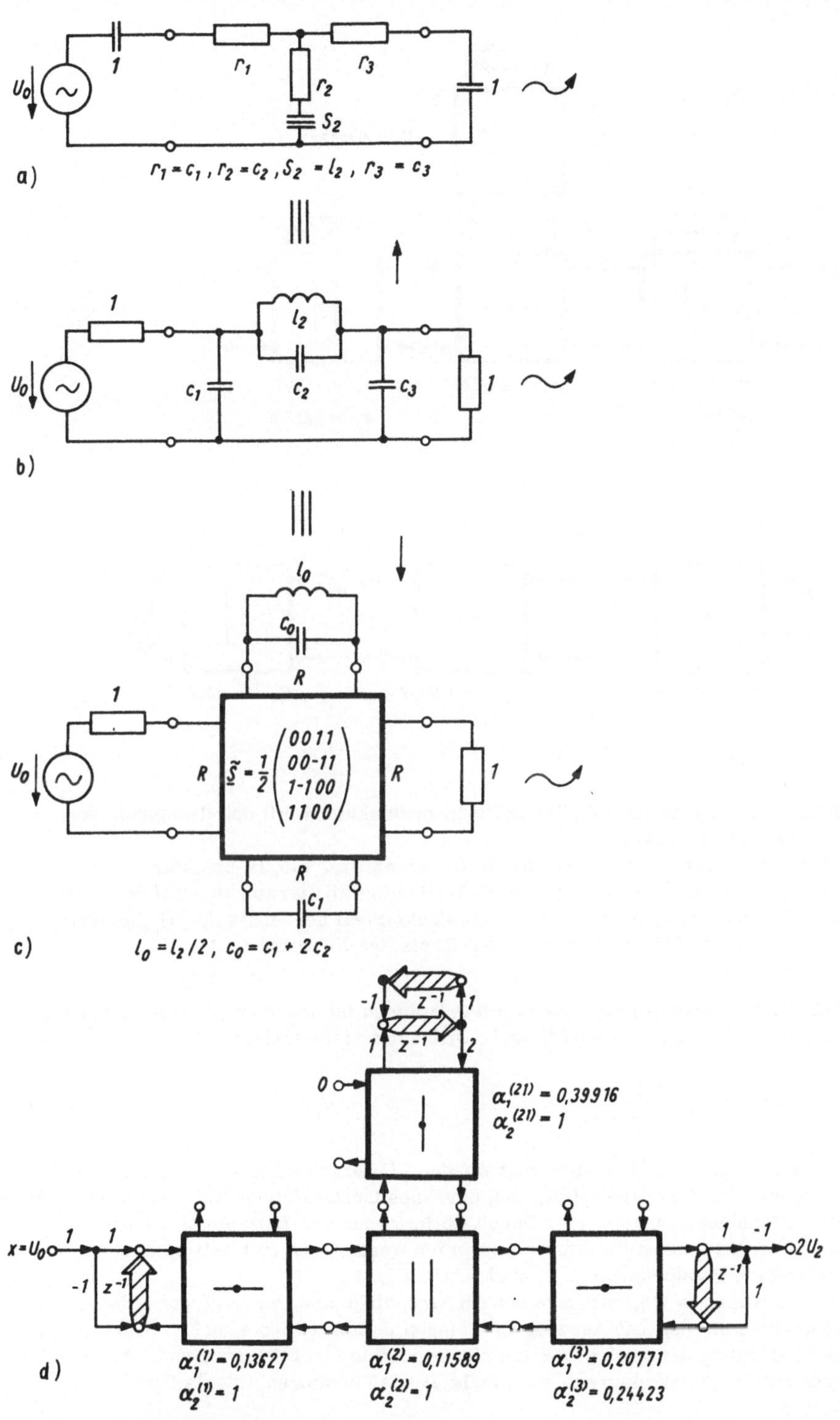

U_0
1
r_1
r_2
S_2
r_3
1
a)
r_1 = c_1 , r_2 = c_2 , S_2 = l_2 , r_3 = c_3
1
l_2
U_0
c_1
c_2
c_3
1
b)
l_0
C_0
R
1
U_0
R
S̃ = 1/2 (0 0 1 1 / 0 0 -1 1 / 1 -1 0 0 / 1 1 0 0)
R
1
R
C_1
c)
l_0 = l_2/2 , c_0 = c_1 + 2 c_2
-1
z^-1
1
1
z^-1
2
0
α_1^(21) = 0,39916
α_2^(21) = 1
x = U_0
1
1
-1
z^-1
2 U_2
1
-1
z^-1
1
d)
α_1^(1) = 0,13627
α_2^(1) = 1
α_1^(2) = 0,11589
α_2^(2) = 1
α_1^(3) = 0,20771
α_2^(3) = 0,24423

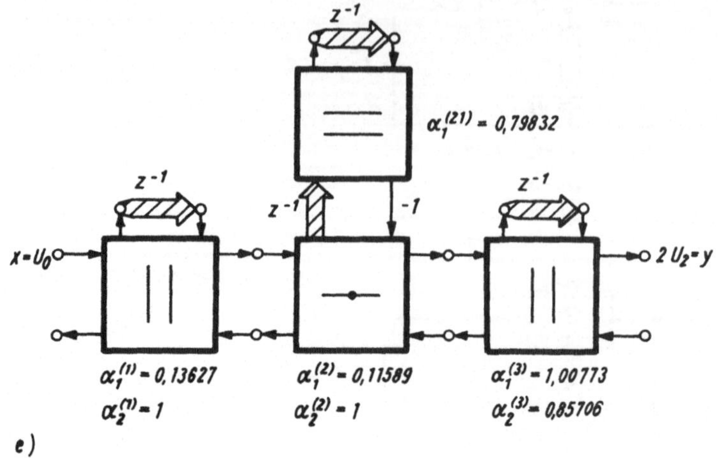

e)

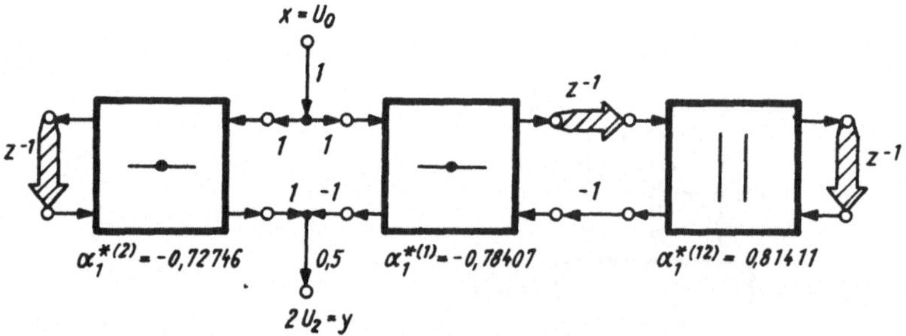

f)

Bild 3.43. Äquivalente Wellendigitalfilterstrukturen mit den dazugehörigen
Referenzfilterstrukturen
a) Referenzfilter mit T-Struktur; b) Referenzfilter mit Π-Struktur;
c) Referenzfilter mit X-Struktur; d) Wellendigitalfilterstruktur auf der Basis
der T-Struktur; e) Wellendigitalfilterstruktur auf der Basis der Π-Struktur;
f) Wellendigitalfilterstruktur auf der Basis der X-Struktur

Für die angegebenen Strukturen mit Adaptoren ist neben der Diskretisierungs-
formel (3.47) auch die modifizierte Bilineartransformation

$$p \;\rightarrow\; \frac{1}{n} \frac{1-z^{-n}}{1+z^{-n}} \tag{3.78}$$

in /3.20/ und /3.11/ untersucht worden. Unterschiedliche Werte für den Exponenten n bei der Diskretisierung der Impedanzen räumen beim Entwurf größere
Variationsmöglichkeiten ein. Durch Optimierung der Exponenten und Adapter-
koeffizienten können Strukturen entworfen werden, deren Koeffizienten ausschließlich Zweipotenzen 2^{-m} sind.
Der Entwurf von Digitalfiltern auf der Grundlage anderer analoger Schaltungsstrukturen als den LC-Abzweigschaltungen erfolgt in den gleichen Schritten. Bei
der Zerlegung der analogen Filterstruktur treten möglicherweise bisher nicht
betrachtete Teilstrukturen, wie ideale Transformatoren, ideale Gyratoren,

ideale Zirkulatoren und ideale Leitungen auf. Während für die erstgenannten
Teilstrukturen der Wellensignalflußgraph (Bilder 3.44 und 3.45) nur Strukturinformation trägt, ist in dem Wellensignalflußgraphen (Bild 3.46) für die ideale
Leitung der zum Ausdruck $e^{-p\tau}$ entsprechende diskrete zu ermitteln. Damit ein
rationaler Ausdruck in z^{-1} entsteht, wird die Abbildung

$$e^{-p\tau} \longrightarrow z^{-m} \tag{3.79}$$

verwendet. Die sich aus (3.79) ergebende Frequenztransformation ist linear,
wenn die auf die Abtastfrequenz f_A^* normierte Verzögerungszeit τ der Leitung
eine ganze Zahl ist und damit $m = \tau$ gesetzt werden kann. Anderenfalls ist mit
$m = [\tau]$ eine Frequenzverschiebung in Kauf zu nehmen.

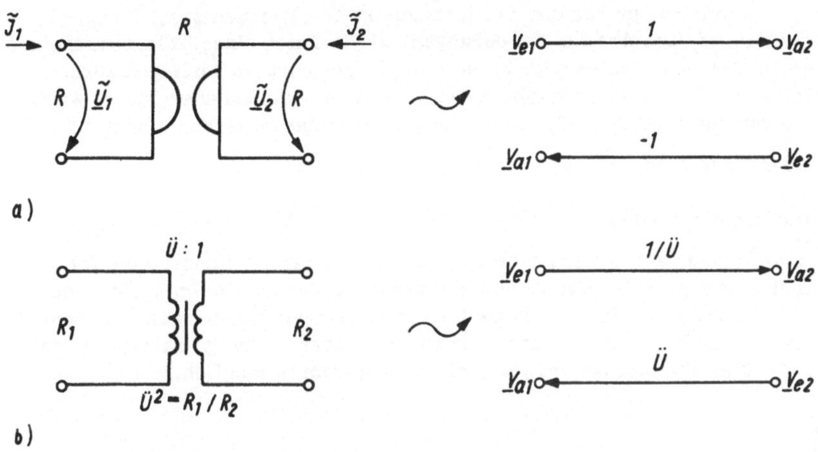

Bild 3.44. Wellensignalflußgraphen von Übersetzerzweitoren
a) Gyrator; b) Transformator

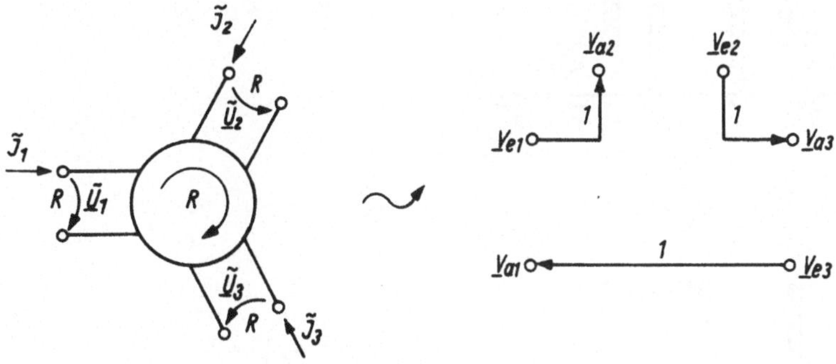

Bild 3.45. Wellensignalflußgraph des Zirkulators

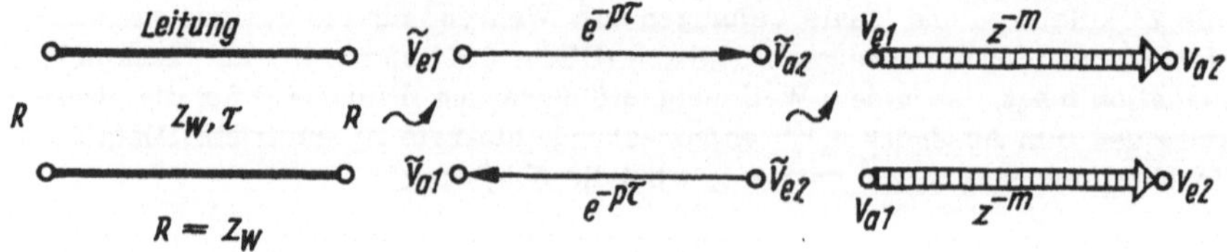

Bild 3.46. Wellensignalflußgraph der Leitung

3.3. Direkter Entwurf im Frequenzbereich

Beim direkten Entwurf im Frequenzbereich werden die Parameter einer vorgegebenen Systemstruktur aus den Forderungen an den Frequenzgang $G(\exp(-j\omega))$
direkt bestimmt. Die Art der Forderungen, die in Form eines Toleranzschemas
oder eines Phasenverlaufes oder eines Dämpfungsverlaufes vorliegen können,
einerseits und die Strukturvorgabe andererseits entscheiden über das zu wählende
Entwurfsverfahren (Bild 3.47). Diese Entwurfsverfahren werden eingeteilt in

- Standardverfahren

und

- Optimierungsverfahren.

Unter Standardverfahren werden analytische Verfahren verstanden, die für eine
Standardforderung, z.B. Standardtoleranzschema eines digitalen Tiefpasses
(Bild 3.47b), auf analytischem Wege die Parameter des Übertragungsoperators g
ergeben. Für nicht standardisierte Forderungen oder beliebige Strukturvorgaben
ist ein direkter Entwurf nur mit Optimierungsverfahren möglich.

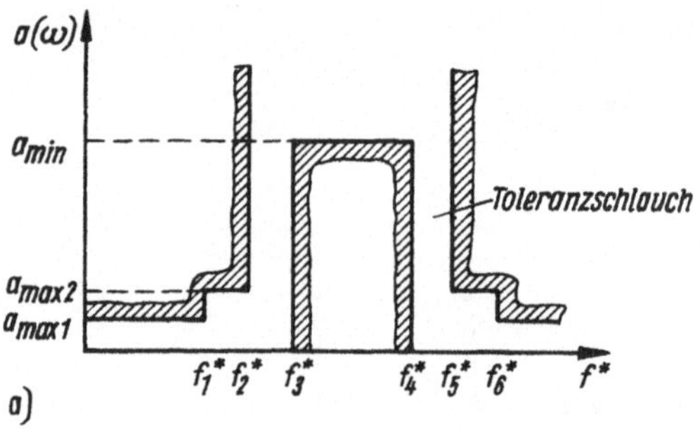

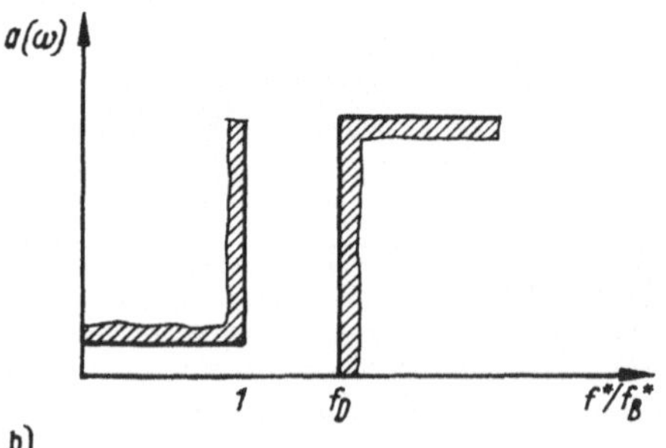

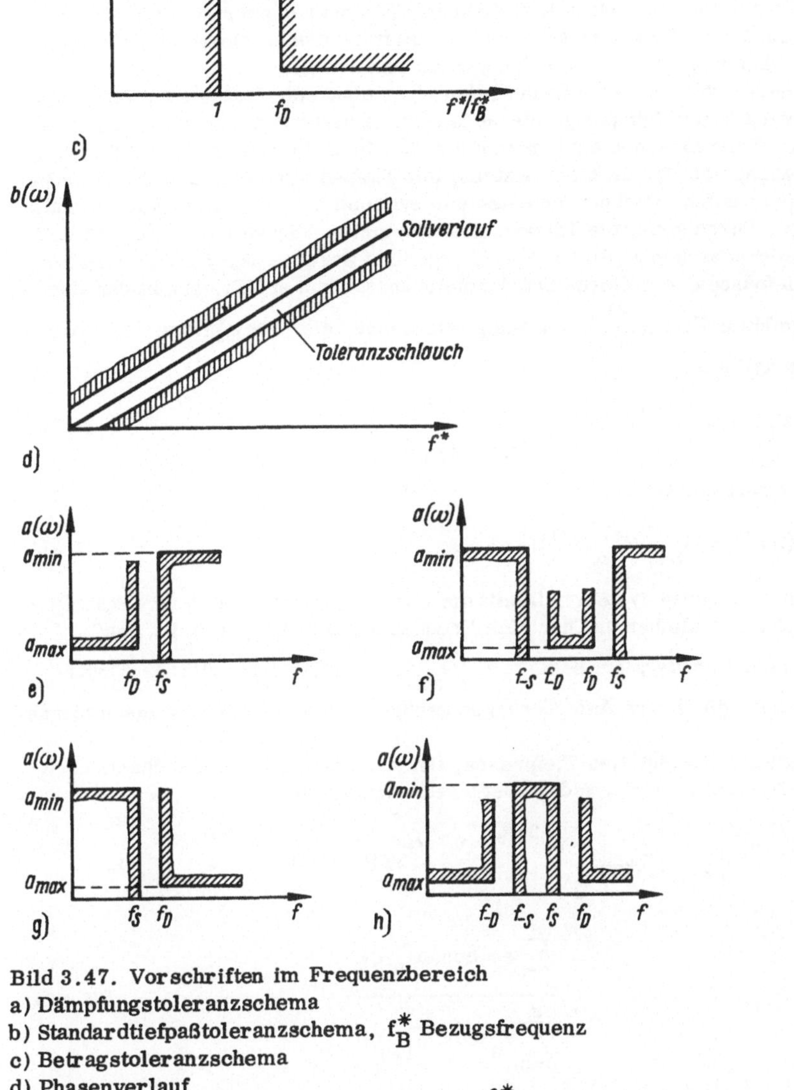

Bild 3.47. Vorschriften im Frequenzbereich

a) Dämpfungstoleranzschema

b) Standardtiefpaßtoleranzschema, f_B^* Bezugsfrequenz

c) Betragstoleranzschema

d) Phasenverlauf

e) Tiefpaß-Dämpfungstoleranzschemata, $f = \dfrac{f^*}{f_B^*}$ normierte Frequenz, $\omega = 2\pi f$

f) Bandpaß-Dämpfungstoleranzschemata

g) Hochpaß-Dämpfungstoleranzschemata

h) Bandsperren-Dämpfungstoleranzschemata

3.3.1. Entwurf rekursiver diskreter Systeme mit Standardverfahren

Beim Standardentwurf müssen die Forderungen an die Kenngrößen des Frequenzgangs $G(\exp(-j\omega))$ des rekursiven diskreten Systems so geartet sein, daß sie nach einer geeigneten Transformation und Normierung einem Standardtoleranzschema für die Dämpfung, Phase oder Gruppenlaufzeit genügen.

Im folgenden soll nur der Entwurf rekursiver diskreter Systeme auf der Grundlage vorgegebener Dämpfungstoleranzschemata näher betrachtet werden. Als mögliche Toleranzschemata kommen die im Bild 3.48 dargestellten Dämpfungstoleranzschemata für diskrete Systeme mit Tiefpaßverhalten, symmetrischem Bandpaßverhalten, Hochpaßverhalten und symmetrischem Bandsperrenverhalten in Frage. Durch geeignete Frequenztransformation können sie in ein Standardtiefpaßtoleranzschema (Bild 3.47e) übergeführt werden. Der Entwurf eines digitalen Tiefpasses, der dieses Standardtoleranzschema erfüllt, ergibt den Übertragungsfaktor $G_{STP}(z_{TP}^{-1})$. Daraus gewinnt man unter Verwendung der Frequenztransformationen

$$z_{TP}^{-1} = G_{xx}(z^{-1})$$
$$xx = TP, \ HP, \ BP, \ BS \tag{3.80}$$

den Übertragungsfaktor

$$G(z^{-1}) = G_{STP}(G_{xx}(z^{-1})) \tag{3.81}$$

des zu entwerfenden Systems. Damit die Dämpfungswerte bei dieser Transformation erhalten bleiben und nur eine Frequenzverschiebung auftritt, muß $G_{xx}(z^{-1})$ ein Allpaßsystem sein, d.h. $\left|G_{xx}(\exp(-j\omega))\right| = 1$ für alle ω. Transformationen, die diesen Anforderungen genügen, sind in Tafel 3.6 zusammengestellt.

Beim Entwurf des digitalen Tiefpasses, der das Standardtoleranzschema nach Bild 3.47b erfüllt, wird von dem Betragsquadratverlauf

$$\left|G_{STP}(z_{TP}^{-1})\right|^2 \Bigg|_{z_{TP}=e^{j\omega_{TP}}} = e^{-2a(\omega_{TP})} = G_{STP}(z) \ G_{STP}(z^{-1}) \Bigg|_{z_{TP}=e^{j\omega_{TP}}} \tag{3.82a}$$

$$= \frac{\displaystyle\sum_{\sigma=0}^{s} e_\sigma \ \cos(\omega_{TP}\sigma)}{\displaystyle\sum_{\sigma=0}^{s} f_\sigma \ \cos(\omega_{TP}\sigma)} \tag{3.82b}$$

$$= \frac{\displaystyle\sum_{\sigma=0}^{s} g_\sigma \ \cos^2(\omega_{TP}\sigma/2)}{\displaystyle\sum_{\sigma=0}^{s} h_\sigma \ \cos^2(\omega_{TP}\sigma/2)} \tag{3.82c}$$

Tafel 3.6. Frequenztransformation

$$G_{xx}(z^{-1}), \qquad f_D^+ - \text{normierte Durchlaßfrequenz des Ausgangs-tiefpasses}$$

TP - TP
$$\frac{z^{-1} - a}{1 - az^{-1}}, \qquad a = \frac{\sin(\pi(f_D^+ - f_D))}{\sin(\pi(f_D^+ + f_D))}$$

TP - HP
$$-\frac{z^{-1} + a}{1 + az^{-1}}, \qquad a = \frac{\cos(\pi(f_D^+ - f_D))}{\cos(\pi(f_D^+ - f_D))}$$

TP - BP
$$-\frac{z^{-2} - (2ab/(2ab/(b+1)))z^{-1} + (b-1)/(b+1)}{(b-1)/(b+1)z^{-1} - (2ab/(b+1))z^{-1} + 1}$$

$$a = \cos(2\pi f_M) = \frac{\cos(\pi(f_D + \underline{f}_{-D}))}{\cos(\pi(f_D - \underline{f}_{-D}))}$$

$$b = \cot(\pi(f_D - \underline{f}_{-D}))\tan(\pi f_D^+)$$

TP - BS
$$-\frac{z^{-2} - (2ab/(b+1))z^{-1} + (b-1)/(b+1)}{(b-1)/(b+1)z^{-2} - (2ab/(b+1))z^{-1} + 1}$$

$$a = \cos(2\pi f_M) = \frac{\cos(\pi(f_D - \underline{f}_{-D}))}{\cos(\pi(f_D + \underline{f}_{-D}))}$$

$$b = \tan(\pi(f_D - \underline{f}_{-D}))\tan(\pi f_D^+)$$

des diskreten Systems mit dem Übertragungsfaktor

$$G_{STP}(z^{-1}) = \frac{\displaystyle\sum_{\sigma=0}^{s} b_\sigma \, z_{TP}^{-\sigma}}{\displaystyle\sum_{\sigma=0}^{s} a_\sigma \, z_{TP}^{-\sigma}} \tag{3.83}$$

ausgegangen. Die Gl. (3.82c) läßt sich auch in der Form

$$G_{STP}(e^{-j\omega}{}_{TP})^2 = \frac{1}{1 + K_n^2(\omega_{TP})} \tag{3.84}$$

darstellen, wobei $K_n^2(\omega_{TP})$ ein rationales trigonometrisches Polynom n-ter Ordnung ist. Durch geeignete Wahl von $K_n^2(\omega_{TP})$ können verschiedene Filtertypen entworfen werden:

- Potenztiefpaß

$$K_n^2(\omega_{TP}) = \varepsilon^2 \left(\frac{\tan(\omega_{TP}/2)}{\tan(\omega_{TPD}/2)} \right)^{2n} \qquad \varepsilon^2 = e^{2a_{max}} - 1. \qquad (3.85)$$

- Tschebyscheff-Tiefpaß

$$K_n^2(\omega_{TP}) = \varepsilon^2 \left(T_n \, \frac{\tan(\omega_{TP}/2)}{\tan(\omega_{TPD}/2)} \right)^{2} \qquad \varepsilon^2 = e^{2a_{max}} - 1 \qquad (3.86)$$

$$T_n(x) - \text{Tschebyscheff-Polynom}$$
$$n\text{-ter Ordnung.}$$

Für die Dämpfungskenngrößen a_{min} und a_{max} können der zugehörige Grad n und die Größe ε ermittelt werden. Durch Bestimmung der Pole und Nullstellen des ermittelten $G_{STP}(z_{TP}) \, G_{STP}(z_{TP}^{-1})$ mit $z_{TP} = \exp(-j\omega_{TP})$ kann der gesuchte Übertragungsfaktor $G_{TP}(z_{TP}^{-1})$ und damit g ermittelt werden.

Es kann gezeigt werden, daß der Entwurf über die Bilineartransformation eines entsprechenden analogen Tiefpasses zu gleichwertigen Resultaten führt (s. 3.2.).

3.3.2. Entwurf nichtrekursiver diskreter Systeme mit Standardverfahren

Ein nichtrekursives System ist gekennzeichnet durch eine endliche Gewichtsfunktion $g[k]$ mit $g[k] = 0$ für $k \geqq N$. Dies spiegelt sich dann unmittelbar in den Strukturvarianten für das nichtrekursive diskrete System wider. Die Varianten für die Strukturen gehen aus den möglichen Produktdarstellungen für den Übertragungsfaktor g hervor. Die am häufigsten verwendeten Strukturen sind im Bild 3.48 skizziert.
Für den Entwurf nichtrekursiver Systeme mit vorgeschriebenem Betrags- oder Dämpfungsverlauf ist die Klasse der linearphasigen Systeme von besonderem Interesse, da sich in diesem Fall einfache Zusammenhänge zwischen Frequenzganggrößen und Systemparametern ergeben. Bei den linearphasigen Systemen sind in Abhängigkeit von der Anzahl N der Gewichtsfunktionswerte $g[k]$ und vom Symmetrietyp für den Frequenzgang

$$G(e^{-j\omega}) = \sum_{\varkappa=0}^{N-1} g[\varkappa] e^{-j\varkappa}$$

vier Fälle zu unterscheiden:

- N-ungerade, symmetrisch

Die Symmetrieeigenschaft lautet

$$g[N-1-\varkappa] = g[\varkappa]; \qquad \varkappa = 0, 1, \ldots, \frac{N-1}{2}. \qquad (3.87)$$

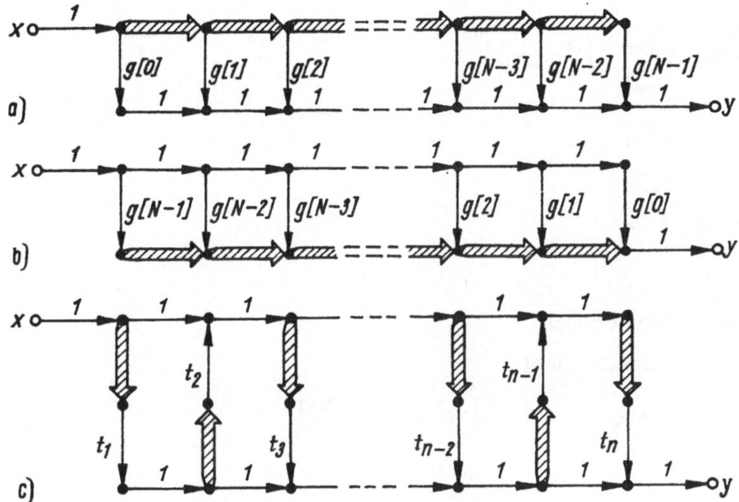

Bild 3.48. Strukturen nichtrekursiver Systeme
a) beobachtungskanonische direkte Struktur
b) steuerungskanonische direkte Struktur
c) Reihenstruktur

Damit kann der Frequenzgang $G(\exp(-j\omega))$ in der Form

$$G(e^{-j\omega}) = \left(g\left[\frac{N-1}{2}\right] + \sum_{\varkappa=1}^{(N-1)/2} g\left[\frac{N-1}{2}-\varkappa\right]\left(e^{j\omega\varkappa} + e^{-j\omega\varkappa}\right)\right) e^{-j\omega\left(\frac{N-1}{2}\right)}$$

$$= \left(\sum_{\varkappa=0}^{(N-1)/2} b\left[\varkappa\right]\cos\left(\omega\varkappa\right)\right) e^{-j\omega\left(\frac{N-1}{2}\right)} \tag{3.88a}$$

mit

$$b[\varkappa] = \begin{cases} g\left[\dfrac{N-1}{2}\right] & \varkappa = 0 \\[2ex] 2g\left[\dfrac{N-1}{2}-\varkappa\right] & \varkappa > 0 \end{cases} \tag{3.88b}$$

dargestellt werden.

- N-gerade, symmetrisch

Mit der Symmetrieeigenschaft

$$g\left[N-1-\varkappa\right] = g\left[\varkappa\right] \quad \varkappa = 0, \ldots, \frac{N}{2} - 1 \tag{3.89}$$

ergibt sich für den Frequenzgang $G(\exp(-j\omega))$ der Ausdruck

$$G(e^{-j\omega}) = \left(\sum_{\varkappa=1}^{N/2} g\left[\frac{N}{2} - \varkappa\right] (e^{j\omega(\varkappa - \frac{1}{2})} + e^{-j\omega(\varkappa - \frac{1}{2})}) \right) e^{-j\omega\left(\frac{N-1}{2}\right)}$$

$$= \left(\sum_{\varkappa=1}^{N/2} b\,[\varkappa]\cos(\omega(\varkappa - \tfrac{1}{2})) \right) e^{-j\omega\left(\frac{N-1}{2}\right)}, \tag{3.90a}$$

wobei $\quad b\,[\varkappa] = 2\,g\left[\dfrac{N}{2} - \varkappa\right]$ \hfill (3.90b)

gilt.

- N-ungerade, asymmetrisch

Die Symmetrieeigenschaft lautet

$$g\,[N-1-\varkappa] = -g\,[\varkappa] \qquad\qquad [\varkappa] = 0,\ 1,\ \ldots,\ \frac{N-1}{2} \tag{3.91}$$

$$g\left[\frac{N-1}{2}\right] = 0.$$

Der Frequenzgang $G(\exp(-j\omega))$ kann damit in der Form

$$G(e^{-j\omega}) = \left(\sum_{\varkappa=1}^{(N-1)/2} g\left[\frac{N-1}{2} - \varkappa\right] (-e^{j\omega\varkappa} + e^{j\omega\varkappa}) \right) e^{-j\omega(\frac{N-1}{2})}$$

$$= j\left(\sum_{\varkappa=1}^{(N-1)/2} b\,[\varkappa]\sin(\omega\varkappa) \right) e^{-j\omega(\frac{N-1}{2})} \tag{3.92a}$$

mit

$$b\,[\varkappa] = -\,2g\left[\frac{N-1}{2} - \varkappa\right] \tag{3.92b}$$

dargestellt werden.

- N-gerade, asymmetrisch

Mit der Symmetrieeigenschaft

$$g\,[N-1-\varkappa] = -\,g\,[\varkappa] \qquad\qquad \varkappa = 0,\ \ldots,\ \frac{N}{2} - 1 \tag{3.93}$$

ergibt sich für den Frequenzgang $G(\exp(-j\omega))$ der Ausdruck

$$G(e^{-j\omega}) = \left(\sum_{\varkappa=1}^{N/2} g\left[\frac{N}{2} - \varkappa\right] (-e^{+j\omega(\varkappa - \frac{1}{2})} + e^{j\omega(\varkappa + \frac{1}{2})}) e^{-j\omega\frac{(N-1)}{2}} \right.$$

$$= j\left(\sum_{\varkappa=1}^{N/2} b\,[\varkappa]\sin(\omega(\varkappa - \tfrac{1}{2})) \right) e^{-j\omega(\frac{N-1}{2})}, \tag{3.94a}$$

wobei

$$b\,[\varkappa] = -\,2g\left[\frac{N}{2} - \varkappa\right] \tag{3.94b}$$

gilt.

In allen vier Fällen führt die Umformung auf ein Produkt

$$G(e^{-j\omega}) = G^{*}(e^{-j\omega})\; e^{-j\omega(\frac{N-1}{2})}$$

(3.95)

eines nichtkausalen Frequenzgangs $G^{*}(e^{-j\omega})$ mit dem Frequenzgang $e^{-j\omega\frac{(N-1)}{2}}$.

Aus Gl. (3.95) ist unmittelbar abzulesen, daß die Betragsverläufe von $G(\exp(-j\omega))$ und $G^{*}(\exp(-j\omega))$ übereinstimmen, d.h.

$$\left|G(\exp(-j\omega))\right| = \left|G^{*}(\exp(-j\omega))\right|.$$

Zu den Standardverfahren des Entwurfs nichtrekursiver diskreter Systeme gehören das Fensterfunktionsverfahren und das Frequenzabtastverfahren.

■ Fensterfunktionsverfahren

Da der Frequenzgang $G(\exp(-j\omega))$ eines diskreten Systems in der Frequenz periodisch ist, kann er in eine Fourierreihe entwickelt werden. Die Reihenentwicklung hat die Form

$$F(e^{-j\omega}) = \sum_{\varkappa=-\infty}^{\infty} f[\varkappa]e^{-j\omega\varkappa}$$

(3.96a)

mit

$$f[\varkappa] = \frac{1}{2\pi} \int_{0}^{2\pi} F(e^{-j\omega})\, e^{j\omega\varkappa}\; d\omega.$$

(3.96b)

Ist der Frequenzgang $G(e^{-j\omega})$ nach Betrag und Phase vorgegeben, so können die Gewichtsfunktionswerte $g[\varkappa]$ unmittelbar aus den Fourierkoeffizienten ermittelt werden. Wenn nur der Betrags- oder Dämpfungsverlauf vorgeschrieben ist, muß dieser durch einen geeigneten Phasenverlauf ergänzt werden /3.3/ /3.12/. Die Phasenbeziehungen sind für gerade und ungerade Werte von N in Tafel 3.7 zusammengestellt.

Tafel 3.7. Frequenzgänge

$$N - \text{ungerade} \quad G(e^{-j2\pi\varkappa/N}) = G(e^{-j2\pi(N-\varkappa)/N}) \qquad \varkappa = 0, \ldots, \frac{N-1}{2}$$

$$b(2\pi\varkappa/N) = \begin{cases} \dfrac{2\pi\varkappa}{N}\left(\dfrac{N-1}{2}\right) & \varkappa = 0, \ldots, \dfrac{N-1}{2} \\[2ex] -\dfrac{2\pi(N-\varkappa)}{N}\left(\dfrac{N-1}{2}\right) & \varkappa = \dfrac{N+1}{2}, \ldots, N-1 \end{cases}$$

$$N - \text{gerade} \quad G(e^{-j2\pi\varkappa/N}) = G(e^{-j2\pi(N-\varkappa)/N}) \qquad \varkappa = 0, \ldots, \frac{N}{2}-1$$

$$G(e^{-j\pi}) = 0$$

$$b(2\pi\varkappa/N) = \begin{cases} \dfrac{2\pi\varkappa}{N}\left(\dfrac{N-1}{2}\right) & \varkappa = 0, \ldots, \dfrac{N}{2}-1 \\[2ex] 0 & \varkappa = \dfrac{N}{2} \\[2ex] -\dfrac{2\pi(N-\varkappa)}{N}\left(\dfrac{N-1}{2}\right) & \varkappa = \dfrac{N}{2}+1, \ldots, N-1 \end{cases}$$

Für den Entwurf wird der in dieser Weise gewonnene oder vorgegebene Frequenzgang $G_0(e^{-j\omega})$ für ein gewähltes N nach Gl. (3.95) in ein Produkt zweier Frequenzgänge zerlegt und $G_0^*(e^{-j\omega})$ in eine Fourierreihe entwickelt. Im folgenden wird nur der Fall ungerader Werte von N betrachtet. Es ergibt sich eine erste Näherung für die Gewichtsfunktionswerte $\widetilde{g}^*[\varkappa]$, wenn die Fourierreihe für $G_0^*(e^{-j\omega})$ bei $\varkappa = \pm (N-1)/2$ abgebrochen wird. Der Abbruch der Reihe führt jedoch zu dem bekannten Gibbsschen-Phänomen an den Sprungstellen des Frequenzgangs. Diese erste Näherung erweist sich damit für den Entwurf von digitalen Tiefpässen, Bandpässen und anderen Systemen mit Sprungstellen als unbrauchbar. Eine günstigere Näherung für die Gewichtsfunktionswerte des Systems erhält man durch eine Wichtung der Fourierkoeffizienten mit $w[\varkappa]$, den Werten der <u>Fensterfunktion</u> w zum Zeitpunkt $\varkappa$. Für die Gewichtsfunktionswerte des zu entwerfenden nichtkausalen Systems ergibt sich damit

$$g^*[\varkappa] = \widetilde{g}^*[\varkappa]\, w$$

$$= \left[\frac{1}{2\pi} \int_0^{2\pi} G_0^*(e^{-j\omega})\, e^{j\omega\varkappa}\, d\omega\right] w[\varkappa], \qquad (3.97a)$$

wobei $w[\varkappa]$ für $|\varkappa| > (N-1)/2$ den Wert 0 annimmt. Einige gebräuchliche Fensterfunktionen sind in Tafel 3.8 zusammengestellt. Zwei davon sind im Bild 3.49 skizziert.

Tafel 3.8. Fensterfunktionen

FENSTER	FENSTERFUNKTION $w[\varkappa]=0$ für $\varkappa > r$, $r = \dfrac{N-1}{2}$
Hanning	$w[\varkappa] = 0,5\,(1 + \cos(\pi\varkappa/r)$
Hamming	$w[\varkappa] = 0,54 + 0,46\,\cos(\pi\varkappa/r)$
Blackmann	$w[\varkappa] = 0,42 + 0,5\,\cos(\pi\varkappa/r) + 0,08\,\cos(2\pi\varkappa/r)$
Fejer	$w[\varkappa] = 1 - |\varkappa/r|$
Lanzos	$w[\varkappa] = \left(\dfrac{\sin(\pi\varkappa/r)}{(\pi\varkappa/r)}\right)^m$
Kaiser	$w[\varkappa] = \dfrac{I_0\left(ax\sqrt{1-(\varkappa/r)^2}\right)}{I_0\,(ar)}\,;$ I_0 – modifizierte Besselfunktion 1. Art und 0. Ordnung
Papoulis	$w[\varkappa] = \dfrac{1}{\pi}\,|\sin(\pi\varkappa/r)| + \left|\dfrac{\varkappa}{r}\right|\,\cos(\pi\varkappa/r)$
Dolph Tschebyscheff	$w[\varkappa] = \dfrac{1}{2\pi} \int_0^{2\pi} \dfrac{\cos\left[(N-1)\cos^{-1}(a\cos(\omega/2))\right]}{\cosh\left[(N-1)\cosh^{-1}(a)\right]}\, e^{j\omega\varkappa}\, d\omega$

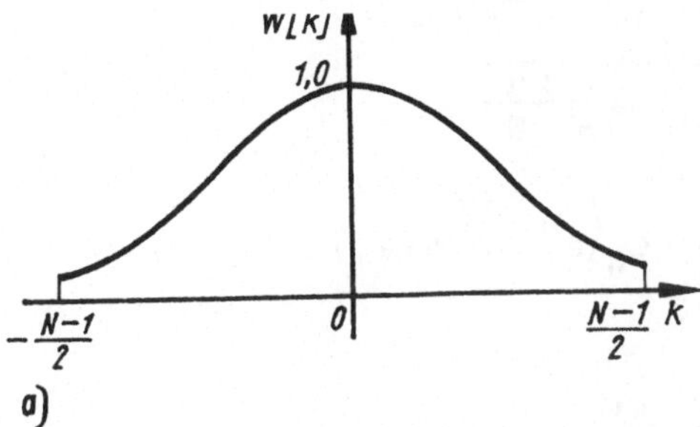

a)

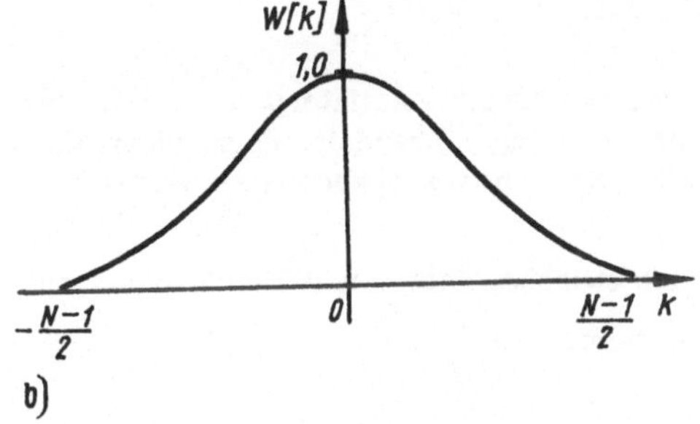

b)

Bild 3.49. Fensterfunktionen
a) Hamming-Fensterfunktion
b) Kaiser-Fensterfunktion

Für das kausale System mit dem Frequenzgang $G(e^{-j\omega})$ erhält man daraus durch Verschiebung die Werte

$$g[\varkappa] = g^*[\varkappa - (N-1)/2] \qquad \begin{aligned} &\varkappa = 0, \ldots, (N-1) \\ &N = \text{ungerade} \end{aligned}$$

des Gewichtsfaktors g.

■ Frequenzabtastverfahren

Da der Gewichtsfaktor g eines nichtrekursiven Systems ein endliches diskretes Signal ist, kann das System auch durch das über die DFT erhaltene Signal $f = T_{E,K}(g)$ für K = N mit

$$f[\varkappa] = G\left(e^{-j\frac{2\pi\varkappa}{K}}\right) = \sum_{\nu=0}^{N-1} g[\nu]e^{-j\frac{2\pi}{K}\varkappa\nu} \quad \text{DFT} \tag{3.98a}$$

charakterisiert werden. Die inverse Transformation lautet mit K = N

$$g[\varkappa] = \frac{1}{N}\sum_{\nu=0}^{N-1} G\left(e^{-j\frac{2\pi\nu}{N}}\right)e^{j\frac{2\pi}{N}\nu\varkappa} \quad \text{IDFT.} \tag{3.98b}$$

Für den Entwurf wird das über die IDFT der vorgegebenen Abtastwerte $G_0\left(e^{-j\frac{2\pi\nu}{N}}\right)$ gewonnene Signal als Gewichtsfaktor g verwendet. Der Frequenzgang $G(e^{-j\omega})$ des ermittelten Systems stimmt an den Frequenzpunkten $\omega_\nu = \frac{2\pi\nu}{N}$ mit den vorgegebenen Werten überein. Der Verlauf des Frequenzgangs zwischen diesen Werten berechnet sich zu

$$G(z)\Big|_{z=e^{-j\omega}} = \frac{1-z^{-N}}{N} \sum_{\nu=0}^{N-1} \frac{G_0\left(e^{-j\frac{2\pi\nu}{N}}\right)}{1-z^{-1}e^{j\frac{2\pi\nu}{N}}} \qquad\qquad (3.99a)$$

$$= e^{-j\omega\left(\frac{N-1}{2}\right)} \sum_{\nu=0}^{N-1} G_0\left(e^{-j\frac{2\pi\nu}{N}}\right) \Phi(\omega,\nu)$$

mit

$$\Phi(\omega,\nu) = e^{-j\frac{\pi\nu}{N}} \; \frac{\sin(N(\frac{\omega}{2}-\frac{\pi\nu}{N}))}{N\sin(\frac{\omega}{2}-\frac{\pi\nu}{N})} \; . \qquad\qquad (3.99b)$$

Die Beziehung (3.99a) läßt erkennen, daß es sich um eine Interpolation zwischen
den Frequenzabtastwerten mit der Funktion $\Phi(\omega,\nu)$ handelt. Ferner kann diese
Beziehung dazu verwandt werden, um für die nicht vorgegebenen Abtastwerte

$G_0\left(e^{-j\frac{2\pi\nu}{N}}\right)$, z.B. im Übergangsbereich zwischen Sperr- und Durchlaßbereich

digitaler Filter, optimale Werte zu bestimmen /3.3/ /3.12/.

3.3.3. Entwurf diskreter Systeme mit Optimierungsverfahren

Die Parameter $p_1, \ldots, p_2$ eines diskreten Systems vorgegebener Struktur
- nichtrekursive Struktur, ausgewählte rekursive Struktur - werden so bestimmt,
daß der Dämpfungsverlauf oder Phasenverlauf oder ein Verlauf einer anderen
Kenngröße des Frequenzgangs des Systems die vorgegebenen Verläufe möglichst
gut approximiert. Als Gütekriterien werden im allgemeinen die Tschebyscheff-
Norm

$$Q_T(p) = \max_{-\pi \le \omega < \pi} |\varepsilon(\omega,p)| \qquad\qquad \underline{p} = (p_1, \ldots, p_1)^T \qquad (3.100a)$$

oder das Quadrat der Gauß-Norm

$$Q_G(p) = \frac{1}{2\pi} \int_{-\pi}^{\pi} (\varepsilon(\omega,\underline{p}))^2 \, d\omega \qquad\qquad (3.100b)$$

des Fehlers $\varepsilon(\omega,\underline{p})$ benutzt. Vielfach wird jedoch nur mit diskreten Fehler-
werten $\varepsilon(\omega_\varkappa,\underline{p}) = \varepsilon_\varkappa(\underline{p})$ gerechnet, d.h. anstelle des integralen Gütekriteriums
wird z.B. mit einer Summe

$$Q_s(p) = \sum_{\varkappa=1}^{K} |\varepsilon(\omega_\varkappa,p)|^2 \qquad\qquad (3.100c)$$

operiert.
Der Fehler $\varepsilon(\omega,\underline{p})$ bestimmt sich bei Approximation des Betragsverlaufs
$\left|G_0(e^{-j\omega})\right|$ zu

$$\varepsilon(\omega, \underline{p}) = \left| G\,(e^{-j\omega}, \underline{p}) \right| - \left| G_0\,(e^{-j\omega}) \right| \tag{3.101a}$$

und bei der Approximation des Phasenverlaufes $b_0(\omega)$ zu

$$\varepsilon(\omega, \underline{p}) = b(\omega, \underline{p}) - b_0(\omega). \tag{3.101b}$$

Unter Beachtung der Beschränkung der Parameterbereiche durch Stabilitätsforderungen ist der gesuchte Parametervektor $\underline{p}$ der Vektor, für den das Gütekriterium ein Minimum annimmt.

Verfahren zur Lösung dieses Optimierungsproblems sind in der Standardliteratur zu finden.

Für den Fall nichtrekursiver diskreter Systeme mit linearer Phase soll der Entwurf mit diskreten Optimierungsverfahren kurz erörtert werden. Dazu wird von der Darstellung (3.95) ausgegangen und nur der nichtkausale Frequenzgang $G^*(e^{-j\omega})$ betrachtet. Aus den Gln. (3.88), (3.90), (3.92) und (3.94) ist zu erkennen, daß die Frequenzgangwerte $G^*(e^{-j\omega\varkappa})$ linear von den Koeffizienten $b[\nu]$ abhängen, d.h.

$$\underline{G}^* = \underline{T}\,\underline{b} \tag{3.102}$$

$$\underline{b} = (b\,[0],\ \ldots,\ b\,[(N-1)/2]\,)^T$$
$$\underline{G}^* = (G^*(e^{-j\omega}{}_0),\ G^*(e^{-j\omega}{}_1),\ \ldots\ G^*(e^{-j\omega K-1}))^T.$$

Damit ergibt sich für den Vektor $\underline{\varepsilon}$ der mit $w_\varkappa$ gewichtete Fehler $\varepsilon_\varkappa(\underline{b})$ bei vorgegebenem Vektor $\underline{G}_0^*$

$$\underline{\varepsilon} = \underline{W}\,(\underline{G}_0^* - \underline{G}^*) = \underline{W}\,(\underline{G}_0^* - \underline{T}\,\underline{b}), \tag{3.103a}$$

wobei $\underline{W}$ die Diagonalmatrix der Wichtungswerte $w_\varkappa$ bezeichnet.
Die Gauß-Approximation liefert für die Koeffizienten

$$\underline{b} = (\underline{T}^T\,\underline{W}^2\,\underline{T})^{-1}\,\underline{T}^T\,\underline{W}^2\,\underline{G}_0^*. \tag{3.103b}$$

Ein Beispiel eines nach Tschebyscheff approximierten Dämpfungsverlaufes ist im Bild 3.50 dargestellt /3.23/.

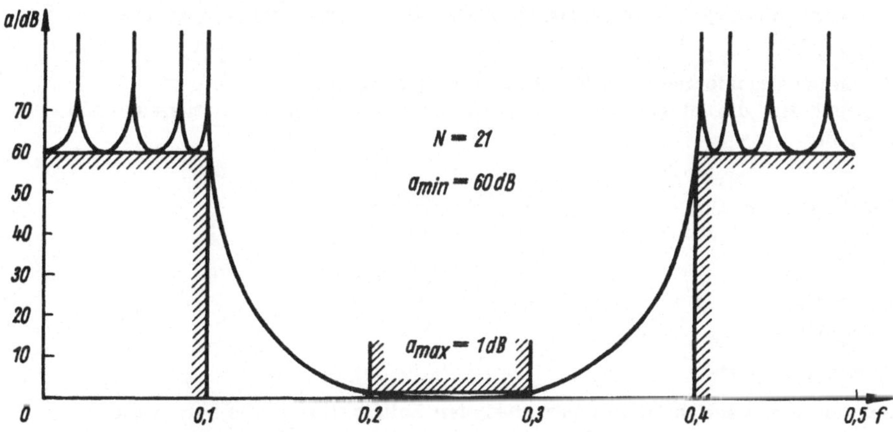

Bild 3.50. Dämpfungsverlauf

3.4. Direkter Entwurf im Zeitbereich

Bei direktem Entwurf im Zeitbereich werden die Parameter eines vorgegebenen
rekursiven Systems aus den Forderungen an die Gewichtsfunktion direkt bestimmt.
Der direkte Entwurf läuft, abgesehen von Systemen mit Standardzeitverhalten,
wie Integratoren, Interpolatoren und Sinusgeneratoren, immer auf ein Optimierungsverfahren hinaus.

3.4.1. Systeme mit Standardzeitverhalten

Unter Systemen mit Standardzeitverhalten werden Systeme zur numerischen

- Integration
- Differentiation
- Interpolation

und Generatoren verstanden.

● Integration und Differentiation

Die bekannten Formeln zur numerischen Integration bzw. Differentiation spiegeln
das Zeitverhalten eines digitalen Differentiators $y = g_0 x$ bzw. digitalen Integra-
tors $y = g_I x$ wider, der eine angenäherte Differentiation $\hat{y} = \frac{dx}{dt}$ bzw. Integration $y = \int_0^t \hat{x}\,dt$ eines kontinuierlichen Signals $\hat{x}$ durchführt. Je nach Approximations-
grad kann der Fehler $\varepsilon\,[k]$ in

$$\hat{y}[k] = y[k] + \varepsilon[k] \tag{3.104}$$

in den gewünschten Schranken gehalten werden.
Formal können viele der Formeln durch Entwicklungen der Identitäten

$$p = \frac{1}{n\,\Delta t}\ln e^{np\,\Delta t} \quad \approx \quad g(e^{-p\,\Delta t}) \tag{3.105}$$

$$p = \frac{1}{\Delta t}\ln (1 + e^{p\,\Delta t}(1 - e^{-p\,\Delta t}) \approx g(e^{-p\,\Delta t}) \tag{3.106}$$

in Potenzreihen $g(\ )$ oder gebrochen rationalen Funktionen $g(\ )$ gewonnen werden,
wobei $e^{-p\,\Delta t} \rightarrow z^{-1}$ und $g(e^{-p\,\Delta t}) \rightarrow G(z^{-1})$ gesetzt werden. Eine Übersicht zu
den Integrationsformeln ist dem Anhang 6 zu entnehmen.
Vielfach sind die Integrationsformeln Umkehrung der Differentiationsformeln,
z.B. für $\Delta t = 1$,

$$\text{Differentiation:}\quad g = 2\,\frac{1-d^{-1}}{1+d^{-1}}, \quad G(z^{-1}) = 2\,\frac{1-z^{-1}}{1+z^{-1}}$$

$$\text{Integration:}\quad g = \frac{1}{2}\,\frac{1+d^{-1}}{1-d^{-1}}, \quad G(z^{-1}) = 2\,\frac{1+z^{-1}}{1-z^{-1}}\,.$$
$$\text{(Trapezformel)}$$

● Interpolatoren

Bei der Interpolation ist zu einer diskreten Zeitfunktion x, die nur in den
äquidistanten Punkten $K = \varkappa N$ von 0 verschiedene Werte annimmt, eine Zeitfunktion g mit der Eigenschaft

$$y[\varkappa N + m] = x[\varkappa N]$$ (3.107)

zu bestimmen, die für $k \neq \varkappa N + m$ „passende" Zwischenwerte annimmt. Der digitale Interpolator ist damit ein diskretes System, das als Antwort auf das Eingangssignal das interpolierte Signal als Ausgangssignal abgibt. Die Gewichtsfunktion des digitalen Interpolators richtet sich nach der konkreten Interpolationsvorschrift, z.B.

- linearer Interpolator (Bild 3.51)

$$g[k] = \begin{cases} \dfrac{k}{N} & 0 \leqq k \leqq N \\[2mm] 2 - \dfrac{k}{N} & N < k \leqq 2N \\[2mm] 0 & k > 2N \end{cases}$$

- sin x/x-Interpolator

$$g[k] = \begin{cases} \sin(\dfrac{2\pi}{N}(k-m)) & 0 \leqq k \leqq 2m \\[2mm] 0 & k > 2m \end{cases}$$

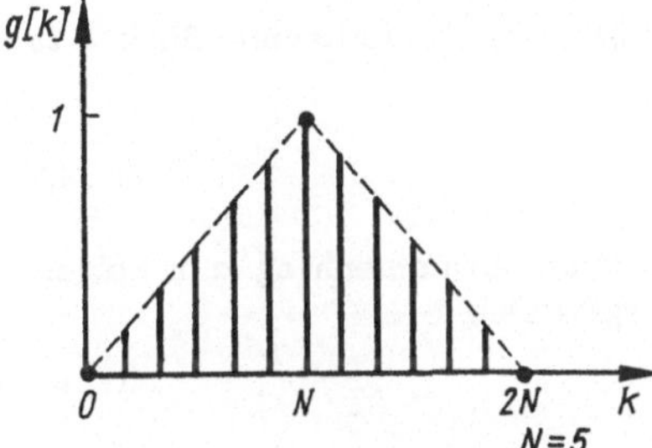

Bild 3.51. Lineare Interpolation

3.4.2. Entwurf diskreter Systeme mit Optimierungsverfahren

Die Parameter $p_1, \ldots, p_1$ eines diskreten Systems vorgegebener rekursiver Struktur werden so bestimmt, daß der Verlauf der Gewichtsfunktion g den vorgegebenen Verlauf g_0 möglichst gut approximiert. Als Gütekriterium wird im allgemeinen

$$Q_T(\underline{p}) = \max_{0 \leqq \varkappa \leqq k} |\varepsilon(\varkappa, \underline{p})| \qquad \underline{p} = (p_1 \ldots p_1)^T$$ (3.108)

oder

$$Q_S(\underline{p}) = \sum_{\varkappa=0}^{k} |\varepsilon(\varkappa, \underline{p})|^2$$ (3.109)

des Fehlers $\varepsilon(\varkappa, \underline{p}) = g[\varkappa, \underline{p}] - g_0[\varkappa]$ benutzt.

Die Lösung der Optimierungsaufgabe kann man umgehen, wenn man die Parameter $\underline{p} = (\underline{a}, \underline{b})^T$ mit $\underline{a} = (a_s \ldots a_1)^T$ und $\underline{b} = (b_s \ldots b_1)^T$ des Systems

$$g = \frac{\displaystyle\sum_{\sigma=0}^{s} b_\sigma \, d^{-\sigma}}{\displaystyle\sum_{\sigma=0}^{s} a_\sigma \, d^{-\sigma}} \qquad a_0 = 1, \quad b_0 = 0 \tag{3.110}$$

iterativ mit geänderten Fehlerkriterien berechnet. Aus dem Cayley-Hamilton-Theorem folgt, daß für ein diskretes System

$$g[s+2] + g[s+1]\, a_1 + \ldots + g[1]\, a_s = 0$$

$$g[k] \quad + g[k-1]\, a_1 + \ldots + g[k-s-1]\, a_s = 0 \tag{3.111}$$

gelten muß. Näherungsweise gilt sie deshalb auch für g_0, d.h.,

$$\underline{g}_{a0} + \underline{G}\ \underline{a} = \underline{\varepsilon}_a \tag{3.112}$$

$$\underline{g}_{a0} = (g_0[s+2] \ \ldots \ g_0[k])^T$$
$$\underline{G} = \begin{pmatrix} g_0[1] & \ldots & g_0[s+1] \\ g_0[k-s-1] & \ldots & g_0[k-1] \end{pmatrix}.$$

Die Lösung für (3.111) unter Verwendung von $\|\varepsilon\|_2$ als Gütekriterium für $k > 2s$ lautet

$$\underline{a} = -(\underline{G}^T\,\underline{G})^{-1}\,\underline{G}^T\,\underline{g}_{a0}. \tag{3.113}$$

Aus (3.110) kann nach Einsetzen von $\underline{a}$ ein linearer Zusammenhang zum Fehler ε hergestellt werden. Als Vektor formuliert, ergibt sich

$$\underline{\varepsilon} = \underline{H}\,\underline{b} - \underline{g}_{b0} \tag{3.114}$$

und daraus

$$\underline{b} = (\underline{H}^T\,\underline{H})^{-1}\,\underline{H}^T\,\underline{g}_{b0} \tag{3.115}$$

$$\underline{g}_{b0} = (g_0[1] \ \ldots \ g_0[k-s-1])^T.$$

Beispiel 3.8.:

Die Gewichtsfunktion (Bild 3.51)

$$g[k] = \begin{cases} \dfrac{k}{N} & 0 \leqq k \leqq N \\[2mm] 2 - \dfrac{k}{N} & N < k \leqq 2N \\[2mm] 0 & k > 2N \end{cases}$$

ist durch ein System 5. Grades zu approximieren. Der sich ergebende Koeffizientensatz und der Verlauf der approximierten Gewichtsfunktion sind im Bild 3.52 angegeben.

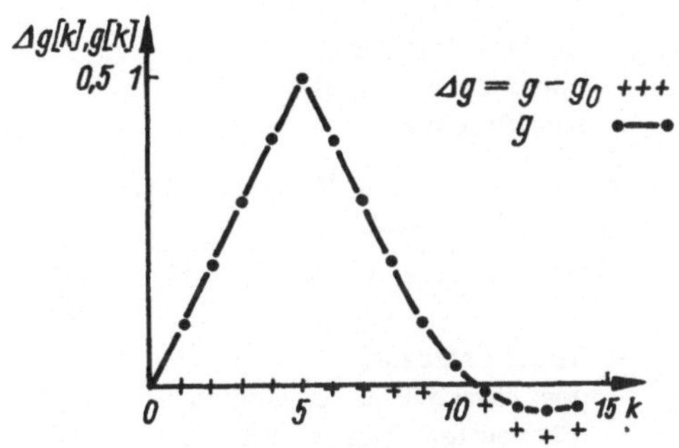

Bild 3.52. Verlauf der Gewichtsfunktion

$b_0 = 0$ $\qquad$ $a_0 = 1$

$b_1 = 2,0$ $\qquad$ $a_1 = -0,82257838$

$b_2 = 2,3548432$ $\quad$ $a_2 = -0,03226122$

$b_3 = 2,6451641$ $\quad$ $a_3 = 0,00000218$

$b_4 = 2$ $\qquad$ $a_4 = 0,161289$

$b_5 = 3,5483924$ $\quad$ $a_5 = -0,01612822$

3.5. Strukturierung

Die Verfahren zum Entwurf diskreter Systeme liefern vielfach nur den Übertragungsfaktor $G(z^{-1})$ mit den Koeffizienten des Nennerpolynoms und Zählerpolynoms
und damit keine Aussage über günstige Strukturen für die digitale Realisierung.
Deshalb ist es notwendig, verschiedene äquivalente Strukturen mit dem Übertragungsfaktor $G(z^{-1})$ zu untersuchen, um aus der Menge äquivalenter Strukturen
nach den Kriterien, wie Parameterempfindlichkeit, Dynamikbereich und Quantisierungsrauschen, die günstigste Struktur auswählen zu können. Die Untersuchungen gehen dabei immer von einer Strukturvorgabe aus. Für die vorgegebene
Struktur sind dann aus dem Übertragungsfaktor $G(z^{-1})$ die dazugehörigen Parameter zu bestimmen. Im einfachsten Fall führt es auf die Bestimmung der

- Lösung eines linearen Gleichungssystems für die Parameter und im allgemeinen auf die Bestimmung der
- Lösungen eines nichtlinearen Gleichungssystems für die Parameter

oder

- Pole und Nullstellen von $G(z^{-1})$.

Für einige Standardstrukturen soll die Bestimmung der Strukturparameter dargelegt werden.

3.5.1. Reihenstruktur und Parallelstruktur

Zur Bestimmung der Parameter der Reihenstruktur und Parallelstruktur sind die
Pole $z_{\infty\nu}$ ($\nu = 1, \ldots,$ n) und die Nullstellen $z_{0\mu}$ ($\mu = 1, \ldots,$ m) des vorgegebenen Übertragungsfaktors zu bestimmen. Damit kann der Übertragungsoperator
in der Form

$$g = \frac{\sum_{\mu=1}^{m} (d-z_{0\mu})^{\delta\mu}}{\prod_{\nu=1}^{n} (d-z_{\infty\mu}) \, \varepsilon_\nu} \qquad \delta_\mu, \, \varepsilon_\nu \quad \text{Vielfachheiten} \qquad (3.116)$$

dargestellt werden. Je nach Faktorisierung

$$g = \prod_{\lambda=1}^{1\varkappa} g_{\varkappa\lambda} \qquad\qquad g_{\varkappa\lambda} - \text{Teilübertragungs-} \qquad\qquad (3.117)$$
operator mit reellen
Koeffizienten

dieses Ausdruckes entstehen endlich viele ($\varkappa = 1, \ldots, n$) Reihenstrukturen (Bild 3.53). Durch Partialbruchzerlegung des Übertragungsfaktors erhält man die Summendarstellung

$$g = \sum_{\lambda=1}^{1} g_{\lambda} \qquad\qquad g_{\lambda} - \text{Teilübertragungs-} \qquad\qquad (3.118)$$
operatoren 1. u. 2. Grades
mit reellen Koeffizienten

für den Übertragungsoperator g, die einer Parallelstruktur (Bild 3.54) entspricht

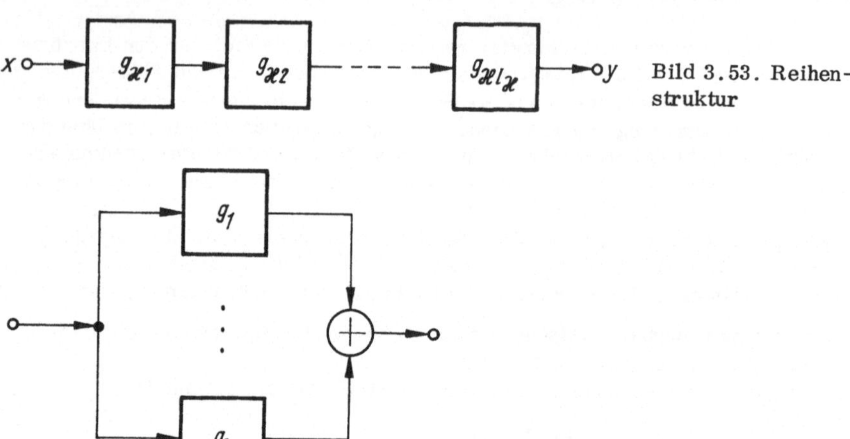

Bild 3.53. Reihenstruktur

Bild 3.54. Parallelstruktur

3.5.2. Kettenstrukturen

Digitale Abzweigstrukturen oder Kettenstrukturen entstanden bei der Diskretisierung analoger Abzweigfilter. Die aus den analogen Abzweigfiltern entwickelten Wellendigitalfilterstrukturen und Zustandsdigitalfilterstrukturen stellen dabei Spezialfälle einer allgemeinen Kettenstruktur aus Zweitor-Strukturen dar, wie sie im Bild 3.55 skizziert ist. In Anlehnung an die Begriffe bei den analogen Abzweigfiltern unterscheidet man aufgrund der Randbeschaltung S_1 und S_2 der Kettenstruktur folgende Strukturklassen:

nicht abgeschlossene Kettenstrukturen $S_1 = S_2 = 0$

einseitig abgeschlossene   " $S_1 = 0,\ S_2;\ S_1,\ S_2 = 0$

zweiseitig abgeschlossene   " $S_1,\ S_2.$

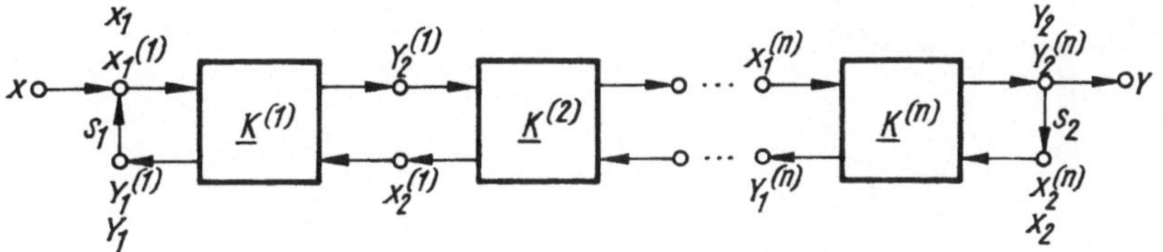

Bild 3.55. Kettenstruktur mit eingangsseitigem und ausgangsseitigem Abschluß

Zur Ermittlung des Übertragungsverhaltens ist es notwendig, aus den Ketten-gleichungen

$$\begin{pmatrix} X_1^{(\nu)} \\ Y_1^{(\nu)} \end{pmatrix} = \underline{K}^{(\nu)}(z^{-1}) \begin{pmatrix} Y_2^{(\nu)} \\ X_2^{(\nu)} \end{pmatrix} \qquad \nu = 1, \ldots, n$$

der Zweitor-Strukturen die Kettenmatrix

$$\underline{K}(z^{-1}) = \prod_{\nu=1}^{n} \underline{K}^{(\nu)}(z^{-1}) \tag{3.119}$$

des Gesamtsystems zu ermitteln. Der Übertragungsfaktor $G(z^{-1})$ ergibt aus den Elementen der Kettenmatrix $\underline{K}(z^{-1})$ und den Gleichungen

$$X_2 = S_2(z^{-1}) Y_2$$

und

$$X_1 = S_1(z^{-1}) Y_1 + X_0$$

den Ausdruck

$$G(z^{-1}) = \frac{Y_2}{X_0} = \frac{1}{K_{11}(z^{-1}) + S_2 K_{12}(z^{-1}) - S_1 K_{21}(z^{-1}) - S_1 S_2 K_{22}(z^{-1})}. \tag{3.120}$$

Wegen der Matrixproduktbildung hängt $G(z^{-1})$ nicht linear von den Parametern der durch $K^{(\nu)}(z^{-1})$ beschriebenen Zweitor-Strukturen ab. Die Ermittlung der Parameter für die Zweitor-Strukturen aus einem vorgegebenen Übertragungs-faktor $G(z^{-1})$ ist deshalb nur für ausgewählte Zweitor-Strukturen und ausgewählte Randbeschaltungen S_1 und S_2 mit einfachen linearen und quadratischen Algorithmen möglich. Im allgemeinen Fall ist ein nichtlineares Gleichungssystem für die Para-meter zu lösen.

Zuerst sollen Zweitor-Strukturen des Typs

$$\underline{K}^{(\nu)}(z^{-1}) = \begin{pmatrix} (-1)^{\nu} T_{\nu}(z^{-1}) & -1 \\ 1 & 0 \end{pmatrix} \tag{3.121}$$

(Bild 3.56a) als Kettenglieder näher untersucht werden. Die Matrixelemente der Kettenmatrix für die Struktur in den Bildern 3.56b und c können rekursiv aus den Gleichungen

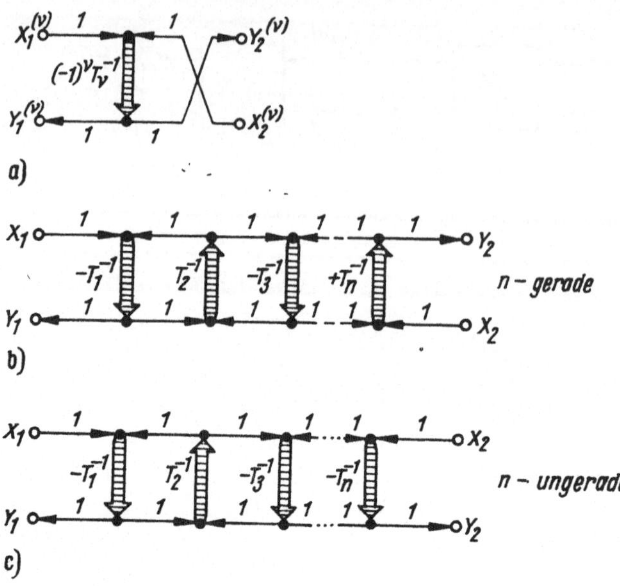

Bild 3.56. Kettenstruktur vom Abzweigtyp
a) Zweitor-Struktur
b) Kettenstruktur mit gerader Anzahl von Teilstrukturen
c) Kettenstruktur mit ungerader Anzahl von Teilstrukturen

$$^{(\nu)}K_{11} = (-1)^{\nu} \, T_{\nu} \, {}^{(\nu-1)}K_{11} + {}^{(\nu-1)}K_{12}$$

$$^{(\nu)}K_{12} = - \, {}^{(\nu-1)}K_{11}$$

$$^{(\nu)}K_{21} = (-1)^{\nu} \, T_{\nu} \, {}^{(\nu-1)}K_{21} + {}^{(\nu-1)}K_{22} \qquad\qquad \nu = 2, \ldots, n \qquad (3.122)$$

$$^{(\nu)}K_{22} = - \, {}^{(\nu-1)}K_{21}$$

ermittelt werden, wobei $^{(1)}\underline{K} = \underline{K}^{(1)}$ und $^{(n)}\underline{K} = \underline{K}$ gilt. Wegen der daraus abgeleiteten Beziehung

$$\cfrac{1}{(-1)^{\nu}T_{\nu} - \left(- \cfrac{^{(\nu-1)}K_{12}}{^{(\nu-1)}K_{11}} \right)} = - \frac{^{(\nu)}K_{12}}{^{(\nu)}K_{11}} \qquad\qquad (3.123)$$

ist $-K_{12}/K_{11}$ als Kettenbruch

$$\frac{K_{12}}{K_{11}} = - \cfrac{1}{(-1)^n T_n - \cfrac{1}{(-1)^{n-1} T_{n-1} - \cfrac{}{\ddots \ \ -T_3 - \cfrac{1}{T_2 - \cfrac{1}{-T_1}}}}}$$

darstellbar. Die Multiplikation mit -1 bei den Termen T_ν mit ungeradzahligem Index führt dann auf den äquivalenten Kettenbruch

$$\frac{K_{12}}{K_{11}} = (-1)^{n+1} \cfrac{1}{T_n + \cfrac{1}{T_{n-1} + \cfrac{}{\ddots \ \cfrac{1}{T_3 + \cfrac{1}{T_2 + \cfrac{1}{T_1}}}}}} \cdot \qquad (3.124)$$

Der Zählerausdruck des Kettenbruchs und folglich K_{12} enthält für gerade (ungerade) Werte von n Produkttermen mit ungerader (gerader) Anzahl von Faktoren T_ν. Bei dem Nennerausdruck des Kettenbruchs, dem Element K_{11}, ist die Zuordnung genau umgekehrt.

Für die Elemente K_{21} und K_{22} ergibt sich infolge einer zu (3.123) gleichartigen Gleichung ebenfalls eine Kettenbruchdarstellung

$$\frac{K_{22}}{K_{21}} = (-1)^{n+1} \cfrac{1}{T_n + \cfrac{1}{T_{n-1} + \cfrac{}{\ddots \ \cfrac{1}{T_4 + \cfrac{1}{T_3 + \cfrac{1}{T_2}}}}}} \cdot \qquad (3.125)$$

Der Unterschied in der Kettenbruchentwicklung entsteht nur aufgrund des veränderten Anfangswertes $^{(1)}K_{22}/^{(1)}K_{21} = 0$. Aus den Kettenbruchbeziehungen geht hervor, daß die Elemente der Kettenmatrix $\underline{K}$ Polynome in den T_ν sind, die in jeder unabhängigen Variablen T_ν linear sind. Den Zusammenhängen zwischen den Kettenelementen K_{11} und K_{21} bzw. K_{12} und K_{22} liegen die Rekursionsbeziehungen

$$^{(\nu-1)}K_{11} = (-1)^{\nu-1} T_{\nu-1} \, ^{(\nu)}K_{11} - {}^{(\nu)}K_{21}$$

$$^{(\nu-1)}K_{21} = {}^{(\nu)}K_{11}$$

$$^{(\nu-1)}K_{12} = (-1)^{\nu-1} T_{\nu-1} \, ^{(\nu)}K_{12} - {}^{(\nu)}K_{22}$$

$$^{(\nu-1)}K_{22} = {}^{(\nu)}K_{12}$$

$$\nu = n, \ldots, 2 \qquad (3.126)$$

für fallende Indizes mit $^{(n)}\underline{K} = \underline{K}^{(n)}$ und $^{(1)}\underline{K} = \underline{K}$ zugrunde.
Daraus kann der Kettenbruch

$$\frac{K_{21}}{K_{11}} = -\cfrac{1}{T_1 + \cfrac{1}{T_2 + \cfrac{\ddots}{\cfrac{1}{T_{n-1} + \cfrac{1}{T_n}}}}} \qquad (3.127)$$

entwickelt werden.
In Tafel 3.9 sind die Kettenmatrizen bis zum Grad n = 4 zusammengestellt.

Tafel 3.9. Kettenmatrizen für Kettenstrukturen

n	K_{11}	K_{12}	K_{21}	K_{22}
1	$-T_1$	-1	1	0
2	$-(T_1 T_2 + 1)$	T_1	T_2	-1
3	$T_1 T_2 T_3 + T_1 + T_3$	$T_1 T_2 + 1$	$-(T_2 T_3 + 1)$	$-T_2$
4	$-(T_1 T_2 T_3 T_4 T_5$ $+ T_1 T_2 T_3 + T_1 T_2 T_5$ $+ T_1 T_4 T_5 + T_3 T_4 T_5$ $+ T_1 + T_3 + T_5)$	$-(T_1 T_2 T_3 T_4 + T_1 T_2$ $+ T_1 T_4 + T_3 T_4 + 1)$	$T_2 T_3 T_4 T_5 + T_2 T_3$ $+ T_2 T_5 + T_4 T_5 + 1$	$T_2 T_3 T_4 + T_2 + T_4$

Aufgrund der Kettenbruchdarstellung und der damit verbundenen Matrizenproduktdarstellung sind auch einfache äquivalente Umformungen dieser Kettenstruktur möglich. Das Produkt (3.119) kann wegen der Eigenschaft der Skalarmultiplikation $v \underline{K} = \underline{K} v$ abwechselnd mit der skalaren Größe v und 1/v erweitert werden. Dies ergibt

$$\underline{K}(z^{-1}) = \left(\prod_{\nu=1}^{n} v^{(-1)^{\nu}} \, \underline{K}^{(\nu)}(z^{-1})(v^{(1-(-1)^{\nu})/2}) \right). \qquad (3.128)$$

Wegen der Identität

$$v^{(-1)^{\nu}}\,\underline{I} = \begin{pmatrix} v^{(-1)^{\nu}} & 0 \\ 0 & 1 \end{pmatrix} \begin{pmatrix} 1 & 0 \\ 0 & v^{(-1)^{\nu}} \end{pmatrix}$$

kann (3.128) umgeformt werden in

$$'\underline{K}(z^{-1}) = \begin{pmatrix} 1 & 0 \\ 0 & v^{-1} \end{pmatrix} \underbrace{\left(\prod_{\nu=1}^{n} \underline{\widetilde{K}}^{(\nu)}(z^{-1}) \right)}_{\underline{\widetilde{K}}(z^{-1})} \begin{pmatrix} v^{-(-1)^{n}} & 0 \\ 0 & 1 \end{pmatrix}$$

mit

$$\begin{aligned}
\underline{\widetilde{K}}^{(\nu)}(z^{-1}) &= \begin{pmatrix} v^{(-1)^{\nu}} & 0 \\ 0 & 1 \end{pmatrix} \underline{K}^{(\nu)}(z^{-1}) \begin{pmatrix} 1 & 0 \\ 0 & v^{(-1)^{\nu+1}} \end{pmatrix} \\[2mm]
&= \begin{pmatrix} (-1)^{\nu} v^{(-1)} T_{\nu}(z^{-1}) & -1 \\ 1 & 0 \end{pmatrix}
\end{aligned} \qquad (3.129)$$

Die Kettenmatrixelemente zwischen der alten und neuen Struktur hängen dann
wie folgt voneinander ab:

$$K_{11} = v^{-(-1)^{n}}\,\widetilde{K}_{11}$$

$$K_{12} = \widetilde{K}_{12}$$

$$K_{21} = v^{-(1+(-1)^{n})}\,\widetilde{K}_{21}$$

$$K_{22} = v^{-1}\,\widetilde{K}_{22}.$$

In der Struktur spiegelt sich dies durch entsprechende Signalmultiplikationen
wider (Bild 3.57).

Bild 3.57. Äquivalente Umformung

Ebenfalls auf derartige Kettenbruchdarstellungen führt die Verwendung von
Zweitor-Strukturen des Typs

$$\underline{K}^{(2\nu+1)}(z^{-1}) = \begin{pmatrix} 1 & 0 \\ -T_{2\nu+1}(z^{-1}) & 1 \end{pmatrix}$$

$$\underline{K}^{(2\nu)}(z^{-1}) = \begin{pmatrix} 1 & -T_{2\nu}(z^{-1}) \\ 0 & 1 \end{pmatrix},$$

wie sie in den Bildern 3.58a und b skizziert sind. Für ungerade Werte von n
lauten sie

$$\frac{K_{11}}{K_{21}} = -\cfrac{1}{T_1 + \cfrac{1}{T_2 + \cfrac{\ddots}{\cfrac{1}{T_{n-1} + \cfrac{1}{T_n}}}}} \tag{3.130}$$

und

$$\frac{K_{12}}{K_{11}} = -\cfrac{1}{T_n + \cfrac{1}{T_{n-1} + \cfrac{\ddots}{\cfrac{1}{T_3 + \cfrac{1}{T_2}}}}} \; . \tag{3.131}$$

Ähnliche Kettenbrüche findet man für gerade Werte von n.
Die Parameter dieser Kettenstrukturen lassen sich für ein vorgegebenes $G(z^{-1})$
auch nur dann über eine Kettenbruchentwicklung einfach ermitteln, wenn es ge-
lingt, aus (3.120) die Kettenparameter $K_{11}(z^{-1})$, $K_{12}(z^{-1})$, $K_{21}(z^{-1})$ und $K_{22}(z^{-1})$
zu gewinnen. Während dies für einseitig abgeschlossene Kettenstrukturen durch
geeignete Wahl der $T_\nu(z^{-1})$ immer möglich ist, sind bei zweiseitig abgeschlossenen Kettenstrukturen zusätzliche Beziehungen für die Ermittlung der Kettenparameter notwendig. Die Darlegungen für die analytischen Verfahren beschränken sich dabei auf Übertragungsfaktoren

$$G(z^{-1}) = \frac{B(z^{-1})}{A(z^{-1})}$$

mit $B(z^{-1}) = z^{-\mu}$ ($\mu = 0, \ldots, n$). Derartige Übertragungsfaktoren werden auch
als Pseudoallpolfunktionen bezeichnet /3.41/. Als Teilübertragungsfaktoren
$T_\nu(z^{-1})$ werden

$$T_\nu(z^{-1}) = \frac{1}{t_\nu z^{-1}} = t_\nu^{-1} z \tag{3.132}$$

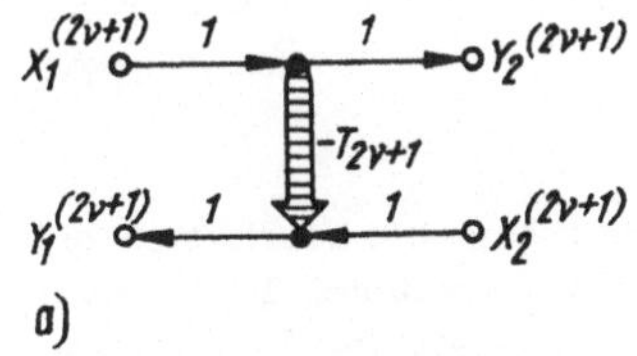

a)

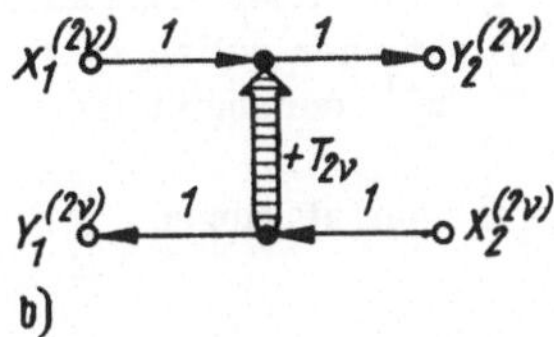

b)

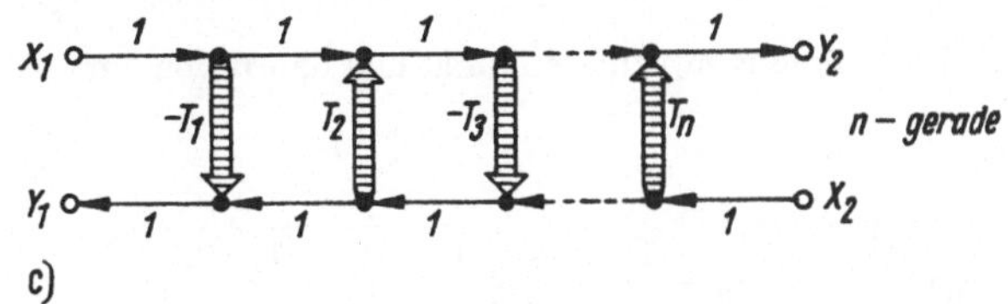

c)

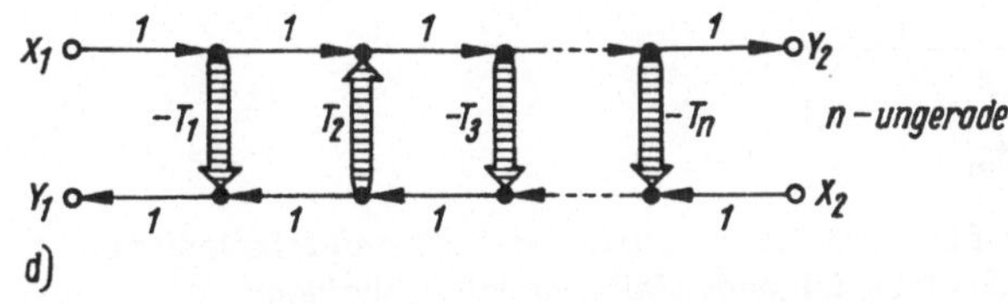

d)

Bild 3.58. Zweitor-
struktur

a) Zweitorstruktur für
gerade Werte
b) Zweitorstruktur für
ungerade Werte
c) Kettenstruktur mit
gerader Anzahl von
Teilstrukturen
d) Kettenstruktur mit
ungerader Anzahl
von Teilstrukturen

$$T_\nu(z^{-1}) = t_\nu^* z^{-1} + t_\nu^{-1} z \qquad (3.133)$$

$$T_\nu(z^{-1}) = t_\nu^{-1} (z^{1/2} - z^{-1/2}) \qquad (3.134)$$

$$T_\nu(z^{-1}) = t_\nu^{-1} (z^{1/2} + z^{1/2}) \qquad (3.135)$$

verwendet oder das Reziproke. Die Entwicklung mit (3.134) wird bei TP-Über-
tragungsfaktoren und mit (3.135) bei HP-Übertragungsfaktoren bevorzugt /3.41/.

3.5.2.1. Einseitig abgeschlossene Kettenstrukturen

Bei den einseitig abgeschlossenen Kettenstrukturen gilt für eingangsseitigen Abschluß

$$G(z^{-1}) = \frac{B(z^{-1})}{A(z^{-1})} = \frac{1}{K_{11}(z^{-1}) - S_1 K_{21}(z^{-1})} \qquad (3.136a)$$

und für ausgangsseitigen Abschluß

$$G(z^{-1}) = \frac{B(z^{-1})}{A(z^{-1})} = \frac{1}{K_{11}(z^{-1}) + S_2\,K_{12}(z^{-1})} \; . \tag{3.137b}$$

Um aus dem Nennerpolynom von $G(z^{-1})$ die Kettenmatrixelemente bestimmen zu können, ist die Geradzahligkeit oder Ungeradzahligkeit von Faktoren T_ν in den Kettenmatrixelementen auszunutzen. Ist der Teilübertragungsfaktor $T_\nu(z^{-1})$ des Zweitors eine ungerade Funktion in z^{-1}, so führt dies zu geraden oder ungeraden Funktionen in z^{-1} für die Kettenmatrixelemente. Die Betrachtungen sollen zuerst für die Struktur nach Bild 3.55 und für unterschiedliche $T_\nu(z^{-1})$ durchgeführt werden.

Aus der Analyse der Kettenbrüche folgt, daß für Teilübertragungsfaktoren

$$T_\nu(z^{-1}) = \frac{1}{t_\nu z^{-1}}$$

ein Nennerpolynom von $G(z^{-1})$ mit Potenzen von z entsteht und damit von der Darstellung

$$G(z^{-1}) = \frac{z^{-n}}{A(z^{-1})} = \frac{1}{z^n A_u(z^{-1}) + z^n A_0(z^{-1})} = \frac{1}{\widetilde{A}_u(z^{-1}) + \widetilde{A}_g(z^{-1})}$$

$$= \frac{1}{\displaystyle\sum_{\nu=0}^{n} a_{n-\nu}\, z^{\nu}}$$

auszugehen ist. Mit den Ausführungen zum Aufbau der Kettenmatrixelemente sind je nach gewählter Beschaltung folgende Fälle zu unterscheiden:

$$S_2 = 0,\ \text{n-gerade:}\quad K_{11}(z^{-1}) = \widetilde{A}_g(z^{-1})\ ;\ -S_1 K_{21}(z^{-1}) = \widetilde{A}_u(z^{-1}) \tag{3.137a}$$

$$S_2 = 0,\ \text{n-ungerade:}\ K_{11}(z^{-1}) = \widetilde{A}_u(z^{-1});\ -S_1 K_{21}(z^{-1}) = \widetilde{A}_g(z^{-1}) \tag{3.137b}$$

$$S_1 = 0,\ \text{n-gerade:}\quad K_{11}(z^{-1}) = \widetilde{A}_g(z^{-1});\ S_2 K_{12}(z^{-1}) = \widetilde{A}_u(z^{-1}) \tag{3.137c}$$

$$S_1 = 0,\ \text{n-ungerade:}\ K_{11}(z^{-1}) = \widetilde{A}_u(z^{-1});\ S_2 K_{12}(z^{-1}) = \widetilde{A}_g(z^{-1}). \tag{3.137d}$$

Folglich können die interessierenden Matrixelemente für eine vorgegebene Struktur unmittelbar aus dem geraden und dem ungeraden Teil des Nennerpolynoms bestimmt werden.

Für Entwicklungen mit der Teilübertragungsfunktion

$$T_\nu(z^{-1}) = t_\nu^{*} z^{-1} + t_\nu\, z$$

ergeben entsprechende Überlegungen, daß der Grad n von $G(z^{-1})$ gerade sein muß und $G(z^{-1})$ die Form

$$G(z^{-1}) = \frac{z^{-n/2}}{A(z^{-1})} = \frac{1}{z^{n/2} A_u(z^{-1}) + z^{n/2} A_g(z^{-1})} = \frac{1}{\widetilde{A}_u(z^{-1}) + \widetilde{A}_g(z^{-1})} \tag{3.138}$$

haben muß. Dabei sind folgende Fallunterscheidungen zu treffen:

$$S_2 = 0, \frac{n}{2}\text{-gerade:} \quad K_{11}(z^{-1}) = \widetilde{A}_g(z^{-1}); \quad -S_1 K_{21}(z^{-1}) = \widetilde{A}_u(z^{-1}) \qquad (3.139a)$$

$$S_2 = 0, \frac{n}{2}\text{-ungerade:} \quad K_{11}(z^{-1}) = \widetilde{A}_u(z^{-1}); \quad -S_1 K_{21}(z^{-1}) = \widetilde{A}_g(z^{-1}) \qquad (3.139b)$$

$$S_1 = 0, \frac{n}{2}\text{-gerade:} \quad K_{11}(z^{-1}) = \widetilde{A}_g(z^{-1}); \quad S_2 K_{12}(z^{-1}) = \widetilde{A}_u(z^{-1}) \qquad (3.139c)$$

$$S_1 = 0, \frac{n}{2}\text{-ungerade:} \quad K_{11}(z^{-1}) = \widetilde{A}_u(z^{-1}); \quad S_2 K_{12}(z^{-1}) = \widetilde{A}_g(z^{-1}). \qquad (3.139d)$$

Abschließend soll noch die Beziehung

$$T_\nu(z^{-1}) = t_\nu^{-1}\,\lambda, \quad \lambda = z^{1/2} - z^{-1/2}$$

näher untersucht werden /3.40/ /3.41/. Wird dieser Ausdruck für T_ν in die Kettenbrüche eingesetzt, so sind die Kettenmatrixelemente in Abhängigkeit von n gerade oder ungerade Funktionen in λ. Dabei gelten folgende Zusammenhänge:

$$K_{11}(\lambda) = (-1)^n K_{11}(-\lambda)$$

$$K_{12}(\lambda) = -(-1)^n K_{12}(-\lambda) \qquad (3.140)$$

$$K_{21}(\lambda) = -(-1)^n K_{21}(-\lambda).$$

Der Übertragungsfaktor müßte demnach in eine von λ abhängige Funktion umgeformt werden. Da jedoch eine beliebige Funktion $A(z^{-1})$ vom Grade n nur über

$$A(z^{-1}) = (A_u^*(\lambda)z^{+1/2} + A_g^*(\lambda))\,z^{-\frac{n+\delta}{2}} \qquad (3.141)$$

$$\delta = -\frac{1}{2}((-1)^n - 1)$$

mit dem ungeraden Polynom $A_u^*(\lambda)$ und dem geraden Polynom $A_g^*(\lambda)$ darstellbar ist, muß $G(z^{-1})$ für gerade n die Form

$$G(z^{-1}) = \frac{z^{-\frac{n-\delta}{2}}}{A(z^{-1})} = \frac{1}{A_g^*(\lambda) + z^{-1/2}\,A_u^*(\lambda)} \qquad (3.142a)$$

und für ungerade n die Form

$$z^{1/2}G(z^{-1}) = \frac{z^{-\frac{n+\delta}{2}}\,z^{1/2}}{A(z^{-1})} = \frac{1}{A_u^*(\lambda) + z^{-1/2}A_g^*(\lambda)} \qquad (3.142b)$$

haben.

Aus dem Vergleich dieser Darstellung von $G(z^{-1})$ mit (3.136) folgt, daß eine komplexe Beschaltung $S_1 = S_{10}z^{-1/2}$ bzw. $S_2 = S_{20}z^{-1/2}$ gewählt werden muß.

Damit entstehen aufgrund der Beschaltung und des Grades n wieder folgende
Fälle:

$$S_2 = 0, \text{ n-gerade:} \quad K_{11}(\lambda) = A_g^*(\lambda); \; -S_{10}K_{21}(\lambda) = A_u^*(\lambda) \qquad (3.143a)$$

$$S_2 = 0, \text{ n-ungerade:} \; K_{11}(\lambda) = A_u^*(\lambda); \; -S_{10}K_{21}(\lambda) = A_g^*(\lambda) \qquad (3.143b)$$

$$S_1 = 0, \text{ n-gerade:} \quad K_{11}(\lambda) = A_g^*(\lambda); \; S_{20}K_{12}(\lambda) = A_u^*(\lambda) \qquad (3.143c)$$

$$S_1 = 0, \text{ n-ungerade:} \; K_{11}(\lambda) = A_u^*(\lambda); \; S_{20}K_{12}(\lambda) = A_g^*(\lambda). \qquad (3.143d)$$

Die Umwandlung von $A(z^{-1}) \rightarrow A_u^*(\lambda)$, $A_g^*(\lambda)$ erfolgt über einen Polynomansatz
für $A_u^*(\lambda)$ und $A_g^*(\lambda)$. Darin werden die Potenzen λ^ν als Funktionen von $z^{-1/2}$
eingesetzt, und anschließend erfolgt ein Koeffizientenvergleich.
Analoge Beziehungen ergeben sich für die Struktur nach Bild 3.58, wenn für die
Teilübertragungsfaktoren

$$T_\nu(z^{-1}) = t_\nu z^{-1},$$

$$T(z^{-1}) = \frac{1}{t_\nu^* z^{-1} + t_\nu^{-1} z}$$

oder

$$T_\nu(z^{-1}) = \frac{1}{t_\nu^{-1} \lambda}$$

gesetzt wird.
Aus den gewonnenen Polynomen für die Kettenmatrixelemente ist die Kettenbruchentwicklung dann so vorzunehmen, daß die gewünschten T_ν abspaltbar
sind. Die folgenden Beispiele sollen die verschiedenen Möglichkeiten für die
Kettenbruchentwicklung illustrieren.

Beispiel 3.9.:

Für den Tiefpaßübertragungsfaktor / 3.40 /

$$G(z^{-1}) = \frac{2z^{-3}}{186{,}23930 - 481{,}62969z^{-1} + 423{,}71802z^{-2} - 126{,}32763z^{-3}}$$

sind einseitig abgeschlossene Kettenstrukturen nach Bild 3.56 mit

$T_\nu = 1/t_\nu z^{-1}$ $\nu = 1, 2, 3$ zu entwickeln. Für eingangsseitigen Abschluß mit
$S_1 = -1$ und ungerader Anzahl von Zweitor-Strukturen ist aus (3.139)

$$K_{11}(z^{-1}) = \widetilde{A}_u(z^{-1})$$

und

$$+K_{21}(z^{-1}) = \widetilde{A}_g(z^{-1})$$

zu entnehmen.
Die Kettenbruchentwicklung von

$$\frac{K_{21}}{K_{11}} = -\frac{481,62969z^2 + 126,32763}{186,23930z^3 + 423,718027z}$$

ergibt unter Beachtung der Gl. (3.127)

$$\cfrac{1}{T_1(z^{-1}) + \cfrac{1}{T_2(z^{-1}) + \cfrac{1}{T_3(z^{-1})}}} = \cfrac{1}{+2,586z^{-1} + \cfrac{1}{+0,7784z^{-1} + \cfrac{1}{+0,377z^{-1}}}}.$$

Damit ist $G(z^{-1})$ bis auf eine Konstante K genau bestimmt. Aus dem Kettenbruch entnimmt man unmittelbar die Parameter $t_1 = +2,586$, $t_2 = 0,7784$ und $t_3 = 0,377$ für die im Bild 3.59a dargestellte Struktur. Die Berechnung von $G(z^{-1})$ ergibt $K = 0,0158318$.

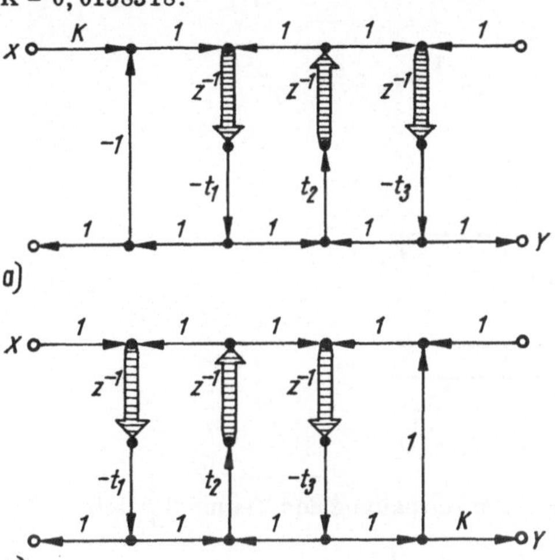

Bild 3.59. Signalflußgraph
a) eingangsseitiger Abschluß
b) ausgangsseitiger Abschluß

Für den Fall des ausgangsseitigen Abschlusses liest man bei gewähltem $S_2 = -1$ aus (3.137).

$$K_{11}(z^{-1}) = \widetilde{A}_u(z^{-1})$$

und

$$K_{12}(z^{-1}) = -\widetilde{A}_g(z^{-1}).$$

Die Kettenbruchentwicklung von K_{12}/K_{11} führt auf den soeben berechneten Kettenbruch. Dieser muß jedoch mit der allgemeinen Kettenbruchentwicklung nach (3.124) verglichen werden, d.h.

$$\cfrac{1}{T_3(z^{-1}) + \cfrac{1}{T_2(z^{-1}) + \cfrac{1}{T_1(z^{-1})}}} = \cfrac{1}{2,586z^{-1} + \cfrac{1}{0,7784z^{-1} + \cfrac{1}{0,377z^{-1}}}}.$$

Daraus ergeben sich für die im Bild 3.59b dargestellte Struktur die Parameter $t_1 = 0,377$, $t_2 = 0,7784$, $t_3 = 2,586$ und $K = 0,0158318$.

<u>Beispiel 3.10.:</u>

Der allgemeine Übertragungsfaktor

$$G(z^{-1}) = \frac{z^{-3}}{a_0 + a_1 z^{-1} + a_2 z^{-2} + a_3 z^{-3} + a_4 z^{-4} + a_5 z^{-5} + a_6 z^{-6}}$$

ist in eine eingangsseitig abgeschlossene Kettenstruktur nach Bild 3.56 mit $S_1 = +1$ und $T_\nu = t_\nu^* z^{-1} + t_\nu z^{-1}$ ($\nu = 1,\ 2,\ 3$) zu entwickeln.

Nach der Umformung

$$G(z^{-1}) = \frac{1}{a_0 z^3 + a_1 z^2 + a_2 z + a_3 + a_4 z^{-1} + a_5 z^{-2} + a_6 z^{-3}}$$

entsprechend (3.138) bildet

$$\frac{K_{21}(z^{-1})}{K_{11}(z^{-1})} = -\frac{a_1 z^2 + a_3 + a_5 z^{-2}}{a_0 z^3 + a_2 z + a_4 z^{-1} + a_6 z^{-3}}$$

$$= -\frac{1}{T_1(z^{-1}) + \cfrac{1}{T_2(z^{-1}) + \cfrac{1}{T_3(z^{-1})}}}$$

den Ausgangspunkt der Entwicklung. Die Abspaltung des Terms T_1 liefert

$$T_1 + \frac{1}{T_2 + \cfrac{1}{T_3}} = t_1^{-1} z + t_1^* z^{-1} + \frac{\beta_1 z + \beta_2 z^{-1}}{a_1 z^2 + a_3 + a_5 z^{-2}}$$

$$t_1^{-1} = \frac{a_0}{a_1} \qquad \beta_1 = a_2 - a_3 t_1^{-1} - a_1 t_1^*$$

$$t_1^* = \frac{a_6}{a_5} \qquad \beta_2 = a_4 - a_5 t_1^{-1} - a_3 t_1^*.$$

Die weitere Umwandlung führt auf

$$T_2 + \frac{1}{T_3} = t_2^{-1} z + t_2^* z^{-1} + \frac{1}{t_3^{-1} z + t_3 z^{-1}}$$

$$t_2^{-1} = \frac{a_1}{\beta_1} \qquad t_3^{-1} = \frac{\beta_1}{\gamma}$$

$$\gamma = a_3 - \beta_2 t_2^{-1} - \beta_1 t_2^*$$

$$t_2^* = \frac{a_5}{\beta_2} \qquad t_3^* = \frac{\beta_2}{\gamma}.$$

Die resultierende Struktur ist im Bild 3.60 dargestellt.

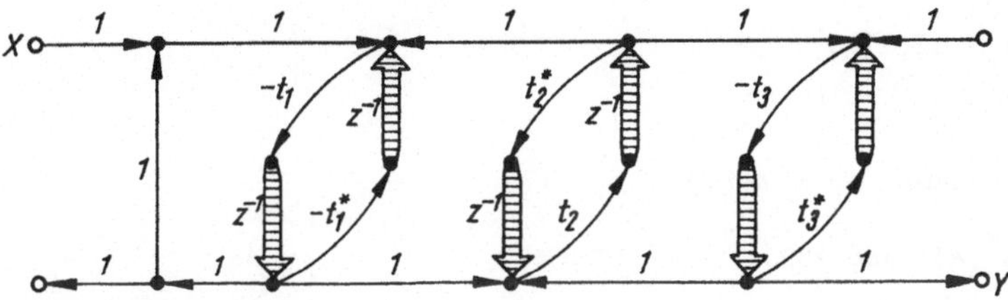

Bild 3.60. Signalflußgraph

<u>Beispiel 3.11.:</u>

Für den Tiefpaßübertragungsfaktor aus Beispiel 3.9 ist die Kettenstruktur mit $T_\nu(z^{-1}) = t_\nu^{-1}\lambda$, $\lambda = z^{1/2} - z^{-1/2}$ für eingangsseitigen Abschluß $S_{10} = 1$ zu entwickeln. Nach (3.142b) ist $G(z^{-1})$ in die Form

$$z^{1/2}G(z^{-1}) = \frac{1}{A^*(z^{-1})}$$

$$= \frac{1}{186,23930z^{+3/2} - 481,62969z^{1/2} + 423,71802z^{-1/2} - 126,32763z^{-3/2}}$$

zu bringen. Über den allgemeinen Ansatz

$$A_u^*(\lambda) = a_1\lambda + a_3\lambda^3$$

und

$$A_g^*(\lambda) = a_0 + a_2\lambda^2$$

mit

$$\lambda = z^{1/2} - z^{-1/2}$$

$$\lambda^2 = z - 2 + z^{-1}$$

$$\lambda^3 = z^{3/2} - 3z^{1/2} + 3z^{-1/2} - z^{-3/2}$$

ergeben sich aus dem Koeffizientenvergleich mit

$$A^*(z^{-1}) = a_1\lambda + a_3\lambda^3 + z^{-1/2}(a_0 + a_2\lambda^2)$$

$$= a_3 z^{3/2} + (a_1 - 3a_3 + a_2)z^{1/2} + (a_0 - 2a_2 - a_1 + 3a_3)z^{-1/2}$$

$$+ (-a_3 + a_2)z^{-3/2}$$

die Werte

$$a_3 = 186,2393$$

$$a_2 = 59,9117$$

$$a_1 = 17,1765$$

$$a_0 = 2.$$

Die Polynome lauten damit

$$A_u^*(\lambda) = 186,2393\,\lambda^3 + 17,1765\,\lambda$$

und

$$A_g^*(\lambda) = 59,9117\,\lambda^2 + 2.$$

Die Kettenbruchentwicklung mit $S_{10} = +1$ lautet

$$\frac{K_{21}(\lambda)}{K_{11}(\lambda)} = -\frac{59,9117\,\lambda^2 + 2}{186,2393\,\lambda^3 + 17,1765\,\lambda}$$

$$= -\cfrac{1}{\cfrac{1}{0,3217}\,\lambda + \cfrac{1}{\cfrac{1}{0,183}\,\lambda + \cfrac{1}{\cfrac{1}{0,1825}\,\lambda}}} \cdot \qquad k = 1,0$$

Die dazugehörige Struktur mit λ und $z^{-1/2}$ Komponenten ist im Bild 3.61a skizziert. Die Transformation dieser Struktur mit $v = z^{-1/2}$ führt auf eine Struktur, die nur Elemente z^{-1} enthält (Bild 3.61b).

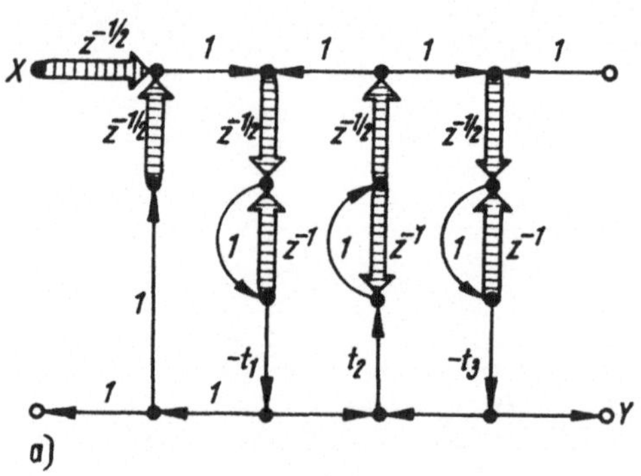

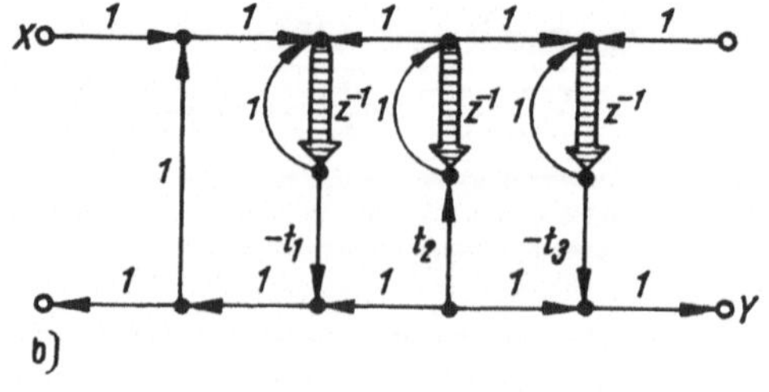

Bild 3.61. Signalflußgraph
a) Originalstruktur
b) transformierte Struktur

3.5.2.2. Zweiseitig abgeschlossene Kettenstrukturen

Bei den zweiseitig abgeschlossenen Kettenstrukturen sind zusätzliche Beziehungen zwischen den Kettenmatrixelementen heranzuziehen. So besteht wegen $\det \underline{K}^{(\nu)}(z^{-1}) = 1$ zwischen den Kettenmatrixelementen der Zusammenhang

$$\det \underline{K}(z^{-1}) = 1, \tag{3.144}$$

und die Kettenmatrixelemente haben für $T_\nu = t_\nu^{-1}\lambda$ ($\lambda = z$, $\lambda = z^{1/2} - z^{-1/2}$, ...) die Eigenschaft

$$K_{11}(\lambda) = (-1)^n K_{11}(-\lambda)$$

$$K_{12}(\lambda) = -(-1)^n K_{12}(-\lambda)$$

$$K_{21}(\lambda) = -(-1)^n K_{21}(-\lambda) \tag{3.145}$$

$$K_{22}(\lambda) = (-1)^n K_{22}(-\lambda).$$

Aus diesen Zusammenhängen und dem Ausdruck für $G(z^{-1})$ lassen sich durch Einführen entsprechender Hilfsfunktionen die Kettenelemente über eine charakteristische Gleichung entwickeln.

Es soll zunächst der Fall $\lambda(z^{-1}) = z^{1/2} - z^{-1/2}$ näher untersucht werden. Als erstes zeigt sich, daß die Eigenschaften (3.145) wegen $\lambda(z^{-1}) = -\lambda(z^{+1})$ in

$$K_{\nu\mu}(z^{-1}) = (\underline{+})\, K_{\nu\mu}(z) \qquad \begin{matrix} \nu = 1,\ 2 \\ \mu = 1,\ 2 \end{matrix} \tag{3.146}$$

übergehen und somit Änderungen von $F(z^{-1})$ in $F(z)$ eine wesentliche Rolle spielen. Zur Berechnung des Ausdruckes

$$K(z^{-1})K(z) - H(z)\,H(z^{-1})$$

werden die Funktionen

$$K_1(z^{-1}) = K_{11}(z^{-1}) + S_2(z^{-1})K_{12}(z^{-1}) \tag{3.147a}$$

$$K_2(z^{-1}) = K_{21}(z^{-1}) + S_2(z^{-1})K_{22}(z^{-1}) \tag{3.147b}$$

$$K(z^{-1}) = K_1(z^{-1}) + S_1(z)\,K_2(z^{-1}) \tag{3.147c}$$

$$G^{-1}(z^{-1}) = H(z^{-1}) = K_1(z^{-1}) - S_1(z^{-1})K_2(z^{-1}) \tag{3.147d}$$

eingeführt. Nach einer längeren Rechnung unter Beachtung der Eigenschaften (3.144) und (3.146) ergibt sich für die charakteristische Gleichung

$$K(z^{-1})K(z) - H(z)H(z^{-1}) = (-1)^n (S_1(z) + S_1(z^{-1}))(S_2(z) + S_2(z^{-1})). \tag{3.148}$$

Die für $\lambda = z^{1/2} - z^{-1/2}$ übliche Beschaltung $S_1 = S_{10}z^{-1/2}$ und $S_2 = S_{20}z^{-1/2}$ führt auf

$$K(z^{-1})K(z) - H(z)H(z^{-1}) = (-1)^n S_{10}S_{20}(z^{-1} + 2 + z). \tag{3.149}$$

Durch die Berechnung der Nullstellen von $K(z^{-1})K(z)$ können das Polynom $K(z^{-1})$ und daraus

$$K_1(z^{-1}) = \frac{zK(z^{-1}) + H(z^{-1})}{z+1} \tag{3.150a}$$

und

$$K_2(z^{-1}) = \frac{z^{1/2}}{S_{10}} \left(\frac{K(z^{-1}) - H(z^{-1})}{z+1} \right) \tag{3.150b}$$

ermittelt werden. Die Division durch $z+1$ ist immer durchführbar, da bei geeigneter Vorzeichenwahl von $H(z^{-1})$ $K(-1) = H(-1)$ immer eine Lösung von (3.149) ist und damit $K(z^{-1}) - H(z^{-1})$ und $zK(z^{-1}) + H(z^{-1})$ eine Nullstelle bei $z = -1$ haben. Wie im Fall des einseitigen Abschlusses können aus $K_1(z^{-1})$ und $K_2(z^{-1})$ die Kettenmatrixelemente durch Zerlegung in gerade und ungerade Polynome in λ bestimmt werden. Da die Multiplikation von $H(z^{-1})$ und $K(z^{-1})$ mit einem Faktor $z^{(\pm)n/2}$ keine Änderung der charakteristischen Gleichung bewirkt, können die Polynome $K_1(z^{-1})$ und $K_2(z^{-1})$ je nach Erfordernis mit einem Faktor $z^{(\pm)\mu/2}$ erweitert werden.

Für $\lambda(z^{-1}) = z$ ergibt eine gleichartige Ableitung

$$K(z^{-1})K(-z^{-1}) - H(z^{-1})H(-z^{-1}) = \pm 4\, S_1 S_2 \tag{3.151}$$

für die charakteristische Gleichung, wobei S_1 und S_2 reell sind. Die Kettenmatrixelemente werden dann aus den geraden und ungeraden Teilen von

$$K_1(z^{-1}) = K(z^{-1}) + H(z^{-1})$$

$$K_2(z^{-1}) = \frac{1}{2S_1}(K(z^{-1}) - H(z^{-1}))$$

bestimmt.

An einem Beispiel soll die Entwicklung zweiseitig abgeschlossener Strukturen demonstriert werden.

Beispiel 3.12.:

Für den Tiefpaßübertragungsfaktor aus Beispiel 3.9 ist eine zweiseitig abgeschlossene Kettenstruktur mit $T_\nu = t_\nu^{-1}\lambda$, $\lambda = z^{1/2} - z^{-1/2}$ und $S_{10} = S_{20} = 1$ zu entwickeln. Aus der charakteristischen Gl. (3.40)

$$K(z^{-1})K(z) = -23527,1692(z^3+z^{-3})+139756,084(z^2+z^{-2})$$

$$-347301,848(z+z^{-1})+4662145,8666$$

berechnet man nach der Nullstellenbestimmung $K(z^{-1})$ zu

$$K(z^{-1}) = 156,2986z^3-458,4303z^2+452,65877z-150,5270.$$

Damit können die Polynome $K_1(z^{-1})$ und $K_2(z^{-1})$ bestimmt werden. Sie lauten

$$K_1(z^{-1}) = 186,2393z^3-511,57037z^2+476,8581z-150,5270$$

$$K_2(z^{-1}) = -29,9407z^2 + 531401z - 24,1994.$$

Die Umwandlung in die Form (3.141) ergibt

$$z^{-3/2}K_1(z^{-1}) = \underbrace{186,2393\,\lambda^3 + 11,4353\,\lambda}_{K_{11}} + z^{-1/2}\underbrace{(35,7123\,\lambda + 1)}_{K_{12}}$$

und

$$z^{-1}K_2(z^{-1}) = \underbrace{-29,9407\,\lambda^2 - 1}_{K_{21}} + z^{-1/2}\underbrace{(-5,7413\,\lambda)}_{K_{22}}.$$

Daraus liest man ab

$$K_{11}(\lambda) = 186,2393\,\lambda^3 + 11,4353\,\lambda$$
$$K_{21}(\lambda) = -29,9407\,\lambda - 1.$$

Die Kettenbruchentwicklung von K_{21}/K_{11} liefert

$$\frac{K_{21}}{K_{11}} = -\cfrac{1}{\cfrac{1}{0,1608}\lambda + \cfrac{1}{\cfrac{1}{0,1742}\lambda + \cfrac{1}{\cfrac{1}{0,1918}\lambda}}}\;.$$

Die anderen möglichen Entwicklungen führen auf die gleichen Resultate. Die Struktur ist im Bild 3.62 angegeben.

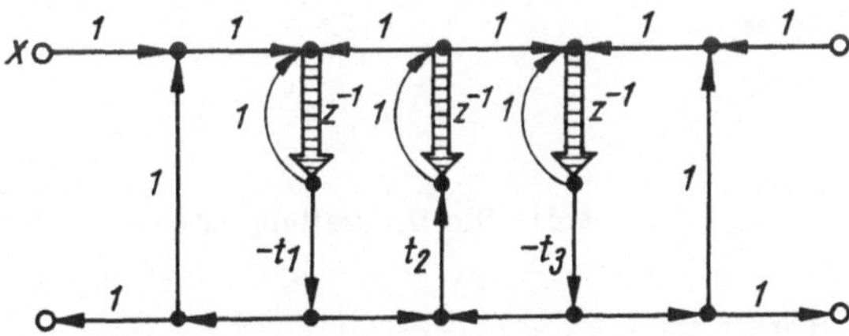

Bild 3.62. Signalflußgraph

Die Berechnung der charakteristischen Gleichung und damit die Nullstellenbestimmung können umgangen werden, wenn für die zweiseitig abgeschlossenen Kettenstrukturen von einem direkten Koeffizientenvergleich ausgegangen wird. Das folgende Beispiel soll dies verdeutlichen.

<u>Beispiel 3.13.:</u>

Für den Tiefpaßübertragungsfaktor aus Beispiel 3.9. sind durch einen allgemeinen Ansatz die Parameter der Kettenstruktur zu bestimmen. Der Übertragungsfaktor

$$z\,G(z) = \frac{z^{-2}}{186,2393 - 481,62969z^{-1} + 423,71802z^{-2} - 126,32763z^{-3}}$$

kann durch eine Kettenstruktur mit drei Teilübertragungsfaktoren T_ν realisiert werden. Der allgemeine Ausdruck für $G(z^{-1})$ lautet

$$G(z^{-1}) = \frac{1}{(T_1 T_2 T_3 + T_1 + T_3) + S_2(T_1 T_2 + 1) + S_1(T_2 T_3 + 1) + S_1 S_2 T_2} \; .$$

Mit den Teilübertragungsfaktoren

$$T_1(z^{-1}) = \alpha_1 \, \frac{(1-z^{-1})}{z^{-1}}$$

$$T_2(z^{-1}) = \alpha_2 \, (1-z^{-1})$$

$$T_3(z^{-1}) = \alpha_3 \, \frac{(1-z^{-1})}{z^{-1}} \, ,$$

die nach einer Transformation mit $v = z^{-1/2}$ eines Strukturentwurfs mit $\lambda = z^{1/2} - z^{-1/2}$ entstehen, ergibt sich für die Koeffizienten von

$$G^{-1}(z^{-1}) = a_3 z^{-3} + a_2 z^{-2} + a_1 z^{-1} + a_0$$ folgendes Gleichungssystem

$$a_0 = \alpha_1 \, \alpha_2 \, \alpha_3$$

$$a_1 = -3\alpha_1 \, \alpha_2 \, \alpha_3 + \alpha_1 + \alpha_3 + S_2 \, \alpha_1 \, \alpha_2 + S_1 \, \alpha_2 \, \alpha_3 \qquad\qquad (3.152)$$

$$a_2 = 3\alpha_1 \, \alpha_2 \, \alpha_3 - \alpha_1 - \alpha_3 - 2S_2 \, \alpha_1 \, \alpha_2 - 2S_1 \, \alpha_2 \, \alpha_3 + S_1 S_2 \, \alpha_2 + S_1 + S_2$$

$$a_3 = -\alpha_1 \, \alpha_2 \, \alpha_3 \qquad\qquad + S_2 \, \alpha_1 \, \alpha_2 + S_1 \, \alpha_2 \, \alpha_3 - S_1 S_2 \, \alpha_2 \, .$$

Die Beschaltung kann einfach über

$$G(1) = \frac{1}{S_1 + S_2} = \frac{1}{2}$$

bestimmt werden. Es wird $S_1 = S_2 = 1$ gewählt. Die Umstellung der Gl. (3.152) ergibt

$$a_1 - a_3 + 2a_0 = \alpha_1 + \alpha_2 + \alpha_3 = \beta_1$$

$$a_3 + a_0 = \alpha_2(\alpha_1 + \alpha_3 - 1) = \beta_0$$

$$a_0 = \alpha_1 \, \alpha_2 \, \alpha_3 \, .$$

Die Lösung führt im ersten Schritt auf

$$\alpha_2^2 - \alpha_2(\beta_1 - 1) + \beta_0 = 0$$
$$\alpha_2 = 5,74067 \quad \frac{1}{\alpha_2} = 0,1742 \, .$$

Im zweiten Schritt entsteht das Gleichungssystem

$$\alpha_1 + \alpha_3 = \beta_1 - \alpha_2 = \gamma_1$$

$$\alpha_1 \alpha_3 = a_0/\alpha_2 = \gamma_0 .$$

Die Lösung lautet

$$\alpha_1^2 - \gamma_1 \alpha_1 + \gamma_0 = 0$$

$$\alpha_1 = 6,2206 \qquad \frac{1}{\alpha_1} = 0,1608$$

$$\alpha_3 = 5,2152 \qquad \frac{1}{\alpha_3} = 0,1918 .$$

Damit haben sich die gleichen Koeffizientenwerte wie im Beispiel 3.12. ergeben.

Die Methode des Koeffizientenvergleichs wurde für Schaltungen bis zum Grad 6 erfolgreich angewandt. Darüber hinaus ist es möglich, durch einen geeigneten Ansatz für $T_\nu (z^{-1})$ Übertragungsfaktoren $G(z^{-1})$ mit entsprechenden Nullstellen zu erzeugen. So werden durch Verwendung von Teilübertragungsfaktoren

$$T_\nu (z^{-1}) = \frac{1}{t_\nu} \; \frac{1-z^{-1}}{1+z^{-1}}$$

und

$$T_\nu (z^{-1}) = \frac{1}{t_\nu} \; \frac{(1-z^{-1})}{z^{-1}}$$

einerseits Nullstellen bei $z = -1$ erreicht und bei geeigneter Kombination Schleifenfreiheit garantiert.

4. Entwurf mehrdimensionaler Systeme

4.1. Einführung

Durch das ständig wachsende Informationsverarbeitungsvermögen mikroelektronischer Schaltkreise ist die Realisierung digitaler Systeme zur Echtzeitsimulation von Systemen mit verteilten Parametern und anderer mehrdimensionaler Systeme mit zunehmend geringerem Aufwand möglich geworden. Damit sind der Entwurf mehrdimensionaler diskreter Systeme, darunter speziell der der zweidimensionalen Systeme, und die Untersuchung der Eigenschaften dieser Systeme von besonderem Interesse.

An den Entwurf des mehrdimensionalen diskreten Systems können folgende Forderungen gestellt werden:

Ein vorgegebenes

- Analogsystem ist möglichst gut im Zeitverhalten oder Frequenzverhalten nachzubilden

  - Modellierung mehrdimensionaler analoger Systeme -,
  eine vorgegebene

- Forderung im Frequenzbereich ist durch Frequenzcharakteristik des Systems möglichst gut zu erfüllen

  - direkter Entwurf im Frequenzbereich -,

oder eine vorgegebene

  Forderung im Zeitbereich ist durch die Zeitcharakteristik des Systems möglichst gut zu erfüllen

  - direkter Entwurf im Zeitbereich -.

Da einerseits das Zerlegungsproblem des Übertragungsfaktors g im n-Dimensionalen nicht lösbar ist und damit eine abschließende Strukturierung schwer möglich ist und andererseits ein im Vergleich zu den eindimensionalen analogen Filtern geringerer Erfahrungsschatz über die mehrdimensionalen analogen Filter vorliegt, wird, abgesehen von Transformationsverfahren, ausschließlich der direkte Entwurf mit Strukturvorgabe bevorzugt. In den nachfolgenden Abschnitten werden sowohl die Modellierung als auch der Entwurf für den zweidimensionalen Fall behandelt.

4.2. Modellierung mehrdimensionaler analoger Systeme

Mehrdimensionale analoge Systeme werden im Zeitbereich durch partielle Differentialgleichungen beschrieben. Das diskrete Modell dafür kann man entweder durch Diskretisierung der Lösung der partiellen Differentialgleichung oder durch Diskretisierung der partiellen Differentialgleichung gewinnen.

Zur Lösung partieller Differentialgleichungen steht eine Vielzahl von Methoden,
wie die Methode von Galerkin, die Charakteristikenmethode und die Methode der
wechselnden Richtungen von Peacman-Rachfold, zur Verfügung /4.7/ /4.8/
/4.9/ /4.17/. Vorwiegend werden jedoch die Approximation durch mehrdimensionale Differenzenschemata /4.9/ /4.5/ - mehrdimensionale diskrete Modelle -
sowie die Methode der endlichen Elemente /4.9/ angewandt.
Die Grundidee der Methode der endlichen Elemente besteht darin, daß das räumliche Gebilde, in dem sich der durch die partielle Differentialgleichung beschriebene Vorgang abspielt, in endlich viele, im allgemeinen voneinander verschiedene
Elemente zerlegt wird. Mit vorerst unbekannten Randbedingungen wird eine Lösung für das endliche Element angegeben. Die endgültigen Randbedingungen der
Elemente und damit die Lösung gewinnt man dann aus einem linearen Gleichungssystem für die Randbedingungen. Betrachtet man eine elektrische Leitung, in
der sich TEM-Wellen ausbreiten, so bedeutet die Anwendung der Methode der
endlichen Elemente eine Zerlegung der Leitung in im allgemeinen verschiedene
Leitungsstücke. Für die Leitungsstücke werden die Leitungsgleichungen mit den
vorerst unbekannten ein- und auslaufenden Wellen bzw. Spannungen und Strömen
/4.18/ an den Enden des Leitungsstückes als Randbedingung gelöst. Die Gleichungen für diese Randbedingungen für den Anfang und das Ende der Leitung und
die Gleichungen für die Zusammenschaltung ergeben dann ein lineares Gleichungssystem mit n Unbekannten und n Gleichungen. Der Vorteil der Methode der endlichen Elemente besteht darin, daß das Verfahren automatisch stabil ist und daß
die Methode eine hohe Flexibilität bei der Wahl der Elemente erlaubt. Daher
eignet sie sich besonders für komplizierte zweidimensionale oder dreidimensionale
Berandungen und Trennflächen. Einer der Nachteile ist das Lösen recht aufwendi-
ger Gleichungssysteme.
Im folgenden sollen unter dem Blickwinkel der Anwendung der Theorie der mehrdimensionalen diskreten Filter ausschließlich die mehrdimensionalen Differenzenschemata betrachtet werden. Die Aufstellung des Differenzenschemas erfolgt unmittelbar durch Approximation der partiellen Ableitungen in der partiellen Differentialgleichung. Im Vergleich dazu ist der Zugang über die Approximation der
Flächen- und Volumenintegrale, die sich bei der Integration der partiellen Differentialgleichung unter Ausnutzung der Integralsätze von Green und Stokes ergeben,
weitaus schwieriger.

4.2.1. Stabilität, Konsistenz und Konvergenz

Da lineare partielle Differentialgleichungssysteme höherer Ordnung stets auf
Systeme 1. oder 2. Ordnung reduziert werden können, werden nur lineare partielle
Differentialgleichungen 2. Ordnung der Form betrachtet,

$$\sum_{\nu=1}^{n} \sum_{\mu=1}^{n} \alpha_{\nu\mu} \frac{\partial^2 \widetilde{y}}{\partial t_\nu \, \partial t_\mu} + \sum_{\nu=1}^{n} \beta_\nu \frac{\partial \widetilde{y}}{\partial t_\nu} + \gamma \widetilde{y} = \widetilde{z} \qquad (4.1a)$$

$$\widetilde{z} = \widetilde{x}, \qquad (4.1b)$$

bei vorgegebenem Eingangssignal x.
An das mehrdimensionale Differenzenschema - mehrdimensionale diskrete Mo-
dell - wird wiederum die Forderung gestellt, daß die Lösung $\widetilde{y}(t_1, \ldots, t_n)$ der
linearen partiellen Differentialgleichung (4.1) bei vorgegebenen Randwerten und
vorgegebenem Eingangssignal durch die Lösung y der linearen Gleichungen

$$a\, y = z \qquad a - \text{mehrdimensionaler Operator} \qquad (4.2a)$$

und

$$z = x + b_r y_r \tag{4.2b}$$

mit den n-dimensionalen diskreten Signalen z, y, x, y_r, a und b_r hinreichend genau approximiert wird. Für die Eingangssignale ist zu beachten, daß

$$x\left[k_1, \ldots, k_n\right] = \tilde{x}(k_1 \, \Delta t_1, \ldots, k_n \, \Delta t_n) \tag{4.3}$$

gilt. Als Maß für den Fehler

$$\varepsilon\left[k_1, \ldots, k_n\right] = y\left[k_1, \ldots, k_n\right] - \tilde{y}(k_1 \, \Delta t_1, \ldots, k_n \, \Delta t_n) \tag{4.4}$$

des Ausgangssignals wird wieder eine dem Problem angepaßte Norm $\| \cdot \|$ benutzt. Von einem vorgegebenen diskreten Modell fordert man, daß es konvergent ist. Das bedeutet, daß die Lösung $y\left[k_1, \ldots, k_n\right]$ mit $k_1 = t_1/\Delta t_1, \ldots, k_n = t_n/\Delta t_n$ für $\Delta t_1, \ldots, \Delta t_n \to 0$ gegen $\tilde{y}(t_1, \ldots, t_n)$ strebt.

Definition 4.1.:

Ein diskretes Modell heißt k o n v e r g e n t, wenn

$$\| \varepsilon \| \to 0 \text{ für } \Delta t_1, \ldots, \Delta t_n \to 0 \text{ gilt.}$$

Die Aussage des Theorems von Lax, daß die Stabilität und Konsistenz eines Modells hinreichend und notwendig für die Konvergenz sind, gilt auch für den mehrdimensionalen Fall /4.7/, wenn die Konsistenz und die Stabilität wie folgt definiert sind.

Definition 4.2.:

Das mehrdimensionale diskrete Modell ist genau dann s t a b i l, wenn es von t, x und y_r unabhängige positive Konstanten $c < \infty$ und $c_r < \infty$ gibt, so daß

$$\| y \| \leq c \| x \| + c_r \| y_r \|$$

gilt.

Definition 4.3.:

Die Approximation ist von der Ordnung m, wenn für

$$\delta\left[k_1, \ldots, k_n\right] = z\left[k_1, \ldots, k_n\right] - \tilde{z}\left[k_1, \ldots, k_n\right]$$

$$\| \delta \| = 0(\Delta t_1^m + \ldots + \Delta t_n^m)$$

gilt. Das Modell ist k o n s i s t e n t, sofern $m \geqq 1$ ist.

Ist die Lösung für $t_1 \geqq 0, \ldots, t_n \geqq 0$ gesucht, so folgt aus der Abschätzung

$$\| y \|_\infty \leqq \left\| \frac{1}{a} \right\|_1 \| x \|_\infty + \left\| \frac{b_r}{a} \right\|_1 \| y_r \|_\infty \tag{4.5}$$

von (4.2), daß das Modell genau dann stabil ist, wenn

$$\left\| \frac{1}{a} \right\|_1 < \infty \tag{4.6}$$

218

gilt. Damit sind die für mehrdimensionale Systeme angegebenen Stabilitätsverfahren unmittelbar auf die mehrdimensionale Gewichtsfunktion $1/a$ anwendbar. Sind Lösungen nur in endlichen Intervallen $0 \leqq t_1 \leqq T_1, \ldots, 0 \leqq t_n \leqq T_n$ gesucht, so sind die Stabilitätsverfahren zu modifizieren.

4.2.2. Numerische Differentiationsformeln

Die Grundlage für die Approximation der partiellen Ableitungen in (4.1) bildet die Taylorsche Reihe für Funktionen mehrerer unabhängiger Variabler

$$\widetilde{z}(t_1 + \Delta t_1, \ldots, t_n + \Delta t_n) = \widetilde{z}(t_1, \ldots, t_n) + \sum_{\nu=1}^{n} \Delta t_\nu \frac{\partial \widetilde{z}(t_1, \ldots, t_n)}{\partial t_\nu}$$

$$+ \sum_{\nu=1}^{n} \sum_{\mu=1}^{n} \Delta t_\nu \, \Delta t_\mu \frac{\partial^2 z(t_1, \ldots, t_n)}{\partial t_\nu \, \partial t_\mu} + \ldots$$

$$\ldots \quad + 0(\Delta t_1^m + \ldots + \Delta t_n^m). \tag{4.7}$$

Zu dieser Taylor-Reihe gelangt man auch, indem man beginnt, $\widetilde{z}(t_1, \ldots, t_n)$ in eine Taylor-Reihe der Form

$$\widetilde{z}(t_1 + \Delta t_1, \ldots, t_n + \Delta t_n) = z(t_1, t_2 + \Delta t_2, \ldots, t_n + \Delta t_n)$$

$$+ \Delta t_1 \frac{\partial \widetilde{z}(t_1, t_2 + \Delta t_2, \ldots, t_n + \Delta t_n)}{\partial t_1}$$

$$+ \frac{(\Delta t_1)^m}{m!} \frac{\partial^m \widetilde{z}(t_1, t_2 + \Delta t_2, \ldots, t_n + \Delta t_n)}{\partial t_1^m}$$

$$+ 0(\Delta t_1^m) \tag{4.8}$$

zu entwickeln und danach die entstandenen Ausdrücke auf der rechten Seite der Gl. (4.8) schrittweise bezüglich $t_2, \ldots, t_n$ entwickelt. Aufgrund dieser Tatsache kann man unmittelbar auf die für gewöhnliche Differentialgleichungen abgeleiteten numerischen Differentiationsformeln zurückgreifen. Dabei sind die Differentiationsformeln für die entsprechenden unabhängigen Variablen nacheinander anzuwenden. Um die Konsistenz und die Ordnung der Approximation genau untersuchen zu können, muß man bei den Taylor-Reihen die Approximationsordnung immer mitführen. Die gebräuchlichsten Differentiationsformeln für den zweidimensionalen Fall sind im Abschn. 6.7. zusammengestellt, wobei zur Vereinfachung der Schreibweise die Bezeichnungen

$$\frac{\partial \widetilde{z}}{\partial t_\nu} = \widetilde{z}_{t_\nu}, \quad \frac{\partial^2 \widetilde{z}}{\partial t_\nu^2} = \widetilde{z}_{t_\nu t_\nu}, \quad \frac{\partial^2 \widetilde{z}}{\partial t_\nu \, \partial t_\mu} = z_{t_\nu t_\mu} \tag{4.9}$$

verwandt werden. Eine Erweiterung auf mehr als zwei Variable ist durch Hinzufügen der entsprechenden Variablen im Argument leicht möglich. Ebenso sind die Formeln für höhere gemischte Ableitungen in einfacher Weise durch fortlaufendes Anwenden der Formeln Abschn. 6.7 erhältlich. Für die Ableitung $\widetilde{x}_{t_1 t_1 t_2}$ ergibt sich beispielsweise

$$((x[k_1 + 1, k_2 + 1] - 2x[k_1, k_2 + 1] + x[k_1 - 1, k_2 - 1])$$

$$- (x[k_1 + 1, k_2] - 2x[k_1, k_2] + x[k_1 - 1, k_2]))/(\Delta t_1^2 \, \Delta t_2)$$

$$= \widetilde{x}_{(t_1 t_1)t_2}[k_1, k_2] + 0(\Delta t_1^2 + \Delta t_2).$$

4.2.3. Differenzenschemata für partielle parabolische Differentialgleichungen

Die physikalischen Vorgänge der zeitabhängigen Wärmeleitung oder der Diffusion werden durch partielle parabolische Differentialgleichungen beschrieben. Greift man aus der Fülle der Anwendung die Berechnung des Verlaufes der Temperatur-differenz $\widetilde{z}(t, w)$ in einem Stab der Länge W heraus (Bild 4.1).

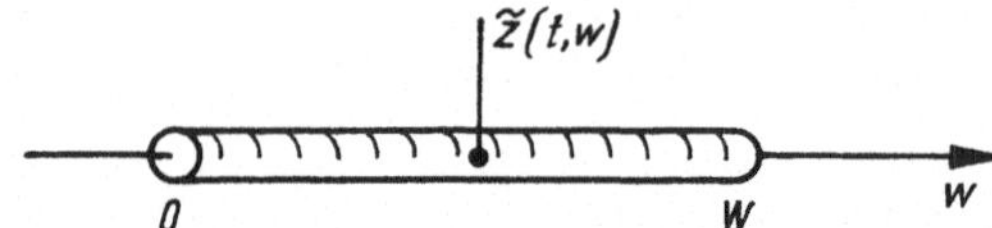

Bild 4.1. Wärmeleitung in einem Stab

Die Temperaturveränderung in diesem Stab genüge der Wärmeleitungsgleichung

$$\frac{\partial \widetilde{z}}{\partial t} = \frac{\partial^2 \widetilde{z}}{\partial w^2}, \tag{4.10}$$

und gesucht wird die Lösung für die Randbedingungen

$$\widetilde{z}(0, w) = \widetilde{f}(w), \qquad 0 \leqq w \leqq W \tag{4.11a}$$

$$\widetilde{z}(t, 0) = \widetilde{h}_1(t), \qquad t \leqq 0 \tag{4.11b}$$

und $\quad \widetilde{z}(t, w) = \widetilde{h}_2(t), \qquad t \leqq 0. \tag{4.11c}$

Die Differenzapproximation mit den im Abschn. 6.7. angegebenen Formeln führt mit den Schrittweiten Δt und $\Delta w = W/N$ unmittelbar auf die Differenzengleichung

$$z[k + 1, n] - z[k, n] = \gamma (z[k, n + 1] - 2z[k, n] + z[k, n - 1]), \tag{4.12}$$

wobei $\gamma = \Delta t/(\Delta w)^2$ gilt. Wegen der endlichen Anzahl der räumlichen Gitter-punkte kann unter den vorgegebenen Randbedingungen $z[0, n] = f[n] = \widetilde{f}[n]$, $z[k, 0] = h[k] = \widetilde{h}_1[k]$ und $z[k, N] = h_2[k] = \widetilde{h}_2[k]$ neben der zweidimensionalen Beschreibung (4.12) noch eine eindimensionale angegeben werden.
Bei der eindimensionalen Betrachtung faßt man die Werte $z[k, 1]$, ..., $z[k, N-1]$ zu dem Zustandsvektor $\underline{z}[k] = (z[k, 1] \ldots z[k, N-1])^T$ zusammen. Für den Anfangszustand gilt $\underline{z}[0] = (f[1], \ldots, f[N-1])$, und die Randwerte an den Stab-enden bilden den Eingangsvektor $\underline{x}[k] = (h_1[k] \ h_2[k])^T$. Aus den Gleichungen an den Ortspunkten $n = 1, \ldots, N-1$ ergibt sich das Gleichungssystem

$$\underline{z}[k + 1] = \underline{A} \, \underline{z}[k] + \underline{B} \, \underline{x}[k] \tag{4.13a}$$

mit

$$
\underline{A} = \begin{vmatrix}
(1-2\gamma) & \gamma & 0 & 0 & & 0 & 0 \\
\gamma & (1-2\gamma) & \gamma & 0 & & 0 & 0 \\
0 & \gamma & (1-2\gamma) & \gamma & & 0 & 0 \\
0 & 0 & \gamma & (1-2\ ) & \cdots & 0 & 0 \\
\cdot & \cdot & \cdot & \cdot & & \cdot & \cdot \\
\cdot & \cdot & \cdot & \cdot & & \cdot & \cdot \\
\cdot & \cdot & \cdot & \cdot & & \cdot & \cdot \\
0 & 0 & 0 & 0 & & (1-2\gamma) & \gamma \\
0 & 0 & 0 & 0 & & \gamma & (1-2\gamma)
\end{vmatrix}
\tag{4.13b}
$$

und

$$
\underline{B} = \begin{vmatrix}
1 & 0 \\
0 & 0 \\
0 & 0 \\
0 & 0 \\
\cdot & \cdot \\
\cdot & \cdot \\
\cdot & \cdot \\
0 & 0 \\
0 & 1
\end{vmatrix} .
\tag{4.13c}
$$

Es hat die Lösung

$$
\underline{z}[k] = \underline{A}^k \, \underline{z}[0] + \sum_{\varkappa=0}^{k-1} \underline{A}^{k-1-\varkappa} \underline{B} \, \underline{x}[\varkappa] .
\tag{4.14}
$$

Nach Abklingen des Anfangszustandes beeinflussen nur noch die Randwerte $h_1[k]$ und $h_2[k]$ den Verlauf der Temperaturdifferenz. Die Konvergenz ist aufgrund der vorliegenden Konsistenz des Modells (4.12) gesichert, wenn die Pole $z_{\infty\nu}$ des Systems innerhalb des Einheitskreises der z-Ebene liegen. Wegen der tridiagonalen Gestalt und des regelmäßigen Aufbaus sind die Eigenwerte geschlossen berechenbar. Aus dem Abschn. 6.4. entnimmt man mit $a = 1-2\gamma$ und $b = \gamma$ für die Pole

$$
\begin{aligned}
z_{\infty\nu} &= (1-2\gamma) + 2\gamma \cos \frac{\nu\pi}{N} \qquad \nu = 1, \ldots, N-1 \\
&= 1-4\gamma \, \sin^2 \frac{\nu\pi}{N\,2} .
\end{aligned}
\tag{4.15}
$$

Folglich ist das Modell für $\gamma \leqq 1/2$ stabil. Bei $\gamma = 1/2$ haben die Pole, die dem Einheitskreis in der z-Ebene am nächsten liegen, einen Abstand von $\approx \frac{1}{2}(\frac{\pi}{N})^2$.

Für einen Messingstab der Länge $W = 3$ m mit der Wärmeleitzahl $\sigma = 0,1$ m^2/h erhält man für $h_1[k] = h_2[k] = 0$, $\Delta w = 0,1$ m, $\Delta t = 1,5$ min und einen vorgegebenen rechteckförmigen Verlauf $f[k]$ die im Bild 4.2 dargestellten Kurven des Ausgleichs der Temperaturdifferenz. Die gewählten Parameter entsprechen einem $\gamma = 0,25$. Erhöht man die Zeitschrittweite auf $\Delta t = 3$ min und damit $\gamma = 0,5$, so befindet man sich an der Stabilitätsgrenze. Eine geringfügige Vergrößerung über $0,5$ hinaus führt dann sofort zur Instabilität (Bild 4.3).

Die skizzierte Lösungsmöglichkeit von (4.12) eignet sich auch für die in der Ortskoordinate nichtlineare parabolische partielle Differentialgleichung der Form

$$
\frac{\partial \widetilde{z}}{\partial t} = \frac{\partial}{\partial w} \left(\sigma(w) \frac{\partial \widetilde{z}}{\partial w} \right)
\tag{4.16}
$$

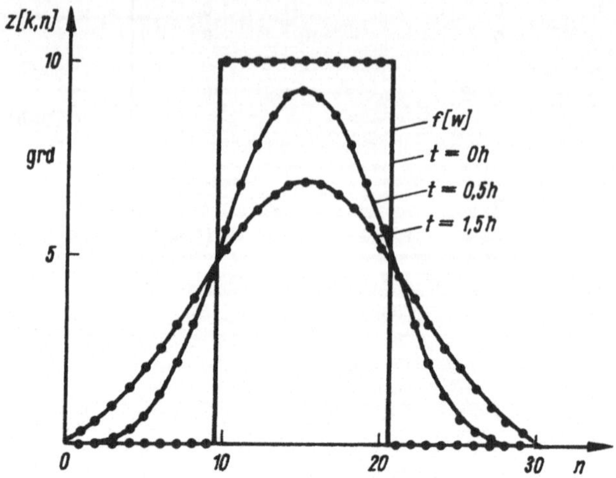

Bild 4.2. Temperaturortsverlauf z[k, n] für verschiedene Zeiten k Δ t
$\delta = 0,1\ \mathrm{m^2/h};\quad \Delta t = 1,5\ \mathrm{min};\quad \Delta w = 0,1\ \mathrm{m},\quad \gamma = 0,25$

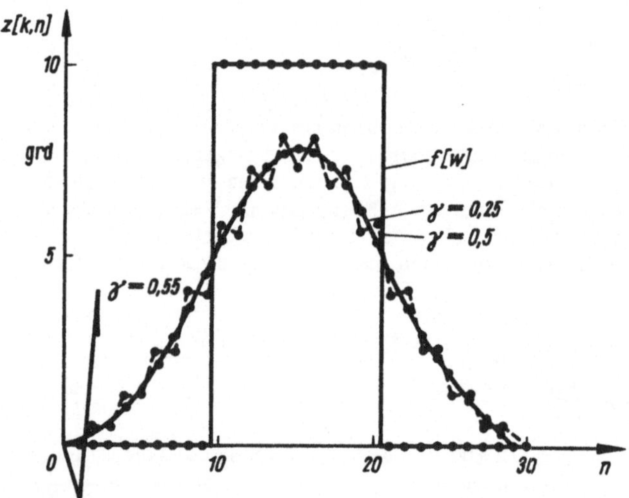

Bild 4.3. Temperaturortsverlauf z[k, n] für verschiedene Schrittweitenverhält-
nisse γ
$\delta = 0,1\ \mathrm{m^2/h},\quad \Delta w = 0,1\ \mathrm{m},\ t = 1\ \mathrm{h}$

und für parabolische Differentialgleichungen mit zwei Ortsvariablen

$$\frac{\partial \widetilde{z}}{\partial t} = 2\ \frac{\partial^2 \widetilde{z}}{\partial w} + \frac{\partial^2 \widetilde{z}}{\partial v}. \tag{4.17}$$

Dadurch ändert sich lediglich der Aufbau der Matrizen $\underline{A}$ und $\underline{B}$ dahingehend, daß
die Regelmäßigkeit des Aufbaus und damit eine geschlossene Lösung für die
Eigenwerte verlorengeht.

222

Es soll jetzt die Lösungsmöglichkeit betrachtet werden, die nicht auf eine endliche Anzahl der räumlichen Gitterpunkte beschränkt ist.

Der Zusammenhang (4.12) zwischen den Funktionswerten entspricht der Beziehung

$$\ll 0,\gamma >, \quad <-1,\ 1-2\gamma >, \quad <0,\gamma \gg z = z_r \tag{4.18a}$$

mit den zweidimensionalen Signalen $\ll z[k,\ n] \gg = z$ und $\ll z_r[k,\ n] \gg = z_r$, wobei sich das zweidimensionale Randsignal z_r aus den Signalen
$\ll f[0]>, < f[1]>, \ldots >$, $h_1 = <h_1[k]>$ und $h_2 = <h_2[k]>$ zusammensetzt. Die allgemeine Lösung hat die Form

$$z = \frac{<0,\gamma>^{-1}}{<1,\ \dfrac{<-1,\ 1-2\gamma>}{<0,\gamma>},\ 1>}\ z_r = g\ z_r, \tag{4.18b}$$

Zur Bestimmung der Randsignale wird eine Partialbruchentwicklung des Übertragungsfaktors g durchgeführt. Für die Zerlegung des Nenners in ein Produkt der Form $<1,\ -\lambda_1> <1,\ -\lambda_2>$ muß die quadratische Gleichung

$$\lambda^2 + \frac{<-1,\ 1-2\gamma>}{<0,\gamma>}\ \lambda + 1 = 0 \tag{4.19}$$

gelöst werden.

Das Ergebnis lautet

$$\lambda_{1/2} = \frac{<0,5,\ \gamma\ -0,5>\ \pm\ \sqrt{<0,25,\ \gamma-0,5,\ 0,25\ -\gamma>}}{<0,\gamma>} \tag{4.20}$$

und nach Berechnung der Wurzel ergibt sich

$$\lambda_1 = \frac{1}{<0,1>} <\gamma^{-1},\ 2-\gamma^{-1},\ -\gamma,\ -\gamma + 2\gamma^2,\ \gamma -4\gamma^2 + 3\gamma^3,\ \ldots> \tag{4.21}$$

$$\lambda_0 = \lambda_2 = \lambda_1^{-1} = <0,\gamma\ ,\ \gamma -2\gamma^2,\ -\gamma + 4\gamma^2 - 3\gamma^3,\ \ldots>\quad .$$

Aus dem Ansatz

$$z = \frac{c_1}{<1,\ -\lambda_0^{-1}>} + \frac{c_2}{<1,\ -\lambda_0>} \tag{4.22}$$

$$= <1,\ \lambda_0^{-1},\ \lambda_0^{-2},\ \lambda_0^{-3},\ \ldots>\ c_1 + <1,\ \lambda_0,\ \lambda_0^2,\ \ldots>c_2$$

gewinnt man dann die Bestimmungsgleichungen

$$h_1 = c_1 + c_2$$

und

$$h_2 = \lambda_0^{-N}\ c_1 + \lambda_0^N\ c_2 \tag{4.23}$$

für c_1 und c_2, wenn man zur Vereinfachung vorerst $f[n] = 0$ für $n = 1,\ \ldots,\ N-1$ setzt. Das Einsetzen der berechneten Signale c_1 und c_2 in (4.20) führt auf die Beziehung

$$z = \frac{<1 - \lambda_0^{2N}, \ \lambda_0 - \lambda_0^{2N-1}, \ \lambda_0^2 - \lambda_0^{2N-2}, \ \ldots>}{<1 - \lambda_0^{2N}>} \, h_1$$

$$+ \ \frac{<0, \ \lambda_0^{N-1} - \lambda_0^{N+1}, \ \lambda_0^{N-2} - \lambda_0^{N+2}, \ \ldots>}{<1 - \lambda_0^{2N}>} \, h_2,$$

(4.24a)

die man auch in der Form

$$z = g_1 h_1 + g_2 h_2 \tag{4.24b}$$

mit den Übertragungsfaktoren g_1 und g_2 schreiben kann. Berücksichtigt man noch die Randwerte $f[n]$, so ist die Gl. (4.24) durch einen weiteren Gewichtsfaktor zu ergänzen.

Zu einer anderen Darstellung gelangt man, wenn die Reihenentwicklung

$$\frac{1}{1 - \lambda_0^{2N}} = 1 + \lambda_0^{2N} + \lambda_0^{4N} + \ldots$$

verwendet wird. Für einen festen Ortspunkt $w = nW/N$ ergibt sich dann

$$<z[k, \, n]> = (\lambda_0^n(1 + \lambda_0^{2N} + \lambda_0^{4N} + \ldots) - \lambda_0^{2N-n}(1 + \lambda_0^{2N} + \ldots)\,g_1$$

(4.25)

$$- \, (-\lambda_0^{N-n}(1 + \lambda_0^{2N} + \ldots) + \lambda_0^{N+n}(1 + \lambda_0^{2N} + \lambda_0^{4N} + \ldots))\,g_2.$$

Das Ergebnis kann als Überlagerung hin- und rücklaufender Wellen gedeutet werden. Es entsteht eine hinlaufende Welle g_1 am Stabanfang, die sich entlang des Stabes ändert. Die Änderung je Ortsschritt wird durch den Fortpflanzungsfaktor λ_0 beschrieben. Die Welle $\lambda_0^N g_1$ wird am Stabende reflektiert. Die in (4.25) auftretende Vorzeichenumkehr entspricht einem Reflexionsfaktor von -1. Ebenso entsteht eine rücklaufende Welle $-g_2$ am Stabende. Die Addition aller hin- und rücklaufenden Wellen $\lambda_0^n g_1$, $-\lambda_0^{2N-n} g_1$, $+\lambda_0^{N+n} g_2$, $\ldots$ führt auf den Ausdruck (4.25). Dies kann an einem „Wellenfahrplan" veranschaulicht werden (Bild 4.4).

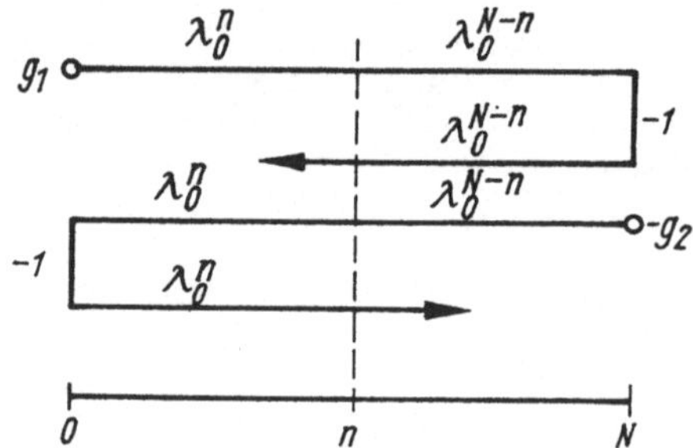

Bild 4.4. Wellenfahrplan

Um die Konvergenz des Modells (4.17) zu sichern, ist noch die Stabilität zu untersuchen. Obwohl das Ergebnis schon bekannt ist, soll hier gezeigt werden, wie die für mehrdimensionale Filter abgeleiteten Stabilitätskriterien anzuwenden sind.

Das charakteristische Polynom des Nenners $a = \ll 0, \gamma >$, $< -1, 1-2\gamma>$, $<0,\gamma \gg$ des Übertragungsfaktors g lautet

$$A(\zeta_k, \zeta_n) = \gamma \zeta_k + (-1 + (1-2\gamma)\zeta_k)\zeta_n + \gamma \zeta_k \zeta_n^2. \qquad (4.26)$$

Das zweidimensionale Modell (4.17) ist nach den Ausführungen im Abschn. 2. stabil, wenn

$$A(0, \zeta_n) \neq 0 \quad \text{für} \quad 0 < |\zeta_n| < 1$$

und

$$A(\zeta_k, \zeta_n) \neq 0 \quad \text{für} \quad 0 \leq |\zeta_k| \leq 1; \; |\zeta_n| = 1$$

gilt. Da die erste Bedingung offensichtlich eingehalten wird; denn es ist $A(0, \zeta_n) = -\zeta_n \neq 0$ für $0 < |\zeta_n| < 1$, ist nur noch die zweite Bedingung zu überprüfen.
Aus

$$A(\zeta_k, \zeta_n) = \zeta_n (\gamma (\zeta_n^{-1} + \zeta_n)\zeta_k - 1 + (1-2\gamma)\zeta_k)$$

ergibt sich mit $\zeta_n = e^{j\varphi}$ für $|\zeta_n| = 1$ der Ausdruck

$$A_*(\zeta_k, \varphi) = (-1 + (1-2\gamma(1-\cos\varphi))\zeta_k)\, e^{j\varphi}, \qquad (4.27)$$

der eine Nullstelle bei

$$\zeta_{k\infty} = \frac{1}{1-4\gamma \sin^2 \dfrac{\varphi}{2}} \qquad (4.28)$$

hat. Da bei Stabilität Nullstellen nur im Bereich $|\zeta_k| > 1$ auftreten dürfen, muß

$\gamma \leq 1/2$ gelten.
Die systemtheoretische Beschreibung (4.24) hat gegenüber der unmittelbaren Auswertung der Differenzengleichung eine Reihe von Vorteilen. Die Gewichtsfaktoren g_1 und g_2 berechnet man für eine vorgegebene Geometrie nur einmal und benutzt sie dann für verschiedene Randwerte immer wieder. Ferner ist es möglich, folgende Problemstellung in einfacher Weise zu behandeln: Es ist g_2 so zu bestimmen, daß bei vorgegebenem Verlauf der Temperaturdifferenz g_1 am Ort $w_0 = n_0 W/N$ der Verlauf $< z[k, n_0] >$ eingehalten wird. Schließlich sei noch erwähnt, daß auch die Stabilitätsuntersuchungen einfacher sind. Abschließend soll noch eine weitere Differenzenapproximation für die Wärmeleitungsgleichung

$$(z[k+1,n] - z[k-1,n]) = 2\gamma\, (z[k,n+1] - z[k+1,n] - z[k-1,n] + z[k,n-1]) \quad (4.29)$$

mit der Ordnung $0(\Delta t + (\Delta w)^2 + (\Delta t/\Delta w)^2)$ und $\gamma = \Delta t/(\Delta w)^2$ betrachtet werden. Der Zusammenhang zwischen den Funktionswerten entspricht der Beziehung

$$\ll 0, 2\gamma >, < -2\gamma -1, 0, -2\gamma +1 > , < 0, 2\gamma \gg z = z_r \qquad (4.30)$$

zwischen den zweidimensionalen Signalen z und z_r. Die Lösung ist durch Gl. (4.24) gegeben, wenn

$$\lambda_{1/2} = \frac{<2\gamma + 1, 0, 2\gamma - 1> \overset{+}{} \sqrt{<(2\gamma + 1)^2, 0, -(8\gamma^2 + 2), 0, (2\gamma - 1)^2>}}{<0, 4\gamma>} \quad (4.31)$$

gesetzt wird. Die Stabilitätsbetrachtungen des Modells ergeben, daß die erste Bedingung $A(0, \zeta_n) \neq 0$ $(0 < |\zeta_n| < 1)$ erfüllt ist. Für die zweite Bedingung ermittelt man aus

$$A(\zeta_k, \zeta_n) = \zeta_n (2\gamma (\zeta_n + \zeta_n^{-1}) \zeta_k - 2\gamma - 1 - (2\gamma - 1)\zeta_k^2) \quad (4.32)$$

die modifizierte Funktion

$$A_*(\zeta_k, \varphi) = (-(2\gamma - 1)\zeta_k^2 + 4\gamma (\cos \varphi)\zeta_k - 2\gamma - 1)e^{j\varphi} \neq 0 \quad (4.33)$$
$$(0 \leqq |\zeta_k| \leqq 1).$$

Aus den Ungleichungen

$$|2\gamma + 1| \geqq |2\gamma - 1| \quad \text{für alle } \gamma \geqq 0, |\varphi| \geqq 0$$

und

$$2\gamma - 1 \geqq |4\gamma \cos \varphi| - (2\gamma + 1)$$

bzw.

$$1 \geqq |\cos \varphi| \quad \text{für alle } \gamma \geqq 0, |\varphi| \geqq 0 \quad (4.34)$$

zur Untersuchung der Stabilität folgt, daß die Nullstellen $\zeta_{k\,1/2}$ für alle $\gamma \geqq 0$ nicht innerhalb des Einheitskreises der ζ-Ebene liegen. Damit ist das Differenzenschema für alle $\gamma \geqq 0$ stabil. Weitere stabile Differenzenschemata sind in /4.7/ zu finden.

4.2.4. Differenzenschemata für partielle hyperbolische Differentialgleichungen

Partielle elliptische Differentialgleichungen treten bei der Untersuchung von Schwingungen kontinuierlicher Medien auf. Die Ausbreitung elektromagnetischer Wellen in einer Zweidrahtleitung oder Koaxialleitung (Bild 4.5) wird unter der Voraussetzung von TEM-Wellen durch die partielle Differentialgleichung

$$\frac{\partial \widetilde{u}}{\partial w} = -R'\widetilde{\imath} - L' \frac{\partial \widetilde{\imath}}{\partial t} \quad (4.35a)$$

und

$$\frac{\partial \widetilde{\imath}}{\partial w} = -G'\widetilde{u} - C' \frac{\partial \widetilde{u}}{\partial t} \quad (4.35b)$$

beschrieben. Dieses System von partiellen Differentialgleichungen 1. Ordnung kann in eine partielle Differentialgleichung 2. Ordnung der Form

$$-\frac{\partial^2 \widetilde{u}}{\partial w^2} + L'C' \frac{\partial^2 \widetilde{u}}{\partial t^2} + (R'C' + G'L') \frac{\partial \widetilde{u}}{\partial t} + R'G'\widetilde{u} = 0 \quad (4.36)$$

übergeführt werden. Eine entsprechende Gleichung gilt für i. Die Randbedingungen für die Lösung der partiellen Differentialgleichung sind durch die Beschaltung der Leitung und die Vorgabe der in der Leitung gespeicherten Energie festgelegt.

Bei reellem Abschluß der Leitung mit den Widerständen R_1 und R_2 und energielosem Anfangszustand lauten die Randbedingungen

$$\widetilde{e}(t) = \widetilde{i}(t,\ 0)R_1 + \widetilde{u}(t,\ 0) \qquad (4.37a)$$

$$0 = \widetilde{i}(t,\ W)R_2 - \widetilde{u}(t,\ W) \qquad (4.37b)$$

$$0 = \widetilde{u}(0,\ w) \qquad (4.37c)$$

und $\qquad 0 = \widetilde{i}(0,\ w).$ $\qquad\qquad (4.37d)$

Zur Ermittlung der Lösung der partiellen Differentialgleichung der verlustbehafteten Leitung mit den Leitungskonstanten R', L', G' und C' für beliebige Eingangssignale e werden die angegebenen Differenzenformeln benutzt. Als Schrittweite werden die Ortsschrittweite Δw und die Zeitschrittweite Δt eingeführt. Für die weiteren Ausführungen ist es vorteilhaft, die Zeitschrittweite durch den Ortsabschnitt Δl auszudrücken, den eine Welle mit der Geschwindigkeit $1/\sqrt{L'C'}$ in der Zeit Δt durchläuft, d.h.

$$\Delta t = \Delta l \sqrt{L'C'}. \qquad (4.38)$$

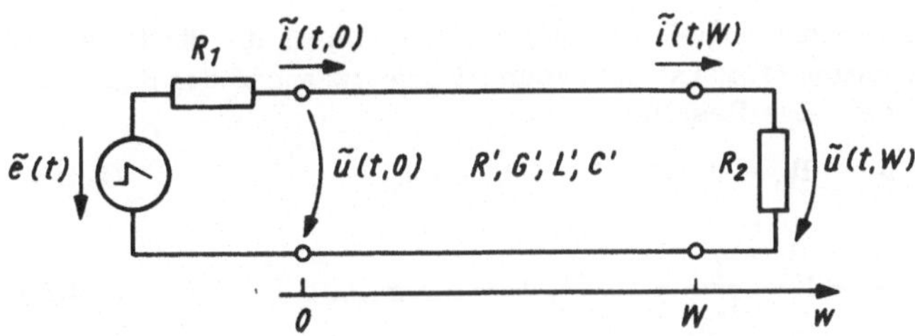

Bild 4.5. Zweidrahtleitung

Als einfachste Differenzenformeln bieten sich die Eulerschen Formeln an. Angewandt auf die partiellen Differentialgleichungen (4.35), erhält man das Differenzenschema (DS 1)

$$\frac{u[k,n+1] - u[k,n]}{\Delta w} = -R'i[k,n] - \sqrt{\frac{L'}{C'}}\ \frac{-i[k-1,\ n] + i[k,n]}{\Delta l} \qquad (4.39a)$$

und

$$\frac{i[k,n] - i[k,n-1]}{\Delta w} = -G'u[k,n] - \sqrt{\frac{C'}{L}}\ \frac{u[k+1,n] - u[k,n]}{\Delta l} \qquad (4.39b)$$

der Ordnung $0(\Delta l + \Delta w)$.

Zur Vereinfachung der späteren Rechnung werden
das Schrittweitenverhältnis

$$\gamma = \frac{\Delta l}{\Delta w} \qquad (4.40)$$

der Wellenwiderstand

$$R_0 = \sqrt{\frac{L'}{C'}} \qquad (4.41)$$

sowie die Konstanten

$$\alpha = R' \; \Delta 1 \sqrt{\frac{C'}{L'}} \cdot \beta = G' \; \Delta 1 \sqrt{\frac{L'}{C'}} \qquad (4.42)$$

eingeführt. Die Differenzengleichungen haben dann die Form

$$\gamma \, (u[k,n+1] - u[k,n]) = - R_0 \, ((\alpha+1)i[k,n] - i[k-1,n]) \qquad (4.43a)$$

und

$$\gamma \, (i[k,n] - i[k,n-1]) = - \frac{1}{R_0} \, ((\beta-1)u[k,n] + u[k+1,n]). \qquad (4.43b)$$

Die Randbedingungen für diese Differenzenschemata ergeben sich mit $\Delta w = W/N$ aus den Gln. (4.37) unmittelbar zu

$$e[k] = R_1 \, i[k,\,0] + u[k,\,0] \qquad (4.44a)$$

$$0 = R_2 \, i[k,\,N] - u[k,\,N] \qquad (4.44b)$$

$$0 = u\,[0,\,n] \qquad (4.44c)$$

$$0 = i\,[0,\,n]. \qquad (4.44d)$$

Zur Berechnung der zweidimensionalen Signale u und i müssen die für Funktionswerte geltenden Beziehungen (4.43) als Zusammenhänge zwischen den Signalen u und i formuliert werden. Das Resultat lautet

$$\ll \gamma >, \, < -\gamma \gg u = - R_0 \, < 0, < \alpha + 1, \, -1 \gg \, i + x_1 \qquad (4.45a)$$

und

$$\ll 0, \gamma >, \, < 0, \, -\gamma \gg i = - \frac{1}{R_0} \, \ll 1, \, \beta - 1 \gg u + x_2 . \qquad (4.45b)$$

Setzt man Gl. (4.45b) in (4.45a) ein, so erhält man

$$(\ll \gamma >, < -\gamma \gg \cdot \ll 0, \gamma >, < 0, \, -\gamma \gg - < 0, < \alpha+1, \, -1 \gg \cdot \ll 1, \, \beta -1 \gg) u = u_r,$$

$$(4.46)$$

wobei in u_r die Randsignale zusammengefaßt sind. Für den Übertragungsfaktor $g = u/u_r$ ergibt sich nach Ausführung der Multiplikationen

$$h = \frac{1}{\ll 0, \gamma^2 >, \, < 0, -2\gamma^2 >, < 0, \gamma^2 \gg - < 0, < \alpha+1, \; \beta\alpha - \alpha+\beta -2, \; 1-\beta \gg}$$

$$= \frac{1}{\ll 0, \gamma^2 >, \, < -(\alpha+1), \, 2-2\gamma^2 + \alpha - \beta - \alpha\beta, \; \beta -1 >, < 0, \gamma^2 \gg} \qquad (4.47)$$

und nach Abtrennen des Faktors $< 0, \gamma^2 >$ schließlich der Ausdruck

$$= \frac{< 0, \gamma^2 >^{-1}}{< 1, \; \dfrac{< -(\alpha+1), \, 2-2\gamma^2 + \alpha - \beta - \alpha\beta, \; \beta-1 >}{< 0, \gamma^2 >}, \, 1 >} . \qquad (4.48)$$

Zur Lösung von (4.46) wird wieder von dem Ansatz

$$u = \frac{c_1}{<1, -\lambda_1>} + \frac{c_2}{<1, -\lambda_2>} \tag{4.49}$$

ausgegangen, wobei λ_1, λ_2 die Wurzeln der quadratischen Gleichung

$$\lambda^2 + \frac{<-(\alpha+1), 2-2\gamma^2+\alpha-\beta-\alpha\beta, \beta-1>}{<0, \gamma^2>}\lambda + 1 \tag{4.50}$$

sind. Da der Koeffizient für die Potenz λ^0 den Wert 1 hat, gilt $\lambda_2 = \lambda_0$ und $\lambda_1 = \lambda_0^{-1}$.

Auch ohne Berechnung von λ_0 weiß man, daß λ_0 wegen $-(\alpha+1) \neq 0$ existiert und daß es ein eindimensionales diskretes Signal ist.

- Kurzgeschlossene Leitung $(R_1 = R_2 = 0)$

Um erste Aussagen über den Approximationsfehler treffen zu können, genügt es, wenn vorerst nur der Fall $R_1 = R_2 = 0$ betrachtet wird. Aus der zu (4.22) äquivalenten Darstellung

$$u = <1, \lambda_0^{-1}, \lambda_0^{-2}, \lambda_0^{-3}, \ldots> c_1 + <1, \lambda_0, \lambda_0^2, \lambda_0^3, \ldots> c_2 \tag{4.51}$$

gewinnt man mit $u[k, N] = 0$ und $e[k] = u[k, 0]$ die Bestimmungsgleichungen

$$e = c_1 + c_2$$
$$0 = \lambda_0^{-N} c_1 + \lambda_0^N c_2 \tag{4.52}$$

für c_1 und c_2 und daraus mit

$$c_2 = \frac{1}{1 - \lambda_0^{2N}} e$$

$$c_1 = -\lambda_0^{2N} \frac{1}{1 - \lambda_0^{2N}} e \tag{4.53}$$

die Lösung

$$u = \frac{<1 - \lambda_0^{2N}, \lambda_0 - \lambda_0^{2N-1}, \ldots, \lambda_0^{N-1} - \lambda_0^{N+1}, 0>}{1 - \lambda_0^{2N}} \cdot e. \tag{4.54}$$

Nach der Reihenentwicklung des Nenners kann die Spannung $<u[k, n]>$ am Ort n

$$<u[k, n]> = (\lambda_0^n(1 + \lambda_0^{2N} + \lambda_0^{4N} + \ldots) - \lambda_0^{2N-n}(1 + \lambda_0^{2N} + \ldots)) e$$

$$= (\lambda_0^N - \lambda_0^{2N-n} + \lambda_0^{2N+n} - \lambda_0^{4N-n} + \lambda_0^{4N+n} - \ldots) e \tag{4.55}$$

durch die Überlagerung von hin- und rücklaufenden Wellen erklärt werden (Bild 4.6).

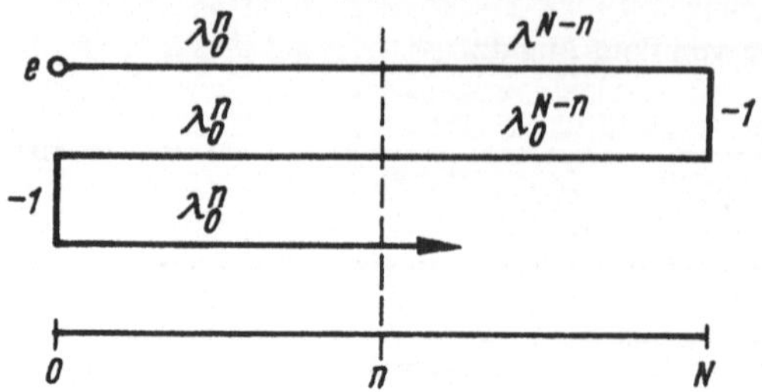

Bild 4.6. Wellenfahrplan

Das diskrete Signal λ_0 ist dabei der diskrete Fortpflanzungsfaktor, der die allgemeine Form $<0, \lambda_0[1], \lambda_0[2], \ldots>$ mit $\lambda_0[1] \neq 0$, $\lambda_0[2] \neq 0$ annimmt.

Um die Konvergenz zu sichern, ist das DS 1 noch hinsichtlich der Stabilität zu untersuchen. Das charakteristische Polynom des Nennerausdruckes a in (4.47) lautet

$$A(\zeta_k, \zeta_n) = \gamma^2 \zeta_k - (\alpha+1)\zeta_n + (2-2\gamma^2 + \alpha - \beta - \alpha\beta)\zeta_n \zeta_k$$
$$- (1-\beta)\zeta_n \zeta_k^2 + \gamma^2 \zeta_n^2 \zeta_k. \tag{4.56}$$

Aus

$$A(0, \zeta_n) = - (\alpha+1)\zeta_n \neq 0 \text{ für } 0 < |\zeta_n| < 1$$

ist zu entnehmen, daß die erste Stabilitätsbedingung eingehalten wird. Für die zweite erhält man mit $\zeta_n = e^{j\varphi}$ den modifizierten Ausdruck

$$A_*(\zeta_k, \varphi) = (-(1-\beta)\zeta_k^2 + (1+(1+\alpha)(1-\beta)-2\gamma^2(1-\cos\varphi))\zeta_k - (1+\alpha)e^{j\varphi}.$$
$$\tag{4.57}$$

Die Anwendung der im Abschn. 3. angegebenen Ungleichungen ergibt, daß die erste Ungleichung

$$|1 + \alpha| \geq |1 - \beta| \tag{4.58}$$

wegen $\alpha, \beta > 0$ für alle $\gamma, \varphi \geq 0$ besteht.
Die zweite Ungleichung

$$(1-\beta) \geq \left|1+(1+\alpha)(1-\beta)-4\gamma^2 \sin^2 \frac{\varphi}{2}\right| - (1+\alpha) \tag{4.59}$$

hingegen, wie nach der Umformung

$$(2+\alpha-\beta) \geq \left|(2+\alpha-\beta) - (\alpha\beta +4\gamma^2 \sin^2 \frac{\varphi}{2})\right|$$

zu ersehen ist, gilt nur für

$$0 \leq \gamma^2 \leq 1 + \frac{\alpha}{2} - \frac{\beta}{2} - \frac{\alpha\beta}{4}. \tag{4.60}$$

Das Modell ist somit stabil, wenn γ in den durch (4.60) festgelegten Schranken liegt. Dabei ist zu beachten, daß α und β von Δl abhängen. Setzt man die Beziehung für γ, α und β ein, so geht (4.60) über in

$$0 \leqq 1 - \left(\frac{\Delta l}{\Delta w}\right)^2 + (\Delta l)\frac{1}{2}\left(R'\sqrt{\frac{C'}{L'}} - G'\sqrt{\frac{L'}{C'}}\right) - (\Delta l)^2 \frac{1}{4} R'G'. \qquad (4.61)$$

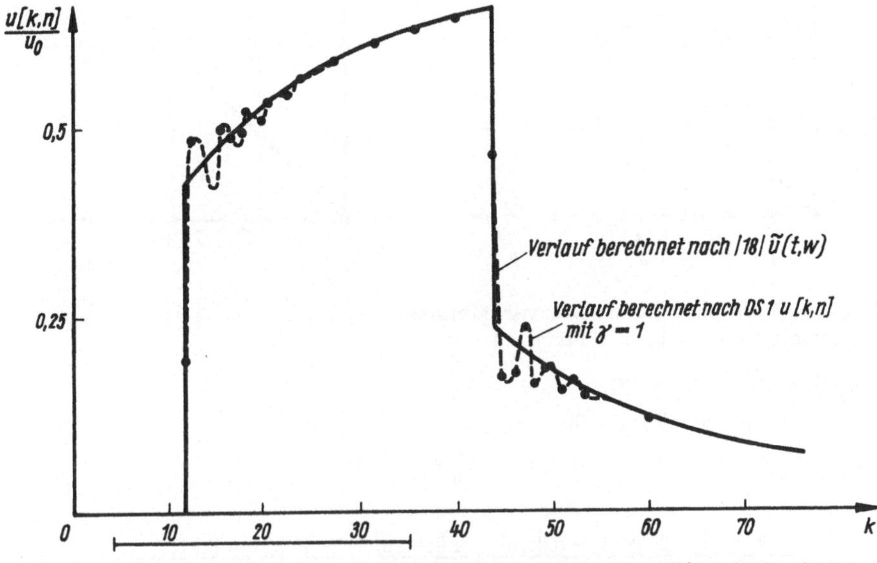

Bild 4.7. Spannungszeitverlauf u [k, n] am Ort w = 10 km
(n = 10) der Leitung nach Differenzschema DS 1
R' = 20 Ω /km, G' = 1 µS/km, Δw = 1 km, L' = 0,5 mH/km;
C' = 40 nF/km; Δt = 4,47 µs

Nach diesem Differenzenschema (DS 1) soll für $R_1 = R_2 = 0$ und eine rechteck-
förmige Eingangsspannung mit der Amplitude u_0 der Spannungszeitverlauf u [k, n]
am Ort w = 10 km berechnet werden (Bild 4.7). Die Leitung habe die Leitungskonstanten R' = 20 Ω /km, G' = 1 µS/km, L' = 0,5 mH/km und C' = 40 nF/km.
Zum Vergleich diene der nach dem von Vielhauer /4.18/ angegebenen Verfahren berechnete Spannungszeitverlauf ũ(t, w). Es ist zu verzeichnen, daß besonders an den Sprungstellen die größten Abweichungen auftreten. Dabei verringern
sich die Abweichungen, wenn die Schrittweiten verkleinert werden. Beim Fest-
halten einer Schrittweite entstehen jedoch die geringsten Abweichungen für das
Schrittweitenverhältnis $\gamma = 1$. Die Ursache dafür ist, daß sich die Wellenfronten
in der Leitung mit der Geschwindigkeit $1/\sqrt{L'C'}$ ausbreiten /4.18/ und damit
im diskreten Modell nur für $\gamma = 1$ eine exakte Beschreibung der Ausbreitung
möglich ist. Für $\gamma \neq 1$ wird die Wellenfront mehr oder weniger gut approximiert
(Bild 4.8).
Eine Verbesserung der Approximation erzielt man bei gleicher Schrittweite Δw
und gleichem Schrittweitenverhältnis offensichtlich nur durch ein anderes Differenzenschema. Dazu wird das von Samarski /4.5/ angegebene Differenzenschema betrachtet, das durch Modellierung von (4.36) entsteht. Die Anwendung der
im Abschn. 6.7. angegebenen Formeln führt auf

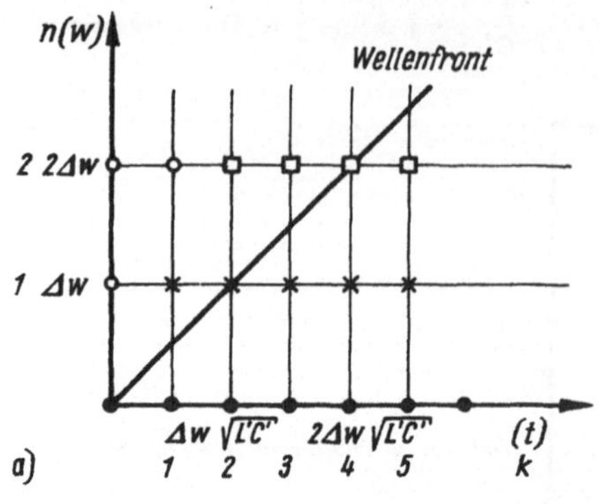

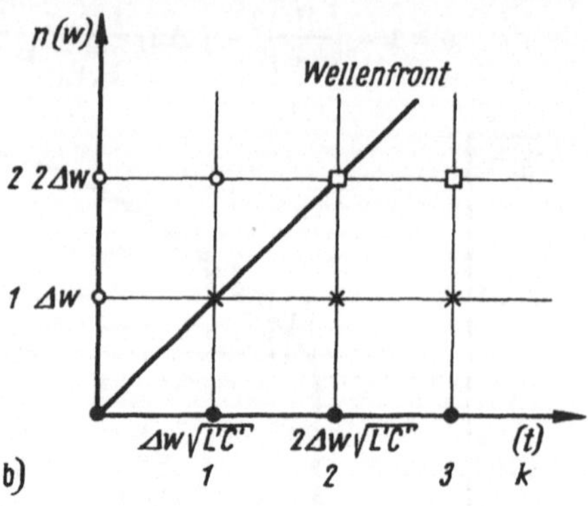

Bild 4.8. Wahl des Schrittweitenverhältnisses

a) Darstellung von u [k, n] für $\gamma = 1$

    o   u [k, n] = 0;   • e;   × $\lambda_0 e$;   □ $\lambda_0^2 e$

b) Darstellung von u [k, n] für $\gamma = 0,5$

    o   u [k, n] = 0;   •   e;   × $\lambda_0 e$;   □ $\lambda_0^2 e$

$$- \frac{u[k,n+1] - 2u[k,n] + u[k,n]}{(\Delta w)^2} + \frac{u[k+1,n] - 2u[k,n] + u[k-1,n]}{(\Delta 1)^2}$$

$$+ (\alpha + \beta) \frac{u[k+1,n] - u[k-1,n]}{2(\Delta 1)^2} + \alpha\beta \frac{u[k,n]}{(\Delta 1)^2} = 0 \tag{4.62}$$

mit der Ordnung $0(\Delta t^2 + \Delta w^2)$.

Als Beziehung zwischen den Signalen h, u und dem Randsignal u_r, formuliert mit den eingeführten Größen γ, R_0 und $\varepsilon = \dfrac{\alpha + \beta}{2}$, ergibt sich

$$\ll 0, \gamma^2 >, < -(1+\varepsilon), \ 2(1-\gamma^2) - \alpha\beta, \ -(1-\varepsilon) >, < 0, \gamma^2 \gg u = u_r. \tag{4.63}$$

Für den Übertragungsfaktor g erhalten wir daraus

$$g = \frac{1}{\ll 0, \gamma^2 >, < -(1+\varepsilon), \ 2(1-\gamma^2) - \alpha\beta, \ -(1-\varepsilon) >, < 0, \gamma^2 \gg}. \tag{4.64}$$

Den Fortpflanzungsfaktor λ_0 gewinnt man als diejenige Wurzel von

$$\lambda^2 + \frac{< -(1+\varepsilon), \ 2(1-\gamma^2) - \alpha\beta, \ -(1-\varepsilon) >}{< 0, \gamma^2 >} \lambda + 1, \tag{4.65}$$

die ein diskretes Signal ist. Betrachtet man den Fall $\gamma = 1$ und $\Delta w = 1$ km, so kann für die angegebene Leitung wegen $\alpha\beta < 10^{-5}$ der Ausdruck $\alpha\beta$ vernachlässigt werden. Unter dieser Voraussetzung berechnet sich λ_0 zu

$$\lambda_0 \approx \ < 0, \ \frac{1}{1+\varepsilon}, \ 0, \ \frac{\varepsilon^2}{(1+\varepsilon)^3}, \ 0, \ \frac{\varepsilon^2(1+\varepsilon^2)}{(1+\varepsilon)^5}, \ 0, \ \ldots > .$$

Zur Stabilitätsuntersuchung geht man wieder von dem charakteristischen Polynom des Nenners des Gewichtsfaktors (4.64) aus. Es lautet

$$A(\zeta_k, \zeta_n) = \gamma^2 \zeta_k - (1+\varepsilon)\zeta_n + (2-2\gamma^2 - \alpha\beta)\zeta_n \zeta_k - (1-\varepsilon)\zeta_n \zeta_k$$
$$+ \gamma^2 \zeta_k \zeta_n^2. \tag{4.66}$$

Die erste Stabilitätsbedingung

$$A(0, \zeta_n) = -(1+\varepsilon)\zeta_n \neq 0 \;/\; \text{für} \quad 0 < |\zeta_n| < 1 \tag{4.67}$$

ist erfüllt. Aus der modifizierten Funktion

$$A_*(\zeta_k \zeta) = (-(1+\varepsilon)+(2-2\gamma^2(1-\cos\varphi)-\alpha\beta)\zeta_k - (1-\varepsilon)\zeta_k^2)e^{j\varphi} \tag{4.68}$$

berechnet man über die Ungleichung

$$(1+\varepsilon) > \left| 2-4\gamma^2 \sin^2 \frac{\varphi}{2} - \alpha\beta \right| - (1-\varepsilon)$$

für γ^2 die Schranken.

$$0 \leqq \gamma^2 \leqq 1 - \frac{\alpha\beta}{4}. \tag{4.69a}$$

Daraus ergibt sich mit den Beziehungen für α und β

$$0 \leqq 1 - \left(\frac{\Delta l}{\Delta w}\right)^2 - (\Delta l)^2 \frac{1}{4} R' \, G'. \tag{4.69b}$$

Mit dem Differenzenschema von Samarski wurde für die angegebene Leitung unter den gleichen Randbedingungen der Spannungsverlauf u [k, n] sowohl als Funktion des Ortes (Bild 4.9) für einen festen Zeitpunkt als auch als Funktion der Zeit (Bild 4.10) für einen festen Ortspunkt berechnet. Wie erwartet, stimmt für $\gamma = 1$ der Spannungszeitverlauf u [k, n] mit dem Verlauf $\tilde{u}(k\,\Delta t, n\,\Delta w)$ gut überein, obwohl man sich damit schon im instabilen Bereich befindet. Die Aufschaukelung der Amplituden wirkt sich jedoch wegen der gewählten Schrittweiten $\Delta t = 4{,}47$ s ($\Delta l = 1$ km) und $\Delta w = 1$ km, die für $(\Delta l)^2 R' \cdot G'/4$ den Wert $5 \cdot 10^{-6}$ ergeben, und der Beschränkung $\|e\|_\infty < \infty$ nicht aus. Der maximale Fehler $\|\Delta u [k, n]\|_\infty = \|u [k, n] - \tilde{u}(k\,\Delta t, n\,\Delta w)\|_\infty$ beträgt 10^{-2} für die oben angegebenen Schrittweiten.

Das Ziel beim Aufstellen von Differenzenschemata für hyperbolische partielle Differentialgleichungen besteht folglich darin, ein Schema zu finden, das sowohl stabil ist als auch die Wellenfront exakt wiedergibt. Die Approximation der partiellen Ableitungen u_{tt} und u_{ww} mit der Formel (8) des Abschn. 6.7. ergibt bei sofortiger Anwendung der Operatordarstellung für (4.36)

$$-\frac{1}{(\Delta w)^2} \, d_k d_n \; \ll\sigma_1, 1-2\sigma_1,\, \sigma_1\gg,\; -2\ll\sigma_1, 1-2\sigma_1,\, \sigma_1\gg,\ll\sigma_1, 1-2\sigma_1,\, \sigma_1\gg$$

$$+\frac{1}{(\Delta l)^2} \, d_k \ll 1,\, -2,\, 1\gg + \frac{\alpha+\beta}{2(\Delta l)^2} \, d_k \ll 1,\, 0,\, -1\gg$$

$$+\frac{\alpha\beta}{(\Delta l)^2} \, d_k \ll\sigma_2,\, 1-2\sigma_2,\, \sigma_2\gg\,) u = u_{r1}. \tag{4.70}$$

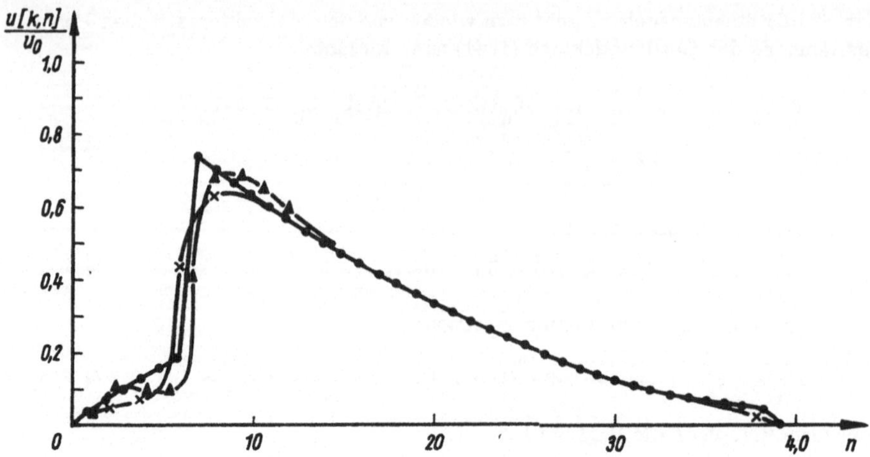

Bild 4.9. Spannungsortsverlauf u [k, n] über der Leitung für den Zeitpunkt k = 40

- • $\gamma = 1,0$; $\Delta w = 1$ km; $\Delta t = \gamma \cdot 4,47\,\mu s$
- ▲ $\gamma = 0,8$; R' $= 20\ \Omega$/km; G' $= 1\,\mu S$/km
- × $\gamma = 0,5$; L' $= 0,5$ mH/km; C' $= 40$ nF/km

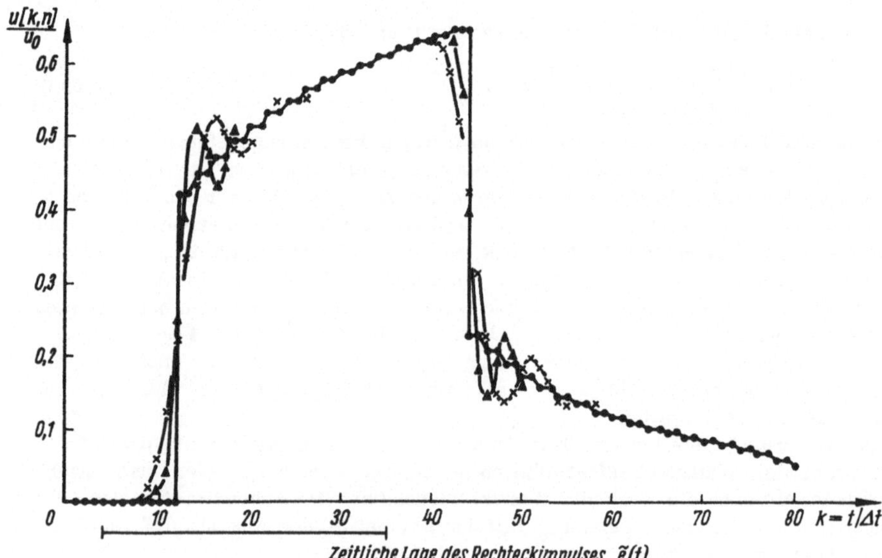

Bild 4.10. Spannungsverlauf u [k, n] am Ort n = 10 der Leitung

- —•— $\gamma = 1,0$; $\Delta w = 1$ km
- —▲— $\gamma = 0,8$; $\Delta t = \gamma \cdot 4,47\,\mu s$
- —×— $\gamma = 0,5$

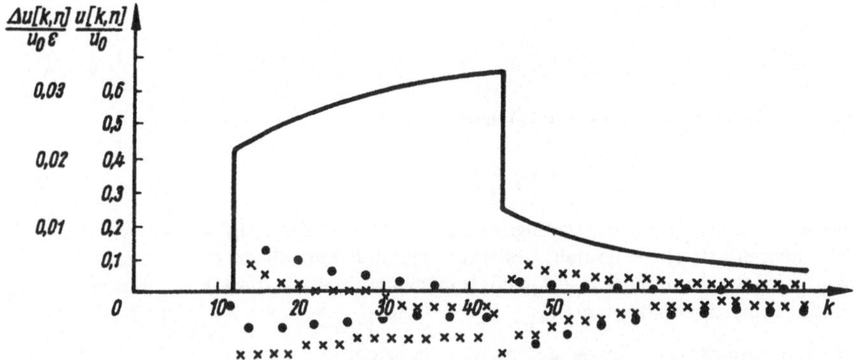

Bild 4.11. Einfluß der Schrittweiten Δt, Δw bei konstantem Schrittweitenverhältnis

$\bullet\ \bullet\ \bullet$ $\Delta u\,[k,\,n]$ für $\varepsilon = 2$

$\times\ \times\ \times$ $\Delta u\,[k,\,n]$ für $\varepsilon = 1$

———— $\tilde{u}\,(t,\,w)$

$\gamma = 1,\ \Delta w = \varepsilon \cdot 1\,\text{km}$

$\qquad \Delta t = \varepsilon \cdot 4{,}47\,\mu s$

·Die Zusammenfassung der Ausdrücke und eine Multiplikation mit $-d_n^{-1}\,d_k^{-1}$ ergeben

$$\ll \gamma^2 \sigma_1,\ \gamma^2(1-2\sigma_1),\ \gamma^2\sigma_1 >\ ,\ < -(1+2\gamma^2\sigma_1 + \varepsilon + \alpha\beta\sigma_2),\ (2-2\gamma^2(1-2\sigma_1)-\alpha\beta(1-2\sigma_2))$$

$$- (1+2\gamma^2\sigma_1 - \varepsilon + \alpha\beta\sigma_2)>,\ <\gamma^2\sigma_1,\ \gamma^2(1-2\sigma_1),\ \gamma^2\sigma_1 \gg u = u_1. \qquad (4.71)$$

Die Struktur des Übertragungsfaktors

$$g = \frac{1}{<a_0,\ a_1,\ a_0>} = \frac{u}{u_r} \qquad (4.72)$$

hat sich nur hinsichtlich des Aufbaus der diskreten Signale a_0 und a_1 geändert. Es sind jedoch nach wie vor nur drei Signale. Die Berechnung des Fortpflanzungsfaktors λ_0 liefert

$$\lambda_0 = \frac{a_1}{2a_0} - \sqrt{\left(\frac{a_1}{2a_0}\right)^2 - 1}. \qquad (4.73)$$

Offenbar ist die Beschränktheit des diskreten Signals $\dfrac{1}{a_0}$ Voraussetzung für die Beschränktheit von λ_0. Dies ergibt für σ_1 die Schranke $\sigma_1 \geq \dfrac{1}{4}$. Zur weiteren Stabilitätsuntersuchung wird das charakteristische Polynom

$$A(\zeta_k,\ \zeta_n) = \gamma^2\sigma_1 + \gamma^2(1-2\sigma_1)\zeta_k + \gamma^2\sigma_1\zeta_k^2 - (1+2\gamma^2\sigma_1 + \varepsilon + \alpha\beta\sigma_2)\zeta_n$$

$$+ (2-2\gamma^2(1-2\sigma_1) - \alpha\beta(1-2\sigma_2))\zeta_n\zeta_k - (1+2\gamma^2\sigma_1 - \varepsilon + \alpha\beta\sigma_2)\zeta_n\zeta_k^2$$

$$\gamma^2\sigma_1\zeta_n^2 + \gamma^2(1-2\sigma_1)\zeta_n^2\zeta_k + \gamma^2\sigma_1\zeta_n^2\zeta_k^2 \qquad \text{betrachtet.} \qquad (4.74)$$

Die erste Stabilitätsbedingung

$$A(0, \zeta_n) = \gamma^2 \sigma_1 - (1 - 2\gamma^2 \sigma_1 + \varepsilon + \alpha\beta\sigma_2)\zeta_n + \gamma^2 \sigma_1 \zeta_n^2 \neq 0 \qquad (4.75)$$

für $0 < |\zeta_n| < 1$ führt auf die Ungleichung

$$4\sigma_1\gamma^2 - 1 - \frac{\alpha+\beta}{2} - \alpha\beta\sigma_2 \geqq 0. \qquad (4.76)$$

Da sich die erste Stabilitätsbedingung auf die Stabilität bezüglich des Ortes und auf Leitungen mit $N \to \infty$ bezieht, ist im konkreten Fall die in (4.76) angegebene Schranke unter Beachtung der Approximationsgüte abzuschwächen. Aus der zweiten Stabilitätsbedingung $A(\zeta_n, \zeta_k) \neq 0$ für $|\zeta_n| = 1$ und $0 \leqq |\zeta_k| \leqq 1$ ergibt

sich nach einigen Zwischenschritten die Ungleichung

$$4 + (4\sigma_2 - 1)\alpha\beta + (4\sigma_1 - 1)\gamma^2 \geqq 0. \qquad (4.77)$$

Für $\sigma_1 \geqq \frac{1}{4}$ und $\sigma_2 \geqq \frac{1}{4}$ ist die Ungleichung immer erfüllt. Somit ist nur noch die Ungleichung (4.76) für die Stabilitätsuntersuchungen maßgebend.

- Beliebig abgeschlossene Leitung

Nach diesen Ausführungen kann man sich dem allgemeinen Fall $R_1 \neq 0$ und $R_2 \neq 0$ zuwenden. Den Ausgangspunkt bildet der Ansatz

$$u = \frac{c_1}{<1, -\lambda_0^{-1}>} + \frac{c_2}{<1, -\lambda_0>}$$

für die Spannung u. Weil das Differenzenschema für den Strom i mit dem für u bis auf die Randbedingungen identisch ist, kann auch i in der Form

$$i = \frac{c_3}{<1, -\lambda_0^{-1}>} + \frac{c_4}{<1, -\lambda_0>} \qquad (4.78)$$

dargestellt werden. Der Zusammenhang zwischen den Koeffizienten c_1, c_2, c_3, c_4 ergibt sich hier nicht nur aus den Randbedingungen. Dazu wird die Differenzen-approximation einer der Gleichungen des Differentialgleichungssystems (4.35) benötigt. Die Betrachtung mehrerer Differenzenformeln führte zu dem Ergebnis, daß die symmetrischen Formeln bezüglich des Ortes die Reflexionserscheinungen und Ausbreitungsvorgänge am besten widerspiegeln. Die zwei einfachsten Approximationen dieser Art haben für (4.35) die Form

$$< \frac{\gamma}{2}, 0, -\frac{\gamma}{2} > u = < 0, -z_0, 0 > i \qquad (4.79)$$

oder

$$< \frac{\gamma}{2}, 0, -\frac{\gamma}{2} > u = < -\frac{z_0}{2}, 0, -\frac{z_0}{2} > i, \qquad (4.80)$$

wobei die Randwerte nicht berücksichtigt wurden. Das diskrete Zeitsignal z_0 ergibt sich aus der jeweiligen Approximation von $\tilde{\imath}$ und der Ableitung $\partial\tilde{\imath}/\partial t$. Die Anwendung der Eulerschen Formel liefert beispielsweise

$$z_0 = R_0 \, <\alpha + 1, \, -1> \, . \tag{4.81}$$

Beschränkt man sich auf die Beziehung (4.79), so erhält man mit

$\varrho = 2z_0/\gamma \ (\lambda_0^{-1} - \lambda_0)$ die Abhängigkeiten

$$c_3 = -\frac{1}{\varrho} \, c_1 \tag{4.82a}$$

und

$$c_4 = +\frac{1}{\varrho} \, c_2. \tag{4.82b}$$

Die Ausdrücke für u und i entwickelt man in einer Reihe und setzt die Beziehungen (4.82) ein. Dies ergibt

$$u = <1, \, \lambda_0^{-1}, \, \lambda_0^{-2}, \, \ldots> \, c_1 + <1, \, \lambda_0, \, \lambda_0^2, \, \ldots> \, c_2 \tag{4.83}$$

und

$$i = -<1, \, \lambda_0^{-1}, \, \lambda_0^{-2}, \, \ldots> \frac{1}{\varrho} \, c_1 + <1, \, \lambda_0, \, \lambda_0^2, \, \ldots> \frac{1}{\varrho} \, c_2. \tag{4.84}$$

Aus den Randbedingungen bestimmt man über

$$e = \left(1 - \frac{R_1}{\varrho}\right) c_1 + \left(1 + \frac{R_1}{\varrho}\right) c_2 \tag{4.85a}$$

und

$$0 = \left(1 + \frac{R_2}{\varrho}\right)\lambda_0^{-N} \, c_1 + \left(1 - \frac{R_2}{\varrho}\right)\lambda_0^{N} \, c_2 \tag{4.85b}$$

die Koeffizienten zu

$$c_1 = r_2 \lambda_0^{2N} \, c_2 \tag{4.86}$$

und

$$c_2 = e_0 \, \frac{1}{1 - r_1 r_2 \lambda_0^{2N}} \, . \tag{4.87}$$

Hierbei wurden zur Abkürzung

$$r_1 = \frac{R_1 - \varrho}{R_1 + \varrho} \tag{4.88a}$$

$$r_2 = \frac{R_2 - \varrho}{R_2 + \varrho} \tag{4.88b}$$

und

$$e_0 = \frac{e \, \varrho}{R_1 + \varrho} \tag{4.89}$$

gesetzt. Die diskreten Zeitsignale r_1 und r_2 werden **Reflexionsfaktoren** genannt. Die Spannung am Ort n kann dann in der Form

$$< u\,[k,\,n] > \,= \lambda_0^{\,n}\,\frac{e_0}{1-r_1 r_2 \lambda_0^{2N}} + \lambda_0^{\,-n}\,\frac{\lambda_0^{2N}\,r_2\,e_0}{1-r_1 r_2 \lambda_0^{2N}} \qquad (4.90)$$

geschrieben werden. Daraus kann durch Reihenentwicklung des Nenners die Beziehung

$$< u\,[k,\,n] > \,= e_0 \Big(\lambda_0^{\,n} + r_2\,\lambda_0^{2N-n} + r_1 r_2\,\lambda_0^{2N+n} + r_1 r_2^{2}\,\lambda_0^{4N-n}$$
$$+ r_1^{2} r_2^{2}\,\lambda_0^{4N+n} + r_1^{2} r_2^{3}\,\lambda_0^{6N-n} + \dots \Big) \qquad (4.91)$$

ermittelt werden.

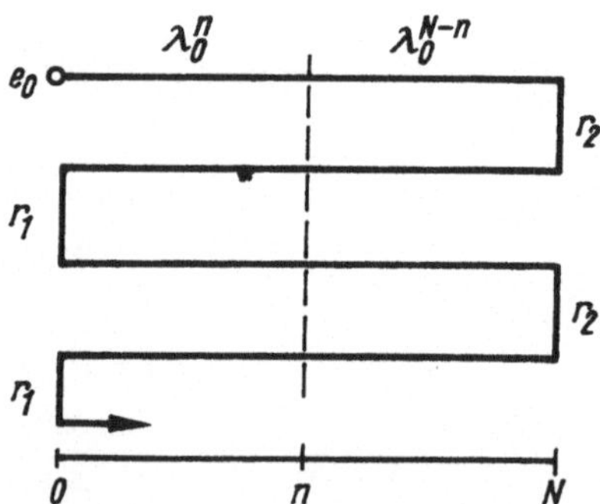

Bild 4.12. Wellenfahrplan

Das Ergebnis kann wieder durch Überlagerung von Wellen gedeutet (Bild 4.12) werden.

4.3.   Entwurf zweidimensionaler diskreter Systeme

Der Entwurf zweidimensionaler Systeme wirft im Vergleich zu dem eindimensionaler Systeme aus den unterschiedlichsten Gründen eine Reihe von Problemen auf. So ist im allgemeinen keine Zerlegung des zweidimensionalen Übertragungsfaktors g in Linearfaktoren möglich, und damit sind einer nachträglichen Strukturierung Grenzen gesetzt. Die Stabilitätsuntersuchungen sind im zweidimensionalen Fall komplizierter und lassen sich schwieriger im Entwurfsprozeß berücksichtigen. Ferner kann nicht auf einen so umfangreichen Erfahrungsschatz hinsichtlich der analogen Systeme zurückgegriffen werden, wie dies bei eindimensionalen Systemen der Fall ist.

Aus den genannten Gründen kommen beim Entwurf zweidimensionaler Systeme spezielle Entwurfsverfahren, gepaart mit ausgewählten Systemstrukturen, zur Anwendung. Folgende Verfahren sind dabei von Bedeutung:

- Optimierungsverfahren   - Fensterfunktionsverfahren
- Transformationsverfahren   - Frequenzabtastverfahren.

Die beiden letztgenannten Methoden sind ausschließlich für den Entwurf zweidimensionaler diskreter Systeme mit nichtrekursiver Struktur bei Vorgaben im
Frequenzbereich geeignet. Derartige zweidimensionale diskrete Systeme mit
endlicher Gewichtsfunktion $g\left[k_1, k_2\right]$ sind vor allem in der Bildverarbeitung
anzutreffen. Von besonderem Interesse für den Entwurf zweidimensionaler diskreter Systeme mit nichtrekursiver Struktur ist die Klasse der linearphasigen
Systeme. In Abhängigkeit von der Anzahl $N_1 N_2$ der Gewichtsfunktionswerte
$g\left[k_1, k_2\right]$ und von dem Symmetrietyp für den Frequenzgang

$$G(e^{-j\omega_1}, e^{-j\omega_2}) = \sum_{\varkappa_1=0}^{N_1-1} \sum_{\varkappa_2=0}^{N_2-1} g\left[\varkappa_1, \varkappa_2\right] e^{-j\omega_1\varkappa_1} e^{-j\omega_2\varkappa_2} \tag{4.92}$$

ist eine Vielzahl von Varianten zu unterscheiden. Zwei davon sind

- N_1, N_2 ungerade, $\varkappa_1$-symmetrisch, $\varkappa_2$-symmetrisch

Die Symmetrieeigenschaft lautet

$$
\begin{aligned}
g\left[\varkappa_1, \varkappa_2\right] &= g\left[\varkappa_1, N_2-1-\varkappa_2\right] \\
&= g\left[N_1-1-\varkappa_1, \varkappa_2\right] \\
&= g\left[N_1-1-\varkappa_1, N_2-1-\varkappa_2\right]
\end{aligned}
\qquad
\begin{aligned}
\varkappa_1 &= 0, \ldots, (N_1-1)/2 \\
\varkappa_2 &= 0, \ldots, (N_2-1)/2.
\end{aligned}
\tag{4.93}
$$

Nach einer Zwischenrechnung ergibt sich

$$G(e^{-j\omega_1}, e^{-j\omega_2}) = \left(\sum_{\varkappa_1=0}^{(N_1-1)/2} \sum_{\varkappa_2=0}^{(N_2-1)/2} b\left[\varkappa_1, \varkappa_2\right] \cos(\omega_1\varkappa_1)\cos(\omega_2\varkappa_2) \right) e^{-j\omega_1\frac{N_1-1}{2}} e^{-j\omega_2\frac{N_2-1}{2}} \tag{4.94a}$$

mit

$$
b\left[\varkappa_1, \varkappa_2\right] =
\begin{cases}
g\left[(N_1-1)/2, (N_2-1)/2\right] & \varkappa_1 = 0, \ \varkappa_2 = 0 \\
2g\left[(N_1-1)/2-\varkappa_1, (N_2-1)/2\right] & \varkappa_1 > 0, \ \varkappa_2 = 0 \\
2g\left[(N_1-1)/2, (N_2-1)/2-\varkappa_2\right] & \varkappa_1 = 0, \ \varkappa_2 > 0 \\
4g\left[(N_1-1)/2-\varkappa_1, (N_2-1)/2-\varkappa_2\right] & \varkappa_1 > 0, \ \varkappa_2 > 0.
\end{cases}
\tag{4.94b}
$$

- N_1, N_2 ungerade, $\varkappa_1$-symmetrisch, $\varkappa_2$-asymmetrisch

Mit Symmetrieeigenschaft

$$
\begin{aligned}
g\left[\varkappa_1, \varkappa_2\right] &= -g\left[\varkappa_1, N_2-1-\varkappa_2\right] \\
&= g\left[N_1-1-\varkappa_1, \varkappa_2\right] \\
&= -g\left[N_1-1-\varkappa_1, N_2-1-\varkappa_2\right]
\end{aligned}
\qquad
\begin{aligned}
\varkappa_1 &= 0, \ldots, (N_1-1)/2 \\
\varkappa_2 &= 0, \ldots, (N_2-1)/2
\end{aligned}
\tag{4.95}
$$

$$g\left[\varkappa_1, (N_2-1)/2\right] = 0$$

errechnet sich für den Frequenzgang

$$G(e^{-j\omega_1}, e^{-j\omega_2}) = j\left(\sum_{\varkappa_1=0}^{(N_1-1)/2}\sum_{\varkappa_2=0}^{(N_2-1)/2} b\left[\varkappa_1, \varkappa_2\right]\cos(\omega_1\varkappa_1)\sin(\omega_2\varkappa_2)\right)$$

$$e^{-j\omega_1\frac{N_1-1}{2}}\, e^{-j\omega_2\frac{N_2-1}{2}} \tag{4.96a}$$

mit

$$b\left[\varkappa_1, \varkappa_2\right] = \begin{cases} 0 & \varkappa_1 \gtreqless 0,\ \varkappa_2 = 0 \\ -2g\left[(N_1-1)/2,\ (N_2-1)/2-\varkappa_2\right] & \varkappa_1 = 0,\ \varkappa_2 > 0 \\ -4g\left[(N_1-1)/2-\varkappa_1,\ (N_2-1)/2-\varkappa_2\right] & \varkappa_1 > 0,\ \varkappa_2 > 0. \end{cases} \tag{4.96b}$$

Durch andere Symmetriekombinationen erhält man Summenausdrücke mit $\sin(\omega_1\varkappa_1)\cos(\omega_2\varkappa_2)$, $\sin(\omega_1\varkappa_1)\sin(\omega_2\varkappa_2)$, $\sin(\omega_1\varkappa_1 + \omega_2\varkappa_2)$ und $\cos(\omega_1\varkappa_1 + \omega_2\varkappa_2)$ als elementare Frequenzfunktionen. Für gerade N_1, N_2 liefern die Berechnungen als Argumente für die Sinusfunktionen und Kosinusfunktionen $(\varkappa_1-1/2)\,\omega_1$ und $(\varkappa_2-1/2)\,\omega_2$.

Im folgenden soll nur der Entwurf zweidimensionaler Systeme im Frequenzbereich für die einzelnen Verfahren kurz erörtert werden:

■ Transformationsverfahren

Bei den Transformationsverfahren wird von einem eindimensionalen diskreten System mit dem Übertragungsfaktor $G(z^{-1})$ ausgegangen, das über eine Transformation $z^{-1} = f(z_1^{-1}, z_2^{-1})$ in ein zweidimensionales System mit dem Übertragungsfaktor

$$G(z_1^{-1}, z_2^{-1}) = G(z^{-1})\Big|_{z^{-1} = f(z_1^{-1}, z_2^{-1})} \tag{4.97}$$

übergeführt wird. Eine Ausnahme bilden die separablen Systeme, für die wegen $z_1 = z$ und $z_2 = z$ unmittelbar

$$G(z_1^{-1}, z_2^{-1}) = G(z_1^{-1})\, G(z_2^{-1}) \tag{4.98}$$

gilt.
An eine allgemeine Transformation

$$z^{-1} = f(z_1^{-1}, z_2^{-1}) = \frac{b_{0,0} + b_{1,0}z_1^{-1} + b_{0,1}z_2^{-1} + b_{1,1}z_1^{-1}z_2^{-1}}{a_{0,0} + a_{1,0}z_1^{-1} + a_{0,1}z_2^{-1} + a_{1,1}z_1^{-1}z_2^{-1}} \tag{4.99}$$

ist wegen $\left|z^{-1}\right| = 1$ für $z = \exp{-j\omega}$ die Forderung

$$\left|f(e^{-j\omega_1}, e^{-j\omega_2})\right| = 1$$

zu stellen. Die Abbildung

$$\cos\omega = \mathrm{Re}\left\{f(e^{-j\omega_1}, e^{-j\omega_2})\right\} \tag{4.100}$$

gibt dann die Kurven Re $\left\{f(e^{-j\omega_1}, e^{-j\omega_2})\right\} = \text{const} = \cos\omega$ in der ω_1, ω_2-Ebene an. für die $G(e^{-j\omega_1}, e^{-j\omega_2})$ den Wert $G(e^{-j\omega})$ annimmt.

Wird von der Betragsfunktion $\left|G(e^{-j\omega})\right|$ als Funktion von $\cos\omega$ ausgegangen, wie das bei linearphasigen Systemen mit nichtrekursiver Struktur der Fall ist, so kann auch die Abbildung direkt in der Form (4.100) vorgegeben werden. Vielfach wird die Abbildung

$$\cos\omega = b^*_{0,0} + b^*_{1,0}\cos\omega_1 + b^*_{0,1}\cos\omega_2 + b^*_{1,1}\cos\omega_1\cos\omega_2$$

benutzt. Durch geeignete Wahl der Koeffizienten können verschiedene Konturen in der ω_1, ω_2-Ebene erreicht werden. Angenähert kreisförmige Kurven in der ω_1, ω_2-Ebene für kleine ω_1, ω_2-Werte werden mit $-b^*_{0,0} = b^*_{1,0} = b^*_{0,1} = +b^*_{1,1} = 1/2$ erzielt, d.h.

$$\cos\omega = 1/2\,(-1+\cos\omega_1+\cos\omega_2+\cos\omega_1\cos\omega_2). \qquad (4.101)$$

Durch Umformungen erhält man daraus

$$\left|\cos\frac{\omega}{2}\right| = \left|\cos\frac{\omega_1}{2}\cos\frac{\omega_2}{2}\right|.$$

Die Kurven sind im Bild 4.13 dargestellt.

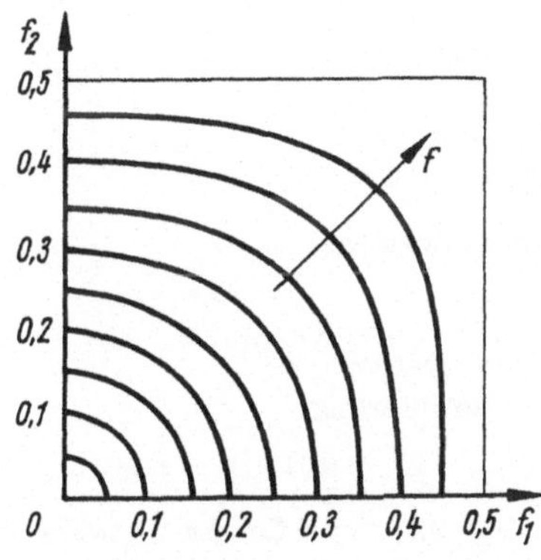

Bild 4.13. Konturen in der ω_1, ω_2-Ebene nach Gl. (4.101)

■ Fensterfunktionsverfahren

Der Frequenzgang eines zweidimensionalen diskreten Systems ist periodisch in den Frequenzen ω_1 und ω_2. Folglich kann er in eine zweidimensionale Fourierreihe der Form

$$F(e^{-j\omega_1}, e^{-j\omega_2}) = \sum_{x_1=-\infty}^{\infty} \sum_{x_2=-\infty}^{\infty} f[x_1, x_2]\, e^{-j\omega_1 x_1}\, e^{-j\omega_2 x_2} \qquad (4.102a)$$

mit

$$f\left[\varkappa_1, \varkappa_2\right] = \frac{1}{4\pi^2} \int_0^{2\pi} \int_0^{2\pi} F(e^{-j\omega_1}, e^{-j\omega_2}) e^{-j\omega_1} e^{-j\omega_2} e^{j\omega_1\varkappa_1} e^{j\omega_2\varkappa_2} \, d\omega_1 \, d\omega_2 \qquad (4.102b)$$

entwickelt werden. Ist der Frequenzgang $G(e^{-j\omega_1}, e^{-j\omega_2})$ nach Betrag und Phase vorgegeben, so können die Gewichtsfunktionswerte $g\left[k_1, k_2\right]$ unmittelbar aus den Fourierkoeffizienten ermittelt werden. Wenn nur der Betrags- oder Dämpfungsverlauf vorgegeben ist, muß er wie im eindimensionalen Fall durch einen geeigneten Phasenverlauf ergänzt werden.

Im Entwurfsprozeß wird aufgrund der oft linearen Phasenvorschrift und ungerader Werte N_1, N_2 von der Darstellung

$$G(e^{-j\omega_1}, e^{-j\omega_2}) = G^*(e^{-j\omega_1}, e^{-j\omega_2}) e^{-j\omega_1 \frac{N_1-1}{2}} e^{-j\omega_2 \frac{N_2-1}{2}} \qquad (4.103)$$

ausgegangen und $G_0^*(e^{-j\omega_1}, e^{-j\omega_2})$ in eine Fourierreihe entwickelt. Die ermittelten Fourierkoeffizienten $\widetilde{g}^*\left[\varkappa_1, \varkappa_2\right]$ werden mit den Werten $w\left[\varkappa_1, \varkappa_2\right]$ der Fensterfunktion w gewichtet, d.h.

$$g^*\left[\varkappa_1, \varkappa_2\right] = \widetilde{g}^*\left[\varkappa_1, \varkappa_2\right] \, w\left[\varkappa_1, \varkappa_2\right]. \qquad (4.104)$$

Für das kausale System erhält man daraus die Werte

$$g\left[\varkappa_1, \varkappa_2\right] = g^*\left[\varkappa_1-(N_1-1)/2, \; \varkappa_2-(N_2-1)/2\right] \qquad (4.105)$$

$$\varkappa_1 = 0, \ldots, N_1-1$$
$$\varkappa_2 = 0, \ldots, N_2-1$$

des Gewichtsfaktors g.

Als Fensterfunktionen für die Standardfälle dienen

$$w\left[\varkappa_1, \varkappa_2\right] = w\left[\varkappa_1\right] w\left[\varkappa_2\right] \qquad \text{separables System}$$

und

$$w\left[\varkappa_1, \varkappa_2\right] = w\left[q(\sqrt{\varkappa_1^2 + \varkappa_2^2})\right] \qquad \text{zirkulares System}$$
$$q(\ ) - \text{Quantisierung}.$$

■ Frequenzabtastverfahren

Ähnlich wie im eindimensionalen Fall – Abschn. 3.3.2. – wird für den Entwurf das über die inverse zweidimensionale DFT der vorgegebenen Abtastwerte

$$G_0\left(e^{-j\frac{2\pi\nu_1}{N_1}}, \; e^{-j\frac{2\pi\nu_2}{N_2}}\right) \qquad \text{gewonnene Signal als Gewichtsfaktor } g \text{ verwendet.}$$

Der Frequenzgang des ermittelten Systems stimmt an den Gitterpunkten

$$\omega_{1,\nu_1} = \frac{2\pi\nu_1}{N_1}, \quad \omega_{2,\nu_2} = \frac{2\pi\nu_2}{N_2}$$

mit den vorgegebenen Werten überein. Für den gesamten Verlauf gilt

$$G\left(e^{-j\omega_1}, e^{-j\omega_2}\right) = e^{-j\omega_1 \frac{N_1-1}{2}} \; e^{-j\omega_2 \frac{N_2-1}{2}}$$

$$\sum_{\nu_1=0}^{N_1-1} \sum_{\nu_2=0}^{N_2-1} G_0\left(e^{-j\frac{2\pi\nu_1}{N_1}}, e^{-j\frac{2\pi\nu_2}{N_2}}\right) \Phi(\omega_1, \omega_2, \nu_1, \nu_2)$$

(4.106a)

mit

$$\Phi(\omega_1, \omega_2, \nu_1, \nu_2) = e^{-j\frac{\pi\nu_1}{N_1}} \; e^{-j\frac{\pi\nu_2}{N_2}} \; \frac{\sin \frac{N_1 \omega_1}{2}}{N_1 \sin\left(\frac{\omega_1}{2} - \frac{\pi\nu_1}{N_1}\right)} \cdot \frac{\sin \frac{N_2 \omega_2}{2}}{N_2 \sin\left(\frac{\omega_2}{2} - \frac{\pi\nu_2}{N_2}\right)} \cdot$$

(4.106b)

Die Beziehung (4.106) kann nun dazu benutzt werden, für nicht vorgegebene Abtastwerte des Frequenzganges optimale Werte zu bestimmen.

■ **Optimierungsverfahren**

Die Parameter $p_1, \ldots, p_l$ des zweidimensionalen diskreten Systems werden so bestimmt, daß der Verlauf einer Kenngröße des Frequenzgangs möglichst gut approximiert wird. Als Gütekriterium wird wie im eindimensionalen Fall entweder die Gauß- oder Tschebyscheff-Norm des Fehlers $\varepsilon(\omega_1, \omega_2, \underline{p})$ verwendet. Da meist diskrete Frequenzpunkte vorgegeben sind, wird mit diskreten Fehlerwerten $\varepsilon(\omega_{1,\nu1}, \omega_{2,\nu2}, \underline{p})$ gerechnet.

Bei der diskreten Gauß-Approximation des Betragsverlaufes lautet das Gütekriterium

$$Q_s(\underline{p}) = \sum_{\nu_1=1}^{N_1} \sum_{\nu_2=1}^{N_2} \left(\left| G(e^{-j\omega_{1,\nu1}}, e^{-j\omega_{2,\nu2}}, \underline{p}) \right| - \left| G_0(e^{-j\omega_{1,\nu1}}, e^{-j\omega_{2,\nu2}}) \right| \right)^2.$$

(4.107)

Da dieses nichtlineare Optimierungsproblem unter den durch die Stabilitätsforderungen gestellten Nebenbedingungen zu lösen ist, wird meist von einer einfachen Reihenschaltung von Strukturen 1. und 2. Ordnung ausgegangen. Für diese Strukturen sind die Stabilitätsbedingungen - Abschn. 2. - explizit angebbar. Gleichzeitig wird durch die Optimierung das im zweidimensionalen Fall schwierigere Problem der Strukturierung umgangen.

243

5.   Realisierung diskreter Systeme

5.1.   Einführung

Die bisherigen Betrachtungen bezogen sich auf diskrete Systeme über endlichen
Körpern und auf Tastsysteme. Da eine digitale Realisierung eine endliche Anzahl
von Signalwerten erfordert, ist eine unmittelbare digitale Realisierung nur im
Fall der diskreten Systeme über endlichen Körpern möglich. Die dazu erforderliche digitale Verarbeitungseinheit (Bild 5.1a) realisiert die Signalverknüpfungs-
operationen – Addition und Multiplikation in dem endlichen Körper – und die
Signalspeicherung. Für eine digitale Realisierung eines Tastsystems (Bild 5.1b)
ist es jedoch notwendig, die Anzahl der Signalwerte auf eine endliche Zahl zu
begrenzen. Durch diese Quantisierung und Begrenzung der Signale – Eingangssignale, Zustandssignale und Ausgangssignale – stimmt das Verhalten des digital realisierten Systems mit dem des Tastsystems nur näherungsweise überein.

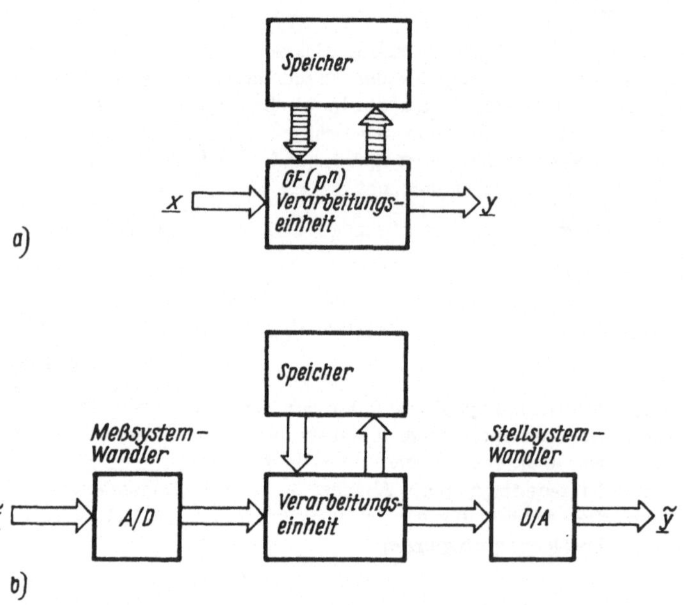

Bild 5.1. Digitale Verarbeitungseinheit
a) System über einem endlichen Körper GF(p^n)
b) Tastsystem

Folglich ist für verschiedene Realisierungstechniken, die sich unter anderem
durch verschiedene Begrenzungskennlinien und Quantisierungskennlinien aus-
zeichnen, das Verhalten des digital realisierten Tastsystems zu untersuchen

und mit dem des ursprünglichen Tastsystems zu vergleichen. Inwieweit das Verhalten des digital realisierten Tastsystems von dem vorgegebenen Verhalten abweicht, wird bei gleicher Verarbeitungsbreite der Verarbeitungseinheit im wesentlichen durch Auswahl einer geeigneten Systemstruktur aus der Menge aller äquivalenten beeinflußt.

Als Realisierungsbasis kommen aufgrund der Fortschritte der Mikroelektronik in zunehmendem Maße Mikroprozessoren und Spezialprozessoren in Frage. Auf die Umsetzung von speziellen arithmetischen Algorithmen in Mikrorechnerprogramme wird ausführlich in / 5.1 / eingegangen. Aus diesem Grund wird hier Realisierungen mit Spezialprozessoren der Vorrang gegeben.

5.2. Zahlensysteme

In den üblichen Zahlensystemen wird gezählt, indem alle Zeichen des entsprechenden Alphabets nacheinander verwendet werden. Wenn alle Zeichen benutzt wurden, so ist nur durch Kombination von zwei Zeichen ein weiteres Zählen möglich. Ist die Anzahl der Kombinationen ausgeschöpft, so müssen drei Zeichen kombiniert werden. Dieser Algorithmus setzt sich dann immer weiter fort. Zahlensysteme, die in dieser Form aufgebaut werden, nennt man <u>polyadische Zahlensysteme.</u>

Die bekanntesten sind

	ALPHABET	ZEICHENANZAHL
DUALSYSTEM:	$\{0, 1\}$	$B = 2$
OKTALSYSTEM:	$\{0, 1, 2, \ldots, 7\}$	$B = 8$
DEZIMALSYSTEM:	$\{0, 1, 2, \ldots, 9\}$	$B = 10$
SEDEZIMALSYSTEM:	$\{0, 1, 2, \ldots, 9, A, B, C, D, E, F\}$	$B = 16.$

Eine weitere Klasse von Zahlensystemen sind die <u>Restklassen-Zahlensysteme.</u> Es werden Zeichenfolgen gleicher Länge gebildet, wobei für jede Stelle andere Alphabete zugrunde gelegt und in jeder Stelle zyklisch alle Zeichen benutzt werden. Ein Beispiel dafür ist

	1. Stelle	2. Stelle	3. Stelle
RESTKLASSEN:	$\{0, 1\}$	$\{0, 1, 2\}$	$\{0, 1, \ldots, 4\}$
SYSTEM (2, 3, 5 ...)	$B = 2$	$B = 3$	$B = 5.$

Da gleiche Zeichenfolgen in den unterschiedlichen Zahlensystemen unterschiedliche ganze Zahlen repräsentieren, wird die Zeichenanzahl des Alphabets oder der Alphabete angefügt:

$$10_{10} = 1010_2 = 12_8 = A_{16} = 010_{(2,\ 3,\ 5)}.$$

Oft werden auch Buchstaben

    Q - Oktalsystem
    H - Sedezimalsystem

an die ganzen Zahlen angehängt:

    12Q = A H.

5.2.1. Polyadische Zahlensysteme

Bei der Untersuchung von Zahlensystemen ist es zweckmäßig, zwischen dem
Wert der Zahl und der Zahlendarstellung zu unterscheiden. In polyadischen
Zahlensystemen werden die Zahlen mit dem Wert z zur Basis B durch eine Folge von n Ziffern Z_i dargestellt, die einer Teilmenge von $\{-(B-1), \ldots, -1, 0, 1,$
$\ldots, B-1\}$ angehören. Es existiert demnach eine bijektive Abbildung der Menge
der n+1stelligen Ziffernfolgen auf die Menge der Zahlenwerte, d.h.

$$(Z_n \ldots Z_0) \; \rightarrow \; z. \tag{5.1a}$$

Diese Beziehung gilt allgemein für eine beliebige endliche Menge von Zahlenwerten. Für die unecht gebrochenen Zahlen wird nur in der Schreibweise noch
ein Komma eingeführt, um den ganzen Teil von dem gebrochenen Teil zu unterscheiden:

$$(Z_n \ldots Z_0, \; Z_{-1} \ldots Z_{-m}) \; \rightarrow \; z. \tag{5.1b}$$

Die digitale Verarbeitungseinheit arbeitet nach Festlegung der Lage des Kommas
ohnehin nur mit einer Ziffernfolge $(Z_n \ldots Z_0 Z_{-1} \ldots Z_{-m})$.

Neben dieser Festkommadarstellung (5.1b) ist auch eine Gleitkommadarstellung
zur Basis B mit einem Paar von Ziffernfolgen $(M_n \ldots M_0)$ und $(E_n \ldots E_{-m})$, der
Darstellung des Mantissenwertes m und des Exponentenwertes e möglich, d.h.

$$((M_n \ldots M_0), \; (E_n \ldots E_{-m})) \; \rightarrow \; mB^e. \tag{5.1c}$$

Bei der digitalen Realisierung von Tastsystemen wird eine einfache Verarbeitung der Ziffernfolgen negativer und positiver Zahlen bei der Ausführung arith-
metischer Standardoperationen, wie Addition, Subtraktion und Multiplikation,
gefordert. Entsprechend diesen Forderungen und den gerätetechnischen Gegeben-
heiten ist die geeignetste Abbildungsvorschrift auszuwählen. Da der Gleitkommadarstellung die Festkommadarstellungen zugrunde liegen, genügt es, die in
Verarbeitungseinheiten gebräuchlichsten Festkommadarstellungen näher zu
betrachten.

- **Binäre Zahlendarstellung mit Betrag und Vorzeichen**

In dieser Darstellung wird der Betrag des Zahlenwertes als Dualzahl notiert.
Zahlen mit $z \geq 0$ werden durch eine 0 und Zahlen mit $z < 0$ durch eine 1 in der
Stelle mit dem höchsten Index gekennzeichnet. Die Abbildungsvorschrift lautet
somit

$$(Z_n \ldots Z_0, \; Z_{-1} \ldots Z_{-m})_{BV} \rightarrow z = (1-2Z_n) \left(\sum_{\nu=-m}^{n-1} Z_\nu 2^\nu \right) \tag{5.2}$$

$$Z_\nu \in \{0, 1\} .$$

- **Binäre Zahlendarstellung im Zweierkomplement**

Der Zweierkomplementdarstellung liegt das Operieren mit Restklassen
mod 2^{n+1} zugrunde. Zahlen mit negativen Vorzeichen werden durch Addition
von 2^{n+1} durch die in der Restklasse liegenden positiven Zahlen ausgedrückt

(Bild 5.2a). Es ergibt sich folgender Zusammenhang:

$$Z_n \ldots Z_0,\ Z_{-1} \ldots Z_{-m} \longrightarrow z = -Z_n 2^{n+1} + \sum_{\nu=-m}^{n} Z_\nu\, 2^\nu \qquad (5.3)$$

$$Z_\nu \in \{0,\ 1\}\ .$$

Positive Zahlen sind dabei durch $Z_n = 0$ und negative Zahlen durch $Z_n = 1$ charakterisiert. Ein Vorzeichenwechsel des Zahlenwortes z wird bei der Zweierkomplementdarstellung dadurch erzielt, daß Z_ν durch $1-Z_\nu$ ersetzt und anschließend 2^{-m} hinzuaddiert wird /5.1/.

● <u>Binäre Zahlendarstellung im Einerkomplement</u>

Die Einerkomplementdarstellung unterscheidet sich von der Zweierkomplementdarstellung nur dadurch, daß die Rechnung $\bmod\, 2^{m+1} - 2^{-m}$ durchgeführt wird (Bild 5.2b). Damit entfällt beim Vorzeichenwechsel die Addition von 2^{-m}, und die Beziehung (5.3) geht über in

$$(Z_n \ldots Z_0,\ Z_{-1} \ldots Z_{-m})_{EK} \rightarrow z = -Z_n (2^{n+1} - 2^{-m}) + \sum_{\nu=-m}^{n} Z_\nu\, 2^\nu \qquad (5.4)$$

$$Z_\nu \in \{0,\ 1\}\ .$$

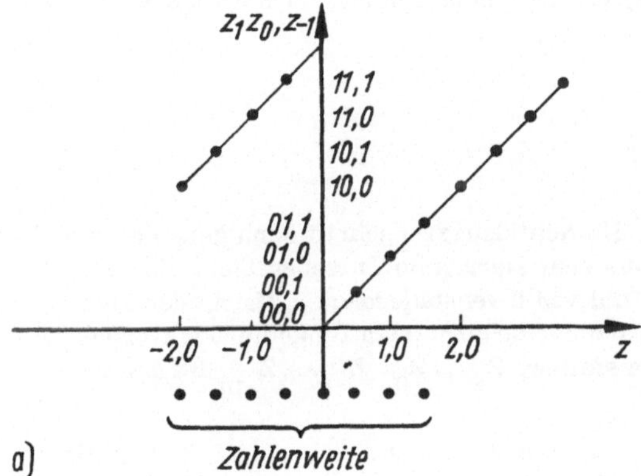

a)

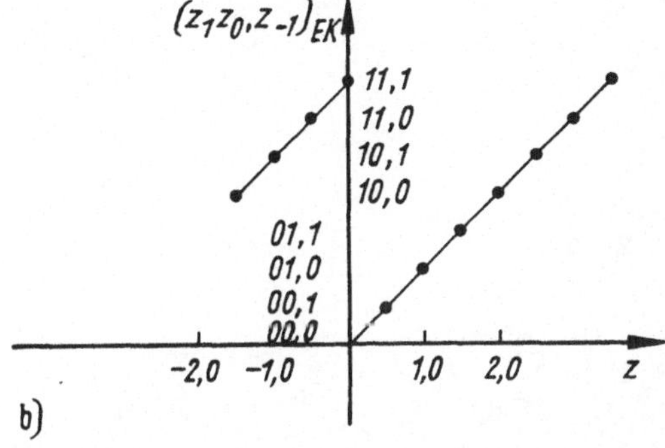

b)

Bild 5.2. Abbildungsvorschriften bei Zahlendarstellungen ($n = 2$, $m = 1$)
a) Zweierkomplement
b) Einerkomplement

Tafel 5.1. Vergleich verschiedener binärer Darstellungen am Beispiel n = 2, m = 0

DUALZAHL	BETRAG VORZEICHEN	2-er KOMPLEMENT	1-er KOMPLEMENT
– 11	111	101	100
– 10	110	110	101
– 01	101	111	110
00	000	000	000
01	001	001	001
10	010	010	010
11	011	011	011

- **Zahlendarstellung mit ternärem Alphabet**

In dieser Zahlendarstellung wird von den Ziffern $\{-1, 0, 1\}$ ausgegangen. Die entsprechende Abbildungsvorschrift lautet

$$\widetilde{Z}_n \ldots \widetilde{Z}_0, \ \widetilde{Z}_{-1} \ldots \widetilde{Z}_{-m} \longrightarrow z = \sum_{\nu=-m}^{n} \widetilde{Z}_\nu \, 2^\nu \tag{5.5}$$

$$Z_\nu \in \{-1, 0, 1\}.$$

Aus der Abbildung ist zu erkennen, daß zu einem Zahlenwert z mehrere Ziffernfolgen existieren, z.B.

$$\left. \begin{array}{l} 0\ 1, \ \ 1\ 1 \\ 1\ 0, \ \ 0\text{-}1 \\ 1\ 0, \ \text{-}1\ 1 \\ 1\text{-}1, \ \ 1\ 1 \end{array} \right\} z = 1,75.$$

Durch zusätzliche Forderungen an die Abbildungsvorschrift kann genau eine Ziffernfolge zugeordnet werden. Aus realisierungstechnischer Sicht sind es Forderungen an eine minimale Anzahl von 0 verschiedenen Ziffern oder eine leichte Umkodierungsvorschrift. Eine der bekanntesten Umkodierungsvorschriften /5.2/ geht von der binären Darstellung $Z_n \ldots Z_0, \ Z_{-1} \ldots Z_{-m}$ im Zweierkomplement aus. Sie lautet

$$\widetilde{Z}_\nu = Z_{\nu-1} - Z_\nu \qquad\qquad \nu = -m+1, \ldots, n. \tag{5.6}$$
$$\widetilde{Z}_{-m} = -Z_{-m}$$

Das Einsetzen dieser Zuordnungsvorschrift in die Beziehung (5.5) führt auf

$$z = \sum_{\nu=-m+1}^{n} (Z_{\nu-1} - Z_\nu)2^\nu - Z_m \, 2^{-m}. \tag{5.7}$$

Ein anschließendes Umordnen

$$z = \sum_{\nu=-m+1}^{n} Z_{\nu-1} \, 2^\nu - \sum_{\nu=-m}^{n} Z_\nu \, 2^\nu$$

$$= 2\left(\sum_{\mu=-m}^{n-1} Z_\mu \, 2^\mu + Z_n \, 2^n - Z_n \, 2^n \right) - \sum_{\nu=-m}^{n} Z_\nu \, 2^\nu = -Z_n \, 2^{n+1} + \sum_{\nu=-m}^{n} Z_\nu \, 2^\nu$$

zeigt, daß Gl. (5.7) nur eine andere Form der Abbildungsvorschrift (5.3) darstellt. Ein Zahlenbeispiel soll die Darstellungsformen illustrieren.

Beispiel 5.1.:

Für die Koeffizienten eines Tastsystems wurden die Werte $a_2 = +0,966452$ und $a_1 = -1,9659$ berechnet. Die binäre Darstellung im Zweierkomplement mit $n = 2$, $m = 14$ ergibt

$$a_2 \longrightarrow 0\ 0,\ 1\ 1\ 1\ 1\ 0\ 1\ 1\ 1\ 0\ 1\ 1\ 0\ 1\ 0$$

$$a_1 \longrightarrow 1\ 0,\ 0\ 0\ 0\ 0\ 1\ 0\ 0\ 0\ 1\ 1\ 0\ 0\ 0\ 0$$

und die ternäre Darstellung nach (5.6) und (5.5)

$$a_2 \longrightarrow 0\ 1,\ 0\ 0\ 0\text{-}1\ 1\ 0\ 0\text{-}1\ 1\ 0\text{-}1\ 1\text{-}1\ 0$$

$$a_1 \longrightarrow \text{-}1\ 0,\ 0\ 0\ 0\ 1\text{-}1\ 0\ 0\ 1\ 0\text{-}1\ 0\ 0\ 0\ 0.$$

Die ternäre Darstellung weist noch keine minimale Anzahl von Null verschiedenen Ziffern auf. Wegen $\pm 2^{-m} \mp 2^{-m-1} = \pm 2^{-m-1}$ kann die Anzahl der Ziffern -1 und 1 weiter reduziert werden

$$a_2 \longrightarrow 0\ 1,\ 0\ 0\ 0\ 0\text{-}1\ 0\ 0\ 0\ 0\text{-}1\ 0\ 0\text{-}1\text{-}1\ 0$$

$$a_1 \longrightarrow \text{-}1\ 0,\ 0\ 0\ 0\ 0\ 1\ 0\ 0\ 1\ 0\text{-}1\ 0\ 0\ 0\ 0.$$

Die angegebenen Abbildungen dienen gleichfalls zur Bestimmung der Ziffern für einen vorgegebenen Zahlenwert z.

5.2.2. Restklassenzahlensysteme

Bei einem Restklassensystem wird von einer Teilmenge G mod m der Menge G der ganzen Zahlen (s. Anhang) und der Zerlegbarkeit der Modulozahl m ausgegangen. Die Zerlegung der Modulozahl m in der Form

$$m = \prod_{\nu=1}^{n} m_\nu \quad \text{mit ggT}(m_\nu, m_\mu) = 1 \qquad \nu, \mu \in \{1, \ldots, n\} \tag{5.8}$$

bildet die Grundlage für die Darstellung des Zahlenwertes z durch ein n-Tupel von Ziffern Z_ν in der Gestalt

$$z \longrightarrow (Z_n, \ldots, Z_1)_{(m_n, \ldots, m_1)} \tag{5.9}$$

$$Z_\nu = z \bmod m_\nu \in \{0, 1, \ldots, m_\nu - 1\}.$$

Die Vorschrift zur Berechnung des Zahlenwertes z für ein vorgegebenes n-Tupel lautet

$$(Z_n, \ldots, Z_1)_{(m_n, \ldots, m_1)} \longrightarrow z = \sum_{\nu=1}^{n} \frac{m}{m_\nu}\, y_\nu \bmod m \tag{5.10}$$

mit der Gleichung

$$\frac{m}{m_\nu}\, y_\nu = Z_\nu \bmod m_\nu \tag{5.11}$$

für y .

Nach Satz 18 des Anhangs ist der Ansatz (5.10) gleichbedeutend mit den Kongruenzen

$$Z_\mu = \sum_{\nu=1}^{n} \frac{m}{m_\nu} \, y_\nu \, \bmod m_\mu \, .$$

Da m_μ in allen Summenausdrücken mit $\nu \neq \mu$ enthalten ist, verschwinden diese Ausdrücke durch die Modulobildung, d.h.

$$Z_\nu = \frac{m}{m_\nu} \, y_\nu \, \bmod m_\nu \, .$$

Für die Darstellung der im Restklassensystem dargestellten Zahlen im Rechner müssen die einzelnen Ziffern des n-Tupels in eine binäre polyadische Darstellung übergeführt werden.

Beispiel 5.2.:

Es ist der Zahlenwert $z = 23$ in einem Restklassensystem mit den Moduln $(m_3, m_2, m_1) = (5, 4, 3)$ darzustellen. Aus den Gleichungen

$$23 \bmod 5 = 3 = Z_3$$
$$23 \bmod 4 = 3 = Z_2$$
$$23 \bmod 3 = 2 = Z_1$$

folgt

$$23 \longrightarrow (3, 3, 2)_{(5, 4, 3)} \, .$$

Die Berechnung nach (5.10) liefert für $m = m_3 \, m_2 \, m_1 = 60$ mit der Formel (34) des Anhangs die Zwischenergebnisse y_ν

$$20 \, y_1 = 2 \bmod 3 \; \rightarrow \; y_1 = 1$$
$$15 \, y_2 = 3 \bmod 4 \; \rightarrow \; y_2 = 1$$
$$12 \, y_3 = 3 \bmod 5 \; \rightarrow \; y_3 = 4 \, .$$

Damit ergibt sich der Zahlenwert

$$z = 20 + 15 + 12 \cdot 4 \bmod 60$$
$$= 23 \, .$$

5.3. Realisierungstechniken

Die Forderungen an die erreichbare Genauigkeit und an die notwendige Tastfrequenz bestimmen entscheidend die Art der Realisierung der digitalen Verarbeitungseinheit. Die Palette reicht von Hochgeschwindigkeitsrealisierungen bis zu Hochgenauigkeitsrealisierungen. Während extreme Geschwindigkeitsforderungen oder Genauigkeitsforderungen gegenwärtig nur mit speziellen Schaltkreisen erfüllbar sind, werden für Abtastraten von 10...100 µs und Genauigkeiten von 25...32 bit Spezialprozessoren, oft als Signalprozessoren bezeichnet, und für noch geringere Anforderungen Mikroprozessoren eingesetzt.

Die digitale Verarbeitungseinheit hat dabei immer die im Bild 5.3 dargestellte
Grundstruktur, unabhängig davon, ob sie mit speziellen Schaltkreisen, Signalprozessoren oder Mikroprozessoren realisiert wird. Dabei entscheidet die Auswahl der

- Tastsystemstruktur, des
- Zahlensystems und der
- Arithmetik

über die erreichbare Geschwindigkeit und Genauigkeit bei vergleichbarer Schal-
tungstechnik sowie über Aufwand für die im Bild 5.3 dargestellten Funktionsblöcke. Insbesondere von der Struktur des Tastsystems hängt ab, welches
Steuerungsprinzip möglich ist.

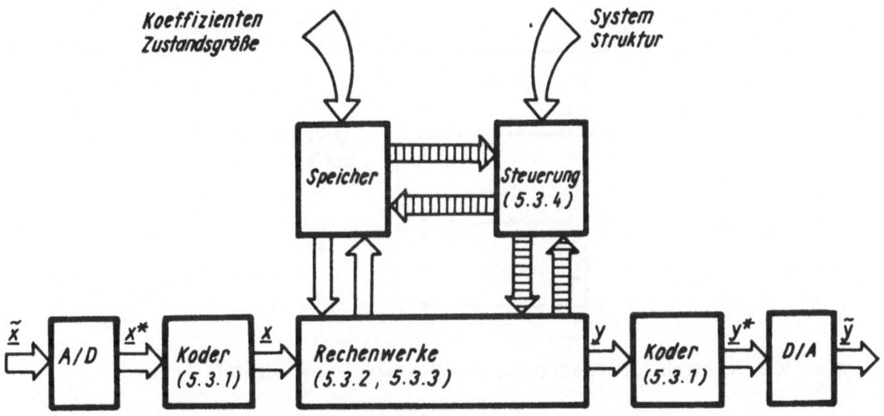

Bild 5.3. Grundstruktur einer digitalen Verarbeitungseinheit

Nachfolgend werden die Varianten für die einzelnen Funktionsblöcke näher
untersucht.

5.3.1. Konvertierungstechniken

Im allgemeinen ist zur Anpassung der durch die Signalwandlung am Eingang
oder durch ein digitales Meßsystem entstehenden Digitalsignale an die benötigte
Zahlendarstellung eine Umkodierung notwendig. Umgekehrt muß die Zahlendarstellung in die für die Signalwandlung am Ausgang benötigte Darstellung gebracht werden. Die am häufigsten vorkommenden Zwischensignale im Wandlungsprozeß sind solche mit einer

- Impulsanzahl-
- Dualzahl(seriell)-
- Dualzahl(parallel)-
- Amplitudenstufenanzahl-

Kodierung (Bild 5.4). Wie diese Kodierungen im Analog-Digital-Wandlungs-
prozeß entstehen, ist im Bild 5.5 dargestellt.

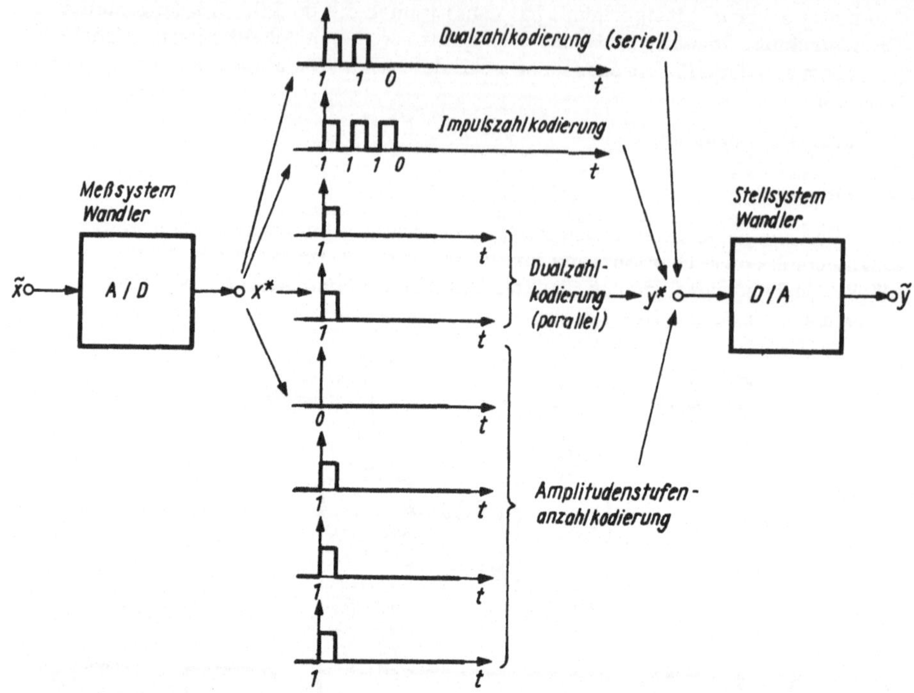

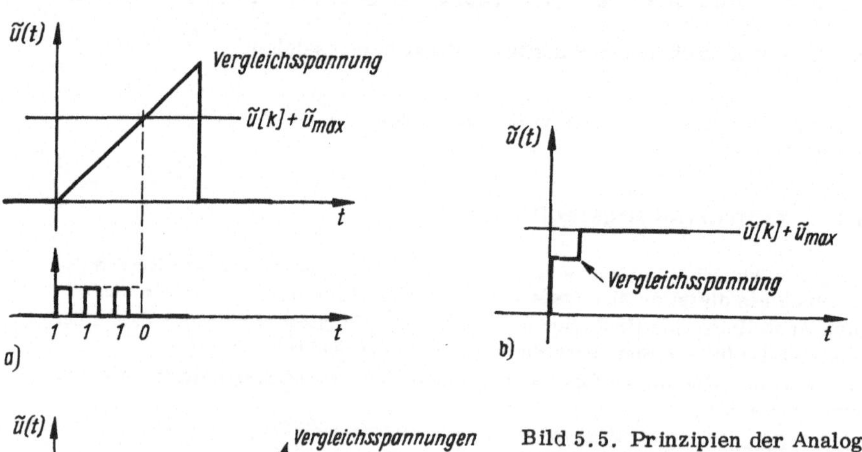

Bild 5.4. Kodierungen im Wandlungsprozeß Analog ⟷ Digital

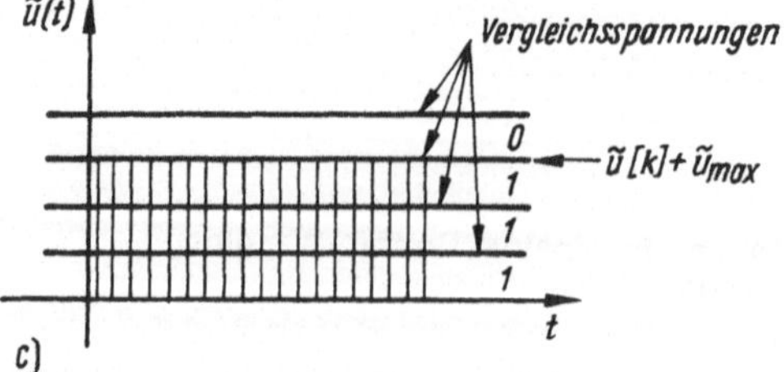

Bild 5.5. Prinzipien der Analog-Digital-Wandlung
a) Zählverfahren (Sägezahnverfahren)
b) Verfahren der sukzessiven Approximation
c) Verfahren mit Amplitudenschwellen

Beispiele für Meßsysteme mit impulsanzahlkodierten digitalen Meßsignalen sind inkrementale Winkelgeber und für solche mit paralleler Dualzahlkodierung Winkelkodierer und Kodelineale.

Anhand einiger ausgewählter Konvertierungen sollen das Prinzip der Konvertierung und der grundsätzliche Aufbau der als Konverter oder Koder bezeichneten Funktionsblöcke erörtert werden. Dabei wird angenommen, daß die analogen Signalwerte $\tilde{x}[k]$ im Bereich $-\tilde{x}_{max} \leqq \tilde{x}[k] < \tilde{x}_{max}$ liegen und im Signalwandlungsprozeß $-\tilde{x}_{max} \rightarrow x^*[k] = 0$ und $\tilde{x}_{max} \rightarrow x^*[k] = x^*_{max}$ zugeordnet werden.

● Dualzahlkodierung ⟷ Binäre Zahlendarstellung im Zweierkomplement

Da innerhalb der Verarbeitungseinheit ohnehin ohne Komma gerechnet wird, kann von einem Bereich ganzer Zahlen x^* $0 \leqq x^*[k] < 2^n$ ausgegangen werden. Der Koder hat demzufolge die im Signalwandlungsprozeß erfolgte Verschiebung um $\tilde{x}_{max}$ rückgängig zu machen und eine binäre Darstellung der Zahl $x[k]$ im Zweierkomplement zu erzeugen. Das wird erreicht, wenn die Rechnung

$$x[k] = x^*[k] - 2^{n-1} \tag{5.12}$$

in einem Rechenwerk mit Zweierkomplementarithmetik durchgeführt wird (Bild 5.6a). Gl. (5.12) gibt gleichzeitig die Zuordnung für die Rückwandlung an.

● Impulsanzahlkodierung ⟷ Binäre Zahlendarstellung im Zweierkomplement

Aus der Zahlenringdarstellung des Zweierkomplements (Bild 5.6b) ist zu erkennen, daß die binäre Darstellung der Zahl x im Zweierkomplement und die notwendige Rückverschiebung in einfacher Weise dadurch erzielt werden, daß $x^*[k]$ Impulse in einem auf 2^{n-1} voreingestellten, mod-2^n-Zähler gezählt werden. Umgekehrt wird der Binärzähler bis auf 2^{n-1} heruntergezählt.

● Dualzahlkodierung ⟷ Restklassenzahlendarstellung

Ausgangspunkt für die Konvertierung ist ebenfalls eine Menge $\{x^* \mid 0 \leqq x^*[k] < 2^n\}$ ganzer Zahlen x^*. Diese Menge muß abgebildet werden in die Menge der ganzen Zahlen $G \bmod m$, mit $m = m_1, \ldots, m_2 m_1$, wobei $m > 2^n$ gelten muß. Damit die Null richtig zugeordnet wird, ist die Verschiebung von x^* zu korrigieren und dann die Modulobildung durchzuführen, d.h.

$$x[k] = (x^*[k] - 2^{n-1}) \bmod m. \tag{5.13}$$

Nach dem chinesischen Theorem für Zahlenreste ist die Gleichung gleichbedeutend mit dem Gleichungssystem

$$x_\lambda[k] = (x^*[k] - 2^{n-1}) \bmod m_\lambda \in \{0, \ldots, m_{\lambda-1}\}$$

$$\lambda = 1, \ldots, 1. \tag{5.14}$$

Um die Zahlenwerte x_λ und m_λ in der digitalen Verarbeitungseinheit abspeichern zu können, ist für sie eine binäre Darstellung im Zweierkomplement notwendig. Die Berechnung der Gln. (5.14) muß dann im Rechenwerk mit Zweierkomplementarithmetik erfolgen (Bild 5.7a). Durch fortlaufendes Addieren/Subtrahieren von m_λ zum Ausdruck $(x^*[k] - 2^{+n-1})$ oder durch einmalige Addition/Subtraktion einer Konstanten $o_{x\lambda} m_\lambda$ zum Ausdruck $(x^*[k] - 2^{+n-1})$ mit anschließendem Addieren/Subtrahieren von m_λ bei negativem/positivem Vorzeichen des Ausdruckes muß $x^*[k]$ in die Schranken $0 \leqq x_\lambda[k] \leqq m_\lambda - 1$ gebracht werden. Als

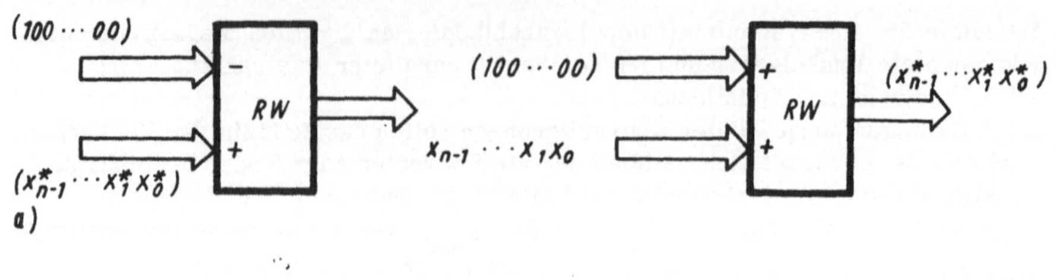

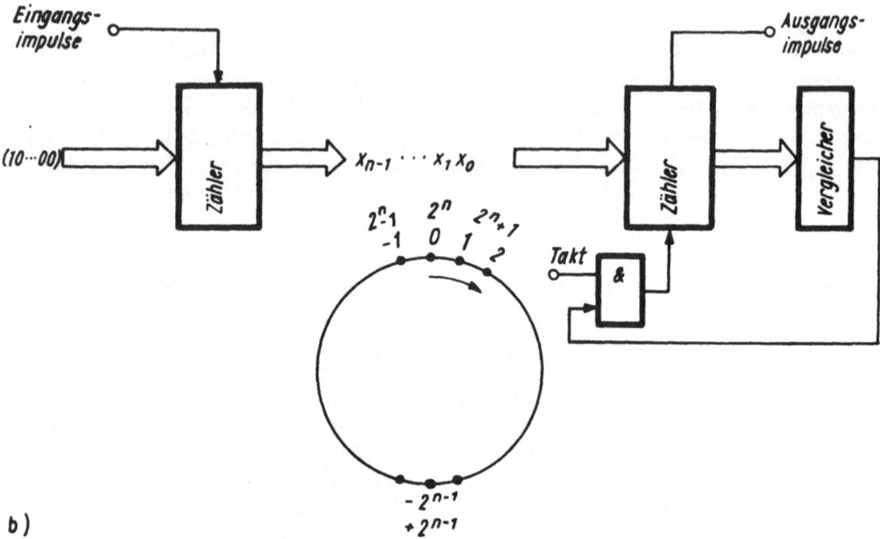

Bild 5.6. Koder zur Konvertierung von binär dargestellten Zahlen im
Zweierkomplement
a) Koder für Konvertierung: Dualzahlen ⟷ Zweierkomplementzahlen
b) Koder für Konvertierung: Impulszahl ⟷ Zweierkomplementzahlen

Abbruchkriterium benutzt man zweckmäßigerweise den Wechsel des Zwischen-
resultats im Vorzeichen.

Betrachtet man den Zeitbedarf und Speicherplatzaufwand, so erweist sich die
fortlaufende Addition/Subtraktion als das zeitaufwendigste Verfahren ohne Spei-
cherplatzaufwand und die einmalige Addition/Subtraktion mit anschließender
Korrektur als das zeitgünstigste, jedoch speicherplatzaufwendigste Verfahren.
Einen Mittelweg stellt die schrittweise Konvertierung dar. Dazu wird in
Gl. (5.14) die Darstellung für $x^*[k]$ eingesetzt, d.h.

$$x_\lambda[k] = \left(\sum_{\nu=0}^{n-1} x^*_\nu \, 2^\nu - 2^{n-1} \right) \bmod m_\lambda \in \{0,\ldots,m_\lambda-1\}$$
$$\lambda = 1,\ldots,1.$$

Aufgrund der Rechenregeln im Restklassensystem (Anhang) ist es möglich, die
Zweierpotenzen in der Form

$$P_{\nu,\lambda} = 2^\nu \quad \bmod m_\lambda \in \{0,\ldots,m_\lambda-1\}$$
$$P_{n,\lambda} = -2^{n-1} \bmod m_\lambda \in \{0,\ldots,m_\lambda-1\}$$

darzustellen und damit Gl. (5.15) in der Form

$$x_\lambda[k] = P_{n\lambda} + \sum_{\nu=0}^{n-1} X_\nu^* P_{\nu,\lambda} \qquad (5.16)$$

zu berechnen. Die schrittweise Berechnung dieses Ausdruckes führt auf die im
Bild 5.7b dargestellte Struktur, wobei die Register auf den Wert P_n voreinzu-
stellen sind.
Zu einem schnelleren Algorithmus gelangt man durch die Konvertierung von
Partialsummen

$$s_\mu = \sum_{\varepsilon=e_\mu}^{e_{\mu+1}-1} X_\varepsilon^* \, 2^\varepsilon \ \mathrm{mod}\ m_\lambda \qquad (5.17)$$

$$= s_\mu\left(X_{e_\mu}^*, \ldots, X_{e_{\mu+1}-1}^*\right) \in \{0, \ldots, m_\lambda - 1\}\,.$$

Die Addition dieser Partialsummen ergibt

$$x_\lambda[k] = P_n + \sum_{\mu=0}^{m^*} s_\mu \ \mathrm{mod}\ m_\lambda. \qquad (5.18)$$

Die Abspeicherung der Partialsummen kann in ROMs erfolgen, deren Inhalt
mit der Adresse $\left(X_{e_\mu}^* \ldots X_{e_{\mu+1}-1}^*\right)$ abgefragt wird.

● <u>Impulszahlkodierung ⟶ Restklassendarstellung</u>

Aus der Zahlenringdarstellung (Bild 5.7c) der Zahl x im Restklassenring
$(G\ \mathrm{mod}\ m,\ +,\ \cdot\,)$ geht hervor, daß die Restklassendarstellung der Zahl x und
die notwendige Rückverschiebung durch geeignetes Zählen in $\mathrm{mod}\ m_\lambda$ Zählern
erreicht werden. Die Verschiebung wird rückgängig gemacht durch eine geeignete Voreinstellung der Zähler, die 2^n Rückwärtszählimpulsen, ausgehend
vom Zählerstand 0, entspricht. In diese voreingestellten Zähler werden $x^*[k]$
Impulse gezählt.

● <u>Restklassendarstellung ⟶ Dualzahlkodierung</u>

Die Grundlage für den Konvertierungsalgorithmus bilden die im Abschnitt 5.2. angeführten Gleichungen

$$z^\bullet = \sum_{\nu=1}^{n} \cdot \frac{m}{m_\nu}\, y_\nu \ \mathrm{mod}\ m$$

und

$$\frac{m}{m_\nu}\, y_\nu = Z_\nu \ \mathrm{mod}\ m.$$

Aufgrund der geringen Stellenzahl für die Darstellung von Z_ν als Dualzahl
kann y_ν durch Tabellenverfahren ermittelt werden. Die für Z_ν ermittelte
Dualzahl dient dann ebenfalls als Adresse. Zur Berechnung der Summe können
alle nachfolgend aufgeführten Algorithmen benutzt werden.

5.3.2. Arithmetik in polyadischen Zahlensystemen

Für das Operieren in polyadischen Zahlensystemen und für die Gestaltung von
Rechenwerken wird meist das Dualsystem mit der binären Darstellung im
Zweierkomplement zugrunde gelegt. Als zu betrachtende Operationen bei der
digitalen Realisierung kommen die Addition, Multiplikation (Tafel 5.2) und ein-
geschränkt die Division in Frage. Diese Operationen sind die Grundlage zur
Berechnung linearer und nichtlinearer Funktionen in den Systemgleichungen /5.1/.
Die Art der Realisierung der genannten Operationen und Funktionen hängt von
der geforderten Verarbeitungszeit und von dem zulässigen gerätetechnischen
Aufwand ab, z.B. von der maximal zur Verfügung stehenden Chipfläche für den
Schaltungskomplex. In der Menge der Realisierungen zeichnen sich die

- serielle Realisierung

durch ein Minimum an Aufwand und ein Maximum an Verarbeitungszeit aus und
die

- parallele Realisierung

durch ein Maximum an Aufwand und ein Minimum an Verarbeitungszeit. Für alle
Realisierungen gilt allgemein, daß mit wachsendem Parallelitätsgrad der Aufwand steigt und die Verarbeitungszeit sinkt.

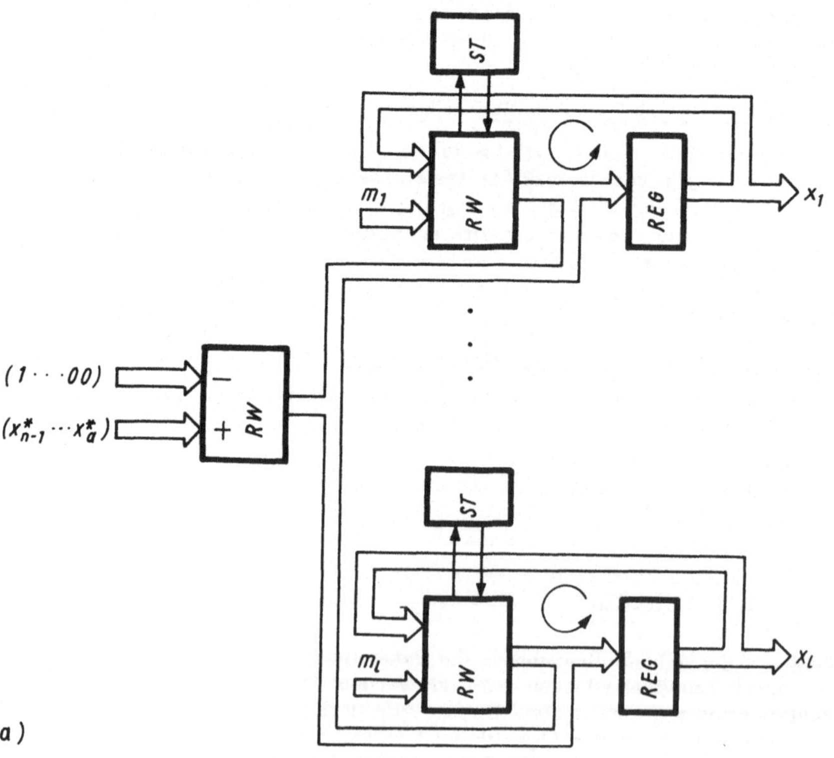

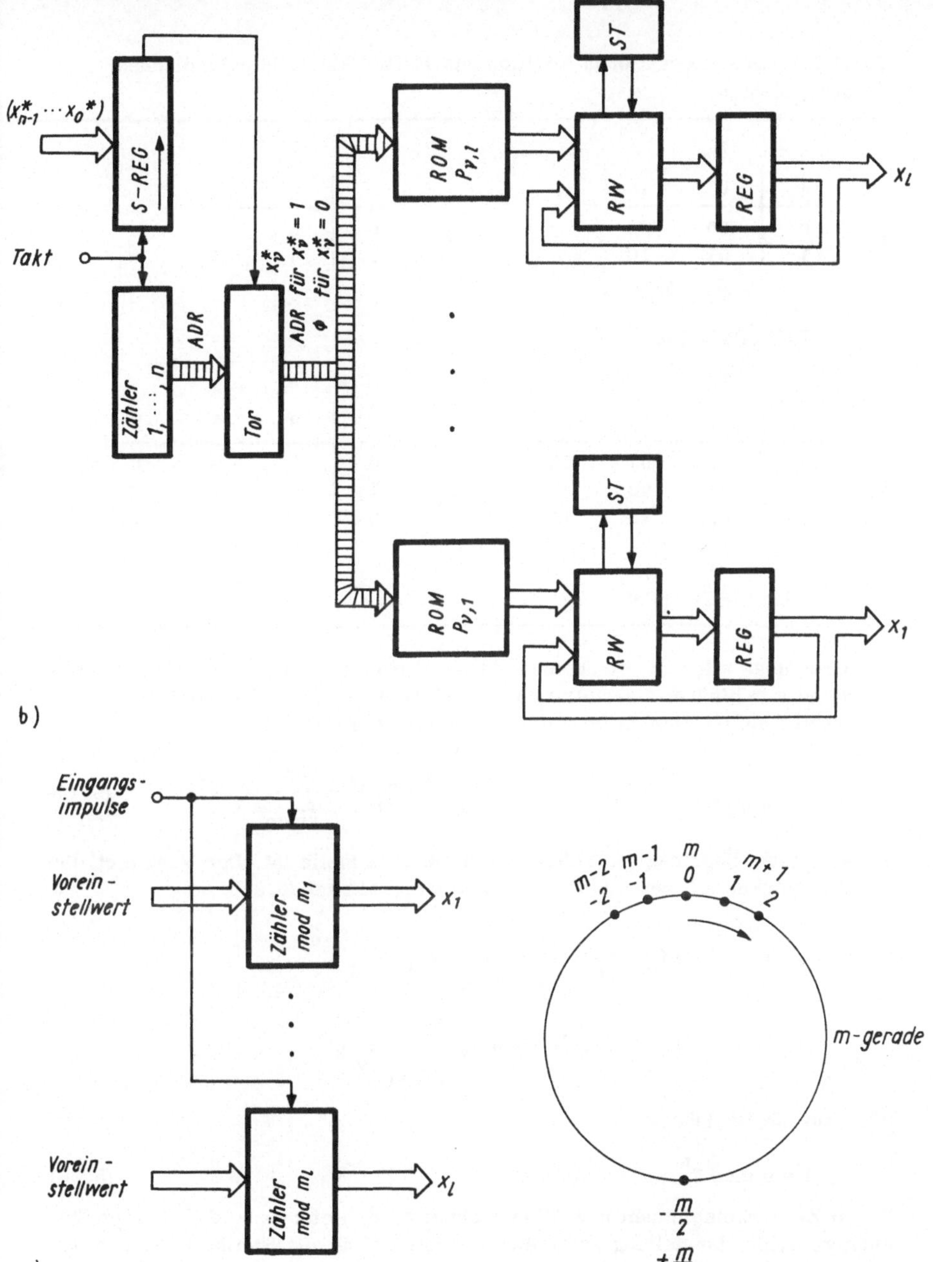

Bild 5.7. Koder zur Konvertierung von Restklassenzahlen

a) Koder zur Umwandlung von Dualzahlen in Restklassenzahlen nach dem Zählverfahren

b) Koder zur Umwandlung von Dualzahlen in Restklassenzahlen nach dem Stufenverfahren (binäre Stufen)

c) Koder zur Umwandlung von Impulszahlen in Restklassenzahlen

Tafel 5.2. Grundoperationen Addition und Multiplikation in polyadischen Zahlensystemen

DUALSYSTEM

$+$	X_ν 0	1
Y_ν 0	00	01
1	01	10

$\ddot{U}_{\nu+1} Z_\nu$

	X_ν 0	1
Y_ν 0	0	0
1	0	1

Z_ν

TERNÄRSYSTEM

$+$	X_ν 0	1	2
Y_ν 0	00	01	02
1	01	02	10
2	02	10	11

$\ddot{U}_{\nu+1} Z_\nu$

	X_ν 0	1	2
Y_ν 0	0	0	0
1	0	1	2
2	0	2	11

$\ddot{U}_{\nu+1} Z_\nu$

Die Grundlage aller zu betrachtenden Operationen ist die Addition zweier Zahlen x und y in binärer Darstellung im Zweierkomplement. Die Addition der als Dualzahlen aufgefaßten Ziffernfolgen für x und y ergibt

$$s = \sum_{\nu=-m}^{n} (X_\nu + Y_\nu)2^\nu = (X_n + Y_n)2^n + \ddot{U}_n 2^n + \sum_{\nu=-m}^{n-1} S_\nu 2^\nu, \qquad (5.19a)$$

wobei $\ddot{U}_\nu$ der Übertrag (s. Tafel 5.2) in die ν-te Stelle ist. Der Vergleich dieses Ausdruckes mit der Addition der Zahlenwerte nach (5.3)

$$z = x + y = -(X_n + Y_n)2^{n+1} + \sum_{\nu=-m}^{n} (X_\nu + Y_\nu)2^\nu$$

$$= -(X_n + Y_n)2^n + \ddot{U}_n 2^n + \sum_{\nu=-m}^{n-1} S_\nu 2^\nu \qquad (5.19b)$$

führt auf die Beziehung

$$z = s \bmod 2^n. \qquad (5.20)$$

Da im Zweierkomplement mod 2^n gerechnet wird, liefert s mod 2^n immer die richtige Zahlendarstellung im Zweierkomplement für die Summe z, sofern der Zahlenbereich nicht überschritten wird. Eine Überschreitung des Zahlenbereichs kann jedoch nur bei Zahlen mit gleichem Vorzeichen auftreten /5.1/. Dieser Überlauf bei Zahlen gleichen Vorzeichens wird durch einen Vorzeichenwechsel des Ergebnisses gegenüber den Operanden erkannt, d.h.

$$OV = (X_n \sim Y_n) \wedge (X_n \nleftrightarrow S_n) \qquad \begin{array}{l} OV = 1 \text{ „Überlauf”} \\ OV = 0 \text{ „kein Überlauf”.} \end{array}$$

Je nach Auslegung der Realisierung wird der Überlauf als getrenntes Signal OV zur Verfügung gestellt, oder er muß zusätzlich ermittelt werden. Dazu das folgende Beispiel.

Beispiel 5.3.:

-2,75	101,010		-2,75	101,010		2,75	010,110
1,50	001,100		-1,50	110,100		1,50	001,100
-1,25 ⟶ 110,110			-4,25 ↛ 011,110			4,25 ↛ 100,010	
			≙			≙	
			3,75			-0,25	

Zahlenbereichsüberschreitungen.

Grundelement für die Realisierung der Addition ist der Volladder. Er realisiert die Addition zweier Binärziffern X_ν und Y_ν einschließlich des Übertrags $\ddot{U}_\nu$ aus der vorangegangenen Stelle und gibt die Summe S_ν und den Übertrag $\ddot{U}_{\nu+1}$ aus. Die dazugehörigen logischen Gleichungen lauten

$$S_\nu = X_\nu + Y_\nu + \ddot{U}_\nu$$

$$\ddot{U}_{\nu+1} = (X_\nu + Y_\nu)\,\ddot{U}_\nu \vee X_\nu Y_\nu. \qquad (5.21)$$

Die verschiedenen Realisierungsvarianten für ein Addierwerk unterscheiden sich durch die Anzahl der verwendeten Volladder (Bild 5.8). Ausschlaggebend für die Auswahl eines geeigneten Addierwerkes ist die nutzbare Schaltkreisbasis / 5.5 / oder Bauelementebasis.

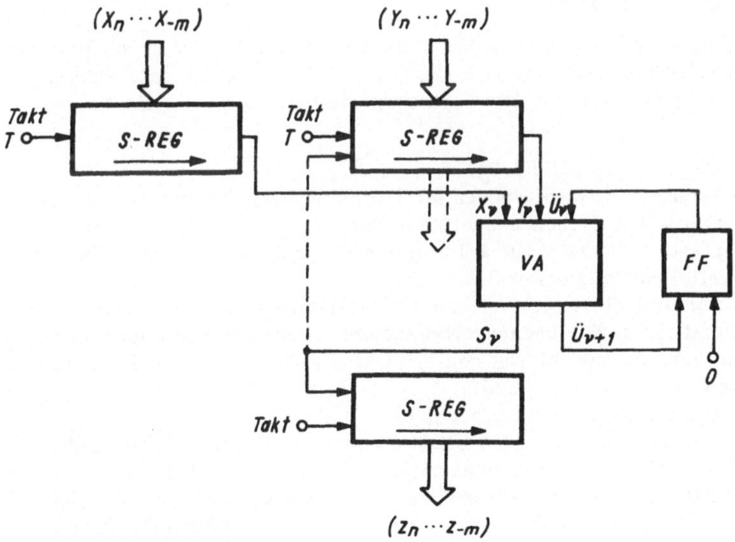

Bild 5.8. Serienaddierwerk

Standardrealisierungen sind das

- Serienaddierwerk

mit genau einem Volladder und das

- Paralleladdierwerk

mit genau n+m+1 Volladdern.
Als nächstes soll die Multiplikation zweier positiver Zahlen x und y betrachtet
werden. Den Ausgangspunkt bildet die Darstellung

$$x = \sum_{\nu=-m}^{n-1} X_\nu \, 2^\nu$$

und

$$y = \sum_{\nu=-m}^{n-1} Y_\nu \, 2^\nu$$

für positive Zahlen. Für das Produkt z = x y ergibt sich damit

$$z = x \, y = \left(\sum_{\nu=-m}^{n-1} X_\nu \, 2^\nu \right) \left(\sum_{\nu=-m}^{n-1} Y_\nu \, 2^\nu \right) \tag{5.22}$$

$$= \sum_{\nu=-m}^{n-1} \sum_{\mu=-m}^{n-1} X_\nu \, Y_\mu \, 2^{\nu+\mu}.$$

Die Realisierungsmöglichkeiten des Multiplizierwerkes stützen sich auf Berechnungsvarianten der Doppelsumme in (5.22). Zur Erörterung der unterschiedlichsten Varianten dient das im Bild 5.9a dargestellte Schema der Partialprodukte.

- Serienmultiplizierwerk (Bild 5.9b)
  Mit einem Serienaddierwerk werden die Partialprodukte einer Zeile zu dem
  bis dahin ermittelten Zwischenresultat addiert. Dieses Multiplizierwerk benötigt daher $(n+m)^2$ Schritte zur Bildung des Produktes und einen Volladder.
- Serien-Parallelmultiplizierwerk (Bild 5.9c)
  Mit einem Paralleladdierwerk werden die Partialprodukte einer Zeile zu dem
  bis dahin ermittelten Zwischenresultat addiert. Dieses Multiplizierwerk benötigt (n+m) Schritte zur Bildung des Produktes und (n+m) Volladder, wenn mi
  der obersten Zeile begonnen wird.
- Parallelmultiplizierwerk (Bilder 5.9d, e)
  Unter Verwendung von $(n+m)^2-1$ Volladdern wird die Doppelsumme direkt
  ermittelt. Je nach Art der Zwischensummenbildung in dem Feld der Partialprodukte erhält man unterschiedliche Verbindungsstrukturen zwischen den
  Volladdern. Die Struktur im Bild 5.9e wird als homogene Struktur und die
  im Bild 5.9d als Baumstruktur bezeichnet.

Wenn man für die Multiplikation positive und negative Zahlen zuläßt, so ergibt
die Multiplikation der Zahlen x und y mit binärer Darstellung im Zweierkomplement nach (5.3) den Ausdruck

$$z = x\,y = \left(\sum_{\nu=-m}^{n-1} X_\nu\, 2^\nu\right)\left(\sum_{\nu=-m}^{n-1} Y_\nu\, 2^\nu\right) \tag{5.23}$$

$$+ X_n Y_n 2^{2n} - X_n 2^n \sum_{\nu=-m}^{n-1} Y_\nu\, 2^\nu - Y_n 2^n \sum_{\nu=-m}^{n-1} X_\nu\, 2^\nu .$$

Der Vergleich dieses Ausdruckes mit dem Multiplikationsergebnis p der als Dualzahlen aufgefaßten Ziffernfolgen für x und y

$$p = \left(\sum_{\nu=-m}^{n-1} X_\nu\, 2^\nu\right)\left(\sum_{\nu=-m}^{n-1} Y_\nu\, 2^\nu\right), \tag{5.24}$$

$$+ X_n Y_n 2^{2n} + X_n 2^n \sum_{\nu=-m}^{n-1} Y_\nu\, 2^\nu + Y_n 2^n \sum_{\nu=-m}^{n-1} X_\nu\, 2^\nu ,$$

führt nach einer Zwischenrechnung auf

$$z = (p + X_n 2^{n+1} (-y) + Y_n 2^{n+1} (-x) \bmod 2^{2n+2}, \tag{5.25}$$

d.h., das errechnete Ergebnis p muß bei negativem Multiplikanden oder negativem Multiplikator korrigiert werden. Dabei ist jeweils das Komplement, von y
bzw. x um n+1 Stellen nach links verschoben, nachträglich zu addieren.

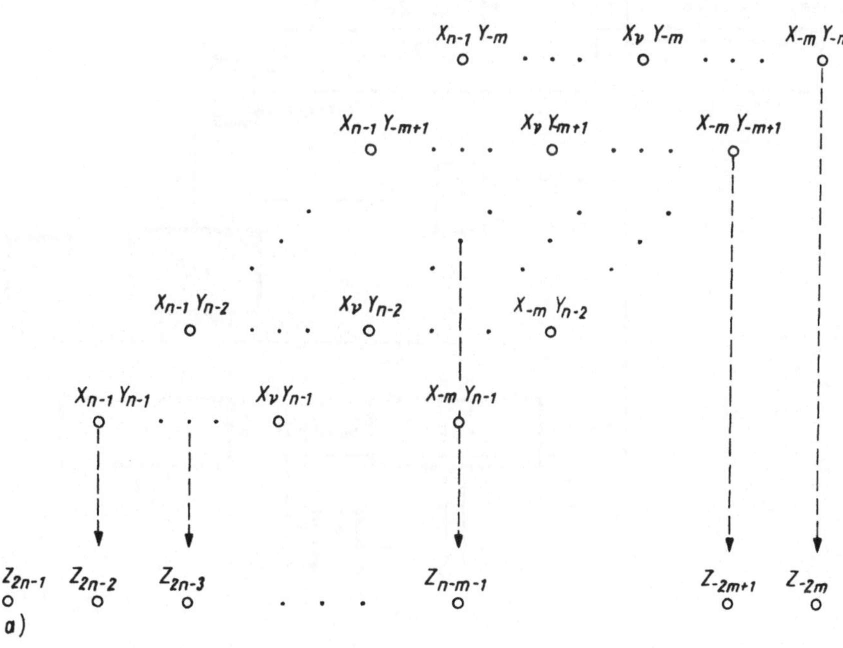

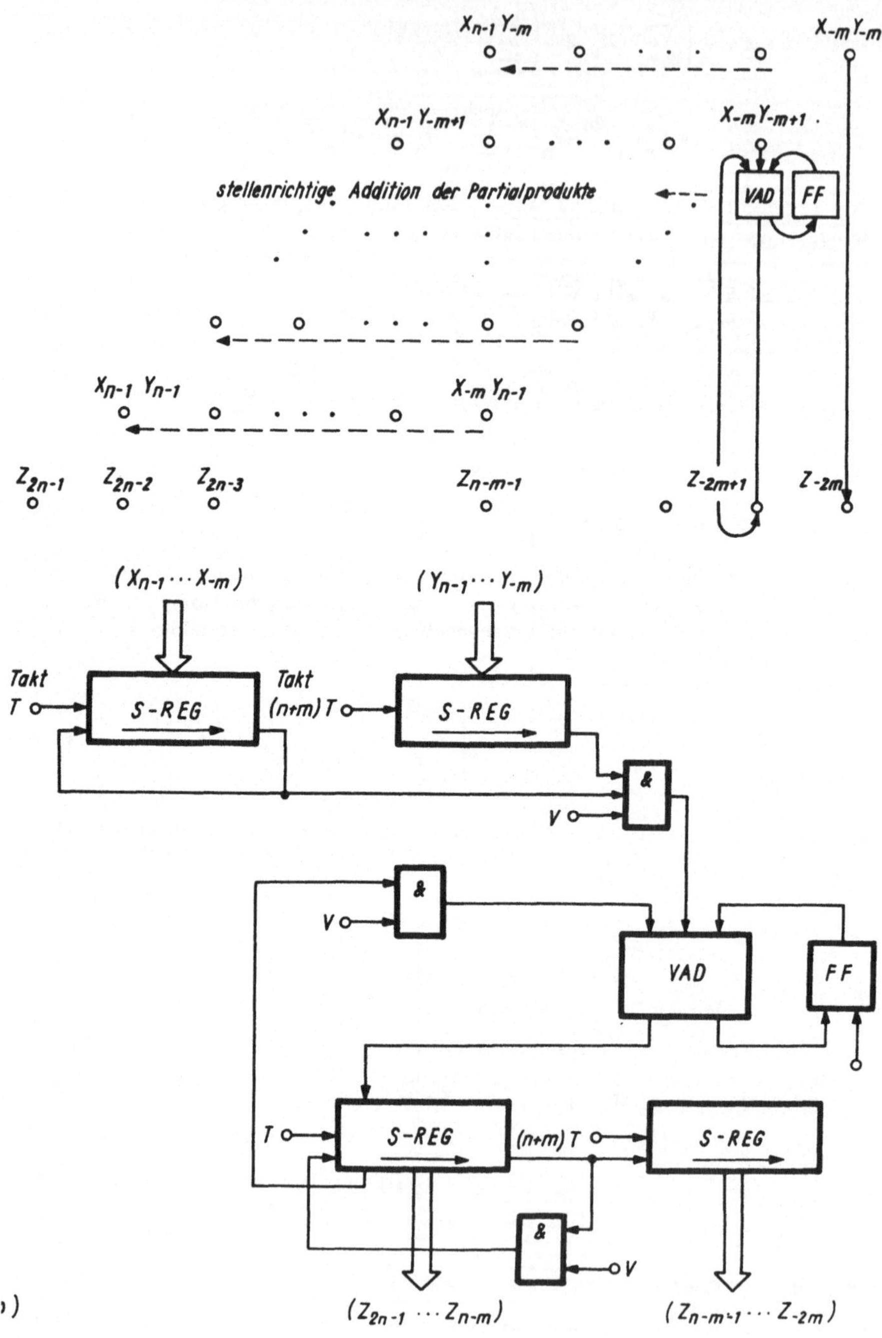

X_{n-1} Y_{-m}
X_{-m} Y_{-m}
X_{n-1} Y_{-m+1}
X_{-m} Y_{-m+1}
stellenrichtige Addition der Partialprodukte
VAD
FF
X_{n-1} Y_{n-1}
X_{-m} Y_{n-1}
Z_{2n-1}
Z_{2n-2}
Z_{2n-3}
Z_{n-m-1}
Z_{-2m+1}
Z_{-2m}
(X_{n-1} ··· X_{-m})
(Y_{n-1} ··· Y_{-m})
Takt
T
Takt
(n+m) T
S-REG
S-REG
&
V
&
V
VAD
FF
T
(n+m) T
S-REG
S-REG
&
V
(Z_{2n-1} ··· Z_{n-m})
(Z_{n-m-1} ··· Z_{-2m})

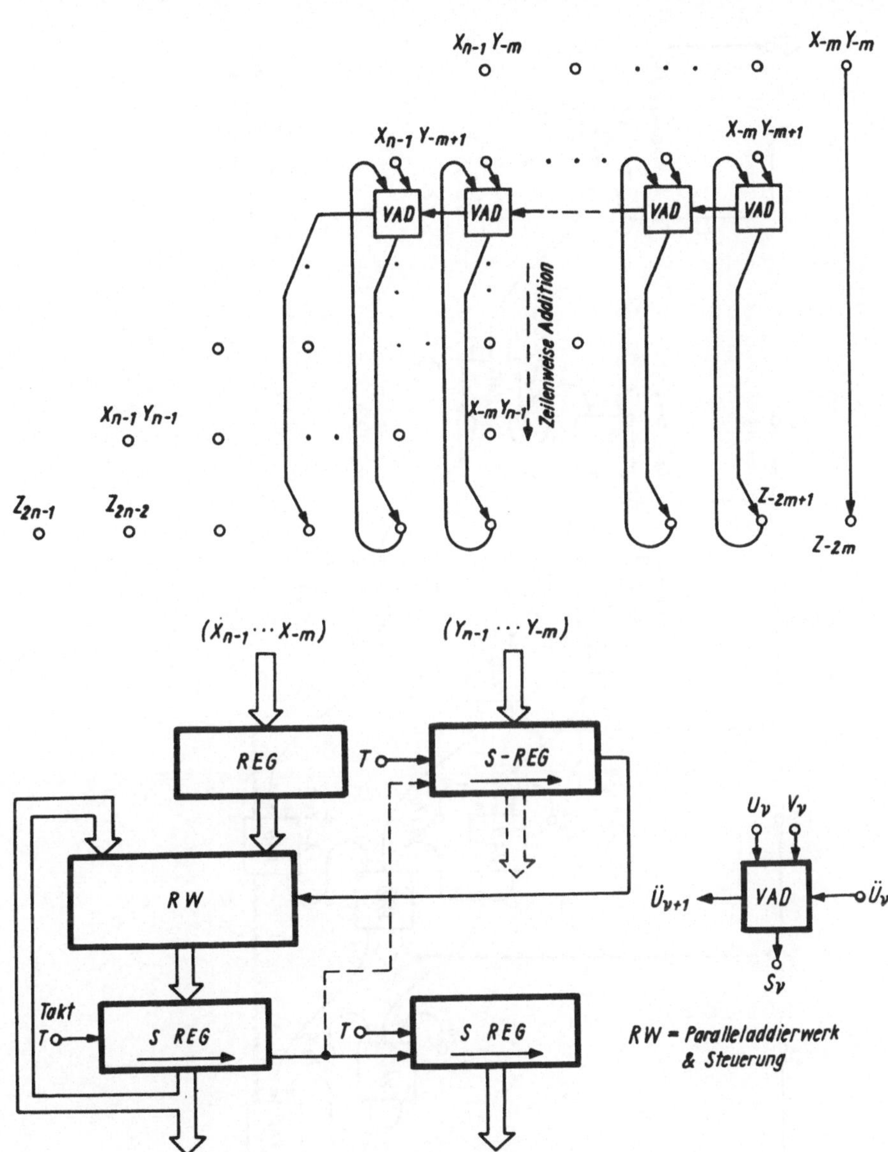

$X_{n-1} Y_{-m}$
$X_{-m} Y_{-m}$
$X_{n-1} Y_{-m+1}$
$X_{-m} Y_{-m+1}$
VAD
VAD
VAD
VAD
Zeilenweise Addition
$X_{n-1} Y_{n-1}$
$X_{-m} Y_{n-1}$
Z_{2n-1}
Z_{2n-2}
Z_{-2m+1}
Z_{-2m}
$(X_{n-1} \cdots X_{-m})$
$(Y_{n-1} \cdots Y_{-m})$
REG
T
S - REG
RW
U_ν
V_ν
$\ddot{U}_{\nu+1}$
VAD
$\ddot{U}_\nu$
S_ν
Takt
T
S REG
T
S REG
RW = Paralleladdierwerk
& Steuerung
$(Z_{2n-1} \cdots Z_{n-m})$
$(Z_{n-m-1} \cdots Z_{-2m})$
c)

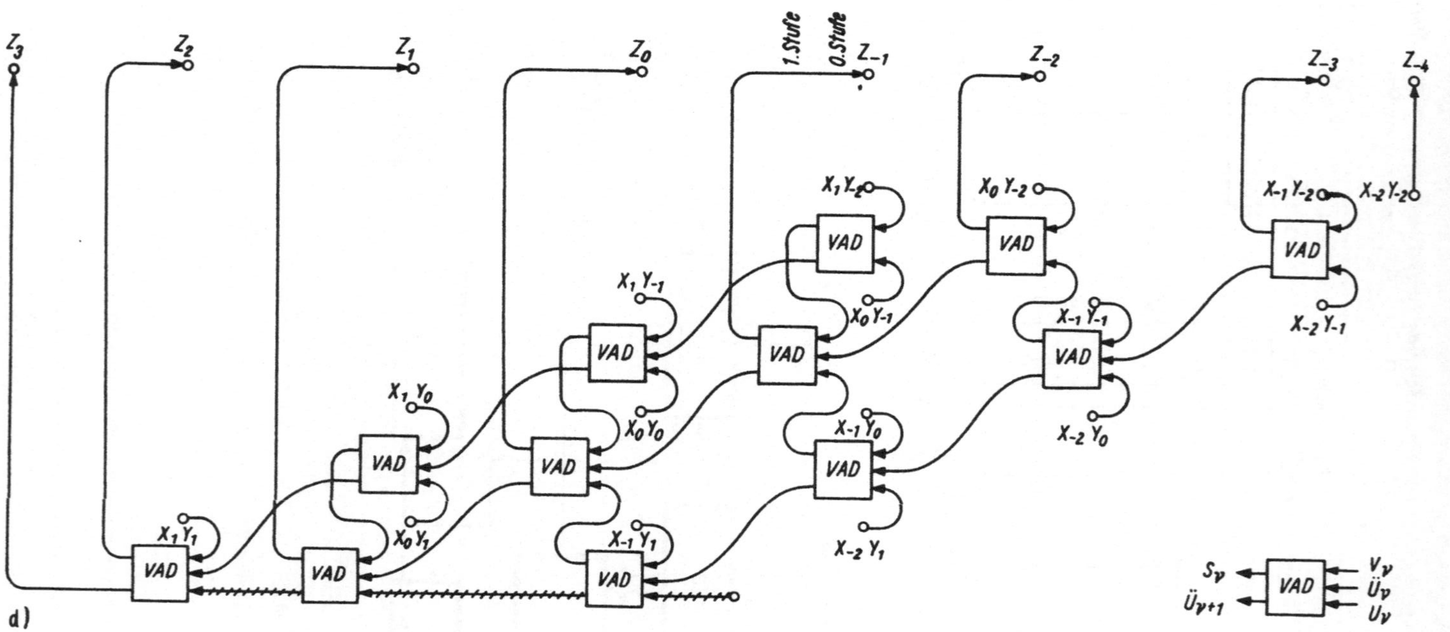

264
Z_3
Z_2
Z_1
Z_0
1.Stufe
0.Stufe
Z_{-1}
Z_{-2}
Z_{-3}
Z_{-4}
X_1Y_{-2}
X_0Y_{-2}
X_{-1}Y_{-2}
X_{-2}Y_{-2}
VAD
X_0Y_{-1}
X_{-2}Y_{-1}
X_1Y_{-1}
X_{-1}Y_{-1}
X_1Y_0
X_0Y_0
X_{-1}Y_0
X_{-2}Y_0
X_1Y_1
X_0Y_1
X_{-1}Y_1
X_{-2}Y_1
d)
S_ν
Ü_{ν+1}
VAD
V_ν
Ü_ν
U_ν

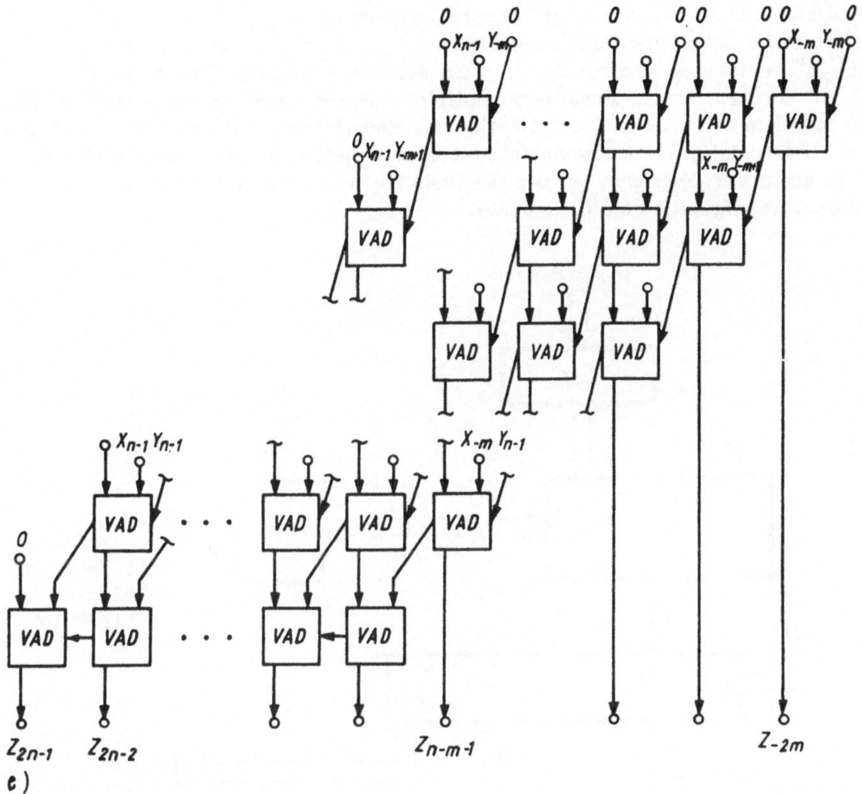

c)

Bild 5.9. Multiplizierwerke

a) Schema der Partialprodukte

b) Serienmultiplizierwerk

c) Serien-Parallelmultiplizierwerk

d) Parallelmultiplizierwerk mit Baumstruktur

e) Parallelmultiplizierwerk mit homogener Struktur

Diese Korrektur kann umgangen werden, wenn man für x oder y die Zahlendarstellung mit ternärem Alphabet nach 5.5. benutzt, den Booth-Algorithmus. Wird x umkodiert, so erhält man

$$z = x\,y = \left(\sum_{\nu=-m}^{n} \widetilde{x}_{\nu}\, 2^{\nu} \right) y = \sum_{\nu=-m}^{n} \widetilde{x}\,(y_{\nu} 2^{\nu}). \tag{5.26}$$

Diese Gleichung kann wie folgt interpretiert werden:
Die existierende Zwischensumme wird bei $\widetilde{X}_\nu = 1$ um $y\,2^\nu$ erhöht, bei $\widetilde{X}_\nu = -1$
um $y2^\nu$ vermindert und bei $\widetilde{X}_\nu = 0$ nicht verändert. Bei der Realisierung von
(5.26) in einem Serien-Parallelmultiplizierwerk der Verarbeitungsbreite (n+m+1)
ist in jedem Schritt eine Multiplikation des Zwischenergebnisses mit 2^{-1} notwendig. Diese Multiplikation entspricht einer <u>arithmetischen</u> Rechtsverschiebung,
d.h. einer Verschiebung, bei der die links frei werdende Stelle mit dem Vorzeichenbit aufgefüllt wird (Bild 5.10).

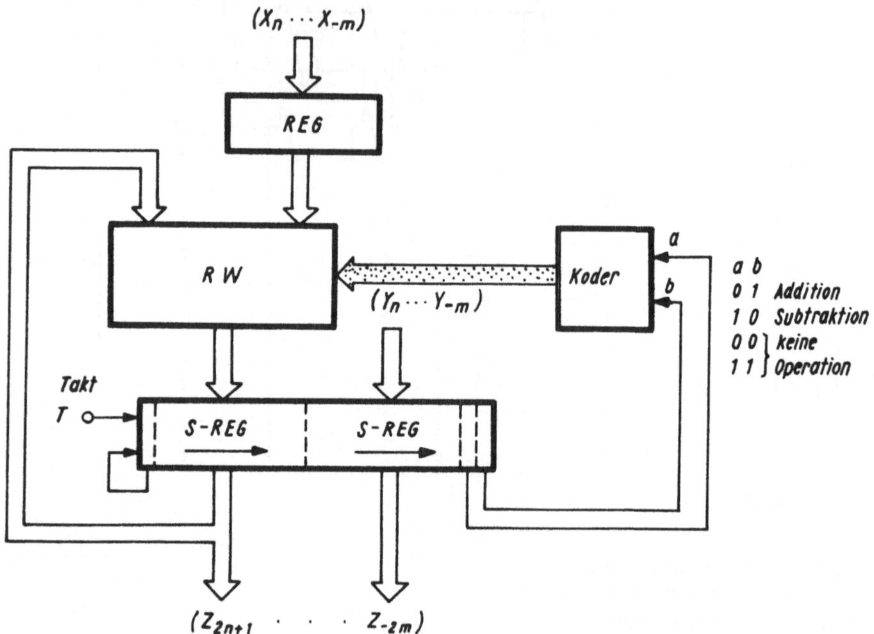

Bild 5.10. Serien-Parallelmultiplizierwerk für binär dargestellte Zahlen
im Zweierkomplement nach dem Booth-Algorithmus

Obwohl die angegebenen Additions- und Multiplikationsalgorithmen zur Verrechnung der Systemgleichungen eines Tastsystems ausreichen, sollen die Berechnungsvarianten für die dabei auftretenden linearen Ausdrücke

$$y = \sum_{\lambda=0}^{1} a_\lambda\, x_\lambda \tag{5.27}$$

näher untersucht werden. Der lineare Ausdruck geht für positive Koeffizienten a_λ
und Variablen x_λ unter Verwendung von (5.22) über in

$$y = \sum_{\lambda=0}^{1} \sum_{\nu=-m}^{n-1} \sum_{\mu=-m}^{n-1} A_{\nu,\lambda}\, X_{\mu,\lambda}\, 2^{\nu+\mu}. \tag{5.28}$$

Die Berechnungsvarianten dieser Dreifachsumme bilden die Grundlagen für die
verschiedenen Realisierungsmöglichkeiten.

Dabei reicht die Palette wie im Fall der Multiplikation von der rein seriellen Verarbeitung bis zur vollständig parallelen. Unter der Voraussetzung konstanter Koeffizienten, die für eine Vielzahl von Systemklassen gegeben ist, kann eine spezielle Realisierungsform angegeben werden. Sie wird als __verteilte Arithmetik__ bezeichnet und beruht auf der Umordnung

$$y = \sum_{\mu=-m}^{n-1} \left(\sum_{\lambda=0}^{1} \left(\sum_{\nu=-m}^{n-1} A_{\nu,\lambda}\, 2^{\nu} \right) X_{\mu,\lambda} \right) 2^{\mu} \tag{5.29}$$

innerhalb der Summe. Die Ausdrücke

$$\sum_{\lambda=0}^{1} \left(\sum_{\nu=-m}^{n-1} A_{\nu,\lambda}\, 2^{\nu} \right) X_{\mu,\lambda} = \sum_{\lambda=0}^{1} a_{\lambda} X_{\mu,\lambda} = f\,(X_{\mu,1}, \ldots, X_{\mu,0})$$

werden dabei als Funktionen $f\,(X_{\mu,1}, \ldots, X_{\mu,0})$ in Tabellen abgespeichert. Damit gilt

$$y = \sum_{\nu=-m}^{n-1} f\,(X_{\mu,1}, \ldots, X_{\mu,0})\, 2^{\mu}. \tag{5.30}$$

Die Erweiterung auf Koeffizienten und Variablen in binärer Darstellung im Zweierkomplement führt nach einfacher Zwischenrechnung auf

$$y = -f\,(X_{n,1}, \ldots, X_{n,0}) + \sum_{\mu=-m}^{n-1} f\,(X_{\mu,1}, \ldots, X_{\mu,0})\, 2^{\mu}. \tag{5.31}$$

Diese Berechnungsvorschrift wird durch die im Bild 5.11 dargestellte Struktur realisiert.
Weitere Strukturvarianten können durch Koeffizientensektionierung oder Datenwortsektionierung erreicht werden.
Dazu sei auf die Ausführungen in /5.3/ verwiesen.

5.3.3. Arithmetik im Restklassenzahlensystem

Aufgrund der Rechenregeln im Restklassenzahlensystem (Anhang) lassen sich die Operationen Addition, Subtraktion und Multiplikation repräsentantenweise erklären. Dabei werden die Repräsentanten der Restklassen modulo m_{ν} (das Alphabet) so gewählt, daß $Z_{\nu} = z \bmod m_{\nu} \in \{0, 1, \ldots, m_{\nu}-1\}$ gilt.
Nach dem chinesischen Theorem für Zahlenreste reduziert sich nun das Rechnen mit Elementen aus der Menge $G \bmod m$ der ganzen Zahlen auf das simultane Rechnen mit Elementen aus den Mengen $G \bmod m_{\nu}$ ($\nu = 1, \ldots, n$). Damit die Eindeutigkeit der Abbildung der Menge der Ziffernfolgen

$$(Z_n \ldots Z_1)_{(m_n \ldots m_1)}$$

auf die Menge der Zahlenwerte z erhalten bleibt, ist darauf zu achten, daß sowohl die Zahlenwerte der Operanden als auch des Ergebnisses der ausgeführten Operation kleiner als m sind. Diese Forderung wird in den folgenden Ausführungen immer als erfüllt vorausgesetzt.

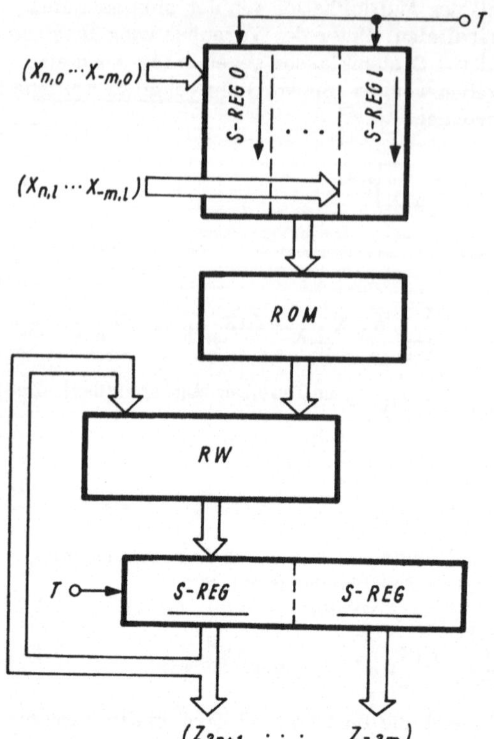

Bild 5.11. Arithmetikeinheit zur Berechnung linearer Funktionen nach dem Prinzip der verteilten Arithmetik

Tafel 5.3. Grundoperationen Addition und Multiplikation im Restklassensystem (2, 3, 5)

+	0	1
0	0	1
1	1	0

·	0	1
0	0	0
1	0	1

+	0	1	2
0	0	1	2
1	1	2	0
2	2	0	1

·	0	1	2
0	0	0	0
1	0	1	2
2	0	2	1

+	0	1	2	3	4
0	0	1	2	3	4
1	1	2	3	4	0
2	2	3	4	0	1
3	3	4	0	1	2
4	4	0	1	2	3

·	0	1	2	3	4
0	0	0	0	0	0
1	0	1	2	3	4
2	0	2	4	1	3
3	0	2	1	4	2
4	0	4	3	2	1

System (2, 3, 5)

Diese Operationen werden im Restklassenzahlensystem durch die Addition/Subtraktion der dem Modul m_λ zugehörigen Reste zweier Zahlen realisiert.
Für die Darstellung

$$x \longrightarrow (X_n, \ldots, X_1)_{(m_n \ldots m_1)} \tag{5.32a}$$

$$y \longrightarrow (Y_n, \ldots, Y_1)_{(m_n \ldots m_1)}$$

ergibt

$$x \overset{+}{\underset{-}{}} y \longrightarrow (Z_n, \ldots, Z_1)_{(m_n \ldots m_1)} \tag{5.32b}$$

die Beziehung

$$Z_\nu = (X_\nu \overset{+}{\underset{-}{}} Y_\nu) \bmod m_\nu \qquad \nu = 1 \ldots n.$$

Da im allgemeinen eine geringe Stellenzahl für die binäre Darstellung von X_ν, Y_ν benötigt wird, kann Z_ν durch Tabellenverfahren ermittelt werden. Bei diesen Verfahren erfolgt die Abspeicherung der Tafel in ROMs, deren Inhalt durch X_ν und Y_ν adressiert wird (Bild 5.12). Da je Modul m_ν^2 Speicherplätze benötigt werden, ergibt sich insgesamt ein Aufwand von

$$s_{g1} = \sum_{\nu=1}^{n} m_\nu^2 \tag{5.33}$$

Speicherplätzen. Ist einer der beiden Operanden eine Konstante, reduzieren sich die Tabellen je Modul auf m_ν Elemente und damit der Speicheraufwand insgesamt auf

$$s_{g2} = \sum_{\nu=1}^{n} m_\nu \tag{5.34}$$

Plätze.

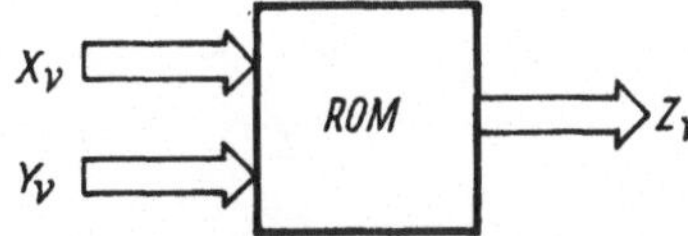

Bild 5.12. ROM als Addierwerk bzw. Multiplizierwerk

Beispiel 5.4.:

Die Zahlenwerte $x = 11$ und $x = 20$ sind auf der Grundlage des Restklassensystems mit den Moduln $(m_3, m_2, m_1) = (5, 4, 3)$ zu addieren. Entsprechende Operationstafel für die Moduln 2, 3 5 sind in Tafel 5.3 enthalten. Wegen $11 + 20 = 31 < m = 60$ bleibt das Ergebnis der Operation innerhalb des zulässigen Zahlenbereiches

$$
\begin{aligned}
x = 11 &\longrightarrow (1,\ 3,\ 2)_{(5,\ 4,\ 3)} \\
y = 20 &\longrightarrow (0,\ 0,\ 2)_{(5,\ 4,\ 3)} \\
\hline
x + y &\longrightarrow (1,\ 3,\ 1)_{(5,\ 4,\ 3)}.
\end{aligned}
$$

Die Subtraktion kann auf die Addition zurückgeführt werden, indem zum Minuenden
das additive Inverse Y_ν^* des Subtrahenden addiert wird.

$$(X_\nu - Y_\nu)\,\mathrm{mod}\ m_\nu = (X_\nu + Y_\nu^*)\,\mathrm{mod}\ m_\nu \qquad (5.35)$$

mit

$$Y_\nu + Y_\nu^* = 0\,\mathrm{mod}\ m_\nu \qquad\qquad \nu = 1\ldots n.$$

Beispiel 5.5.:

$$
\begin{aligned}
x &= 20 = 0\,\mathrm{mod}\ 5 \\
y &= 11 = 1\,\mathrm{mod}\ 5 \qquad 1 + Y_3^* = 0\,\mathrm{mod}\ 5 \qquad Y_3^* = 4 \\
x\text{-}y &= 9 = 4\,\mathrm{mod}\ 5 \\
(0&\text{-}1.)\,\mathrm{mod}\ 5 = (0\text{+}4)\,\mathrm{mod}\ 5 = 4\,\mathrm{mod}\ 5.
\end{aligned}
$$

● Multiplikation

Ähnlich wie bei den Operationen Addition/Subtraktion werden bei der Multiplikation die zum Modul m_ν gehörenden Reste zweier Zahlen modulo m_ν multipliziert.

Für die Darstellung (5.32a) ergibt

$$x \cdot y \longrightarrow (Z_n \ldots Z_1)_{(m_n \ldots m_1)} \qquad (5.36)$$

die Beziehung

$$Z_\nu = (X_\nu \cdot Y_\nu)\,\mathrm{mod}\ m_\nu \qquad\qquad \nu = 1\ldots n.$$

Auch in diesem Fall kann Z_ν aus Tafeln ermittelt werden. Das führt ebenfalls
zu der im Bild 5.12 dargestellten Struktur, jedoch mit geänderten Tafelwerten.
Folglich ergibt sich der gleiche Speicherplatzaufwand wie bei der Addition/Sub-
traktion.

Beispiel 5.6.:

Die Zahlenwerte $x = 7$ und $x = 8$ sind auf der Grundlage des Restklassensystems mit den Moduln $(m_3, m_2, m_1) = (5, 4, 3)$ zu multiplizieren. Entsprechende Operationstafeln sind in Tafel 5.3 enthalten. Wegen $7 \cdot 8 = 56 <$
$m = 60$ bleibt das Ergebnis der Operation innerhalb des zulässigen Zahlenbereiches

$$
\begin{aligned}
x &= 7 \longrightarrow (2,\ 3,\ 1)_{(5,\ 4,\ 3)} \\
y &= 8 \longrightarrow (3,\ 0,\ 2)_{(5,\ 4,\ 3)} \\
\hline
x \cdot y &= 56 \longrightarrow (1,\ 0,\ 2)_{(5,\ 4,\ 3)}.
\end{aligned}
$$

● Berechnung von Polynomen

Eine Verallgemeinerung der Rechenregeln für Addition und Multiplikation führt
zur Regel für die Berechnung von Polynomen im Restklassensystem:
Es sei

$$P(x) = a_N x^N + a_{N-1} x^{N-1} + \ldots a_1 x + a_0 \qquad (5.37)$$

ein Polynom N-ten Grades mit ganzzahligem a_i ($i = 0\ldots N$) und x.
Mit $\quad x \longrightarrow (X_n \ldots X_1)_{(m_n \ldots m_1)}$

ergibt sich für

$$P(x) \longrightarrow (Z_n \ldots Z_1)_{(m_n \ldots m_1)}$$

der Ausdruck

$$Z_\nu = P(X_\nu) \bmod m_\nu \qquad\qquad \nu = 1 \ldots n.$$

Die Z_ν lassen sich auch in diesem Fall aus Tafeln berechnen. Für die Abspeicherung der durch X_ν adressierten Tafeln in ROMs werden insgesamt s_{g2} Speicherplätze benötigt.

Beispiel 5.7.:

Es ist der Wert des Polynoms

$$P(x) = x^2 + 2x + 2 \qquad 0 \leqq x \leqq 2^{12} \qquad \text{für } x = 1000$$

auf der Basis des Restklassensystems

$$(m_5, m_4, m_3, m_2, m_1) = (32, 31, 29, 27, 25)$$

zu berechnen. Die Berechnungen ergeben

$$x = 1000 \longrightarrow (8, 8, 14, 10)_{(32, 31, 29, 27, 25)}$$

$$P(x) = 1002002 \longrightarrow (18, 20, 23, 5, 2)_{(33, 31, 29, 27, 25)},$$

wobei die Tafeln für Polynomberechnung (auszugsweise für m_5, m_4 und m_3)

X_5	P(X)	X_4	P(X)	X_3	P(X)
0	2	0	2	0	2
1	5	1	5	1	5
2	10	2	10	2	10
.	.	.	.	.	.
.	.	.	.	.	.
.	.	.	.	.	.
8	18	8	20	14	23
.	.	.	.	.	.
.	.	.	.	.	.
.	.	.	.	.	.
31	3	30	1	28	1
mod 32		mod 31		mod 29	

zur Verfügung stehen.

In den meisten praktisch genutzten Polynomen sind aber weder das Argument noch die Koeffizienten ganze Zahlen.
Derartige Polynome müssen dann in den Bereich der ganzen Zahlen transformiert werden:
Es sei

$$\hat{P}(\hat{x}) = \hat{a}_N \hat{x}^N + \hat{a}_{N-1} \hat{x}^{N-1} + \ldots \hat{a}_1 x + \hat{a}_0 \tag{5.39}$$

ein Polynom N-ten Grades, dessen Koeffizienten und das Argument Brüche sind.
Wenn K_1 der kleinste gemeinsame Nenner der Koeffizienten und K_2 der Nenner
des Arguments ist, läßt sich ein neues Polynom mit ganzen Koeffizienten a_i und
ganzem Argument x formulieren:

$$P(x) = a_N x^N + a_{N-1} x^{N-1} + \ldots a_1 x + a_0, \qquad (5.40)$$

wobei

$$P(x) = K_1 \cdot (K_2)^N \cdot \hat{P}(\hat{x}). \qquad (5.41)$$

Nach erfolgter Berechnung von P(x) kann über (5.41) $\hat{P}(\hat{x})$ ermittelt werden.

Beispiel 5.8.:

Es ist das Polynom P(x) (a_i, x rational) zu berechnen mit

$$P(x) = 3,56250 \, x^2 + 1,28125 \, x + 0,21875.$$

Dabei möge $\hat{x}$ im Intervall $[0, 1]$ liegen und mit einer Genauigkeit von 2^{-12}
verfügbar sein.

Es ergibt sich für $K_1 = \dfrac{1}{2^{-5}}$

$$K_2 = \dfrac{1}{2^{-12}}$$

das Polynom

$$P(x) = 114 \, x^2 + 41 \cdot 2^{12} x + 7 \cdot 2^{24}$$

mit

$$\hat{P}(\hat{x}) = 2^{-29} \, P(x),$$

wobei x im Intervall $[0, 2^{12}]$ liegt.

Zur Berechnung von $\hat{P}(\hat{x})$ aus P(x) ist eine Division durch den Faktor $K_1 \cdot (K_2)^N$
erforderlich. Diese Operation kann nach der Konvertierung von P(x) aus dem
Restklassenzahlensystem in das duale Zahlensystem durchgeführt werden. Wird
$K_1 (K_2)^N$ so gewählt, daß er gleich dem Wert einer Potenz von zwei ist (s. Beispiel), ist die Division problemlos.

5.3.4. Steuerungsprinzipien

Im Realisierungsprozeß ist nach Festlegung des Zahlensystems die Struktur des
Tastsystems in eine Hardwarestruktur der Verarbeitungseinheit oder in eine
Softwarestruktur für eine entworfene Konfiguration programmierbarer Prozessoren umzusetzen. In beiden Fällen ist ein tieferer Einblick in die möglichen
Steuerungsabläufe notwendig, um die Auswahl der Hardwarebasis einerseits und
der Tastsystemstruktur andererseits besser treffen zu können. Ziel des Auswahl-
prozesses ist das Auffinden solcher Tastsystemstrukturen, die eine Realisierung
der gestellten Forderungen hinsichtlich Tastfrequenz und Systemgrad mit mini-
malem Aufwand, d.h. mit einer minimalen Anzahl von Hardwarekomplexen in
Form von Rechenwerken oder Prozessoren und Speichern, erlauben.

Die Grundlage für die Untersuchung der Eigenschaften einer Tastsystemstruktur bildet eine der Problemstellung angepaßte Beschreibung. Es hat sich gezeigt, daß der Signalflußgraph eines Tastsystems als Strukturbeschreibung nicht unmittelbar dafür geeignet ist. Vielmehr ist es zweckmäßiger, den Signalflußgraphen in ein Petri-Netz /5.7/ mit spezieller Interpretation zu überführen.

Das Petri-Netz ist ein gerichteter Graph mit zwei disjunkten Knotenmengen, der Menge $\mathbf{T}$ der Transitionen und der Menge $\mathbf{P}$ der Plätze oder Stellen mit $\mathbf{T} \cap \mathbf{P} = \emptyset$. Die Kanten von den Plätzen zu den Transitionen stellen die Relation

$$\mathbf{Q} \subseteq \mathbf{P} \times \mathbf{T} \tag{5.42a}$$

dar und die Kanten von den Transitionen zu den Plätzen die Relation

$$\mathbf{R} \subseteq \mathbf{T} \times \mathbf{P}. \tag{5.42b}$$

Durch die Abbildung

$$B: \mathbf{Q} \cup \mathbf{R} \rightarrow \mathbf{N} \tag{5.43}$$

erfolgt eine Bewertung der Kanten des Netzes mit natürlichen Zahlen. Der Zustand des Netzes wird durch eine Markierung

$$M: \mathbf{P} \rightarrow \mathbf{N}_0 \tag{5.44}$$

der Plätze und durch eine diskrete Zeitbewertung

$$D: \mathbf{T} \rightarrow \mathbf{N}_0 \tag{5.45}$$

charakterisiert. Die grafische Darstellung der Netzelemente ist im Bild 5.13 zu sehen.

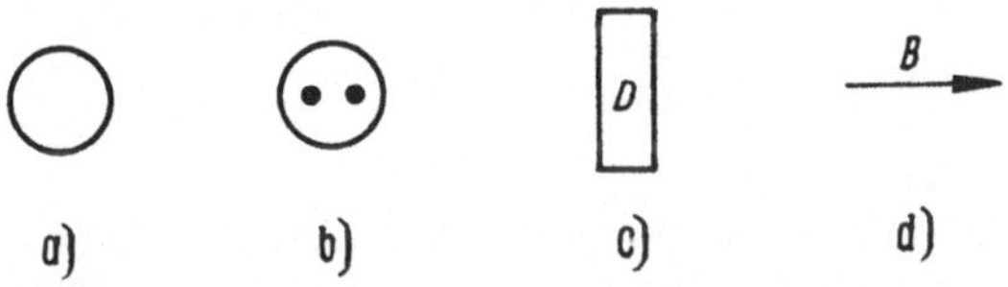

Bild 5.13. Grafische Darstellung der Netzelemente

Eine Änderung der Markierung, d.h. eine Zustandsänderung, ist durch das Schalten der Transitionen möglich, deren Schaltfähigkeit von der momentanen Markierung der vorgelagerten Stellen abhängt. Zur analytischen Beschreibung der Topologie und des Verhaltens des Petri-Netzes werden häufig Matrizen und Vektoren verwendet. Für die Topologie einschließlich Bewertung sind es die modifizierten Knotenadjazenzmatrizen $\underline{R}$ und $\underline{Q}$, deren Matrixelemente folgende Werte annehmen:

$$r_{\nu,\mu} = \begin{cases} B(t_\nu, p_\mu) & (t_\nu, p_\mu) \in \mathbb{R} \\ 0 & \text{sonst} \end{cases} \tag{5.46a}$$

$$q_{\nu,\mu} = \begin{cases} B(p_\nu, t_\mu) & (p_\nu, t_\mu) \in \mathbf{Q} \\ 0 & \text{sonst.} \end{cases} \tag{5.46b}$$

Zur Notierung der Transitionen und Markierungen werden der Vektor $\underline{s}$ mit

$$s_\mu = \begin{cases} 1 & \text{falls } s_\mu \in \mathbf{T}_s \subset \mathbf{T} \\ 0 & \text{sonst} \end{cases}$$

und der Markierungsvektor $\underline{m}$ mit

$$m_\mu = M(s_\mu)$$

eingeführt. Bei gleicher Zeitbewertung der Transitionen lassen sich die Schalt-
fähigkeitsbedingungen durch

$$\underline{Q}\,\underline{s} \leqq \underline{m} \tag{5.47}$$

und die Markierungsänderungen durch

$$\underline{m}\,[k+1] = \underline{m}\,[k] + (\underline{R}-\underline{Q})^T\,\underline{s}\,[k] \tag{5.48}$$

ausdrücken.

Beispiel 5.9.:

Die Topologie des im Bild 5.14 dargestellten Petri-Netzes wird durch die
Matrizen

$$\underline{R}^T = \begin{pmatrix} 1 & 0 & 0 \\ 1 & 0 & 0 \\ 0 & 1 & 0 \\ 0 & 0 & 1 \end{pmatrix}$$

und

$$\underline{Q} = \begin{pmatrix} 1 & 0 & 0 \\ 0 & 4 & 0 \\ 0 & 0 & 1 \\ 0 & 0 & 1 \end{pmatrix}$$

beschrieben. Die Anfangsmarkierung lautet $\underline{m}\,[0] = (1,\ 0,\ 0,\ 1)^T$. Die Mar-
kierungsfolge berechnet sich über

$$\underline{m}\,[k+1] = \underline{m}\,[k] + \begin{pmatrix} 0 & 0 & 0 \\ 1 & -4 & 0 \\ 0 & 1 & -1 \\ 0 & 0 & 0 \end{pmatrix} \underline{s}\,[k]$$

mit $\underline{s}\,[0] = (1\ 0\ 0\ 0)^T$ zu

$$\begin{pmatrix} 1 \\ 0 \\ 0 \\ 1 \end{pmatrix},\ \begin{pmatrix} 1 \\ 1 \\ 0 \\ 1 \end{pmatrix},\ \begin{pmatrix} 1 \\ 2 \\ 0 \\ 1 \end{pmatrix},\ \underbrace{\begin{pmatrix} 1 \\ 3 \\ 0 \\ 1 \end{pmatrix},\ \begin{pmatrix} 1 \\ 4 \\ 0 \\ 1 \end{pmatrix},\ \begin{pmatrix} 1 \\ 1 \\ 1 \\ 1 \end{pmatrix},\ \begin{pmatrix} 1 \\ 2 \\ 0 \\ 1 \end{pmatrix}}$$

$\qquad$ aperiodisch $\qquad\qquad\qquad$ periodisch.

Diese Markenfolge ist ebenfalls im Bild 5.14 veranschaulicht.
Unter einer Vielzahl von topologischen Eigenschaften und Markenflußeigenschaf-
ten interessiert vor allem die Verklemmungseigenschaft. Eine Verklemmung
des Petri-Netzes liegt vor, wenn für eine gegebene Anfangsmarkierung die Mar-
kierungsfolge in einer festen Markierung mündet und damit keine Transition
mehr schaltfähig ist. Ausführliche Darlegungen zu Algorithmen für die Untersuchung der Netzeigenschaften sind in /5.7/ und /5.8/ zu finden.
Das Petri-Netz wird im allgemeinen verwendet, um die Wechselwirkung zwischen parallel ablaufenden Aufgaben - Prozessen, Aktionen - zu untersuchen.
In den nachfolgenden Betrachtungen wird davon ausgegangen, daß die im Signalflußgraphen angegebenen Aufgaben A_ν zeitbewerteten Transitionen zugeordnet

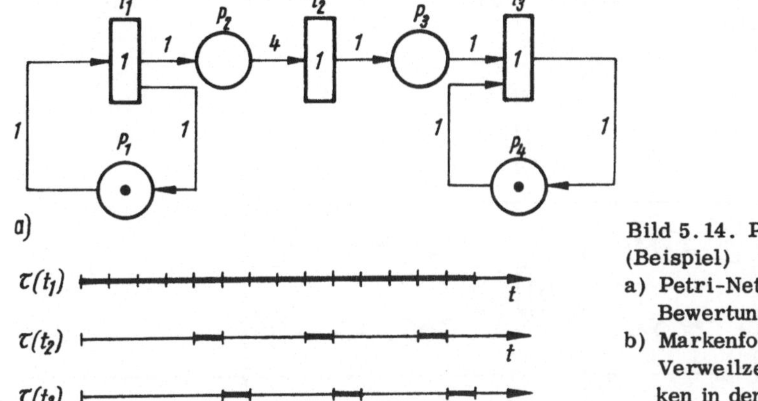

Bild 5.14. Petri-Netz
(Beispiel)
a) Petri-Netz mit
   Bewertung
b) Markenfolge
   Verweilzeit der Mar-
   ken in den Transitionen

werden, d.h. $A_v \longrightarrow t_v$ und der Markenfluß den Fortschritt bei der Abarbeitung
des durch den Signalflußgraphen angegebenen Algorithmus angibt. Aufgabentypen
sind die ADDITION, MULTIPLIKATION und SPEICHERUNG. Der Schaltzeit der
Transition entspricht die Aufgabenbearbeitungszeit, d.h., mit dem Aufgabenstart
ist ein Abziehen der Marken und mit dem Aufgabenende die Ausgabe der Marken
verbunden. Aus dem Signalflußgraphen lassen sich die Kooperationsbeziehungen
der Aufgaben untereinander unmittelbar ablesen. Diese Kooperationsbeziehungen
werden durch die den Transitionen vor- bzw. nachgelagerten Stellen, die die
Realisierungsvorbedingungen bzw. Realisierungsnachbedingungen der Aufgaben
bilden, in Verbindung mit den Kanten des Netzes und den dazugehörigen Bewer-
tungen dargestellt. Die in Tafel 5.4 angegebenen Regeln ermöglichen eine leichte
Überführung des Signalflußgraphen in das zugehörige Petri-Netz. In diesem Sinne
kann beispielsweise das Netz im Bild 5.14 wie folgt interpretiert werden: Nach
viermaliger Meßwerterfassung (A_1) erfolgt die Mittelwertbildung (A_2) und anschließend die Ausgabe (A_3), wobei die Markierung den momentanen Bearbeitungs-
zustand angibt.
Ziel der Untersuchungen auf der Grundlage der Petri-Netz-Beschreibung ist es,
die Verklemmungsfreiheit des Algorithmus nachzuweisen und die möglichen Ab-
arbeitungsreihenfolgen zu bestimmen. Für Petri-Netze, die aus korrekten Signalflußgraphen hervorgehen, treten bei richtiger Anfangsmarkierung keine Verklemmungen auf. Für die Abarbeitungsreihenfolge der Aufgaben gibt es in der Regel
mehrere Möglichkeiten. Dies liegt darin begründet, daß es für eine vorgegebene
Markierung $\underline{m}$ im allgemeinen mehrere Vektoren $\underline{s}$ gibt, die der Schaltfähigkeits-
bedingung

$$\underline{Q}\,\underline{s} \leqq \underline{m}$$

genügen. Diese Vektoren sollen als Schaltvektoren bezeichnet werden. Zur syste-
matischen Bestimmung aller Reihenfolgen ist es daher notwendig, die Menge aller Schaltvektoren

$$\mathbf{S}\,(\underline{m}) = \{\underline{s}\,|\,\underline{Q}\,\underline{s} \leqq \underline{m}\} \tag{5.49}$$

zu ermitteln.

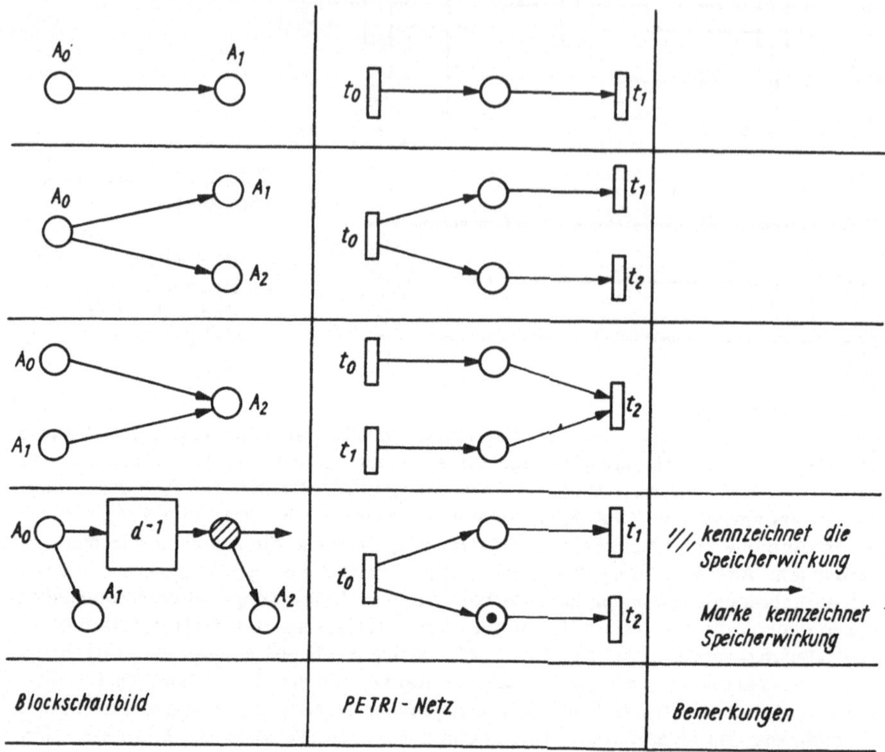

Eine Steuerung wählt dann aus der Menge aller möglichen Abarbeitungsreihen-
folgen genau eine aus. Eine zeitoptimale Steuerung liegt vor, wenn bei vorgegebener Anzahl von Hardwarekomplexen, die geringste Tastrate erreicht wird.

Die grundsätzlichen Steuerungsprinzipien sollen anhand von zwei typischen
Algorithmen

- N unverkoppelte Aufgaben $A_1, \ldots, A_N$ (Bilder 5.15a, c)

- N seriell verkoppelte Aufgaben $A_1, \ldots, A_N$, d.h. A_{v-1} ist Vorfolgeaufgabe

  und A_{v+1} Nachfolgeaufgabe von A_v (Bilder 5.15b, d),

die auf einem Einprozessorsystem oder Mehrprozessorsystem periodisch abzu-
arbeiten sind, erläutert werden. Das Petri-Netz für die Algorithmen ist in den
Bildern 5.15c, d ohne vollständige Markierung dargestellt. Die Kreise 1, 2 und N
im Petrinetz geben an, daß die Aufgabe A_v erst nach Ablauf der Bearbeitungszeit
wieder gestartet werden kann.

- Einprozessorsystem

Die Aufgaben A_v müssen alle in entsprechender Reihenfolge auf dem zur Verfügung stehenden Prozessor abgearbeitet werden. Diese Steuerungsart wird als
<u>Zeitmultiplexbetrieb</u> bezeichnet. Zur Festlegung dieser Steuerungsart müssen

in dem Netz für die unverkoppelten Aufgaben durch Einfügen von Plätzen eine
Reihenfolge eingeführt (Bild 5.15e) und eine entsprechende Markierung vorgenommen werden. Für den Algorithmus mit den verkoppelten Aufgaben ist das
Netz im Bild 5.15f nur noch zu markieren. In der Steuerung ist danach kein
Unterschied in der Bearbeitung mehr zu erkennen. Er ist nur anhand der Datenstruktur festzustellen. Ferner können bei dieser Steuerungsart die Kreise ent-
fallen, da die Aufgaben nacheinander angestoßen werden.

● N-Prozessorsystem

Die Aufgaben A_ν werden jeweils auf einem Prozessor P_ν abgearbeitet. Im Fall
der unverkoppelten Aufgaben gibt Bild 5.15c die Steuerung unmittelbar wieder.
Für den Algorithmus mit den verkoppelten Aufgaben kann durch Markierung aller
Zwischenplätze eine zeitoptimale Steuerung, die als <u>Pipelinebetrieb</u> bezeichnet
wird, angegeben werden. Dabei ist eine Einschwingphase zu durchlaufen.

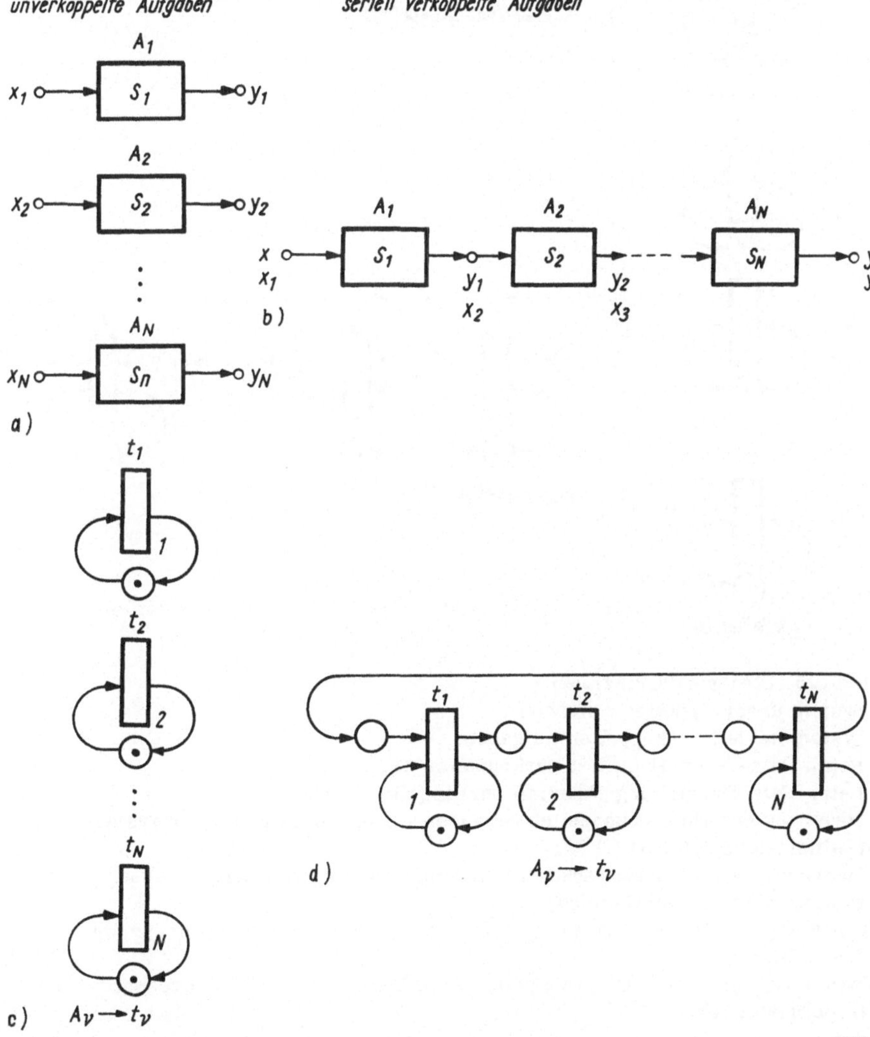

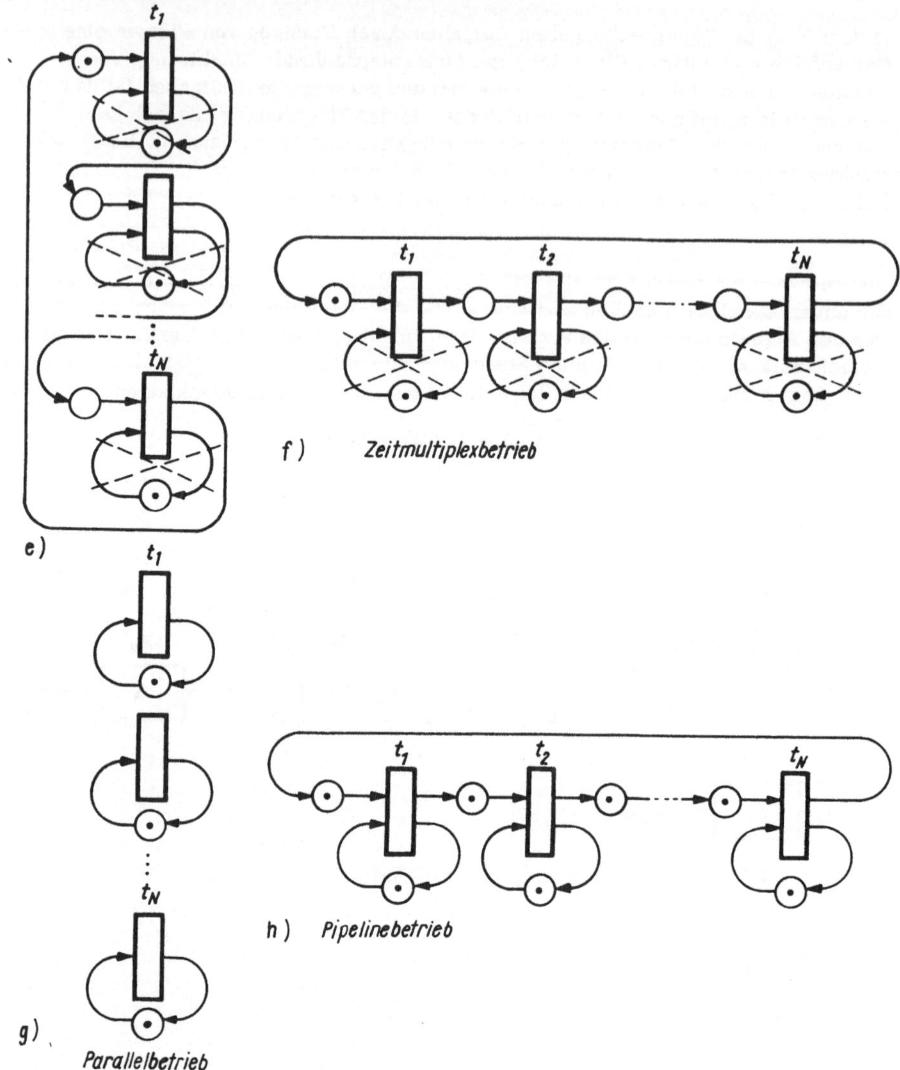

Bild 5.15. Steuerungsprinzipien

a) System unverkoppelter Aufgaben

b) System seriell verkoppelter Aufgaben

c) Petri-Netz-Darstellung N unverkoppelter Aufgaben

d) Petri-Netz-Darstellung N seriell verkoppelter Aufgaben

e) Steuerung der N unverkoppelten Aufgaben auf einem Einprozessorsystem (Zeitmultiplexbetrieb)

f) Steuerung der N seriell verkoppelten Aufgaben auf einem Einprozessor- system (Zeitmultiplexbetrieb)

g) Steuerung der N unverkoppelten Aufgaben auf einem N-Prozessorsystem (Parallelbetrieb)

h) Steuerung der N seriell verkoppelten Aufgaben auf einem N-Prozessorsystem (Pipelinebetrieb)

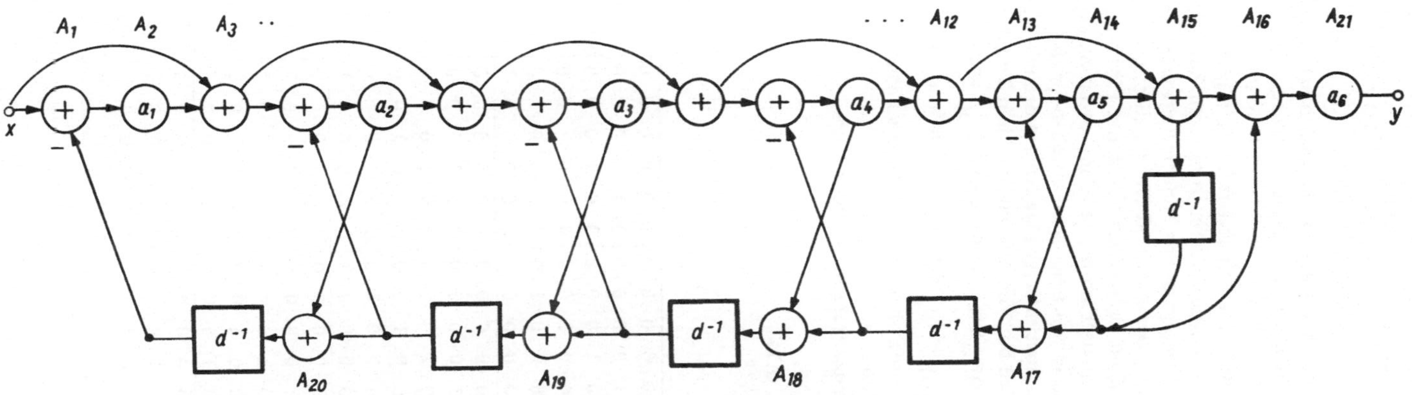

Bild 5.16. Blockschaltbild des Digitalfilters 5. Ordnung mit Angabe der Aufgaben A_ν

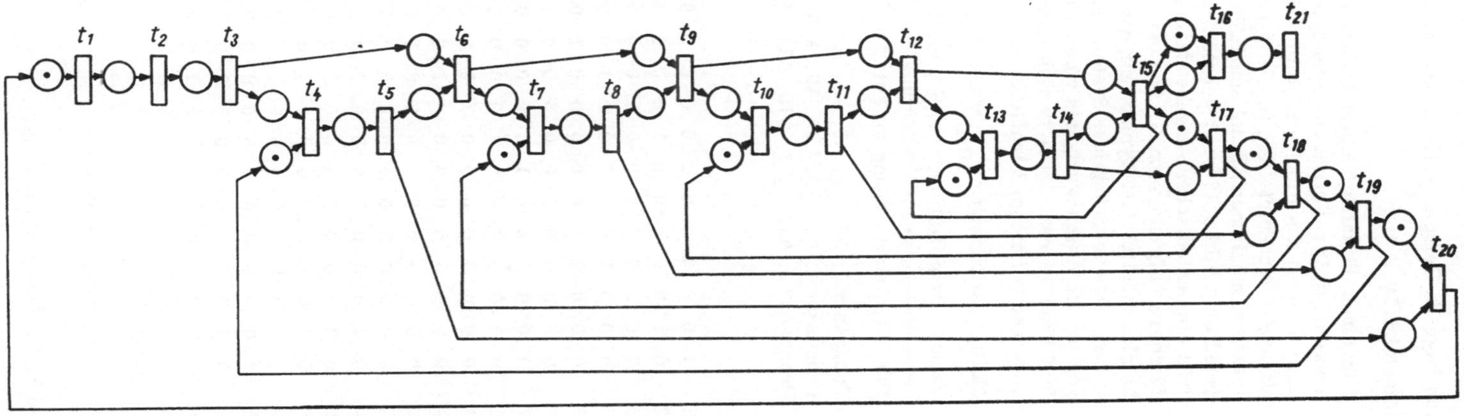

$$A_\nu \longrightarrow t_\nu \; (\nu = 1, \cdots, 21)$$

Bild 5.17. Petri-Netz-Darstellung der Aufgabenverkopplung in dem Digitalfilter 5. Ordnung nach Bild 5.16

Das folgende Beispiel soll die Steuerungsprinzipien illustrieren.

Beispiel 5.10.:

Für einen digitalen Tiefpaß 5. Ordnung nach /5.6/ sollen die Realisierung
maximaler Parallelität und eine optimale Realisierung ermittelt werden.
Bild 5.16 ist das Blockschaltbild mit den Aufgaben A_ν und im Bild 5.17 dϵ
dazugehörige Petri-Netz ($A_\nu \to t_\nu$) skizziert. Die Schaltvektoren $\underline{s}$ mit de
maximal möglichen Anzahl schaltfähiger Transitionen zum jeweiligen Zeit
punkt sind Bild 5.18 zu entnehmen. Nach Beendigung des Einschwingvorga
tritt ein periodischer Aufgabendurchlauf auf, der maximal fünf parallel du
führbare Aufgaben enthält. Aus dem Ablauf ist zu erkennen, daß ein Pipel
betrieb möglich ist. Typisch für den Pipelinebetrieb ist das Einschwingve
halten. Das ursprüngliche System ist deshalb mit einer zusätzlichen Verz
gerung des Ausgangssignals y behaftet. Zeitoptimal ist eine Realisierung
fünf Prozessoren. Es zeigt sich jedoch, daß bei Verwendung von drei Prozessoren bei einem Verhältnis von Additions-/Subtraktionszeit τ_{ADD} zur
Multiplikationszeit τ_{MUL} von $\tau_{ADD} : \tau_{MUL} = 1 : 10$ nur eine Erhöhung dϵ
Verarbeitungszeit um $\sim 10~\%$ eintritt. Folglich bringt eine Aufwanderhöhu
keine nennenswerte Verkürzung der Tastrate.
Die Aufgabenzuordnung im Fall der Dreiprozessorrealisierung lautet

Prozessor 1: A1, A2, A3, A4, A20, A5, A6
Prozessor 2: A7, A8, A19, A9, A10, A11, A12
Prozessor 3: A13, A14, A15, A17, A21, A18.

	EINSCHWINGPHASE												PERIODE											
1	1	0	0	0	0	0	1	0	0	0	0	0	1	0	0	0	0	0	1	0	0	0	0	0
2	0	1	0	0	0	0	0	1	0	0	0	0	0	1	0	0	0	0	0	1	0	0	0	0
3	0	0	1	0	0	0	0	0	1	0	0	0	0	0	1	0	0	0	0	0	1	0	0	0
4	0	0	0	1	0	0	0	0	0	1	0	0	0	0	0	1	0	0	0	0	0	1	0	0
5	0	0	0	0	1	0	0	0	0	0	1	0	0	0	0	0	1	0	0	0	0	0	1	0
6	0	0	0	0	0	1	0	0	0	0	0	1	0	0	0	0	0	1	0	0	0	0	0	1
7	0	0	0	0	0	0	1	0	0	0	0	0	1	0	0	0	0	0	1	0	0	0	0	0
8	0	0	0	0	0	0	0	1	0	0	0	0	0	1	0	0	0	0	0	1	0	0	0	0
9	0	0	0	0	0	0	0	0	1	0	0	0	0	0	1	0	0	0	0	0	1	0	0	0
10	0	0	0	0	0	0	0	0	0	1	0	0	0	0	0	1	0	0	0	0	0	1	0	0
11	0	0	0	0	0	0	0	0	0	0	1	0	0	0	0	0	1	0	0	0	0	0	1	0
12	0	0	0	0	0	0	0	0	0	0	0	1	0	0	0	0	0	1	0	0	0	0	0	1
13	0	0	0	0	0	0	0	0	0	0	0	0	1	0	0	0	0	0	1	0	0	0	0	0
14	0	0	0	0	0	0	0	0	0	0	0	0	0	1	0	0	0	0	0	1	0	0	0	0
15	0	0	0	0	0	0	0	0	0	0	0	0	0	0	1	0	0	0	0	0	1	0	0	0
16	0	0	0	0	0	0	0	0	0	0	0	0	0	0	0	1	0	0	0	0	0	1	0	0
17	0	0	0	0	0	0	0	0	0	0	0	0	0	0	1	0	0	0	0	0	1	0	0	0
18	0	0	0	0	0	0	0	0	0	0	0	1	0	0	0	0	0	1	0	0	0	0	0	0
19	0	0	0	0	0	0	0	0	1	0	0	0	0	0	1	0	0	0	0	0	1	0	0	0
20	0	0	0	0	0	1	0	0	0	0	0	1	0	0	0	0	0	1	0	0	0	0	0	1
21	0	0	0	0	0	0	0	0	0	0	0	0	0	0	0	0	1	0	0	0	0	0	1	0

Bild 5.18. Schaltvektorenfolge

5.4. Quantisierung und Begrenzung

5.4.1. Quantisierungsmodelle

Für die digitale Verarbeitung der analogen Abtastwerte $\tilde{x}[k]$ ist eine Quantisierung der Amplitude des diskreten Signals erforderlich. Die Quantisierung, die in dem Analog-Digital-Wandler erfolgt, ist eine nichtlineare Signalwandlung und wird durch eine Quantisierungskennlinie $q(\tilde{x})$ oder durch eine Quantisierungsfehlerkennlinie $\Delta q(\tilde{x}) = \tilde{x} - q(\tilde{x})$ beschrieben. Eine Quantisierung ist ebenfalls dann notwendig, wenn die in der digitalen Verarbeitungseinheit durchzuführenden Operationen zu Zahlenwerten x führen, die nicht in dem vorgeschriebenen Zahlenbereich liegen. Operationen dieses Typs sind die Multiplikation, Division und Verschiebung.

Der Verlauf der Quantisierungskennlinien bzw. Quantisierungsfehlerkennlinien hängt von der Quantisierungsart

* Abschneiden oder
* Runden

und von der Darstellung der zu quantisierenden Signalwerte und der Wortlänge N für die Darstellung der Ziffernfolge

$$(X_n X_{n-1} \ldots X_1 X_0, X_{-1} \ldots X_{-m})$$

in der Verarbeitungseinheit ab. Die durch das Abtasten entstehenden Signalwerte

$$x = \pm \sum_{\nu=-\infty}^{n-1} X_\nu \, 2^\nu \tag{5.50}$$

können als Ziffernfolgen

$$(X_n X_{n-1} \ldots, X_1, X_0 X_{-1} \ldots)$$

unendlicher Länge dargestellt werden. Bei der Multiplikation der binär dargestellten Zahlen entstehen sowohl bei binärer Zahlendarstellung mit Betrag und Vorzeichen

$$x = (1-2X_n) \sum_{\nu=-M}^{n-1} X_\nu \, 2^\nu$$

als auch bei binärer Zahlendarstellung im Zweierkomplement

$$x = - 2^n X_n + \sum_{\nu=-M}^{n-1} X_\nu \, 2^\nu$$

Ziffernfolgen der Form

$$(X_n X_{n-1} \ldots X_1 X_0, X_{-1} \ldots X_{-M}). \qquad M > m$$

Erfolgt die Quantisierung einfach dadurch, daß die letzten Ziffern bis zur Ziffer X_{-m-1} weggelassen werden, dann bezeichnet man diese Art der Quantisierung als <u>Abschneiden</u>.

Die Quantisierungsschrittweite δ hat dabei den Wert $\delta = 2^{-m}$. Wird vor dem Abschneiden $\delta/2$ zu dem zu quantisierenden Wert hinzuaddiert, so spricht man von <u>Runden</u>. Die Quantisierungskennlinien und Quantisierungsfehlerkennlinien für die verschiedenen Zahlendarstellungen sind in den Bildern 5.20, 5.21 und 5.22 dargestellt. Vorausgesetzt wird bei dieser Beschreibung, daß die zu quantisierenden Werte den maximalen Wert $2^n - \delta$ nicht überschreiten.

Die determinierte Betrachtungsweise auf der Grundlage der Quantisierungskennlinien führt nur in Sonderfällen zu allgemeingültigen Aussagen. Zur Untersuchung der Auswirkung der Quantisierungsfehler wurden deshalb statistische Modelle entwickelt. Ausgangspunkt dieser groben Modellierung ist die Formulierung aller an den Quantisierern anliegenden Signale als stationäre stochastische Prozesse $\tilde{\xi}\,[k]$ mit diskreter Zeit, die durch den zeitunabhängigen Mittelwert $m_{\tilde{\xi}} = E\{\tilde{\xi}\,[k]\}$ und die Korrelationsfunktion $s_{\tilde{\xi}}[k]$ beschrieben werden. Zur Berechnung der Kenngrößen $s_{\Delta\xi}\,[k]$ und $m_{\Delta\xi}$ des Ausgangsfehlerprozesses

$$\Delta\,\xi\,[k] = \tilde{\xi}\,[k] - \xi\,[k]$$

werden die grundlegenden Beziehungen

$$E\{\Delta\,\xi\,[k]\} = \int\limits_{-\infty}^{\infty} q(\tilde{x})\; f_{\tilde{\xi}}(\tilde{x},\,k)\,d\tilde{x} \tag{5.51}$$

und

$$E\{\Delta\,\xi\,[k_1]\cdot\Delta\,\xi\,[k_2]\} = \int\limits_{-\infty}^{\infty}\int\limits_{-\infty}^{\infty} q(\tilde{x}_1)\,\Delta q(\tilde{x}_2) f_{\tilde{\xi}}(\tilde{x}_1,\tilde{x}_2,k_1,k_2)\,d\tilde{x}_1\,d\tilde{x}_2 \tag{5.52}$$

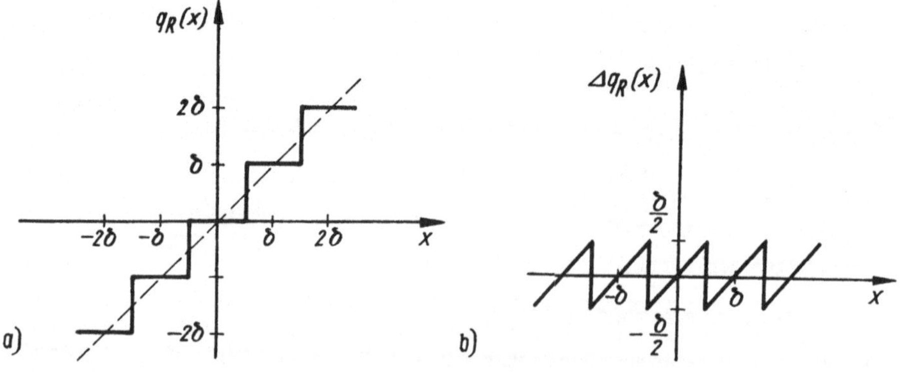

Bild 5.19. Quantisierer

Bild 5.20. Kennlinien beim Runden von Zahlenwerten
a) Quantisierungskennlinie; b) Quantisierungsfehlerkennlinie

282

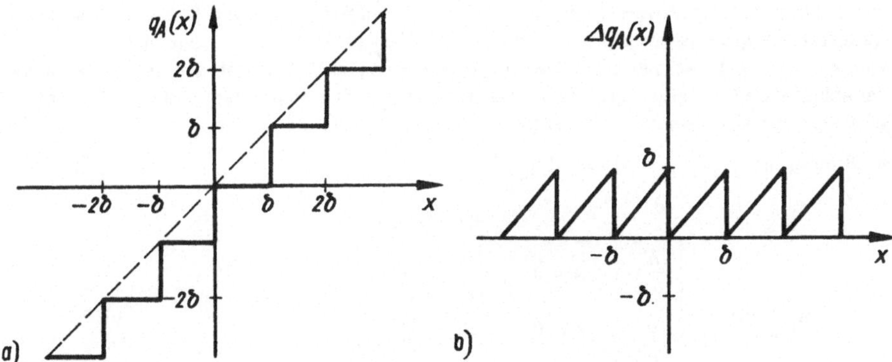

Bild 5.21. Kennlinien beim Abschneiden von Zahlenwerten mit Zweierkomplementdarstellung
a) Quantisierungskennlinie; b) Quantisierungsfehlerkennlinie

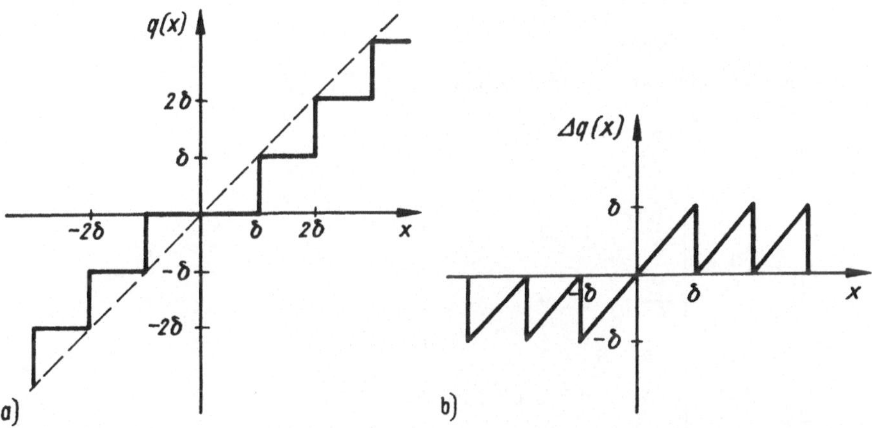

Bild 5.22. Kennlinie beim Abschneiden von Zahlenwerten mit Vorzeichen/ Betrags-Darstellung
a) Quantisierungskennlinie; b) Quantisierungsfehlerkennlinie .

für nichtlineare Transformationen eines stationären Prozesses /5.9/ benutzt. Durch Fourierreihenentwicklung der Quantisierungsfehlerkennlinie können die Erwartungswerte mit Hilfe der charakteristischen Funktion ermittelt werden /5.9/. Dabei entscheidet die Größenordnung der Konstanten

$$\beta = \frac{s_{\tilde{\xi}}[0] - s_{\tilde{\xi}}[\infty]}{\delta^2}$$

über das entstehende Modell. In der Mehrzahl der Fälle kann davon ausgegangen werden, daß die Energie der an den Quantisierern anliegenden stochastischen Signale wesentlich größer ist als die des stochastischen Fehlersignals. Unter dieser Voraussetzung genügt β der Ungleichung

$$\beta > 1$$

und ist der Fehlerprozeß $\Delta\xi[k]$ bei den in den Bildern 5.20 und 5.21 dargestellten Quantisierungsfehlerkennlinien $\Delta q_R(\widetilde{x})$ und $\Delta q_A(\widetilde{x})$ praktisch nicht mit dem Eingangsprozeß $\xi[k]$ korreliert. Die Fehlerprozesse $\Delta\xi[k]$, auch als Quantisierungsrauschprozesse bezeichnet, sind ebenfalls stationäre Prozesse. Nach /5.9/ ergibt sich für die Quantisierungsart

• Runden nach der Kennlinie $\Delta q_R(\widetilde{x})$

$$m_{\Delta\xi} = 0$$

$$s_{\Delta\xi}[k] = \begin{cases} \dfrac{\delta^2}{12} & k = 0 \\[2mm] 0 & k > 0 \end{cases}$$

$$f_{\Delta\xi}(\Delta x) = \begin{cases} 0 & \Delta x - \dfrac{\delta}{2} \\[2mm] \delta & -\dfrac{\delta}{2} \leqq \Delta x \leqq \dfrac{\delta}{2} \\[2mm] 0 & \Delta x > \dfrac{\delta}{2} \end{cases}$$

(5.52)

und für Quantisierungsart

• Abschneiden nach der Kennlinie $\Delta q_A(\widetilde{x})$

$$m_{\Delta\xi} = \dfrac{\delta}{2}$$

$$s_{\Delta\xi}[k] = \begin{cases} \dfrac{\delta^2}{3} & k = 0 \\[2mm] \dfrac{\delta^2}{4} & k > 0 \end{cases}$$

$$f_{\Delta\xi}(\Delta x) = \begin{cases} 0 & \Delta x < 0 \\[2mm] \delta & 0 \leqq \Delta x \leqq \delta. \\[2mm] 0 & \Delta x > \delta \end{cases}$$

(5.53)

Die Kenngrößen der statistischen Modelle sind in den Bildern 5.23 und 5.24 dargestellt.

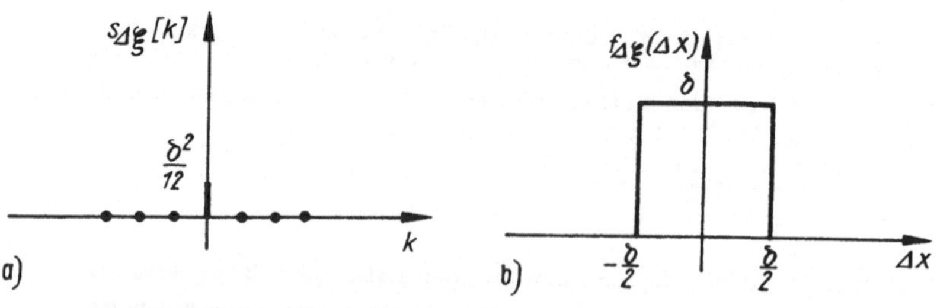

Bild 5.23. Kenngrößen des statistischen Modells des Rundens nach der Kennlinie $\Delta q_R(x)$
a) Korrelationsfunktion; b) Dichtefunktion

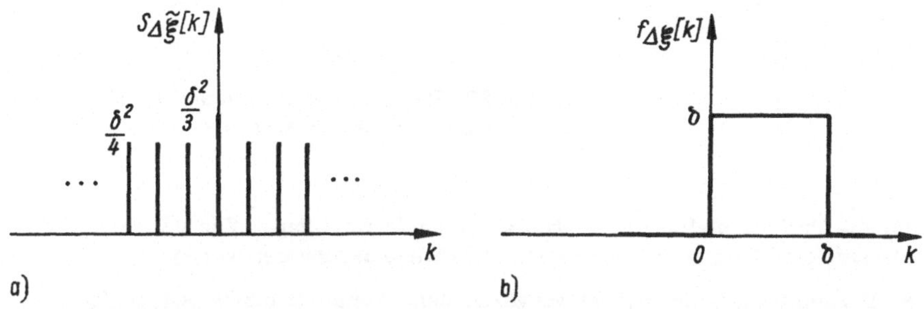

Bild 5.24. Kenngrößen des statistischen Modells des Abschneidens nach der Kennlinie $\Delta q_A(x)$
a) Korrelationsfunktion; b) Dichtefunktion

Der Quantisierer für Abtastsignale $\tilde{x}$ kann demzufolge durch das im Bild 5.25 dargestellte Modell beschrieben werden. Die Quantisierung wird danach durch eine Quantisierungsrauschquelle modelliert, deren Signal nicht mit dem Eingangssignal korreliert ist. Dem betrachteten Modell liegt ein kontinuierlicher Fehlerprozeß mit der Dichtefunktion $f_{\Delta\xi}(\Delta x)$ zugrunde.
Bei der Quantisierung bereits digital vorliegender Signale entsteht ein diskreter Fehlerprozeß mit einer diskreten Verteilung. Wird jedoch bei der Quantisierung eine hinreichend große Quantisierungsschrittweite δ im Vergleich zum vorliegenden digitalen Signal gewählt, d.h. $2^{-M} \ll 2^{-m}$, so kann in guter Näherung mit einem kontinuierlichen Fehlerprozeß gerechnet werden. Da diese Bedingung bei den Standardrealisierungen mit $M = 2m$ erfüllt ist, lassen sich die aufgestellten Modelle für den kontinuierlichen Fall gut verwenden /5.10/ /5.11/.

5.4.2. Parameterquantisierung

Bei der digitalen Realisierung eines Tastsystems können die Parameter aufgrund der zur internen Darstellung notwendigen endlichen Wortlänge nur diskrete Werte annehmen. Die folgenden Betrachtungen beziehen sich auf den praktisch wichtigsten Fall der Festkommadarstellung.
Bei der Untersuchung des Einflusses dieser begrenzten Wortlänge der Parameter wird zunächst die Signalquantisierung außer acht gelassen. Unter dieser Voraussetzung kann die endliche Wortlänge entweder unmittelbar im Entwurfsprozeß durch den direkten Entwurf auf der Grundlage einer Optimierung im diskreten Parameterraum berücksichtigt werden oder durch eine nachträgliche Quantisierung der Parameter in der entworfenen Struktur des Tastsystems. Da eine Optimierung im diskreten Parameterraum eine Reihe von Schwierigkeiten mit sich bringt, wird vorwiegend das zweite Verfahren, die Quantisierung der Parameter, durchgeführt.
Die Quantisierung der Parameter durch Runden oder Abschneiden wird nicht nur zu einer Abweichung des Frequenzgangs oder der Gewichtsfunktion von ursprünglich angestrebtem Verlauf führen, sondern kann auch instabiles Verhalten zur Folge haben. Die maximal zulässige Quantisierungsschrittweite δ ist dabei die Schrittweite, für die kein instabiles Verhalten vorliegt und deren Abweichung von dem Sollverlauf in dem zulässigen Toleranzband liegt. Die durch Runden oder Abschneiden ermittelte Parameterwortlänge ist im allgemeinen nicht die

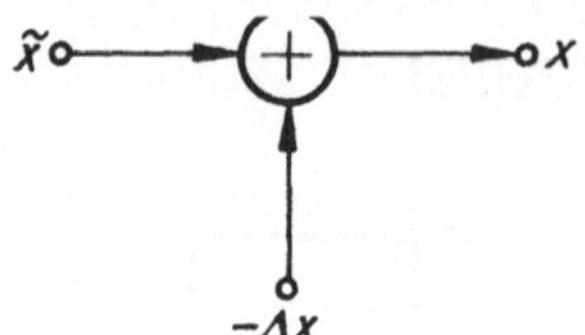

Bild 5.25. Statisches Modell eines Quantisierers
Δx Realisierung des Prozessors $\Delta\,\xi$

für die Problemstellung erreichbare minimale Wortlänge. Zur weiteren Verkürzung der Wortlänge können dann zwei Wege beschritten werden:

- Parameteroptimierung der vorgegebenen Struktur in einem begrenzten diskreten Parameterraum /5.11/
- Strukturoptimierung durch Empfindlichkeitsanalyse von untereinander äquivalenten Strukturen

Bei der Empfindlichkeitsanalyse werden die Abweichungen der geläufigsten Systemkenngrößen bei Veränderung des Parametervektors $\underline{p} = (p_1, \ldots, p_1)^T$ um $\underline{\Delta p} = (\Delta p_1, \ldots, \Delta p_1)^T$ für kleine Δp_λ näherungsweise über

$$\Delta g(k,\underline{p}) \approx \sum_{\lambda=1}^{1} \frac{\partial g\,(k,\,\underline{p})}{\partial p_\lambda}\,\Delta p_\lambda \qquad (5.54)$$

$$\Delta a(\omega,\underline{p}) \approx \sum_{\lambda=1}^{1} \frac{\partial a(\omega,\,\underline{p})}{\partial p_\lambda}\,\Delta p_\lambda \qquad (5.55)$$

$$\Delta b(\omega,\underline{p}) \approx \sum_{\lambda=1}^{1} \frac{\partial b(\omega,\,\underline{p})}{\partial p_\lambda}\,\Delta p_\lambda \qquad (5.56)$$

berechnet. Abgesehen von globalen Aussagen für Standardstrukturen, werden die Parameterempfindlichkeiten $\partial g/\partial p_\lambda$ als Zeitfunktionen und die Parameterempfindlichkeiten $\partial a/\partial p_\lambda$ bzw. $\partial b/\partial p_\lambda$ als Frequenzfunktionen für den vorgegebenen Parametervektor $\underline{p}^0 = (p_1^0, \ldots, p_1^0)^T$ numerisch ermittelt. Eine geringe maximale Parameterempfindlichkeit bedeutet, daß eine Quantisierung der Parameter eine geringe Veränderung des angestrebten Verlaufes verursacht.
Die optimale Struktur ist dann die Struktur mit der geringsten maximalen Summenempfindlichkeit bei geeigneter Wahl des Parameterfehlervektors $(\Delta p_1^0, \ldots, \Delta p_1^0)^T$ und damit einer geeigneten Quantisierung.

An dieses Strukturauswahlverfahren mit durch Rundung oder Abschneiden gewonnenem Parametervektor $\underline{p}_Q^0$ mit $p_{Q\lambda}^0 = q(p_\lambda^0)$ kann sich eine weitere Optimierung in einem begrenzten diskreten Parameterraum mit der Schrittweite δ und einem Gütekriterium $Q(\underline{p})$, z.B. $Q(\underline{p}) = \max_\omega |\Delta a(\omega,\,\underline{p})|$, anschließen. Dazu wird in /5.32/ ein modifiziertes Gauß-Seidel-Verfahren vorgeschlagen. Ausgehend von dem Parametervektor $\underline{p}_Q^0$, wird bei jedem Suchschritt nur eine Komponente $p_{Q\lambda}^0$ zunächst um $+\delta$ und dann um $-\delta$ verändert. Ist bei dieser Parameteränderung eine Verringerung des Gütekriteriums eingetreten, so wird der in einer Komponente geänderte Parametervektor als Ausgangsvektor für den nächsten Schritt benutzt. Wenn die Variation der Komponenten von $\underline{p}_Q^0$ nicht zu einer Verbesserung führt, wird statt des Abbruchs des Verfahrens mit dem nächst ungünstigeren Parametervektor p_Q^i erneut das oben skizzierte Suchverfahren begonnen.

Ein abschließendes Beispiel soll die Strukturoptimierung und Parameteroptimierung verdeutlichen.

Beispiel 5.12.:

Für den Übertragungsfaktor

$$G(z^{-1}) = \frac{2}{186{,}2393 - 481{,}62969 \, \underline{z}^{-1} + 423{,}71802 \, \underline{z}^{-2} - 126{,}32763 \, \underline{z}^{-3}}$$

sind nach den im Abschn. 3. betrachteten Strukturierungsverfahren die im Bild 5.26 dargestellten Strukturen entworfen worden. Die Empfindlichkeitsanalyse der Dämpfung $a(\omega)$ der Strukturen zeigt, daß die Struktur im Bild 5.26c die geringste Parameterempfindlichkeit aufweist (Bild 5.27c). Das dem Entwurf zugrunde liegende Toleranzschema (Bild 5.27a) wird noch erfüllt, wenn m = 8 gewählt wird. Die Parameterwerte sind in den Bildern angegeben.

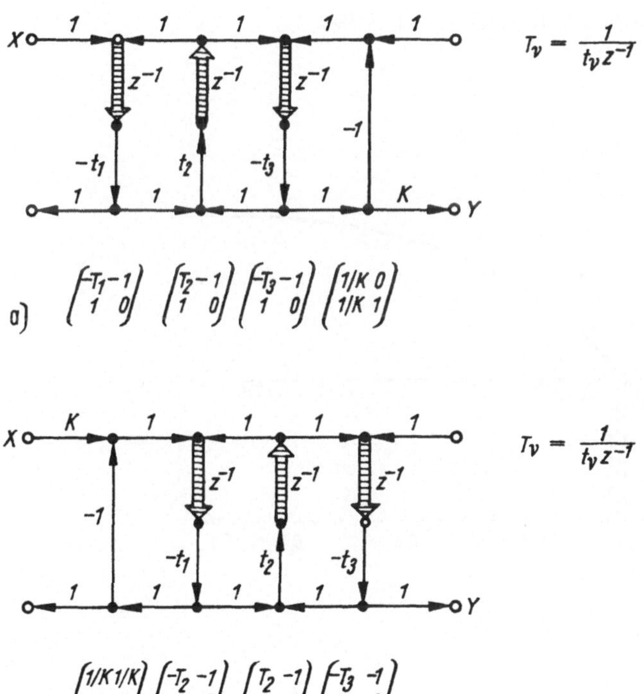

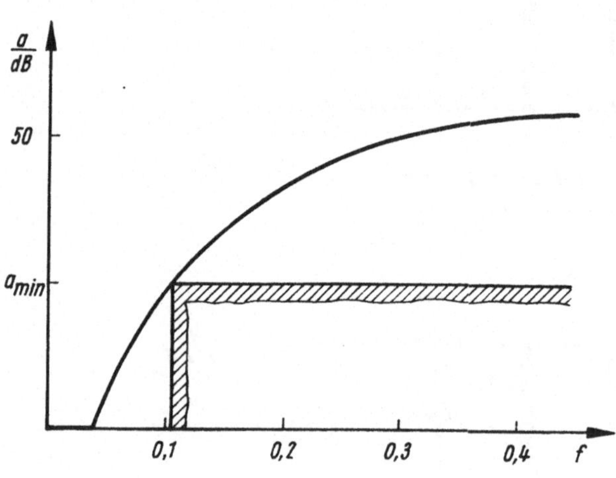

$$T_1 = \frac{1}{t_1} \cdot \frac{z^{-1}}{1-z^{-1}}$$

$$T_2 = \frac{1}{t_2} \cdot \frac{1}{1-z^{-1}}$$

$$T_3 = \frac{1}{t_3} \cdot \frac{z^{-1}}{1-z^{-1}}$$

c)
$$\begin{pmatrix} 1 & -1 \\ 1 & 0 \end{pmatrix}\begin{pmatrix} -T_1 & -1 \\ 1 & 0 \end{pmatrix}\begin{pmatrix} T_2 & -1 \\ 1 & 0 \end{pmatrix}\begin{pmatrix} -T_3 & -1 \\ 1 & 0 \end{pmatrix}$$

Bild 5.26. Strukturvarianten
a) Struktur A
$t_1 = 0,336991$; $t_2 = 0,778334$; $t_3 = 2,586274$
$1/K = 63,164012$; $K = 0,0158318$
b) Struktur B
$t_1 = 2,586274$; $t_2 = 0,778334$; $t_3 = 0,336991$
$K = 0,0158318$
c) Struktur C
$t_1 = 0,32169$; $t_2 = 0,18292$; $t_3 = 0,18249$

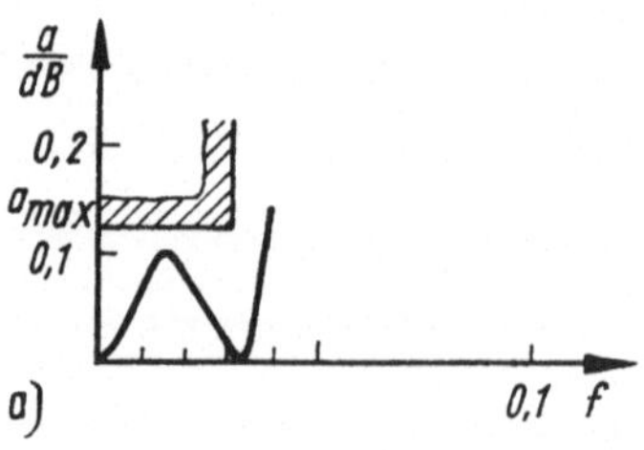

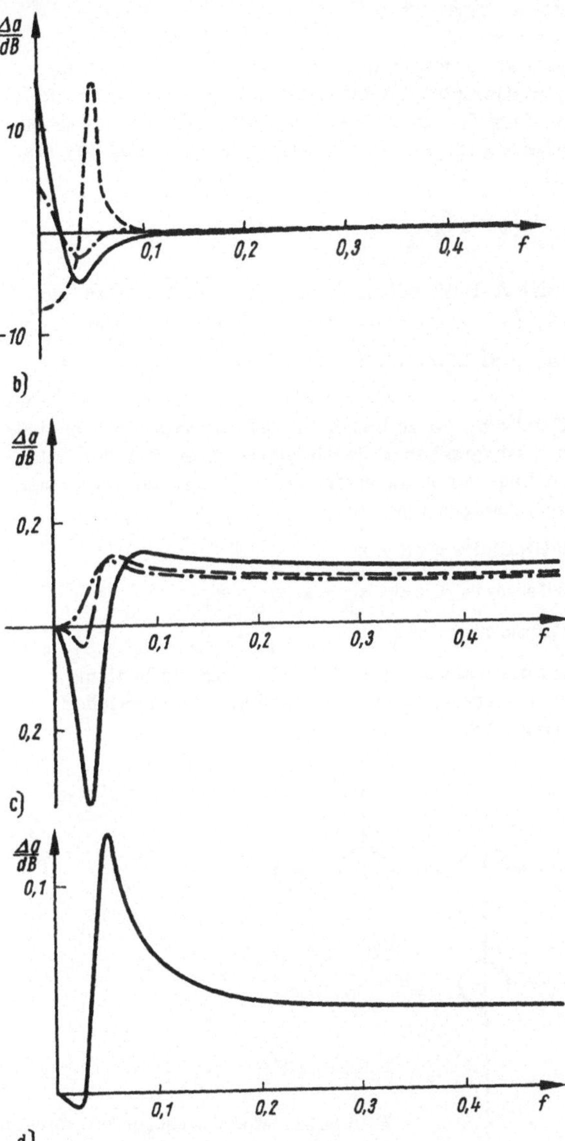

Bild 5.27. Dämpfungsverläufe

a) Toleranzschema und Dämpfungsverlauf

$a_{max} = 0,125$ dB, $a_{min} = 25$ dB

b) Verlauf von $\Delta a(\omega)$ für 1 % Änderung der Parameter der Struktur B.

—— $\Delta t_1 = 1\,\%$, ----- $\Delta t_2 = 1\,\%$, -.-.- $\Delta t_3 = 1\,\%$

c) Verlauf von $\Delta a(\omega)$ für 1 % Änderung der Parameter der Struktur C

—— $\Delta t_1 = 1\,\%$; ----- $\Delta t_2 = 1\,\%$; -.-.- $\Delta t_3 = 1\,\%$

d) Verlauf von $\Delta a(\omega)$ bei Quantisierung der Parameter der Struktur mit m = 8

$t_1 = 0,01010010$, $t_2 = t_3 = 0,00101111$

19

5.4.3. Quantisierungsrauschen

Zur Beurteilung der verschiedenen Systemstrukturen wird die Signalleistung
des am Ausgang des digitalen realisierten Tastsystems auftretenden Quantisie-
rungsrauschsignals bei Verwendung der unter 5.4.1. eingeführten statistischen
Modelle für den Quantisierer herangezogen. Das Ausgangsrauschsignal Δy als
Realisierung des Prozesses $\Delta \vartheta$

$$\Delta y = g \; \Delta x_e + \sum_{\sigma=1}^{s} g_{Q\sigma} \Delta x_\sigma + \Delta x_a$$

setzt sich aus dem Anteil von der A–D–Wandlung $g \; \Delta x_e$, aus den Anteilen der
einzelnen Quantisierer $g_{Q\sigma} \Delta x_\sigma$ ($\sigma = 1, \ldots s$) und aus den Anteilen von der

D–A–Wandlung Δx_a zusammen. Dies führt auf das im Bild 5.28 dargestellte
allgemeine Modellsystem.

Bei der Erstellung des Modellsystems ist zu beachten, daß die Quantisierer und
damit die Rauschquellen je nach vorgesehener Realisierung einer Struktur unterschiedlich anzuordnen sind. Bedingt durch die Realisierungen auf der Basis von
Prozessoren, sind folgende Anordnungen typisch:

- Quantisierer nach jeder Multiplikation $q(b_\nu \; x_\mu)$
- Quantisierer nach jeder Teilsumme $\quad q(b_\nu \; x_\mu + a_\nu \; y_\mu + c_\nu)$
- Quantisierer nach der Gesamtsumme $\quad q(\sum_\nu b_\nu \; x_\nu + \sum_\nu a_\nu \; y_\nu)$.

Die letzte Anordnung entspricht der verteilten Arithmetik. Für ein System
2. Grades sind die verschiedenen Modellsysteme aufgrund unterschiedlicher
Realisierungen im Bild 5.29 dargestellt.

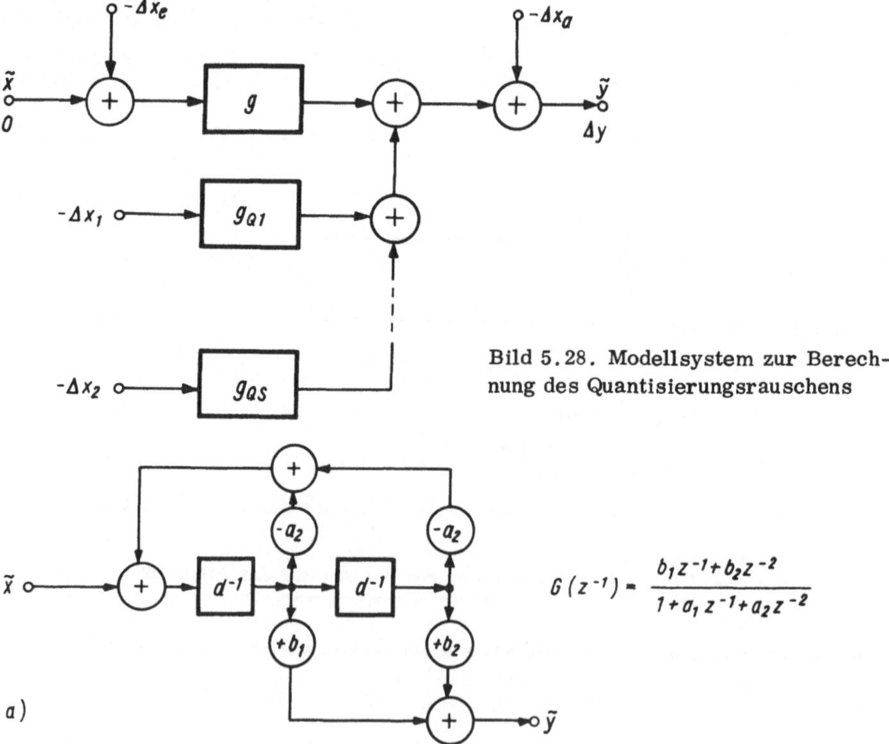

Bild 5.28. Modellsystem zur Berechnung des Quantisierungsrauschens

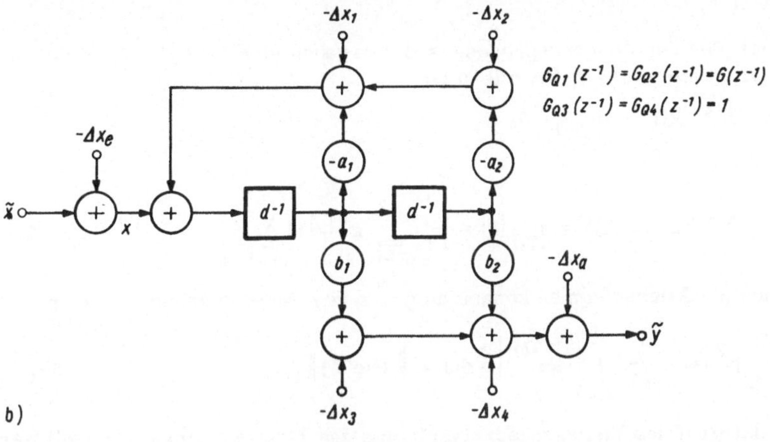

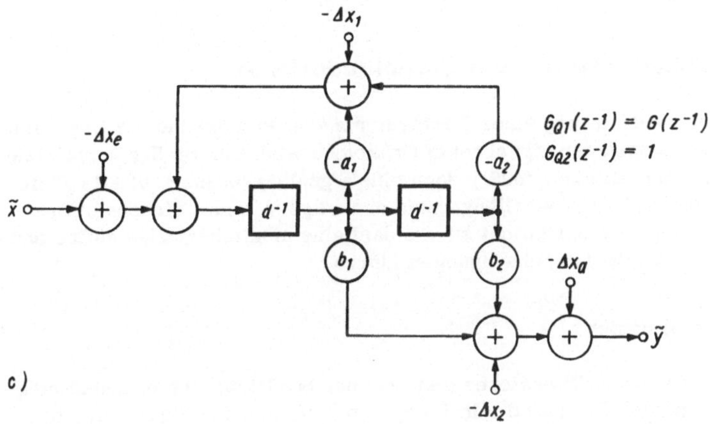

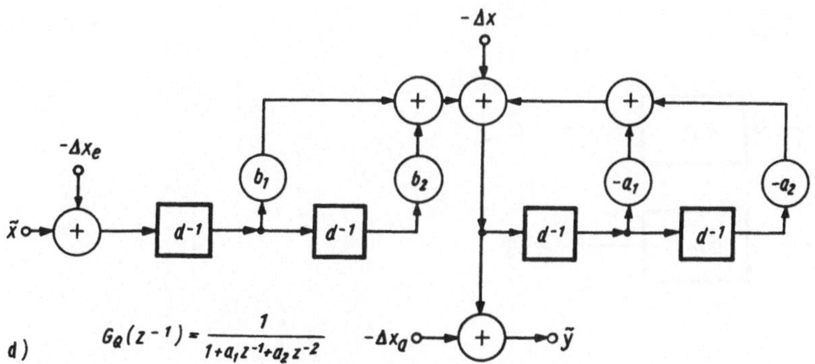

Bild 5.29. Modellsysteme für ein System 2. Grades
a) Ausgangssystem; b) Quantisierung nach jeder Multiplikation; c) Quantisierung nach Teilsummen der Form ax + by + c; d) Quantisierung nach Berechnung des Gesamtausdruckes mit verteilter Arithmetik

Die Kenngrößen des Ausgangsprozesses $\Delta\vartheta$ ergeben sich im Fall des Rundens mit der Quantisierungsschrittweite δ zu

$$E\{\Delta\vartheta\,[k]\} = m_{\Delta\vartheta} = 0$$

und

$$E\{\Delta\vartheta\,[k]\,\Delta\vartheta\,[k]\} = s_{\Delta\vartheta}[0] = \frac{\delta^2}{12}\left(\sum_{\varkappa=0}^{\infty} g^2[\varkappa] + \left(\sum_{\sigma=1}^{s}\sum_{\varkappa=0}^{\infty} g^2_{Q\sigma}[\varkappa]\right) + 1\right). \quad (5.58)$$

Die Gewichtsfunktionssummen können aufgrund des Parsevalschen Theorems

$$\sum_{\varkappa=0}^{\infty} g^2[\varkappa] = \frac{1}{2\pi}\int_{-\pi}^{\pi}\left|G(e^{j\omega})\right|^2 d\omega = \left\|G(e^{j\omega})\right\|_2 \quad (5.59)$$

über das Integral des Betragsquadratverlaufes des Frequenzgangs ermittelt werden. In ähnlicher Weise erfolgt die Berechnung der Erwartungswerte für andere Quantisierungsmodelle.

5.4.4. Signalbegrenzung und Signalquantisierung

Bei der digitalen Realisierung eines Tastsystems können aufgrund der begrenzten Wortlänge Begrenzungen der Signalwerte auftreten. Während die Signalquantisierungen nicht zu umgehen sind, muß jedoch eine Signalbegrenzung auf alle Fälle vermieden werden. Läßt die Wortlänge eine derartige absolute Sicherheit der Vermeidung von Begrenzungen nicht zu, so darf eine möglicherweise auftretende Begrenzung nicht zu stabilen Schwingungen führen.

5.4.4.1. Dynamikbereich

Die Ermittlung des Dynamikbereiches geht von der Schätzung der maximal möglichen Signalwerte aus. Dazu sind alle im System auftretenden Signale u_β zu beobachten (Bild 5.30). Für diese Signale kann über die Übertragungsfaktoren $g_{B\beta}$ der Zusammenhang zum Eingangssignal hergestellt werden, d.h.

$$u_\beta = g_{B\beta}\,x. \qquad \beta = 1,\ldots,b \qquad (5.60)$$

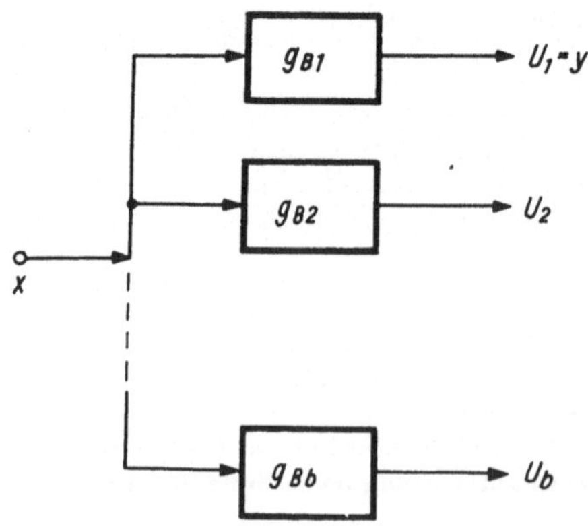

Bild 5.30. Modellsystem zur Berechnung des Dynamikbereiches

Aus den Betrachtungen zur Stabilität im Abschn. 2.2.1.3. ergibt sich für die Maxima $\|u_\beta\|_\infty = \max_k |u_\beta[k]|$ die Schätzung

$$\|u_\beta\|_\infty < \|g_{B\beta}\|_1 \|x\|_\infty$$
$$u_{max} < \left(\sum_{\varkappa=0}^{\infty} |g_{B\beta}[\varkappa]|\right) x_{max} \tag{5.61}$$

Führt man die Normen

$$\|X(e^{j\omega})\|_p = \left[\frac{1}{2\pi} \int_{-\pi}^{\pi} |X(e^{j\omega})|^p \, d\omega\right]^{1/p} \tag{5.62}$$

mit

$$\|X(e^{j\omega})\|_\infty = \max_{-\pi \leq \omega \leq \pi} |X(e^{j\omega})|$$

ein, so kann aus der Beziehung

$$u_\beta[k] = \frac{1}{2\pi} \int_{-\pi}^{\pi} G_\beta(e^{j\omega}) X(e^{j\omega}) e^{j\omega n} \, d\omega \tag{5.63}$$

die Abschätzung

$$\|u_\beta\|_\infty \leq \|G_\beta(e^{j\omega})\|_1 \|X(e^{j\omega})\|_\infty \tag{5.64}$$
$$\leq \|G_\beta(e^{j\omega})\|_\infty \|X(e^{j\omega})\|_1$$

gewonnen werden. Unter Verwendung der Schwarzschen Ungleichung erhält man aus (5.63) die Ungleichung

$$\|u_\beta\|_\infty \leq \|G_\beta(e^{j\omega})\|_2 \|X(e^{j\omega})\|_2. \tag{5.65}$$

Allgemein gilt

$$\|u_\beta\|_\infty \leq \|G_\beta(e^{j\omega})\|_p \|X(e^{j\omega})\|_q \qquad \frac{1}{p} + \frac{1}{q} = 1 \quad p, q \geq 1.$$

Damit keine Begrenzungen auftreten, muß die für eine Vorgabe von x_{max}, $\|X\|_1$ oder $\|X\|_2$ errechnete Schranke $\|u_\beta\|_\infty$ immer der Bedingung

$$\|u_\beta\|_\infty < 2^{n-1} \qquad \beta = 1, \ldots, b \tag{5.67}$$

genügen.

5.4.4.2. Grenzzyklen

Die digitale Realisierung eines durch die Gleichungen

$$\underline{z}[k+1] = \underline{A}\,\underline{z}[k] + \underline{B}\,x[k] \tag{5.68}$$
$$y[k] = \underline{C}\,\underline{z}[k] + \underline{D}\,x[k] \tag{5.69}$$

notierten Tastsystems kann durch die nichtlinearen Gleichungen

$$\underline{z}\,[k+1] = \underline{f}\,(\underline{z}\,[k],\ x\,[k]) \tag{5.70}$$

$$y\,[k] = g(\underline{z}\,[k],\ x\,[k]) \tag{5.71}$$

beschrieben werden. Die Aufstellung der nichtlinearen Gleichungen muß anhand
der Struktur erfolgen, die durch Einfügen der Begrenzer und Quantisierer in das
Blockschaltbild des Tastsystems entsteht. Die Kennlinie des Begrenzers h(x) hat
den im Bild 5.31 dargestellten grundsätzlichen Verlauf.

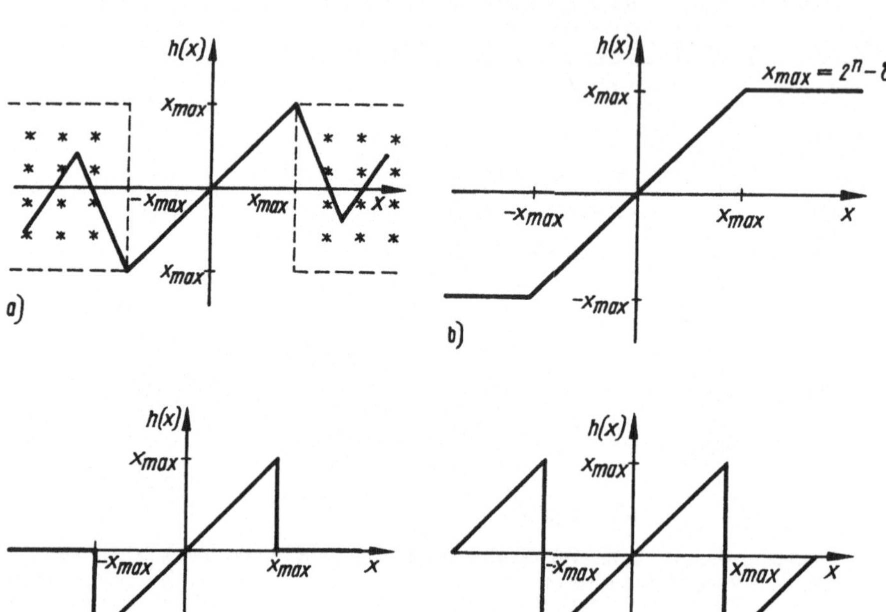

Bild 5.31. Begrenzungskennlinien
a) Variationsbereich der Begrenzungskennlinien
b) Begrenzungskennlinie mit Sättigungscharakter
c) Begrenzungskennlinie mit Nullungscharakter, $x_{max} = 2^n - \delta$
d) Begrenzungskennlinie beim Zweierkomplement, $x_{max} = 2^n - \delta$

Für eine große Klasse von Tastsystemen beschreiben die Zustandsgleichungen
die Struktur unmittelbar, so daß die nichtlinearen Gleichungen bei Begrenzung
nach der abschließenden Summation die Gestalt

$$z_1\,[k+1] = h(q(a_{11}z_1\,[k]) + \ldots + q(a_{1s}z_s\,[k]) + q(b_1 x\,[k])) \tag{5.72}$$

$$\vdots$$

$$z_n\,[k+1] = h(q(a_{s1}z_1\,[k]) + \ldots + q(a_{ss}z_s\,[k]) + q(b_s x\,[k])) \tag{5.73}$$

$$y\,[k] = h(q(c_1 z_1\,[k]) + \ldots + q(c_s z_s\,[k]) + q(c_0 x\,[k]))$$

haben.

Sowohl die durch q(x) beschriebene Quantisierung als auch die durch h(x) beschriebene Begrenzung des Zustandsvektors können für stabile Tastsysteme zu einem instabilen Verhalten führen. Dabei müssen der Fall des erregten Systems und der des nichterregten Systems unterschieden werden. Im folgenden soll nur der Fall des nichterregten Systems, d.h. x = 0, betrachtet werden. Das nichterregte System heißt global asymptotisch stabil, wenn für alle $\underline{z}\,[0] \neq 0$ ein $K > 0$ mit $\underline{z}\,[k] = \underline{0}$ für $k \geqq K$ existiert. Das digital realisierte Tastsystem ist jedoch nicht in jedem Fall asymptotisch stabil. Vielmehr treten Grenzschwingungen, auch Grenzzyklen genannt, auf. Die Grenzschwingung $\underline{z}\,[0]$, $\underline{z}\,[1]$, ..., $\underline{z}\,[1\text{-}1]$, $z\,[0]$, ... wird durch die Periodendauer $1 \cdot T$ und durch die maximale Grenzschwingungsamplitude $\max\limits_{i} \|z_i\|_\infty$ gekennzeichnet.

Beim Entwurf interessieren die Parameterbereiche, für die das Tastsystem bei vorgegebener Begrenzungskennlinie und vorgegebener Quantisierungskennlinie global asymptotisch stabil ist, und im Fall der nichtglobalen asymptotischen Stabilität die maximale Grenzzyklenamplitude und die Periodendauer 1 T. Diese Größen sollen für einige Strukturen 2. Grades (Tafel 5.5) untersucht und gegenübergestellt werden.

● Stabilitätsprobleme infolge Begrenzung

In einem nichterregten digitalen System 2. Grades treten keine Begrenzungen auf, wenn für alle k die Zustandsgrößen $z_1\,[k]$, $z_2\,[k]$ innerhalb des Quadrates $|z_1| \leqq z_{max}$, $|z_2| \leqq z_{max}$ in der z_1, z_2-Ebene liegen. Bei vorgegebener Systemmatrix

$$\underline{A} = \begin{pmatrix} a_{11} & a_{12} \\ a_{21} & a_{22} \end{pmatrix} \tag{5.74}$$

gibt es daher unter Vernachlässigung der Quantisierung keine Begrenzungserscheinungen, wenn die $a_{ij}\,(j = 1,\ 2)$ den Bedingungen

$$|a_{11}| + |a_{12}| \leqq 1 \tag{5.75}$$

und

$$|a_{21}| + |a_{22}| \leqq 1 \tag{5.76}$$

genügen.

Im Fall der Begrenzung bildet die im Bild 5.31a allgemein angegebene Begrenzungskennlinie den Ausgangspunkt. Die Schwierigkeiten bei der Stabilitätsanalyse bestehen im Auffinden einer geeigneten Ljapunov-Funktion und in dem Fall des Kontraktionsprinzips in der Wahl einer geeigneten Norm (s. Abschn. 2.2.1.3.). Bei den vorliegenden Begrenzungskennlinien erwies sich die für lineare diskrete Systeme übliche Norm $\|\underline{z}\| = \underline{z}^* \underline{T}^* \underline{T}\,\underline{z}$ (* konjugiert transponiert) als zweckmäßig Die Matrix $\underline{T}$ wird so gewählt, daß die Ähnlichkeitstransformation von $\underline{A}$ mit der Matrix $\underline{T}$ die zu $\underline{A}$ ähnliche Jordan-Matrix $\underline{A}$ liefert und daß $\underline{T}^* \underline{T}$ positiv definit ist.

- Struktur S_g (Bild 5.32)

Aus den Gln. (5.75) und (5.76) folgt, daß keine Begrenzungen auftreten, wenn die Parameter α_0, α_1 (s. Tafel 5.5) den Bedingungen

$$|\alpha_1| + |\alpha_0| \leqq 1 \tag{5.77}$$

genügen.

Tafel 5.5. Stabilitätsbereiche und Parameter der Grenzschwingung ausgewählter Strukturen von Systemen 2. Grades

	Struktur S_b	Struktur S_s	Struktur S_g
Systemmatrizen $\underline{A}$ $\underline{B}^*$ $\underline{C}$ $\underline{D}$	$\begin{pmatrix} 0 & -a_2 \\ 1 & -a_1 \end{pmatrix}$ $(b_2 \quad b_1)$ $(0 \quad 1)$ c_0	$\begin{pmatrix} 0 & 1 \\ -a_2 & -a_1 \end{pmatrix}$ $(0 \quad 1)$ $(b_2 \quad b_1)$ c_0	$\begin{pmatrix} \alpha_1 & \alpha_0 \\ -\alpha_0 & \alpha_1 \end{pmatrix}$ $(\beta_0 \quad \beta_1)$ $(0 \quad 1)$ c_0
äquivalente Parameter	–	–	$\alpha_1 = -a_1/2;\ \alpha_0 = -\sqrt{a_0 - (a_1/2)^2}$ $\beta_1 = b_1\ \ ;\ \beta_0 = -b_1\alpha_1/\alpha_0$
lineare Elementarteiler $\underline{T}$ $\underline{T}^*\underline{T}$ $(\lambda_1 = \lambda,\ \lambda_2 = \overline{\lambda})$	$\begin{pmatrix} 1 & \lambda_2 \\ 1 & \lambda_1 \end{pmatrix}$ $\begin{pmatrix} 2 & -a_1 \\ -a_1 & 2a_2 \end{pmatrix}$	$\begin{pmatrix} -\lambda_2 & 1 \\ -\lambda_1 & 1 \end{pmatrix}$ $\begin{pmatrix} 2a_2 & a_1 \\ a_1 & 2 \end{pmatrix}$	$\dfrac{1}{\sqrt{2}}\begin{pmatrix} 1 & -j \\ 1 & +j \end{pmatrix}$ $\underline{I}$
≡ Parameterbereiche ohne Begrenzung	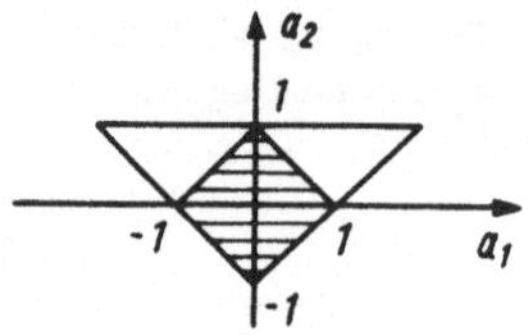		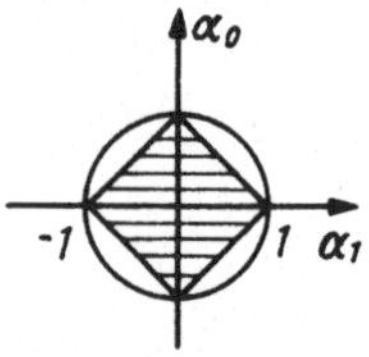
||| Bereiche der Begrenzungskennlinie stabiler Systeme	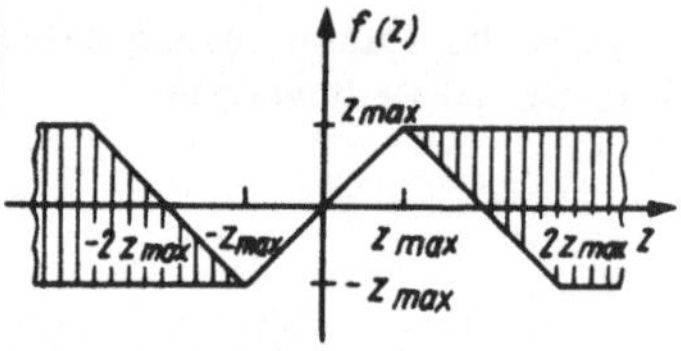		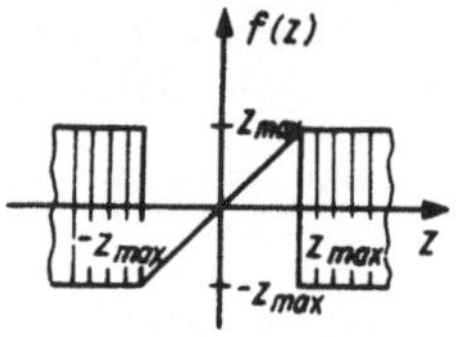
Abschneiden ≡ Parameterbereiche ohne Grenzzyklen (⣿ Erweiterung)	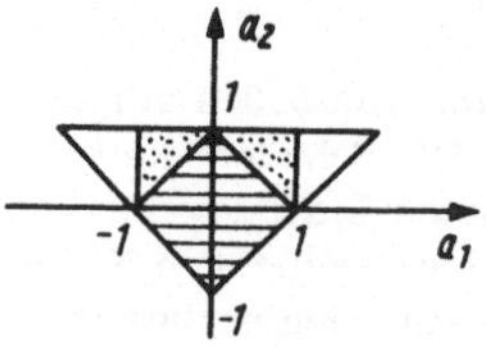		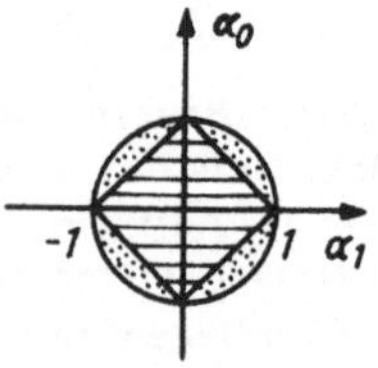
Runden ≡ Parameterbereiche ohne Grenzzyklen (⣿ Erweiterung)	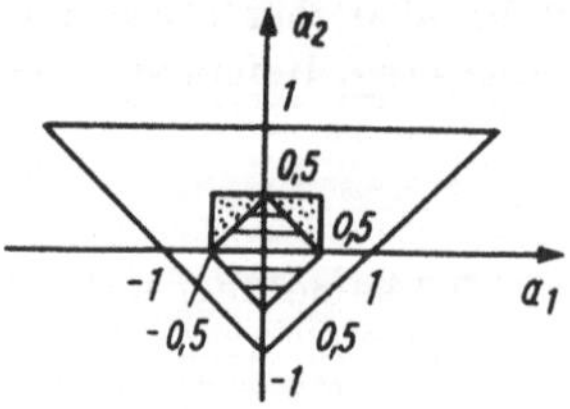		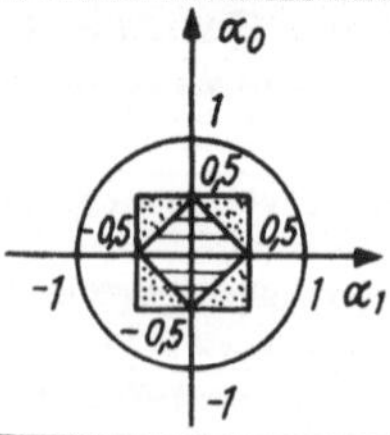

Tafel 5.5 (Fortsetzung)

	Struktur S_b	Struktur S_s	Struktur S_g
Betrag der komplexen Polstelle $\lambda_{1/2}=r\exp(\pm j\omega)$	$r^2=a_2$		$r^2=\alpha_1^2+\alpha_0^2$
Pseudolinearmodell: $\|z\|\infty\ L>2$	$\leq\dfrac{0,5}{1-r^2}\delta$		$\leq\dfrac{0,7}{1-r}\delta$
$\|z\|\infty\ L=1,2$	$\leq\dfrac{\delta}{1-|a_1|+a_2}$		$\leq\max\left(\dfrac{0,5\delta}{1-|\alpha_0|}\cdot\dfrac{0,5\delta}{|\alpha_1|}\right)$
Anregungsmodell: $\underline{\varepsilon}'$	$(\varepsilon_1\ \ \varepsilon_2)$	$(0\ \ \varepsilon_1)$	$(\varepsilon_1\ \ \varepsilon_2)$
Rundung $\varepsilon_{max}=\|\varepsilon\|\infty$	$0,5\,\delta$	δ	δ
Abbruch $\varepsilon_{max}=\|\varepsilon\|\infty$	δ	$2\,\delta$	$2\,\delta$
$\|\underline{T}\|\infty$	$1+\max(|\lambda_1|,|\lambda_2|)$	$1+\max(|\lambda_1|,|\lambda_2|)$	$\sqrt{2}$
$\|\underline{T}^{-1}\varepsilon\|\infty$	$\dfrac{2\,\varepsilon_{max}}{|\lambda_1-\lambda_2|}$	$\dfrac{\varepsilon_{max}}{|\lambda_1-\lambda_2|}$	$\sqrt{2}\,\varepsilon_{max}$
$\|\underline{z}\|\infty$ $(\lambda_1=\lambda_{1/2}=\bar{\lambda})$	$\leq\dfrac{1+r}{1-r}\dfrac{\varepsilon_{max}}{r\cdot\sin\omega}$	$\leq\dfrac{1+r}{1-r}\dfrac{0,5\,\varepsilon_{max}}{r\cdot\sin\omega}$	$\leq\dfrac{\varepsilon_{max}}{1-r}$

Bei Begrenzung geht man von der Euklidischen Norm aus, da $\underline{T}^*\underline{T}$ die Einheitsmatrix liefert. Für das lineare diskrete System ohne Begrenzer, dessen Parameter innerhalb des Stabilitätsbereiches liegen, gilt

$$\|\underline{A}\,\underline{z}\|_2<\|\underline{z}\|_2\,. \tag{5.78a}$$

Daraus folgt

$$(\alpha_0 z_1+\alpha_1 z_2)^2+(-\alpha_1 z_1+\alpha_0 z_2)^2<z_1^2+z_2^2 \tag{5.78b}$$

$$(\alpha_0^2+\alpha_1^2)\,z_1^2+(\alpha_0^2+\alpha_1^2)\,z_2^2<z_1^2+z_2^2\,.$$

Bei Begrenzung liegt nun globale asymptotische Stabilität vor, wenn die Ungleichung

$$(h(\alpha_0 z_1+\alpha_1 z_2))^2+(h(-\alpha_1 z_1+\alpha_0 z_2))^2<z_1^2+z_2^2 \tag{5.79}$$

erfüllt wird. Aus dem Vergleich mit Gl. (5.78b) folgt, daß diese Ungleichung erfüllt wird, wenn für die Begrenzungskennlinie

$$|h(z)|\leq|z| \tag{5.80}$$

gilt. Damit ist das diskrete System mit der Struktur S_g für alle technisch interessanten Begrenzungskennlinien asymptotisch stabil.

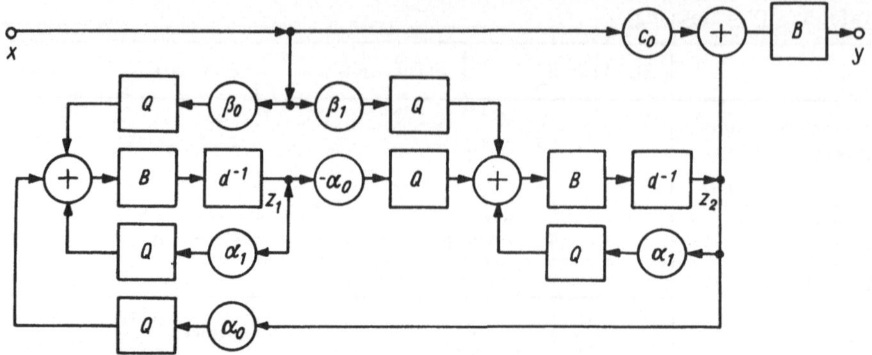

Bild 5.32. Gekoppelte Struktur 2. Grades mit Nichtlinearitäten (Struktur S_g)

- Struktur S_s (Bild 5.33)

Es ergeben sich keine Begrenzungserscheinungen, wenn die Parameter a_2, a_1 (s. Tafel 5.5) die Bedingung

$$|a_2| + |a_1| \leqq 1 \tag{5.81}$$

erfüllen. Im Fall der Begrenzung ist es nicht möglich, das Tastsystem für alle im Stabilitätsbereich liegenden Parameterwerte mit einer einzigen Transformationsmatrix $\underline{T}$ zu analysieren. Man muß zwischen linearen Elementarteilern und nichtlinearen Elementarteilern der Matrix $\underline{A}$ unterscheiden. Im folgenden wird nur der Fall komplexer Eigenwerte $\lambda_1 = \lambda$, $\lambda_2 = \bar{\lambda}$ betrachtet. Aus der für stabile lineare diskrete Systeme ohne Begrenzer gültigen Beziehung

$$\underline{z}^* \underline{A}^* \underline{T}^* \underline{T} \underline{A} \underline{z} < \underline{z}^* \underline{T}^* \underline{T} \underline{z} \tag{5.82}$$

erhält man mit der in Tafel 5.5 angegebenen Matrix $\underline{T}^* \cdot \underline{T}$ die Beziehung

$$2a_2^2 z_1^2 + 2a_1 a_2 z_1 z_2 + 2a_2 z_2^2 < 2a_2 z_1^2 + 2a_1 z_1 z_2 + 2z_2^2. \tag{5.83}$$

Daraus folgt, daß bei Begrenzung das diskrete System global asymptotisch stabil ist, wenn

$$2a_2 (h(z_2))^2 + 2a_1 h(z_2) h(-a_2 z_1 - a_1 z_2) + 2(h(-a_2 z_1 - a_1 z_2))^2 \tag{5.84}$$

$$\leqq 2a_2^2 z_1^2 + 2a_1 a_2 z_1 z_2 + 2a_2 z_2^2$$

gilt. Beachtet man noch den sich aus der Begrenzung ergebenden zulässigen Bereich $|z_1|$, $|z_2| \leqq z_{max}$ der Zustandsgrößen, d.h. $h(z_2) = z_2$, so geht die Gl. (5.84) über in

$$a_1 z_2 h(-a_2 z_1 - a_1 z_2) + \left[h(-a_2 z_1 - a_1 z_2)\right]^2 \leqq a_2^2 z_1^2 + a_1 a_2 z_1 z_2. \tag{5.85}$$

Einige algebraische Umformungen und die Substitution $z = -a_2 z_1 - a_1 z_2$ führen auf den Ausdruck

$$(-(h(z) + z) - a_1 z_2)(z - h(z)) \leqq 0. \tag{5.86}$$

Parameterunabhängige globale asymptotische Stabilität liegt für $|z| > z_{max}$ vor, wenn für die Begrenzungskennlinie

$$|h(z)| \leqq |z| \tag{5.87a}$$

$$h(z) \geqq - z - 2\,z_{max} \qquad \text{für } z > 0 \tag{5.87b}$$

und

$$h(z) \leqq - z + 2\,z_{max} \qquad \text{für } z < 0 \tag{5.87c}$$

gelten. Begrenzungskennlinien, die nicht diesen Ungleichungen genügen, liefern instabiles Verhalten. Betrachtet man beispielsweise die Kennlinie

$$h(z) = \begin{cases} -2 & z > 4 \\ +2 & z < -4 \end{cases},$$

so kann sich beim Digitalfilter mit den Koeffizienten

$$a_2 = 0,841 \quad \text{und} \quad a_1 = 1,682$$

neben der Gleichgewichtslage $\underline{z} = \underline{0}$ die Gleichgewichtslage $\underline{z} = (-2\ -2)^T$ einstellen.

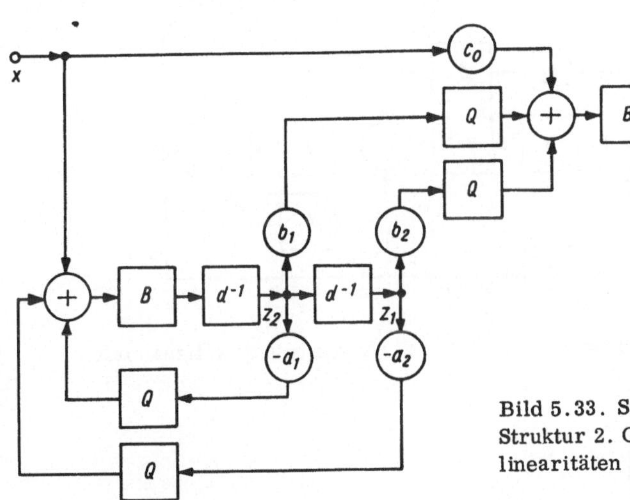

Bild 5.33. Steuerungskanonische Struktur 2. Grades mit Nichtlinearitäten (Struktur S_s)

- Struktur S_b (Bild 5.34)

In dieser Struktur treten für $z_i = \pm z_{max}$ immer Begrenzungserscheinungen auf. Die Stabilitätsanalyse soll auch in diesem Fall nur für komplexe Eigenwerte durchgeführt werden. Mit der in Tafel 5.5 angegebenen Matrix $\underline{T}^* \underline{T}$ lautet die zur Gl. (5.84) analoge Beziehung

$$2\,(h(-a_2 z_2))^2 - 2a_1 h(-a_2 z_2)\, h(z_1 - a_1 z_2) + 2a_2\,(h(z_1 - a_1 z_2))^2 \tag{5.88}$$

$$\leqq 2a_2 z_1^2 - 2a_2 a_1 z_1 z_2 + 2a_2^2 z_2^2.$$

Beachtet man noch den sich aus der Begrenzung ergebenden zulässigen Bereich $|z_1|, |z_2| \leqq z_{max}$ der Zustandsgrößen, d.h. $-h(-a_2 z_2) = a_2 z_2$, so ergibt sich nach einigen algebraischen Umformungen und der Substitution $z = z_1 - a_1 z_2$ die Ungleichung

$$(h(z) + z + a_1 z_2)(z - h(z)) \geqq 0. \tag{5.89}$$

Damit für alle im Stabilitätsbereich liegenden Parameter globale asymptotische Stabilität vorliegt, muß die Begrenzungskennlinie die Gln. 5.86 und 5.87 erfüllen. Begrenzungskennlinien, die nicht den genannten Ungleichungen genügen, führen zu keinem stabilen Verhalten. So liefert beispielsweise ein diskretes System mit den Koeffizienten $a_2 = \sqrt[3]{0,5}$, $a_1 = 2\sqrt[3]{0,5}$ bei Nullungsarithmetik, d.h.

$$f(z) = 0 \text{ für alle } |z| > z_{max},$$

für $z_{max} = 10$ die im Bild 5.35 dargestellten Grenzschwingungen der Periode $1 = 10$.

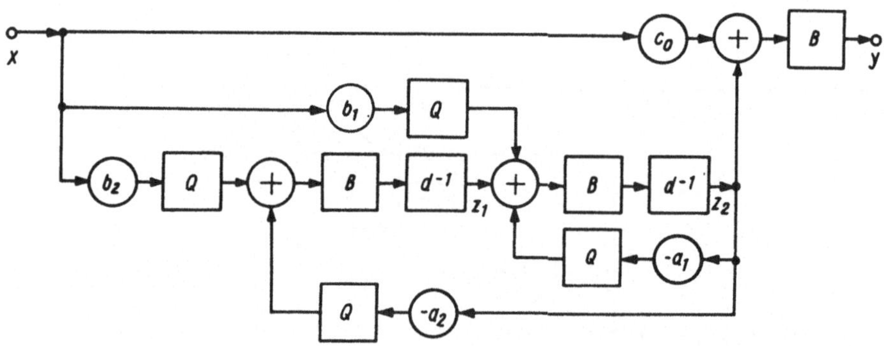

Bild 5.34. Beobachtungskanonische Struktur 2. Grades mit Nichtlinearitäten (Struktur S_b)

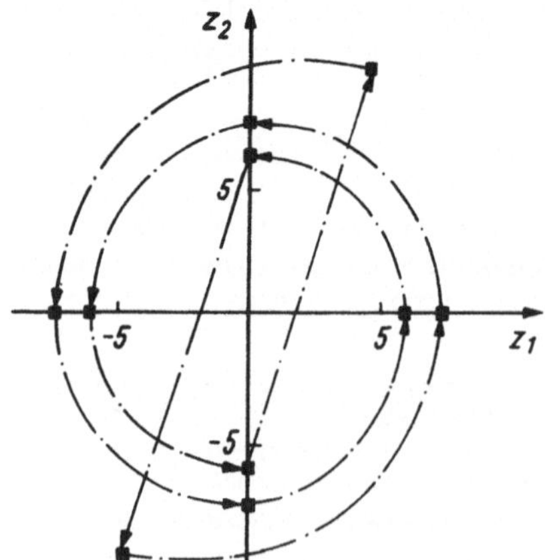

Bild 5.35. Grenzschwingung infolge Begrenzung
(Struktur S_b, $1 = 6$, $z_{max} = 10$,
Nullungsarithmetik)

- **Stabilitätsprobleme infolge Quantisierung**

Während sich die Begrenzung durch geeignete Strukturen und geringe Aussteuerun
vermeiden läßt, sind die Quantisierungserscheinungen immer vorhanden. Liegt
keine Begrenzung vor, so kann ein System 2. Grades in der Form

$$\underline{z}\,[k+1] = \begin{pmatrix} a_{11} & \delta_{11}(a_{11}\ z_1) & a_{12} & \delta_{12}(a_{12}\ z_2) \\ a_{21} & \delta_{21}(a_{21}\ z_1) & a_{22} & \delta_{22}(a_{22}\ z_2) \end{pmatrix} \underline{z}\,[k] \qquad (5.90)$$

mit

$$\delta_{ij}\,(a_{ij}\ z_j) = \frac{q(a_{ij}\ z_j)}{a_{ij}\ z_j}$$

dargestellt werden. Beim Abschneiden liegt δ_{ij} in den Grenzen $0 \leqq \delta_{ij} \leqq 1$ und
beim Runden in den Grenzen $0 \leqq \delta_{ij} \leqq 2$.
In beiden Fällen gilt

$$\lim_{z_j \to \infty} \delta_{ij}(a_{ij}\ z_j) = 1.$$

Gl. (5.90) ermöglicht nun die Anwendung des Kontraktionsprinzips.
Die in der Form $\underline{f}(\underline{z}) = \underline{F}(\underline{z})\,\underline{z}$ darstellbaren Funktionen sind Kontraktionen für
alle $\underline{z}$, wenn es positive Konstanten $c_1, c_2, \ldots, c_n$ derart gibt, daß entweder

$$\sum_{j=1}^{n} \frac{c_i}{c_j} \left| f_{ij}(\underline{z}) \right| < 1 \qquad \text{für alle } i$$

oder

$$\sum_{i=1}^{n} \frac{c_i}{c_i} \left| f_{ij}(\underline{z}) \right| < 1 \qquad \text{für alle } j$$

gilt.
Die sich daraus ergebenden Bereiche globaler asymptotischer Stabilität sind in
Tafel 5.5 eingetragen. Dabei werden für die Strukturen S_g und S_s die Konstanten
c_1, c_2 zu $c_1 = 1$ und $c_2 = 1 - \varepsilon$ ($\varepsilon \to 0$) bestimmt. Für die Struktur S_b wählt
man $c_1 = 1 - \varepsilon$ und $c_2 = a_0$. Untersuchungen mit der Norm $\underline{z}^{*}\underline{T}^{*}\underline{T}\,\underline{z}$ zeigen, daß
der Stabilitätsbereich noch erweitert werden kann. Der erweiterte Bereich ist
ebenfalls der Tafel 5.5 zu entnehmen.
In /5.36/ wurde gezeigt, daß sich durch eine gesteuerte Rundung Grenzzyklen
jeder Art vermeiden lassen.

5.4.4.3. Lineare Modelle

Der Grundgedanke der linearen Modelle besteht darin, die Wirkung von Begrenzung und Quantisierung durch zeitvariable Koeffizienten oder durch zusätzliche
Eingangssignale zu beschreiben /5.23/ /5.26/ /5.20/ /5.19/ /5.22/. Damit ist es möglich, die Periodendauer 1 T und die maximale Grenzschwingungsamplitude zu bestimmen. Die Modelle sollen kurz erläutert werden:

Beim Anregungsmodell wird die Quantisierung beschrieben durch

$$q(a_{ij} z_j [k]) = a_{ij} z_j [k] + \varepsilon_{ij} [k].$$ (5.91)

Die Größen $\varepsilon_{ij} k$ werden entweder als determinierte oder als stochastische
Störgrößen innerhalb des Systems aufgefaßt. Im allgemeinen läßt sich die Abhängigkeit der Störgröße von a_{ij} und $z_j [k]$ vernachlässigen. Von der Größe $\varepsilon_{ij} [k]$
sind im Fall der determinierten Betrachtungsweise max $(\varepsilon_{ij} [k])$ und min $(\varepsilon_{ij} [k])$
und im Fall der stochastischen Betrachtungsweise $E \{\varepsilon_{ij} [k]\}$ und
$E \{\varepsilon_{ij} [k] \, \varepsilon_{ij} [1]\}$ bekannt. Beim Pseudolinearmodell wird die Quantisierung durch

$$q(a_{ij} z_j [k]) = \hat{a}_{ij} [k] \, z_j [k]$$ (5.92)

beschrieben. Die Größe $\hat{a}_{ij}$ nennt man Pseudokoeffizient. Die Multiplikation von
$\hat{a}_{ij}$ mit $z_j [k]$ ergibt somit immer eine Zahl im vorgegebenen Zahlenbereich.
Im folgenden soll nur die Wirkung der Quantisierung betrachtet werden; die
Schwingungsperiode und die maximale Grenzschwingungsamplitude werden ermittelt.

● Pseudolinearmodell

Die Anwendung des Pseudolinearmodells führt mit

$$\underline{z} [k+1] = \underline{\hat{A}} [k] \, \underline{z} [k] \qquad k = 0, 1, \ldots, 1-1$$ (5.93a)

und mit der Schließungsbedingung

$$\underline{z} [1] = \underline{z} [0]$$ (5.93b)

der Grenzschwingung auf

$$\underline{z} [0] = \prod_{i=0}^{1-1} \underline{\hat{A}} [i] \, \underline{z} [0] = \underline{\hat{A}}_1 \, \underline{z} [0].$$ (5.93c)

Die entstandene Pseudomatrix $\underline{\hat{A}}_1$ bildet nur einen ausgewählten, und zwar den
die Grenzschwingung erzeugenden Zustandsvektor $\underline{z} [0]$ auf $\underline{z} [0]$ ab. Sie hat da-
mit mindestens einen Eigenwert $\hat{\lambda}_{1j}$ mit $|\hat{\lambda}|_{ij} = 1$. Davon kann jedoch nicht auf
die Eigenwerte der Matrizen $\underline{\hat{A}} [i]$ geschlossen werden. Beim System 2. Grades
sind für $1 > 2$ auch nur Aussagen unter der Voraussetzung möglich, daß

$$\underline{\hat{A}} [i] = \underline{\hat{A}} \quad (i = 0, 1, \ldots, 1-1)$$

gilt und daß $\underline{\hat{A}}$ die komplexen Eigenwerte $\hat{\lambda}_1 = \lambda$ $\lambda_2 = \hat{\lambda}$ hat. Dann ergibt sich
mit $\underline{\hat{A}} = \underline{T} \, \mathrm{Diag} (\lambda_1, \lambda_2) T^{-1}$ aus det $(\underline{I} - \underline{A}^1) = 0$ die Gleichung

$$\det(\underline{T}) \det \begin{pmatrix} 1-(\hat{\lambda}_1)^1 & 0 \\ 0 & 1-(\hat{\lambda}_2)^1 \end{pmatrix} \det(\underline{T}^{-1}) = 0.$$ (5.94)

Daraus erhält man mit $\hat{\lambda}_{1/2} = r_p \exp \pm j 2 \pi \hat{f}_p$ die Gleichungen

$$r_p = 1$$

und

$$1 = \frac{m}{\hat{f}_p} \quad (m = 1, 2, \ldots).$$ (5.95)

Aus den Eigenwerten $\hat{\lambda}_{1/2}$ der Pseudomatrix $\underline{A}$ kann für gebrochen rationale $\hat{f}_p$ aus Gl. (5.95) die Periodendauer der Grenzschwingung berechnet werden. Der maximale Wert der Zustandsgröße, der diese Pseudomatrix erzeugt, liefert die maximale Grenzzyklenamplitude $\|\underline{z}\|_\infty$.

Zuerst soll der Fall der Vorzeichen-Betrags-Arithmetik mit ganzen Zahlen für die Zustandsgrößen mit Rundung betrachtet werden. Für die Strukturen S_b und S_s ist $\hat{r}_p = 1$ identisch mit $\hat{a}_0 = 1$. Damit errechnet sich $\|z\|_\infty$ aus

$$a_0 \|\underline{z}\|_\infty + \delta/2 = \hat{a}_0 \|\underline{z}\|_\infty = \|\underline{z}\|_\infty$$

zu

$$\|\underline{z}\|_\infty = \frac{\delta/2}{1-a_0} \qquad a_0 > 0 . \qquad\qquad (5.96)$$

Die ausführliche Ableitung der Schranke $\|\underline{z}\|_\infty$ für die Struktur S_g liefert bei $r = \text{const}$ das maximale $\|\underline{z}\|_\infty$ für $\alpha_1 = \alpha_0$. Unter dieser Voraussetzung lautet der Ansatz

$$2 \,|\alpha_1| \,\|\underline{z}\|_\infty + \delta \;\geq\; 2 \,|\hat{\alpha}_1| \,\|\underline{z}\|_\infty = 2 \,\frac{1}{\sqrt{2}}\, \|\underline{z}\|_\infty .$$

Mit $\alpha_1 = r \sqrt{2}$ bestimmt man die Schranke zu

$$\|\underline{z}\|_\infty = \frac{2}{2(1-r)} \approx \frac{0,7}{1-r} . \qquad\qquad (5.97)$$

Diese ermittelten Schranken gelten jedoch nur für konstante Pseudomatrizen $\hat{\underline{A}}[i] = \hat{\underline{A}}$.

Bei den Strukturen S_b und S_s ergeben sich konstante Pseudomatrizen für $a_1 \approx +1$, $a_1 \approx 0$ und $a_1 \approx -1$, d.h., es entstehen Grenzzyklen (GZ) mit den Perioden $l = 3$, $l = 4$ und $l = 6$.

Für ein Digitalfilter mit $a_0 = 0,875$, $a_1 = -1$ und mit der Struktur S_b wurden alle GZ berechnet. Sie sind im Bild 5.36 in der z_1, z_2-Ebene dargestellt, wobei an die entsprechenden Punkte in der z_1, z_2-Ebene die Nummer des GZ eingetragen wurde. Als Quantisierungsschrittweite für die Zustandssignale wurde $\Delta z = 1$ gewählt. Die Wahl anderer Quantisierungsschrittweiten bedeutet nur eine Maßstabstransformation im Bild 5.36. Die Grenzzyklen haben alle die Periode $l = 6$ und liegen innerhalb der errechneten Schranken.

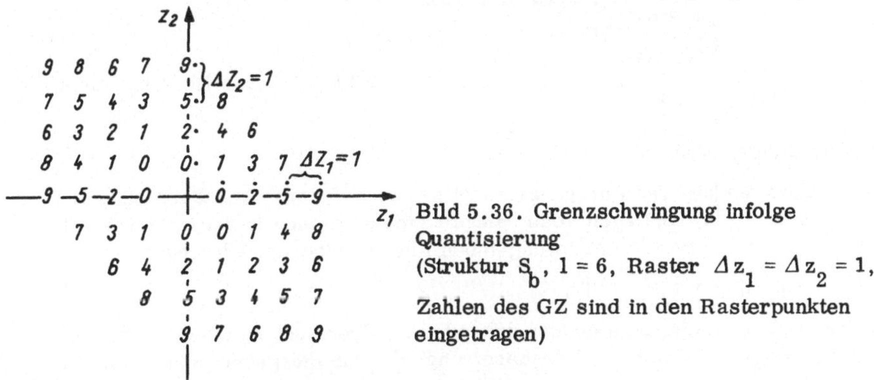

Bild 5.36. Grenzschwingung infolge Quantisierung
(Struktur S_b, $l = 6$, Raster $\Delta z_1 = \Delta z_2 = 1$, Zahlen des GZ sind in den Rasterpunkten eingetragen)

Für den Fall der Vorzeichen-Betrags-Arithmetik mit Abschneiden zeigen entsprechend den Aussagen in 5.4.4.2. nur die Strukturen S_b und S_c für $|a_1| > 1$ eventuell instabiles Verhalten. Dabei entstehen GZ mit $l = 1, 2$.

Mit dem Pseudolinearmodell lassen sich jedoch exakte Aussagen für Grenzschwingungen mit der Periodendauer $l = 1, 2$ gewinnen. Die maximale Amplitude des GZ ist der maximale Wert der Zustandsgrößen, für die die Pseudokoeffizienten instabile Systeme liefern. Die Bedingungen für die Struktur S_g lauten

$$|\hat{\alpha}_0| = 1 \quad \hat{\alpha}_1 = 0 \tag{5.98}$$

und für die Struktur S_b und S_c

$$-|\hat{a}_1| + \hat{a}_0 = -1, \tag{5.99}$$

d.h., es entstehen instabile Systeme mit reellen Polen. Analog zu den Gln. (5.96) und (5.97) werden dann die Schranken für $\|\underline{z}\|_\infty$ ermittelt. Für die Struktur S_g erhält man

$$\|\underline{z}\|_\infty \leqq \max \left(\frac{0,5\,\delta}{1-|\alpha_0|} \,,\, \frac{0,5\,\delta}{|\alpha_1|} \right) \tag{5.100}$$

und für die Strukturen S_b und S_c

$$\|\underline{z}\|_\infty \leqq \frac{\delta}{1 - |a_1| + a_0} \,. \tag{5.101}$$

Für ein Digitalfilter der Struktur S_b mit einem Vorzeichen und 4 Betragsbit für die Koeffizienten zeigt Bild 5.37 das Parameterraster im Stabilitätsbereich. Da für die Struktur S_b die Pseudokoeffizienten nur von z_2 abhängen, ist die Berechnung von $\hat{a}_0$ und $\hat{a}_1$ besonders einfach. Die Bilder 5.38a bis g zeigen für Runden und für eine Quantisierungsschrittweite $\Delta z = 1$ die Parameterbereiche, die für ein vorgegebenes $z_2 = z$ auf Pseudokoeffizienten führen, die der Bedingung nach Gl. (5.99) genügen.

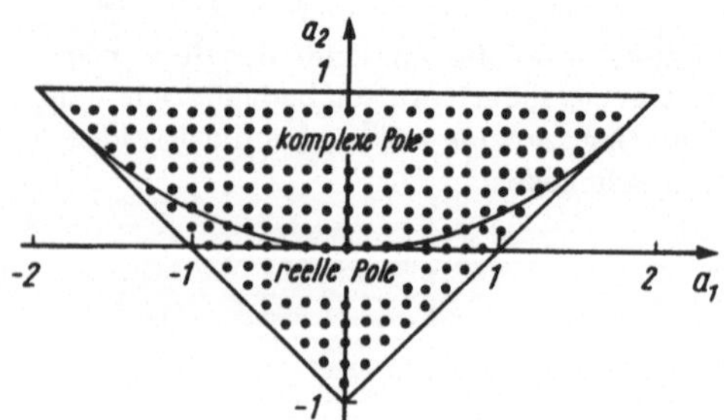

Bild 5.37. Koeffizientenraster

● Anregungsmodell

Bei der Anwendung des Anregungsmodells müssen immer Annahmen über die Störgrößen $\varepsilon_{ij}[k]$ vorliegen. Das spiegelt sich dann auch in der unterschiedlichen Auswertung der das Anregungsmodell beschreibenden Gleichung

$$\underline{z}[k+1] = \underline{A}\,\underline{z}[k] + \varepsilon[k] \tag{5.102}$$

wider. Dabei ist eine Auswertung entweder im Operatorbereich oder im Zeitbereich möglich. Unter der Voraussetzung, daß die Störgröße sinusförmig mit

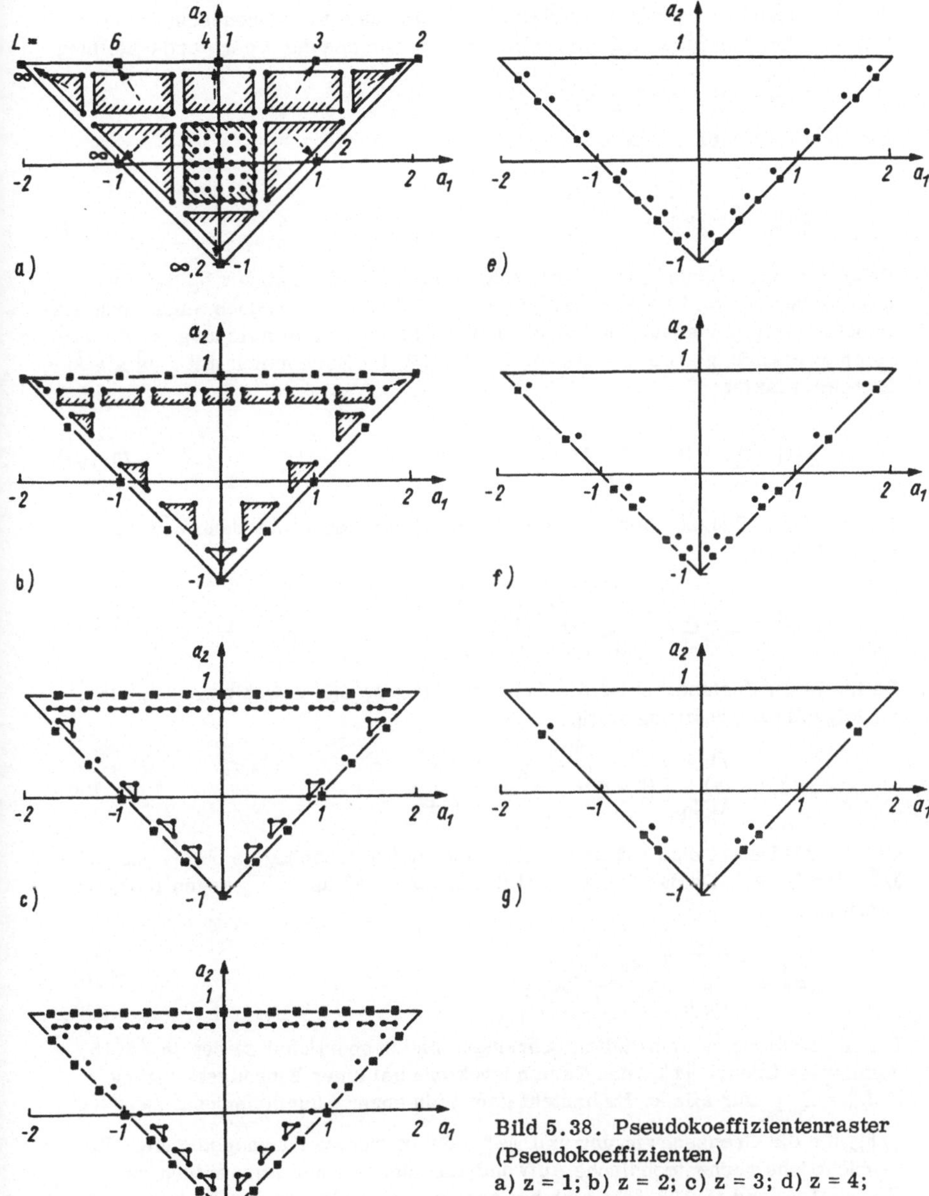

Bild 5.38. Pseudokoeffizientenraster
(Pseudokoeffizienten)
a) z = 1; b) z = 2; c) z = 3; d) z = 4;
e) z = 5; f) z = 6; g) z = 7

der Periodendauer $1\,T/n$ ($1, n$ relativ prim) und damit die Grenzschwingungen
mit der Periodendauer $1\,T$ verlaufen, erhält man aus der Operatordarstellung

$$\underline{Z}(d) = (d\underline{I} - \underline{A})^{-1}\,\underline{\varepsilon}\,(d)$$

von Gl. (5.102) die Schranke zu

$$\|\underline{z}\|_\infty \leq \max_n \left\| \left(e^{j\frac{2\pi n}{1}}\,\underline{I} - \underline{A}\right)^{-1}\right\|\varepsilon_{max}. \tag{5.103}$$

Dabei stimmt die aus dieser Gleichung ermittelte Schranke für S_C und $1 = 1,\ 2$
mit der aus Gl. (5.101) ermittelten überein. Nimmt man jedoch einen rechteck-
impulsförmigen Verlauf der Störgrößen an, so ist eine Auswertung im Zeitbereich zweckmäßig. Die Lösung von Gl. (5.102) im Zeitbereich mit $\underline{z}\,[0]$ als Anfangswert lautet

$$\underline{z}[1] = \underline{A}^1\,\underline{z}\,[0] + \sum_{j=0}^{1-1} \underline{A}^j\,\varepsilon\,[1-1-j]. \tag{5.104}$$

Mit der Schließungsbedingung nach Gl. (5.93) errechnet sich dann $\underline{z}\,[0]$ aus
Gl. (5.104) zu

$$\underline{z}\,[0] = (\underline{I} - \underline{A}^1)^{-1}\left(\sum_{k=0}^{1-1} \underline{A}^k\,\varepsilon\,[1-1-j]\right). \tag{5.105}$$

Da für jeden Zustandsvektor die Grenzschwingung $\underline{z}\,[0]$ gewählt werden kann,
ist folgende Abschätzung gültig

$$\|\underline{z}\|_\infty \leq \left(\sum_{k=0}^{1-1} \left\|(\underline{I} - \underline{A}^1)^{-1}\,\underline{A}^k\right\|_\infty\right)\varepsilon_{max}. \tag{5.106}$$

Gl. (5.106) liefert eine von der Periodendauer $1\,T$ unabhängige obere Schranke
$\|z\|_\infty$ für $1 \to \infty$. Da das System stabil ist, strebt $\underline{A}^1$ für $1 \to \infty$ gegen Null, und
damit gilt

$$\|\underline{z}\|_\infty \leq \left(\sum_{k=0}^{\infty} \left\|\underline{A}^k\right\|_\infty\right)\varepsilon_{max}. \tag{5.107}$$

Die im Zeitbereich ermittelten Schranken sind proportional zu der in $/5.15/$
definierten Grenze $\|\underline{z}\|_\infty$ des Zustandsvektors bei einer Eingangserregung
$|x\,[k]| \leq x_{max}$ für alle k. Es besteht somit ein enger Zusammenhang zwischen
$\|\underline{z}\|_\infty$ für die Grenzschwingung und $\|z\|_\infty$ für begrenzte Eingangssignale. Der
beträchtliche rechentechnische Aufwand zur numerischen Auswertung der
Gln. (5.106) und (5.107) läßt sich bei geeigneten Annahmen durch eine Spektraltransformation vermeiden.
Durch Untersuchungen am Pseudolinearmodell und durch zahlreiche Beispiele
konnte folgendes festgestellt werden:
Die normierte Grenzschwingungsperiodendauer $1\,T$ stellt sich beim Digitalfilter
2. Grades in der Regel so ein, daß für die Eigenwerte $\lambda_1,\ \lambda_2$

$$(\lambda_{1/2})^1 = \left|\lambda_{1/2}\right|^1 \tag{5.108}$$

gilt. Die Spektraltransformation $\underline{T}\,\underline{A}\,\underline{T}^{-1} = \Lambda = \mathrm{Diag}\left\{\lambda_1,\ \lambda_2\right\}$ der Matrix $\underline{A}$ in Gl. (5.105) liefert

$$\underline{z}\,[0] = \underline{T}\left(\sum_{k=0}^{1-1} (\underline{I} - \underline{A}^l)^{-1}\,\underline{\Lambda}^{\,k}\right)\underline{T}^{-1}\,\underline{\varepsilon}\,[1\text{-}1\text{-}k]\,. \qquad (5.109)$$

Die Abschätzung mit der Norm $\|\cdot\|_\infty$ führt auf

$$\|\underline{z}\|_\infty \leqq \|\underline{T}\|_\infty \frac{1}{1-\max(|\lambda_1|,\ |\lambda_2|)}\,\|\underline{T}^{-1}\|\,\underline{\varepsilon}_{max}\,. \qquad (5.110)$$

5.5. Signalprozessoren

5.5.1. Einführung

Tastsysteme werden in zunehmendem Maße durch frei programmierbare Prozessoren und daraus aufgebauten Mehrprozessor- bzw. Mehrrechnersystemen digital realisiert, da die freie Programmierbarkeit einen flexiblen Einsatz für die verschiedensten Anwendungsfälle garantiert. Jeder Anwendungsfall ist gekennzeichnet durch verschiedenartige Algorithmen, die durch entsprechende Programme realisiert werden. Eine Änderung der Aufgabenstellung wirkt sich somit nur in einer Änderung der Programme aus, sofern die Leistungsfähigkeit der Hardwarestruktur ausreicht. Die Festlegung der Prozessorstruktur und des damit verbundenen Befehlssatzes ist somit entscheidend für die Leistungsfähigkeit und Einsatzbreite des Prozessors. Die Auswahl der Struktur und des Befehlssatzes des Prozessors kann demzufolge nur auf einer Analyse der verschiedensten Algorithmen und Tastsystemstrukturen beruhen.

Die unterschiedlichen Tastsystemstrukturen können als Zusammenschaltung elementarer Blöcke (Bild 5.39) aufgefaßt werden, wobei einfach gerichtete und doppelt gerichtete Strukturen die geläufigsten sind. Werden alle Blöcke eines Tastsystems in einem Prozessor realisiert, so erfolgt die Kopplung der Blöcke über die entsprechende Programmreihenfolge. Bei hohen Geschwindigkeitsanforderungen kann es jedoch notwendig sein, jedem Teilsystem in der Tastsystemstruktur einen Prozessor zuzuordnen. Damit entsteht ein Mehrprozessor- bzw. Mehrrechnersystem.

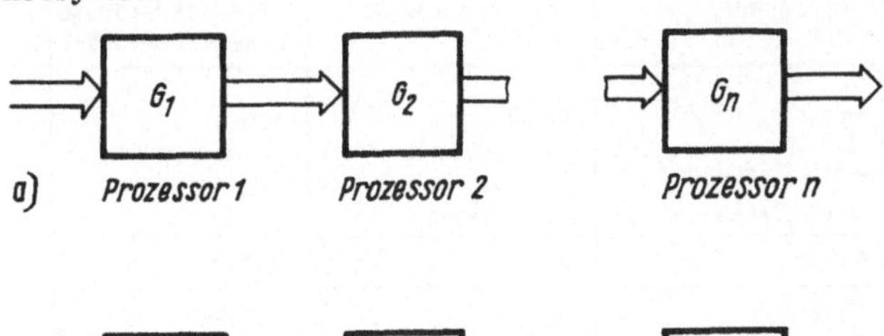

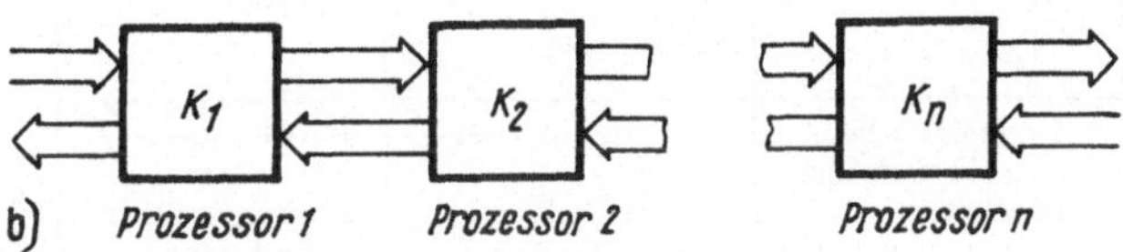

Bild 5.39. Strukturierung
a) Reihenstruktur; b) Kettenstruktur

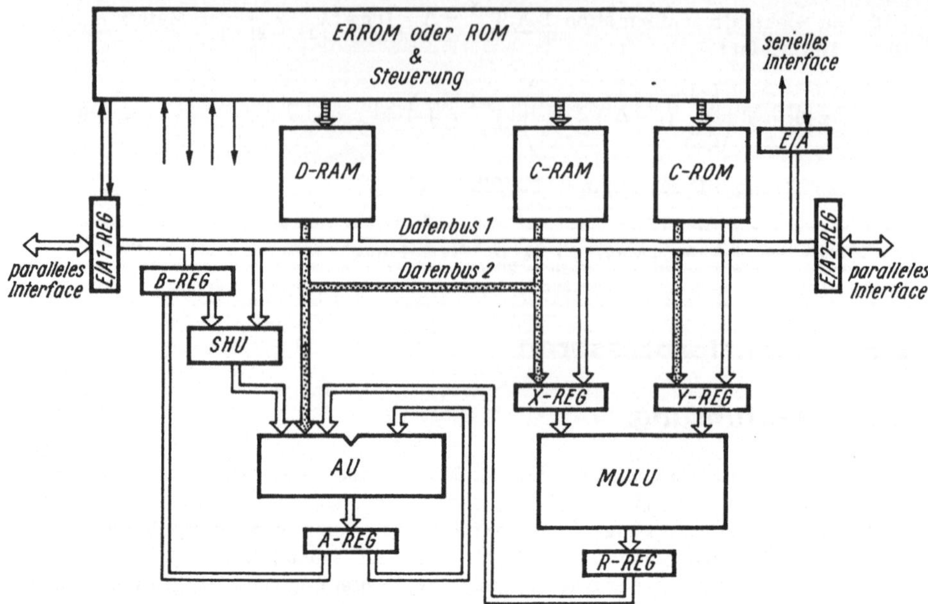

Bild 5.40. Allgemeine Signalprozessorstruktur

Tafel 5.6. Auswahl gebräuchlicher Signalprozessoren

Typ		2920 (Intel) /5-37/	µPD 7720 (NEC) /5-38/	DSP (MEC) /5-42/
Programm-speicher	intern	192 × 25 bit EPROM	512 × 23 bit ROM/ EPROM	1024 × 23 bit ROM
	extern	–	–	–
Daten-speicher (intern)	Daten Konstanten	40 × 25 bit RAM 16 × 25 bit	128 × 16 bit RAM 512 × 13 bit ROM	128 × 12 bit RAM { 256 × 15 bit ROM 64 × 15 bit RAM
Rechen-einheit	Adder und Akkumulator Multiplizierer Funktionseinheit	25 bit – $2^{-13} \ldots 2^2$ Verschieben	16 bit 16 bit × 16 bit $2^4 \ldots 2^{-1}$ Verschieben	16 bit 8 bit × 12 bit –
Befehlszyklus		400 ns	250 ns	500 ns
Architektur		Havard	Havard	Havard
Ein-/Ausgabe		● 4 Analogeingänge ● 8 Analogausgänge (multiplex)	● paralleles Inter-face 8 bit ● serielles Inter-face	● A/D Konverter Interface ● externer Bus 8 bit Daten 7 bit Adresse
Technologie		NMOS	NMOS	NMOS

Die Architektur der in den Tastsystemen verwendeten Prozessoren wird durch die Anforderungen an die

- Koppelbarkeit der Prozessoren und die
- Verarbeitungsgeschwindigkeit

sowie durch die

- Systemkonfiguration

bestimmt. Bei der Systemkonfiguration wird die Realisierung eines oder mehrerer Teilsysteme des Tastsystems durch einen

- Einchip-Mikrorechner, oft als Signalprozessor bezeichnet oder durch einen
- Einchip-Standardmikrorechner mit Arithmetik-Coprozessor

unterschieden. Als Interfacearten zur Kopplung der Prozessoren kommen in Betracht:

- digitales paralleles Interface
- digitales serielles Interface.

Ein analoges Interface wird im allgemeinen nur für die Eingabe und Ausgabe von Prozeßsignalen verwendet.
Um eine hohe Verarbeitungsgeschwindigkeit zu erreichen, muß eine hohe Paralelität im Datenfluß und in der Befehlsabarbeitung angestrebt werden. Eine hohe Parallelität in der Befehlsabarbeitung wird durch eine Havard-Architektur in Ver-

TMS 32010 * TMS 320M10 ** (TI) /5-41/	DSP (BELL LABS) /5-33/	S 2811 (AMI)	MA 1000 (ITT)
**1536 × 16 bit ROM * —	1024 × 16 bit ROM	250 × 17 bit ROM	512 × 26 bit ROM
**2560 × 16 bit ROM/ EPROM **4096 × 16 bit ROM/ EPROM	1024 × 16 bit ROM/ EPROM	—	—
144 × 16 bit RAM im Programmsp.	128 × 20 bit RAM im Programmsp.	128 × 16 bit RAM 128 × 16 bit ROM	128 × 24 bit RAM 128 × 8 bit ROM 32 × 8 bit RAM
16 bit 16 bit × 16 bit $2^{-15} \ldots 2^0$ Verschieben	40 bit 20 bit × 16 bit ⎰ Verschieben ⎱ log. Funktion	16 bit 12 bit × 12 bit	24 bit 16 bit × 8 bit
200 ns	800 ns	300 ns	250 ns
Havard	Princeton Pipelineprinzip für Daten	Havard	Havard
● externer Bus 16 bit Daten 12 bit Adresse	● externer Bus 16 bit zeitmulti- plex für Daten und Adressen ● serielles Interface	● paralleles Interface 8 bit ● serielles Interface	● paralleles Interface 16 bit ● serielles Interface
NMOS	NMOS	VMOS	NMOS

bindung mit dem Pipeline-Prinzip für den Datenfluß und die Befehlsabarbeitung
erzielt. Die Havard-Architektur ist gekennzeichnet durch eine Trennung von Programm und Datenspeicher.
Für die weiteren Betrachtungen wird von der Berechnung des Standardausdruckes

$$y := y + x \cdot z \tag{5.111}$$

der digitalen Signalverarbeitung ausgegangen. Die Berechnungszeit für diesen Ausdruck läßt sich nur dann wesentlich verkürzen, wenn die Daten x und z parallel aus
dem Speicher ausgelesen werden können und die Multiplikation durch eine Multipliziereinheit (MULU) realisiert wird. Ein paralleles Auslesen der Daten bedeutet
jedoch, daß getrennte Speicher für ausgewählte Sorten von Daten vorhanden sind.
Im Falle der Signalprozessoren wird in Signalspeicher oder Datenspeicher (D-RAM)
und in Konstantenspeicher (C-RAM oder C-ROM) für die Filter und Reglerkoeffi-
zienten getrennt. Eine allgemeine Struktur, die diesen strukturellen Gesichtspunkten genügt, ist in Bild 5.40 dargestellt. Es ist eine Havard-Struktur, in der durch
getrennte Mehrtorspeicher, durch getrennte Busse und durch parallel arbeitende
Funktionseinheiten eine hohe Geschwindigkeit erreicht wird. In der Regel ist es im
Befehl möglich, die einzelnen Funktionseinheiten getrennt anzusprechen. Durch geeignetes Verketten der Teilbefehle kann ein Pipelining des Datenstromes erzielt
werden. In der allgemeinen Struktur sind z.B. folgende Operationen gleichzeitig
ausführbar:

Ein-/Ausgabe von Daten:		⟨ B ⟩:=⟨ E /A 1 ⟩
Multiplikation:	:	⟨ R ⟩:=⟨ X ⟩·⟨ Y ⟩
ALU-Operation:	:	⟨ A ⟩:=⟨ A ⟩+ sh(⟨B⟩)
Ladeoperation:	:	⟨ X ⟩:=⟨ SPZ D-RAM ⟩
		⟨ Y ⟩:=⟨ SPZ C-ROM ⟩

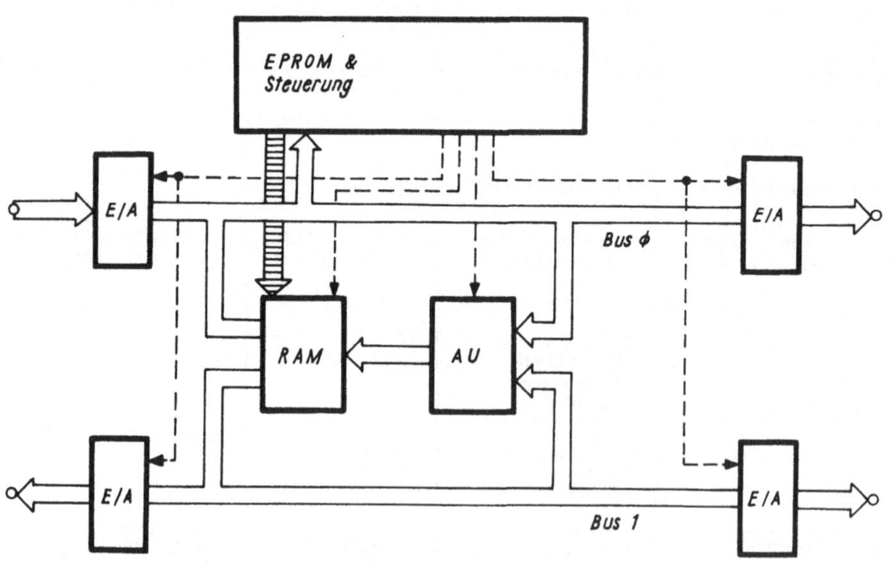

Bild 5.41. Prozessorstruktur für die Kettenstruktur
C-ROM - Konstanten-ROM,   MULU - Multipliziereinheit
C-RAM - Konstanten-RAM,   SHU   - Verschiebeeinheit
D-RAM - Daten-RAM,   ALU   - Arithmetik/Logikeinheit

Bei den verschiedenen Signalprozessoren (Tafel 5.6) findet man die Parallelität
mehr oder weniger ausgebaut vor, z.B. Signalprozessor 2920 mit zwei gleichzeitigen Operationen und der Signalprozessor von BELL LABS mit vier gleichzeitigen Operationen. Aus der Tafel ist ferner zu entnehmen, daß die Kapazität
der internen Datenspeicher bei etwa 1/8 kWorte liegt und der Programmspeicher
in der Größenordnung von 1 kWorte. Die Realisierung analoger Schnittstellen ist
nur bei dem Signalprozessor 2920 vorzufinden. Alle anderen bereiten den Anschluß
von A/D- und D/A-Wandlern über parallele Schnittstellen mehr oder weniger gut
vor. Der Signalprozessor von MEC hat beispielsweise eine gut vorbereitete Schnittstelle zum Anschluß eines D/A-Wandlers für die Analog-Digital-Wandlung nach
dem Prinzip der sukzessiven Approximation.
Für doppelt gerichtete Teilsysteme eignet sich die im Bild 5.41 angegebene Struktur. Grundgedanke dieser Struktur ist das doppelte Bussystem mit einem Mehrtorspeicher für Daten und Koeffizienten. Strukturelle Gedanken dieser Art haben sich
noch nicht in den Signalprozessorstrukturen niedergeschlagen.
Im folgenden soll detaillierter auf die Signalprozessoren 2920 und μPD sowie auf
Arithmetikprozessoren eingegangen werden.

5.5.2. Signalprozessor 2920

Die Besonderheit der Befehlsstruktur des Signalprozessors 2920 im Vergleich zu
den üblichen Mikroprozessoren besteht darin, daß gleichzeitig analoge und digitale
Operationen durchgeführt werden, die arithmetischen Befehle durch ihre Daten-
breite (24 bit) und durch gleichzeitiges Multiplizieren eines Operanden mit 2^n
(n = -13, ..., 1, 2) leistungsfähiger sind und keine allgemeinen Sprungbefehle vorhanden sind. Diese hohe Parallelität ist deshalb u.a. die Ursache für die erzielten
hohen Abtastraten des Signalprozessors.
Der Signalprozessor 2920 vereint in einem Schaltkreis alle Funktionsblöcke, die
zur digitalen Realisierung notwendig sind. Die Blockstruktur dieses Schaltkreises
ist im Bild 5.42 dargestellt und spiegelt die im Bild 5.3 angegebene Grundstruktur
wider. In der Datenstruktur sind es folgende Komplexe:

- Arithmetikkomplex
  Der Arithmetikkomplex besteht aus einem RAM-Speicher mit einer Kapazität
  von 64 Worten zu 25 bit, einem Verschiebenetzwerk und einer Arithmetikeinheit.
  Die Verarbeitungsbreite der Arithmetikeinheit beträgt 25 bit, und die Operanden
  werden im Zweierkomplement dargestellt. Das Verschiebenetzwerk realisiert
  eine arithmetische Verschiebung. Dies bedeutet, daß bei einer Rechtsverschiebung die links frei werdenden Stellen mit dem Vorzeichenbit aufgefüllt werden.
- Analogkomplex
  Der Analogkomplex enthält die eingangsseitige und die ausgangsseitigen Ab-
  tast- und Halteschaltungen, einen Analogmultiplexer, einen Analogdemulti-
  plexer, einen Komperator und einen Digital-Analog-Wandler. Die Analog-Digital-Wandlung erfolgt nach dem Verfahren der sukzessiven Approximation. Der
  D-A-Wandler wird demzufolge auch für die A-D-Wandlung verwendet. Ferner
  ist es aufgrund dieser Struktur möglich, in einfacher Weise Grenzwertabfragen
  durchzuführen.
  Die Ausgangsstufen sind so ausgelegt, daß sie entweder zur Ausgabe digitaler
  Signale im TTL-Pegel oder zur Ausgabe analoger Signale benutzt werden können.

Der Signalprozessor kann in zwei Moden arbeiten:

- Betriebsmodus
- Programmiermodus.

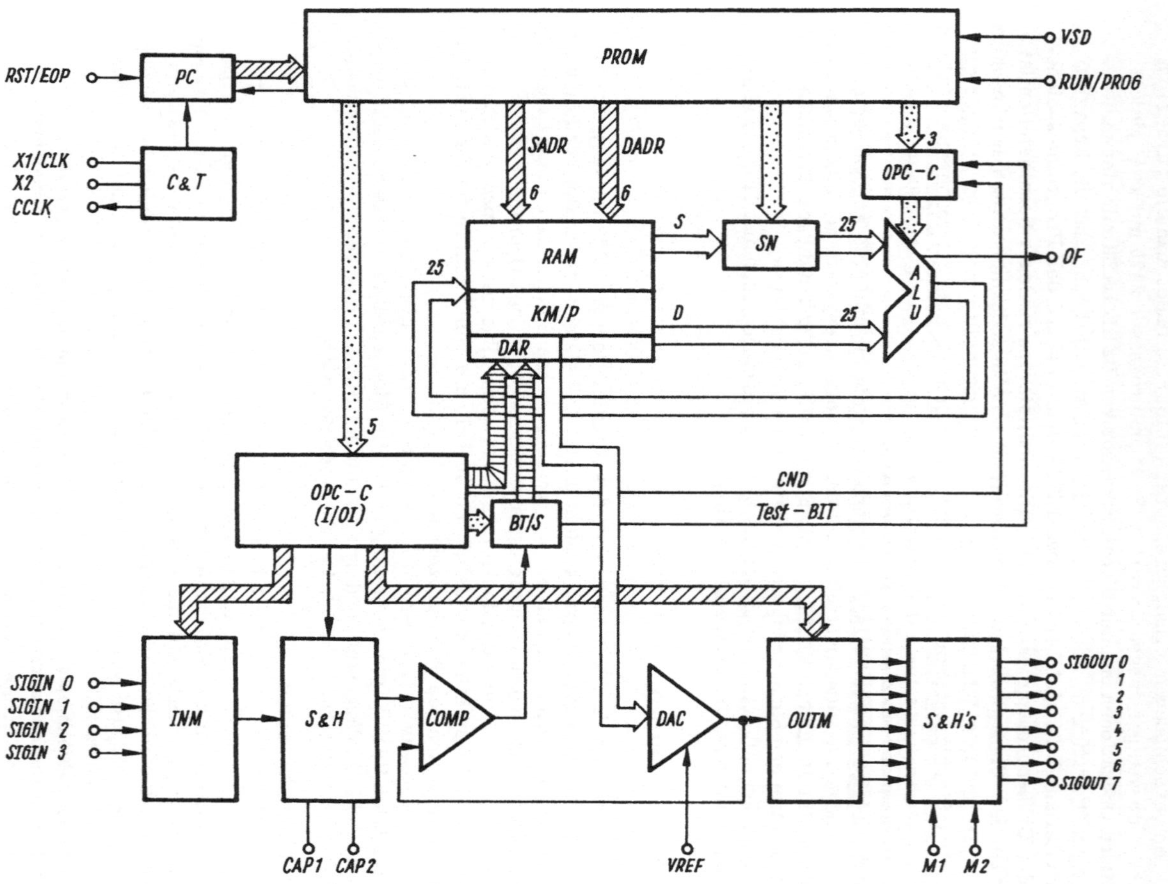

Bild 5.42. Blockschaltbild des Signalprozessors 2920

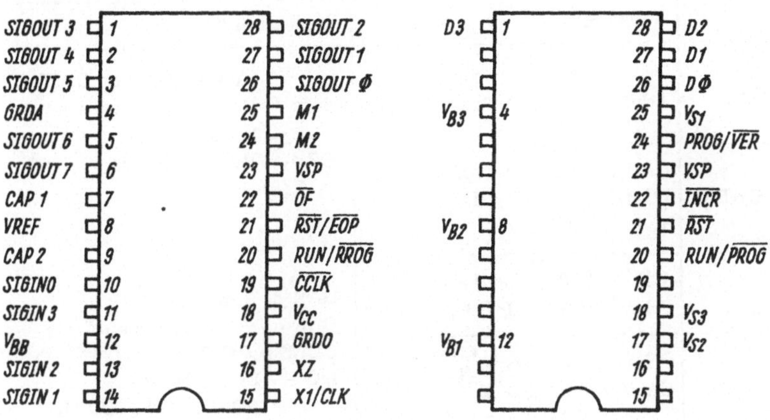

Bild 5.42b). Betriebs- und Programmodus des Signalprozessors 2920

Im Betriebsmodus werden die Befehle des im ROM enthaltenen Programms nacheinander abgearbeitet. Der Signalprozessor verfügt nicht über Sprungbefehle, so daß die notwendige zyklische Abarbeitung des Programms durch die Anweisung EOP - Rücksetzen des Befehlszählers auf 0 - zu realisieren ist. Die allgemeine Befehlsstruktur des 24-bit-Befehlswortes ist im Bild 5.43 angegeben.

Befehlsstruktur

ALU OPC	Zieladresse d	Quelladresse s	SHC	IIO und CND OPC
3 Bit ALC	6 Bit	6 Bit	4 Bit	5 Bit IOC

Assemblernotierung

Marke : Name (ALC)   Name (d), Name (s), Name (SHC), Name (IOC); Kommentar

Bild 5.43. Befehlsstruktur des 2920 und Assemblernotierung

Die ALU-Operationen und Analogoperationen werden gleichzeitig ausgeführt. Im ALU-Operations/Adreßteil wird mit Zweiadreßbefehlen gearbeitet, d.h., im Befehl werden die beiden Quelladressen der Operanden angegeben, wobei eine Quelladresse gleichzeitig Zieladresse ist.
Die Wirkungsweise der einzelnen Befehle wird unmittelbar aus der Befehlsliste (Tafel 5.7) deutlich. Alle arithmetischen Operationen werden im Zweierkomplement durchgeführt.
Die in den Befehlen verwendbaren Konstanten und Verschiebungsfaktoren sind der Tafel 5.8 zu entnehmen, wobei die detaillierte Kodierung in der Tafel 5.9 festgehalten ist.
Zum Entwurf von Systemen mit dem Signalprozessor 2920 steht ein Assembler zur Verfügung, der die zu den Mnemoniks gehörende Kodierung erzeugt.
Im Programmodus werden die Befehle tetradenweise über die Signalausgänge SIGOUT1, ..., SIGOUT4 in dem Programmspeicher des Prozessors geladen. Dabei ist insbesondere die verschachtelte Kodierung zu beachten.

Tafel 5.7. Befehlsliste des Signalprozessors 2920

Mnemonik	Wirkung	Bemerkung
ADD d, s, N, I/O	$\langle d\rangle\leftarrow\langle s\rangle*2^{-N} + \langle d\rangle$ Addition u. I/O Operation	s – Konstanten und RAM-SPZ d, s – RAM-Speicherzellen $\emptyset,\ldots,39$
ADD d, s, N, CNDK	$DAR(K) = 1: \langle d\rangle\leftarrow\langle s\rangle*2^{-N}+\langle d\rangle$ $DAR(K) = 0: \langle d\rangle\leftarrow\langle d\rangle$ bedingte Addition	BZ – Befehlszähler DAR(0) – LSB . . .
SUB d, s, N, I/O	$\langle d\rangle\leftarrow\langle s\rangle*2^{-N} + \langle d\rangle$ Subtraktion u. I/O Operation	DAR(8) – MSB DAR(8) – Vorzeichenbit
SUB d, s, N, CNDK	$CY = 1: \langle d\rangle\leftarrow-\langle s\rangle*2^{-N}+ \langle d\rangle$ $CY = 0: \langle d\rangle\leftarrow\langle s\rangle*2^{-N} + \langle d\rangle$ $DAR(K)\leftarrow CY_{OUT}$ bedingte Subtraktion	CDN8 = CDNS I/O – EOP, NOP, INK, OUTK, CVTK CY – Übertrag abs – Betragsbildung
ABA d, s, N, I/O	$\langle d\rangle\leftarrow abs(\langle s\rangle*2^{-N}) + \langle d\rangle$ modifizierte Addition	EOP – Rücksetzen des BZ NOP – keine EOP, INK, OUTK und CVTK Operation

ABA
d, s, N, CNDK
	$\langle d\rangle\leftarrow abs(\langle s\rangle*2^{-N}) + \langle d\rangle$
	modifizierte Addition
	$OV = \emptyset$
		INK – Abtasten von SIGINK
		OUTK– D/A-Wandlung von
		     $\langle DAR\rangle$ und Analogwert-
		     ausgabe über SIGOUT

ABS
d, s, N, I/O
	$\langle d\rangle\leftarrow abs(\langle s\rangle*2^{-N})$
	Absolutwertbildung
	$CY_{OUT} = \emptyset,$
	CND-Kode hat keine Wirkung
		CVTK –A–D–Wandlung für das
		     K-te Bit
		$OV = $ $\emptyset$ nachfolgende
		     Operationen realisieren
		     Begrenzungskennlinie
		     nach Bild 5.31b

AND d, s, N, I/O	$\langle d\rangle\leftarrow\langle s\rangle*2^{-N}\ \&\ \langle d\rangle$ bitweise Konjunktion $CY_{OUT} = \emptyset$ CND-Kode hat keine Wirkung	$EOP \rightarrow OV = 1$
XOR d, s, N, I/O	$\langle d\rangle\leftarrow\langle s\rangle*2^{-N}\ \oplus\ \langle d\rangle$ bitweise Antivalenz $CY_{OUT} = \emptyset$	
XOR d, s, N, CNDK	$\langle d\rangle\leftarrow\langle s\rangle*2^{-N}\ \oplus\ \langle d\rangle$ bitweise Antivalenz $CY_{OUT} = \emptyset,\ \ OV = 1$	
LDA d, s, N, I/O	$\langle d\rangle\ \langle s\rangle*2^{-N}$ Transport $CY_{OUT} = \emptyset$	

Tafel 5.7 (Fortsetzung)

Mnemonik	Wirkung	Bemerkung
LDA d, s, N, CNDK	DAR(K) = 1: $\langle d\rangle\!\leftarrow\!\langle s\rangle*2^{-N}$ DAR(K) = $\emptyset$: $\langle d\rangle\!\leftarrow\!\langle d\rangle$ Transport $CY_{OUT} = \emptyset$	
LIM d, s, N, I/O	$\langle d\rangle\!\leftarrow\!sign(\langle s\rangle)$ keine Verschiebung	Zahlenbereich für arithmetische Operat. $-1 \leqq \langle s\rangle,\ \ \langle d\rangle < 1$

Vereinfachte Mnemoniks

NOP	=	LDA	$\emptyset,\emptyset,R\emptyset\emptyset,NOP$ und andere
EOP	=	LDA	$\emptyset,\emptyset,R\emptyset\emptyset,EOP$
INK	=	LDA	$\emptyset,\emptyset,R\emptyset\emptyset,INK$
OUTK	=	LDA	$\emptyset,\emptyset,R\emptyset\emptyset,OUTK$
CVTK	=	LDA	$\emptyset,\emptyset,R\emptyset\emptyset,CVTK$

Tafel 5.8. Konstanten und Skalierungsfaktoren beim 2920

KONSTANTEN		FAKTOREN		
Mnemonik	Wert	Mnemonik	Wert	
KP0	0	L02	2^{2}	$= 4,0$
KP1	0,125	L01	2^{1}	$= 2,0$
KP2	0,250	R00	2^{0}	$= 1,0$
KP3	0,375	R01	2^{-1}	$= 0,5$
KP4	0,500	R02	2^{-2}	$= 0,25$
KP5	0,625	R03	2^{-3}	$= 0,125$
KP6	0,750	R04	2^{-3}	$= 0,0625$
KP7	0,875	R05	2^{-5}	$= 0,03125$
KM1	-0,125	R06	2^{-6}	$= 0,015625$
KM2	-0,250	R07	2^{-7}	$= 0,0078125$
KM3	-0,375	R08	2^{-8}	$= 0,00390625$
KM4	-0,500	R09	2^{-9}	$= 0,001953125$
KM5	-0,625	R10	2^{-10}	$= 0,0009765625$
KM6	-0,750	R11	2^{-11}	$= 0,00048828125$
KM7	-0,875	R12	2^{-12}	$= 0,000244140625$
KM8	-1,0	R13	2^{-13}	$= 0,0001220703125$

Tafel 5.9. Befehlskodierungen beim 2920

Kodierung im Befehlswort

Tetrade	MSB			LSB
0	$IOC\emptyset$	IOC4	IOC3	IOC2
1	S2	D1	S1	IOC1
2	S4	D3	S3	D2
3	$S\emptyset$	D5	S5	D4
4	SHC2	SHC1	$SHC\emptyset$	$D\emptyset$
5	ALC2	ALC1	$ALC\emptyset$	SHC3

Tafel 5.9 (Fortsetzung)

Operationskode für ALU (ALC)

Mnemonik	ALC2 ALC1 ALCØ
XØR	ØØØ
AND	ØØ1
LIM	Ø1Ø
ABS	Ø11
ABA	1ØØ
SUB	1Ø1
ADD	11Ø
LDA	111

Skalierungskode (SHC)

Mnemonik	SHCØ SHC1 SHC2 SHC3
R13	11ØØ
R12	1Ø11
R11	1Ø1Ø
R10	1ØØ1
R09	1ØØØ
R08	Ø111
R07	Ø11Ø
R06	Ø1Ø1
R05	Ø1ØØ
R04	ØØ11
R03	ØØ1Ø
R02	ØØØ1
R01	ØØØØ
L01	11Ø1
L02	111Ø
R00	1111

Operationskode für Ein/Ausgabe und Steuerung (IOC)

Mnemonik	IOCØ IOC1 IOC2 IOC3 IOC4
INØ	ØØ ØØØ
IN1	ØØ ØØ1
IN2	ØØ Ø1Ø
IN3	ØØ Ø11
NOP	ØØ 1ØØ
EOP	ØØ 1Ø1
CVTS	ØØ 11Ø
CNDS	ØØ 111
CVTØ	1Ø ØØØ
⋮	⋮
CVT7	1Ø 111
OUTØ	Ø1 ØØØ
⋮	⋮
OUT7	Ø1 111
CNDØ	11 ØØØ
⋮	⋮
CND7	11 111

Tafel 5.9 (Fortsetzung)

Adressen im RAM-Bereich		
Adresse	S5 S4 S3 S2 S1 SØ D5 D4 D3 D2 D1 DØ	
Ø . . . 39	ØØØØØØ . . 1ØØ111	verfügbare Quelladressen s und Zieladressen d
4Ø	1Ø1ØØØ	DAR – Register (9 höchstwertige Bit des RAM-Wortes)
48 . . . 55	11ØØØØ . . 11Ø111	KPØ – Register für Konstante KPØ KP7 – Register für Konstante KP7
56 . . . 63	111ØØØ . . 111111	KM8 – Register für Konstante KM8 KM1 – Register für Konstante KM1

Mit dem Befehlssatz des Signalprozessors können eine Vielzahl von Standardaufgaben der Signalverarbeitung in einfacher Weise realisiert werden. Zu diesen Standardaufgaben gehören

- Verstärker: linearer Verstärker $y[k] = v\,x[k]$
                       logarithmischer Verstärker $y[k] = \log|x[k]|$
- Gleichrichter: Halbwellengleichrichter $y[k] = |x[k]|$
                       Vollwellengleichrichter $y[k] = (x[k] + |x[k]|)/2$
- Begrenzer:

$$y[k] = \begin{cases} y_{max} & x[k] \leq -x_{max} \\ x[k] \vee & -x_{max} < x[k] < x_{max} \\ y_{max} & x[k] \geq x_{max} \end{cases} = h(x[k])$$

- Oszillatoren: Sägezahngenerator $z[k+1] = h(z[k] + a)$
                     Sinusgenerator $z[k+2] = 2\cos\omega_0\, z[k+1] - z[k]$

- digitale Filter:
  digitale Regler: $y = g\,x$.

Als Anwendungsbeispiel soll die Realisierung eines Spektralanalysators betrachtet werden. Das Blockdiagramm ist im Bild 5.44 dargestellt. Für die Teilsysteme digitales Filter 2. Ordnung und Sägezahngenerator sind die Blockschaltbilder und dazugehörigen Programme dem Bild 5.45 zu entnehmen.
Die Multiplikation im Digitalfilter wird dabei aufgrund der zur Verfügung stehenden Befehle mittels ternär dargestellter Koeffizienten durchgeführt. Das gesamte Blockdiagramm wird dann durch Aneinanderkettung aller Programme realisiert, um die richtige Datenübergabe zu gewährleisten, ist die im Bild 5.44 angegebene Reihenfolge einzuhalten.

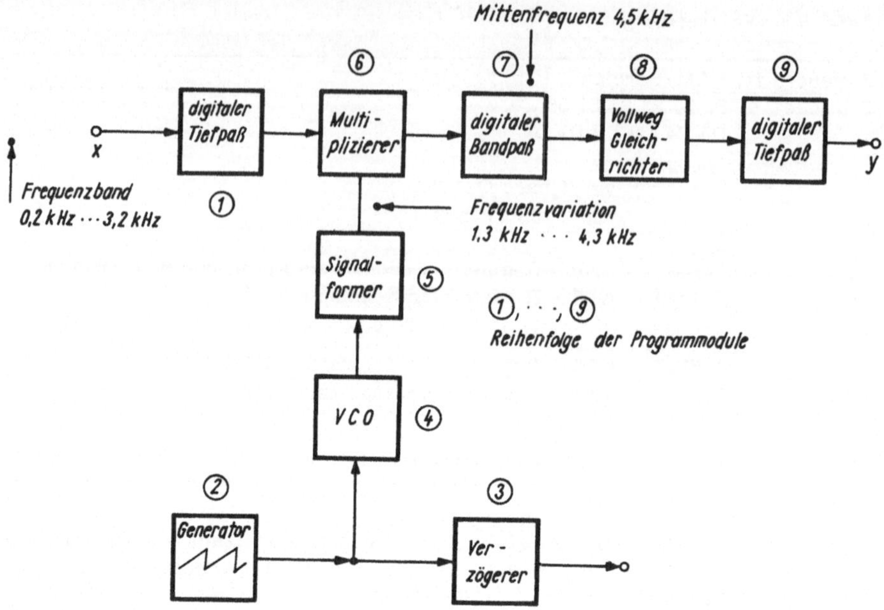

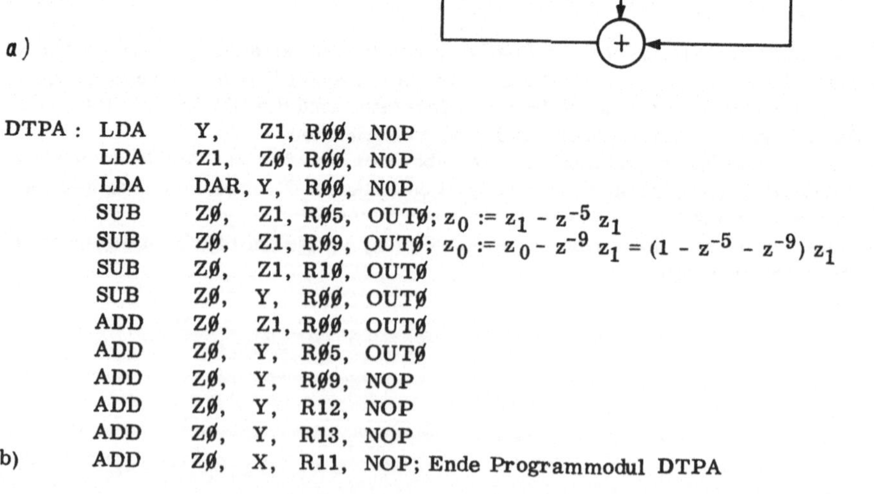

$\Delta t = 76,8\ \mu s$

$a_1 = -1,9659 = -\left[2^1 - 2^5 - 2^{-9} - 2^{-10}\right]$

$a_2 = 0,966452 = \left[2^0 - 2^5 - 2^{-9} - 2^{-12} - 2^{-13}\right]$

Skalierung $v = 2^{-11}$ nach $\lfloor 2.37 \rfloor$

Bild 5.44. Blockschaltbild eines Spektralanalysators

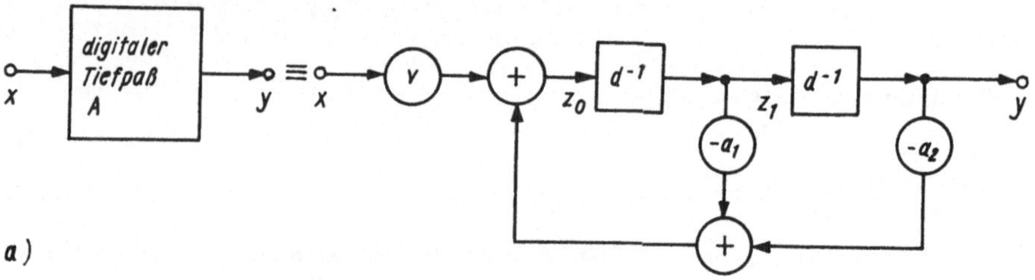

```
DTPA :  LDA     Y,    Z1, RØØ, NOP
        LDA     Z1,   ZØ, RØØ, NOP
        LDA     DAR,  Y,  RØØ, NOP
        SUB     ZØ,   Z1, RØ5, OUTØ; z₀ := z₁ - z⁻⁵ z₁
        SUB     ZØ,   Z1, RØ9, OUTØ; z₀ := z₀ - z⁻⁹ z₁ = (1 - z⁻⁵ - z⁻⁹) z₁
        SUB     ZØ,   Z1, R1Ø, OUTØ
        SUB     ZØ,   Y,  RØØ, OUTØ
        ADD     ZØ,   Z1, RØØ, OUTØ
        ADD     ZØ,   Y,  RØ5, OUTØ
        ADD     ZØ,   Y,  RØ9, NOP
        ADD     ZØ,   Y,  R12, NOP
        ADD     ZØ,   Y,  R13, NOP
b)      ADD     ZØ,   X,  R11, NOP; Ende Programmodul DTPA
```

```
SUB    Z, K, RØØ, NOP
ADD    Z, M, RØØ, CNOS
ADD    Y, Y, RØØ, NOP
```

d)

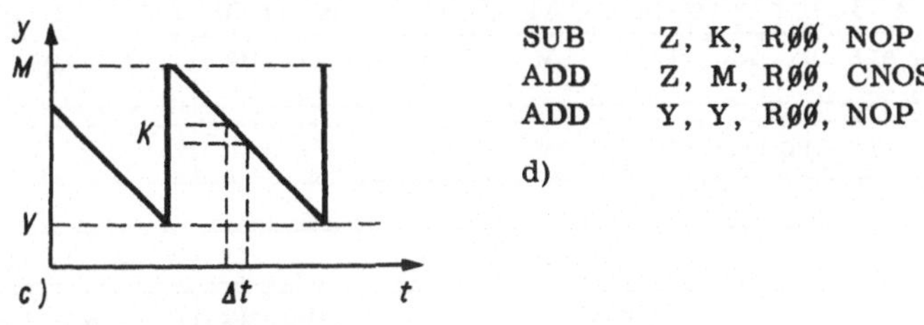

Bild 5.45. Teilsysteme
a) Blockschaltbild des Digitalfilters 2. Ordnung; b) Programm des Digitalfilters 2. Ordnung; c) Sägezahnfunktion; d) Programm des Sägezahngenerators

5.5.3. Signalprozessor μPD 7720

Der Signalprozessor μPD 7720 /5-38/ ist ein leistungsfähiger Einchip-Mikrorechner mit speziellem Befehlssatz. Seine Hardwarestruktur (Bild 5.46a) genügt den in der Einführung skizzierten allgemeinen Anforderungen. Die Multipliziereinheit

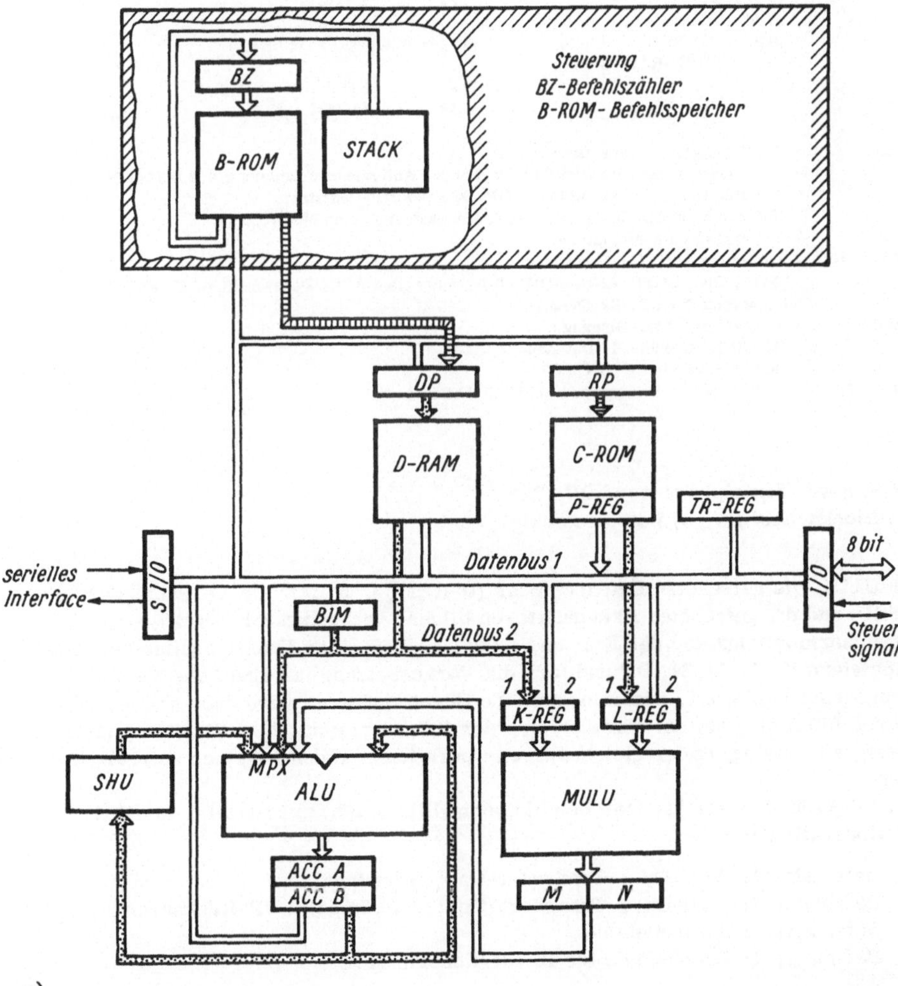

a)

	0	1	2 3	4 5 6 7	8	9 10	11 12 13	14	15 16 17 18	19 20 21 22
Befehlstyp 1	0	0	MPX	ALU-OPC	AS	I	M	PD	QUELL-ADR s	ZIEL-ADR d
Befehlstyp 2	0	1	MPX	ALU-OPC	AS	I	M	PD	s	d

RETURN

	0	1	2 3	4 5 6 7	8 9 ... 17 18	19 20 21 22
Befehlstyp 3	1	0	JP-OPC	C	SPRUNG-ADR	X X X X X
Befehlstyp 4	1	1	DATUM		X	d

Erläuterungen

s   – Quelladresse
d   – Zieladresse

übereinstimmende Adressen s, d		ausgewählte Zieladressen d ((1), (2) – REG-Eingänge)	
0000	–	1010	K-REG
0001	ACC A	1011	K-REG (2); L-REG (1)
0010	ACC B	1100	K-REG (1); L-REG (2)
0011	TR-REG	1101	L-REG
0100	DP-REG		
0101	RP-REG	ausgewählte Quelladressen s	
1111	<DP> (RAM-Zelle)	1101	K-REG
		1110	L-REG

PD   – ROM-Zeiger dekrementieren
M   – Modifikation der Bits DP4 DP5 DP6 durch Antivalenzverknüpfung mit M0 M1 M2
I   – Modifikation der Bits DP0 DP1 DP2 DP3 des DP-Registers
         (Dekrementieren, Inkrementieren, Rücksetzen, keine Modifikation)
AS   – Auswahl des Akkumulators
ALU-OPC   – Kodierung der ALU-Funktionen
         (NOP, OR, EXOR, AND, ADD, SUB, Increment ACC, Dekrement ACC, shift ACC,
         Complement ACC, Exchange)
MPX   – Auswahl des ALU-Eingangs
         (M-REG, Datenbus 1, Datenbus 2, ACC)
C   – Bedingungskode C0 C1 C2 C3
JP-OPC   – Kodierung der Sprungtypen (JUMP, CALL, ...)

b)

Bild 5.46. Signalprozessor μPD 7720
a) Blockschaltbild; b) Befehlsstruktur

(MULU), die getrennten Datenspeicher (D-RAM, C-ROM), die Verschiebeeinheit
(SHU) und die getrennten Akkumulatoren bilden, verbunden mit den Zwischen-
speichermöglichkeiten der Ein- und Ausgangsgrößen der Funktionseinheiten in den
Registern K, L, M, N, DP und RP, die Voraussetzung für eine hohe Verarbeitungsgeschwindigkeit. Die erforderliche Geschwindigkeit wird dann schließlich
durch Pipelining bei der Verarbeitung der Daten erreicht. Das Pipelining ist durch
geeignete Auslegung der gleichzeitigen Operationen in den Befehlen zu realisieren.
Der Signalprozessor hat vier Befehlstypen (Bild 5.46b) mit parallel ausführbaren
Teiloperationen:

- Befehlstyp 1: ALU-Op.; Transport-Op.; Adreßmod.
- Befehlstyp 2: ALU-Op.; Transport-Op.; Adreßmod.; UP-Rücksprung
- Befehlstyp 3: Sprungbefehle
- Befehlstyp 4: Ladebefehle für 16-bit-Konstanten.

Tafel 5.10. Programmbeispiel für den Signalprozessor µPD 7720

$$y[k] = b_0\ x[k] + b_1\ x[k-1] + b_2\ x[k-2]$$
$$- a_1\ y[k-1] - a_2\ y[k-2]$$

$\langle RP \rangle = {>}b_0{<};\qquad \langle DP \rangle = {>}y[k]{<}$

ROM	RAM
	$y[k]$
b_2	$x[k]$
a_2	$y[k-1]$
b_1	$x[k-1]$
a_1	$y[k-2]$
b_0	$x[k-2]$

Befehls-schritt	ALU-OPERATION	TRANSPORT-OPERATION	ADRESS-MODIFIKATION
1	NOP	$\langle TR \rangle := \langle DP \rangle$	$\langle RP \rangle := \langle RP \rangle$ $\langle DP \rangle := \langle DP \rangle + 1$
2	$\langle ACCA \rangle := \emptyset$	$\langle K \rangle := \ll DP \gg$ $\langle L \rangle := \ll RP \gg$	$\langle RP \rangle := \langle RP \rangle - 1$ $\langle DP \rangle := \langle DP \rangle + 1$
3	$\langle ACCA \rangle := \langle ACCA \rangle + \langle M \rangle$	$\langle K \rangle := \ll DP \gg$ $\langle L \rangle := \ll RP \gg$	$\langle RP \rangle := \langle RP \rangle - 1$ $\langle DP \rangle := \langle DP \rangle + 1$
4	$\langle ACCA \rangle := \langle ACCA \rangle + \langle M \rangle$	$\langle K \rangle := \ll DP \gg$ $\langle L \rangle := \ll RP \gg$	$\langle RP \rangle := \langle RP \rangle - 1$ $\langle DP \rangle := \langle DP \rangle + 1$
5	$\langle ACCA \rangle := \langle ACCA \rangle + \langle M \rangle$	$\langle K \rangle := \ll DP \gg$ $\langle L \rangle := \ll RP \gg$	$\langle RP \rangle := \langle RP \rangle - 1$ $\langle DP \rangle := \langle DP \rangle + 1$
6	$\langle ACCA \rangle := \langle ACCA \rangle + \langle M \rangle$	$\langle K \rangle := \ll DP \gg$ $\langle L \rangle := \ll RP \gg$	$\langle RP \rangle := \langle RP \rangle - 1$ $\langle DP \rangle := \langle DP \rangle$
7	JUMP TO STEP 9 IF OVA 1 = 0		
8	NOP	$\langle ACCA \rangle := SGN$	$\langle RP \rangle := \langle RP \rangle$ $\langle DP \rangle := \langle DP \rangle$
9	NOP	$\langle DP \rangle := \langle TR \rangle$	$\langle RP \rangle := \langle RP \rangle$ $\langle DP \rangle := \langle DP \rangle$
10	NOP RETURN	$\ll DP \gg := \langle ACCA \rangle$	$\langle RP \rangle := \langle RP \rangle$ $\langle DP \rangle := \langle DP \rangle - 1$

Die Multiplikationseinheit führt parallel zu diesen Teiloperationen die Multiplikation der Registerinhalte K und L aus. Das Ergebnis steht in den Registern M und N bereit. Der Datentransport, die Adreßmodifikation und der Unterprogrammrücksprung werden erst im nächsten Befehl wirksam.
Als Interface zur Ein- und Ausgabe von Prozeßsignalen sind eine serielle Schnittstelle und eine parallele Schnittstelle, die zum Anschluß an einen Mikrorechner für DMA-Betrieb genutzt werden kann, vorhanden. An einem einfachen Beispiel eines Digitalfilters ist aus dem Programmabschnitt nach Tafel 5.10 die prinzipielle Vorgehensweise bei der Programmierung zu erkennen. Durch die Datentransporte zu den Registern der Multipliziereinheit sind die Produkte für die nächsten Befehle bereitzustellen. Die schrittweise Veränderung der Adressen für die RAM- und ROM-Speicherzellen ist durch die Adreßmodifikation zu erreichen.

5.5.4. Arithmetikprozessoren

Ein Arithmetikprozessor ist ein über Programm steuerbarer Prozessor mit einem auf arithmetische Berechnungen zugeschnittenen Befehlssatz. Auf dieser Basis können Verarbeitungseinheiten zur digitalen Signalverarbeitung aufgebaut werden. Grundstrukturen für derartige Verarbeitungseinheiten sind im Bild 5.47 dargestellt.

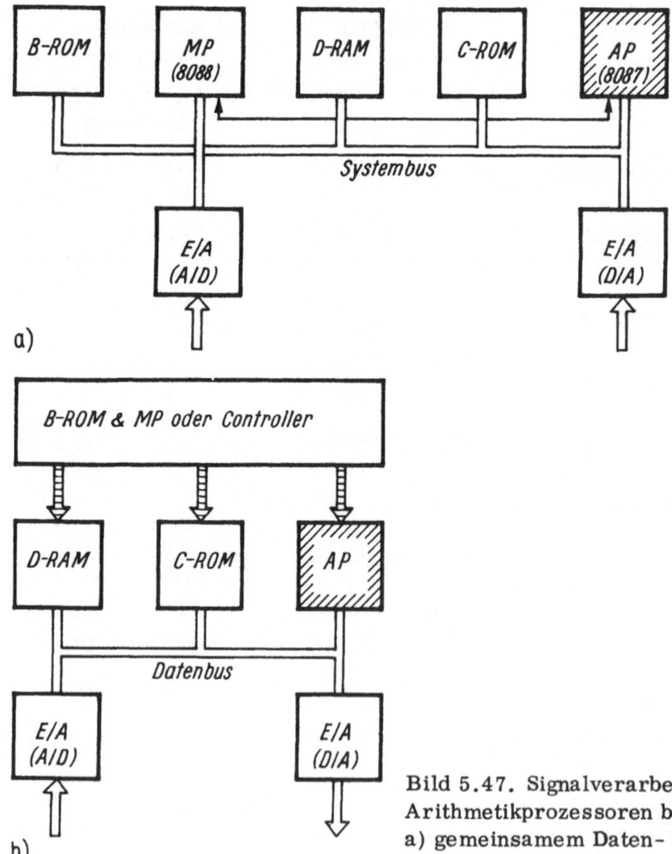

Bild 5.47. Signalverarbeitungseinheit mit Arithmetikprozessoren bei
a) gemeinsamem Daten- und Befehlsbus
b) getrenntem Daten- und Befehlsbus

In der Struktur 5.47a arbeitet der Arithmetikprozessor, der auch als numerischer
Datenprozessor (NDP) bezeichnet wird, als Co-Prozessor auf einen Mikrorechner-
systembus. Der Co-Prozessor erkennt durch fortlaufende Befehlsdekodierung die
für ihn zutreffenden Befehle und übernimmt, falls er angesprochen wird, zeitweise
die Bussteuerung. Ein Beispiel dafür ist das Konzept zum Mikrorechnersystem
8086 mit dem NDP 8087. Als Befehlstypen des INTEL 8087 stehen folgende zur
Verfügung:

- Datentransportbefehle
- logische Befehle
- arithmetische Befehle
  (Addition, Subtraktion, Multiplikation, Division, Quadratwurzel, Tangens,
  Logarithmus, ...)
- Steuerbefehle.

Die erreichbaren Multiplikationszeiten des 8087 bei einfacher Genauigkeit von 18 µs
reichen jedoch für viele Anwendungsfälle nicht aus, zumal noch Organisationszeiten
zusätzlich in Rechnung zu setzen sind.
In der Struktur nach Bild 5.47b hat der Arithmetikprozessor getrennte Busse für
Befehle und Daten. Im Bild 5.48 ist eine einfache Beispielstruktur eines derartigen Prozessors mit externem Befehlszähler angegeben. Als Steuerung kann ebenfalls wieder ein Mikrorechner oder ein einfacher Controller fungieren. Die Steuerung gibt die Befehle an den Arithmetikprozessor aus. Die Befehle stoßen dann im
Arithmetikprozessor ein entsprechendes Mikroprogramm an.

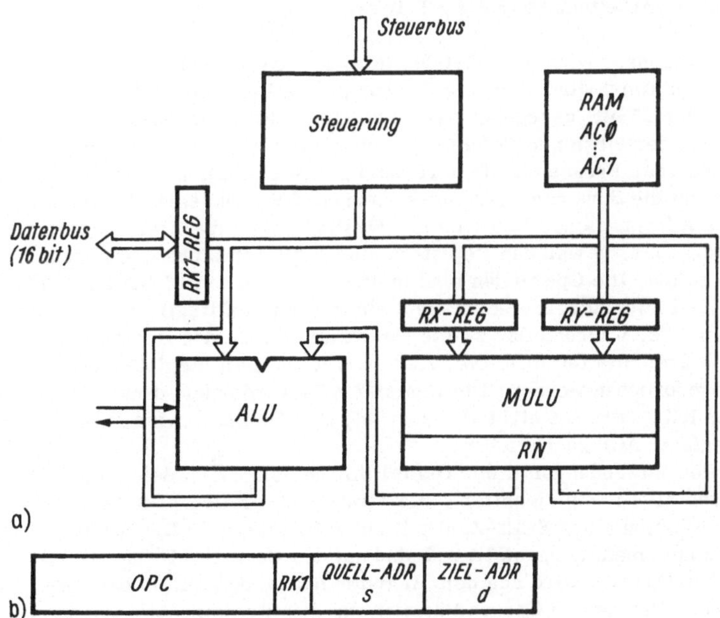

Bild 5.48. Arithmetikprozessor mit getrenntem Daten- und Befehlsbus
a) Blockschaltbild
   BR - Befehlsregister; RAL1, 2 - ALU-Eingangsregister; RAL3 - ALU-Ausgangsregister; RX, RY - MULU-Eingangsregister; RN - MULU-Ausgangs-
   register; RK1 - E/A-Register
b) Befehlsstruktur

- Datenstruktur und Steuerung

In einer ersten Phase wird der Befehl über das K2-Tor auf den internen Bus
des Arithmetikprozessors nach Bild 5.48a übernommen und in das Befehlsregister (BR) geschrieben. Die interne Steuerung leitet nach der Dekodierung
des Befehls die Mikrobefehlsfolge zur Steuerung der verschiedenen Funktionseinheiten des Arithmetikprozessors ein. Über das Register RK1 gelangen
die 16 bit breiten Datenworte auf den internen Bus und werden in der Regel vom Registerblock übernommen. Er besteht aus acht 16-bit-Registern:
AC1, AC2, ..., AC8. Das Kernstück des Arithmetikprozessors ist die
16-bit-×8-bit-Multipliziereinheit. Die zu multiplizierenden Operanden werden
in den Eingangsregistern RX (16 bit) und RY (2 × 8 bit) zur Verfügung gestellt.
Bei einem Durchlauf durch die Multipliziereinheit werden die 16 bit im Register
RX und die ersten 8 bit im Register RY multipliziert und das 24-bit-Ergebnis
gleichzeitig im Register RAL3 und RN abgespeichert. Bei einer 16 × 16-bit-
Multiplikation ist ein zweiter Durchlauf erforderlich. Es werden die zweiten
8 bit im Register RY mit dem Inhalt des Registers RX multipliziert. Die Teil-
produkte werden durch Addition zu dem 32-bit-Endprodukt zusammengefaßt.
Neben der Multiplikation realisiert die Multipliziereinheit Verschiebungen und
über Multiplikationsschritte durch Mikroprogramm die Division. Die Addition,
Subtraktion, Komplementbildung usw. werden mit Hilfe der ALU durchgeführt.
Die Ergebnisse gelangen in das ALU-Ausgangsregister RAL3, während die
Operanden in den ALU-Eingangsregistern RAL1 und RAL2 stehen. Bei der Kas-
kadierung von Prozessoren zur Realisierung einer größeren Verarbeitungs-
breite erfolgt eine Verkettung über die K2-Tore.

- Befehlssatz

Der Arithmetikprozessor wird über Befehle mit einer Breite von 15 bit ge-
steuert. Das Befehlswort wird über das K2-Tor eingegeben. Im Bild 5.48b
ist die Funktion der 15 bit angegeben. Die 8 bit des Operationscodes dienen
der Spezifizierung der einzelnen Befehle. Durch die Dekodierung des Operationscodes erkennt der Prozessor die durchzuführende Operation. Er übernimmt jedoch nicht die Steuerung der angeschlossenen Bussysteme. Durch Interpretation des Adreßteils des Befehles (s - Quelladresse, d - Zieladresse)
erkennt der Prozessor, in welchen Registern die Operanden stehen, die mani-
puliert werden sollen. Die Operanden sind in den neun internen 16-bit-Registern
abgespeichert. Bei zwei Adreßbefehlen steht ein Operand im Register RK1 oder
in den Registern ACs, während der zweite Operand in einem der Register ACd
steht. Durch die drei Bits für ACs bzw. ACd kann jeweils ein Register des Re-
gisterblocks angesprochen werden. Die Register ACs werden nur dann aufge-
rufen, wenn das RK1-Adreßbit nicht aktiviert ist. Das Ergebnis wird in der
Regel in ein Register ACd geschrieben.

Für den speziellen Anwendungsfall der Digitalfilterung sind vier Befehle MUF1,
MUF2, MUF3 und MUF4 implementiert. Der Grundbefehl MUF3 besteht in der
schnellen Multiplikation einer 8-bit-Zahl mit einer 16-bit-Zahl. Die Werte werden im Zweierkomplement dargestellt und sind auf den Bereich $-1 \leq z < 1$ nor-
miert. Der 16-bit-Operand wird aus dem Register RK1 geholt und in das Register RX geladen. Der zweite Operand kommt aus dem Register ACd und wird
ins Register RY transportiert. Bei dem Befehl MUF3 wird nur das niederwertige Byte des zweiten Operanden benutzt. Von dem 24-bit-Ergebnis wird das
niederwertige Byte abgeschnitten, so daß wieder ein 16-bit-Resultat entsteht.
Die Befehle MUF1 und MUF2 führen zwei 16 × 8-Multiplikationen und die Addition der Produkte aus. Dabei kann wahlweise der Anfangswert < RAL2 > zu den
Produkten addiert werden.

Mit den vier Befehlen MUF1 bis MUF4 lassen sich Digitalfilter beliebiger Ordnung aufbauen. Ein Beispiel eines Digitalfilters 2. Ordnung auf der Grundlage der Struktur von Bild 5.46a ist in seinen Grundzügen des Programms in Bild 5.49 dargestellt.

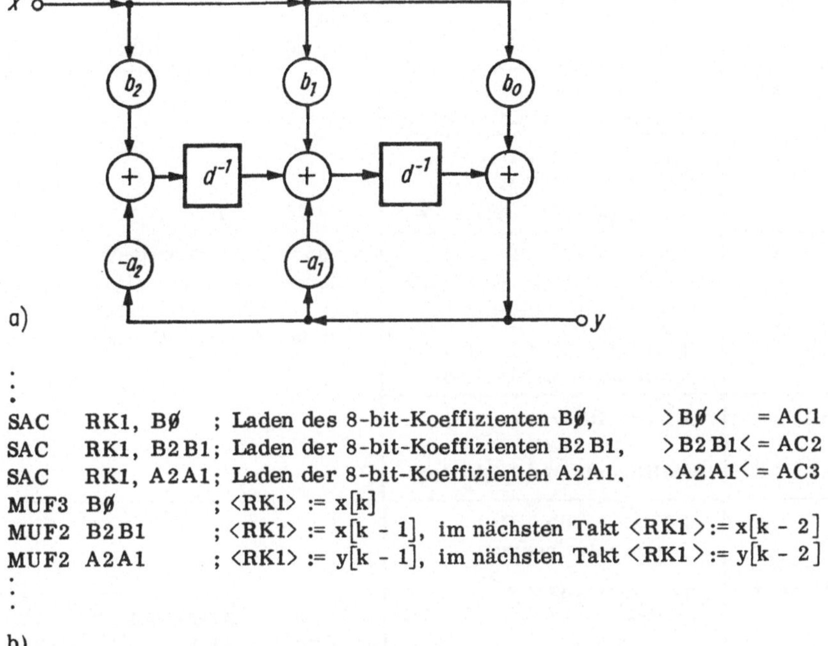

a)

```
SAC    RK1, BØ   ; Laden des 8-bit-Koeffizienten BØ,        >BØ<   = AC1
SAC    RK1, B2B1 ; Laden der 8-bit-Koeffizienten B2B1,      >B2B1< = AC2
SAC    RK1, A2A1 ; Laden der 8-bit-Koeffizienten A2A1.      >A2A1< = AC3
MUF3   BØ        ; <RK1> := x[k]
MUF2   B2B1      ; <RK1> := x[k - 1], im nächsten Takt <RK1> := x[k - 2]
MUF2   A2A1      ; <RK1> := y[k - 1], im nächsten Takt <RK1> := y[k - 2]
```

b)

Bild 5.49. Digitalfilter 2. Ordnung
a) Signalflußbild; b) Programmausschnitt

Tafel 5.11. Auszug aus der Befehlsliste des Arithmetikprozessors

Mnemonik	Wirkung	Bemerkung
SSR		Das Regimeregister wird gesetzt.
TST s	Test von <s> <RX>←<s>	Die Flags werden gesetzt. s = ACØ,...,AC7, RK1
SLE s, d	<d>←Kode (<s>) Suchen der linken „1"	Kodierung der Bitstelle, an der die höchstwertige „1" steht, wird in d eingetragen s = ACØ,...,AC7 d = ACØ,...,AC7
VLK s, d	<s>←sh (<s>) logische Rechts-/Links-verschiebung	Der Kode n für die Verschiebung steht im Register d s = ACØ,...,AC7, RK1 d = ACØ,...,AC7

Tafel 5.11 (Fortsetzung)

Mnemonik	Wirkung	Bemerkung
VLL s, n	$\langle s\rangle \leftarrow$ shl $(\langle s\rangle)$ logische Linksverschiebung	Der Kode n für die Verschiebung shl bzw. shr steht im Mikrobefehl $s = AC\emptyset, \ldots, AC7, RK1$
VLR s, n	$\langle s\rangle \leftarrow$ shr $(\langle s\rangle)$ logische Rechtsverschiebung	
MUF1 s	$\langle RK1\rangle \leftarrow \langle RK1\rangle * L (\langle s\rangle)$ $+ \langle RK1'\rangle * H (\langle s\rangle)$ modifizierte Multiplikation	$s = AC\emptyset, \ldots, AC7$
MUF2 s	$\langle RK1\rangle \leftarrow \langle RK1\rangle * L(\langle s\rangle)$ $+ \langle RK1'\rangle * H(\langle s\rangle) + \langle RAL2\rangle$ modifizierte Multiplikation	$L(\langle s\rangle)$ - niederwertigste 8 bit des Registerinhaltes $\langle s\rangle$ $H(\langle s\rangle)$ - höherwertigste
MUF3 s	$\langle RK1\rangle \leftarrow \langle RK1\rangle * L(\langle s\rangle)$ modifizierte Multiplikation	8 bit des Registerinhaltes $\langle s\rangle$
MUF4 s	$\langle RK1\rangle \leftarrow \langle RK1\rangle * L(\langle s\rangle)$ $+ \langle RAL2\rangle$ modifizierte Multiplikation	
ADC s, d	$\langle d\rangle \leftarrow \langle s\rangle + \langle d\rangle + C$ Addition mit Übertrag	
ADD s, d	$\langle d\rangle \leftarrow \langle s\rangle + \langle d\rangle$ Addition	$s = AC\emptyset, \ldots, AC7, RK1$ $d = AC\emptyset, \ldots, AC7$
SUB s, d	$\langle d\rangle \leftarrow \langle s\rangle + \langle d\rangle$ Subtraktion	
SAC s, d	$\langle d\rangle \leftarrow \langle s\rangle$ Transport	
CMP s, d	$\langle RAL3\rangle \leftarrow \langle s\rangle - \langle d\rangle$ Vergleich Flags werden entsprechend Differenz gesetzt	
CLR d	$\langle d\rangle \leftarrow \emptyset$ Rücksetzen des Registers d	
EKO d	$\langle d\rangle \leftarrow \overline{\langle d\rangle}$ Einerkomplement	$s = AC\emptyset, \ldots, AC7$ $d = AC\emptyset, \ldots, AC7, RK1$
ZKO d	$\langle d\rangle \leftarrow \overline{\langle d\rangle} + 1, \langle RX\rangle \leftarrow \langle d\rangle$ Zweierkomplement	
LAC s, d	$\langle d\rangle \leftarrow \langle s\rangle$ Transport	

Tafel 5.11 (Fortsetzung)

Mnemonik	Wirkung	Bemerkung
DIV d, s	$\langle d\rangle \leftarrow \langle d\rangle$, $\langle s\rangle / \langle RX\rangle$ Division	$s = d+1$; $s, d = AC\emptyset, \ldots, AC7$ Division der geketteten Operanden aus s u. d durch den Operanden aus RX
MUL s, d	$\langle d\rangle$, $\langle AC7\rangle \leftarrow \langle s\rangle * \langle d\rangle$ Multiplikation	Der höherwertige Teil des Ergebnisses wird ins Register d transportiert u. d. niederwertige Teil ins AC7 $s = AC\emptyset, \ldots, AC7$, RK1 $d = AC\emptyset, \ldots, AC7$
SFR NZVC		Die im Mikrobefehl angegebenen neuen Flags werden ins Flagregister eingetragen.

Es ist durch folgende Differenzengleichung gekennzeichnet:

$$y[k] = b_0\, x[k] + b_1\, x[k-1] + b_2\, x[k-2] - a_1\, y[k-1] - a_2\, y[k-2]$$

a_ν, b_μ - Koeffizienten (8 bit)

$x[k-\mu]$, $y[k-\nu]$ - Variable (16 bit).

Für die Lösung der Gleichung sind die Befehle MUF1, MUF2 und MUF4 einsetzbar.

MUF1 AC1: $b_0 * x[k] + b_1 * x[k-1]$

MUF2 AC2: $b_2 * x[k-2] + (-a_1) * y[k-1] + \langle RAL2\rangle$

MUF4 AC3: $(-a_2) * y[k-2] + \langle RAL2\rangle$

Das gleiche Ziel läßt sich auch mit MUF2 und MUF3 erreichen.

MUF3 AC1: $b_0 * x[k]$

MUF2 AC2: $b_1 * x[k-1] + b_2 * x[k-2] + \langle RAL2\rangle$

MUF2 AC3: $(-a_1) * y[k-1] + (-a_2) * y[k-2] + \langle RAL2\rangle$

Das Resultat des Befehles MUF4 bzw. des Befehles MUF2 ist das gesuchte Ergebnis $y[k]$. Es steht im Register RAL2 zur Verfügung. Dieser programmtechnischen Umsetzung der Differenzengleichung liegt die im Bild 5.46a angegebene allgemeine Struktur mit einem Arithmetikprozessor und entsprechenden Datenspeichern zugrunde. Die digitalen Ausgangswerte der Analog-Digital-Umsetzer bzw. die Eingangswerte für die Digital-Analog-Umsetzer werden zu dem Daten-RAM und dem Arithmetikprozessor bzw. von ihm transportiert. Das Abspeichern im Daten-RAM ist erforderlich, um die $x[k]$-Werte in den nächsten Filterzyklen als $x[k-1]$ und $x[k-2]$-Werte bereit zu haben. Die Ergebnisse der Filterungen $y[k]$ gibt der Arithmetikprozessor aus. Übernommen werden sie vom Ausgangsregister und vom Variablen-RAM. In den nächsten Zyklen dienen die $y[k]$-Größen als $y[k-1]$ und $y[k-2]$-Werte. Für einen Filterzyklus 2. Ordnung gibt die externe Steuerung die Befehlsfolge MUF1, MUF2, MUF4 oder MUF3, MUF2, MUF2 an den Arithmetikprozessor weiter. Die erforderlichen Adressen generiert die Steuerung genauso wie die Adressen des RAMs und ROMs. Die ROM-Adressen werden vor Beginn der Filterung benötigt, wenn die Koeffizienten vom ROM in den Prozessor umgespeichert werden. Die externe Steuerung liest mehrere Befehle aus, um die vom ROM auf den Datenkanal ausgegebenen Koeffizienten in den Registerblock des Prozessors zu übernehmen.

Auf der Grundlage des dargestellten Digitalfilters 2. Ordnung lassen sich Digitalfilter beliebiger Ordnung aufbauen. Der Kompromiß zwischen Aufwand und Geschwindigkeit ist entscheidend für die spezielle Realisierung. Mit dem Hardwareaufbau im Bild 5.46a lassen sich durch wiederholte Abarbeitung der Filtergleichung 2. Ordnung Digitalfilter 4., 6., 8. ... Ordnung realisieren. Ein berechneter $y[k]$-Wert dient daher als $x[k]$-Wert für die nächste Filterung. Die bekannte Kaskaden- oder Reihenschaltung von Digitalfiltern wird dann als Zeitmultiplex eines Digitalfilters 2. Ordnung ausgeführt.

Sind höhere Geschwindigkeitsanforderungen gestellt, läßt sich die Kaskadenschaltung auch direkt mit den Arithmetikprozessoren aufbauen.

6. Anhang

6.1. Algebraische Grundbegriffe

6.1.1. Gruppen

Den Ausgangspunkt bildet eine nichtleere Menge von Objekten und eine zwischen den Elementen der Menge definierte Verknüpfung. Als Objekte kommen unter anderem Zahlen und Funktionen in Betracht.

Definition 1.:

> Die Menge G bildet eine Gruppe (G, 0), wenn für beliebige Elemente $a, b, c \in G$ eine zweistellige Operation definiert ist, die folgenden Axiomen genügt:
>
> G 1: a o b $\in$ G $\qquad\qquad$ – Abgeschlossenheit
> G 2: a o (b o c) = (a o b) o c – Assoziativgesetz.
> G 3: Es existiert ein neutrales Element e $\in$ G mit a o e = e o a = a.
> G 4: Zu jedem Element a $\in$ G gibt es ein inverses Element $a^* \in$ G mit
> $\quad a^* o\ a = a\ o\ a^* = e$.
>
> Gilt ferner
>
> G 5: a o b = b o a – Kommutativgesetz, so wird die Gruppe als abelsch oder kommutativ bezeichnet.

Die angeführten Axiome reichen aus, um alle den Gruppen innewohnenden Gesetzmäßigkeiten zu beweisen. Diese Gesetzmäßigkeiten werden ohne Beweis in Form von Sätzen angegeben. Die ausführlichen Beweise sind in / 2.3 / / 2.4 / / 2.5 / zu finden.

Satz 1:

> In jeder Gruppe existiert genau ein neutrales Element e.

Satz 2:

> Zu jedem Element a $\in$ G existiert genau ein inverses Element a^*.

Satz 3:

> In jeder Gruppe besitzt die Gleichung a o x = b a, b $\in$ G die eindeutige Lösung $x = a^*$ o b.

Für die nachfolgenden Begriffe Ring und Körper ist es vorteilhaft, additive und multiplikative kommutative Gruppen mit folgender Terminologie einzuführen:

Tafel 6.1. Terminologie für Gruppen

	Allgemein	Additiv	Multiplikativ
Symbol	$(G, \circ)$	$(G, +)$	$(G, \cdot)$
Operations-Symbol	$\circ$ OPERATION	$+$ ADDITION	$\cdot$ MULTIPLIKATION
Neutrales Element		0 Nullelement	1 Einselement
Inverses Element	a^*	$-a$	a^{-1}
n-fache Operation	$\underbrace{a \circ a \ldots \circ a}_{n}$	$(n)a \quad ((0)a = 0)$	$a^n \quad (a^\circ = 1)$

Es werden hier somit die in der Arithmetik üblichen Begriffe benutzt.

6.1.2. Ringe

Zwischen den Elementen einer nichtleeren Menge werden zwei Verknüpfungen definiert mit folgenden Eigenschaften.

Definition 2.:

Die Menge R bildet einen Ring $(R, +, \cdot)$, wenn für beliebige Elemente a, b, c $\in$ R zwei zweistellige Operationen $+$, $\cdot$ definiert sind, die folgenden Axiomen genügen:

R 1: $(R, +)$ ist eine abelsche Gruppe
R 2: $a \cdot b \in R$ – Abgeschlossenheit
R 3: $a \cdot (b \cdot c) = (a \cdot b) \cdot c$ – Assoziativgesetz
R 4: $(a + b) \cdot c = a \cdot c + b \cdot c$
     $c \cdot (a + b) = c \cdot a + c \cdot b$ – Distributivgesetz.

Gilt ferner

R 5: $a \cdot b = b \cdot a$ – Kommutativgesetz, so wird der Ring als kommutativer Ring bezeichnet.

Bei der Untersuchung der Gesetzmäßigkeiten von Ringen spielt der Begriff des Nullteilers eine tragende Rolle:

Definition 3.:

Die Elemente $a \neq 0$ und $b \neq 0$ des kommutativen Ringes $(R, +, \cdot)$, die der Gleichung $a \cdot b = 0$ genügen, nennt man Nullteiler. Kommutative Ringe $(R, +, \cdot)$ ohne Nullteiler bezeichnet man als Integritätsringe.

Beispiel 1.:

Es sind die Nullteiler der Menge $\{0, 1, 2, 3\}$ zu bestimmen, wenn die Operationen durch die Addition modulo 4 und die Multiplikation modulo 4 definiert sind. Die entsprechende Additionstafel und die Multiplikationstafel sind in der Tafel 6.2 angegeben.

Aus der Multiplikationstafel entnimmt man, daß das Element 2 ein Nullteiler ist; denn es genügt der Gleichung 2 · 2 = 0.

Tafel 6.2. Additions- und Multiplikationstafel

+	0	1	2	3		·	0	1	2	3	
0	0	1	2	3		0	0	0	0	0	
1	1	2	3	0		1	0	1	2	3	0 – Nullelement
2	2	3	0	1		2	0	2	[0]	2	1 – Einselement
3	3	0	1	2		3	0	3	2	1	

Definition 4.:

Von zwei Elementen a, b des kommutativen Ringes (R, +, ·) heißt a ein
Teiler von b, wenn es mindestens ein Element x ∈ R gibt, so daß a · x = b
gilt. Dafür wird die Bezeichnung a|b gewählt.

Wegen a · 0 = 0 ist jedes Element a des Ringes (R, +, ·) ein Teiler von 0, aber
durchaus nicht jedes a ein Nullteiler. Die Begriffe „Teiler von 0" und „Nullteiler" sind also sorgfältig auseinander zu halten.

6.1.3. Körper

Eine Erweiterung der für einen Ring geltenden Axiome führt zum Begriff des
Körpers.

Definition 5.:

Die Menge K bildet einen Körper (K, +, ·), wenn für beliebige Elemente a,
b, c ∈ K zwei zweistellige Operationen +, · erklärt sind, die folgenden
Axiomen genügen:

K 1: (K, +) ist eine abelsche Gruppe
K 2: (K \ {0} , ·) ist eine abelsche Gruppe
K 3: (a + b) · c = a · c + b · c
    c · (a + b) = c · a + c · b – Distributivgesetze.

Da (K \ {0} , ·) eine abelsche Gruppe ist, hat nach Satz 3 in einem Körper die
Gleichung a · x = y für a ∈ K \ {0} die eindeutige Lösung $x = a^{-1} \cdot y$. Damit hat
(K, +, ·) auch keine Nullteiler; denn aus a · b = 0 und a ≠ 0 folgt $b = a^{-1} \cdot 0 = 0$
und ebenso a = 0 falls b ≠ 0.
Die Körper werden, je nachdem, ob die Anzahl der Elemente der Menge K endlich oder unendlich ist, in endliche und unendliche unterteilt.
Endliche Körper existieren jedoch nur für Mengen, die genau p^n Elemente besitzen, und werden als Galois-Felder $GF(p^n)$ oder Körper mit der Charakteristik p bezeichnet. Dabei sind p eine Primzahl und n eine natürliche Zahl. Die
Konstruktion der entsprechenden Additionstafeln und Multiplikationstafeln ist
jedoch nur für die Galois-Felder GF(p) in einfacher Weise möglich. In diesem
Fall sind die Operationen + und · über die Addition modulo p und die Multiplikation modulo p definiert. Zur Verdeutlichung dieses Sachverhaltes dienen
die in Tafel 6.3 angegebenen Additions- und Multiplikationstafeln.
Mit a = 2 ist aus den Tafeln 6.3b erkennbar, daß die Operationen im Körper GF(3)
die Addition und Multiplikation modulo 3 sind. Ein Vergleich der Tafeln 6.2 und

Tafel 6.3. Additions- und Multiplikationstafeln
a) Körper GF(2); b) Körper GF(3); c) Körper GF(2^2)

GF(2) = {0, 1}
a)

+	0	1		·	0	1
0	0	1		0	0	0
1	1	0		1	0	1

GF(3) = {0, 1, a}
b)

+	0	1	a		·	0	1	a
0	0	1	a		0	0	0	0
1	1	a	0		1	0	1	a
a	a	0	1		a	0	a	1

GF(2^2) = {0, 1, a, b}
c)

+	0	1	a	b		·	0	1	a	b
0	0	1	a	b		0	0	0	0	0
1	1	0	b	a		1	0	1	a	b
a	a	b	0	1		a	0	a	b	1
b	b	a	1	0		b	0	b	1	a

6.3c zeigt jedoch für a = 2 und b = 3, daß die Operationen im Körper GF(2^2) nicht mit der Addition und der Multiplikation modulo 4 übereinstimmen. Für Galois-Felder GF(p^n) mit n > 1 wird die Konstruktion der Operationstafeln im Abschnitt über Kongruenzen kurz dargelegt. In der Algebra werden nun eine Reihe von Sätzen aufgestellt und bewiesen, die für die Anwendung endlicher Körper von Bedeutung sind. Einige dieser Sätze sollen ohne Beweis angegeben werden. Die ausführlichen Beweise sind in /2.3/, /2.4/, /2.5/ und /2.6/ zu finden.

Satz 4:

In einem endlichen Körper GF(p^n) genügt jedes Element a des Körpers den Gleichungen

$$a^{p^n} = a \text{ bzw. } a^{p^n-1} = 1 \tag{1}$$

und

$$(p)a = 0. \tag{2}$$

Satz 5:

In einem Körper GF(p^n) gilt für beliebige Elemente a, b des Körpers

$$(a + b)^p = a^p + b^p. \tag{3}$$

Definition 6.:

Die kleinste positive ganze Zahl $\varkappa$, für die $a^{\varkappa} = 1$ gilt, heißt Ordnung des Elementes a $\in$ GF(p^n). Das Element a heißt primitiv, wenn es die Ordnung p^n-1 besitzt.

Satz 6:

In jedem Körper GF(p^n) existiert ein primitives Element c. Alle von 0 verschiedenen Elemente des Körpers sind als Potenz des primitiven Elementes c darstellbar.

Ein Beispiel soll den Begriff der Ordnung veranschaulichen.

Beispiel 2.:

Von den Elementen 2 und 4 aus dem Körper GF (5) = $\{0, 1, 2, 3, 4\}$ ist die
Ordnung zu bestimmen.
Die Multiplikationstafel ist in Tafel 6.4 angegeben.
Durch Potenzieren ergibt sich $2^4 = 1$ und $4^2 = 1$, d.h., das Element 4 besitzt
die Ordnung 2 und das Element 2 die Ordnung 4. Das Element 2 ist ein primi-
tives Element, und es gilt $2^2 = 4$, $2^3 = 3$, $2^4 = 1$, $2^5 = 2$, ... (Satz 6).

Tafel 6.4. Multiplikationstafel für GF(5)

·	0	1	2	3	4
0	0	0	0	0	0
1	0	1	2	3	4
2	0	2	4	1	3
3	0	3	1	4	2
4	0	4	3	2	1

<u>Unendliche</u> Körper (K, +, ·) bilden beispielsweise die Menge der rationalen
Zahlen, die Menge der reellen Zahlen $\mathbb{R}$ und die Menge der komplexen Zahlen $\mathbb{C}$
mit den aus der Algebra hinreichend bekannten Operationen Addition und Multiplikation.
Von besonderem Interesse für die Anwendung der Operatorenrechnung ist die
Konstruktion eines unendlichen Körpers aus einem Integritätsring $(R_I, +, \cdot)$ mit
unendlich vielen Elementen.
Bei dieser für einen beliebigen Integritätsring $(R_I, +, \cdot)$ geltenden Konstruktion
wird von der Menge der Paare (a, b) aus den Elementen a und b mit $b \neq 0$ des
Integritätsringes ausgegangen. In dieser Menge wird folgende Relation eingeführt:

Definition 7.:

Die Paare (a, b) und (c, d) werden genau dann als äquivalent bezeichnet,
wenn $a \cdot d = b \cdot c$ gilt, d.h. $(a, b) = (c, d) \longleftrightarrow a \cdot d = b \cdot c$.

Wie leicht nachgewiesen werden kann /2.6/, erfüllt diese Relation die Eigenschaften einer Äquivalenzrelation. Die durch die Äquivalenzrelation definierten
Äquivalenzklassen werden als Quotienten bezeichnet und in der Form $\frac{a}{b}$ geschrieben.
Dann gilt nach /2.6/

Satz 7:

Die Menge Q der Quotienten bildet genau dann einen Körper, wenn die Operationen + und · wie folgt erklärt sind:

$$1. \quad \frac{a}{b} + \frac{c}{d} : = \frac{a \cdot d + c \cdot b}{b \cdot d} \tag{4}$$

$$\frac{a}{b}, \frac{c}{d} \in Q$$

$$2. \quad \frac{a}{b} \cdot \frac{c}{d} : = \frac{a \cdot c}{b \cdot d} \tag{5}$$

Der Körper $(Q, +, \cdot)$ heißt der Quotientenkörper zu $(R_I, +, \cdot)$.

Die neutralen und inversen Elemente in diesem Körper lauten

$$\text{Einselement:} \quad \frac{c}{c} \tag{6}$$

$$\text{Nullelement:} \quad \frac{o}{c} \tag{7}$$

additionsinverses

$$\text{Element:} \quad -\frac{a}{b} = \frac{-a}{b} \tag{8}$$

multiplikations-

$$\text{inverses Element:} \quad \left(\frac{a}{b}\right)^{-1} = \frac{b}{a} \cdot \tag{9}$$

Die Betrachtung der Addition und Multiplikation zweier Elemente des Typs $\dfrac{a \cdot c}{c}$, $\dfrac{b \cdot c}{c}$ führt auf

$$\frac{a \cdot c}{c} + \frac{b \cdot c}{c} = \frac{(a+b) \cdot c \cdot c}{c \cdot c} \tag{10}$$

und

$$\frac{a \cdot c}{c} \cdot \frac{b \cdot c}{c} = \frac{(a \cdot b) \cdot c \cdot c}{c \cdot c}, \tag{11}$$

d.h., es wird mit den Elementen des Typs $\dfrac{a \cdot c}{c}$ ebenso wie mit den Elementen $a \in R_I$ gerechnet. Damit können die Elemente $\dfrac{a \cdot c}{c}$ nicht von den Elementen $a \in R_I$ unterschieden werden, und deshalb gilt

$$\frac{a \cdot c}{c} = a. \tag{12}$$

Der Integritätsring $(R_I, +, \cdot)$ ist somit isomorph in dem Körper $(Q, +, \cdot)$ enthalten.

Es sei noch erwähnt, daß man die Quotienten auch als Lösung der Gleichung $a \cdot x = b$ mit $a \neq 0$ und $a, b \in R_I$ definieren kann. Dabei ist entweder $x \in R_I$, oder x ist definiert durch $\dfrac{b}{a}$. Damit ist die Menge R_I durch die Elemente des Typs $\dfrac{a}{b}$ erweitert worden.

6.1.4. Polynome

Aus den Elementen eines Ringes $(R, +, \cdot)$ bildet man neue Objekte der Form

$$F(x) := f_0 + f_1 x^1 + \ldots + f_n x^n = \sum_{\nu=0}^{n} f_\nu x^\nu \tag{13}$$

$$f_\nu \in R, \quad \nu \in \mathbb{N}$$

mit der <u>Unbestimmten</u> x und den <u>Koeffizienten</u> f_ν und vereinbart, daß Glieder mit den Koeffizienten $0 \in R$ weggelassen werden können und $x^0 = 1$ mit $1 \in R$ gesetzt wird. Die Unbestimmte x muß hierbei nicht notwendig Elemente aus $(R, +, \cdot)$ annehmen. Wird jedoch $x = a \in R$ gesetzt, so sind die ν-fachen Produkte von a mit f_ν zu multiplizieren und anschließend entsprechend den definierten Ringoperationen zu addieren. Das Ergebnis ist ein Element $F(a) \in R$. Die Elemente $F(x)$ werden als <u>Polynome</u> in x über $(R, +, \cdot)$ und die höchste Potenz von x, die einen nichtverschwindenden Koeffizienten besitzt, als <u>Grad</u> $[F(x)]$ <u>des Polynoms</u> bezeichnet.

Beispiel 3.:

Das Polynom $F(x) = x^8 + x^6 + x^5 + x^3 + 1$ über $(GF(2), +, \cdot)$ hat den Grad $[F(x)] = 8$. Für $x = 1$, $0 \in GF(2)$ nimmt das Polynom den Wert $F(1) = F(0) = 1$ an. Wir können feststellen, daß es kein Element $a \in GF(2)$ gibt, für das $F(a) = 0$ gilt.

In der Menge R_x der Polynome in x über $(R, +, \cdot)$ werden eine Addition und Multiplikation eingeführt:

Definition 8.:

In der Menge R_x der Polynome in x über $(R, +, \cdot)$ werden für $F(x)$, $G(x) \in R_x$ mit der Gleichheitsrelation

$$F(x) = G(x) \quad f_\nu = g_\nu \qquad \text{für alle} \quad \nu \in \mathbb{N} \tag{14}$$

die Addition durch

$$F(x) + G(x): = \sum_\nu (f_\nu + g_\nu) x^\nu \tag{15}$$

und die Multiplikation durch

$$F(x) \cdot G(x): = \sum_\nu \left(\sum_{\mu=0}^{\nu} f_\mu \cdot g_{\nu-\mu} \right) x^\nu \tag{16}$$

erklärt.

Offenbar bildet die Menge R_x wieder einen Ring $(R_x, +, \cdot)$. Die in diesem Ring ausgezeichneten Elemente sind

Nullpolynom $\qquad\qquad\qquad F(x) = 0\, x^0 = 0 \tag{17}$
(Nullelement)
Einspolynom $\qquad\qquad\qquad F(x) = 1\, x^0 = 1 \tag{18}$
(Einselement)
Konstante $\qquad\qquad\qquad F(x) = a\, x^0 = a \qquad a \in R. \tag{19}$

Aussagen über den Zusammenhang zwischen der Struktur $(R, +, \cdot)$ und $(R_x, +, \cdot)$ liefert der in $/2.6/$ bewiesene

Satz 8:

Ist $(R, +, \cdot)$ ein Integritätsring, so ist auch $(R_x, +, \cdot)$ ein Integritätsring.

Von besonderem Interesse sind nun Polynome in x über einem Körper K. Diese Polynome bilden nach Satz 8 zumindest einen Integritätsring $(K, +, \cdot)$, der entsprechend der Definition nullteilerfrei ist.
Daraus folgt, daß aus der Gleichung

$$T(x) \cdot G(x) = F(x) \tag{20}$$

mit $T(x)$, $F(x)$, $G(x) \in (K_x, +, \cdot)$ das Polynom $G(x)$, falls es existiert, eindeutig bestimmt werden kann. Wenn das Polynom $G(x)$ existiert, dann ist $T(x)$ ein Teiler von $F(x)$, bzw. $F(x)$ ist teilbar durch $T(x)$. Ein Polynom $P(x)$ vom Grade n, das durch kein Polynom mit einem Grad kleiner n und größer 0 teilbar ist, heißt ein <u>irreduzibles</u> Polynom über dem Körper K.

Jedes nichtkonstante Polynom F(x) läßt sich nun als Produkt

$$F(x) = \prod_\nu P_\nu(x) \qquad (21)$$

irreduzibler Polynome $P_\nu(x)$ darstellen /2.6/. Die Darstellung ist bis auf die
Reihenfolge der Faktoren und konstante Faktoren eindeutig.
Es gibt zwar nicht zu jedem Polynompaar $T(x) \neq 0$ und $F(x)$ mit $[T(x)] < [F(x)]$
ein Polynom $G(x)$ gemäß Gl. (20), jedoch existiert genau ein weiteres Paar von
Polynomen, der Quotient $Q(x)$ und der Rest $R(x)$, so daß gilt

$$F(x) = T(x) \cdot Q(x) + R(x) \qquad 0 \leqq [R(x)] < [T(x)]. \qquad (22)$$

Diese Beziehung ist bekannt als Euklidischer Divisionsalgorithmus.
Zur weitergehenden Charakterisierung werden noch die Begriffe Nullstelle und
algebraische Ableitung benötigt.

Definition 9.:

   Das Element α aus dem Oberkörper $(K', +, \cdot)$ mit $K' \supseteq K$ heißt eine Nullstelle
   des Polynoms $F(x)$ über dem Körper $(K, +, \cdot)$, wenn $F(\alpha)$ über $(K', +, \cdot)$ den
   Wert 0 hat, d.h. wenn $F(\alpha) = 0$ ist.

Beispiel 4.:

   Das Polynom $F(x) = x^2 + 1$ ist im Körper $(\mathbb{R}, +, \cdot)$ der reellen Zahlen
   irreduzibel und hat die Nullstellen $-j$, $j \in \mathbb{R}$. Der Oberkörper ist der Körper
   $(\mathbb{C}, +, \cdot)$ der komplexen Zahlen. In $(\mathbb{C}, +, \cdot)$ hat $F(j)$ den Wert 0, d.h.
   $F(j) = j^2 + 1 = 0$.
   Ferner ist $F(x) = x^2 + 1$ im Körper $(\underline{\mathbb{C}}, +, \cdot)$ reduzibel.

Definition 10.:

   Es sei

$$F(x) = f_0 + \sum_{\nu=1}^{n} f_\nu\, x^\nu \qquad (23)$$

   ein Polynom in x über $(R, +, \cdot)$. Das Polynom

$$\frac{d}{dx} F(x) = \sum_{\nu=1}^{n} (\nu)\, f_\nu\, x^{\nu-1} \qquad (24)$$

   heißt <u>algebraische Ableitung</u> von $F(x)$.

Der Begriff der algebraischen Ableitung eines Polynoms entspricht formal dem
aus der Analysis bekannten Begriff der Ableitung und stimmt im Körper der
reellen Zahlen mit diesem überein. Es kann gezeigt werden, daß die aus der
Analysis bekannten Regeln - Summenregel, Produktregel und Kettenregel - auch
hier gelten. Insbesondere zur Untersuchung der Vielfachheit von Nullstellen ist
es von größter Bedeutung, zu wissen, wann die Ableitung $\frac{d}{dx}(F(x))$ den Wert 0
annimmt. Es gilt nach /2.6/

Satz 9:

   Das Polynom $F(x)$ in x über $(K, +, \cdot)$ hat genau dann einfache Nullstellen,
   wenn $F(x)$ und $\frac{d}{dx} F(x)$ keine gemeinsamen Nullstellen haben.

Satz 10:

Das Polynom $F(x) = x^m - 1$ über $GF(q)$ mit $q = p^n$ und $m \geq 1$ hat genau dann einfache Nullstellen α_i, wenn p nicht Teiler von m ist ($p \times m$). Für $m = q - 1$ sind die Nullstellen α_i die von 0 verschiedenen $q-1$ Elemente des $GF(q)$.

Aus Satz 10 folgt, daß das Polynom $x^p - x$ über $GF(p) = \{\alpha_1, \ldots, \alpha_p\}$ in der Form

$$x^p - x = \prod_{i=1}^{p} (x - \alpha_i) \qquad \alpha_1 = 0 \tag{25}$$

oder

$$x(x^{p-1} - 1) = x \left(\prod_{i=2}^{p} (x - \alpha_i) \right) \tag{26}$$

darstellbar ist.

Von besonderem Interesse sind noch die Teilbarkeitseigenschaften der Polynome des Typs $x^m - 1$ und $x^n - x$.

Satz 11:

Das Polynom $x^m - 1$ ist dann und nur dann ein Teiler von $x^n - 1$, wenn m ein Teiler von n ist, d.h.

$$(x^m - 1) \mid (x^n - 1) \longleftrightarrow m \mid n.$$

Satz 12:

Zu jedem irreduziblen Polynom $P(x)$ über $GF(p)$ mit $[P(x)] = m$ gibt es ein Polynom $x^n - 1$ mit $n \leq p^m - 1$ und $P(x) \mid (x^n - 1)$.

Definition 11.:

Ein irreduzibles Polynom $P(x)$ vom Grad m heißt primitiv, wenn es für kein n, das kleiner als $p^m - 1$ ist, ein Teiler von $x^n - 1$ ist.

Die Nützlichkeit der vorangegangenen Sätze wird nun an der Faktorzerlegung von Polynomen der Form $x^n - 1$ illustriert.

Beispiel 5.:

Das Polynom $F(x) = x^4 - x$ ist über $GF(2)$ und $GF(2^2)$ in Faktoren zu zerlegen.
Im Körper $GF(2) = \{0, 1\}$ ist offensichtlich $\alpha = 0$ eine Nullstelle, und damit gilt $F(x) = x(x^3 - 1)$. Ferner ist $\alpha = 1$ eine Nullstelle, da $x-1$ nach Satz 11 ein Teiler von $x^3 - 1$ ist. Die Division liefert wegen

$$
\begin{array}{l}
(x^3 - 1) : (x-1) = x^2 + x + 1 \\
\underline{x^3 - x^2} \\
\quad x^2 - 1 \\
\quad \underline{x^2 - 1} \\
\qquad x - 1
\end{array}
$$

und der im Körper GF(2) gültigen Beziehung $-1 = +1$ die Darstellung

$$F(x) = x \cdot (x + 1) \cdot (x^2 + x + 1).$$

Das Polynom $x^2 + x + 1$ ist über GF(2) irreduzibel (s. 6.2). Im Körper $GF(2^4) = \{0, 1, a, b\}$ gilt ebenfalls $F(x) = x(x^3 - 1)$. Nach Satz 10 sind die Elemente 1, a, b die Nullstellen von $x^3 - 1$, d.h.

$$F(x) = x \cdot (x - 1) \cdot (x - a) \cdot (x - b).$$

Aus der Tafel 6.3c entnimmt man, daß $-1 = 1$, $-a = a$ und $-b = b$ gilt und somit

$$F(x) = x \cdot (x + 1) \cdot (x + a) \cdot (x + b).$$

Das Produkt der letzten beiden Faktoren ergibt mit $a + b = 1$ und $a \cdot b = 1$ das Polynom $x^2 + x + 1$.

Beispiel 6.:

Für die über GF(2) irreduziblen Polynome

$$F_1(x) = x^4 + x^3 + x^2 + x + 1$$

und

$$F_2(x) = x^4 + x + 1$$

ist der minimale Grad n zu ermitteln, für den sie Teiler von $x^n - 1$ sind. Dabei ist im GF(2) $x^n - 1 = x^n + 1$. Es wird nun für $F_1(x)$ und $F_2(x)$ ein $T_1(x)$ und $T_2(x)$ so gewählt, daß $F_1(x) \cdot T_1(x) = x^{n_1} + 1$ und $F_2(x) \cdot T_2(x) = x^{n_2} + 1$ gilt.

Die Polynome $T_1(x)$ und $T_2(x)$ werden am zweckmäßigsten über ein entsprechendes Multiplikationsschema bestimmt. Dabei muß die Addition der Koeffizienten auf $x^n + 1$ führen.

Für $F_1(x)$ ergibt sich aus

$$
\begin{array}{llll}
 & x \cdot F_1(x) & & 1\ 1\ 1\ 1\ 1 \\
+ & F_1(x) & \triangleq + & \ \ \ 1\ 1\ 1\ 1\ 1 \\
\hline
= & x^5 + 1 & & 1\ 0\ 0\ 0\ 0\ 1
\end{array}
$$

$T_1(x) = x + 1$. Das Polynom $F_1(x)$ ist nicht primitiv, da $n_1 = 5 < 2^4 - 1$ ist. Für $F_2(x)$ hat das Schema die Form

```
1 0 0 1 1
  1 0 0 1 1
    1 0 0 1 1
      1 0 0 1 1
        1 0 0 1 1
          1 0 0 1 1
            1 0 0 1 1
              1 0 0 1 1
1 0 0 0 0 0 0 0 0 0 0 0 0 0 0 1.
```

Daraus sind

$$T_2(x) = x^{11} + x^8 + x^7 + x^5 + x^3 + x^2 + x + 1$$

und

$$T_2(x) \cdot F_2(x) = x^{15} - 1$$

zu entnehmen. Weil $n_2 = 15 = 2^4 - 1$ ist, liegt ein primitives Polynom vor.

6.1.5. Restklassen

Für die Konstruktion von Körpern und die Untersuchung spezieller Signaloperationen ist es erforderlich, sich mit dem Kongruenzbegriff und dem Restklassenbegriff auseinanderzusetzen. Dies führt auf die Betrachtung isomorpher Strukturen. In diesen isomorphen Strukturen müssen wir die Operationen nicht auf Tafeln, sondern können sie auf das Operieren mit ganzen Zahlen bzw. Polynomen zurückführen. Wie bisher werden die verschiedenen Körper- und Ringoperationen durch die zu verknüpfenden Elemente unterschieden.

Definition 12.:

Es sei G die Menge der ganzen Zahlen und G_m die Teilmenge
$\{0, 1, 2, \ldots, m-1\}$ mit $m > 0$. Zwei Zahlen a, b $\in G$ heißen kongruent
modulo m, geschrieben a = b mod m, genau dann, wenn $a - mq_a$
$= b - mq_b$ mit q_a, $q_b \in G$ und $a - mq_a \in G_m$ gilt.

Aus dieser Definition folgt, daß G in Klassen $\bar{r} = \{r, r \pm m, r \pm 2m, \ldots\}$,
auch Restklassen genannt, mit $r \in G_m$ zerlegt wird. Werden die Addition und
Multiplikation in der Menge der Restklassen elementeweise definiert, d.h.

$$\bar{r}_1 + \bar{r}_2 = \overline{r_1 + r_2} \tag{27}$$

und $\quad \bar{r}_1 \cdot \bar{r}_2 = \overline{r_1 \cdot r_2},$ $\tag{28}$

so bildet diese Menge, sie soll G mod m genannt werden, den Restklassenring
(G mod m, +, $\cdot$). Für das Operieren in diesem Restklassenring ist es häufig
zweckmäßig, von der Einführung der neuen Zeichen $\bar{r}$ abzusehen. Vielmehr ist
mit den Elementen aus G als Vertreter zu rechnen und dabei die definierte
Äquivalenzrelation zu beachten. Eine andere Möglichkeit besteht darin, nur
mit den Elementen von G_m zu rechnen und entsprechende Operationstafeln des
endlichen Ringes anzugeben. Umgekehrt müssen die Operationen in speziellen
endlichen Ringen nicht durch Additions- und Multiplikationstafeln, sondern können
nen durch die Addition und Multiplikation ganzer Zahlen unter Beachtung der
Äquivalenzrelation definiert werden. Es gilt nach / 2.6 /

Satz 13:

Der Restklassenring (G mod p, +, $\cdot$) ist genau dann ein Körper, wenn p eine
Primzahl ist. (G mod p, +, $\cdot$) und (GF(p), +, $\cdot$) sind isomorphe Strukturen.

Beispiel 7.:

Es ist die Multiplikationstafel des Körpers (GF(5), +, $\cdot$) mit GF(5)
$= \{0, 1, 2, 3, 4\}$ zu konstruieren. Dazu wird die Multiplikationstafel für
die Elemente 0, 1, 2, 3, 4 $\in G$ aufgestellt (Tafel 6.5a). Unter Beachtung
der Äquivalenzen können alle Elemente in Tafel 6.5a durch Elemente aus
G_m = GF(5) dargestellt werden.

Tafel 6.5. Multiplikationstafeln
a) (mod 5, +, ·)
b) (GF(5), +, ·)

·	0	1	2	3	4		·	0	1	2	3	4
0	0	0	0	0	0	$6 = 1 \bmod 5$	0	0	0	0	0	0
1	0	1	2	3	4	$8 = 3 \bmod 5$	1	0	1	2	3	4
2	0	2	4	6	8	$9 = 4 \bmod 5$	2	0	2	4	1	3
3	0	3	6	9	12	$12 = 2 \bmod 5$	3	0	3	1	4	2
4	0	4	8	12	16	$16 = 1 \bmod 5$	4	0	4	3	2	1
a)							b)					

Für Polynome werden die Restklassen wie folgt festgelegt:

Definition 13.:

Es sei K_x die Menge aller Polynome in x über dem Körper (K, +, ·), $K_{x,m}$ die Menge aller Polynome R(x) mit $[R(x)] < m$ und M(x) ein Polynom mit dem Grad m. Zwei Polynome A(x), B(x) $\in K_x$ heißen <u>kongruent modulo</u> M(x), geschrieben A(x) = B(x) mod M(x), genau dann, wenn $A(x) = M(x) \cdot Q_a(x)$ $= B(x) - M(x) \cdot Q_b(x)$ mit $Q_d(x)$, $Q_b(x) \in K_x$ und $A(x) - M(x) \cdot Q_a(x) \in K_{x,m}$ gilt.

Infolge der definierten Äquivalenzrelation wird K_x in Restklassen M(x) zerlegt. Werden die Operationen wieder elementeweise definiert, so bildet die Menge K_x mod M(x) der Restklassen den Restklassenring (K_x mod M(x), +, ·). Für das Rechnen in dem Restklassenring (K_x mod M(x), +, ·) ist es zweckmäßig, für die Restklassen neue Zeichen - Buchstaben oder indizierte Buchstaben - einzuführen.
Es gilt nach / 2.6 /

Satz 14:

Der Restklassenring (K_x mod P(x), +, ·) ist genau dann ein Körper, wenn P(x) ein irreduzibles Polynom über dem Körper K ist. Hat P(x) den Grad n und (K, +, ·) die Charakteristik p, so sind (K_x mod P(x), +, ·) und $(GF(p^n))$, +, ·) isomorphe Strukturen.

Dieser Satz liefert die Grundlage für die Konstruktion der Körper $GF(p^n)$. Zur Illustration diene das

Beispiel 8.:

Es ist die Multiplikationstafel des Körpers $(GF(2^2)$, +, ·) zu konstruieren. Nach Satz 14 geht man von der isomorphen Struktur aus und betrachtet die Polynome über dem Körper GF(2). Aus Anhang 2 entnimmt man, daß P(x) $= x^2 + x + 1$ ein irreduzibles Polynom 2. Grades ist. Für die Menge $K_{x,2}$ $= \{0, 1, x, x + 1\}$ wird die Multiplikationstafel aufgestellt (Tafel 6.6a).

Neben den Restklassenringen modulo einer Primzahl bzw. eines irreduziblen Polynoms sind auch die Restklassenringe modulo einer ganzen Zahl m, die keine Primzahl ist, von Interesse. Einige für die Anwendung wichtige Sätze über diese Restklassenringe, deren Beweise in den Standardwerken der Zahlentheorie / 2.7 / zu finden sind, sollen nachfolgend angegeben werden.
Für das Rechnen in derartigen Restklassenringen sind folgende Beziehungen nützlich:

(1) Aus $a = b \bmod m$ und $c = d \bmod m$ folgt $a \pm c = b \pm d \bmod m$ und
$a \cdot c = b \cdot d \bmod m$.

(2) Aus $a = b \bmod m$ folgt $a^n = b^n \bmod m$ $(n \geq 1)$.

(3) Aus $a = b \bmod m$ folgt $a \cdot k = b \cdot k \bmod m$ $k \in G_m$.

(4) Es sei $f(x) = a_n x^n + a_{n-1} x^{n-1} + \ldots a_1 x + a_0$ ein Polynom vom Grade n

   $(a_n \neq 0)$ mit ganzen Koeffizienten. Aus $a = b \bmod m$ folgt $f(a) = f(b) \bmod m$.

(5) Aus $ac = bc \bmod m$, $ggT(c, m) = d$ und $m = dn$ folgt $a = b \bmod n$.

Eine Restklasse aus G mod m wird als prime Restklasse bezeichnet, wenn alle
Elemente a der Restklasse mit m den größten gemeinsamen Teiler 1, d.h.
$ggT(a, m) = 1$, haben.

Tafel 6.6. Multiplikationstafel für
a) $(K_x \bmod (x^2 + x + 1), +, \cdot)$
b) $(GF(2^2), +, \cdot)$

$\cdot$	0	1	x	x+1
0	0	0	0	0
1	0	x	x	x+1
x	0	x	x^2	x^2+x
x+1	0	x+1	x^2+x	x^2+1

$$x^2 = x+1 \bmod (x^2+x+1)$$
$$x^2+x = 1 \bmod (x^2+x+1)$$
$$x^2+1 = x \bmod (x^2+x+1)$$
$$x \rightarrow a$$
$$x+1 \rightarrow b$$

a) Elemente aus K_x

$\cdot$	0	1	a	b
0	0	0	0	0
1	0	1	a	b
a	0	a	b	1
b	0	b	1	a

b) Elemente aus $GF(2^2)$

Satz 15:

   Die Menge der primen Restklassen aus G mod m bildet eine multiplikative
   Gruppe.

Die Anzahl der Elemente der Gruppe ist eine Funktion $\varphi(m)$ im Bereich der
ganzen Zahlen. Sie wird als Eulersche Funktion $\varphi(m)$ bezeichnet. Stellt man
die Zahl m als Potenzprodukt n verschiedener Primzahlen p_ν mit geradzahli-
gem Exponenten ε_ν

$$m = \prod_{\nu=1}^{n} p_\nu^{\varepsilon_\nu} \tag{29}$$

dar, so lautet die Produktformel für die Eulersche Funktion

$$\varphi(m) = \prod_{\nu=1}^{n} p_\nu^{\varepsilon_\nu - 1} (p_\nu - 1). \tag{30}$$

Offensichtlich gilt für $\varphi(m)$

$$\varphi(m) = \prod_{\nu=1}^{n} \varphi(p_\nu^{\varepsilon_\nu}). \tag{31}$$

Damit kann nun der kleine Fermatsche Satz formuliert werden.

Satz 16:

Es gilt $a^{\varphi(m)} = 1 \bmod m$ mit a, m $\in$ G genau dann, wenn a und m den größten gemeinsamen Teiler 1, d.h. ggT(a, m) = 1, haben.

Satz 17:

Es sei a ein Element einer primen Restklasse, und es habe die Ordnung $\varkappa$. Für das Element a gilt $a^k = 1 \bmod m$ dann und nur dann, wenn $\varkappa$ ein Teiler von k ist, d.h.

$$a^k = 1 \bmod m \iff \varkappa \mid k. \tag{32}$$

Aus dem kleinen Fermatschen Satz und der Definition der Ordnung folgt dann, daß die Ordnung $\varkappa$ eines Elementes einer primen Restklasse Teiler von $\varphi(m)$ ist. Der kleine Fermatsche Satz wird vor allem zum Lösen der Kongruenz

$$x \cdot a = b \bmod m \quad ggT(a, m) = 1; \quad x, a, b, m \in G \tag{33}$$

angewendet. Die Multiplikation von (33) mit $a^{\varphi(m)-1}$ liefert

$$x = b \cdot a^{\varphi(m)-1} \bmod m. \tag{34}$$

Diese Ergebnisse können wir zur Berechnung der Summe

$$x = \sum_{\xi=0}^{\varkappa-1} a^{\xi} \bmod m \qquad ggT(a, m) = 1 \tag{35}$$

heranziehen. Die Multiplikation von x mit a-1 führt auf

$$(a-1)x = a^{\varkappa} - 1 \bmod m \tag{36}$$

und mit Satz 17 folgt daraus

$$(a-1)x = 0 \bmod m. \tag{37}$$

Diese Gleichung hat nur dann die eindeutige Lösung x = 0 mod m, wenn ggT(a-1, m) = 1 gilt. In allen anderen Fällen muß x gemäß (35) berechnet werden.
Die Zusammenhänge zwischen den primen Restklassen gibt der Zerlegungssatz, auch chinesisches Theorem für Zahlenreste genannt, an.

Satz 18:

Es existiert für beliebige Zahlen $c_1, \ldots, c_n$ genau eine Restklasse $a \bmod p_1^{\varepsilon 1} \ldots p_n^{\varepsilon n}$, die den Kongruenzen $a = c_\nu \bmod p_\nu^{\varepsilon \nu}$ genügt.

Nach Satz 18 ist somit die Existenz einer einzelnen Kongruenz

$$x = a \bmod \prod_{\nu=1}^{n} p_\nu^{\varepsilon \nu} \tag{38}$$

gleichbedeutend mit der Existenz der Kongruenzen

$$x = a \bmod p_\nu^{\varepsilon \nu} \qquad \nu = 1, \ldots, n.$$

Zur Verdeutlichung der in den letzten Sätzen getroffenen Aussagen soll ein abschließendes Beispiel angegeben werden.

Beispiel 9.:

Es sind die primen Restklassen der Menge G mod 9 und die Ordnung der Restklassen, d.h. die Ordnung der Vertreter, zu bestimmen. Für die Menge G mod 9 ergibt sich

$$G \bmod 9 = \{\bar{0}, \bar{1}, \bar{2}, \bar{3}, \bar{4}, \bar{5}, \bar{6}, \bar{7}, \bar{8}\}.$$

Da nur für die Elemente der Restklassen $\bar{0}$, $\bar{3}$ und $\bar{6}$ der größte gemeinsame Teiler mit 9 von 1 verschieden ist, sind die restlichen Restklassen prime Restklassen, d.h. die Menge

$$\{\bar{1}, \bar{2}, \bar{4}, \bar{5}, \bar{7}, \bar{8}\}.$$

Die Berechnung von $\varphi(9) = 3 (3-1) = 6$ bestätigt die Anzahl von 6 primen Restklassen.

Für alle Elemente der primen Restklassen läßt sich durch Nachrechnen zeigen, daß $a^6 = 1 \bmod 9$ gilt. Als Ordnung $\varkappa$ der Restklassen ist aufgrund der Teilbarkeitseigenschaft $\varkappa|\varphi(9)$ nur $\varkappa = 1$, 2, 3, 6 möglich. Die Rechnung liefert

$$\bar{1} : 1^1 = 1 \bmod 9 \qquad \varkappa = 1$$

$$\bar{2} : 2^6 = 1 \bmod 9 \qquad \varkappa = 6$$

$$\bar{4} : 4^3 = 1 \bmod 9 \qquad \varkappa = 3$$

$$\bar{5} : 5^6 = 1 \bmod 9 \qquad \varkappa = 6$$

$$\bar{7} : 7^3 = 1 \bmod 9 \qquad \varkappa = 3$$

$$\bar{8} : 8^2 = 1 \bmod 9 \qquad \varkappa = 2.$$

Die Berechnung der Summe

$$x = \sum_{\xi=0}^{\varkappa-1} a^{\xi} \bmod 9$$

liefert für $a = 2$, 5, 8 $x = 0 \bmod 9$. Wegen ggT(3, 9) = ggT(6, 9) = 3 ergibt sich aus Gl. (36) für $a = 4$, 7 die Restklasse $x = 3 \bmod 9$ und nicht $x = 0 \bmod 9$.

6.2. Irreduzible Polynome über dem Körper GF(2)

Die Koeffizienten $f_n, \ldots, f_0$ der Polynome $F(x)$ in x über dem Körper GF(2) werden als binäre Zahl $(f_n \ldots f_0)_2$ geschrieben und anschließend in eine oktale umgewandelt. Die oktale Zahl $(45)_8$ beispielsweise gibt wegen $(45)_8 = (100101)_2$ das Polynom $x^5 + x^2 + 1$ an.

Grad	Periode	Polynome (Oktalzahl-Angabe)
1	-	2
	1	3
2	3	7
3	7	13 / 15
4	5	
	15	23 / 31
5	31	45 / 51 / 57 / 67 / 73 / 75
6	9	111
	21	127 / 165
	63	103 / 133 / 141 / 147 / 155 / 163
7	127	203 / 211 / 217 / 221 / 235 / 247 / 253 / 271 / 277 / 301 / 313 / 323 / 325 / 345 / 357 / 361 / 367 / 375
8	17	471 / 727
	51	438 / 637 / 648 / 661 / 763
	85	477 / 567 / 573 / 613 / 643 / 675 / 735 / 771 /
	255	435 / 453 / 455 / 515 / 537 / 543 / 545 / 551 / 561 / 607 / 615 / 651 / 703 / 717 / 747 / 765
9	73	1003 / 1027 / 1113 / 1145 / 1231 / 1401 / 1511 / 1641
	511	1021 / 1033 / 1041 / 1055 / 1063 / 1131 / 1151 / 1157 / 1167 / 1175 / 1207 / 1225 / 1243 / 1245 / 1257 / 1267 / 1275 / 1317 / 1321 / 1335 / 1365 / 1371 / 1423 / 1425 / 1437 / 1443 / 1461 / 1473 / 1517 / 1533 / 1541 / 1553 / 1555 / 1563 / 1577 / 1605 / 1617 / 1665 / 1671 / 1707 / 1713 / 1715 / 1725 / 1731 / 1743 / 1751 / 1773 /

6.3. Äquivalente Darstellungen eindimensionaler diskreter Signale über dem Körper der reellen Zahlen

$$\langle \overline{1} \rangle = \frac{1}{\langle 1,\, -1 \rangle} = \frac{1}{1 - z^{-1}}$$

$$\langle a^k \rangle = \frac{1}{\langle 1,\, -a \rangle} = \frac{1}{1 - z^{-1} a}$$

$$\langle k \rangle = \frac{\langle 0,\, 1 \rangle}{\langle 1,\, -1 \rangle^2} = \frac{z^{-1}}{(1 - z^{-1})^2}$$

$$\langle k^2 \rangle = \frac{\langle 1,\, 1 \rangle}{\langle 1,\, -1 \rangle^3} = \frac{1 + z^{-1}}{(1 - z^{-1})^3}$$

$$\langle k(k-1) \rangle = 2 \frac{\langle 0,\, 0,\, 1 \rangle}{\langle 1,\, -1 \rangle^3} = 2 \frac{z^{-2}}{(1 - z^{-1})^2}$$

$$\left\langle \binom{n}{k} c^k a^{n-k} \right\rangle \quad = \langle a,\ c \rangle^n \qquad\qquad = (a + z^{-1}c)^n$$

$$\left\langle \binom{n+k}{n} c^k \right\rangle \quad = \frac{1}{\langle 1,\ -c \rangle^{n+1}} \qquad\qquad = \frac{1}{(1-z^{-1}c)^{n+1}}$$

$$\langle a^k \cos(\omega k) \rangle \quad = \frac{\langle 1,\ -a\cos\omega \rangle}{\langle 1,\ -2a\cos\omega,\ a^2 \rangle} \qquad = \frac{1 - z^{-1}a\cos\omega}{1 - 2z^{-1}a\cos\omega + z^{-2}a^2}$$

$$\langle \sin(\omega k) \rangle \quad = \frac{\langle 0,\ \sin\omega \rangle}{\langle 1,\ -2\cos\omega,\ 1 \rangle} \qquad = \frac{z^{-1}\sin\omega}{1 - 2z^{-1}\cos\omega + z^{-2}}$$

$$\langle \sin(\omega k + \varphi) \rangle \quad = \frac{\langle \sin\varphi,\ \sin(\omega-\varphi) \rangle}{\langle 1,\ -2\cos\omega,\ 1 \rangle} \qquad = \frac{\sin\varphi + z^{-1}\sin(\omega-\varphi)}{1 - 2z^{-1}\cos\omega + z^{-2}}$$

$$\langle a^k \cos(k \arccos x) \rangle = \frac{\langle 1,\ -ax \rangle}{\langle 1,\ -2ax,\ a^2 \rangle} \qquad = \frac{1 - z^{-1}ax}{1 - 2z^{-1}ax + z^{-2}a^2}$$

$$\left\langle \frac{\alpha^k + (-\alpha)^k}{2\alpha^2} \right\rangle \quad = \frac{\langle 0,\ 0,\ 1 \rangle}{\langle 1,\ 0,\ -\alpha^2 \rangle} \qquad = \frac{z^{-2}}{1 - z^{-2}\alpha^2}$$

$$\left\langle \frac{\alpha^k - \beta^k}{\alpha - \beta} \right\rangle \quad = \frac{\langle 0,\ 1 \rangle}{\langle 1,\ -\alpha \rangle \langle 1,\ -\beta \rangle} \qquad = \frac{z^{-1}}{(1 - z^{-1}\alpha)(1 - z^{-1}\beta)}$$

$$\left\langle -k a^k \cos \frac{\pi}{2} k \right\rangle \quad = \frac{2a^2}{\langle 1,\ 0,\ a^2 \rangle^2} \qquad = \frac{2a^2}{(1 + z^{-2}a^2)^2}$$

$$\left\langle \left| \sin \frac{k\pi}{m} \right| \right\rangle = \frac{\langle 0, \sin(\pi/m) \rangle \langle 1, \overbrace{0,\ldots,0}^{(m-1)\,\mathrm{mal}}, 1 \rangle}{\langle 1, -2\cos(\pi/m), 1 \rangle \langle 1, \underbrace{0\ldots 0}_{(m-1)\,\mathrm{mal}}, -1 \rangle} = \frac{(z^{-1}\sin(\pi/m))(1 + z^{-m})}{(1 - 2z^{-1}\cos(\pi/m) + z^{-2})(1 - z^{-m})}$$

$$\langle \sin(k \arccos x) \rangle = \frac{\langle 0,\ 1 \rangle}{\langle 1,\ -2x,\ 1 \rangle} \qquad = \frac{z^{-1}}{1 - 2z^{-1}x + z^{-2}}.$$

6.4. Bestimmung der Eigenwerte einer tridiagonalen symmetrischen Matrix $\underline{A}$

Die Eigenwerte der Matrix

$$\underline{A} = \begin{pmatrix} a & b & 0 & \cdots & 0 & 0 & 0 \\ b & a & b & \cdots & 0 & 0 & 0 \\ 0 & b & a & \cdots & 0 & 0 & 0 \\ \vdots & \vdots & \vdots & & \vdots & \vdots & \vdots \\ 0 & 0 & 0 & \cdots & a & b & 0 \\ 0 & 0 & 0 & \cdots & b & a & b \\ 0 & 0 & 0 & \cdots & 0 & b & a \end{pmatrix} \qquad \mathrm{rang}\ \underline{A} = n$$

ergeben sich als Wurzeln des charakteristischen Polynoms $C(\lambda) = \det (\underline{A} - \lambda\underline{I})$.
Das charakteristische Polynom einer symmetrischen tridiagonalen Matrix kann
nach dem Verfahren von Lanczos /3.1/ aus der Rekursionsbeziehung

$$P_{\nu+1}(\lambda) = -(\lambda - a)\, P_\nu(\lambda) - b^2\, P_{\nu-1}(\lambda)$$

mit

$$P_0(\lambda) = 1$$
$$P_1(\lambda) = -\lambda + a$$
$$P_n(\lambda) = C(\lambda)$$

bestimmt werden. Die Substitutionen $x = (\lambda - a)/2b$ und $P_\nu(\lambda) = b^\nu U_\nu((\lambda-a)/2b)$
führen auf die Rekursionsbeziehung

$$U_{\nu+1}(x) = 2x\, U_\nu(x) - U_{\nu-1}(x)$$

mit

$$U_0(x) = 1$$
$$U_1(x) = 2x$$

der modifizierten Tschebyscheffschen Polynome

$$U_\nu(x) = \frac{\sin((\nu+1)\arccos x)}{\sin(\arccos x)}\,.$$

Für die Nullstellen von $C(\lambda) = P_n(\lambda)$ ergibt sich daraus

$$\lambda_\nu = a + 2b\, \cos\frac{\nu\pi}{n+1} \qquad \nu = 1,\dots,n.$$

6.5.　Sätze aus der Matrizenrechnung

<u>Satz von Cayley-Hamilton</u>

Jede quadratische Matrix $\underline{A}$ genügt ihrem eigenen charakteristischen Polynom
$C(\lambda) = \det (\underline{A} - \lambda\underline{I})$, d.h.

$$C(\underline{A}) = 0.$$

<u>Satz über Matrizenreihen</u>

Läßt sich eine Funktion $F(\lambda)$ in dem Kreis $|\lambda - \lambda_0| < r$ in eine Potenzreihe ent-
wickeln

$$F(\lambda) = \sum_{\nu=0}^{\infty} \alpha_\nu\, (\lambda-\lambda_0)^\nu,$$

so bleibt die Gleichung richtig, wenn das skalare Argument durch eine beliebige
Matrix ersetzt wird, deren Eigenwerte im Innern des Konvergenzkreises der
Reihe liegen.

6.6. Integrationsformeln

$$\tilde{z} = \int_0^t \tilde{z}'\, dt \;\rightarrow\; <z(\varkappa)> \;=\; g\,<\tilde{z}'[\varkappa]> + 0\,(\Delta t^{\nu})$$

Prediktorformeln

P1 Euler-Vorwärts-Formel:

$$z[k] = z[k-1] + \Delta t\,\tilde{z}'[k-1] + 0(\Delta t^2).$$

P2 Adams-Formel 2. Ordnung:

$$z[k] = z[k-1] + \frac{\Delta t}{2}\,(3\tilde{z}'[k-1] - \tilde{z}'[k-2]) + 0(\Delta t^3).$$

P3 Mittelpunkts-Formel:

$$z[k] = z[k-2] + 2\,\Delta t\,\tilde{z}'[k-1] + 0(\Delta t^3).$$

P4 Adams-Formel 3. Ordnung:

$$z[k] = z[k-1] + \frac{\Delta t}{12}\,(23\tilde{z}'[k-1] - 16\tilde{z}'[k-2] + 5\tilde{z}'[k-3]) + 0(\Delta t^4).$$

P5 Milnes-Formel:

$$z[k] = z[k-4] + \frac{\Delta t}{3}\,(8\tilde{z}'[k-1] - 4\tilde{z}'[k-2] + 8\tilde{z}'[k-3]) + 0(\Delta t^5)\,/4.2/.$$

Korrektorformeln

K1 Euler-Rückwärts-Formel:

$$z[k] = z[k-1] + \Delta t\,\tilde{z}'[k] + 0(\Delta t^2).$$

K2 Trapez-Formel:

$$z[k] = z[k-1] + \frac{\Delta t}{2}\,(\tilde{z}'[k] + \tilde{z}'[k-1]) + 0(\Delta t^3).$$

K3 Simpsonsche Formel:

$$z[k] = z[k-2] + \frac{\Delta t}{3}\,(\tilde{z}'[k] + 4\tilde{z}'[k-1] + \tilde{z}'[k-2] + 0(\Delta t^5).$$

K4 Gaußsche Formel (m = 1, M = 1):

$$z[k] = \frac{4}{3}\,z[k-1] - \frac{1}{3}\,z[k-2] + \frac{2\,\Delta t}{3}\,\tilde{z}'[k] + 0(\Delta t^3).$$

K5 Adams-Moulton-Formel 3. Ordnung:

$$z[k] = z[k-1] + \frac{\Delta t}{12}\,(5\tilde{z}'[k] + 8\tilde{z}'[k-1] - \tilde{z}'[k-2]) + 0(\Delta t^4)\,/4.2/.$$

Prediktor/Korrektor-Formeln

P1/K2	Heunsches Verfahren	/4.2/
P2/K2	Adamsches Verfahren	/4.2/
P3/K2	Eulersches Verfahren	/4.2/

6.7. Differentiationsformeln

Gitterpunkte	Differenzenformeln

1

$$\sigma x\left[k_1+1,\ k_2\right] + (1-2\sigma)x\left[k_1,k_2\right] + \sigma x\left[k_1-1,k_2\right]$$

$$= \tilde{x}\left[k_1,k_2\right]$$

$$d_1 \ll \sigma,\ 1-2\sigma,\ \sigma \gg x.$$

2

$$\left(x\left[k_1,k_2\right] - x\left[k_1-1,k_2\right]\right)/\ \Delta t_1$$

$$= \tilde{x}_{t1}\left[k_1,k_2\right] + 0(\Delta t_1)$$

$$\frac{1}{\Delta t_1} \ll 1,\ -1 \gg x.$$

3

$$\left(x\left[k_1+1,k_2\right] - x\left[k_1,k_2\right]\right)/\ \Delta t_1$$

$$= \tilde{x}_{t1}\left[k_1,k_2\right] + 0(\Delta t_1)$$

$$\frac{1}{\Delta t_1}\, d_1 \ll 1,\ -1 \gg x.$$

4

$$\left(x\left[k_1+1,k_2\right] - x\left[k_1-1,k_2\right]\right)/2\,\Delta t_1$$

$$= \tilde{x}_{t1}\left[k_1,k_2\right] + 0(\Delta t_1^2)$$

$$\frac{1}{\Delta t_1}\, d_1 \ll 0,\ 5,\ 0,\ -0,5 \gg x.$$

5

$$\left((1-\sigma)x\left[k_1+1,k_2\right] -(1-2\sigma)x\left[k_1,k_2\right] -\sigma x\left[k_1-1,k_2\right]\right)/\ \Delta t_1$$

$$= \tilde{x}_{t1}\left[k_1,k_2\right] + 0(\Delta t_1^2+(0,5-\sigma)\,\Delta t_1)$$

$$\frac{1}{\Delta t_1}\, d_1 \ll 1-\sigma,\ -(1-2\sigma),\ -\sigma \gg x.$$

6

$$\left(x\left[k_1+1,k_2+1\right] +x\left[k_1+1,k_2-1\right] -x\left[k_1-1,k_2+1\right] -x\left[k_1-1,k_2-1\right]\right)/(4\,\Delta t_1)$$

$$= \tilde{x}_{t1}\left[k_1,k_2\right] + 0(\Delta t_1^2)$$

$$\frac{1}{4\,\Delta t_1}\, d_1 d_2 \ll 1,0,\ -1 \gg,\ 0,\ < 1,0,\ -1 \gg x.$$

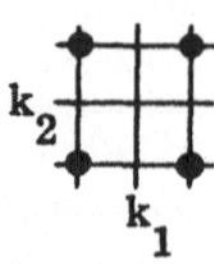

Gitterpunkte	Differenzenformeln

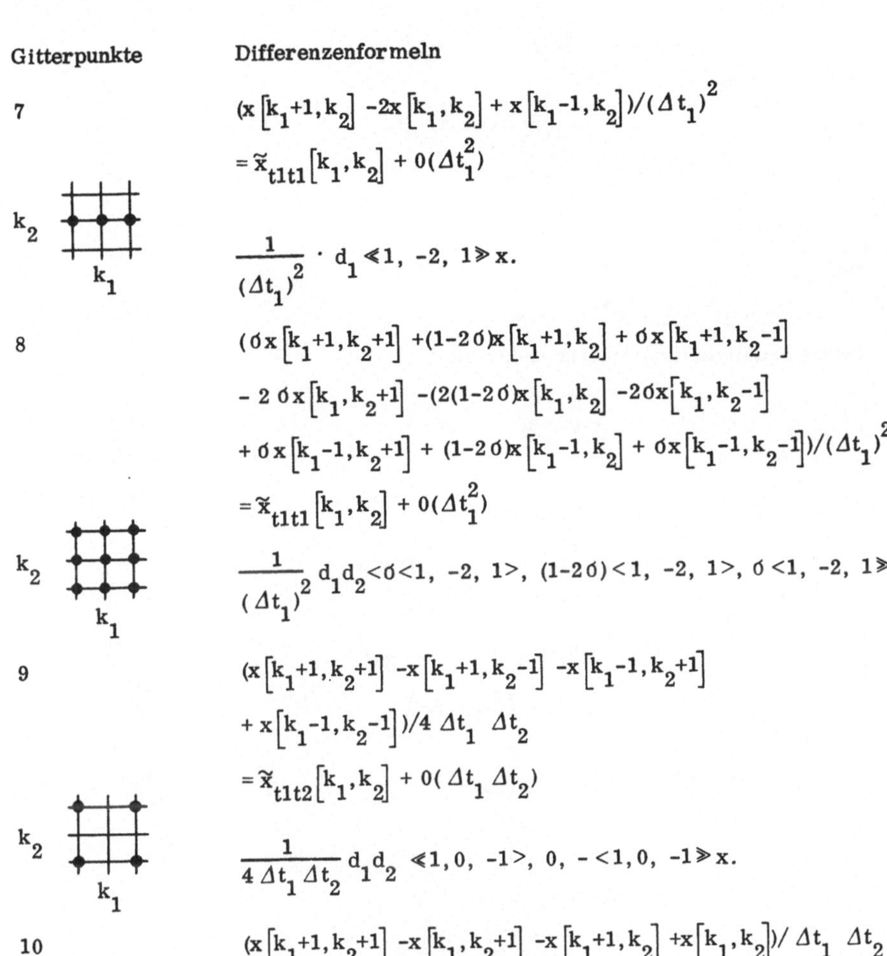

7

$$(x[k_1+1,k_2] - 2x[k_1,k_2] + x[k_1-1,k_2])/(\Delta t_1)^2$$

$$= \tilde{x}_{t1t1}[k_1,k_2] + 0(\Delta t_1^2)$$

$$\frac{1}{(\Delta t_1)^2} \cdot d_1 \ll 1,\ -2,\ 1 \gg x.$$

8

$$(\sigma x[k_1+1,k_2+1] + (1-2\sigma)x[k_1+1,k_2] + \sigma x[k_1+1,k_2-1]$$

$$- 2\sigma x[k_1,k_2+1] - (2(1-2\sigma)x[k_1,k_2] - 2\sigma x[k_1,k_2-1]$$

$$+ \sigma x[k_1-1,k_2+1] + (1-2\sigma)x[k_1-1,k_2] + \sigma x[k_1-1,k_2-1])/(\Delta t_1)^2$$

$$= \tilde{x}_{t1t1}[k_1,k_2] + 0(\Delta t_1^2)$$

$$\frac{1}{(\Delta t_1)^2} d_1 d_2 < \sigma < 1,\ -2,\ 1>,\ (1-2\sigma)<1,\ -2,\ 1>,\ \sigma <1,\ -2,\ 1 \gg.$$

9

$$(x[k_1+1,k_2+1] - x[k_1+1,k_2-1] - x[k_1-1,k_2+1]$$

$$+ x[k_1-1,k_2-1])/4\,\Delta t_1\,\Delta t_2$$

$$= \tilde{x}_{t1t2}[k_1,k_2] + 0(\Delta t_1\,\Delta t_2)$$

$$\frac{1}{4\,\Delta t_1\,\Delta t_2} d_1 d_2 \ll 1, 0,\ -1>,\ 0,\ - <1, 0,\ -1 \gg x.$$

10

$$(x[k_1+1,k_2+1] - x[k_1,k_2+1] - x[k_1+1,k_2] + x[k_1,k_2])/\Delta t_1\,\Delta t_2$$

$$= \tilde{x}_{t1t2}[k_1,k_2] + 0(\Delta t_1\,\Delta t_2)$$

$$\frac{1}{\Delta t_1\,\Delta t_2} \ll 1,\ -1>,\ - <1,\ -1 \gg x.$$

6.8. Definition und Eigenschaften des Kroneckerprodukts von Matrizen

Das Kroneckerprodukt $\underline{A} \times \underline{B}$ zweier Matrizen $\underline{A}$ und $\underline{B}$ erhält man, indem $\underline{B}$ mit dem Matrixelement a_{ij} multipliziert und das Element a_{ij} durch das Produkt $a_{ij}\underline{B}$ ersetzt wird, d.h.

$$\underline{A} \times \underline{B} = \begin{pmatrix} a_{11}\underline{B} & \cdots & a_{1n}\underline{B} \\ \vdots & & \vdots \\ a_{n1}\underline{B} & \cdots & a_{nn}\underline{B} \end{pmatrix}.$$

Das Produkt hat die Eigenschaften

$$(\underline{A} \times \underline{B})^{-1} = \underline{A}^{-1} \times \underline{B}^{-1}$$

und

$$(\underline{A} \times \underline{B})^{t} = \underline{A}^{t} \times \underline{B}^{t}.$$

Häufig benötigte Kroneckerprodukte sind

$$\underline{I}_n \times \underline{A} = \begin{pmatrix} \underline{A} & 0 & \cdots & 0 \\ 0 & \underline{A} & \cdots & 0 \\ \vdots & & & \vdots \\ 0 & 0 & \cdots & \underline{A} \end{pmatrix} \qquad \underline{I}_n - \text{n-zeilige Einheitsmatrix.}$$

$$\underline{A} \times \underline{I}_m = \begin{pmatrix} a_{11}\underline{I}_m & \cdots & a_{1n}\underline{I}_m \\ \vdots & & \\ a_{n1}\underline{I}_m & \cdots & a_{nn}\underline{I}_m \end{pmatrix}$$

$$\begin{pmatrix} 1 & 1 \\ 1 & -1 \end{pmatrix} \times \begin{pmatrix} 1 & 1 \\ 1 & -1 \end{pmatrix} = \begin{pmatrix} \underline{I}_2 & \underline{I}_2 \\ \underline{I}_2 & -\underline{I}_2 \end{pmatrix} \cdot \begin{pmatrix} \begin{pmatrix} 1 & 1 \\ 1 & -1 \end{pmatrix} & \underline{0} \\ \underline{0} & \begin{pmatrix} 1 & 1 \\ 1 & -1 \end{pmatrix} \end{pmatrix}$$

Literaturverzeichnis

Zu Abschn. 2.:

/ 2.1 /   Zypkin, J. Z.: Theorie der linearen Impulssysteme.
          Berlin: VEB Verlag Technik 1967.
/ 2.2 /   Mikusinski, J.: Operatorenrechnung. Berlin: VEB Deutscher Verlag
          der Wissenschaften 1957.
/ 2.3 /   Peschel, M.: Moderne Anwendung algebraischer Methoden.
          Berlin: VEB Verlag Technik 1967.
/ 2.4 /   Wunsch, G.: Algebraische Grundbegriffe. Berlin: VEB Verlag Technik
          1970.
/ 2.5 /   Wunsch, G.: Systemtheorie. Leipzig: Akademische Verlagsgesellschaft
          Geest & Portig KG 1975.
/ 2.6 /   Vieregge, H.: Einführung in die klassische Algebra. Berlin: VEB Deut-
          scher Verlag der Wissenschaften 1972.
/ 2.7 /   Haase, H.: Zahlentheorie. Berlin: Akademie-Verlag 1969.
/ 2.8 /   Klein, W.: Finite Systemtheorie. Skripte, Darmstadt, 1974.
/ 2.9 /   Berlekamp, S.: Algebraičeskaja teorija kodirovanija. Moskva:
          Izdatelstvo „Mir" 1971.
/ 2.10 / Gusev, V.G.: Metody Issledovanija točnosti cifrovych avtomatičeskich
          sistem. Moskva: Izdatelstvo „Nauka" 1973.
/ 2.11 / Freeman, H.: Discrete-Time Systems. New York – London – Sydney:
          John Wiley & Sons., Inc. 1965.
/ 2.12 / Churkin, J.I.; Jakowlew, C.P.; Wunsch, G.: Theorie und Anwendung
          der Signalabtastung. Berlin: VEB Verlag Technik 1966.
/ 2.13 / Gold, B.; Rader, C.M.: Cifrovaja obrabotka signalov. Moskva:
          Izdatelstvo ,,Sovetskoe radio" 1973.
/ 2.14 / Papoulis, A.: Probability, random variables and stochastic processes.
          New York – London – Sydney: Mc Graw-Hill Book Company 1965.
/ 2.15 / Shanks, J.L.; Treitel, S.: Stability and Synthesis of two-dimensional
          recursive filters. IEEE Trans. on AU, dol. AU-20, No. 2, June 1972,
          pp. 115-128.
/ 2.16 / Lewin, B.P.: Teoretičeskie osnovy statističeskoj radiotechniki.
          Moskva: Izdatelstvo „Sovetskoe radio" 1974.
/ 2.17 / Bennett, W.: Spectra of quantized Signals. BSTJ vol. 27, 1948,
          Juli, S. 446-472.
/ 2.18 / Vereskin, A.; Katkovnik, S.: Linejnye cifrovye filtry i metody ich
          realizacii. Moskva: Izdatelstvo „Sovetskoe radio" 1973.
/ 2.19 / Harmuth, H.F.: Transmission by orthogonal functions. Berlin,
          New York: Springer-Verlag 1973.
/ 2.20 / Burrus, C.S.; Agarwal, R.C.: Fast convolution using fermat number
          transform with application to digitalfiltering. IEEE-T on ASSP,
          Vol. 22, No. 2, April 1974, pp. 87-97.
/ 2.21 / Vielhauer, P.: Lineare Netzwerke. Berlin: VEB Verlag Technik 1982.

/ 2.22 / Peterson, W.W.: Prüfbare und korrigierbare Codes. München-Wien: R. Oldenbourg-Verlag 1967.

/ 2.23 / Kämmerer, W.: Einführung in mathematische Methoden der Kybernetik. Berlin: Akademie-Verlag 1971.

/ 2.24 / Karinskij, S.S.: Ustrojstva obrabotki signalov na ul'trazvukovych poverchnostnych volnach. Izdatelstvo „sovetskoe radio" 1975.

/ 2.25 / Schüssler, W.: Digitale Systeme zur Informationsverarbeitung. Berlin: Springer-Verlag 1973.

/ 2.26 / Ackermann, J.: Abtastregelung. Berlin: Springer-Verlag 1972.

/ 2.27 / Gusev, G.: Metody issledovanija točnosti cifrovych avtomatičeskich sistem. Moskva: Izdatelstvo „Nauka" 1973.

/ 2.28 / Kalmann, R.E.; Falb, P.L.; Arbib, M.A.; Topics in Mathematical System Theory. New-York: McGraw-Hill 1969, 358 pp.

/ 2.29 / Schwarz, H.: Mehrfachregelungen. Berlin-Heidelberg-New York: Springer Verlag 1971, S. 453.

/ 2.30 / Schwarz, H.: Einführung in die moderne Systemtheorie. Braunschweig: Vieweg 1968, S. 246.

/ 2.31 / De Russo, R.; Close, C.: State variables for engineers. New York: John Wiley & sons Inc. 1965.

/ 2.32 / Zypkin, Ja.Z.; Popkov, Ju.S.: Teorija nelinejnych impulsnych sistem. Moskva: Izdatelstvo „Nauka" 1973.

/ 2.33 / Wunsch, G.: Systemtheorie. Leipzig: Akademische Verlagsgesellschaft Geest & Portig KG 1975.

/ 2.34 / Givone, D.D.; Roesser, R.P.: Minimization of multidimensional linear iterative circuits. IEEE-T on C, vol. C-22, No. 7 July 1973, pp. 673-677.

/ 2.35 / Givone, D.D.; Roesser, R.P.: Multidimensional linear iterative circuits-general properties. IEEE-T on C, vol. C-21, October 1972, pp. 1067-1073.

/ 2.36 / Siljak, D.D.: Stability criteria for two-variable polynomials. IEEE-T on CAS, vol. CAS-22, No. 3, March 1975, pp. 185-189.

/ 2.37 / Anderson, B.D.O.; Jury, E.I.: Stability test for two dimensional digital filters. IEEE-T on AU, vol. AU-21, No. 4, August 1973, pp. 366-372.

/ 2.38 / Bose, N.K.: Algorithm for stability test of multidimensional filters. IEEE-T on ASSP, vol. ASSP-22, No. 5, October 1974, pp. 307-313.

/ 2.39 / Jury, E.I.: Theory and application of the Z-transform method. New York - London - Sydney: John Wiley & Sons. Inc. 1964.

/ 2.40 / Burkhardt, H.: Transformation zur lageinvarianten Merkmalgewinnung. Fortschrittsberichte der VDI Zeitschriften Reihe 10, Nr. 7, Okt. 1979.

/ 2.41 / Mitra, S.K.; Sagar, A.D.; Pendergrass, N.A.: Realization of two-dimensional recursive digital filters. IEEE-T on CAS, vol. CAS-22, No. 3, March 1975, pp. 177-184.

/ 2.42 / Jain, A.K.; Angel, E.: Image restoration, Modelling and Reduction of Dimensinality. IEEE-T on C, vol. C-23, No. 5, May 1974, pp. 470-476.

/ 2.43 / Vetters, B.: Strukturierung und Entwurf nichtrekursiver Digitalfilter. Dissertation, TH Dresden, Dresden 1977.

/ 2.44 / Meyer, G.: Diskrete Signale und Systeme. Dissertation, TU Dresden, Dresden 1976.

/ 2.45 /   Wagh, M.D.; Kanetkar, S.V.: A Class of Translation Invariant
           Transform, IEEE-T on ASSP, vol ASSP-25, No. 4, April 1977,
           pp. 203-205.

Zu Abschn. 3.

/ 3.1 /   Isermann, R.: Digitale Regelsysteme. Berlin - Heidelberg - New
           York: Springer-Verlag 1977.
/ 3.2 /   Schüßler, H.W.: Digitale Systeme zur Signalverarbeitung. Berlin -
           Heidelberg - New York: Springer-Verlag 1973.
/ 3.3 /   Rabiner, L.R.; Gold, B.: Theory and application of digital Signal
           processing (Theorie und Anwendung der digitalen Signalverarbeitung).
           New Jersey-Englewood Cliffs: Prentice-Hall Inc. 1975.
/ 3.4 /   Gibbs, A.J.: On the Frequency Domain Responses of Causal Digital
           Filters. (Über Frequenzgänge kausaler digitaler Filter). Ph. D.
           Thesis, Univ. of Wisconsin, Madison, Wis., 1969.
/ 3.5 /   Gibbs, A.J.: An Introduction of Digital Filters (Eine Einführung zu
           den Digitalfiltern). Australian Telecomm., Research, 3, No. 2,
           3-14, Nov. 1969.
/ 3.6 /   Gibbs, A.J.: The Design of Digital Filters (Digitalfilterentwurf).
           Australian Telecomm. Research, 4, No. 1, 29-34, 1970.
/ 3.7 /   Rader, C.M.; Gold, B.: Digital Filter Design Techniques in the
           Frequency Domain (Digitalfilterentwurf im Frequenzbereich).
           Proc. IEEE, 55, No. 2, 149-171, Febr. 1967.
/ 3.8 /   Thiran, J.P.: Recursive Digital Filters with Maximally Flat Group
           Delay (Rekursive Digitalfilter mit maximal geebneter Gruppenlauf-
           zeit). IEEE, Trans. Circuit, Theory, CT-18, 659-663, Nov. 1971.
/ 3.9 /   Fettweis, A.: A Simple Design of Maximally Flat Delay Digital
           Filters (Ein einfacher Entwurf von Digitalfiltern mit maximal ge-
           ebneter Laufzeit). IEEE, Trans. on Audio and Electroacoustics,
           AU-2p, No. 2, 112-114 June, 1972.
/ 3.10 /   Vielhauer, P.: Lineare Netzwerke. Berlin: VEB Verlag Technik
           1982.
/ 3.11 /   Fritzsche, G.: Theoretische Grundlagen der Nachrichtentechnik.
           Berlin: VEB Verlag Technik 1972.
/ 3.12 /   Coppelini, V.; Constantinides, A.G.; Emiliani, P.: Digital filters
           and their application (Digitalfilter und ihre Anwendung). New York:
           Academic Press 1978.
/ 3.13 /   Swamy, M.N.S.; Thyagarajan, K.S.: A new type of wave digital
           Filters (Ein neuer Typ von Wellendigitalfiltern). IEEE Procedings,
           ISCAS, 1975, pp. 174-178.
/ 3.14 /   Erfani, S.; Peikari, B.: Digital design of general LC structurs
           (Digitalfilterentwurf auf der Grundlage allgemeiner LC-Strukturen).
           IEEE-Transaction on circuits and systems, CAS-25, No. 5,
           269-273, Mai 1978.
/ 3.15 /   Constantinides, A.G.: Design of digital filters from LC ladder
           networks (Digitalfilterentwurf auf der Basis von LC Abzweigstrukturen)
           Proc. IEE, 123, No. 12, 1307-1312, Dez. 1976.
/ 3.16 /   Ermisch, R.: Strukturierung und Vergleich rekursiver Digitalfilter.
           Dissertation IH Dresden 1978.

/ 3.17 /   Fettweis, A.: Digital filter structures related to classical filter
            networks (Strukturierung von Digitalfiltern auf der Basis klassischer
            Filter). AEÜ, 25, No. 2, 79-89, Febr. 1971.
/ 3.18 /   Fettweis, A.: Wave digital filters with reduced number of delay
            (Wellendigitalfilter mit reduzierter Anzahl von Verzögerungselemen-
            ten). Circuit Theory and Appl., 2, 319-330, 1974.
/ 3.19 /   Fettweis, A.: Canonic realization of ladder wave digital filters
            (Kanonische Realisierung von Wellendigitalfiltern mit Abzweigstruk-
            tur). Circuit Theory and Appl, 3, 321-332, 1975.
/ 3.20 /   Meyer, G.: Digitalfilter ohne Multiplizierer. 10. Fachkolloquium
            Informationstechnik, TU Dresden, 1977.
/ 3.21 /   Bruton, L.T.; Vaughan, D.A.: Transfer function synthesis using
            generalized doubly terminated two pair networks. IEEE, Trans. on
            Circuit and Systems, CAS-24, No. 2, 79-88, Febr. 1977.
/ 3.22 /   Unger: Zur Realisierung rekursiver Abtastfilter durch Abzweig-
            strukturen mit getakteten Integratoren. IET, 8 (1978), H. 3,
            S. 227-252.

Zu Abschn. 4.

/ 4.1 /   Beresin, I.S.; Shidkow, N.P.: Numerische Methoden (Bd. 1 u. 2).
            Berlin: VEB Deutscher Verlag der Wissenschaften 1970.
/ 4.2 /   Jentsch, W.: Digitale Simulation kontinuierlicher Systeme.
            München-Wien: R. Oldenbourg-Verlag 1972.
/ 4.3 /   Babuska, I.; Vitasek, E.; Prager, M.: Čislennye processy pesěnija
            differenčial'nych upravlenij. Moskva: Izdatelstvo „Mir" 1969.
/ 4.4 /   Demidovic, V.P.; Maron, I.A.; Čuvalova, E.E.: Čislennye metody
            analiza. Moskva: Izdatelstvo „Nauka" 1967.
/ 4.5 /   Samarskij, A.A.; Gulin, A.B.: Ustojčivost raznostnych schem.
            Moskva: Izdatelstvo „Nauka" 1973.
/ 4.6 /   Hovanessian, S.A.; Pipes, L.A.: Digital computer methods in
            engineering. New York: McGraw-Hill Inc. 1969.
/ 4.7 /   Richtmeyer, P.; Morton, K.: Raznostnych metody rešenija kraevych
            zadac. Moskva: Izdatelstvo „Mir" 1972.
/ 4.8 /   Ralston, A.; Wilf, H.S.: Mathematische Methoden für Digitalrechner.
            Band 1. München - Wien: Oldenbourg-Verlag 1967.
/ 4.9 /   Mathematical aspects of finite elements in partial differential equations.
            New York: Academic Press 1974.
/ 4.10 /   Schüßler, H.W.: Digitale Systeme zur Signalverarbeitung. Berlin:
            Springer Verlag 1973.
/ 4.11 /   Vich, R.: Synthese digitaler Filter. XII. Internationales Wissen-
            schaftliches Kolloquium. Ilmenau: TH Ilmenau 1967.
/ 4.12 /   Vereškin, A.; Katkovnik, S.: Linejnye cifrovye filtry i metody ich
            realizacii. Moskva: Izdatelstvo „Sovetskoe radio" 1973.
/ 4.13 /   Derusso, P.; Roy, R.; Close, C.: Prostranstvo sostojanij v teorii
            upravlenija. Moskva: Izdatelstvo „Nauka" 1970.
/ 4.14 /   Stiefel, E.: Einführung in die numerische Mathematik. Stuttgart
            1965.
/ 4.15 /   Perron, O.: Die Lehre von den Kettenbrüchen. Bd. 2, 3. Aufl.
            Stuttgart 1957.

/4.16/ Kremer, H.: Ein numerisches Verfahren zur Berechnung der Übergangsmatrix linearer Systeme mittels einer gebrochen rationalen Approximation. Angewandte Informatik (13), H. 2, 1971, S. 53–61.

/4.17/ Ralston, A.; Wilf, H.S.: Mathematische Methoden für Digitalrechner. Bd. II, München – Wien: Oldenbourg-Verlag 1969.

/4.18/ Vielhauer, P.: Lineare Netzwerke. Berlin: VEB Verlag Technik 1982.

Zu Abschn. 5.

/5.1/ Schwarz, W.; Meyer, G.; Eckhardt, D.: Mikrorechner. Berlin: VEB Verlag Technik 1980.

/5.2/ Booth, A.D.; Booth, K.H.: Automatic Digital Calculators. New York: Academic Press Inc. 1956.

/5.3/ Heße, R.: Ein Verfahren zur Konfiguration von Mehrprozessorsystemen. Karl-Marx-Stadt: Dissertation, TH Karl-Marx-Stadt, 1981.

/5.4/ Jenkins, W.K.; Leon, B.J.: The use of redidue number systems in the design of finite impulse response digital filters. IEEE Trans. on CAS, vol. CAS-24, No. 4, April 1977, pp. 191–200.

/5.5/ Kühn; Schmied: Handbuch integrierter Schaltkreise (2. Aufl.). Berlin: VEB Verlag Technik 1979.

/5.6/ Simula, O.: On time shiftedly operating multiprocessor realizations of digital signal processing algorithms. Proc. of the 4. th. international symposium on network theory, 1979, pp. 85–90.

/5.7/ Starke, P.: Petri-Netze. Berlin: Akademie-Verlag 1980.

/5.8/ Schroff, R.: Vermeidung von totalen Verklemmungen in bewerteten Petri-Netzen. München: Dissertation, TU München 1974.

/5.9/ Lewin, B.P.: Teoreticeskie osnovy statisticeskoj radiotechniki. Moskva: Izdatelstvo „Sovetskoe radio" 1974.

/5.10/ Eckhardt, B.: Untersuchung des Multiplizierfehlers in digitalen Filtern. Erlangen – Nürnberg: Ausgewählte Arbeiten über Nachrichtensysteme Nr. 21, hrsg. v. W. Schüßler, Universität Erlangen – Nürnberg 1975.

/5.11/ Dehner, G.F.: Ein Beitrag zum rechnergestützten Entwurf rekursiver digitaler Filter minimalen Aufwandes. Erlangen – Nürnberg: Dissertation, Universität Erlangen – Nürnberg 1976.

/5.12/ Fettweis, A.: On the connection between multiplier wordlength limitation and roundoff noise in digital filters. IEEE Trans., Bd. CT-19, 1972, pp. 486–491.

/5.13/ Avenhause, E.: A proposal to find suitable canonical structures for the implementation of digital filters with small coefficient wordlength. NTZ, Bd. 25, 1972, pp. 377–382.

/5.14/ De Russo, R.: State variables for engineers. New York: John Wiley & Sons Inc. 1965.

/5.15/ Meyer, G.: Beitrag zur Synthese linearer Systeme. Dresden: Dissertation, TU Dresden, 1972.

/5.16/ Trick, T.N.; Long, J.L.: An absolute bound on limit cycles due to roundoff errors in digital filters. IEEE T-AU, AU-21 (1974) H. 1, S. 27–29.

/ 5.17 /   Willson, A. N.: Some effects of quantization and adder overflow on
           the forced response of digital filters. BSTJ. 51 (1972) H. 4,
           S. 863–887.
/ 5.18 /   Willson, A. N.: Limit cycles due to adder overflow in digital filters.
           IEEE T-CT, CT-19 (1972) H. 4, S. 342–346.
/ 5.19 /   Hess, S. F.; Parker, S. R.: Limit cycle oscillations in digital filters.
           IEEE T-CT, CT-18 (1971) H. 6, S. 687–697.
/ 5.20 /   Meron, P.; Sekey, A. A.; Zeheb, E.: Design method for stable
           second-order digital filters. IEEE T-ASSP, ASSP-22 (1974) H. 3,
           S. 196–202.
/ 5.21 /   Yakowitz, S.; Parker, S. R.: Computation of bounds for digital filter
           quantization errors. IEEE T-CT, CT-20 (1973), H. 4, S. 391–395.
/ 5.22 /   Rabiner, L. R.; Chan, D. S. K.: Theory of roundoff noise in cascade
           of FIR digital filters. BSTJ 52 (1973) H. 3, S. 329–345.
/ 5.23 /   Jury, E. I.: Theory and application of the z-transform method.
           New York, London, Sydney: John Wiley & Sons 1974.
/ 5.24 /   Schwarz, H.: Mehrfachregelungen. Bd. 2. Berlin – Heidelberg –
           New York: Springer-Verlag 1971.
/ 5.25 /   Scheel, K. H.: Der Einfluß des Rundungsfehlers beim Einsatz des
           Prozeßrechners. RT und Prozeß-DV (1971) H. 8, S. 326–331 u.
           H. 9, S. 389–392.
/ 5.26 /   Bennett, W. R.: Spectra of quantized signals. BSTJ 27 (1948) H. 7,
           S. 446–472.
/ 5.27 /   Jatnieks, G. U.; Shenoi, B. A.: Zero-input limit cycles in coupled
           digital filters. IEEE T-ASSP, ASSP-22 (1974) H. 2, S. 146–148.
/ 5.28 /   Kieburtz, R. B.: Rounding and truncation limit cycles in a recursive
           filter. IEEE T-ASSP, ASSP-22 (1974) H. 1, S. 73 u. 74.
/ 5.29 /   Kierburtz, R. B.: An experimental study of roundoff effects in a tenth
           order recursive digital filters. IEEE-T-COM, COM-21 (1973), H. 6,
           S. 757–763.
/ 5.30 /   Jackson, L. B.: Analysis of limit cycles due to multiplication rounding
           in recursive digital filters. Proc. 7th Annu. Allerton Conf. System
           and Circuit Theory, 1969.
/ 5.31 /   Meyer, G.: Grenzzyklen in Digitalfiltern mit Festkommaarithmetik.
           Nachrichtentechnik-Elektronik, Bd. 26, H. 7, S. 267–273.
/ 5.32 /   Schüßler, W. H.: Digitale Systeme zur Signalverarbeitung. Berlin –
           Heidelberg – New York: Springer-Verlag 1973.
/ 5.33 /   Boddie, J. R., u.a.: An integrated circuit digital signalprocessor.
           Proc. of the Int. Conf. on Communications 1980, 11.1.1–11.1.5.
/ 5.34 /   Boddie, J. R., u.a.: A digital signalprocessor for telecommunications
           applications. Proc. of the Int. Solid State Circuits Conference 1980,
           pp. 44 u. 45.
/ 5.35 /   Schloss, H. J.: Zum Entwurf und zur Anwendung programmierbarer
           Prozessoren für die digitale Signalverarbeitung. Erlangen – Nürn-
           berg: Dissertation, Universität Erlangen – Nürnberg, 1980.
/ 5.36 /   Butterweck, H. J.: Suppression of parasitic oscillations in second-
           order digital filters by means of a controlled rounding arithmetic.
           AEÜ, Bd. 29, 1975, pp. 371–374.
/ 5.37 /   Signal-Prozessor 2920. Firmenschrift Electronic 2000.

/5.38/   Kung, H.T.; Sproull, B.; Steele, G.: VLSI Systems and Computations,
         Carnegie-Mellon University. Berlin-Heidelberg-New York: Springer-
         Verlag, 1981.

/5-39/   Ofner, E.: Realisierung digitaler Filter. Konferenzbericht ie 81, Wien,
         1981, S. 273-277.

/5-40/   Doblinger, G.: Realisierung von Wellendigitalfiltern mit einem integrier
         ten Signalprozessor. Konferenzbericht ie 81, Wien, 1981, S. 278-282.

/5-41/   Magar, S.S.; Caudel, E.R.; Leigh, A.W.: A microcomputer with digi-
         tal signal processing capability. Proc. of the Int. Solid State Circuits
         Conf. 1982, pp. 32-33.

/5-42/   Nakamura, T. et. al.: A digital signal processing LSI. Proc. of the
         Int. Solid State Circuits Conf. 1982, pp. 30-31.

Sachwörterverzeichnis

Abhängigkeit
  lineare 165
Ableitung
  algebraische 25
Abtasttheorem 112
Adapter
  Parallel- 161
  Serien- 138
Addierwerk
  Parallel- 259
  Serien- 259
Addition
  duale 258
  Restklassen- 269
  ternäre 258
Allpaßsystem 61
Analog/Digital-Wandlung 251
Anpassung
  ausgangsseitige 143, 153
  eingangsseitige 143, 154
Anregungsmodell 304
Approximation 219
Äquivalenz 63, 76
Äquivalenztransformation 63, 76, 150
Arithmetik
  Restklassen- 267
  verteilte 267
Arithmetikprozessoren 322
Arithmetik-Coprozessor 309

Basissignale 90
Befehlskodierung 315
Befehlsliste
  Arithmetikprozessor 325
  2920 312, 314
Befehlsstruktur
  2920 312, 313
  µPD 7720 320
Begrenzung 279
Begrenzungskennlinie 294
  Nullungscharakteristik 294
  Sättigungscharakteristik 294
  Zweierkomplementcharakteristik 294

Beobachtbarkeit 48
Betrag 56
Betragstoleranzschema 181
Betriebsmodus 313
Booth-Algorithmus 265

Dämpfung 56
Dämpfungstoleranzschema 181
  Bandpaß 181
  Bandsperre 181
  Hochpaß 181
  Tiefpaß 181
Datenstruktur 324
Dezimalsystem 245
Differentialgleichungen
  partielle hyperbolische 226
  partielle parabolische 220
Differentiation 192
Differenzenoperator
  eindimensionaler 27
  mehrdimensionaler 31
Digitalfilter
  nichtrekursives 184
  rekursives 182
Dimensionsreduktion 83
Diskretisierung 122
Dualsystem 245

Einheitsimpuls
  eindimensionaler 26
  mehrdimensionaler 28
Einheitssprung 28
Erreichbarkeit 46
Exponentialsignal 32
Exponentialtransformation 96

Faltung
  endliche, diskrete 19, 87
  unendliche, diskrete 19
  zyklische 21, 87
Faltungssatz 98
Fensterfunktion 188
Fensterfunktionsverfahren 188

Fouriertransformation
  diskrete 87
  schnelle 166
Frequenzabtastverfahren 189
Frequenzantwort 55
Frequenzgang 55, 74
Frequenztransformation 183

Grenzzyklen 296
Gruppenlaufzeit 57
Gyrator 132, 179

Hadamardtransformation 94
Havard-Architektur 309f.

Impedanz 139
  diskretisierte 139
Impulsantwort
  eindimensionale 45
  mehrdimensionale 70
Integration 192
Interface 309
Interpolation 192

Jordanmatrix 296

Kausalität 55, 71
Kettenmatrix 69
Kettenschaltung 69
Kettenstruktur 150
Kodierung
  Dualzahl- 253
  Impulsanzahl- 253
Konsistenz 218
Kontraktionsprinzip 50
Konvergenz 218
Konvertierung 251

Längsglied 140
Leitung 179
  kurzgeschlossene 229
  zweiseitig abgeschlossene 230
Linearphasensystem 62
Ljapunov-Funktion 49

Matrix
  diagonale 98
  zyklische 99
Mikusinski-Operator
  diskreter 19
Minimalphasensystem 61

Multiplikation
  duale 258
  Restklassen- 270
  ternäre 258
Multiplizierwerk
  Parallel- 264f.
  Serien- 262
  Serien-Parallel- 263, 266

Normalform
  Beobachtungs- 64
  Steuerungs- 64
Nullstellenfläche 37

Oktalsystem 245
Operatoren
  diskrete 19
Orthogonalität 90

Parallelbetrieb 278
Petri-Netz
  zeitbewertetes 273
Phase 56
Pipelinebetrieb 272
PN-Plan 34
Polstellenfläche 37
Polynom 271
  charakteristisches 33
Potenztiefpaß
  digitaler 186
Programmodus 313
Pseudolinearmodell 303

Quantisierung 279
Quantisierungsarten 281
Quantisierungskennlinie 279
Querglied 139

Reflexionsfaktor 135, 238
Reihenschaltung 68, 82
Rekonstruierbarkeit 48
Rückkopplungsschaltung 68, 82
Runden 282

Sedezimalsystem 245
Seperabilität 71
Signalabbildungen 16
Signalprozessoren 308, 309, 312
Signalprozessorstruktur 308, 310
Signalprozessor μPD 7720 308, 320
Spannungswellen 129

Stabilität 49, 51, 71, 218
Standardtiefpaßtoleranzschema 182
Steuerbarkeit 46
Steuerungsprinzipien 272
Stoßstelle 169
Streumatrix 129
Stromwellen 129
Summenoperator
  eindimensional 28
  mehrdimensional 30

Taylor-Reihe 219
Toleranzschema
  Dämpfungs- 181
  Phasen- 181
Tor 128
Torwiderstände 129
Transformation
  äquivalente 152
  Äquivalenz 63, 76, 150
  bilineare 125
  Exponential- 96
  Hadamard- 94
  impulsinvariante 123
  matched-z 127
  modifizierte bilineare 178
  orthogonale 92
  orthonormale 92
Transformator 179
Tschebyschefftiefpaß
  digitaler 184

Übertragungsoperator 44

Vektordifferenzengleichung 84
Verarbeitungseinheit
  digitale 244
Verschiebungsoperator
  eindimensional 25
  mehrdimensional 29
Verschiebungssatz 98

Walshfunktion 88
Walshtransformation
  diskrete 88
  schnelle 106
Wärmeleitungsgleichung 220
Wellendigitalfilter 130
Wellenkettenmatrix 130

Zahlendarstellung
  Betrag/Vorzeichen- 246
  Einerkomplement- 247
  ternäre 248
  Zweierkomplement- 246
Zahlensysteme
  polyadisches 246
  Restklassen- 249
Zeitmultiplexbetrieb 276
Zerfällungstheorem 35
Zirkulator 132, 179
Z-Transformation 34
  eindimensional 34
  zweidimensional 37
Zustandsgleichungen
  globale 42
  lokale 43
Zustandsvektor 42